JN232968

# 南アフリカ金鉱業の新展開

―― 1930年代新鉱床探査から1970年まで ――

佐 伯 尤

新評論

故山田秀雄先生（一橋大学名誉教授）に捧げる。

## 南アフリカ金鉱業の新展開　目次

はしがき …………………………………………………………………… 1

## 第1章　新金鉱地の発見と鉱業金融商会 …………………… 8

　はじめに ………………………………………………………………… 8
　第1節　Far West Rand 金鉱地 ……………………………………… 10
　第2節　Klerksdorp 金鉱地 …………………………………………… 22
　　1. 1930年代初頭までの Klerksdorp 金鉱地　22
　　2. スコット親子の探査活動　23
　　3. Western Reefs, Middle Wits および New Central Wits の
　　　探査活動　25
　　4. 第二次世界大戦後の探査活動　34

　第3節　Orange Free State 金鉱地 …………………………………… 42
　　1. Wit Extensions の探査活動　42
　　2. オレンジ・フリー・ステイト北西部への鉱業金融商会の参入　45
　　3. オレンジ・フリー・ステイトにおける AAC の利権の拡大　64
　　4. 第二次世界大戦後の探査活動　72

　第4節　Evander 金鉱地 ……………………………………………… 103
　むすび …………………………………………………………………… 105

## 第2章　新金鉱地の鉱山開発金融 ………………………………… 112

　はじめに ………………………………………………………………… 112
　第1節　金鉱山開発金融とグループ・システム ……………………… 113
　第2節　第二次世界大戦後における新金鉱地開発投資額 …………… 118
　第3節　投資リスク分散協定 …………………………………………… 135
　第4節　株式応募権の分散 ……………………………………………… 144
　第5節　借入資本，利潤再投資 ………………………………………… 153

第6節　鉱業金融商会と外国資本の調達 …………………………157
　　むすび ……………………………………………………………162


# 第3章　金鉱業の新展開 ……………………………………………166

　　はじめに …………………………………………………………166
　　第1節　金鉱業の動向（1）── 1939～55年 ── ………169
　　第2節　金鉱業の動向（2）── 1956～70年 ── ………179
　　　　1. 旧金鉱地　179
　　　　2. 新金鉱地　188

　　第3節　鉱業金融商会別動向 ……………………………………196
　　むすび ……………………………………………………………222


# 3章補論　金鉱山のウラン生産 ……………………………………231

　　第1節　南アのウラン生産の背景と経緯 ………………………231
　　第2節　南アのウラン供給契約とウラン生産 …………………239


# 第4章　金鉱業「労働帝国」の拡大 ………………………………255

　　はじめに …………………………………………………………255
　　第1節　「労働帝国」拡大の追求 ………………………………257
　　　　1. 1928年モザンビーク協定　257
　　　　2. 熱帯労働者の導入解禁とWNLAの近隣植民地政府との協定　261

　　第2節　1930年代における南ア国内黒人労働者の増大 ………269
　　第3節　第二次世界大戦中からの出身国別
　　　　　　アフリカ人労働者の動向 ……………………………271
　　　　1. 第二次世界大戦中からの南ア国内黒人労働者の動向　271
　　　　2. 第二次世界大戦中からの近隣各国アフリカ人労働者の動向　276

　　むすび ……………………………………………………………283

## 第5章 鉱業金融商会の再編成 ……………………………285

はじめに ……………………………………………………285
第1節 CGFSAの危機 ………………………………………289
第2節 CMの危機とコーナーハウスの解体 …………………294
第3節 CGFSAグループの再編成と拡大 ……………………302
 1. CGFSAグループの再編成 302
 2. CGFSAの多様化と拡大 311
第4節 AACグループ企業構造の再編成
 ――Rand SelectionとCMSの拡大――……………325
 1. Rand Selectionの拡大 325
 2. CMSの拡大 331
第5節 アフリカーナー資本の金鉱業への参入
 ――Federale MynbouによるGM獲得――………334
 1. Federale MynbouによるJCI獲得の試み 334
 2. Federale MynbouによるGM獲得 338
第6節 オッペンハイマー帝国の確立
 ――Charter Consolidatedの設立とMinorcoの成立――…343
 1. 北ローデシアにおけるBSACの鉱物権の消失と
  Charter Consolidatedの設立 343
  （1）北ローデシアの銅生産とBSACの鉱物権
  （2）北ローデシア独立直前の鉱物権返還交渉
 2. 銅鉱山のザンビアナイゼーションとMinorcoの成立 363
 3. オッペンハイマー帝国の成立と投資再編成 373
第7節 Thomas Barlow and SonsによるRM獲得 ………383
 1. エンジェルハード指揮下のRM 383
 2. Thomas Barlow and SonsによるRM獲得 389
第8節 Gencorの成立 ……………………………………391
 1. West Witwatersrand AreasとGFSAの合同 391
 2. Gencorの成立 397
むすび ………………………………………………………406
 第5章付表 南ア鉱業金融商会再編成関連年表 ……………412

あとがき ……………………………………………………………417

事項索引 ……………………………………………………………421
人名索引 ……………………………………………………………430
本書を執筆する上で参照した文献目録 ……………………………434

## 略記

AAC : Anglo American Corporation of South Africa Ltd.
African & European : African & European Investment Company Ltd.
Anglo-French : Anglo-French Exploration Company Ltd.
Anglovaal : Anglo-Transvaal Consolidated Investment Ltd.
BSAC : British South Africa Company.
CGFSA : Consolidated Gold Fields of South Africa Ltd.
CM : Central Mining and Investment Corporation Ltd.
CMS : Consolidated Mines Selection Company Ltd.
De Beers : De Beers Consolidated Mines Ltd.
Engelhard : Engelhard Minerals and Chemicals Corpration.
ERPM : East Rand Proprietary Mines Ltd.
Freddies : Free State Development and Investment Corporation Ltd.
Gencor : General Mining Union Corp Ltd.
Geoffries : General Exploration Orange Free State Ltd.
GM : General Mining and Finance Corporation Ltd.
GFSA : Gold Fields of South Africa Ltd.
JCI : Johannesburg Consolidated Investment Company Ltd.
Middle Wits : Middle Witwatersrand (Western Areas) Ltd.
Minorco : Minenals and Resources Corporation Ltd.
NCGF : New Consolidated Gold Fields Ltd.
New Central Wits : New Central Witwatersrand Areas Ltd.
New Cons FS : New Consolidated Free State Exploration Company Ltd.
NRC : Native Recruiting Corporation Ltd.
Ofsits : Orange Free State Investment Trust Ltd.
RM : Rand Mines Ltd.
SA Townships : South African Townships, Mining and Finance Corporation Ltd.
Strathmore Exploration : Strathmore Exploration and Management Ltd.
Vaal Reefs : Vaal Reefs Exploration and Mining Co. Ltd.
Western Reefs : Western Reefs Exploration and Development Co. Ltd.
Wit Extensions : Witwatersrand Extensions Ltd.
WNLA : Witwatersrand Native Labour Association Ltd.
WRITS : West Rand Investment Trust Ltd.

# 南アフリカ金鉱業の新展開

―― 1930年代新鉱床探査から1970年まで ――

# はしがき

　周知のように，南アフリカは「金の国」である。1886年にウィトワータースラント[1]で金鉱が発見され，南ア戦争（1899〜1902年）直後から，南アフリカは世界最大の産金国となる[2]。

　1886年から現在までの，115年余におよぶ長期間の南アフリカ金鉱業史を，筆者は大きく3つの時期に区分できると考えている。

　第1期は，1886年から第二次世界大戦勃発（1939年）までで，金鉱業の中心がCentral Rand, West Rand, East Randの3金鉱地にあり，開発主体，経営形態，金融方式，開発・抽出技術，アフリカ人労働者の出稼ぎ労働システムと彼らにたいする権威主義的抑圧的支配など，南アフリカ金鉱業の骨格と性格が確立された時期である。

　第2期は，1939年から1970年までの時期である。この時期には，第1期に確立された金鉱業の骨格と性格をそのまま受け継ぐが，上記3金鉱地の生産は1941年に頂点に達し，その後，漸減傾向に入る。他方，1930年代から探査・発見されたFar West Rand, Klerksdorp, Orange Free Stateなどの新金鉱地が第二次世界大戦後急速に開発され，1950年代半ばには，金鉱業の中心はこれらの新金鉱地に移る。そして，金鉱業の生産は1970年に最高頂に達する。

　第3期は1971年以降今日までである。この時期には，ニクソン・ショックによるドルの金との交換停止，金価格の変動，アフリカ人鉱山労働者の争議の増大とアフリカ人労働者組合承認，アフリカ人労働者賃金の引き上げなど，金鉱業をとりまく国の内外の環境がすっかり変わる。そして，ついにはアパルトヘ

---

1) 略して，ラントと呼ばれる。
2) 南アフリカ金鉱業の中心をなすラント金鉱地は1886年に発見され，翌年から開発が始まった。生産の拡大は急速で，4年後の1890年に世界生産に占める比重は7％強，1898年には27％に達し，ラントが位置するトランスヴァールは世界最大の産金国なっていた。生産は，南ア戦争期には中断するが，戦争直後の1904年に，世界の産金量の22.4％を占め，世界のトップの座に復帰した。世界金生産に占める南アの比重は，1920年代は50％台を維持する。世界の金鉱業が未曾有の繁栄を享受した1930年代に30数％に低下するが，第二次世界大戦終了の年には53.1％に回復する。その後1953年まで40％台に低下する。生産が最盛期を迎える1960年代初葉から1980年代中葉まで，「西側世界」の金生産に占める南アフリカの割合は60％を越えており，就中，1963年から1980年までは，1971年の79.1％を頂点に70％を凌駕していた。その後，世界の生産が漸増するのに対して，南アフリカの生産は漸減し，世界の生産に占める南アフリカの比重は，2001年には16.6％まで低下する。

イトの崩壊と黒人多数政権の成立および金鉱石の枯渇によって，長く続いた金鉱業の支配構造に大変化が生じる[3]。

　本書は，第2期における金鉱業の展開を研究対象として取り上げ，この時期が南ア金鉱業史にとってどのような意味をもっていたかを明らかにしようとするものである。ところで，この時期の南ア金鉱業史全体を考察した研究が国の内外に存在しないことも事実である。第1期のように，南ア戦争のような世界史的大事件がなかったことも研究を遅らせたひとつの理由であろう。また，アパルトヘイトの原型が第1期の金鉱業における対アフリカ人労働者政策によってつくられたため，研究が第1期に集中したことも，その要因となったであろう。さらに，南アフリカ史に即して言えば，この第2期はアパルトヘイトが確立される時期であり，大方の研究がそちらに向けられたことも無視できない原因であろう。しかし，南アフリカ金鉱業史を全体として明らかにするためには，当然の事ながら，この時期を避けて通ることはできない。

　第2期における金鉱業の発展の実態とその特徴を把握するためには，簡単にであれ，第1期を振り返っておく必要がある。先に，第1期に，南ア金鉱業の骨格と性格が確立されたと述べたが，いくつかのポイントについてやや詳しく述べておこう[4]。

　南ア金鉱山の開発主体となったのは，キンバリーのダイヤモンド大資本家がつくった鉱業金融商会であった。ラントに金鉱が発見された直後，キンバリーの大富豪は大挙してラントに赴き，鉱業商会やシンジケートを結成して土地を買い占めた。土地に鉱脈が発見されると，彼らは金鉱山会社を設立していった。南アフリカでは資本は少なく，技術者と熟練労働者も稀少であった。このため，彼らは，一方では資本を外国に求め，他方で数多くの深層鉱山を開発するために独特な経営方式を採用した。すなわち，鉱山にたいする金融，管理，支配の集中的管理方式の適用である。この経営方式は南アフリカ鉱業に独特なものであり，グループ・システム（group system）と呼ばれている。このグループ・システムの成立とともに，鉱業商会は鉱業金融商会に転化し，以後，一握り

---

　[3]　2001年の南アフリカの金生産は428トンで，世界最大であったが，もはや最盛期の趣はない。2位のアメリカ（13.8％）と3位のオーストラリア（11.5％）に早晩追いつかれることは必至であろう。1990年代初葉より，コングロマリットに成長していた6大鉱業金融商会のアンバンドリング（unbundling）が進行し，鉱業金融商会が管理・支配していた金鉱山グループも，AACが支配するAngloGoldを除いて，金融から生産まで経営の一切を支配する完全に独立した金鉱業会社にゆだねられることになる。

　[4]　詳しくは，拙著『南アフリカ金鉱業史』新評論，2003年を参照されたい。

の鉱業金融商会が金鉱山経営を支配し，以後，この体制は1990年代の初めまで，実に100年ちかく継続することになる。

　ラント金鉱山の鉱脈は膨大かつほぼ均等に賦存していたけれども，それは低品位鉱であり，利潤をあげるためには不断にコストに配慮しなければならなかった5)。開発資材は輸入せねばならず，熟練白人労働者の賃金を切り下げることは難しかったので，コスト削減はアフリカ人労働者の賃金に求められた。したがって，金鉱業は常に，鉱山開発とコスト削減のために，膨大な数の，安い安定したアフリカ人労働者を確保しなければならなかった。鉱山会議所が作られたのもこのためであった。膨大な数の，安い安定したアフリカ人労働者の確保の必要，これが南ア金鉱業の全史を覆っているといっても過言ではない。

　鉱山近くのアフリカ人は，危険で過酷な鉱山労働をできるだけ回避した。そのため，金鉱業主は募集員や募集会社を使って，遠くで労働者を募集しなければならなかった。集められた労働者は鉱山と故郷とを定期的に往復する出稼ぎ労働者となり，コンパウンドに住まわされた。出稼ぎ労働者は定住する近代的労働者に比べて金鉱業にとって有利であった。金鉱業は労働者1人分の賃金しか支払わないですんだからである。労働者の家族の生活費と引退後の社会保障費は，出身の共同体社会で賄われた。ただし，出稼ぎ労働システムが維持されたのは，金鉱業資本の利益のためだけによると理解するとすれば，それは単純にすぎる。その継続には，南アフリカ政府，植民地政府，労働者が出てくる社会の首長，家長，募集員（会社）などの利害が複雑にからみあっていた。

　ラント金鉱山の開発は膨大で急速であったため，アフリカ人労働者の獲得をめぐる鉱業金融商会間，鉱山間，募集員相互間の競争は激しく，頻繁に労働者

---

5) ラント金鉱山の鉱脈は膨大かつほぼ均等に賦存していたけれども，それは低品位鉱であった。『南アフリカ労働帝国』の著者たちは次のように指摘している。「アフリカにおけるもっとも豊かでもっとも強力で工業化した現代南アフリカの発展は，20世紀の大半をとおして，鉱物資源，就中，低品位金鉱石の膨大な埋蔵の開発にもとづいていた。しかし，もし膨大な数の低賃金不熟練出稼ぎ鉱夫が亜大陸全体から募集されていなければ，南アフリカに深層金鉱業が存在しなかったであろうことは疑う余地がない。……もしオーストラリア，カナダ，もしくはアメリカで南アフリカと同じような種類の鉱床が発見されていたとしても，それはそのまま放置されていたであろう。なぜなら，南アフリカと同じ種類の労働力を動員することは不可能であったであろうからである」(Crush, J., A. Jeeves and D. Yudelman, *South Africa's Labor Empire : A History of Black Migrancy to the Gold Mines,* Boulder, Westview Press, 1991, p. 1.)。ここには，①ラント金鉱山の鉱脈はきわめて低品位であったこと，②そのため，アメリカ，カナダ，オーストラリアでこの種の鉱石が発見されても，それはそのまま放置されていたであろうこと，③大規模な南アフリカ金鉱業は，膨大な数のアフリカ人低賃金不熟練出稼ぎ労働者を確保することによって初めて成り立ったこと，が指摘されている。

の「盗み」と逃亡が生じていた。それを阻止するために，国家の援助をえて，「労働地区」（鉱業地区）で地区パスもしくは雇用者の発行するパスの携帯を命じた特別パス法が導入された。しかし，アフリカ人労働者の獲得をめぐる鉱業金融商会間，鉱山間，募集員相互間の競争はやまず，再三，鉱山会議所の募集会社の下にアフリカ人労働力モノプソニー（買い手独占）をつくることが試みられた。これは，モザンビーク南部では成功するが，南アフリカ国内で確立するのは，ようやく第一次世界大戦終了直後であった。

一方，アフリカ人労働者は，不熟練労働に雇用されていたが，労働を積み重ねるとともに熟練度を増していった。そして，白人労働者は，自分たちの職種と雇用を守るために，アフリカ人労働者の熟練労働への進出にたいしてジョブ・カラーバー（人種的職種差別）の導入を強く主張し，政府にこれを認めさせた。アフリカ人は一切の市民的権利を奪われていたが，白人は有権者であり，政府は彼らの要求を無視できなかった。アフリカ人労働者をジョブ・カラーバーによって不熟練労働者にとどめることは，出稼ぎ労働を永久化した。一方，金鉱業主にとって，鉱山に広範な不熟練労働が存するかぎり，アフリカ人労働者の低賃金出稼ぎ労働システムは歓迎すべきことであった。アフリカ人労働者の熟練度が増すにつれて，ジョブ・カラーバーは収益性向上の障害となり，実際，ジョブ・カラーバーも徐々に浸食されていった。しかし，ジョブ・カラーバーを完全に廃止することは，必ずや白人労働者から手痛い反撃を生んだことであろう。そればかりでなく，ジョブ・カラーバーの廃止，それ故，アフリカ人労働者の熟練労働への昇進，したがって，アフリカ人労働者の近代プロレタリア化と定住化は，白人労働者とアフリカ人労働者の共闘を生むことが予想された。そのため，ジョブ・カラーバーが収益性を維持する範囲に止まるかぎり，国家と金鉱業主はそれを容認した。しかし，その範囲を逸脱するや，国家と金鉱業主はこれに打撃を与えることを辞さなかった。そして，このことが第一次世界大戦終了直後に生じたのである。

大戦の勃発とともに，多くの白人鉱山労働者もまた戦争に赴いた。金鉱山に残った白人労働者の交渉力は強くなり，種々の待遇改善をかちとった。そればかりか，浸食されていたジョブ・カラーバーの回復を求めた。金鉱業主はジョブ・カラーバーの現状維持を主張し，待遇改善と一括提案して，現状維持協定をむすんだ。白人労働者の待遇改善は戦時インフレーションに対応するものでしかなかったが，資材の高騰と相俟って，コストの上昇を引きおこし，多

くの金鉱山を収益性の危機に陥れた。金鉱山会社は金プレミアムによって一息つくが，プレミアムの縮小とともに，収益性危機は深刻となった。大戦が終わり，白人労働者不足が解消すると，金鉱業主は攻勢に転じ，現状維持協定の破棄を通告した。白人労働者はゼネラルストライキとラント反乱でこれに応えた。反乱は軍隊によって押しつぶされ，金鉱山では労働過程と労働力構造が再編された。ジョブ・カラーバーは縮小され，多くの白人労働者が職をうしなった。1924年の産業調停法によって，国家は白人労働者の労使関係を非政治化し，白人労働者を国家の管理機構に吸収することに成功した。他方，1926年の鉱山・仕事修正法で，アフリカ人労働者の人種差別的出稼ぎ労働システムが最終的に確立された。ここに確立されたアフリカ人労働者と白人労働者にたいする金鉱業の支配体制はそのまま1970年代初めまで存続することになる。そして，金鉱業に確立された人種差別的権威主義的労働システムが他産業に広げられ，アパルトヘイトの中核となる。

　自明のことながら，魚のいないところでは漁業はなりたたない。同じように，鉱石は消耗資源であり，掘り尽くすと，そこでの鉱業は終わる。このことが，南ア金鉱業でも生じたのである。南ア金鉱地がラントの3金鉱地だけにとどまるならば，疑いなく，南アフリカは第二次世界大戦後には平凡な産金国になっていったであろう。しかし，幸運にも，1930年代に始まった金鉱床探査は，新たな，よりいっそう広大で富裕な金鉱地の発見につながる。そして，新金鉱地の発見と開発の結果，南ア金鉱業は以前にもまして大規模産業となる。ここに第2期の最大の意義をみることができる。

　これらの金鉱床は，必ずしもすべてが巨大鉱業金融商会によって発見されたのではなかった。それにもかかわらず，注目すべきことに，新金鉱地の鉱山は例外なく巨大鉱業金融商会傘下に入った。鉱床発見の経緯と，どのようにしてすべての鉱山が巨大鉱業金融商会の傘下に入ったかを明らかにすること，これが，第1章の課題である。

　第2章は，これら新金鉱地の開発金融を取り扱っている。新金鉱地の開発には，1946年から1960年までにおよそ4億ポンドが投じられた。これは，それ以前の50年間に投下された資本の1.5倍にあたり，ダンカン・イネスが指摘するように，「南アフリカでかつて企てられた最も大きい最も壮観な金融事業」[6]であった。開発主体である鉱業金融商会は，戦前と異なる戦後の世界の金融構

造の中でどのようにして巨額の開発資金を調達したか，また，リスク回避のためにどのような措置を講じたか，などが考察の対象となる。

　第3章は，新旧金鉱地・鉱山の成果生産量と営業利潤を見ている。すなわち，新旧金鉱地の生産量と利潤，富裕鉱山，中位鉱山と劣位鉱山の存在，傘下鉱山の成果の結果生じる鉱業金融商会の相対的地位の変化などに焦点をあてている。金鉱業の中心が旧金鉱地から新金鉱地に移行することと関連して，鉱業金融商会の力関係がそれとともに変化する。広大で富裕な鉱地をおさえた鉱業金融商会が有力生産者にのしあがり，そうでない鉱業金融商会は，以前に有力であっても，その地位を失うのである。なお，この時期に金鉱山においてウラン生産も始まるが，補論において，ウラン生産は鉱山の営業利潤にどれだけ貢献したか，また，ウラン生産にいたる国際的背景はどのようなものであったか，を考察している。

　第4章は，第二次世界大戦後急速に進められた新金鉱地の開発が必要としたアフリカ人労働者がどこから，どのようにして得られたかを明らかにする。金鉱業におけるアフリカ人労働者の中心は，依然南ア国内とモザンビークとレソトからくる労働者であった。しかし，熱帯労働者（南緯22度以北の労働者）を獲得できなければ，新金鉱地の開発は相当に遅れたであろうことは確実である。そればかりではなく，彼らは，20世紀初頭から1970年までアフリカ人労働者の実質賃金をほとんど変わりなくしておくことを可能にした。そして，それによってまた，アフリカ人労働者の出稼ぎ労働システムを維持することを可能にしたのである。しかし，1960年代から1970年代初めにかけての，リンポポ川の向こうの急速な政治的変化によって，外国アフリカ人労働者供給に過度に依存することは戦略的に危険となるのである。

　第2期は，金鉱山を支配する鉱業金融商会にとって大変動の時期であった。長年続いてきた7大鉱業金融商会支配体制にひびわれが生じ，商会相互間の再編成が必然となる。

　1955年からの15年間，鉱業金融商会は金と石炭以外の産業に進出をはじめる。事業の多角化と事務量の増大，並びに戦後の変化する南アの政治・経済の動きへの対応の必要は，6000マイル離れた所からの指令に基づく経営を不適切ならしめた。Consolidated Gold Fields of South Africa (CGFSA)，Central Mining and Investment Corporation (CM)，Johannesburg Consolidated Invest-

---

　　6）　D. Innes, *Anglo American and the Rise of Modern South Africa,* London, Heinemann Educational Books Ltd., 1984, pp. 149-150.

ment (JCI), Union Corporation などロンドンに本社を置く鉱業金融商会はヨハネスブルグに本社を移すか，本社機能をそこに移転せざるを得なかった。しかし，この事態は同時に商会間の再編成に微妙かつ甚大な影響を及ぼすことになる。一方，本社がヨハネスブルグにあった Anglo American Corporation of South Africa (AAC) も，国の内外への投資の多様化と拡大を計るため，グループ企業構造の再編成を計り，金融力の増強に努めなければならなかった。この再編成は，他商会の支配株の取得や影響力の増大と噛み合わされて遂行されるのである。

金鉱山を管理・支配する鉱業金融商会間の協調は，長い間，南ア金鉱業の重要な特徴であった。しかしながら，商会間に競争がなかったわけではなく，鉱地の鉱物権・オプションをめぐる競争は激しく，また，アフリカ人労働力モノプソニーが確立されるまで，アフリカ人労働者の獲得競争は熾烈であった。しかし，長らくの間，他鉱業金融商会傘下の鉱山会社の経営権をうばったり，他鉱業金融商会を支配下に置こうとするような動きは見られなかった。だが，このことが南アフリカ金鉱業界の公理であったわけではない。他鉱業金融商会の戦略的株式取得，支配株取得，ついには乗っ取りが始まる。

その要因として，第1に，鉱業金融商会間の力関係の変化がある。鉱業金融商会が新金鉱地において傘下に収めた鉱山数とその収益力には顕著な違いがあり，その結果，鉱業金融商会間に収益の差が生じる。第2の要因は，アフリカーナーの経済力の増進である。第二次世界大戦中の農業の繁栄を基礎に，アフリカーナーの銀行，生命保険会社，投資会社は，著しく資本力を強化した。それらは，南アフリカ経済の中軸である金鉱業への参入を望んだ。第3の要因は，コーナーハウス（CMとRM）と CGFSA, JCI, General Mining and Finance Corporation (GM), Union Corporation の株式は広く分散し，乗っ取りの格好の対象になったことである。

これらの要因の作用の結果，南ア金鉱業界の名門であったコーナーハウス (CM, Rand Mines (RM))，JCI, GM, Union Corporation は，いずれも，AAC傘下に入るか，または，アフリカーナー資本の支配に組み入れられることとなる。これによって，1930年代半ばに成立した独立した7大鉱業金融商会の支配体制が，1970年代半ばには，AAC, CGF, アフリカーナー資本系商会の鼎立状態となる。第5章は，鉱業金融商会内の再編成と鉱業金融商会間の再編成（乗っ取り）の過程を考察する。

# 第1章　新金鉱地の発見と鉱業金融商会

## はじめに

　南アフリカにおいては，金鉱業は1920年代末から30年代初頭にかけて衰退産業とみなされていた。1929年に南ア政府の鉱山技師ハンス・ピローは，当時の金価格と営業コストがそのまま続くとすると，現在の鉱山の寿命が15～20％伸び，また1935年から40年の間に6つの新鉱山が開発されるとしても，南アの金生産額は最初の12年間に半分となり，さらに，続く5年間に再び半分となる，との推計を発表した[1]。彼は，粉砕鉱石トン当りコストを2シリング引き下げるか，あるいは，十分なアフリカ人労働力の供給があれば，現行の生産水準を6～10年間維持することができると付け加えていたけれども，そのままでは20年も経たぬうちに金生産は4分の1に縮小するというのであるから，彼の推計は南ア政府を恐愕させるに十分であった。より詳細な調査をすべく政府によって任命された1930年低品位鉱石委員会（Low Grade Ore Commission, 1930）は，1930年に金を生産している鉱山会議所加盟金鉱山会社32社のうち，1社は赤字，7社は粉砕鉱石トン当り営業利潤2シリング以下，5社が同利潤2～3シリング，1社が3～4シリング，すなわち加盟金生産鉱山会社の40％（14社）が粉砕鉱石トン当り利潤が4シリング以下であることを明らかにした[2]。これら14鉱山会社は金鉱業の全労働力の41％を雇用し，金生産量のほぼ30％を産出していたから，再び限界鉱山の問題は深刻であった。

---

1) Union of South Africa, *Report of the Low Grade Ore Commission 1930* (U.G. No. 16-1932), 1932, p. 103 ; T. Gregory, *Ernest Oppenheimer and the Economic Development of Southern Africa,* Cape Town, Oxford Unversity Press, 1962, p. 501 : J. Lang, *Bullion Johannesburg ; Men, Mines and the Challenge of Conflict,* Johannesburg, Jonathan Ball Publishers, 1986, p. 339.

2) Union of South Africa, *op.cit.,* p. 22 : T. Gregory, *op.cit.,* p.501.

同委員会は南ア金鉱業の将来に関し次のような結論を下した。「もしウィトワーターズラント金鉱地の東西の延長での鉱業に関して存在する不確かさと，7500フィート以上の深さでの鉱石採掘で遭遇している困難に考慮を払うならば，現在の諸条件がそのまま存続するとすれば，過去10年間見られたような規模での金鉱業の終焉は明確に地平線上に姿を現している……」3)。

南ア金鉱業を取り巻く諸条件に変化がなく，また，新金鉱地の発見がなかったとすれば，ピローや低品位鉱石委員会の見通しどおり，一定品位を越える鉱石の枯渇によって，南ア金鉱業は縮小の一途をたどったことであろう。しかし，同委員会の報告書が公刊される以前に──同書の公刊は1932年3月11日である──，南ア金鉱業を取り巻く状勢──すなわち，ピローや委員会による推定の前提条件──は大きく変わろうとしていた。第1に，大恐慌下，1931年9月にイギリスは金本位制を離脱し，金のスターリング価格は騰貴中であった。第2に，West Rand 金鉱地西端の Randfontein 鉱山の西南の地域で，金鉱脈の調査が秘かに続けられていた。そして，その後の展開では，1932年12月の南ア金本位制の離脱は一挙に金の南ア・ポンド価格の上昇をもたらし，以後7年間にわたり南ア金鉱業は未曾有のブームを享受する4)こととなるし，また，Randfontein 鉱山の西南の地域での金鉱の発見──Far West Rand 金鉱地──は，金価格の騰貴と相俟って，各地での探査活動を活発にし，ついには Klerksdorp 金鉱地，Orange Free State 金鉱地，Evander 金鉱地の発見を導くにいたる。

南ア金鉱業においては，キンバリーのダイヤモンド大資本家たちによって設立された一握りの鉱業金融商会の支配する特異な寡占体制が早期から敷かれていた。金本位制度下では金にたいする需要はほとんど無限といえる状況であったから，金鉱山会社の親会社たる鉱業金融商会間には，鉱山会議所を中心に，他の産業では見られない技術とアフリカ人労働力確保の協調体制が採られていた。しかし，これによって鉱業金融商会間の競争が止揚されたわけでなく，鉱地・鉱区の獲得をめぐる競争は熾烈であった。そして，優良鉱地の獲得に成功した鉱業金融商会は南ア金鉱業における有力商会へと成長した。1880年代末から1890年代初葉にかけて Central Rand 金鉱地中央部の富裕な第1列深層鉱地を掌握したコーナーハウスは，1890年代中葉以降第二次世界大戦直後まで南ア

---

3) Union of South Africa, *op.cit.,* p. 25.
4) 拙著『南アフリカ金鉱業史』新評論，2003年，69～75ページ参照。

最大の金生産者の地位を維持した。また，East Rand 金鉱地の優良鉱地の獲得に成功した JCI, Union Corporation, AAC の鉱業金融商会は，1920年代中葉に南ア金鉱業の中堅商会となった。

　第二次世界大戦後，1950年代半ばから南ア金鉱業の中心は新金鉱地に移り，南ア金鉱業における各鉱業金融商会の地位は新金鉱地をどれだけ支配したかによって決定された。したがって，第二次世界大戦後の南ア金鉱業の展開状況と鉱業金融商会によるその支配状況を知るためには，そしてまた，大戦前の南ア金鉱業と大戦後のそれとを結びつけて理解するためには，新金鉱地の発見の経緯とそれにたいする鉱業金融商会のかかわりを明らかにすることが不可欠である。本章はこの課題に取り組もうとするものである。1930年代初葉に始まった新金鉱地の探査は，ほとんど同時平行的に進行したのであるが，金鉱が発見される順序にしたがって，第1節において Far West Rand 金鉱地を，2節において Klerksdorp 金鉱地，3節において Orange Free State 金鉱地，そして4節においては Evander 金鉱地，を見ることにする。

## 第1節　Far West Rand 金鉱地

　新金鉱地の発見に最初に成功したのは，CGFSA[5]であった。その発端は，大恐慌下ベルリンから南アに移住していた R・クラーマンが，CGFSA に金鉱脈の磁気探査法を持ち込んだことにあった[6]。金鉱脈の存在するラントの地層は，Upper Witwatersrand 系に属する主鉱脈統（Main Reef Series）の約400フィート下に，Lower Witwatersrand 系に属する鉄分の多い磁気性の頁岩があることを特徴としていた。これに思い当ったクラーマンは，磁気メーターによって磁力の異変を探り，間接的に主鉱脈統の存在を知ることはできないかと考えた。CGFSA はこの方法で，1930年12月頃から，Randfontein 鉱山の

---

[5] 1919年以降，CGFSA の機能会社は New Consolidated Gold Fields であるが，本書では，必要のないかぎり，CGFSA をそのまま使用する。CGFSA は定款により南アフリカ国内（実質的にはサハラ以南アフリカ）に投資を制限されていた。この制限を打破するため，子会社の New Consolidated Gold Fields が1919年に設立された。CGFSA は New Consolidated Gold Fields の全株式を所有するだけの会社となり，実際の機能は，New Consolidated Gold Fields が担うことになった。しかし，両会社の取締役は同一であり，実質同一会社であった。

南西のミドゥルヴレイ16農園からモーイ川までおよそ37マイルの長さのベルト地帯を秘かに調査した。結果は上々で，磁気メーターは随所で異変を呈し，広大な土地に Lower Witwatersrand 系が存在していることを示した。そして，この Lower Witwatersrand 系の中の磁気を帯びた頁岩の上方400～500フィートのところに，主鉱脈統が存在することは確実であった。鉱脈の品位や幅や深さや賦存状況を知るには，もちろん多くの試掘坑を掘り，鉱石サンプルを蒐集・分析しなければならなかったが，一片の土地を掘ることなく鉱脈の存在を知るこの方法は，南ア金鉱業史上まことに画期的であった。磁気メーターによる調査が始められた当時，CGFSAが所有する土地はミドゥルヴレイ16農園にすぎなかったから，今やこの広大なベルト地帯——それはすぐに West Wits Line と呼ばれるようになる——の鉱物権もしくは鉱物権オプションを入手することが急務であった。

ところで，West Wits Line（図1－1参照）の探査は，CGFSAが最初というのではなかった。すでにラント金鉱発見の直後から，この地域も探査の対象となり，実際，金鉱脈も発見されていたのである。

West Wits Line は，ドゥリーフォンテイン105農園の東部を南北に横ぎる大断層（Bank Fault）によって東部地区と西部地区に分かれるが，1887年8月，セシル・ローズの Gold Fields of South Africa は，ラントフォンテイン農園の西のエランズヴレイ農園およびドゥローフフーヴェル農園とこの東部地区のミドゥルヴレイ16農園にたいする権利を取得した。さらに，CGFSAは1895年にミドゥルヴレイ16農園の南のヘムスボクスフォンテイン1農園のオプションを獲得した。しかし，これら農園の探査はいずれも実を結ばず，オプションは消滅するにまかせられた[7]。

次に，ヘムスボクスフォンテイン1農園とその周辺の農園のオプションを取り上げたのは，プリンガーであった。彼は1898年12月からミドゥルヴレイ16農

---

6) The Consolidated Gold Fields of South Africa, Limited, *'The Gold Fields' 1887-1937*, London, The Consolidated Gold Fields of South Africa, Limited, 1937, p. 109 ; A. P. Cartwright, *The Gold Miners,* Cape Town, Purnell, 1962, p. 244 ; A. P. Cartwright, *Gold Paved the Way : The Story of the Gold Fields of Companies,* London, Macmillan, 1967, p. 156 ; J. Lang, *op. cit.,* p. 352 ; P. Johnson, *Gold Fields : A Centenary Portrait,* London, George Weidenfeld & Nicolson, 1987, p. 44.

7) W. M. Walker, 'The West Wits Line', *South African Journal of Economics,* Vol. 18, No. 1 (March 1950), p. 17.

図 I-1 West Wits Line の諸農園

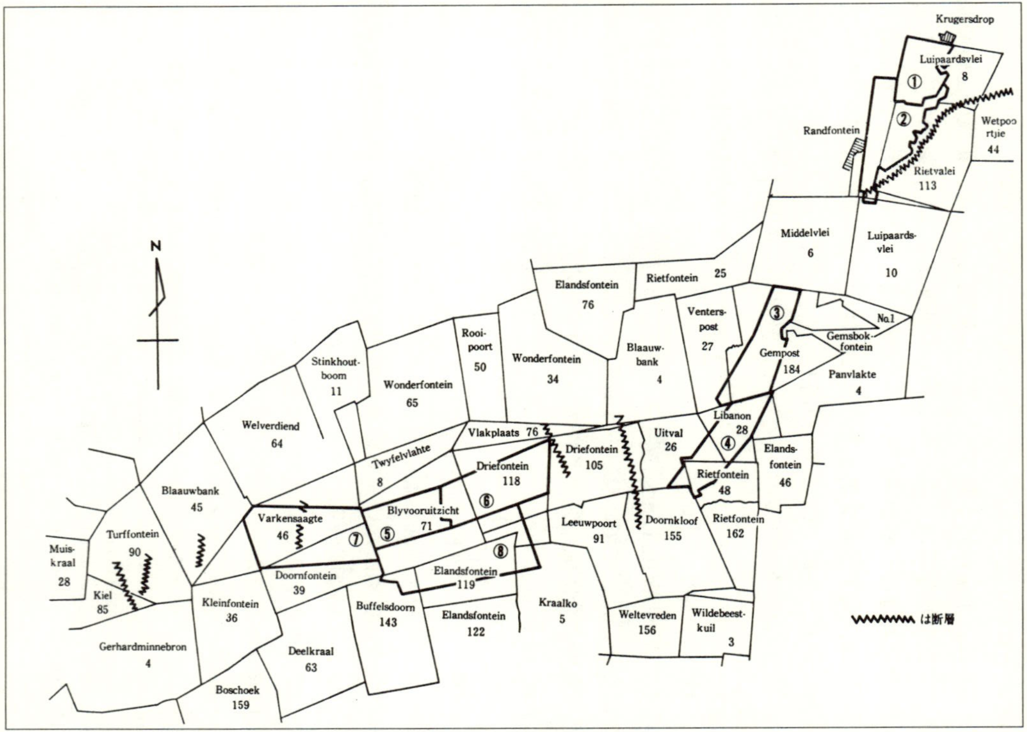

(注) ① West Rand Consolidated Mines ② Randfontein Estates GM ③ Venterspost GM ④ Libanon GM ⑤ Blyvooruitzicht GM ⑥ West Driefontein GM ⑦ Doornfontein GM ⑧ Ultra Deep Levels
[出所] *Mining Year book 1939*, p. Face page of 658. W.H. Waker, 'The West Wits Line', *South African Journal of Economics*, Vol. 18, No. 1 (March 1950), p. Face page of 34.

園の南境界とヘムスボクスフォンテイン1農園とヴェンタースポスト27農園で試掘坑の掘削を始めた。ヘムスボクスフォンテイン1農園の試掘坑は鉱脈と交差したが，南ア戦争の勃発によって，探査は中断のやむなきにいたった。戦後程なくプリンガーによって Western Rand Estates が設立された。Western Rand Estates は，ブラーウーバンク41，ヴェンタースポスト27，ヘムスボクスフォンテイン1，リバノン28，ウイトヴァル26の農園にたいし種々の権利を有していた。同社は6本の試掘坑を掘り，そのうち5本までが金鉱脈と交差した。なかでも，ヘムスボクスフォンテイン1農園の4番試掘坑が掘り当てた鉱脈は，非常な高品位で，鉱石品位101.0 dwts（ペニーウェイト。20分の1オンス。約1.56グラム。鉱石品位は，鉱石トン当り金含有量で表す），鉱脈幅16.5インチ（鉱脈品位1667 inch-dwt）であった[8]。後に判明することであるが，この鉱脈は主鉱脈統には属さず，ラントでは知られていなかった新しい鉱脈で，後に Ventersdorp Contact Reef と名付けられる。

　1904年から1910年までの間，金法（gold law）の改定を待って，Western Rand Estates の活動は停止された。1910年に，いよいよ竪坑の掘削が開始された。しかし，翌年，地下97フィートのところで，上部地層をなす苦灰岩（dolomite）が含む地下水の洪水に遭って，掘削は失敗に終わった[9]。

　他方，大断層を越えた西部地区でも，ブレイショウやゲルツ商会（Union Corporation の前身）によって試掘坑が掘られたが，鉱脈を発見することはできなかった[10]。（1903年にゲルツ商会によって掘り始められ，苦灰岩の途中で放棄された試掘坑については後述する。）

　東部地区では，それ以後15年間，新たな探査の試みはなく，1926年，Western Rand Estates の利権は，ヨハネスブルグの金融業者，J・ドンルドゥスンとW・カーリスに譲渡された。CGFSA がこれら利権の獲得を思いいたったとき，それは，これらの人々によって設立された Western Areas Ltd によって所有されていた[11]。大恐慌下資金繰りに苦しんでいたドンルドゥスンとカーリスは，躊躇なく CGFSA の申出を受諾した。譲渡条件は，この利権上に

---

8) *Ibid.*, p. 17.
9) *Ibid.*, p. 17 ; *The South African Mining and Engineering Journal*（以下，*SAMEJ* と略記する），July 5, 1932, p.783.
10) W. M. Walker, *op. cit.*, p. 17.
11) T. Gregory, *op. cit.*, p. 513.

設立されるすべての鉱山会社の3分の1の権利を受けとることであった。この権利はほどなく，CGFSAによって22万500ポンドで買い取られた[12]。

1932年11月12日——南アが金本位制を離脱する8週間前——，West Wits Lineの探査に向けて，West Witwatersrand AreasがCGFSAによって設立された。当初の授権資本金は50万ポンド（額面10シリング，株式数100万株）であった。CGFSAは，West Witwatersrand AreasにWestern Areas Ltdから取得した東部地区の鉱物権や西部地区で設定したオプションを譲渡し，West Witwatersrand Areasからは，①完全払込み株式20万株，②調査費などオプションに関わった費用，③残り80万株にたいする額面価格での応募権，④増資の際の優先価格での株式購入権，を受け取り，さらに，顧問技師・支配人の地位を確保した[13]。この広大な金鉱地の開発には，一商会が準備しうる金額をはるかに越える資金が必要とされることを予想し，CGFSAは他の鉱業金融商会にたいし資本参加を呼びかけた。

CGFSAは古くからの盟友であるコーナーハウスにたいし20％の資本参加するよう——これには約10万ポンド必要であった——に申し込んだ。コーナーハウス，すなわち，CMは，CGFSAの期待に反し，参加を断った。これには幾つかの理由があった。CMは，CGFSAによって提供された資料を検討した時，West Wits Lineの西部地区のオプションと並んで——CMはこの地区には賭ける用意があった——，Western Areas Ltdが有していた東部地区のヴェンタースポスト，ヘムスボクスフォンテイン，リバノンの農園の鉱物権を見出した。Western Areas Ltdとその前の所有者のWestern Rand Estatesは，過去に何度かCMにたいし，これら農園の鉱物権の譲渡を申し込んだことがあり，CMはその度ごとに断わっていた[14]。東部地区にはまったく期待が持てない，これがCGFSAの申し出をCMが受けなかった理由であった。他方，当時，CMのロンドン取締役会は，200万ポンドにのぼるスペイン鉄道にたい

---

12) *SAMEJ*, November 18, 1933, p. 201; A. P. Cartwright, *Gold Paved the Way*, p. 161; A. P. Cartwright, *Golden Age : The Story of the Industrialization of South Africa and the Part Played in It by the Corner House Group of Companies 1910-1967*, Cape Town, Parnell, 1968, p. 203.

13) *SAMEJ*, November 19, 1932, p. 175.

14) Western Rand Estatesは，1902年，1911年，1921年の3回にわたってRand MinesにたいしWest Wits Line東部の採鉱権の譲渡を申し入れたが，その度に断わられた。また，Western Areas Ltdも1930年にRand Minesにその譲渡を持ち込んだが，それも断わられた（A. P. Cartwright, *Golden Age*, pp. 200-203.）。

する借款の凍結問題に忙殺されており，他の問題を十分に検討する余力に乏しかった15)ことも，CGFSA の勧誘に消極的態度を取らせたひとつの要因であった。しかし，最大の理由は，何よりも，地球物理学的探査方法と，Far West Rand における金鉱脈発見の可能性にたいし懐疑が支配的であったことである。この懐疑の故に，JCI と Union Corporation もまた CGFSA の申し出を断わったのであった16)。結局，CGFSA の勧誘に応じたのは，AAC と GM，ベイリー・グループとその他いくつかの小さな会社であった17)。このため，CGFSA の持株は，取締役の予想よりやや多く，30％となった。AAC は，1株当り2ポンド弱の価格で5万株を購入した。この West Witwatersrand Areas の株価は，2，3カ月後には1株10ポンドとなっていた18)。

掘削された試掘坑は，次々に主鉱脈統を発見し，「クラーマン理論」の正しさを裏付けた。驚くべきことは，主鉱脈の他に，従来ラントで知られていなかった2つの鉱脈が発見されたことである19)。ひとつは Ventersdorp Contact Reef (VCR) と名付けられ，West Wits Line の東部地区で主鉱脈統のはるか上方，Ventersdorp 溶岩層の基底にあった。Carbon Leader Reef (CLR) と名付けられたもうひとつの鉱脈は，西部地区で主鉱脈統のおよそ200フィート下で発見された。しかも幸運なことに，この2つの鉱脈はどちらも高品位であった。ただし，VCR は必ずしも規則的に存在せず，しばしば途切れがあったばかりか，異常に高品位のところがあれば，また収益不能な低品位のところもあった。これにたいし，CLR は，高密度に金の粒子を含む小石の膠結された礫岩層で，規則的に賦存し，断面は細長いリボン状をなしていた。しかも，深さが増すごとに品位が高まっていた。このことの意義は，AAC によって Western Deep Levels が設立されるとき明らかとなる。

Far West Rand 金鉱地では，第二次世界大戦前に3つの鉱山会社が設立され——ただし，終戦までに生産を開始したのは2社——，戦後に7つの鉱山会

15) A. P. Cartwright, *Golden Age*, pp. 146-159, 205.
16) A. P. Cartwright, *Gold Paved the Way*, p. 164 ; A. P. Cartwright, *Golden Age*, p. 205.
17) T. Gregory, *op.cit.*, pp. 514-515 ; A. P. Cartwright, *Gold Paved the Way*, p. 164 ; A. P. Cartwright, *Golden Age*, p. 205.
18) D. Innes, *Anglo American and the Rise of Modern South Africa*, London, Heinemann Educational Books Ltd., 1984, pp. 140-141.
19) A. P. Cartwright, *The Gold Miners*, p. 246 ; P. Johnson, *op. cit.*, p. 46.

表 1 - 1　Far West Rand 金鉱地における金鉱山会社

| | 管理会社 | 設立年 | 生産開始年 |
|---|---|---|---|
| 1. Venterspost Gold Mining Co Ltd | CGFSA | 1934 | 1939 |
| 2. Libanon Gold Mining Co Ltd | CGFSA | 1936 | 1949 |
| 3. Blyvooruitzicht Gold Mining Co Ltd | CM=RM | 1937 | 1942 |
| 4. West Driefontein Gold Mining Co Ltd | CGFSA | 1945 | 1952 |
| 5. Doornfontein Gold Mining Co Ltd | CGFSA | 1947 | 1953 |
| 6. Western Deep Levels Ltd | AAC | 1957 | 1962 |
| 7. Western Areas Gold Mining Co Ltd | JCI | 1959 | 1961 |
| 8. Kloof Gold Mining Co Ltd | CGFSA | 1964 | 1968 |
| 9. Elsburg Gold Mining Co Ltd | JCI | 1965 | 1968 |
| 10. East Driefontein Gold Mining Co Ltd | CGFSA | 1968 | 1972 |

(注)　本文では次のように略記する。1. Venterspost, 2. Libanon, 3. Blyvooruitzicht, 4. West Driefontein, 5. Doornfontein, 6. Western Deep Levels, 7. Westen Areas, 8. Kloof, 9. Elsburg, 10. East Driefontein.

社が設立された（表1－1と図1－2参照）。このうち CGFSA 傘下に入った鉱山会社は, Venterspost, Libanon, West Driefontein, Doornfontein, Kloof, East Driefontein の6社で, CM 傘下の鉱山会社が Blyvooruitzicht の1社, AAC 傘下が Western Deep Levels の1社, そして, JCI 傘下が Western Areas と Elsburg の2社, であった。CGFSA, CM および AAC の傘下の鉱山会社はすべて West Wits Line にあるのにたいし, JCI 傘下の2鉱山会社は West Wits Line を外れたところ, すなわち, Libanon 鉱山の西方6マイル, Randfontein 鉱山の南方およそ18マイルのところに広がる3農園（モダーフォンテイン44, ワーターパン45, ジャクトフォンテイン99——図1－3参照) にあった。戦前この辺りは, もし鉱脈が存在したとしても, それはあまりに深く, 開発は到底不可能だと考えられていた。1950年代の中頃, JCI が敢えてこの地域の探査を行なったところ, 思いがけなく比較的浅いところで鉱脈を見出した。断層現象によって鉱脈が上方に押し上げられていたのである[20]。新金鉱地の探査で他の商会に遅れをとっていた JCI にとって, この発見は幸運であった。

　これらの鉱山の開発は, 'trouble free mine'[21] と呼ばれた Doornfontein

---

20) The Staff of the Johannesburg Consolidated Investment Co Ltd., *The Story of Jonnies (1889-1964): A History of the Johannesburg Consolidated Investment Co Ltd.*, Johannesburg, 1965, pp. 58-59 ; P. Johnson, *op.cit.*, p. 46.

21) A. P. Cartwright, *Gold Paved the Way*, p. 240.

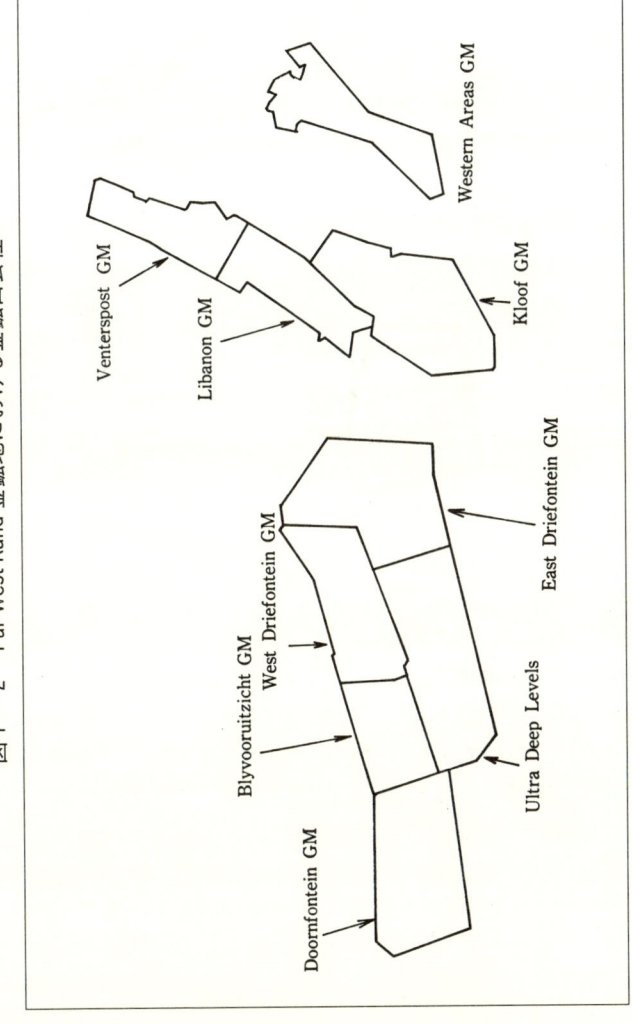

第 1 章　新金鉱地の発見と鉱業金融商会　17

図 1 − 2　Far West Rand 金鉱地における金鉱山会社

Western Areas GM
Venterspost GM
Libanon GM
Kloof GM
Blyvooruitzicht GM
West Driefontein GM
Doornfontein GM
Ultra Deep Levels
East Driefontein GM

(注)　Elsburg 鉱山は，1974年6月，Western Areas 鉱山に合併される。
[出所]　Anglo American Corporation of South Africa Ltd, *Annual Report 1979*, p. 86.

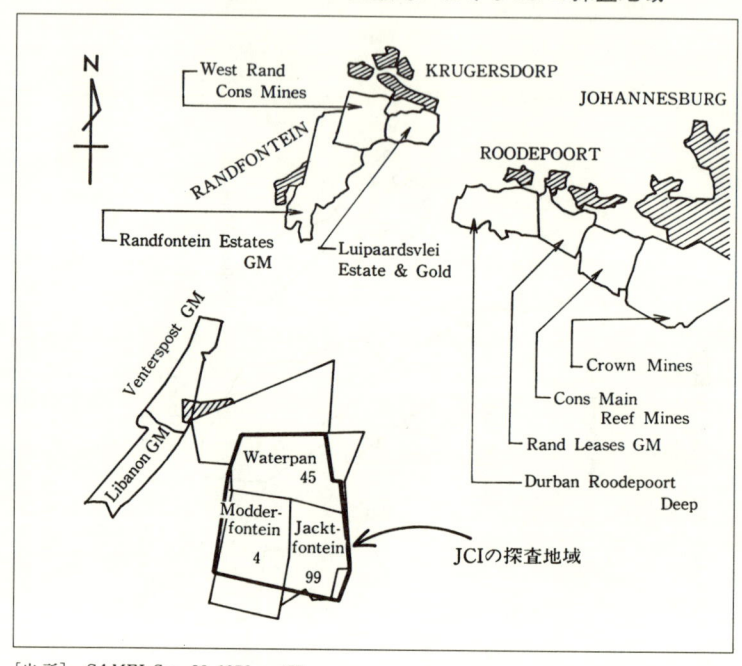

図Ⅰ-3　Far West Rand 金鉱地における JCI の探査地域

［出所］　*SAMEJ*, Sep. 28, 1956, p. 477.

を唯ひとつ例外にして，Far West Rand の地質的条件により困難をきわめた。Far West Rand では一般的に，表土の下およそ4000フィートの深さまで，苦灰岩の層があった。その上方部分，地下100～600フィートのところには，雨水の浸入で穿たれた多量の泥水を含む無数の大きな穴があり，竪坑の掘削は初めから泥水の洪水に出遭うこととなった。プリンガーの竪坑を「溺れ」させ，この地域における最初の鉱脈発見を無に帰せしめたのもこの洪水であった。幸いなことに，West Wits Line の発見は，竪坑掘削技術の新しい進展とほとんど同時であった。これは1890年にベルギー人アルバート・フランスワーズによって見出されていたもので，グラウトと呼ばれるセメントの混合物を岩石の割れ目に大きな圧力で注入し，水を封印してしまう技術であった。この技術は当初から，すなわち，West Wits Line における最初の鉱山，Venterspost の竪坑の掘削の時から用いられた[22)]。

　　CM 傘下の Blyvooruitzicht と AAC 傘下の West Deep Levels とは，

CGFSA傘下のWest Driefonteinと並んで，南ア金鉱業史上とび抜けて富裕な鉱山であった。確かに鉱山は，実際に竪坑と横坑を掘削して鉱石を取り出さないかぎり，本当に富裕であるかどうかはわからないが，West Wits Lineのほとんどの土地の鉱物権を獲得したCGFSAが，何故にBlyvooruitzichtとWestern Deep Levelsという富裕な鉱山を自己の傘下に組み入れることができなかったかが問題となるであろう。

West Wits Line西部地区の中央付近に，CGFSAがオプションの獲得を逸した小区画があった。ドールンフォンテイン39農園とドゥリーフォンテイン18農園に狭まれたブリフォールイトチヒト71農園の一部で，広さは724モルゲンであった。クラーマンがこの地域の調査を始めた頃，この土地はある故人の持ちもので，Standard Bankによって管理されていた。CGFSAがオプションの獲得に同銀行を訪れたとき，それはすでに，New Witwatersrand Gold Exploration（NWGE）という会社の所有となっていた。NWGEは，ゲルツ商会がその昔，中途で放棄した試掘坑を掘り進め，鉱脈の存在をつき止めており，強い交渉力を有していた[23]。おそらくCGFSAとは譲渡価格で折り合いがつかなかったのであろう。NWGEはCGFSAの申込みを蹴って，CMにたいし共同開発を申し入れた。

West Wits Lineの西部地区に関心を有していたCMは，これに応じた。1936年，両社共同で掘削した試掘坑は，4887フィートのところで鉱脈に当った。鉱石品位は13.5 dwtsの高品位で，鉱脈幅は22インチであった。CGFSAはCMにたいし，①West Witwatersrand AreasとCMの折半で，NWGEよりこの区画の鉱物権を購入すること，②この区画とWest Witwatersrand Areasが鉱物権を有する区画と合わせてブリフォールイトチヒト71農園にひとつの鉱山会社を設立し，CMの管理下におくこと，を示唆した[24]。NWGEが所有する区画だけでは，到底ひとつの鉱山を作ることは規模の点から無理があり，また，CGFSA自身西部地区の中央部は非常に有望な鉱地と見なしていたのであるから，管理を譲るというこの提案は，CMにとってきわめて有利な破格の条件であった。

---

22) A. P. Cartwright, *The Gold Miners*, p. 247 ; A. P. Cartwright, *Gold Paved the Way*, p. 169 ; P. Johnson, *op.cit.*, p. 45.
23) A. P. Cartwright, *Gold Paved the Way*, p.168 ; A. P. Cartwright, *Golden Age*, p. 206.
24) A. P. Cartwright, *Gold Paved the Way*, p.168.

こうして1937年6月10日，Blyvooruitzicht が設立された。鉱区数3034,当初の資本金は，授権資本金295万ポンド（額面10シリング，590万株），発行資本金245万ポンド（490万株）であった。Blyvooruitzicht は，CM の管理下に入ったが，West Witwatersrand Areas は資本金の大部分，すなわち，資本金のかっきり80％を所有していた[25]。

　1942年，Blyvooruitzicht は，ひとつの竪坑のまま操業を開始した。およそ金鉱山には少なくとも2つの竪坑が必要なのであるが，大戦の勃発による資材と人材の不足により，2つ目の竪坑の掘削は，延期されたままとなった。注目すべきことに，Blyvooruitzicht が開発を目指した2つの鉱脈のひとつ，CLR は予想していた以上に高品位であり，しかも深さが増すにつれて品位が高まっていた。操業が開始された翌年には，Blyvooruitzicht はそれまでの南アのどの鉱山よりも富裕な鉱山となることは確実となっていた。AAC が，ブリフォールイトチヒト71農園とその東隣のドゥリーフォンテイン18農園とのすぐ南の農地を探査するため，探査会社 Western Ultra Deep Levels を設立したのは，Blyvooruitzicht の操業開始の年であった。

　ブリフォールイトチヒト71農園，ドゥリーフォンテイン18農園両農園の南境界では，深さ5000フィートのところに VCR が，そして7000フィートのところには CLR があった。それ故，この境界を越えるところに竪坑を掘るならば，およそ6000フィートと1万フィートのところで，それぞれ VCR と CLR につき当ることは確実であった[26]。これは「新版深層理論」ともいえるもので，AAC が Western Ultra Deep Levels によって挑戦しようとしたのはこの可能性であった。問題は，1万フィートを越える深さでの採鉱は技術的に可能かということと，予想される巨額の費用がペイし得るかどうかということであった。CGFSA は，開発を8500フィートの深さ以内に押さえることを決めていた[27]。技術的問題もさることながら，開発すべき他の鉱山を抱えて，1万フィートに達する超深層鉱山の開発費を調達することはほとんど不可能と見ていた。

　技術的にいって，大戦前にはこのような企画は問題外であった。しかし，戦後には竪坑の掘削技術と深部の作業場での換気技術には目覚ましい進歩が見られた。ラント金鉱地の Durban Roodepoort, City Deep, Rand Leases, Con-

---

25) *Ibid.*, p. 169.
26) A. P. Cartwright, *The Gold Miners*, p. 139.
27) P. Johnson, *op. cit.*, p. 46.

solidated Main Reef, Crown Mines, Robinson Deep, Simmer & Jack, ERPMの8鉱山は，大戦直後に8000フィートの深さを越えていた[28]。したがって，残る問題は，鉱山史上それまでのいかなる鉱山の資本をも越える巨額の開発コストを正当化することができるかどうか，ということであった。解答の一部はすでにBlyvooruitzicht鉱山とWest Driefontein鉱山の驚くべき鉱石品位が与えていた。

　1951年，Blyvooruitzichtの営業利潤は742万ポンド[29]にも上った。これは，それまでのどの金鉱山会社も実現したことのない金額であった。以後数年にわたり，Blyvooruitzichtは南ア金鉱業の花形であった。しかし，1952年に生産を開始したWest Driefonteinの営業利潤は1956年にBlyvooruitzichtのそれを追い抜き，59年に888万ポンド[30]，そして，60年には1249万ポンド[31]を記録した。こうした成果に確信を得て，AACはゴー・サインを出した。1957年，Western Ultra Deep Levelsが探査した鉱地を開発するため，Western Deep Levelsが設立された。この鉱山は，1962年に生産を開始することとなるが，生産段階にいたるまでの開発費は実に2800万ポンドに達していた[32]。

　Far West Rand金鉱地の発見は10の新しい金鉱山をもたらしただけでなかった。より重要なことは，南ア金本位制離脱による金価格騰貴と相俟って，他の地域での探査活動を活発にし，Klerksdorp金鉱地，Orange Free State金鉱地，さらにはEvander金鉱地の発見へと導いたことである。West Wits LineにおけるCGFSAの探査の成功が知れるや，ヨハネスブルグの鉱業金融商会やその他の者が注目したのは，Far West Randの南西に広がるポトチェフストルーム地域，クラークスドープ地域，さらにはヴァール川を越えたオレンジ・フリー・ステイトの北部地域であった。

---

28) A. P. Cartwright, *The Gold Miners,* p. 319.
29) Chamber of Mines, *Annual Report 1951,* 1952, pp. 126-127.
30) Chamber of Mines, *Annual Report 1959,* 1960, p. 178.
31) Chamber of Mines, *Annual Report 1960,* 1961, p. 80.
32) A. P. Cartwright, *Gold Paved the Way,* p.214.

## 第2節　Klerksdorp 金鉱地

### 1. 1930年代初頭までの Klerksdorp 金鉱地

Far West Rand では露頭鉱脈は存在せず，クラーマンの磁気探査法が導入されるまでは，一か八かの試掘坑の掘削以外に金鉱脈発見の手段はなかった。これにたいし，クラークスドープ地域では，ラントの金鉱発見（1886年）の翌年には，ラントの露頭鉱脈によく似た岩石が発見され，リートクイル626農園（後に86に改称される）を筆頭にいくつかの農園が公開金鉱地として宣言された。この宣言と踵を接して，多数の鉱区の杭打ちが為され[33]，小さな金鉱山会社やシンジケートが族生した。ラントと同じ興奮と喧噪の光景が展開されたわけである。しかし，その後の Klerksdorp 金鉱地の歴史は，ラントのそれとは大きく隔たっていた。

最初の金（6790オンス）が産出された1890年に，Klerksdorp 金鉱地もまたラントと同様激しい不況に襲われた。金鉱株価とともに鉱地価格も暴落し，群小の金鉱山会社とシンジケートのほとんどが没落の憂き目に逢った。この不況そのものは，アマルガム法では溶解しない黄鉄鉱を含む鉱石の出現に端を発するラントの不況[34]の余波として生じたものであったけれども，クラークスドープ地域における干魃や洪水の発生と輸送難もこれに拍車をかけた。アマルガム法に代わるシアニード法の導入は Klerksdorp 金鉱地にも光明をもたらし，1895年の産出高は7万1775オンスを記録した。しかし，その年を境に鉱山操業は変動が著しくなり，さらにはジェイムスン襲撃事件と南ア戦争によって，開発はほとんど中断してしまった。

南ア戦争が終了するや，クラークスドープ地域で再びゴールド・ラッシュが生じた。1903年，クラークスドープ地域の21の農園において，1万5749鉱区の許可証が発行され，小さな鉱山会社が林立した[35]。しかし，どの会社もこれといった成果を上げられず，それ以降1930年代初頭まで Klerksdorp 金鉱地における鉱山活動は断続的なものであった。この期間をとおして継続的に操業し

---

33) リートクイル626農園だけで2000を越える鉱区が設定された（J. Scott, 'The Klerksdorp Goldfield', *South African Journal of Economics*, Vol. 21, No. 2 (June 1953), p. 119.）。
34) 拙著，前掲書，21ページ．
35) J. Scott, *op. cit.*, p. 119.

ていた鉱山会社は数社にすぎず，年産出高も僅か数百〜3万7000オンス（年平均2万オンス程度）で，一度たりとも1895年の記録を凌駕することはなかった36)。

　Klerksdorp金鉱地がこのような見すぼらしい成果しかあげられなかった要因のひとつは，鉱脈そのものが概して低品位であったことにある。もうひとつの要因は高コストであった。高コスト自体ある程度，鉱石の質と関連していたが，それにも増して，石炭不足，機械・石炭・薬品等の運搬されるべき距離，初期には鉄道輸送の欠如と後には鉄道輸送の高運賃，これらによって粉砕鉱石トン当りのコストはしばしばこの地域の鉱石をペイ・リミット（pay limit）の範囲外に追いやる結果となっていた。第3の要因はKlerksdorp金鉱地の鉱脈の賦存状況である。Klerksdorp金鉱地では，この地域全体を特徴づける地質の断層，褶曲37)，不整合38)を受けて，金鉱脈もまた突然の途切れ，漂移的分布，凹凸的状態を蒙っていた。鉱脈の幅は薄くとも，均質で一様な広がりを示すラントの金鉱脈とは大きく異っていたのである。Klerksdorp金鉱地のこうした鉱脈の特質は，応々にして鉱山操業そのものを不可能にし，また地質に関する知識の欠如によって，資力と労力の浪費を招いて高コストの要因ともなったのである。Klerksdorp金鉱地における鉱山所有者としてヨハネスブルグの著名な金融業者の名も散見するが，ラントの金鉱地を支配する鉱業金融商会がひとつとしてKlerksdorp金鉱地に継続して進出していないという事実は，象徴的であった，といえるであろう。低品位鉱と高コストによる脆弱な採算性と並んで，Klerksdorp金鉱地の地質的条件が鉱山経営をきわめて投機性の高いものとしていたのである。

### 2. スコット親子の探査活動

　こうした悪条件の中で，長年にわたって鉱脈を探査し続けた一組の親子がいた。チャールズ・スコットとジャック・スコットである。南ア金鉱業を取り巻く新しい条件の下での鉱業金融商会の探査活動に立ち入る前に，彼らの活動を見ておかなければならない。というのも，「ジャック・スコットの不屈の決意と，彼の父チャールズ・スコットと，彼らのStrathmore Reefの物語がなけ

---

36) *SAMEJ,* April 18, 1933, p. 81.
37) 褶曲（folding）：横圧を受けて地層が波状になっている状態。
38) 不整合（unconformities）：浸食作用によって生じた地層の不連続。

れば，Klerksdorp金鉱地の歴史は不完全である」[39]からである。後に見るように，ジャック・スコットはKlerksdorp金鉱地の古い時代を体験するとともに，新しい時代を切り開いた人であった。

1888年，クラークスドープのすぐ南側のストラスモア15農園で小さな露頭鉱脈が発見された。当初，Kimberley Development Syndicateという名の企業によって採掘されていたが，後に，Nooitgedacht Gold Miningに譲渡された。採掘が続くにつれて，Klerksdorp金鉱地の鉱山の例に洩れず，鉱脈は途絶えてしまった[40]。チャールズ・スコットがスコットランドからやって来たのは，丁度その頃である[41]。彼はストラスモア15農園を採鉱権をふくめて購入した。以後30年に及ぶ彼の苦闘が始まった。シンジケートを作っては解散し，会社を設立しては崩壊した。その間，Klerksdorp金鉱地はほとんど消滅寸前であった。しかし，彼は踏み止まって探査活動を続行した。何時の日か，自らStrathmore Reefと呼んだ鉱脈が発見されることを信じて疑わなかった。彼は，1932年，丁度人々の関心がWest Wits Lineに向けられたころ亡くなった。後に明らかになるのであるが，彼の追い求めたStrathmore Reefは，20世紀最大の鉱脈発見と目されているVaal Reef――これはOrange Free Srate金鉱地ではBasal Reefと呼ばれる――の唯一の露頭鉱脈であった。

チャールズ・スコットの衣鉢を継いだのは，息子のジャック・スコットであった。彼はイギリスで土木工学を学び，1929年から父の探査活動に加わっていた。父の死後，なおストラスモア15農園での探査を続けていたが，露頭鉱脈の延長をついに発見できなかった。1932年，彼はベイトマン，ブラウンとともに，リートクイル86農園にBabrosco Mines (Pty)を設立した。この鉱山は，比較的短期間に月間粉砕鉱石量が1万2000トンに達し，利潤を生むにいたった[42]。しかし，この成功も，後の成功に較べるとささやかであった。彼は第二次世界大戦に出征するまでの6年間，資金の許すかぎり，クラークスドープ地域のあちこちで探査を続け，この地域の地質に関する第一人者となっていた。彼が再びクラークスドープ地域に姿を現すのは，戦後復員してからであった。

---

39) A. P. Cartwright, *The Gold Miners*, p. 260.
40) *Ibid.*, p. 261.
41) *Ibid.*, p. 261; *The Mining Journal: Annual Review 1954*, p. 218.
42) A. P. Cartwright, *The Gold Miners*, p. 262.

## 3. Western Reefs, Middle Wits および New Central Wits の探査活動

南アが金本位制を脱し，金価格の上昇が生ずると，Klerksdorp 金鉱地は三たび脚光を浴びることとなった。金価格の上昇に照らして開発の可能性が吟味され，古い鉱山が再開されたり，新しい鉱山が拓かれた。1933年に設立された新興鉱業金融商会 Anglo-Transvaal Consolidated Investment (Anglovaal)は，放棄されていた Klerksdorp Gold Estates 鉱山を再開し，Anglo-French Exploration (Anglo-French) は，1890年代に採掘されていた New Machavie 鉱山の再開発に着手した。またノバート・アーリ支配下の New Union Goldfields は，以前の Klerksdorp Proprietary 鉱山を買収し，New Mines として再建した。ベヴィックとモリングは，Dominion Reefs (Klerksdorp)を設立し，Dominion Reef の開発に取り組んだ[43]。しかし，こうした露頭鉱山の開発は見るべき成果をあげることはできなかった。断層による鉱脈の途切れが，鉱山操業を困難にしていた。

南ア金本位制離脱後におけるクラークスドープ地域の探査の主力は，露頭鉱脈にではなく，地中深く隠された深層鉱脈にあった。そして，Far West Rand における CGFSA の成功に刺戟されて，Far West Rand に接続するポトチェフストルーム地域とクラークスドープ地域の探査へと突入したのは，AAC と Anglovaal と African & European Investment (African & European) であった。

これらの鉱業金融商会が，正確に何時の時点でポトチェフストルーム地域やクラークスドープ地域への進出を決定したかは，定かでない。AAC にクラークスドープ地域への進出を促したのは，ジャック・スコットであった[44]ともいわれている。ともあれ，Far West Rand では，West Witwatersrand Areas の試掘坑が鉱脈をつきとめる以前であったが，1933年3月には「West Witwatersrand Areas は最早ギャンブルではない。それは確かなものである」[45]と評価されるようになっていた。鉱業金融商会が進出を決定したのはおそらくこの前後であろう。この時期，これら地域のオプションの獲得にいくつもの会社や個人が参加し，さらには探査に向けていくつかの会社が設立されるのである。オプションの規模からみて，これら探査会社の中で重要なものは，1933年4月，

---

43) *Ibid.*, p. 263.
44) *SAMEJ*, November 29, 1952, p. 509.
45) *SAMEJ*, March 11, 1932, p. 1.

AACによって設立されたWestern Reefs Exploration and Development（Western Reefs）と，同じ月に，Anglovaalによって設立されたMiddle Witwatersrand (Western Areas)（Middle Wits），並びに，同年8月，African & Europeanを中心にいくつかの会社と個人によって設立されたNew Central Witwatersrand Areas（New Central Wits）の3社である。

　発足時にMiddle Witsがオプションを有していた農園は，West Wits Lineの直接延長線上に位置し，デュ・トイツ・スプルイト120農園からモダーフォンテイン121農園まで連なる11農園からなっていた。長さはおよそ21マイル，面積約3万モルゲンで[46]，ポトチェフストルーム地域に属していた。他方，Western Reefsが発足時にAACから譲渡されたオプションは，このMiddle Witsのオプション農園の西端からクラークスドープの東3～4マイルのところまで広がる14農園3万3000モルゲンで[47]，ポトチェフストルーム地域とクラークスドープ地域にまたがっていた。Western Reefsのオプション獲得は急速であった。設立後間もなく，パルミートフォンテイン29農園の東半分（496モルゲン）をオプションに加え，7月と8月には，クラークスドープ西南の広大な農園（3万9400モルゲン[48]）とポトチェフストルーム町有地（1万モルゲン[49]）にそれぞれオプションを設定した。さらに，翌年2月には，クラークスドープから町有地の一部（4000モルゲン[50]）にオプションを認められた。オプション設定を決定する際の絶対的基準といったものはなかったので，当初は，露頭鉱脈と理論的に考えられるその地中への傾斜状況，上部地層の厚さ，大きな断層の存在などを勘案しつつ農園を選択していった。けれども，結局Western Reefsのオプションはほとんどクラークスドープ地域全域を覆うばかりとなり，1934年春の面積最大時には11万3000モルゲンもの広さに達していた[51]。Western ReefsとMiddle Witsのオプションはそれぞれひとつのブロックをなしていたのにたいし，New Central Witsのそれは，West Wits Lineの西端とMiddle Witsのオプション農園との南に広がるブロックと後者の北

---

46) *SAMEJ*, April 8, 1933, pp. 78-79 ; June 1, 1935, p. 407.
47) *SAMEJ*, July 1, 1933, p. 330.
48) *SAMEJ*, July 29, 1933, p. 387.
49) *SAMEJ*, August 26, 1933, p. 473.
50) *SAMEJ*, February 10, 1934, p. 440.
51) *SAMEJ*, July 4, 1936, p. 644.

に広がるブロックに分かれていた。オプション面積は，発足時に3万1117モルゲンで[52]，1935年11月には4万1808モルゲン[53]となっていた（図1－4参照）。

もし，West Wits Line で金鉱が発見されるのであれば，West Wits Line に西と南で接続している Middle Wits と New Central Wits のオプション農園で発見されないことがあろうか。投機性の高いものであったが，とにかく賭けてみる価値がある[54]と，Anglovaal と African & European では判断したのである。Western Reefs のオプションは West Wits Line から遠く隔たっていただけに，投機性の高いことでは Middle Wits と New Central Wits のそれを越えていたかもしれない。しかし，Middle Wits と New Central Wits の探査は失敗に終わるのにたいし，Western Reefs は金鉱発見に成功するのである。

Western Reefs の当初資本金は，授権資本金60万ポンド，発行資本金30万ポンド──そのうち12万5000ポンドが売主利得──であり，設立者である AAC の他に，CM，CGFSA，Union Corporation，Anglo-French，JCI の鉱業金融商会と A・ベイリー──Anglo American Rhodesian Exploration をとおして──が資本参加をした[55]。当然のことながら，経営・技術の管理権は AAC におかれ，取締役には，AAC の E・オッペンハイマー，L・A・ポラック，R・B・ハガートと，CM の W・H・ローレンス，CGFSA の W・A・マッケンジーが就任した。

1933年6月以降，Western Reefs は，広大なオプション農園にたいし磁気探査と地質・地勢調査を開始し，同時にパルミートフォンテイン29農園，リートフォンテイン78農園，ポトチェフストルーム町有地に計4本の試掘坑の掘削を始めた[56]。この掘削の目的は，これら農園における層位学的調査を行いつつ主鉱脈統を発見すること，および，他の鉱脈の可能性を探ることにあり[57]，また，磁気探査と地質・地勢調査の目的は，磁気を帯びた頁岩層を追求することにより，主鉱脈統の属する Upper Witwatersrand 系の分布を知ること，

---

52) *SAMEJ*, July 13, 1935, p. 603.
53) *SAMEJ*, November 2, 1935, p. 261.
54) *SAMEJ*, April 8, 1933, p. 85.
55) *SAMEJ*, April 22, 1933, p. 115.
56) *SAMEJ*, April 21, 1934, p. 161.
57) *SAMEJ*, March 24, 1934, p. 58.

図 I-4　Klerksdorp・Potchefstroom両地域におけるWestern Reefs, Middle Wits, New Central Witsのオプション

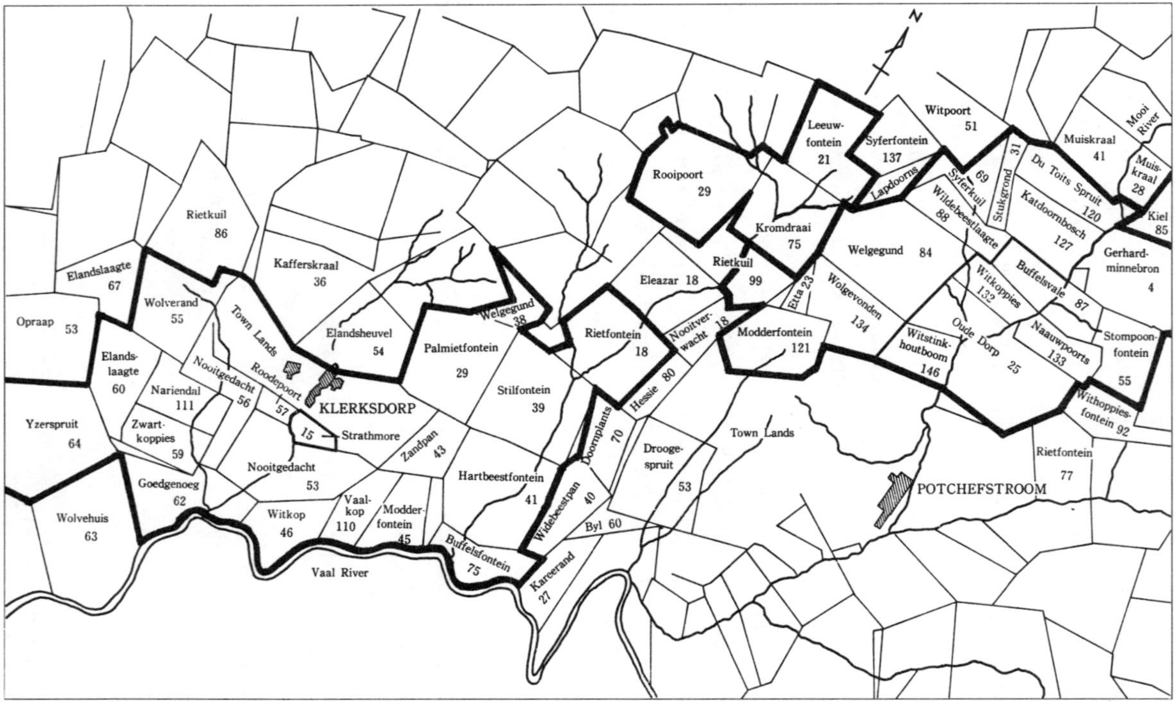

(注)　KLERKSDORPを含む太線枠内……Western Reefsのオプション（1935年12月末日），ウェルヘマット84農園を含む太線枠内……Middle Witsのオプション（1935年6月），オウデ・ドープ25農園を含む太線枠内とローイポールト29農園をWest Wits Lineの西端で結んだ線枠内……New Central Witsのオプション（1934年10月），右端のKiel 85農園はWest Witwatersrand Areasのオプション下にある。
[出所]　SAMEJ, April 8, 1933, p. 78; Oct 6, 1934, p. 113; June 1, 1936, p. 407; March 7, 1936, p. 6.

および，この地域に存在する大断層の位置を確定し，試掘坑を掘るべき正常な地質的条件の場所を決定すること，にあった[58]。1934年3月半ばまでに，磁気性の頁岩層が11マイルの長さにわたって成功裡に追跡され，また，いくつかの大断層の存在も明らかとなった。調査地点は1万4000カ所，測線は210マイルに達していた[59]。

　これらの調査結果に基づいて，1934年4月以降，さらにパルミートフォンテイン29農園に3本，クラークスドープ町有地に1本の試掘坑が打ち込まれた。9月初め，パルミートフォンテイン29農園の試掘坑1号と3号が鉱脈と交差した。これらの鉱脈そのものは採算に合わぬものであったが，Upper Witwatersrand 系の下部をなす Jeppestown 統に属すると判断された。Upper Witwatersrand 系の存在がほぼ確かとなったので，ここに Western Reefs の探査活動は，パルミートフォンテイン29農園とその周辺に集中することとなった。パルミートフォンテイン29農園にさらに6本，ウェルフェフンド38農園に1本の試掘坑が掘削された。しかし，1934年末には，これまでの試掘坑はすべて失敗であることが判明した[60]。カートライトによれば，Western Reefs は，クラークスドープ地域からの撤退をほとんど決意するところであったという。そして，この事態から Western Reefs を救い出したのは，再びジャック・スコットであった。彼は，Western Reefs の地質学者にヴァール川沿いのノーイトヘダハト53農園とウィトコプ46農園にまたがる古い Okney 鉱山の付近を探査するよう勧めたという[61]。

　1935年は，Western Reefs にとって転機の年となった[62]。ウィトコプ46農園に打ち込まれた試掘坑は，初めて重要な成果をもたらした。そして，これ以降，探査活動はウィトコプ46・ノーイトヘダハト53・ヘードヘネーフ62の隣接しあう3農園に集中することになった。1935年にこの3農園を中心に掘られた試掘坑の全長は5万4000フィートに達し[63]，1933年の3000フィート[64]，34年の2万1000フィート[65]を大きく越えていた。1935年末までに，3農園におい

---

58) *Ibid.*, p. 58.
59) *Ibid.*, p. 58.
60) *SAMEJ,* June 28, 1941, p. 549.
61) A. P. Cartwright, *The Gold Miners,* p. 263.
62) *SAMEJ,* June 28, 1941, p. 549.
63) *Ibid.*, p. 534.
64) *SAMEJ,* March 24, 1934, p. 58.

て，7本の試掘坑が採算性ある鉱脈と交差し，南北6400フィート，東西5150フィートの広さに鉱脈が存在することが確認された66)。

　この間，Western Reefsの有するオプション面積は大きく減少した。ある場所では上部のVentersdorp層があまりに分厚く，試掘坑を掘り進めることは賢明でないと判断された。また，ある場所では断層が大規模に生じていた。さらに他の場所では試掘坑が鉱脈と交差したが，品位が低かったり，鉱脈幅が狭く，開発は到底無理であった67)。こうして数多くの農園にたいするオプションは，消滅するにまかせられた。オプション面積は最大時の11万3000モルゲンから1935年末には6万5000モルゲンとなり68)（図1－4参照），さらに37年3月，Western Reefsが，自由保有・鉱物権・オプションなどいずれかの権利を有する土地は，上記の3農園の他，ヴァールコプ110農園，モダーフォンテイン45農園，ザンドパン43農園，パルミートフォンテイン29農園の一部，計2万6000モルゲンとなった69)。

　AACにとっては，Western Reefsを，Klerksdorp金鉱地におけるWest Witwatersrand Areasたらしめること，すなわち，大規模金鉱山会社数社を子会社として従える持株会社とすることが，目標であったであろう70)。しかし，探査の結果，クラークスドープ地域に，数社の鉱山を拓くことは不可能であると結論された。ここに探査会社Western Reefsは，生産会社となることが決められた。1936年8月南ア政府から，ウィトコプ46農園，ノーイトヘダハト53農園，ヴァールコプ110農園およびヘードヘネーフ62農園の一部にたいし，採鉱権貸与の認可がおりた。竪坑の掘削は1937年半ばに始められ，1941年6月から生産が開始された。新金鉱地の鉱山会社としては，Far West Rand金鉱地のVenterspostに続く2番目の生産会社であった。

　Western Reefsが保持していたモダーフォンテイン45農園のオプション期限は1944年2月末であり，オプションを行使して鉱物権を購入するか，それとも消滅するにまかせるか，決定しなければならなかった71)。試みに2本の試

65)　*SAMEJ,* June 28, 1941, p. 533.
66)　*SAMEJ,* March 7, 1936, p. 1.
67)　*SAMEJ,* May 16, 1936, p. 405.
68)　*SAMEJ,* July 4, 1936, p. 644.
69)　*SAMEJ,* March 13, 1937, p. 49.
70)　*SAMEJ,* June 28, 1941, p. 549.
71)　*SAMEJ,* April 29, 1944, p. 183.

掘坑を掘ったところ，それぞれ5230フィートと6432フィートの深さで鉱脈と交差した。鉱石品位は 5 dwts と21.5 dwts で，十分採算に合う品位であったが，鉱脈幅は 7 インチと 5 インチで，双方とも狭かった[72]。この地域の可能性について最終的結論を下すには，この調査だけでは十分でなく，隣接する 2 農園——ヴァールコプ110農園とザンドパン43農園——を含めてさらに試掘坑による探査を継続する必要があった。Western Reefs はモダーフォンテイン45農園の鉱物権の購入を決定した。しかし，Western Reefs はこの鉱物権を購入し探査活動を継続する資金に欠けていた。この 3 農園の可能性はまったく不明であったので増資によって資金を募ることもできなかった。ここに再び探査＝生産会社が設立されることとなった[73]。1944年 3 月，当初の発行資本金25万ポンド（額面 5 シリング，100万株）で Vaal Reefs Exploration and Mining (Vaal Reefs) が設立された。Western Reefs は，Vaal Reefs に 3 農園の自由保有権もしくは鉱物権を譲渡し，13万ポンドが支払われた[74]。試掘坑による調査の結果，この 3 農園における鉱脈は高品位であり，しかも，もうひとつの鉱山をたてるに十分な広さに分布していることも明らかとなった。1950年代に入って，精力的に開発が進められ，1956年に生産が開始された。

　以上述べてきたように，AAC は，Western Reefs を Klerksdorp 金鉱地の West Witwatersrand Areas たらしめる夢はついに実現できなかったけれども，2 つの大規模鉱山をたてることに成功した。それでは，ポチェフストルーム地域とクラークスドープ地域に進出している Anglovaal の探査会社 Middle Wits と，African & European の採査会社 New Central Wits の成果はどうであったであろうか。

　Middle Wits も，1933年 8 月から翌年にかけて，ポチェフストルーム地域のオプション農園にたいし磁気探査による調査を実施し，磁力反応を呈する10マイルの長さの一世帯を確認した[75]。この調査に基づいて，1934年初頭から，30年前にゲルツ商会によって中途で放棄されたオウデ・ドープ25農園の試掘坑を再掘削する[76]とともに，同年10月から，その北に位置するヴェルヘフンド

---

72) *Ibid.*, p. 183.
73) *Ibid.*, p. 183.
74) *SAMEJ*, August 26, 1944, p. 621.
75) *SAMEJ*, September 7, 1935, p. 13.
76) *SAMEJ*, January 13, 1934, p. 343.

84農園において試掘坑を打ちこんだ[77]。これらの試掘坑は，それぞれ4554フィート[78]と7015フィート[79]の深さまで掘られたが，主鉱脈統と交差するにいたらなかった。また，この間，ポトチェフストルーム地域のオプションの東部で進めていた Black Reef の可能性の調査も見るべき成果なく終了した[80]。

　Middle Wits は，ポトチェフストルーム地域の探査に従事するかたわら，クラークスドープ近郊へ進出していた。そのひとつは，クラークスドープの東に位置する古い Klerksdorp Gold Estates 鉱山の再開発である。1935年3月，Middle Wits は，この鉱山とその周辺に鉱物権もしくはオプションを設定し[81]，同年6月子会社 New Klerksdorp Gold Estates を設立した。Middle Wits は資本金の3分の2を負担し，ジャック・スコットの支配するストラスモア・グループが残り3分の1を負担した[82]。New Klerksdorp Gold Estates は翌年に，近代的方法で操業を開始した。クラークスドープ地域への Middle Wits のもうひとつの進出は，Western Reefs 鉱山の北側の農園，すなわち，ストラスモア15農園とノーイトヘダハト53農園での探査活動である。先に述べたように，このストラスモア15農園は，露頭鉱脈 Strathmore Reef の延長を求めてスコット親子が長年のあいだ苦闘した場所であった。1936年7月，ストラスモア15農園における Middle Wits の試掘坑が，かなり高品位の鉱脈と交差した[83]。しかし，この農園の採鉱権は Middle Wits の手になく，ジャック・スコット率いるストラスモア・グループにあった。1937年1月，Middle Wits は，ノーイトヘダハト53農園の一部とストラスモア15農園の採鉱権にたいする参加権を獲得した[84]。Middle Wits はこの2つの農園とその近隣の農園を合わせてひとつの鉱山をたてることを計画し，新たにストラスモア15農園とノーイトヘダハト53農園にそれぞれ1本の試掘坑を掘削した。このうち，ノーイトヘダハト53農園の試掘坑は採算可能な鉱脈と交差した[85]。しかし，この両農園の

---

77) *SAMEJ*, November 17, 1934, p. 273.
78) *Ibid.*, p. 273.
79) *SAMEJ*, July 31, 1937, p. 750.
80) *SAMEJ*, October 26, 1935, p. 247.
81) *SAMEJ*, March 23, 1935, p. 62.
82) J. Scott, *op.cit.*, p. 124.
83) *SAMEJ*, July 11, 1936, p. 657.
84) *SAMEJ*, January 23, 1937, p. 771.
85) *SAMEJ*, February 13, 1937, p. 837.

鉱脈はどの種類の鉱脈に属するか判定がつかず，また，ノーイトヘダハト53農園の一部とストラスモア15農園だけでは鉱山をたてるには規模不足であったので，近隣の探査が実施され，鉱脈の相関が明らかとなるまで，それ以上の探査は延期されることとなった[86]。

African & European の探査会社 New Central Wits は，Far West Rand のブリフォールイトチヒト農園における CM と NWGE の鉱脈発見に促され，1935年12月，ヘルハードミネンブロン 4 農園で NWGE との共同試掘坑の掘削に着手した[87]。この試掘坑は 1 万718フィートの深さまで掘り進められ，1 万35フィートの探さで鉱石品位16.7dwts，鉱脈幅12インチのきわめて有望な鉱脈と交差した[88]。この鉱脈は，ブリフォールイトチヒト71農園とドリーフォンテイン18農園で発見された Carbon Leader Reef の延長と目されたが，その存在場所はあまりに深く，開発は到底無理であった。ちなみに，この試掘坑は，その時までに掘られた世界中のどの試掘坑よりも探いものであった[89]。1938年 2 月に掘り始められたヘルハードミネンブロン 4 農園での試掘坑 2 号は，翌年 7 月，Lower Witwatersrand 系の最下層をなす Elsburg 統に突入し，主鉱脈統を発見することなく7592フィートの深さで終了した[90]。

この間，New Central Wits は，1936年 7 月，Gold Areas Witwatersrand (East) を合併し，それが所有していたクラークスドープの西南のいくつかの農園にたいするオプション——広さ 2 万8000モルゲン——を獲得した[91]。これらの農園は，1936年 3 月頃まで，Western Reefs がオプションを所有していたところである。New Central Wits はこれら農園の西南部に位置するイツェルスプルイト64農園で試掘坑を掘削したが，上部地層の Ventersdorp 溶岩層があまりに厚く，6515フィートの深さで中止せざるをえなかった[92]。その後，オレンジ・フリー・ステイトで Union Corporation が採用したネジリバカリ（後述）で調査したところ，この地域一帯は溶岩層がきわめて厚いことが判明し[93]，1938年11月 New Central Wits はこの地域のオプションを放棄す

---

86) *SAMEJ*, November 13, 1937, p. 343.
87) *SAMEJ*, February 15, 1936, p. 770 ; May 9, 1936, p. 311.
88) *SAMEJ*, February 19, 1938, p. 779.
89) *Official Year Book of the Union of South Africa 1960*, p. 498.
90) *SAMEJ*, July 22, 1939, p. 668.
91) *SAMEJ*, July 25, 1936, p. 721.
92) *SAMEJ*, March 6, 1937, p. 1.

ることを決定した[94]。

### 4. 第二次世界大戦後の探査活動

Western Reefs 鉱山がたてられたウィトコプ46・ノーイトヘダハト53・ヘードヘネーフ62・ヴァールコプ110の4農園以外の場所では，Western Reefs, Middle Wits および New Central Wits の探査に見るべき成果があがらなかったことにより，ポトチェフストルーム・クラークスドープ両地域における探査活動はしばらくの間停止状態となった。1942年，クラークスドープのリースクは，Monark Cinnabar（Pty）および Strathmore Exploration and Management（Strathmore Exploration）と共同でハルテベーストフォンテイン41・ドームプラーツ70・ウィルドベストパン40・カルレーランド27の4農園の大部分を含む一大農園ブロック——ルーカス・ブロックと呼ばれるようになる地域の大部分——にオプションを設定した。彼は，ヨハネスブルグの種々の鉱業金融商会にこれら農園の探査契約をもち込んだが，いずれも受け容れられなかった。結局，このオプションは，リースクより Alpha Free State Holdings に譲渡された[95]。

Western Reefs と Middle Wits の試掘坑の成功からその可能性が推測されたことにもよるのであろう。第二次世界大戦の終了とともに注目を浴びたのは，Western Reefs・Vaal Reefs 両鉱地の北と東に広がる農園であった。まず，大戦終了直後，Anglovaal=Middle Wits はクラークスドープ町有地の可能性に強い関心を寄せた[96]。ストラスモア15農園とノーイトヘダハト53農園の北の部分で鉱脈を発見していた Anglovaal=Middle Wits にとって，これは当然のことであったであろう。ストラスモア・グループのひとつである Eastern Rand Extensions の株式発行の引受けに同意した Anglovaal は，同社にたいし，ストラスモア15農園の鉱物権を取得し，Anglovaal やその他の者が所有する隣接の農園——クラークスドープ町有地の一部，パルミートフォンテイン29農園の一部，ノーイトヘダハト53農園の種々の部分，New Klerksdorp Gold Estates の鉱地の一部——のオプションと鉱物権をひとまとめにすることを提

---

93) *SAMEJ*, November 13, 1937, p. 334.
94) *SAMEJ*, November 12, 1938, p. 315.
95) *The Mining Journal : Annual Review 1954*, p. 218.
96) *Ibid.*, p. 218.

案した[97]）。次に，Union Corporation は，ハルテベーストフォンテイン41・スティルフォンテイン39両農園の東部からポトチェフストルーム町有地にかけてオプションを設定した[98]）。さらに，ジャック・スコットは，軍隊から帰るや，残りのスティルフォンテイン39農園とその北隣のリートフォンテイン18農園，西隣のパルミートフォンテイン29農園の東半分にオプションを得た。これらの農園は，この界隈でオプションの設定されていない唯一の場所であった[99]）。また，1946年，Anglovaal＝Middle Wits は，Alpha Free State Holdings の実施した地球物理学的調査結果を吟味した後，同社よりルーカス・ブロックのオプションにたいする大部分の権利（80％）を取得した[100]）。Alpha Free State Holdings の調査は，この地域において鉱脈は東に傾斜しているという従来の理論と矛盾する「異変」を示していた[101]）。

　Anglovaal からストラスモア15農園とその近隣の農園のオプション・鉱物権をひとまとめとするよう提案された Eastern Rand Extensions は，ジャック・スコットからストラスモア15農園の鉱物権を入手し，この鉱物権にたいするオプションと探査権を，Anglovaal 傘下の新しく設立された Strathmore Gold Mining（Strathmore GM）に譲渡した。Anglovaal も所有するオプションを Strathmore GM に引渡した。Strathmore GM は，オプションを入手したクラークスドープ町有地でドリル・プログラムを実施した。目指す Strathmore Reef の延長は発見できずに資金が尽きてしまったけれども，見つかった鉱脈は，隣接するザンドパン43農園とヴァールコプ110農園において Vaal Reefs によって発見された Vaal Reef と同一鉱脈であり，Main Bird 統の上部にあることが確認された。Strathmore GM は入手していたオプションと鉱物権をその提供者に返還した[102]）。1951年，Strathmore GM は，新たに Eastern Rand Extensions と Anglovaal からストラスモア15農園とノーイトヘダハト53農園のいくつかの部分のオプションを取得した。同年9月，Strathmore GM は名称を変え，Ellaton Gold Mining（Ellaton）となり，その管理

97) *Ibid.*, p. 219.
98) J. Scott, *op. cit.*, p. 120.
99) *The Mining Journal : Annual Review 1954*, p. 218.
100) A. P. Cartwright, *The Gold Miners*, p. 264.
101) *Ibid.*, p. 264.
102) *The Mining Journal : Annual Review 1954*, p. 218.

権はストラスモア・グループの掌握するところとなった。試掘坑掘削による探査は Strathmore Exploration と East Rand Extensions の費用で実施され，採算可能な鉱脈の賦存が明らかとなるとともに，小規模だがひとつの鉱山をたてるに十分な鉱石量の存在も確認された。生産段階にいたるまでの開発費は増資によらず，専ら AAC からの借入金（250万ポンド）によって賄われた[103]。

Alpha Free State Holdings からオプションを取得した Middle Wits は，1946年，ルーカス・ブロックにたいし地球物理学的調査を実施し，2つの「異変」を記録した。そのひとつはスティルフォンテイン39農園にあり，もうひとつはハルテベーストフォンテイン41農園にあった。しかも，調査は，この両農園とも Ventersdorp 溶岩層は，考えられていた程厚くないことを示していた[104]。スティルフォンテイン39農園の鉱物権オプションは，ジャック・スコット率いるストラスモア・グループにあった。このグループは，New Pioneer Central Rand Gold Mining (New Pioneer)，Eastern Rand Extensions，South Van Ryn Reef Gold Mining (South Van Ryn) の3社からなり，当オプションにたいする権利の持分は，それぞれ60%，15%，15%であった。残り10%の権利は，Strathmore GM が持っていた[105]。1947年7月に，ストラスモア・グループによって掘り始められた試掘坑は，2637フィートの探さで Vaal Reef と交差した。鉱脈品位は101inch-dwt で[106]，それ自体採算に合わぬものであったが，この試掘坑の地点では，Ventersdorp 溶岩層の厚さは1万2000フィートでなく，僅か1000フィートであることが明らかとなった[107]。続いて打ち込まれた3本の試掘坑は，どれも採算性のある鉱脈につき当った。ジャック・スコットにとって，長年の夢が実現した一瞬であった。さらに大規模なドリル計画が実施され，比較的浅い深さで満足すべき結果が得られた。

ハルテベーストフォンテイン41農園においても，1947年9月から，Middle Wits によって試掘坑の掘削が開始された。翌年10月に6620フィートの深さで終了したが，ついに鉱脈と交差しなかった。それ故，Vaal Reefs によるザンドパン43農園とモダーフォンテイン45農園の探査結果やストラスモア・グルー

---

103) *Ibid.*, p. 219.
104) A. P. Cartwright, *The Gold Miners*, p. 264.
105) *The Mining Journal : Annual Review 1954*, p. 218.
106) *Ibid.*, p. 218.
107) A. P. Cartwright, *The Gold Miners*, p. 264.

プによるスティルフォンテイン39農園探査結果から推して，たとえルーカス・ブロックの大部分に Vaal Reef が存在するとしても，それはあまりに深くて採掘不可能であろうと，Middle Wits 関係者の間でみなされるようになった[108]。

スティルフォンテイン39農園における大規模ドルリ計画実施の結果，この農園だけに大規模な鉱山をつくることは，埋蔵鉱石量からして無理があり，ハルテベーストフォンテイン41農園の北の部分を取り込む必要があることが明らかとなった。他方，ハルテベーストフォンテイン41農園のこの部分には，採掘可能な鉱脈が存在することが確認されていた。ストラスモア・グループは，Union Corporation と協定し，Union Corporation がオプションを所有するハルテベーストフォンテイン41，スティルフォンテイン39両農園の東の部分を新鉱山に編入することとなった。その代償に，Union Corporation はこの新鉱山会社にたいする20％の資本参加権を獲得した[109]。ポトチェフストルーム町有地における探査は失敗であったけれども，クラークスドープ・ポトチェフストルーム地域への進出は，Union Corporation に収穫をもたらしたのであった。ついで，ストラスモア・グループは，ルーカス・ブロックのオプションを所有する Middle Wits との協議に入り，次の3点を取り決めた。①ストラスモア・グループは，自己の負担でルーカス・ブロックを探査する。②政府の採鉱権貸与局によって，スティルフォンテイン39の採鉱権貸与地が区画・認可されるまで，ルーカス・ブロックの管理は，ストラスモア・グループの手におかれるが，それ以降は，Middle Wits に移管される。③ハルテベーストフォンテイン41農園から最大1000鉱区をスティルフォンテイン貸与地に組み込む。その代償に Middle Wits は設立される鉱山会社の7.5％の利権を得る。他方，ストラスモア・グループは残りのルーカス・ブロックにたいする50％の利権を得る[110]。

大まかに言って，この協定においては現在の確実性（Stilfontein にたいする7.5％の利権）と未来の可能性（残りのルーカス・ブロックにたいする50％の利権）が取引されたわけである。後の展開からすると，この協定は，ストラスモア・グループにきわめて有利であった。おそらく Middle Wits は，ハル

---

108) *The Mining Journal : Annual Review 1954*, p. 218.
109) *The Economist,* June 18, 1949, p.1160.
110) *The Mining Journal : Annual Review 1954*, p. 218.

テベーストフォンテイン41農園における試掘坑の失敗から，ルーカス・ブロックの採掘可能性にたいし確信を失っていたのであろう。他方，ストラスモア・グループはさらに，当時ルーカス・ブロックにたいする20%の利権を有していたAlpha Free State Holdingsを傘下に収め111)，この地域での立場を一層強化した。

1949年4月，スティルフォンテイン貸与地に，Stilfontein Gold Mining (Stilfontein) が設立された。当初資本金は，授権資本金350ポンド（額面5シリング，1400万株），発行資本金275万ポンドであった。1950年5月には，5.5%転換非保証債券200万ポンドが発行され，さらに，AACから5.5%の利子で250ポンドが借り入れられた112)。このStilfonteinは，鉱物権を有するストラスモア・グループの管理下に入ったが，Stilfonteinの設立とともに，同グループ内のKleinfontein Estates and Township (1899年設立) が，Strathmore Consolidated Investmentsと改名・改組され，同グループ内の鉱山会社の管理を執るようになった。南ア金鉱業界における新たな鉱業金融商会の成立であった。

（Strathmore Consolidated Investmentsは結局General Mining and Finance Corporation (GM) と合同するが，その間の事情については後述する。）

他方，ルーカス・ブロックにおいては，前述のMiddle Witsとの協定に基づいて，ストラスモア・グループは探査を開始した。1952年に終了したドリル計画は，随所で採算可能な鉱脈を掘り当てた。しかし，このルーカス・ブロックだけで，2つの大規模鉱山をつくるには，埋蔵鉱石量が不足していた。ここに再び，ストラスモア・グループ，Middle Wits，AAC，Vaal Reefsなど，利害関係者の間に協定が結ばれ，次のような取決めがなされた。① Stilfonteinは，ルーカス・ブロックの北の部分に設立される鉱山会社——Hartebeestfontein Gold Mining (Hartebeestfontein)——にたいし，300鉱区を返還する。その代償として，Stilfonteinは，現金5450ポンドと最初の発行株式4万株を額面価格で購入する権利を得る。②ルーカス・ブロック開発のために設立される2つの鉱山会社にたいし，AACは総額250万ポンドを貸付けることに同意する。代償としてAACは，両鉱山会社の発行資本に25%参加する権利を得る。③ Vaal Reefsは，ザンドパン43農園の300モルゲンを，ハルテベーストフォ

---

111) *Ibid.*, p. 219.
112) J. Scott, *op. cit.*, pp. 124-125.

ンテイン貸与地に組み入れる。その代償に，Vaal Reefs は，Hartebeestfontein に 7％の資本参加権を得る[113]。

この協定の結果，ストラスモア・グループは，Hartebeestfontein にたいし 43.3％の資本参加権を――そのうち，New Pioneer は21.5％，残りは，Alpha Free State Holdings, Eastern Rand Extensions, South Van Ryn, Strathmore Exploration, Stilfontein によって違った割合で持たれた――，また，Hartebeestfontein 鉱山の南側に設立された Buffelsfontein Gold Mining (Buffelsfontein) に47.5％の参加権を――New Pioneer は24.4％――獲得した[114]。Hartebeestfontein と Buffelsfontein は，ともに1949年6月に設立され，前者は1955年，後者は57年から操業を開始した。注目すべきことは，Buffelsfontein は，Strathmore Consolidated Investments 傘下に入ったのにたいし，Hartebeestfontein は，Middle Wits の親会社である Anglovaal の傘下に入ったことである。ストラスモア・グループが両鉱山会社の最大株主であったのであるから，Hartebeestfontein の支配権が Anglovaal にいったことには，ルーカス・ブロックの探査を開始するにあたって，同グループと Anglovaal のあいだに管理権を分ける協定があったと推測される。

以上見てきたように，ルーカス・ブロックとその隣接農園で，Stilfontein, Hartebeestfontein, Buffelsfontein の3つの大型鉱山がつくられた。従来，この地域は，鉱脈がもし存在したとしても，余りに深くて採掘不能であると見なされていた。それにもかかわらず，採掘可能な探さで，採算性のある鉱脈を発見した功績は，何よりもストラスモア・グループのイニシアチブに帰することができる。そして，ここにスコット親子の「Strathmore Reef 物語」が完結する。ジャック・スコットは3つの大型金鉱山をもたらし，そして，彼の Strathmore Consolidated Investments は，Stilfontein, Buffelsfontein, Ellaton, Babrosco Mines の4金鉱山会社を支配する鉱業金融商会となった。

Klerksdorp 金鉱地で最後につくられた鉱山は，Zandpan 鉱山である。Stilfontein 鉱山・Hartebeestfontein 鉱山・Buffelsfontein 鉱山がつくられた1949年以降，Western Reefs 鉱山と Vaal Reefs 鉱山の北側，Hartebeestfontein 鉱山とクラークスドープに狭まれた一区画（クラークスドープ町有地と

---

113) *The Mining Journal : Annual Review 1954*, p. 219.
114) *Ibid.*, p. 219.

表 I-2　Klerksdorp 金鉱地における金鉱山会社

|  | 管理会社 | 設立年 | 生産開始年 |
|---|---|---|---|
| 1. Western Reefs Exploration and Development Co Ltd | AAC | 1933 | 1941 |
| 2. Vaal Reefs Exploration and Mining Co Ltd | AAC | 1944 | 1956 |
| 3. Ellaton Gold Mining Co Ltd | Strathmore | 1946 | 1954 |
| 4. Stilfontein Gold Mining Co Ltd | Strathmore | 1949 | 1952 |
| 5. Hartebeestfontein Gold Mining Co Ltd | Anglovaal | 1949 | 1955 |
| 6. Buffelsfontein Gold Mining Co Ltd | Strathmore | 1949 | 1957 |
| 7. Zandpan Gold Mining Co Ltd | Anglovaal | 1955 | 1964 |

(注)　1954年の，Strathmore Consolidated Investments Ltd と General Mining and Finance Corporation Ltd の合同により，Ellaton, Stilfontein, Buffelsfontein の管理権は General Mining and Finance Corporation Ltd に移る。

　ザンドパン43農園の一部)が未探査のまま残っていた。Vaal Reefs 鉱山と Hartebeestfontein 鉱山のどちらにも組み込まれなかった残りのザンドパン43農園の鉱物権は，Vaal Reefs と Western Reefs が所有しており，また，クラークスドープ町有地鉱物権は，Middle Wits が所有していた。1955年，Anglovaal＝Middle Wits は，AAC＝Vaal Reefs＝Western Reefs にたいし，両鉱地を合わせてひとつの鉱山をつくることを提案した。同年9月，Zandpan Gold Mining (Zandpan) が設立され，Anglovaal の管理下におかれた。売主利得40万ポンド (現金20万ポンドと Zandpan 株額面で20万ポンド) は，Middle Wits 側と Vaal Reefs＝Western Reefs 側とに折半された[115]。探査は，Anglovaal の管理下に Zandpan 自身によって進められ，およそ7000フィートの深さに，ひとつの鉱山をたてるに十分な鉱石が存在することが確認された。1959年半ばから竪坑の掘削が始められ，最初の金が1964年7月に生産された。

　Far West Rand での金鉱発見に刺激を受けて，1934年初頭に始まったクラークスドープ地域における探査活動は，1950年代末までに7つの金鉱山をもたらした (表1-2と図1-5を参照)。豊富な資金を背景に，この地域の探査の先鞭を着けた AAC は，Western Reefs と Vaal Reefs の巨大金鉱山会社をつくることに成功した。Anglovaal は，ポトチェフストルーム地域での探査には失敗したが，戦後，ストラスモア・グループならびに AAC グループと協力することにより，2つの金鉱山を傘下に収めることができた。特筆すべきはストラスモア・グループの成功である。これは，ほとんどジャック・スコット

115)　*Mining Year Book 1960*, p.762.

図 I-5　Klerksdorp 金鉱地における金鉱山会社

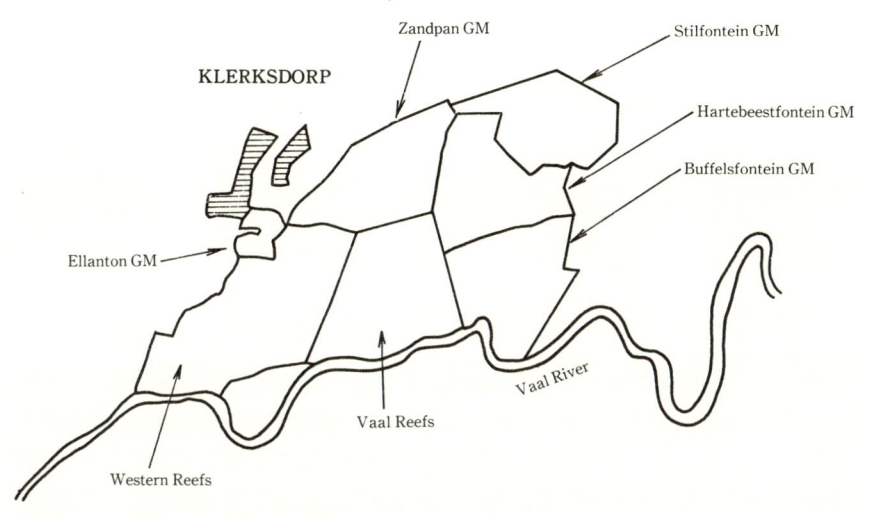

[出所] A. P. Cartwright, *The Gold Miners*, pp. 304-305.

個人の努力と執念の成果であったと言ってよい。彼は2つの新しい大規模金鉱山をつくることに成功し，彼の Strathmore Consolidated Investments は，南ア金鉱業界に新興鉱業金融商会として登場した。その前途は洋々たるものであった。しかし，巨大鉱山の開発には巨額の資金が必要であり，この資金を他人から募集するにしても，商会が経営・技術の管理権を掌握し続けるためには，それ相応の資金が必要であった。この商会には資本が不足していた。資本提供者がいなかったわけではないが，ジャック・スコットは Strathmore Consolidated Investments を GM と合同する途を選んだ。GM は，Strathmore Consolidated Investments とは対照的に，資金は豊富で鉱山の投資先を強く求めていた。1954年両商会の合同がなり，Stilfontein, Buffelsfontein, Ellaton の3鉱山は GM 傘下に移るとともに，ジャック・スコットは GM の副会長に就任した[116]。

---

116) A. P. Cartwright, *The Gold Miners*, p. 265 ; *General Mining* ; *A Sense of Direction : Supplement to the Financial Mail*, October 5, 1973, p. 25.

## 第3節　Orange Free State 金鉱地

### 1. Wit Extensions の探査活動

　記録に残るかぎりでは，オレンジ・フリー・ステイトにおける探査・採金の試みは，1854年にまで遡る[117]。しかしそれ以後，南アが金本位制を離脱するまでの78年間，ラント金鉱発見直後のゴールド・ラッシュの時期を別とすれば，散発的な活動がみられただけであった。収益を上げることのできた鉱山は皆無といってよく，探査会社や鉱山会社が設立されては消えていった。鉱脈はほとんど発見されなかったからである。

　南アの金本位制離脱と Far West Rand における金鉱発見とは，ヴァール川以南のオレンジ・フリー・ステイトにも新たな金鉱探査の波を呼び起こした。問題は，ポトチェフストルーム地域やクラークスドープ地域と同様，その地質の科学的データーがまったく存在しなかったことであった。それ故，まず注目されたのは，ヴァール川の南岸に接する地帯，ことに古くから採鉱の試みが幾度かなされたヴレデフォート地域であった。いくつかの会社によって鉱物権オプションが新たに設定され，活発な探査活動が展開された[118]。こうした中にあって，クラークスドープから南方へ50マイル，ヴァール川から遠く隔たったフープスタド地域の，1904年に放棄された試掘坑に注目した2人がいた。ジェイカブスンとアラン・ロバーツである。

　ジェイカブスンとロバーツはともに地質学を専攻していたわけではなかったが，ひどく鉱山業に関心を寄せていた。1932年暮，CGFSA が West Witwatersrand Areas を発足させ，また南アが金本位制を離脱しようとする頃，2人はメルグスンに紹介された。2人は，彼が，およそ30年前にオレンジ・フリー・ステイト北部のフープスタド地域のアーンデンク農園で Upper Witwatersrand 系に属する露頭鉱脈を発見したこと，また，試掘坑を100フィートの深さまで掘り進めたが，資金難のためにこれを放棄せざるを得なかったこと，を聞いた。この確認に赴いたロバーツは，メルグスンの話のとおり，アーンデンク227農園では地上数マイルの長さにわたって礫岩層が連なっているのを見出し

---

117)　*SAMEJ*, January 12, 1935, p. 457 ; T. Gregory, *op.cit.*, p.524.
118)　*SAMEJ*, January 12, 1935, p. 457 ; T. Gregory, *op.cit.*, p.351.

た。彼も，この礫岩層は Upper Witwatersrand 系に属すると信じるにいたった。

ジェイカブスン，ロバーツ，メルグスンの3名に，マルクス，ウールフ，ポッターが新たに加わり，シンジケートが結成された。このシンジケートは直ちに，アーンデンク227農園とその周辺の30の農園（合計6000モルゲン）にたいしてオプションを設定した。1933年8月，このシンジケートによって，Witwatersrand Extensions（Wit Extensions）が設立された。発行資本金は5万ポンドで，額面5シリングの株式20万株からなり，10万株が探査資金獲得のため大衆に売り出され，それまでの費用として2500ポンドと，売主株として残りの10万株がシンジケートに手渡された[119]。

新たな試掘坑の位置はメルグスンの残した試掘坑の北80ヤードのところに決められ，1933年10月から掘削が始められた[120]。他の者はそれぞれ自分の職業を有していたので，掘削の仕事はアラン・ロバーツ1人にゆだねられた。

1934年8月，ドリルは2731フィートの深さで溶岩層を突き抜け，Upper Witwatersrand 系に入った。しかし，この段階で，早くも資金難にあえぎ始めた。思いのほか費用が嵩んだことにもよるが，基本的には Wit Extensions の資金力の弱さによるものであった。銀行残高を数えつつドリルは続けられ，1935年1月，ついに3656フィートの深さで鉱脈と交差した。取り出された試料は不完全であったが，鉱石品位7.4dwts，鉱脈幅13インチを示していた[121]。1935年2月，ドリルが4064フィートの深さに達したところで資金は尽きてしまった。

1935年1月12日付の *South African Mining and Engineering Journal* は，フープスタド地域における Wit Extensions の活動成果を次の2点に要約している[122]。第1に，オレンジ・フリー・ステイトのフープスタド地域に Upper Witwatersrand 系が存在することを明確に示したこと，第2に，金鉱脈の存在をこれまた明確に示したこと，である。探し求める主鉱脈統は，もしそれが存在するとすれば，Upper Witwatersrand 系の中に存在するのであるから，フープスタド地域で Upper Witwatersrand 系の存在が確認できたことは，当事者のみならず，南ア金鉱業の関係者にとって非常な朗報であったといわね

---

119) A. P. Cartwright, *The Gold Miners*, pp. 270-272 ; T. Gregory, *op.cit.*, pp.529-530.
120) A. P. Cartwright, *The Gold Miners*, p. 273.
121) *Ibid.*, p. 275.
122) *SAMEJ,* January 12, 1935, p. 524.

ばならない。しかも，鉱脈の存在も確認されたのである。ロバーツたちの試掘坑は，もしさらに掘り進めていけば，どこかで収益性ある鉱脈と交差するかもしれなかった。しかし，このニュースはほとんど南ア金鉱業界の注意を引かなかったようである。一方，Wit Extensions にとって，フィート当り85シリングの費用であと100フィート掘り進めることは完全に破産を意味していた。

今やロバーツは，金策に駆けずりまわらなければならなかった。彼はヨハネスブルグのあらゆる鉱業金融商会とあらゆる金融会社の戸をたたいた。答えはすべて「ノー」であった。彼の妻グラッディズによれば，彼はいたるところで尋ねられたという。「その鉱脈は何という名の鉱脈か」123)と。

1935年のこの時点では，ヴレデフォート地域は勿論のこと，AAC, Anglovaal, African & European などの子会社が参加しているポトチェフストルーム地域やクラークスドープ地域でも，探査はまったくの模索状態であったのであるから，容易に資金提供者が現れなかったにしても，それは無理からぬことであった。さらに，この時期，ヨハネスブルグの主要な鉱業金融商会はほとんどすべて，East Rand 金鉱地もしくは Far West Rand 金鉱地の開発に従事しており，オレンジ・フリー・ステイトにおける探査活動にまで手を伸ばすスタッフの余裕がなかったのである。

1935年4月，Wit Extensions はようやく Anglo-French と協定を結ぶことができた。しかし，再開されたドリルの結果は思わしくなく，協定は失効した124)。1936年1月，ドイツ系南ア人，ハンス・メレンスキー博士は Wit Extensions の試掘坑の結果を吟味した後，このオプション地域に関心を持つにいたった。彼は，1924年トランスヴァール東北部のリーデンブルグの近くでプラチナ鉱脈（Merensky Reef）を発見し，さらに1927年1月にはアレクサンダー湾のオレンジ川河口でダイヤモンド鉱床（Aladdin's Cave）を発見するなど，地質学者として南ア鉱業界で著名な人物であった。彼は Wit Extensions と協定を結び，そのオプション地域にたいし1936年1月1日から向こう3年間の探査権を獲得した125)。

一方，Wit Extensions が資金提供者を探している間に，ヴァール川を越え

---

123) G. Roberts, *The Story of the Discovery of the Orange Free State Goldfields*, New York, Vantage Press, 1984, p. 39.
124) A. P. Cartwright, *The Gold Miners*, p. 275 ; T. Gregory, *op.cit.*, p.530.
125) T. Gregory, *op. cit.*, pp. 534-535 ; A. P. Cartwright, *The Gold Miners*, p. 276.

たクラークスドープ地域では重要な成果があがっていた。すなわち，先に見たように，クラークスドープとヴァール川で挟まれたヘードヘネーフ62・ノーイトヘダハト53・ウィトコプ46の3つの農園で，AACの探査会社 Western Reefs は次々と鉱脈を掘り当て，1935年末までにはひとつの鉱山をたてるに十分な広さに鉱脈が分布していることを確認したのである。ヴァール川の直ぐ北側で鉱脈が発見されたのであれば，南側でも発見されるに違いない。クラークスドープ地域での Western Reefs 金鉱発見の報告は，オレンジ・フリー・ステイト北西部への関心を一挙にかき立てることとなった。

2. オレンジ・フリー・ステイト北西部への鉱業金融商会の参入

1935年末から36年の中葉にかけて，ヨハネスブルグの主要な鉱業金融商会とラントの会社を代表する個人は，ヴァール川の南に次々とオプションを設定し，活発な調査・探査活動を実施していった。図1－6 [A]は，1937年初頭のオレンジ・フリー・ステイト北西部における諸会社のオプションを示している。オプションはしばしば持手を換えるし，また探査の結果成果がなければ放棄されること，さらに，オプションには，諸会社間の種々の契約によって，しばしば他の会社の利権が入り込んでいること，を注意しておきたい。さて，図1－6 [A]に立ち返ると，最上部右側にクラークスドープがある。その南，ヴァール川との間に AAC と表示された場所があるが，Western Reefs が金鉱を発見した上述の3農園はこの中にある。そこからヴァール川を越えてボータヴィルの方向に向かうと，Union Corporation, Far East Rand Areas (B) と Dandazi Gold Mining（共同），CM, South Van Ryn Reef Gold Mining（South Van Ryn）がそれぞれオプションを設定しているのが見られる。ボータヴィル（BOTHAVILLE）の近くに移ると，ここでも CM と South Van Ryn がオプションを有している。このオプションの西側，ヴァール川とボータヴィルに挟まれた広大な地域が，AAC のオプション下にある。このオプションは，1936年5月，AAC の主導するシンジケートに，子会社の Western Reefs や，Union Corporation, CM, CGFSA が参加し，メレンスキー博士から譲り受けたものである。ボータヴィルの南では，ヴァール川の南東に，Anglovaal の広大なオプションの土地が広がっている。この土地の東南の鉄道沿いに，Far East Rand Areas (B) と Dandazi Gold Mining が共同で所有するオプションがあり，さらにその東南にはオデンダールスラス（ODENDAALSRUST）ま

図I−6［A］　オレンジ・フリー・ステイトにおける各社のオプション（1937年2月）

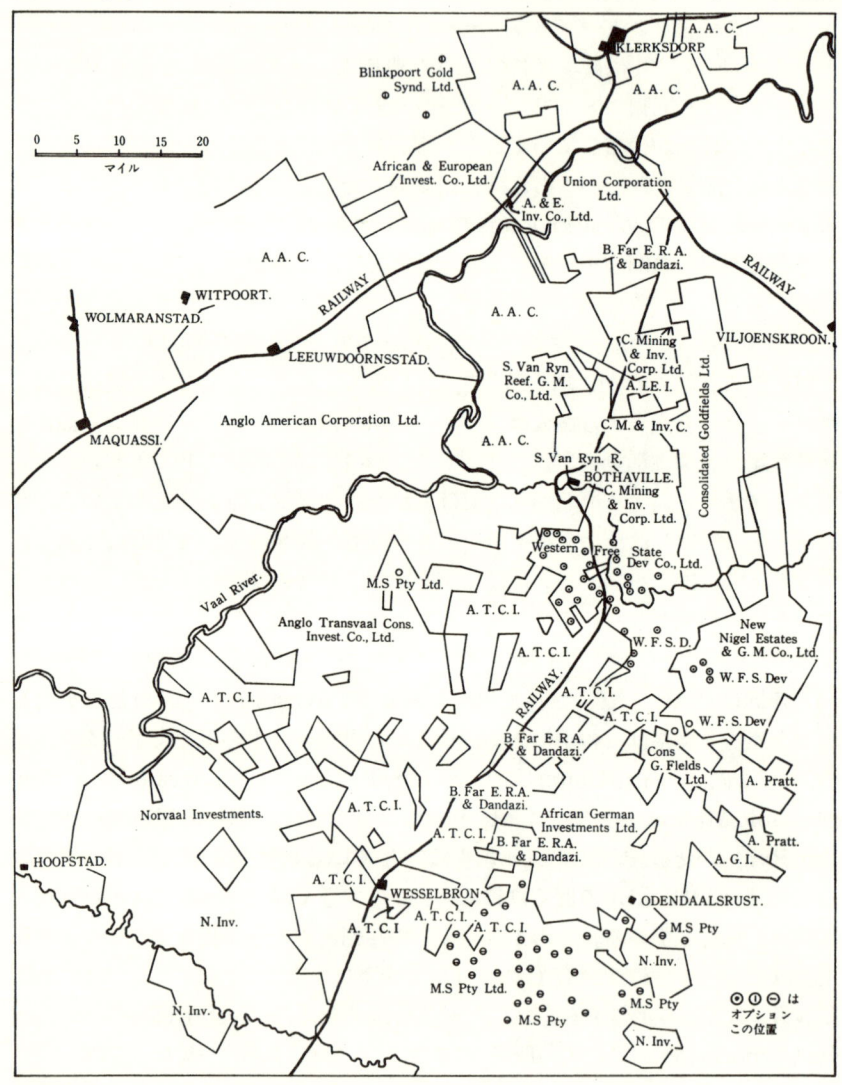

［出所］　*The South African Mining and Engineering Journal,* Feb. 13, 1937, p. 842.

で広がる African German Investments のオプションがある。このオプションは，前述のように，メレンスキー博士が Wit Extensions から3年間のオプションを得た土地である。African German Investments とは，メレンスキー博士が3年間のオプションを獲得したとき，その受け皿として設立されたものである。このオプションの北東には CGFSA と A・プラットのオプションが見られる。(1938年9月のオプションについては図1－6[B]を参照。オプションの設定が，南に拡大しているのが見られる。)

　Orange Free State 金鉱地開発の歴史を振り返ると，1937年はまことに多彩な年であった。というのも，Orange Free State 金鉱地開発の主役たちがこの年に登場するからである。

　第1に，AAC は，Far West Rand, Klerksdorp 金鉱地およびオレンジ・フリー・ステイトにおける同社の金鉱投資の持株会社として，West Rand Investment Trust (WRITS) を設立した。これは，AAC にとって，Rhodesian Anglo American (北ローデシアの銅)，Anglo American Investment Trust (ダイヤモンド) につぐ3番目の投資分野別持株会社であった。WRITS は1937年2月，オデンダールスラスの北の Wit Extensions オプションにたいするメレンスキー博士の利権を購入した[126]。

　第2に，1937年2月，アベ・ベイリーの支配する South African Townships, Mining and Finance Corporation (SA Townships) は，Union Corporation と African & European の資本参加を得て，Western Holdings (授権資本金97万5000ポンド——額面5シリング株式390万株，当初発行資本金57万5000ポンド) を設立した。オレンジ・フリー・ステイトにおける設立時の Western Holdings の利権は，ヴェッセルブロンとフープスタドの間の，南北をサンド川とヴァール川とに挟まれた10万5381モルゲンもの土地にたいするオプションであり，SA Townships が Norvaal Investments から入手したものであった (図1－6[B]参照)。これに加えて，1937年5月の設立総会では，オレンジ・フリー・ステイトにおける AAC, WRITS, Anglovaal, CGFSA, Far East Rand Areas (B) のそれぞれのオプション農園に鉱山会社が設立される場合，これらの会社にたいして Western Holdings は売主利得と株式応募権を有していることが明らかにされた。すでにこの頃いくつかの会社は不満足な調査結

---

126)　T. Gregory, op. cit., p.536.

48

図Ⅰ-6［B］　オレンジ・フリー・ステイトにおける各社のオプション（1938年9月）

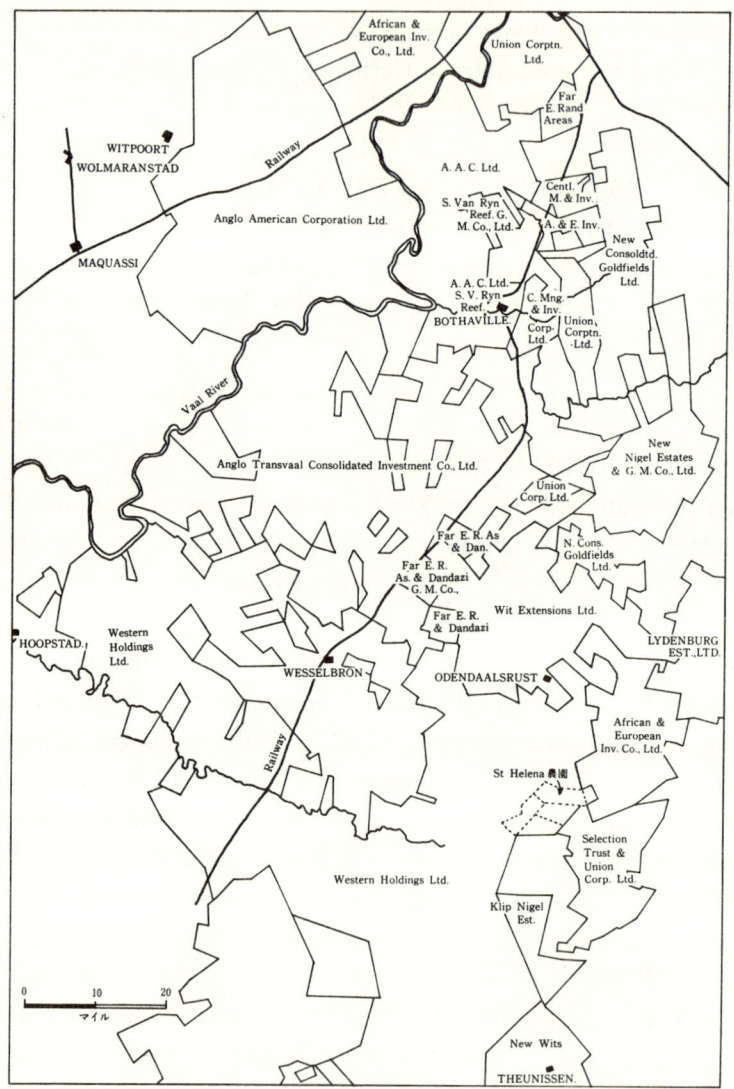

［出所］　*The South African Mining and Engineering Journal,* Sep. 10, 1938, p. 40.

果や探査結果によって探査活動を中止したりオプションを放棄したりしていたけれども，Western Holdings の魅力はその所有するオプションよりも，オレンジ・フリー・ステイトにおけるラントの指導的鉱業金融商会の活動への種々の参加権にあるとみられていた127)。これら商会のオプションは，Western Holdings のそれよりもすべて北方にあり，すでに成果をあげていた Western Reefs の地域により近く，それゆえ，より有望と考えられていたからである。

第3に，ルイス・アンド・マルクス商会支配下の鉱業金融商会 African & European がオレンジ・フリー・ステイトのボータヴィル，フープスタドおよびオデンダールスラスの3地域に進出し，合計8万6750エーカーの土地にオプションを設定した128)。

1937年1月末，WRITS が Wit Extensions のオプションをメレンスキー博士から購入する直前に，アラン・ロバーツが鉱脈を発見した所からおおよそ東南に2マイル，オデンダールスラスの北ほぼ11マイルの地点のアーンデンク227農園のなかで，メレンスキー博士と Wit Extensions の共同出資で掘られた試掘坑が2つの鉱脈と交差した。深さは3085フィートと3092フィートで，鉱石品位はそれぞれ4.2dwts と3.1dwts，鉱脈幅は24インチと38.5インチであった129)。鉱脈品位自体は採算性に達していなかったが，この鉱脈の発見はその後の探査活動にとって非常に有意義であると思われた。なぜなら，Western

---

127) Western Holdings が有する利権は，以下に列挙する37万9600モルゲンの土地にたいする売主利得と株式応募への参加権であった。
 ① ほぼ12万1000モルゲンの地域に鉱山会社が設立される場合，AAC が受け取る売主利得と株式応募権のそれぞれ30％と15％。
 ② ほぼ16万3000モルゲンの地域に鉱山会社が設立される場合，Anglovaal の受け取る売主利得と株式応募権のそれぞれ30％と15％。
 ③ ほぼ1万5000モルゲンの地域に鉱山会社が設立される場合，Far East Rand (B) と Dandazi Gold Mining の受け取る売主利得と株式応募権のそれぞれ25％と50％。
 ④ 当初メレンスキー博士が所有し，AAC に譲渡されたおよそ5万モルゲンの地域に鉱山会社が設立される場合，売主利得の13 3/4％と株式応募権の8 1/4％。
 ⑤ ほぼ3500モルゲンの土地に鉱山会社が設立される場合，CGFSA が受け取る売主利得の12 1/2％。
 ⑥ ほぼ2万5000モルゲンの地域に鉱山会社が設立される場合，CGFSA が受け取る売主利得の4 1/2％。
 ⑦ ほぼ6600モルゲンの地域に鉱山会社が設立される場合，A・プラットの受け取る売主利得と株式応募権のそれぞれ40％。（*SAMEJ*, May 15, 1937, p. 405.）
128) *SAMEJ*, July 3, 1937, p. 621.
129) *SAMEJ*, February 6, 1937, p. 806 ; February 13, 1937, p. 843.

図 I－7　オデンラールスラス地域における Western Holdings と African & European のオプション農園

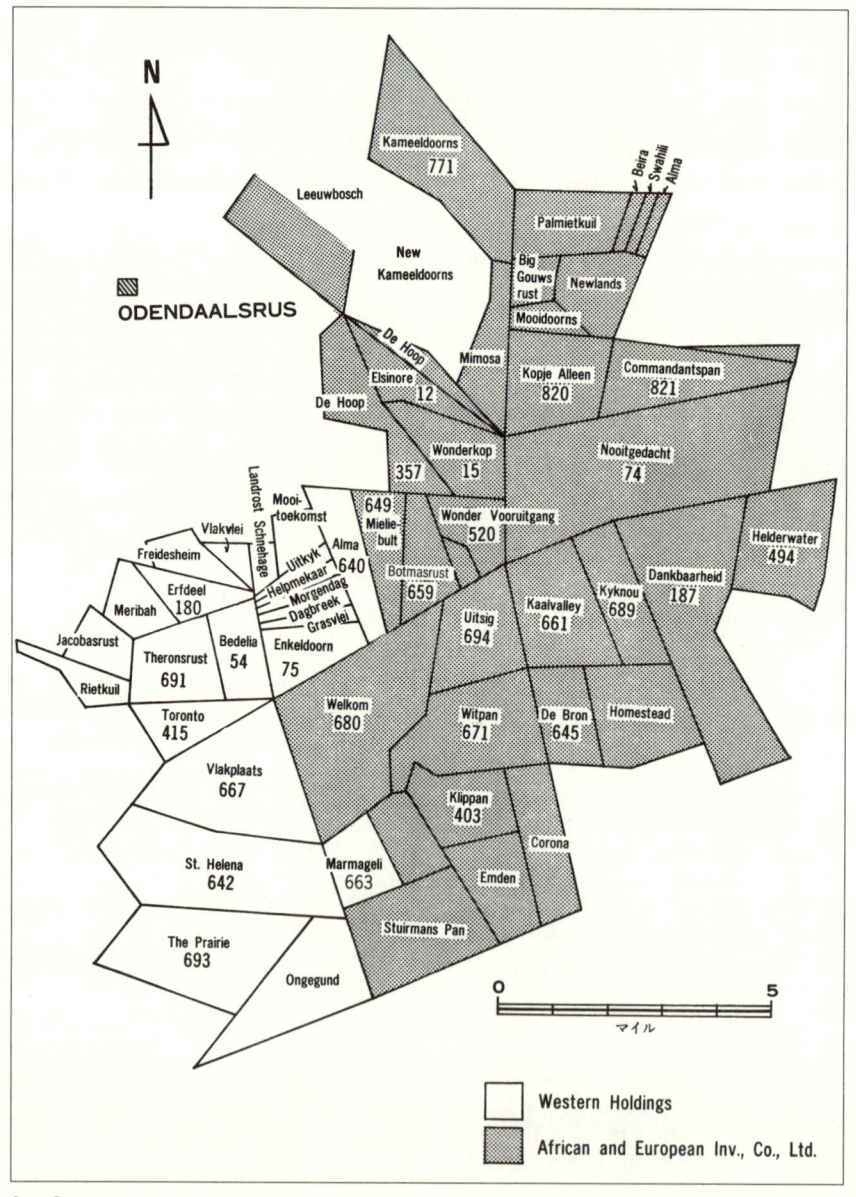

[出所]　T. Gregory, *Ernest Oppenheimer and the Economic Development of Southern Africa*, London, Oxford University Press, 1960.

Reefs 鉱地の南のヴァール川をすぐ越えたところの農園（クラインジャーガークラール1251）での Union Corporation と Western Reefs による金鉱脈の発見（鉱石品位5.4 dwts, 鉱脈幅17インチ）[130]と相俟って, Upper Witwatersrand 系が, クラークスドープ—— ボータヴィル—— オデンダールスラスのラインに沿って, そして, おそらくサンド川を越えてオレンジ・フリー・ステイトの奥深くまで, 途切れなく広がり, そこに金鉱脈があることを予想させたからである。

しかし, 地球物理学的調査と試掘坑による探査の結果, 1937年の末には, AAC, Anglovaal, CM, CGFSA, Union Corporation などの探査は, ことごとく失敗であることが判明した[131]。最も期待されたクラークスドープ—— ボータヴィル—— オデンダールスラスのラインも, Wit Extensions オプション地域にいたるまでは失敗であった。すなわち, Union Corporation が実施したトーション・バランス（torsion balance）法（後述）を使った地球物理学的調査と22本の試掘坑掘削による探査によって, このラインの北部（ヴァール川からボータヴィル付近まで）には, 5000～7000フィートの分厚い Ventersdorp 溶岩層が存在し, 確定的な探査を困難にしていたばかりか, たとえ鉱脈の存在が知られたとしても, 有効な操業は不可能であることがわかった。また, ボータヴィルから Wit Extensions のオプション地域にいたるまでの中央部は, Ventersdorp 溶岩層はより薄くなっていたけれども, 溶岩層が堆積する以前の浸食作用によって, 金鉱脈は除去されたと推定された[132]。こうして, 今度は以前とは逆に, 設定されていたオプションが次々と放棄されていった。

こうした中にあって, Western Holdings は, オデンダールスラスの南方, サンド川の北と南の地域に新たにオプションを設定した。Western Holdings は, 1938年6月の第1回株主総会で, ① Western Holdings は, オデンダールスラスとサンド川の間の8万モルゲンの土地と, サンド川の南, セウニッセン地域に8万4000モルゲンの土地にオプションを設定したこと（図1－6［B］参照）, ②セウニッセン地域のオプションは Union Corporation に譲渡し, そ

---

130) *SAMEJ,* February 13, 1937, p. 843 ; July 9, 1938, p. 597.
131) A. Frost, R. C. McIntyre, E. B. Papenfus and O. Weiss, 'The Discovery and Prospecting of a Potential Gold Field near Odendaalsrust in the Orange Free State, Union of South Africa', *Journal of the Chemical, Metallurgical and Mining Society of South Africa,* No. 47 (September 1946), p.112 ; *The Economist,* May 24, 1947, p.808.
132) *SAMEJ,* July 9, 1938, p.597 ; *The Economist,* May 24, 1947, p. 808.

こに鉱山会社が設立される場合，Western Holdings は，その会社の営業資本金の30％を応募する権利を保持したこと，③オデンダールスラスとサンド川の間のオプションに鉱山会社が設立される場合，その会社の資本金の35％を応募する権利と技術・管理の支配権を Union Corporation に譲渡したこと，を公表した133)。

　Western Holdings が Union Corporation とこうした協定を結んだのは，広大なオプションを自社の資力のみで探査し，また，維持・更新することは不可能であり，そして，すべてを自社のみで行うことはリスクがあまりに大きいと判断されたからである。Union Corporation も Selection Trust と協定し，Selection Trust の有するオプションの50％の利権と交換に，Western Holdings との協定で得た利権の50％を譲渡した134)。一方，African & European は，オプション面積を1938年には前年の 8 万6750エーカーから 6 万5289エーカーに縮小したが，オデンダールスラス地域の 5 万6010エーカーのオプション——これは，ブロック 7 と呼ばれるようになる——はそのまま保持していた135)。そして，このオプションの西側の境界の一部は，Western Holdings オプションのセント・ヘレナ642農園に接していた（図 1 - 6 [B]および図 1 - 7 参照）。以下に述べるように，これら 2 つの会社のオプションは，Orange Free State 金鉱地の発見にとって決定的な意義を持つことになる。

　Western Holdings が所有していたヴェッセルブロンの西のオプションは，地球物理学的調査の結果放棄された。1937年から38年にかけて，オデンダールスラスとサンド川の間の Western Holdings のオプション農園に磁気メーターによる地球物理学的調査が実施され，4 カ所でほぼ南北に走る異変が記録された。東の異変は18マイルの長さにわたり，西の3カ所の異変は3.5マイルの長さであった136)。この結果に鼓舞されて，Western Holdings は，トーション・バランス法による地球物理学的調査を実施し，試みに 1 本の試掘坑を掘ってみることとした。最初の試掘坑の位置は，セント・ヘレナ642農園に決めら

---

133)　*SAMEJ,* June 4, 1938, p.453.
134)　M. R. Graham, *The Gold-Mining Finance System in South Africa, with Special Reference to the Financing and Development of the Orange Free State Goldfield up to 1960,* unpublished Ph. D. Thesis (University of London), 1965, p. 156.
135)　*SAMEJ,* July 2, 1938, p.584.
136)　*SAMEJ,* June 4, 1938, p.453.

れた。1938年5月，セント・ヘレナ1番試掘坑（St Helena 1）は，1907フィートと2417フィートの深さで鉱脈と交差した137)。上方の鉱脈品位は354 inch-dwt（鉱石品位，3.42 dwts，鉱脈幅103インチ）であり，下方のそれは，322 inch-dwt（鉱石品位，2.68 dwts，鉱脈幅120インチ）であった（表1－3参照）。他方，Union Corporationの技術者の助力を得てなされた地球物理学的調査の結果，この地域一帯は溶岩層が薄く，場所によってはまったく存在しないことが判明した138)。ここに，オデンダールスラスとサンド川に挟まれた地域とサンド川の南の地域にたいする期待はにわかに高まった。

　最初の鉱脈発見以降のWestern Holdingsの探査活動は急速であった。トーション・バランス法による地球物理学的調査に基づいて試掘坑を打つべき場所が定められた。1941年2月末までに，セント・ヘレナ642農園に11本，ザ・プレイリー693農園に5本，ヴラクプラーツ667農園に7本，トロント415農園に4本，それら周辺の農園に7本，計34本の試掘坑が打ち込まれた。初期の試掘坑と周辺農園のそれとは，主に地質構成の調査に向けられたものであった。セント・ヘレナ642以下3農園に打ち込まれた27本の試掘坑のうち，17本が金鉱脈と交差した（表1－3参照）。そして，このうち9本が収益性ある鉱脈であった。1939年4月にセント・ヘレナ642農園の7番試掘坑（St Helena 7）が深さ1143フィートで交差した鉱脈は，ことに高品位であった。鉱石品位25.44 dwts，鉱脈幅74.4インチ，鉱石品位1893 inch-dwtで139)，当時収益性の限界と見られていた鉱石品位はおよそ150 inch-dwtであったから，実にそれの12倍を示していた。しかし，角度を変えて掘られたこの7番試掘坑が1147フィートの深さで交差した鉱脈はさらに高品位で，鉱石品位45.9 dwts，鉱脈幅60.5インチ，鉱脈品位2777 inch-dwtであった140)。1939年8月には，トロント415農園の1番試掘坑（Toronto 1）が1251フィートの深さで鉱脈と交差した。鉱脈品位は収益性の限界をはるかに越えていたが，この鉱脈との交差の意義は，鉱脈頭の走向がセント・ヘレナ642農園を越えて北方にずっと延びており，また，鉱脈は西から東に傾斜していることを示していることにあった141)。そして，

---

137)　*SAMEJ,* June 4, 1938, p.453.
138)　*Ibid.,* p.455.
139)　*SAMEJ,* April 29, 1939, p.243.
140)　*Ibid.,* p.243.
141)　*SAMEJ,* May 4, 1940, p.284.

表 I – 3  Western Holdings

| 試掘坑（掘削順） | 掘削開始 年・月・日 | 掘削完了 年・月・日 | 完了時の深さ (feet) | 鉱脈名 | 深さ (feet) | 鉱石品位 (dwts) |
|---|---|---|---|---|---|---|
| St. Helena 1 | 38. 2. 14 | 38. 12. 13 | 7,072 | — | — | — |
| Kaalpan 1 | 38. 3. 9 | 38. 5. 17 | 1,542 | — | — | — |
| St. Helena 2 | 38. 6. 6 | 38. 8. 31 | 3,193 | — | — | — |
| Wolvepan 1 | 38. 6. 17 | 38. 12. 3 | 2,850 | — | — | — |
| St. Helena 3 | 38. 8. 11 | 39. 7. 13 | 4,992 | Leader | 1,938 | 1.52 |
| St. Helena 4 | 38. 9. 11 | 39. 1. 10 | 4,206 | — | — | — |
| Prairie 1 | 38. 11. 14 | 39. 2. 29 | 3,544 | — | — | — |
| St. Helena 5 | 38. 12. 19 | 39. 3. 3 | 2,851 | Leader | 1,533 | 7.4 |
| Prairie 2 | 39. 1. 3 | 39. 4. 25 | 3,986 | — | — | — |
| St. Helena 6 | 39. 2. 6 | 39. 3. 8 | 1,542 | — | — | — |
| La France 1 | 39. 2. 9 | 39. 4. 27 | 2,356 | — | — | — |
| St. Helena 7 | 39. 3. 3 | 39. 5. 10 | 1,276 | Leader | 1,086 | 2.8 |
|  |  |  |  | Basal | 1,143 | 25.44 |
|  |  |  |  | Leader D | 1,089 | 7.9 |
|  |  |  |  | Basal D | 1,147 | 45.9 |
| Prairie 3 | 39. 3. 16 | 39. 6. 3 | 3,330 | Leader | 3,221 | 7.0 |
| Vlakplaats 1 | 39. 3. 21 | 39. 4. 27 | 1,591 | Leader | 1,420 | 0.87 |
| Veltevreden 1 | 39. 4. 26 | 39. 7. 11 | 2,413 | — | — | — |
| Vlakplaats 2 | 39. 5. 5 | 39. 5. 31 | 1,379 | Leader | 1,307 | 16.5 |
| Prairie 4 | 39. 5. 8 | 39. 6. 14 | 1,319 | — | — | — |
| St. Helena 8 | 39. 5. 9 | 39. 8. 14 | 1,452 | Leader | 1,369 | 2.1 |
|  |  |  |  | Basal | 1,428 | 3.65 |
|  |  |  |  | Leader D | 1,368 | 1.7 |
| St. Helena 9 | 39. 5. 17 | 39. 7. 7 | 1,709 | — | — | — |
| Vlakplaats 3 | 69. 6. 9 | 39. 7. 12 | 1,584 | Leader | 1,529 | 2.76 |
| Prairie 5 | 69. 6. 13 | 39. 7. 1 | 1,042 | — | — | — |
| Vlakplaats 4 | 69. 6. 24 | 39. 8. 3 | 1,188 | Leader | 1,138 | 3.35 |
|  |  |  |  | Basal | 1,177 | 2.52 |
| Vlakplaats 5 | 39. 7. 4 | 39. 12. 4 | 3,437 | Leader | 3,386 | 4.75 |
| Toronto 1 | 39. 7. 5 | 39. 8. 9 | 1,342 | Leader | 1,251 | 10.4 |
|  |  |  |  | Basal | 1,291 | 6.95 |
| Vlakplaats 6 | 39. 7. 13 | 39. 12. 24 | 4,481 | Leader | 4,433 | 4.7 |
| Vlakplaats 7 | 39. 7. 24 | 39. 9. 3 | 2,133 | Leader | 2,083 | 2.3 |
|  |  |  |  | Basal | 2,129 | 0.57 |
| Katboschdraai 1 | 39. 7. 25 | 39. 9. 4 | 2,080 | — | — | — |
| Theronsrust 1 | 39. 7. 31 | 39. 10. 4 | 2,565 | Leader | 2,501 | 1.1 |
| Toronto 2 | 39. 8. 22 | 39. 9. 6 | 450 | — | — | — |
| St. Helena 10 | 39. 8. 28 | 39. 9. 5 | 423 | — | — | — |
| Toronto 3 | 40. 1. 1 | 40. 4. 21 | 3,235 | — | — | — |
| St. Helena 11 | 40. 1. 25 | 40. 4. 11 | 2,599 | Leader | 2,542 | 1.57 |
|  |  |  |  | Basal | 2,566 | 5.98 |
| Theronia 1 | 40. 4. 19 | 40. 6. 14 | 2,478 | — | — | — |
| Toronto 4 | 40. 5. 6 | 40. 6. 26 | 2,040 | Leader | 1,954 | 4.0 |
|  |  |  |  | Basal | 2,003 | 59.5 |

（注） D=デフレクション。角度を変えて同じ穴を掘削すること。
[出所]　A. Frost and others, 'The Discovery and Prospecting of a Potential Gold Field near Oden- ing Society of South Africa, No. 47 (September 1946), p. 131.

第 1 章 新金鉱地の発見と鉱業金融商会 55

の試掘坑（1938〜40年）

| 脈 | | その他鉱脈：深さ（鉱石品位 dwt × 鉱脈幅 inch） |
|---|---|---|
| 鉱脈幅 (inch) | 鉱脈品位 (inch-dwt) | |
| — | — | **1,907**(**3.42×103.5**), **2,417**(**2.68×120.0**), 2,751(3.27×67.0) |
| — | — | |
| — | — | 2,852(1.0×7.0) |
| — | — | 1,440(1.4×26.0), 1,501(1.0×16.9) |
| 14.6 | 22 | 1,548(1.8×53.8), 3,868(1.8×45.0), 3,997(1.2×47.1) |
| — | — | |
| — | — | 1,538(1.0×20.0), 1,551(0.91×44.0) |
| 18.5 | 137 | 1,326(1.73×29.9), 1,516(1.3×58.8) |
| — | — | 2,204(2.4×23.4), 2,406(2.8×45.3) |
| — | — | |
| — | — | |
| 58.2 | 162 | |
| **74.4** | **1,893** | |
| 26.0 | 205 | |
| **60.5** | **2,777** | |
| 7.0 | 49 | 3,088(2.0×86.5) |
| 21.7 | 19 | 1,277(2.91×25.9) |
| — | — | |
| 11.5 | 190 | 1,226(3.0×15.5), 1,301(4.6×3.0) |
| — | — | |
| 34.0 | 71 | |
| 21.8 | 80 | |
| 34.0 | 58 | |
| — | — | 1,332(5.15×19.8) |
| 16.4 | 45 | 1,216(2.2×29.1), 1,224(3.3×18.6), 1,319(1.1×64.6), 1,348(1.3×77.4) |
| — | — | |
| 9.2 | 31 | 955(4.8×40.5), 1,051(4.4×4.1) |
| 37.3 | 94 | |
| 8.0 | 38 | |
| **36.0** | **374** | |
| 3.5 | 24 | 1,022(4.33×13.0), 1,210(4.0×19.3) |
| 14.5 | 68 | 4,203(1.53×55.2), 4,312(3.8×46.0) |
| 31.7 | 73 | 1,871(5.7×4.5), 1,874(14.75×9.0) |
| 69.0 | 39 | |
| — | — | |
| 19.0 | 21 | 2,371(1.35×6.5) |
| — | — | |
| — | — | |
| — | — | 3,022(4.3×5.9) |
| 68.5 | 108 | |
| 57.0 | 341 | |
| — | — | 2,003(1.5×6.4), 2,231(1.2×4.4), 2,286(1.0×19.3) |
| 8.0 | 32 | |
| 5.5 | 327 | |

daalsrust in the Orange Free State, Union of South Africa', *Journal of the Chemical, Metallurgical and Min-*

この段階で鉱脈は，東西3マイル，南北12マイルの広さにわたって分布していることが明らかとなった。次々とあがってくる試掘坑の成果によって，1939年の半ばには，新しい金鉱地を発見したとの確信が強まった[142]。Western Holdings は，1940年2月に当初のドリル・プログラムを完了し，政府の採鉱権貸与局にたいし，セント・ヘレナ642，プレイリー693，ヴラクプラーツ667，トロント415，マーマヘリ663の5農園（オプションの南半分），および6900鉱区について採鉱権貸与申請を行うにいたった[143]。これ以降，Western Holdings のオプションは採鉱権貸与申請を行なった区域と残部の区域とに分けられ，前者はセント・ヘレナ・リース地域もしくは第1リース地域，後者は第2リース地域と呼ばれるようになる。

　1941年3月，政府から採鉱権貸与認可が下った。同年5月，Western Holdings は，収益性ある十分な量の鉱石が存在することを確認するため，竪坑の掘削など開発の第2段階に向けて必要な組織的金融的措置を講じた。すなわち，Western Holdings は未発行株式（額面5シリング）30万株を1株10シリングで発行するとともに，Union Corporation, AAC, CM, CGFSA, African & European を招いて開発を担うシンジケートを結成した。シンジケートの資本金は45万ポンドに決められた。このうち，Western Holdings の出資分は35％（15万7500ポンド）であった。もしシンジケートによる開発作業が満足のいく結果を示すならば，あらたに金鉱山会社 St Helena Gold Mines (St Helena) ── 当初資本金150万ポンド，額面10シリング，発行株式300万株 ── を設立することになっていた[144]。しかし，大戦の勃発により竪坑の掘削を始める直前に，開発は中断を余儀なくされてしまった。

　1938年5月のセント・ヘレナ農園1番試掘坑の成功が，African & European に大きな刺激を与えたことは想像に難くない。この直後から，Western Holdings のオプションの東隣の広大な農園ブロックに地球物理学的調査が実施され，試掘坑を掘るべき場所が決められていった。セント・ヘレナ農園から北東に数マイル離れたウイチッヒ694農園に掘られた最初の試掘坑（U1）は，1936年6月に2742フィートの深さで鉱脈と交差した（鉱石品位4.0 dwts, 鉱脈幅42インチ）[145]。続いて同年8月，ウェルコム680，アルマ640，エンケルドールン

---

142) *SAMEJ*, June 3, 1939, p.284 ; May 4, 1940, p. 284.
143) *SAMEJ*, June 8, 1940, p. 467.

75の3農園の境界に，African & European と Western Holdings の共同費用で掘られた試掘坑（JBW 1）は2003フィートと2075フィートの深さで鉱脈と交差した。上段の鉱脈の品位は収益性に達していなかったが，下段の鉱脈の品位は2898 inch-dwt（鉱石品位126 dwts，鉱脈幅23インチ）に達し，先のセント・ヘレナ7番試掘坑の鉱石品位を凌駕していた（表1－4参照）。これらの鉱脈が発見されたとき，暫定的に，上段の鉱脈は Leader Reef（先導鉱脈），下段の鉱脈は Basal Reef（基礎鉱脈）と呼ばれた[146]が，いつしかこれが正式の名称となっていった。表1－3で Western Holdings の試掘坑が交差した鉱脈のうち，最下部のものが Basal Reef であり，その60フィートほど上にあるものが Leader Reef である。この他，これらの鉱脈の上方に "Upper" Reefs, "A" Reef, "B" Reef と名づけられる鉱脈が発見された。しかし，これらの鉱脈は高品位のところもあったが，総じて低品位で，とうてい採算性は期待できぬものであった。

　一般的に言って，Basal Reef は Leader Reef よりもはるかに高品位であり，後年実際の採掘が始まって判明したことであるが，Basal Reef は Orange Free State 金鉱地において採算性のある唯一の鉱脈であった。逆に言えば，

---

144)　*SAMEJ*, May 10, 1941, pp. 307-308 ; *Western Holdings Ltd : Ninth Report and Account 1955*, 1946, p. 4. なお，シンジケート結成の際の協定により，売主利得，株式応募権等について次の点が決められた。
　①　シンジケートの45万ポンドが利用できるまでにかかった費用，すなわち，セント・ヘレナ，トロント，ヴラクプラーツ，ブレイリー，マーマヘリ，オンヘフンドの6農園のオプション獲得・維持費と探査費を Western Holdings に支払う。
　②　採鉱権リースを譲渡する見返りに，Western Hodlings は St Helena から12万5000ポンドを受け取る。そして，Western Holdings はこの金を St Helena 株式25万株の購入に使用する。
　③　シンジケートには St Helena から62万5000ポンドが支払われる。この金は St Helena 株式125万株の購入に向けられる。（Western Holdings は，その持分が35％なので，St Helena 株式43万7500株を得ることになる。）
　④　残りの St Helena 株式150万株の購入権は，シンジケートのメンバーに，その持分に応じて配分される。
　⑤　St Helena の資本が増額される場合，株式購入権の50％がシンジケートのメンバーに，残りの50％はオファー時の St Helena 株主に配分される。
　　以上の②〜④により，St Helena 発足時における Western Holdings の株式所有は，総株数300万のうち121万2500株（40.42％）になることになっていた（*Ibid.*, p.4.）。
145)　*SAMEJ*, June 17, 1939, p.506. 表1－4と鉱脈の深さと幅の数値が異なっているが，そのままにしておく。
146)　*Ibid.*, p.13.

表 I－4　African & European

| 農　　園 | 試掘坑番号 | 掘削開始年 | 掘削完了年 | 完了時の深さ(feet) | 鉱脈名 | Leader・Basal 鉱脈 深さ(feet) | | 鉱石品位(dwts) | 鉱脈幅(inch) |
|---|---|---|---|---|---|---|---|---|---|
| Uitsig 694 | U1 | 1938 | 1939 | 6,233 | Basal | | 2,700 | 4.0 | 40 |
| Welkom 680 | JBW1 | 1938 | 1939 | 2,135 | Leader | | 2,003 | 2.4 | 41 |
| ⎧Alma 640<br>⎩Enkeldoorn 75 | | | | | Leader | D | 2,003 | 4.5 | 12 |
| | | | | | Basal | | 2,075 | 126 | 23 |
| | | | | | Basal | D | 2,074 | 24.5 | 9 |
| Welkom 680 | W1 | 1939 | 1940 | 3,760 | — | | — | — | — |
| Klippan 403 | KP1 | 1940 | 1940 | | Leader | | 3,636 | 3.3 | 38 |
| | | | | | Basal | | 3,705 | 6.2 | 9.5 |
| ⎧Mealie Bult 649<br>⎩Botmasrust 659 | MB1 | 1940 | 1941 | | Basal | | 2,932 | 10.4 | 36.2 |
| ⎧Welkom 680<br>⎩Botmasrust 659 | MB2 | 1940 | 1941 | | Leader | | 3,127 | 1.4 | 18.3 |
| | | | | | Basal | | 3,200 | 4.6 | 23.8 |
| Mealie Bult 649 | MB3 | 1941 | 1941 | | Leader | | 3,473 | 1.9 | 10.9 |
| | | | | | Leader | D | | 0.4 | 10.9 |
| | | | | | Basal | | 3,553 | 79.8 | 5.5 |
| | | | | | Basal | D | | 111.0 | 5.5 |
| De Bron 645 | DB1 | 1941 | 1942 | 6,405 | — | | — | — | — |
| Mealie Bult 649 | MB4 | 1941 | 1942 | | Basal | | 3,334 | 0.6 | 22.8 |
| Welkom 680 | W2 | 1941 | 1942 | | Basal | | 4,718 | 1.3 | 21.6 |
| Mealie Bult 649 | MB5 | 1941 | 1942 | | Basal | | 2,677 | 51.7 | 6 |
| Welkom 680 | W3 | 1942 | 1942 | 2,776 | — | | — | — | — |
| Witpan 671 | WP1 | 1942 | | | Basal | | 3,040 | 1.4 | 8.9 |
| Witpan 671 | WP2 | | | | Basal | | 4,229 | 14.7 | 23.6 |
| Klippan 403 | KP2 | 1942 | | | Hanging Wall | | 4,992 | 37.7 | 27.6 |
| | | | | | Basal | | 5,002 | 37.9 | 15.3 |
| Klippan 403 | KP2 | | | | Basal | | 3,763 | 36.7 | 7 |
| Welkom 680 | W4 | | | 3,997 | — | | — | — | — |
| Botmasrust 659 | MB6 | | | | Basal | | 5,169 | 0.5 | 36 |
| ⎧Arrarat 567<br>⎩Mealie Bult 649 | AR1 | | | | Basal | | 2,928 | 16.1 | 9.3 |
| Stuirmanspan 692 | SP1 | 1943 | | 4,601 | Basal | | 4,465 | 22.0 | 23.4 |
| Stuirmanspan 692 | SP2 | 1943 | | 4,768 | Basal | | 4,645 | 6.9 | 29.8 |
| Klippan 403 | KP4 | 1943 | | 6,206 | | | 5,636 | 4.8 | 49.4 |
| Uitsig 694 | U2 | 1943 | | 4,324 | Basal | | 4,220 | 3.9 | 11.7 |
| Uitsig 694 | U3 | 1943 | | 6,069 | — | | — | — | — |
| Homestead 668 | HS1 | 1943 | | 6,555 | — | | — | — | — |
| ⎧Arrarat 567<br>⎩De Hoop 357 | AR3 | 1943 | | 3,540 | Basal | | 3,302 | 46.6 | 5.6 |
| | | | | | Basal | $D_1$ | | 14.4 | 5.6 |
| | | | | | Basal | $D_2$ | | 28.4 | 5.6 |
| Witpan 671 | WP3 | | | 4,252 | Basal | | 4,148 | 16.1 | 13.3 |
| New Kameeldoorns 1398 | NK1 | | | | — | | — | — | — |

の試掘坑（1938〜44年）

| 鉱脈品位<br>(inch-dwt) | 共　同　の　有　無 | 備　　考 |
|---|---|---|
| **160** | | |
| **98** | Western Holdings | |
| 54 | | |
| **2,898** | | |
| 220 | | |
| — | | |
| 125 | | |
| 59 | | |
| 376 | | |
| 25 | | |
| 109 | | |
| 20 | | |
| 4 | | |
| 439 | | |
| 610 | | |
| — | | |
| 13 | | オリジナルとデフレクションの平均 |
| 28 | | オリジナルとデフレクションの平均 |
| 310 | | オリジナルとデフレクションの平均 |
| — | | |
| 12 | | |
| 347 | | |
| — | | |
| 580 | | |
| 257 | | |
| — | | |
| 18 | | |
| 150 | AAC〔Blinkpoort Synd〕 | |
| 515 | | オリジナルとデフレクションの平均 |
| 206 | | オリジナルと2本のデフレクションの平均 |
| — | | |
| 46 | | オリジナルとデフレクションの平均 |
| — | | ネガティブ地域 |
| — | | ネガティブ地域 |
| 261 | AAC〔Blinkpoort Synd〕 | |
| 80 | | |
| 159 | | |
| 214 | | オリジナルと2本のデフレクションの平均 |
| — | | ネガティブ地域 |

| 農　　　園 | 試掘杭番号 | 掘削開始年 | 掘削完了年 | 完了時の深さ(feet) | 鉱脈名 | 深さ(feet) | 鉱石品位(dwts) | 鉱脈幅(inch) |
|---|---|---|---|---|---|---|---|---|
| ⎰Mealie Bult 649<br>⎱Alma 640 | MB9 | 1944 | 1944 | | Basal | 1,982 | 14.6 | 7.3 |
| | | | | | Basal | D 1,983 | 6.2 | 5.4 |
| ⎰Welkom 680<br>⎱Enkeldoorn 75 | JBW2 | 1944 | 1944 | | **Basal** | **4,122** | **36.7** | **8.5** |
| | | | | | Basal | $D_1$ 4,122 | 21.0 | 5.4 |
| | | | | | Basal | $D_2$ 4,122 | 33.0 | 8.7 |
| ⎧Alma 640<br>⎨Harmonia 282<br>⎩Kopje Aleen 81 | HM1 | 1944 | 1944 | 3,331 | — | — | — | — |
| ⎰Botmasrust 659<br>⎱Vooruitgang 520 | MB7 | 1944 | 1944 | | Basal | 5,808 | 3.2 | 8.8 |
| ⎰Alma 640<br>⎱Mealie Bult 649 | **MB8** | 1944 | 1944 | | **Basal** | **1,788** | **71.5** | **17.5** |
| ⎰Emden<br>⎱Alma 640 | KP5 | 1944 | 1944 | | Leader | 7,294 | 2.3 | 47.1 |
| | | | | | Leader<br>Basal | dup 7,306<br>7,374 | 8.6<br>2.0 | 14.7<br>6.7 |
| ⎰Erfdeel 188<br>⎱Dankbaarheid 187 | ED1 | 1944 | 1944 | | Leader | 5,649 | 0.1 | 30.1 |
| Welkom 680 | W5 | 1944 | | | | | | |
| Stuirmanspan 692 | SP3 | 1944 | 1945 | | Leader | 5,370 | 4.0 | 43.1 |
| ⎰Herderwater 494<br>⎱Doornspan 426 | HD1 | 1944 | | | | | | |
| Eva 527 | NK2 | 1944 | | | Basal | 8,725 | 20.5 | 7.3 |
| ⎰New Kameeldoorns 1398<br>⎱De Hoop 357 | NK3 | 1944 | | | | | | |
| Arrarat 567 | AR4 | 1944 | | | | | | |
| De Hoop 357 | DH1 | 1944 | | | | | | |
| Wonderkop 15 | WO1 | 1944 | | | | | | |
| Tafelbaai 1013 | TB1 | 1944 | | | | | | |
| Ostend 1719 | OS1 | 1944 | | | | | | |
| Pienaarsdam 296 | PD1 | 1945 | | | | | | |

(注)　D＝デフレクション。dup＝二重に鉱脈が出現。
[出所]　*African & European : Director's Report and Statement of Accounts ; South African Mining*

| 鉱脈品位<br>(inch-dwt) | 共　同　の　有　無 | 備　　考 |
|---|---|---|
| 107 | Western Holdings | |
| 33 | | |
| **312** | Western Holdings | |
| 113 | | |
| 287 | | |
| — | Western Holdings, New Cons FS, Freddies | Block 8 |
| 28 | | |
| **1,251** | Western Holdings | |
| 108 | Transvaal Mining, Eastern Rand Extensions | |
| 126 | | |
| 13 | | |
| 3 | New Cons FS | |
| 172 | | |
| | New Cons FS | |
| 150 | Freddies, CM, AAC〔Blinkpoort Synd〕 | |
| | CM | |
| | AAC〔Blinkpoort Synd〕 | |
| | New Cons FS | Block 8 |
| | Freddies | Block 8 |
| | Freddies, Lydenburg Platinum | Block 8 |

*and Engineering Journal.*

Orange Free State 金鉱地は, Basal Reef の採掘を目指して開発されることになるのである[147]。1949年に実施された鉱石サンプルの放射能調査によって, この Basal Reef は, Klerksdorp 金鉱地における Vaal Reef と同一鉱脈であることが確認される[148]。

Western Holdings と African & European が収益性ある鉱脈を発見したことは, オレンジ・フリー・ステイトの可能性に対しあらためて強い関心を呼び起こした。再び指導的鉱業金融商会と幾多の中小の会社がオプションを設定していった。当然のことながら, この度最も注目されたのは, Western Holdings と African & European のオプション農園の周辺であった。しかし, 大戦の勃発によって探査の開始は不可能となった。

資金・資材不足と技師・労働力不足のため, 南アフリカ全域にわたって探査活動が停止する中で, オレンジ・フリー・ステイトにおける Western Holdings と African & European の探査活動は例外的に強力に進められた。Western Holdings の探査結果についてはすでに述べたとおりである。African & European の試掘坑は, ウイチッヒ694農園における1番試掘坑 (U 1) の掘削開始から1944年8月までに, 確定鉱地において25本の試掘坑 (他会社との共同掘削を含む) が完了した。このうち21本が Basal Reef と交差し, また, これら鉱脈のうち13が収益性に達していた。これら鉱脈の品位は高く, 平均して鉱石品位23.2 dwts, 鉱脈幅17.8インチ (鉱脈品位413 inch-dwt) であった[149]。こうして, African & European は「平時であれば, この成果は, すでに適当な深さに存在が確認されている金鉱脈を採掘するため, いくつかの子会社を設立することを正当とするであろう」[150]と述べ, さらに, 第二次世界大戦終了時には, はっきりと「ラントで通常見られる鉱山の規模からすると, 3つの鉱山がたてられる」[151]と指摘するにいたっていた。African & European のオプション地

---

[147] 例外はオデンダールスラスの北方, ヴァンデン・ヘルヴァース・ラスト地域に GM と Anglovaal の共同でたてられた Riebeeck 金鉱山である。ここでは'Upper' Reefs が「発達」しており, 採掘の対象となった。幾層もの鉱脈からなるこの鉱脈は, 発見された当時'Rainbow' Reefs と呼ばれていた。後にクラークスドープ地域の Western Reefs 金鉱山で発見されていた Elsburg Reef と同一鉱脈であることが判明し, 後者の名前で呼ばれるようになった (W. P. de Kock, 'The Influence of the Free State Gold Fields on the Union's Economy', *The South African Journal of Economics*, Vol. 19, No. 2 (June 1951), p.130.)。

[148] T. Gregory, *op.cit.*, pp. 527-528.
[149] *SAMEJ*, September 16, 1944, p.65.
[150] *Ibid.*, p.65.

域は3つの区域に分けられて，それぞれWelkom 1番リース地域，同2番リース地域，同3番リース地域と名づけられた。後述するように，1番リース地域からはWelkom鉱山が，2番リース地域からはPresident Steyn鉱山，そして，3番リース地域からはPresident Brand鉱山が生まれることになる。

　Western HoldingsとAfrican & Europeanの成功は，広大なオプションにたいする綿密に計算されたドリル・プログラム実施の成果であったが，このドリル・プログラムを可能にしたのは，磁気探査法に代わる新しい地球物理学的調査方法であった。West Wits Lineを見事に証明し，試掘坑が掘られるべき位置を決定した磁気探査法は，当初，オレンジ・フリー・ステイトにおいても可能であるかに見えたが，ほとんど役に立たないことがわかった。Far West RandにおいてLower Witwatersrand系の存在を示す手がかりとなった磁力を帯びた頁岩は，オレンジ・フリー・ステイトにおいては一部の場所にしか存在せず，それ故，磁気メーターはなんら異変を呈しなかったからである。数多くの試行錯誤を経て，Union Corporationは精巧なネジリバカリを利用するトーション・バランス法を考案した。ネジリバカリとは一般的に，細い針金に働く捩りモメントを応用して電気の磁力や反発力など小さな力を測定する装置であるが，Union Corporationの考案したネジリバカリは微細な重力差を測定し，地下のVentersdorp溶岩層の厚さを計測しようとするものであった。この原理は，Ventersdorp溶岩の引力は周囲の岩石のそれよりも小さいという，南アの地質学者など専門家には周知の事実に基づいていた。このネジリバカリは，Far West Randにおける磁気メーターと違って，どこに鉱脈が存在するかを指示することはできなかったが，4000～5000フィートもの不毛の溶岩層を貫通することのないよう，どこに試掘坑を掘ればよいか，どこに試掘坑を掘れば経済的か，また，どこに掘ってはならないか，を指示するものであった[152]。クラークスドープ――ボータヴィルのラインで，Union Corporationにオプションの放棄を指示したのは，このトーション・バランス法の調査の結果であったし，また，クラークスドープ地域西部の農園のオプションをAfrican & Europeanの探査会社New Central Witsに断念させたのもトーション・バランス法による調査であった。南アの金鉱探査では，オデンダールスラス

---

151) T. Gregory, *op.cit.*, p. 563.
152) D. Jacobsson, *Free State and New Rand Gold,* South Africa, Central News Agency Ltd., 1945, pp. 23-28 ; A. P. Cartwright, *Gold Miners,* pp. 278-279 ; A. P. Cartwright, *Golden Age,* p.248.

地域における Western Holdings の探査以来，その第1段階としてこの調査方法と組織的ドリル・プログラムが用いられることとなった。

### 3. オレンジ・フリー・ステイトにおける AAC の利権の拡大

Western Holdings と African & European のドリル・プログラムは順調に実施され，試掘坑が次々と成果をあげていくかたわら，オレンジ・フリー・ステイトにおける CM, CGFSA, Union Corporation, Anglovaal, AAC などの探査活動はことごとく失敗であることが判明した。こうした失敗にもかかわらず，AAC は金鉱地としてのオレンジ・フリー・ステイト北西部の将来に強い確信を抱いていた。AAC は，直接間接を問わずオレンジ・フリー・ステイトへの復帰のあらゆるチャンスをとらえようとした。

その最初の動きが1941年1月の African & European にたいする「協力」の打診である。AAC の取締役 R・B・ハガートと顧問技師の F・A・アンガーは，E・オッペンハイマーの指示により，ルイス・アンド・マルクス商会と African and European の代表取締役をかねるルイ・マルクスに逢い，African & European がオデンダールスラス地域で進めている探査について，何か AAC が協力できることはないか，と尋ねた。これにたいしてマルクスは，オプションは完全に専有している，また，探査活動でパートナーは必要としていない，と述べた後，鉱山会社設立に関しては South African Townships, Mining and Finance Corporation（SA Townships）などいくつかの鉱業金融商会の資本参加の約束ができているが，もちろん AAC の参加も歓迎する，しかし，その割合は他の商会に比して小さなものになろう，と回答し，彼らの申し出を婉曲に断わった[153]。

第2の動きは，先に見た Western Holdings への資金提供とシンジケートへの資本参加である。1941年3月，Western Holdings の採鉱権貸与申請にたいし政府の許可が下った。戦時下に公募会社を設立することにはかなりの困難が予想されたので，竪坑の掘削など開発の第2段階は Western Holdings の主導するシンジケートが行うこととなった。Western Holdings は必要とされる資金を未発行株30万株（額面5シリング，発行価格10シリング）の発行によって賄うことにした。一方，AAC は，Western Holdings の発行する30万株

---

[153] T. Gregory, *op.cit.*, p. 563.

第1章　新金鉱地の発見と鉱業金融商会　65

の一部を購入するとともに，CM，CGFSA，Union Corporation，African & European とならんでシンジケートに参加した。こうして AAC は，Western Holdings と将来設立されるその子会社の鉱山会社に関係を持つこととなったが，関係はそれ以上のものでなかった。Orange Free State 金鉱地の開発において AAC が中心的役割を果たすには，それ以上のものが必要であった。

　Orange Free State 金鉱地において AAC が支配的地位を占めるにいたる最初のステップは，故アベ・ベイリーの遺産受託者との交渉であった。アベ・ベイリーは，1887年，金鉱発見の報に接するやラントにやってきて，鉱地や金鉱株の取引（と，そして，おそらくポーカーと）で産をなし，種々の鉱業金融商会と金鉱山会社に利権を獲得するとともに，1896年土地・金融会社 Witwatersrand Townships, Estate and Finance Corporation を設立した。1918年，これは，SA Townships と改称され，いくつかの鉱山会社を管理する鉱業金融商会に転じていったが，その業務の中心はヨハネスブルグやプレトリアの不動産と南部アフリカの各地の農園にあり，なお本質的に土地・金融会社であった。彼はラントの鉱業富豪の1人であった。しかし，彼にとって残念なことは，自分で金鉱山の開発に成功したことが一度もなかったことであった。まさに彼の長年の夢が実現されようとする矢先，1940年8月，彼は亡くなった。彼の遺産受託者の1人が，CM の首脳であり Rand Mines（RM）の代表取締役のジョン・マーティンであった。ベイリーは南アにおける種々の権益のほかに，SA Townships のかなりの株を所有していた。そして，この SA Townships が Western Holdings の管理権を有していたので，ベイリーの遺産が誰のものになるかは，重要な問題であった。遺産受託者は，遺産を最良の価格で処理する義務を負っていた。他方，AAC は，オレンジ・フリー・ステイトへの復帰を強く望んでいた。

　両者の交渉は，ベイリーの資産に含まれる Lace Proprietary Mines（Lace Proprietary）の株式をめぐる折衝から始まった。Lace Proprietary は1904年に設立された鉱地・株式の取引会社で，長らくベイリーが代表取締役を務め，当時主に East Rand 金鉱地の鉱山に権益を有していた。AAC が Lace Proprietary に関心を寄せたのは，直接的には Lace Proprietary が，1937年に自社株12万株と交換に，WRITS の株式30万株を取得していたことによるものであろう。1941年5月，AAC は，Lace Proprietary がその所有する WRITS 株を売却する場合，AAC と相談することを条件に15万ポンドを貸し与えた。同年11月14日には，ベイリーの遺産から Lace Proprietary 株式12万5000株を

購入し，5日後には，①遺産に含まれる残る Lace Proprietary 株を処分する際には，必ず前以て AAC と相談すること，② Lace Proprietary の取締役会の一員に AAC の指名者を加えること，の合意を再確認した154)。

その年の暮に，マーティンは，JCI に SA Townships の譲渡を持ちかけた。JCI はこれを断った155)。当時シティでは，AAC が SA Townships を取得するとの噂がたっていた。その噂どおり，翌年1月24日，AAC は遺産受託者と協定に達し，SA Townships を取得した。取得価格は17万180ポンド10シリングであった。取得時における SA Townships の持株は，African & European 株式9万3630株，Lace Proprietary 株式45万3000株，South African Coal Estates (Witbank) 株式20万株，Western Holdings 株式53万8000株（そのうち5万株は一部払込株）等であった。AAC の取得した SA Townships 株は，全発行株数（480万株）の10%にもならなかったが，遺産受託者との協定によって，その管理権は AAC に委譲された156)。

AAC にとって，SA Townships の取得はどのような意義をもっていたのであろうか。

AAC の取締役会長 E・オッペンハイマーは，1941年12月14日付の息子ハリーへの手紙で次の点を指摘している157)。① AAC が管理する会社が増えるこ

---

154)　*Ibid.,* p. 548.
155)　*Ibid.,* p. 549 ; E. Jessup, *Ernest Oppenheimer : A Study in Power,* London, Rex Collins, 1979, pp. 283-292. ジェサップは，大戦下イギリスは厳しい為替統制を敷いていたのであるから，マーティンの目的は JCI に売り込むことよりも「市場を試す」ことにあったとみている。遺産受託者は最良の価格で遺産を処分する義務があり，それゆえ，他の鉱業金融商会に打診して最良の価格を得るための努力をしたことの証を裁判所に示す必要があったというのである。他方，打診先が JCI であったことは，AAC にとってきわめて好都合であった。というのも，AAC と JCI（およびそのロンドンの親会社バーナト・ブラザーズ商会）とは密接な関係にあったからである。1925年，E・オッペンハイマーが Diamond Syndicate に代わる'New' Syndicate を設立したとき，これを支持したのはバーナト・ブラザーズ商会の S・B・ジョウルであったし，また，1929年オッペンハイマーが De Beers Consolidated Mines の代表取締役に立候補した際，これに賛成したのは JCI の専務取締役で従兄弟の G・イムロスであった。さらに，1930年 Diamond Corporation が設立されたとき，AAC と JCI は創設者のメンバーであり，また De Beers の大株主であった。一言でいえば，ダイヤモンドを通して両社は緊密な関係にあったのである。したがって，E・オッペンハイマーが，マーティンとの交渉以前に，SA Townships の譲渡条件を知っていたことは，何ら異とするにたりない。
156)　*SAMEJ,* January 31, 1942, p. 627 ; T. Gregory, *op.cit.,* p. 551 ; A. P. Cartwright, *Golden Age,* pp. 250, 252 ; E. Jessup, *op.cit.,* p. 291.

と。AACには購買・秘書・経理など，どの部門にもスペースと人員の余裕があるから，管理収入の増加が期待できる。また，SA Townshipsの管理費用も同時に削減できる。②AACは新たに200万ポンドに上る資産を有する会社を支配することになった。これらの会社は若干の会社にまたがっているにすぎない。③最良の監督下にある石炭事業に参入することになった。④「われわれは，Western Holdingsを通してオレンジ・フリー・ステイトに復帰した」。

この第4の点について，E・オッペンハイマーは，Western Holdingsのオプション農園に設立される鉱山会社がUnion Corporationの支配下に入ることは残念であるが，技術・管理の支配だけでは儲けとならず，そのためには十分な資本参加が必要であると指摘し，AACがWestern Holdingsの顧問技師となれば，Union Corporationも新鉱山会社の顧問技師となることを主張するまい，とつけ加えている。SA TownshipsとAACとでは資本と技術の格が違うというのである。結果的には，1938年のWestern HoldingsとUnion Corporationとの協定どおり，Western Holdingsオプション農園につくられた金鉱山会社St Helenaの顧問技師・秘書会社の地位は，Union Corporationが保持したままであったが，SA Townships取得の最大の意義は，AACのオレンジ・フリー・ステイトへの復帰であったことに疑いない。

ところで，ベイリーの遺産受託者マーティンはCMの首脳であったにもかかわらず，どうしてSA Townshipsを獲得できなかったのか（あるいは，しなかったのか），また，何故にマーティンは，E・オッペンハイマーにこれを譲ったか，が問題となろう。というのも，ベイリー自身は生前，コーナーハウスとの長い友好関係から，CMこそが彼の会社の継承者となることを強く希望していた[158]からであり，一方，オッペンハイマーは，1925年にダイヤモンドの'new' Syndicateを設立した際，CMと関係のあったL・ブライトメイヤー商会を排除することによって，CMの怒りを買っていたからである。カートライトは，その理由のひとつに，マーティンの高い倫理感を挙げている。遺産受託者の地位を利用して自分が取締役を務めている会社に資産を売却することは誤りであると，彼は考えたというのである[159]。ジェサップは，マーティンは，Western Holdingsオプションの価値について，顧問技師から誤った情

---

157) T. Gregory, *op.cit.*, pp. 549-550.
158) A. P. Cartwright, *Golden Age*, p. 249.
159) *Ibid.*, p.250.

報を与えられたとするディグビー・ロバーツの見解に賛意を表し、これのみがマーティンのオッペンハイマーとの交渉を矛盾なく説明するとしている。けだし、マーティンがきわめて有望な鉱地をやすやすとかつての敵に譲渡することは考えられないからというのである160)。カートライトが挙げているもうひとつの理由は、Western Holdings は当時なお高度に投機的な事業であり、マーティンは決してギャンブラーでなかった161)、というものである。しかし、遺産受託者による SA Townships の処理が日程にのぼった時期（1941年暮れから1942年初め）を考えると、この見解も正鵠を射ているとは言い難い。

　先に見たように、Western Holdings のドリル・プログラムはすでに1940年2月に成功裡に終了し、3月には採鉱権貸与申請を提出、そして、翌年5月には竪坑の掘削など開発の第2段階に向けてシンジケートが結成されていた。そして、CM 自身もこのシンジケートに参加していたのである。確かに鉱山は、竪坑と横坑を掘削して実際に鉱石を取り出すまでは、成功であったか失敗であったかはわからない。いや、その後でさえ、採掘していくうちに、予想に反して鉱石は収益不能な低品位鉱に変わるかわからないし、また、落盤や洪水に遭って操業不能となるかもしれない。こうした点において、鉱山事業は本質的にギャンブルであり投機なのである。したがって、収益性ある鉱脈が発見されたからといって、投機性が減じるわけではない。しかし、Western Holdings の探査が竪坑を掘削する段階にまで進んでいるのに、なおその可能性に確信を持てなかったとすれば、ギャンブラーならずとも、あまりに慎重すぎたのではあるまいか。敢えて危険に挑戦する活力が CM の取締役に失われていたと言わねばならない。おそらくマーティンは公明正大な人であったであろう。また、顧問技師は誤った選択を勧めたのであろう。さらに、大戦下、SA Townships の購入資金を準備するのに困難が予想されたかもしれない。しかし、こうした要因にもまして、CM が Western Holdings を逸した最大の要因は、アルフレッド・バイト、ヘルマン・エックシュタイン、ライオネル・フィリップスなどコーナーハウスの創設者たちが有していた事業への嗅覚と果敢さを、当時の

---

160) E. Jessup, *op.cit.*, pp. 288-289. なおディグビー・ロバーツは、CM の当時の顧問技師 R・S・G・ストークスは、E・オッペンハイマーによって送り込まれた「トロイの馬」でなかったかと疑っている。ロバーツは CM の地質学部門の役員を務めて、*The Decline and Fall of a Mining Empire*, 1961（筆者は未見）の著者である。ここにいう Mining Empire とは CM のことである。

161) A. P. Cartwright, *Golden Age*, p. 249.

指導者が完全に喪失していたことにあったと言わねばならない。先に見たように、CGFSAから勧められたWest Witwatersrand Areasへの資本参加を断ってしまったのも、磁気探査法への懐疑にもまして、活力の喪失にあったと言えるであろう。

さて、AACの次の課題は、Western Holdingsの鉱地を足場に、その北と東の鉱地に進出することであった。このことは、隣接農園の鉱物権もしくはオプションを有する会社と、技術的には共同探査協定を、金融的には資本参加もしくは共同開発協定を結ぶことを意味した。AACは、1943年4月までに、Western Holdings株の所有を増やしたばかりか、以下に見るように、Blinkpoort Gold Syndicate, Wit Extensionsおよび African & European と新たな関係を築いていた。

Blinkpoort Gold Syndicateは1933年6月に設立された投資会社で、1939年までにWestern Holdingsオプション農園のすぐ北側の農園ブロックにオプションを得ていた。オプション獲得後、Blinkpoort Gold Syndicateは独自の探査活動は行わず、周辺地域の探査結果が得られるまでオプションを保持する待機政策を採っていた。1942年4月、AACとBlinkpoort Gold Syndicateの間に協定が成立し、①Blinkpoort Gold Syndicateオプション15農園（5152モルゲン）にたいする探査は、共同費用でAACが実施する、②このオプションに鉱山会社が設立される場合、その管理はAACが執り、売主利得は、諸々の費用を差し引いた後、3対2の比率で、AACとBlinkpoort Gold Syndicateに配分する、③鉱山会社の当初営業資本金は、3対2の比率で、AACとBlinkpoort Gold Syndicateが応募する、という3点が取り決められた[162]。この協定の成立後、当オプションの東端に並ぶアララト569、ユートピア662、エヴァ527－3区、南端のリーダーズ・ダム515の農園に試掘抗が掘られ、収益性ある鉱脈の存在が確認された。1944年9月、Blinkpoort Gold Syndicateの資本金は10万ポンドから50万ポンドに増額され、160万株（額面5シリング）が発行されたとき、AACはBlinkpoort Gold Syndicateの管理会社であるTransvaal Mining and Finance（Transvaal Mining）とともに、1株2シリング6ペンスで20万株を購入し、同時に株式発行の引受を行なった[163]。

---

162) *SAMEJ,* December 12, 1942, p.352 ; T. Gregory, *op.cit.,* p. 555 ; E. Jessup, *op.cit.,* p. 294.
163) T. Gregory, *op.cit.,* p. 554 ; E. Jessup, *op.cit.,* p. 293.

次に AAC が協定を結んだのは，Wit Extensions であった。Wit Extensions は大戦の勃発とともに所有するオプションを縮小していた。1942/43年の会計年度に AAC と Wit Extensions の間に協定が結ばれ，① Wit Extensions の資本の再建に，AAC と New Union Goldfields は協力する，② Wit Extensions は，New Union Goldfields の管理下にはいる。しかし，オレンジ・フリー・ステイトにおけるおよそ1万モルゲンのオプション地域の技術的仕事は，探査活動を含めて AAC によって遂行される，と決められた[164]。1944年2月，Wit Extensions の資本金は2万5000ポンドに切り下げられ，「切り下げられた株」をベースに，改めて株式が発行され，資本金は20万ポンドに増額された。E・ジェイカブスン，アラン・ロバーツ，New Union Goldfields の有するオプションが Wit Extensions に譲渡された[165]。この協定における AAC の狙いは，かつてアラン・ロバーツが鉱脈を発見し，AAC 自身がメレンスキー博士から「期限付オプション」を得たことのある農園にあったことは明らかである。探査費用は，AAC と Wit Extensions の間で3対2の割合で負担し，そこから生じる収益も同じ比率で分配することになった。なお，Wit Extensions 自身が鉱山会社となる場合には，AAC が新規発行資本金額と発行価格を決定し，必要な営業資本金の60％を優先価格で購入できることになっていた[166]。

SA Townships を傘下におさめ，Blinkpoort Gold Syndicate と Wit Extensions のオプションに利権を得たことにより，オデンダールスラス地域における AAC の地位は上昇した。しかし，この地域で最大の競争相手である African & European との直接的結び付きは得られぬままであった。1943年4月，ひとつのチャンスがやってきた。African & European は，Lydenburg Estates との協定でブロック8の探査に責任を負っていたが，AAC にたいしその負担の一部の肩代わりを求めた。AAC はこれに応じて探査費の25％を受け持ち，African & European が有する60％の資本参加権のうち25％を得た[167]。さらに，AAC は，1943年 に African & European と Lydenburg Estates の株式を相当数増やした[168]。

1944年もオレンジ・フリー・ステイトにおける AAC の活動が活発な年であ

---

164) T. Gregory, *op.cit.*, p. 556 ; E. Jessup, *op.cit.*, p. 295.
165) T. Gregory, *op.cit.*, p. 556.
166) *Ibid.*, p.556 ; E. Jessup, *op.cit.*, p. 295.

った。AACは，New Union Goldfieldsと協定を結び，ヴェルケールスデルレイ地域における400平方マイルのオプションの探査費用の50％を負担することになり，探査管理権と55％の資本参加権が与えられた[169]。さらにLydenburg Platinumとの協定により，AACはサンド川の南と南東の5万2000モルゲンの土地を探査する義務を負い，そこに鉱山会社がつくられる場合，第1番目と第3番目の鉱山を管理する権利を得た[170]。

調査・探査活動への参加や持株の増大などオレンジ・フリー・ステイトにおけるAACの利権の増大は，集中的管理の必要をひき起こした。1944年6月，AACによってOrange Free State Investment Trust（Ofsits）がオレンジ・フリー・ステイトにおける利権を管理する持株会社として設立され，AACとSA Townshipsの所有するオレンジ・フリー・ステイトの利権が移管された。これは，AACにとってWRITSにつぐ4番目の投資分野別持株会社であった。

WRITSが存在するのに，どうしてOfsitsを新たに設立したかが問題となるであろう。WRITSの株式はすでに広く分散しており，オレンジ・フリー・ステイトにおける新たな利権により高い収益が期待されるかぎり，別会社をつくるほうがAACに有利となることがその主要な理由であったと思われる。以後Ofsitsは，AACがオレンジ・フリー・ステイトに巨額の資金をつぎこむ通路となる。Ofsitsは設立直後，AnglovaalからAssociated Mining & Selection Trustの全増資株を購入し，ブロック7に設立される鉱山会社にたいする売主利得と資本参加権の持分を増加させた。

AACは機会あるごとにAfrican & European株を購入し，その大株主となっていたばかりか，E・オッペンハイマーとR・B・ハガートは取締役に就任していた。一方，African & Europeanは，OfsitsとWestern Holdingsに利権を有するとともに，取締役会にも席を占めていた。こうしてオデンダールスラス地域の開発は，資本の点からも管理・支配の点からも統合の方向に向か

---

167) T. Gregory, *op.cit.*, p. 557. 1943年，African & Europeanは，自社のオプション（ブロック7）の北東にあるLydenburg Estatesのオプション，1万6000モルゲンを獲得した。これがブロック8と名づけられたオプションである。Lydenburg Estatesはオプション譲渡の代償に40％の売主利得と資本参加権を保持し，African & Europeanは，探査の責任を負い，60％の売主利得と資本参加権を得た。（*SAMEJ*, September 16, 1944, p.77.）
168) T. Gregory, *op.cit.*, p. 557.
169) *Ibid.*, p.557 ; E. Jessup, *op.cit.*, p. 296.
170) T. Gregory, *op.cit.*, p. 558 ; E. Jessup, *op.cit.*, p. 296.

っていた。AAC による完全な統合にとって障害となっていたのは，ただひとつ，African & European の支配権を，ルイス・アンド・マルクス商会が握っていることであった。そして，同商会が存続するかぎり，これを自発的に放棄することはとうてい考えられなかった。

AAC は大胆な政策を採用した。ルイス・アンド・マルクス商会を買収する道を選んだのである。1945年9月半ば，AAC は，ルイス・アンド・マルクス商会発行株式15万株のうち14万9850株を掌握したことを発表した[171]。同商会と African & European の取締役会は再編され，AAC が支配権を掌握した[172]。ここにオデンダールスラス地域の探査・開発は――St Helena 鉱山を除いて――AAC を中心に進められることとなったのである。

### 4. 第二次世界大戦後の探査活動

第二次世界大戦の終了が近づくにつれて，オレンジ・フリー・ステイトにたいする南ア金鉱業界の関心はよみがえってきた。いや，Far West Rand と Klerksdorp 両金鉱地にたいしてと同様，大戦の終了を待ちかねていたという方が正しいであろう。Western Holdings と African & European の探査結果は十分に知られていたから，各社の狙いは両社のオプションのあるオデンダールスラス地域とその周辺にあった。1944年，オレンジ・フリー・ステイトの調査・探査を目的に，JCI と CGFSA によって，それぞれ Free State Development and Investment (Freddies) と New Consolidated Free State Exploration (New Cons FS) が，そして，翌年には，GM によって，General Explo-

---

171) T. Gregory, *op.cit.*, p. 563.
172) African & European はラントの他の鉱業金融商会とやや性格を異にしていた。1904年8月に設立されて以来，機会があればいつでも鉱物開発，就中，石炭開発に従事していたけれども，その政策の中心は南部アフリカの高原の開発に向けられていた。1941年当時，トランスヴァール，ベチェアナランド，ケープ州，南北ローデシアの各地に総面積175万アールに達する250を下らぬ数の農園を所有していた。他方，直接あるいは傘下の Vereeniging Estates と Amalgamated Collieries of South Africa を通じて間接に所有する石炭の利権も大きく，南アで最大の炭坑グループを形成していた (*SAMEJ*, September 27, 1941, p.97.)。したがって，AAC は African & European を傘下に収めることによって，一大農園支配会社，南ア最大の炭坑支配者となった。なお，AAC は SA Townships を掌握した際，Western Holdings と並んで炭坑会社 South African Coal Estates (Witbank) を傘下に収めていた。African & European を支配していたルイス・アンド・マルクス商会は AAC の傘下に入ったことにより F. S. Mines Selection と改名された。

ration Orange Free State（Geoffries）が設立された。また，クラークスドープ地域で探査活動に従事していた Anglovaal 傘下の Middle Wits は，オレンジ・フリー・ステイトに投入されることになった。

　大戦終了直前におけるオデンダールスラス地域とその周辺の鉱地・オプションの分布状況を，Western Holdings 鉱地とブロック7を中心にまとめると，おおよそ次のようであった。Western Holdings 鉱地のすぐ北に，Blinkpoort Gold Syndicate のオプションがあり，その北，オデンダールスラスの向こう側に Wit Extensions のオプションがある。これら2つのオプションの間，オデンダールスラスを取り囲んで，Freddies のオプションがある。この地域はかつて Wit Extensions のオプション下にあったところで，Wit Extensions がオプションを縮小した後，CM がオプションを設定し，さらに，CM が放棄した後に，Freddies がオプションを設定したものである。この地域の西に接して，Anglovaal と GM のオプションがある。ここもまた，かつて Wit Extensions のオプションの一部であったところである。この地域の反対側，すなわち，Freddies オプション地域の東方，ブロック7の東北に，African & European が探査を請け負った Lydenburg Estates のブロック8がある。そして，ブロック7とブロック8の北に，Western Holdings のもうひとつのオプション（社内では Northern Area と呼ばれている）がある。さらに，ブロック7の北部と Freddies オプション地域との間に，CM のオプション（レーウボシュ685農園とニュー・カメールドールンズ1398農園）がある。一方，Western Holdings 鉱地とブロック7の南方，サンド川の方に目を転じると，JCI，Anglovaal，Union FS Coal & Gold Mines がオプションを設定しており，ヴァージニアの北方，ブロック7の第2リース地域の東には，Free State Gold Areas，CGFSA，H. E. Proprietary，Lydenburg Platinum がオプションを有している。Western Holdings とブロック7の南の界隈は，かつて Union Corporation が Western Holdings からオプションを譲渡されたところである。オプションを有する鉱業金融商会と他の会社の間には，探査費用の確保やリスクの分散を考慮して，探査・開発の協力協定が縦横に張りめぐらされていた。

　ドイツの降伏によって欧州大戦が終結し，人員と資材・装置が確保できるようになると，オプションの調査と探査は再開され，漸次広がっていった。探査活動は1946年4月からいっそう活発となり，1948－49年に頂点に達した。それ

まで Orange Free State 金鉱地ほど完全かつ広範に調査・探査された鉱地はなく，1933年，ロバーツによってアーンデンク227農園に最初の試掘坑が打ち込まれてから1950年までに，535本の試掘坑（進行中のものを含む）が掘削された[173]。その平均的深さは4200フィートで，掘削費用総額は500万ポンドに達していた[174]。これらの探査の結果，1946年2月に設立された St Helena を皮切りに，1956年までに15の金鉱山会社が設立された。すなわち，1947年に Welkom, Western Holdings, Freddies South, Freddies North, Free State Geduld の5鉱山会社，1949年には　President Steyn, President Brand, Virginia, Merriespruit の4鉱山会社，1950年には Harmony, Loraine, Jeannette の3鉱山会社，そして，1955年と56年にはそれぞれ Free State Saaiplaas と Riebeeck が設立された（図1－8参照）。

では，これらの鉱山の発見と鉱山会社の設立に鉱業金融商会はどのように関わっていたであろうか。以下では順次各オプション＝鉱地ごとにこれを見ていきたい。

〔ブロック7, Western Holdings鉱地, Blinkpoort Gold Syndicateオプション〕
すでに見たように，St Helena リース地域における探査は1940年3月に基本的に完了しており，竪坑の掘削など開発の第2段階を進めるばかりとなっていた。また，ブロック7における African & European の探査活動は，戦時にもかかわらず精力的に遂行され，1944年半ばにはその確定鉱地にいくつかの鉱山をつくることができると展望できるまでになっていた。さらに，Blinkpoort Gold Syndicate のオプションにおいても鉱脈の存在が確認されていた。AACは，1942年，アベ・ベイリーが所有していた SA Townships 株を取得することによって，Western Holdings にたいする支配権を掌握したこと，さらに，1942〜43年には，Blinkpoort Gold Syndicate 並びに Wit Extensions と協定を結び，それらの所有するオプションにたいする探査義務を負うと同時に，そこに鉱山会社がつくられる場合，募集される資本の60％参加する権利を得たことは，先に指摘した。

1944年半ば以降における African & European の探査活動は，①ブロック

---

173) W. P. Koch, 'The Influence of the Free State Gold Fieids on the Union's Economics', *The South African Journal of Economics,* Vol. 19, No. 2 (June 1951), p. 131.

174) M. R. Graham, *op. cit.,* p. 176.

図 I-8　Orange Free State 金鉱地の金鉱山（1956年）

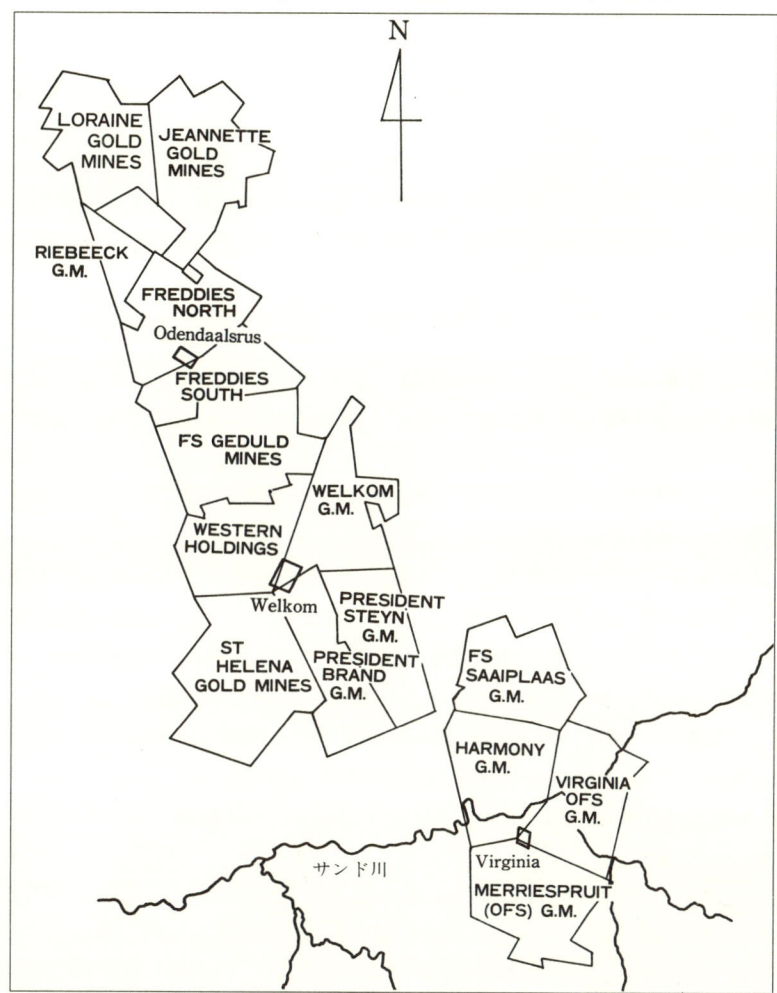

7の確定鉱地の東に広がるネガティブ地域，②ブロック7と Western Holdings 第2リース地域との境界，③ブロック7と Blinkpoort Gold Syndicate オプションとの境界，④ブロック8，に向けられた。①の探査目的は，確定鉱地の境界の確定と地質構造の調査にあり，②と③の目的は鉱脈の存在の確認と品位の確認にあった。オデンダールスラス地域においては，St Helena リース

表 I − 5　African & European の完成試掘坑数（1938年12月〜1946年12月）

| 期　　間 | ブロック7 | その他 | 合　計 | 他社と共同 |
|---|---|---|---|---|
| 1938年12月〜1941年12月 | 7 | 0 | 7 | 1 |
| 1942年1月〜1942年12月 | 7 | 0 | 7 | 1 |
| 1943年1月〜1943年12月 | 9 | 0 | 9 | 4 |
| 1944年1月〜1944年8月 | 2 | 4 | 6 | 6 |
| 1944年9月〜1945年12月 | 12 | 3 | 15 | 15 |
| 1946年1月〜1946年12月 | 2 | 22 | 24 | 7 |

［出所］　*African & European : Directors' Report and Statement of Accounts* と *South African Mining and Engineering Journal* から作成。

　地域とブロック7の探査から，鉱脈頭は南北に走り，鉱脈は西から東に傾斜していることが明らかとなっていたから，ブロック7と Western Holdings 第2リース地域並びに Blinkpoort Gold Syndicate オプションの両境界には，収益性ある鉱脈が発見されることは十分に予想されていたのである。表1−5に示しているように，1944年半ば以降における African & European の試掘坑はブロック7の確定鉱地以外での掘削が増えてくるし，同時に，他会社との共同費用での掘削が多くなるのである。

　1944年4月，4本の試掘坑が，African & European と Western Holdings の共同費用で打ち込まれた。そのひとつ（HM1）は，African & European のブロック7の北端と Western Holdings オプション農園（Northern Area）の南端とブロック8の西端の境界にあった。もうひとつ（JBW2）はウェルコム680農園とエンケルドールン75農園の境界で，1938年にやはり両者の共同費用で同じ境界線上に掘られた試掘坑 JBW1の西南およそ1マイルのところにあった。残りの2つ（MB8とMB9）はアルマ640農園とミーリー・ブルト649農園の境界上に位置していた。HM1は成果なく，3331フィートの深さで終了したが，他の3つはいずれも Basal Reef と交差した。ことに MB8が1788フィートで交差した鉱脈は高品位で，鉱石品位71.5dwts，鉱脈幅17.5インチ，鉱脈品位は1251 inch-dwt に達していた（表1−4参照）。1943年の Blinkpoort Gold Syndicate オプション内のアララト567農園での鉱脈発見と相俟って，Western Holdings の第2リース地域と Blinkpoort Gold Syndicate オプションとはきわめて有望な鉱地であると判断されるにいたった。

　戦後になってこのことをより決定づけたのは，Western Holdings と Blinkpoort Syndicate の共同費用でヘドゥルド697農園とフリーデスハイム511農園の境界に打ちこまれたヘドゥルド1番試掘坑（Geduld 1）の成果である。この

試掘坑は，3854フィートの深さで鉱石品位5.14dwts，鉱脈幅28インチの鉱脈(Leader Reef) と交差した。これは平凡な鉱脈にすぎなかったが，驚くべきは，その40フィート下で1946年4月15日に発見された Basal Reef である。取り出された試料は，黄鉄鉱と炭素と肉眼で見える金が堅く鉱化していた。鉱脈幅6.8インチ，鉱石品位は実に3377.5dwts，したがって鉱脈品位は，2万2967inch-dwt であった。さらに，この鉱脈に接して，石英の鉱化した鉱脈があり，鉱石品位6dwts，鉱脈幅11.6インチを示していた。そして，これら両方の鉱脈を合わせると，鉱石品位1252dwts，鉱脈幅18.4インチ，鉱脈品位2万3037inch-dwt であった[175]。それまでにオレンジ・フリー・ステイトで発見された鉱石試料の最高品位は，およそ3000inch-dwt であり，1000inch-dwt 程度で驚異的品位と見なされていたのであるから，2万3037inch-dwt という数値は，前代未聞であった[176]。この試掘坑の成果を，東のミーリー・ブルト649農園，南東のウェルコム680農園および南のトロント415農園での探査結果と考え合わせると，この第2リース地域と Blinkpoort Gold Syndicate オプションには非常に富裕な鉱地が存在することを示唆するものであった。

4月16日，Basal Reef と交差した翌日，ヘドゥルド1番試掘坑の結果が報道されるや，株式取引所では熱狂的な金鉱ブームが生じた。それ以前にすでに高水準にあった金鉱株価はいっそう上昇した。時差の関係からヨハネスブルグ取引所がリードする形となり，パリ，ロンドン，ニューヨークへと波及した。前日の午後72シリング3ペンスで引けていた額面5シリングの Western Holdings 株は，78シリングで始まったあと，97シリングに急上昇し，その後90シリングに低下した。同様に，額面5シリングの Blinkpoort Gold Syndicate 株も，前日の32シリングにたいし，42シリングで開かれたが，たちまちのうちに80シリングまで騰貴し，その後65シリングに落ち着いた。株式需要は，ヘドゥルド1番試掘坑に直接あるいは間接に関わる会社の株式に殺到しただけでなく，金鉱脈の存在が確認されていない地域の探査会社や投資会社にも向けられた[177]。こうして僅かな日時の間に，Orange Free State 金鉱株の市価総額は

---

175) *Western Holdings Ltd : Ninth Report and Accounts for the Year ended 31 st December, 1945*, p.5 ; *The Statist*, April 20, 1946, p.353 ; D. Jacobsson, *Maize Turns to Gold*, Cape Town, Howard B. Timnins 1948, p.16.

176) D. Jacobsson, *op. cit.*, p.16.

177) *Ibid.*, p.28.

3000万ポンドも上昇した。当然のことながら、大幅な上昇を見たのは、Blinkpoort Gold Syndicate, Western Holdings, Ofsits などヘドゥルド1番試掘坑にかかわる会社株で、この3社だけで増加分の半分以上（1700万ポンド）を占めていた178)。

株価がどのように騰貴しようと、ひとつの試掘坑の成果だけで鉱地の価値を決定できるわけではない。鉱石品位3377.5 dwts とは、実際に1トンの鉱石を採掘して、3377.5 dwts、すなわち、168.875オンスの金（時価にして1456ポンド）が抽出されたということではない。鉱石品位、dwts とは、試掘坑から取り出された試料を鉱石トン当りに換算した数値なのであって、ヘドゥルド1番試掘坑の場合、採集された10.5オンスの鉱石試料に僅かに1.1 dwts の金が含まれていた、とのことなのである。したがって、試料が採集された場所に偶然ごく局部的に金が凝結していたに過ぎないかもしれないのである。実際、ラントの金鉱山では、採鉱の過程で驚くほど高い品位の鉱石にであうことがままあったのである179)。

その後、Western Holdings 第2リース地域内のフリーデスハイム511農園で交差した鉱脈は、やや当てはずれであった。最初の掘削で交差した Leader Reef は、期待を抱かせる鉱脈品位（264 inch-dwt）であったけれども、その下の Basal Reef は試料の採集が不完全なこともあって、鉱脈品位は170 inch-dwt にすぎなかった。1回目のデフレクション（同じ坑で再度角度を変えて掘ること）における Leader Reef の鉱脈品位は207 inch-dwt であった。一方、Basal Reef はこれまた不完全な試料で、品位は143 inch-dwt であった。2回目のデフレクションでようやく完全な Basal Reef の試料を得ることができた。鉱石品位は18.47 dwts、鉱脈幅21.25インチ（鉱脈品位392 inch-dwt）で、それ自体きわめて満足すべき成果であったが、ヘドゥルド1番試掘坑のそれに較べるとささやかであった。さらにヘドゥルド1番試掘坑の北東約5000フィートの

---

178) *Ibid.*, p.29.
179) *Ibid.*, p.18. 1946年4月27日付の *The Economist* は、ヘドゥルド1番試掘坑の成果について次のように報じている。「3992フィートの深さで Basal Reef を掘り当てたヘドゥルド1番試掘坑は、南アフリカにおいて確かにユニークである。なぜなら、トン当り1252 dwts というような高い分析結果はおそらく以前には現実のどの試掘坑の試料によっても示されたことがないからである。しかし、ラント全域にわたってそれ以上に高品位の鉱脈断片に遭遇することは実際の採掘過程においてはありふれたことであり、しかも、それは現実の開発の成功とはけっして関連していなかった」（*The Economist*, April 27, 1946, p. 679.）。

地点，トッホヘクレーヘル699農園（Blinkpoort Gold Syndicate オプション内）で交差した鉱脈も当てはずれであった。5335フィートの深さで交差したLeader Reefの鉱脈品位は，63 inch-dwtにすぎなかったし，5446フィートで交差したBasal Reefも——試料は不完全であった——227 inch-dwt（鉱石品位35 dwts，鉱脈幅6.5インチ）にすぎなかった[180]。

　1947年2月5日付のヨハネスブルグの新聞は，ヘドゥルド1番試掘坑の位置から東に4000フィートの地点，ヘドゥルド697農園とヴラクヴレイ292農園の境界のヘドゥルド2番試掘坑（Geduld 2）で，深さ4886フィートで採集された試料はふたたび驚異的品位を示したことを報じた。鉱石品位1904 dwts（95オンス），鉱脈幅6.58インチ，したがって，鉱脈品位1万2528 inch-dwtであった。その2カ月程前に，同じ試掘坑で4865フィートの深さで交差した鉱脈は，品位5.64 dwts，鉱脈幅47.9インチ，鉱脈品位270 inch-dwtにすぎなかった。しかし，試料は数インチにわたって欠如していたので，デフレクションを実施したところ，驚くべき品位の鉱脈に遭遇したのであった[181]。掘り当てたこの鉱脈の意義は，ヘドゥルド1番試掘坑の成果とあいまって，ヘドゥルド697農園とフリーデスハイム511農園の境界線付近に異常に高度に鉱化したBasal Reefが賦存している可能性をより濃厚に示したことにあった[182]。したがって，いまや問題は，Blinkpoort Gold Syndicate地域とWestern Holdings 第2リース地域に通常の鉱山をつくることができるかどうかではなく，どの程度富裕な鉱山ができるかであった。Western HoldingsとBlinkpoort Gold Syndicateは，政府にたいしそれぞれの鉱地の採鉱権貸与を申請した。その後，両金鉱地においては，ポイント，ポイントに試掘坑が掘られ，地質が調査されるとともに，広範囲にわたって鉱脈の存在が確認された（表1−6と表1−7を参照）。

　オレンジ・フリー・ステイトでは，このように探査が進捗したが，しかし，誰が見ても，ここに最初につくられる金鉱山は，Western Holdings オプションにおけるSt Helena 鉱山であった。第二次世界大戦の勃発時にはドリル計画がほぼ終了しており，1941年初頭には8237鉱区にたいし政府の採鉱権貸与許可が下っていたからである。もし戦争がなければ，St Helena 鉱山ははるか以前に生産を開始していたことであろう[183]。戦後あらためて開発を再開するに

---

180)　D. Jacobsson, *op. cit.*, pp. 21-22.
181)　*Ibid.*, p. 23 ; *Western Holdings Ltd : Tenth Report and Accounts for the Year ended 31st December, 1946*, p. 4.

表 I-6　Blinkpoort Gold Syndicate の主要試掘坑

| 農園 | 試掘坑番号 | 掘削開始年 | 掘削完了年 | 完了時の深さ (feet) | 鉱脈名 | 深さ (feet) | Leader・Basal 鉱脈 鉱石品位 (dwts) | 鉱脈幅 (inch) | 鉱脈品位 (inch-dwt) | 共同の有無 |
|---|---|---|---|---|---|---|---|---|---|---|
| Arrarat 567<br>Mealie Bult 649 | AR 1 | | | | Basal | 2,928 | 16.1 | 9.3 | 150 | African & European |
| Arrarat 567<br>De Hoop 357 | AR 3 | 1943 | | | Basal | 3,302 | 46.6 | 5.6 | 261 | African & European |
| Eva 527 | NK 2 | 1944 | | | Basal<br>Basal | D₁<br>D₂ | 14.4<br>28.4 | 5.6<br>5.6 | 80<br>159 | {African & European<br>Freddies, CM |
| Arrarat 567<br>De Hoop 357 | AR 4 | | | | Basal | 8,725 | 20.5 | 7.3 | 150 | African & European |
| Geduld 697<br>Friedesheim 511 | Geduld 1 | 1944 | 1946 | | Leader<br>Basal<br>Basal<br>(合計) | 3,854<br>3,922<br>3,929<br>5,335 | 5.14<br>3,377.5<br>6.0<br>1,252.0 | 28<br>6.8<br>11.6<br>18.4 | 144<br>22,967<br>23,037 | Western Holdings |
| Tochgekreger 699 | Tochgekreger 1 | | | | Leader<br>Basal | 5,446<br>4,785 | 35.0<br>124.8 | 6.5<br>8.69 | 63<br>227<br>1,085 | |
| Rietpan 674 | Rietpan 2 | | 1946 | | Basal | 4,865 | 5.64 | 47.9 | 270 | |
| Geduld 697<br>Vlakvlei 292 | Geduld 2 | | 1947 | | Basal | D 4,886 | 1,904.0 | 6.6 | 12,528 | Western Holdings |
| Gedachtenis 199<br>Mooitoekomst 700 | Gedachtenis 1 | 1948 | 1949 | 5,134 | Leader<br>Basal<br>Basal | 5,059<br>D | neg<br>2.3<br>11.65 | 27.7<br>24.2 | 64<br>282 | Western Holdings |

[出所]　*The South African Mining and Engineering Journal* ; *The Statist.*

際し，当事者のあいだで1941年協定[184]が修正され，次の2点が新しく取り決められた[185]。

その第1は，竪坑の掘削など開発の第2段階をシンジケートが担うことを中止したことである。1941年5月にシンジケートが結成されて以来，この地域の周辺で見事な探査結果があげられた。したがって，当初企図したように，この鉱地に十分な量の金鉱石が存在することを証明することは最早必要なくなり，竪坑掘削とその他の開発作業を遂行するのに十分な営業資本を有する鉱山会社をただちに設立することが，可能でもあり，望ましくもなったのである。

第2は，St Helena にたいする Western Holdings の資本参加率を変更し，Western Holdings 第2リース地域につくられる鉱山会社にたいする Union Corporation の資本参加率と支配権を変更したことである。元のシンジケー

---

182) *The Statist* は，ヘドゥルド1番試掘坑に続く2番試掘坑の大当りを次のように祝福している。「比較的小さい地域内での2番目の驚異的な鉱脈の発見は過大評価してもしすぎることはない。なぜならそれは，Blinkpoort−Western Holdings 境界付近の相当部分が異常なほど鉱化した Basal Reef を含むことを，計りしれぬほど証明したからである。ヘドゥルド1番試掘坑が鉱脈と交差した際，正当にも，ひとつの豊かな鉱脈を掘り当てただけでは，特別の鉱山がつくられるわけではない，と指摘された。後の開発・採掘段階で遭遇するかもしれない他の障害を別にしても，試掘坑は幸運な偶然によって高度に鉱化した鉱脈の，切り離された断片に突き当たったという可能性—それがいかに僅かでも—が常に存在したからである。しかし，同じ程度に高品位の鉱脈が適当な距離にあるもうひとつの試掘坑で見つかったのであるから，今や，鉱地の価値にかんする大きな疑惑は解消し，この地域にひとつもしくは2つの富裕な鉱山をつくることのできる見込みが十分に蓋然性の枠内に入ってきたようにみえる。この見解に支持を与えるもうひとつの事情は，ヘドゥルド1番試掘坑の北西ほぼ1マイルの地点，リートパン農園に掘られた Blinkpoort のリートパン2番試掘坑で獲得された成果である。この試掘坑で Basal Reef が［1946年］9月に発見され，鉱石品位124.8 dwts，鉱脈幅8.69inch（鉱脈品位1085inch-dwt）であった。当時支配的であった無関心な市況のため，この掘り当ては，その時点での株価にほとんど影響を及ぼさなかった。しかし，ヘドゥルド1番・2番の成果があわさって受け止められたいま，その意義は十分に評価可能である。さらに，ラントでは通常の採掘条件で150inch-dwt がペイ・リミットの限界であり，最高品位鉱山である Sub Nigel 鉱山でさえ平均品位が400inch-dwt 程度であることを認識するとき，これら探査試掘坑群が掘り当てた品位の価値はよりよく評価できるであろう」(*The Statist,* February 15, 1947, p. 184.)。

183) *The Statist,* November 3, 1945, p. 941.

184) シンジケート結成に際して結ばれた1941年の協定は，1938年に結ばれた Western Holdings と Union Corporation の協定内容をそのまま受け継いでいた。1938年のこの両社の協定については，本書51-52ページ参照。

185) *Western Holdings Ltd : Ninth Report and Accounts for the Year ended 31st December, 1945,* p. 4.

82

表 I-7  Western Holdings の主要試掘坑

| 農園 | 試掘坑番号 | 掘削開始年 | 掘削完了年 | 完了時の深さ (feet) | 鉱脈名 | 深さ (feet) | 鉱石品位 (dwts) | 鉱脈幅 (inch) | 鉱脈品位 (inch-dwt) | 共同の有無 |
|---|---|---|---|---|---|---|---|---|---|---|
| Welkom 680 <br> Alma 640 <br> Enkeldoorn 75 | JBW 1 | 1938 | 1939 | 2,135 | Leader | 2,003 | 2.4 | 41 | 98 | African & European |
|  |  |  |  |  | Leader | D 2,003 | 4.5 | 12 | 54 |  |
|  |  |  |  |  | Basal | 2,075 | 126 | 23 | 2,898 |  |
|  |  |  |  |  | Basal | D 2,074 | 24.5 | 9 | 220 |  |
| Mealie Bult 649 <br> Enkeldoorn 75 | MB 9 | 1944 | 1944 |  | Basal | 1,982 | 14.6 | 7.3 | 107 | African & European |
|  |  |  |  |  | Basal | D 1,983 | 6.2 | 5.4 | 33 |  |
| Welkom 680 <br> Enkeldoorn 75 | JBW 2 | 1944 | 1944 |  | Basal | 4,122 | 36.7 | 8.5 | 312 | African & European |
|  |  |  |  |  | Basal | D₁4,122 | 21.0 | 5.4 | 113 |  |
|  |  |  |  |  | Basal | D₂4,122 | 33.0 | 8.7 | 287 |  |
| Alma 640 <br> Harmonia 282 <br> Kopje Aleen 81 | HM 1 | 1944 | 1944 |  | — | — | — | — | — | African & European |
| Alma 640 <br> Mealie Bult 649 | MB 8 | 1944 | 1944 |  | Basal | 1,788 | 71.5 | 17.5 | 1,251 | African & European |
| Geduld 697 <br> Friedesheim 511 | Geduld 1 |  | 1946 |  | Leader | 3,854 | 5.14 | 28 | 144 | Blinkpoort Synd |
|  |  |  |  |  | Basal | 3,922 | 3,377.5 | 6.8 | 22,967 |  |
|  |  |  |  |  |  | 3,929 | 6.0 | 11.6 |  |  |
|  |  |  |  |  |  | (合計) | 1,252.0 | 18.4 |  |  |
| Friedesheim 511 | Friedesheim 1 |  | 1947 |  | Leader | 4,066 | 5.46 | 48.3 | 23,037 |  |
|  |  |  |  |  | Basal | 4,133 | 6.3 | 27 | 264 |  |
|  |  |  |  |  | Leader | D₁4,068 | 4.86 | 42.5 | 170 |  |
|  |  |  |  |  | Basal | D₁ | 5.47 | 27 | 207 |  |
|  |  |  |  |  | Basal | D₂4,130 | 18.47 | 21.5 | 148 |  |
|  |  |  |  |  |  |  |  |  | 392 |  |

第1章 新金鉱地の発見と鉱業金融商会　83

| 鉱区 | 持株会社 | 年 | | 年 | | 層 | **4,865** | **5.64** | **47.9** | **270** | Blinkpoort Synd |
|---|---|---|---|---|---|---|---|---|---|---|---|
| Geduld 697 / Vlakvlei 292 | Guduld 2 | 1947 | | | | Basal | | | | | |
| Bedelia 54 | Bedelia 1 | 1948 | | | | Basal | D **4,886** | **1,904** | **6.58** | **12,528** | |
| | | | | | | | 4,241 | 26.13 | 15.5 | 405 | |
| Erfdeel 180 | Erfdeel 180 | 1948 | 3,786 | 1948 | | Basal | D 3,647 | 44.67 | 9.65 | 431 | FS Geduld |
| | | | | | | Basal | | 9.29 | 16.9 | 157 | |
| | | | | | | | D 27.6 | 7.5 | 207 | | |
| Gedachtenis 199 / Mooitoekomst 700 | Gedachtenis 1 | 1949 | 5,134 | 1948 | | Leader | | neg. | 27.7 | 64 | |
| | | | | | | Basal | 5,059 | 2.3 | 24.2 | 282 | |
| | | | | | | | D | 11.65 | 27 | 59 | |
| Theronsrust 691 | Theronsrust 2 | 1949 | 2,731 | | | Leader | 2,264 | 2.2 | 21.29 | 383 | |
| | | | | | | Basal | 2,572 | 18.0 | 11.28 | 678 | |
| Dagbreek 360 | Dagbreek 2 | 1950 | | | | Basal | 3,582 | 60.1 | 43.73 | 724 | |
| | | | | | | Leader | 4,397 | neg. | 7.13 | 518 | |
| Mooitoekomst 400 | Mooitoekomst 2 | 1950 | | | | 中間 | D₁ 4,494 | 16.55 | 30 | 2,164 | |
| | | | | | | Basal | D₁ | 72.6 | 7.0 | 118 | |
| | | | | | | 中間 | D₂ 4,502 | 72.1 | 32.8 | 1,236 | |
| | | | | | | Basal | D₂ | 16.9 | 5.64 | 205 | |
| | | | | | | | | 37.7 | | | |
| | | | | | | | | 36.4 | | | |

［出所］ *Western Holdings Ltd : Report and Accounts* ; *The Statist*.

トにおいては，St Helena にたいする Western Holdings の資本参加率は35％であった。新協定においては，この35％は30％に減じられ，減じられた5％は Union Corporation に譲られた。さらに，Western Holdings は，St Helena 株式15万株を額面価格で Union Corporation に譲渡した。こうした譲渡の代償に，Union Corporation は，Western Holdings の第2リース地域にたいする1941年協定を破棄することに合意した。すなわち，この協定では，この区域にたてられる鉱山にたいし，Union Corporation は35％の資本参加権とともに技術・管理の支配権をもっていた。しかし，新協定では，Union Corporation の資本参加権は20％に減じられるとともに，技術・管理の支配権を放棄することとなった。これにより，第2リース地域にたいする Western Holdings の資本参加権は65％から80％となるとともに，そこにたてられる鉱山会社は，SA Townships と Western Holdings の管理会社である AAC の支配下におかれることとなった。

　ところで，この第2リース地域の南東隅の小区画と Blinkpoort Gold Syndicate 鉱地東端（アララト567農園）の一部分が南南西から北北東に走る大きな断層によって残りの地域と切り離されており，地質学的に African & European のブロック7の一部であった。African & European との協定により，これらの地域はブロック7に併合されることになった。Western Holdings と Blinkpoort Gold Syndicate はその代償に，そこに設立される鉱山会社（Welkom）の売主利得と資本参加権の一部を持つことになった[186]。

　1946年2月，Union Corporation 傘下に St Helena Gold Mines (St Helena) が設立され，Western Holdings からトロント415，ヴラクプラーツ667，セント・ヘレナ642，マーマヘリ663，ザ・プレイリー693の探査・鉱物権リースを譲渡された。戦後ただちに設立されなかったのは，戦時中金鉱山会社にかけられていた特別税の帰趨が不明確だったことによる。大戦中の物価上昇によって，開発コストは1941年の見積りよりはるかに大きくなり，発行資本金は250万ポンド（額面10シリング，500万株）となった。Western Holdings はオプション代金・探査費用などそれまでに要した費用32万2639ポンドが支払われるとともに，探査・鉱物権リース譲渡の代償として，すなわち，売主利得として，17万5000ポンド（1941年5月8日の協定では2万5000ポンド）を得た。この売主

---

186) *Ibid.*, pp. 4-5.

利得は，1941年協定どおり，額面価格でSt Helena 株35万株の購入に使用された。残りの465万株は，額面価格でWestern Holdings, Union Corporation, AAC, CM, CGFSA, African & European のシンジケートのメンバーに発行された[187]。

1946年，採鉱権貸与局は，African & European——この時にはAAC傘下となっている——にたいしてブロック7（Western Holdings および Blinkpoort Gold Syndicate から譲渡された地域を含む）における3つの採鉱権貸与を認可した。1947年1月，Welkom Gold Mining（Welkom）が設立され，African & European から採鉱権リースを入手した。Welkom 自身は第1リース地域——Blinkpoort Gold Syndicate と Western Holdings から譲渡された地域を含む——を採掘することになった。一方，第2・第3リース地域の開発に向けて，1949年1月と2月に子会社 President Steyn Gold Mining（President Steyn）と President Brand Gold Mining（President Brand）が設立された。この2つのPresident 鉱山は，Welkom の株主にたいする株式発行によって金融されることになった。Welkom の最初の発行資本金は200万ポンドであった。そのうち75万ポンドが3つの鉱地の採鉱権リース譲渡にたいする売主利得——各鉱地の採鉱権リースは25万ポンド。Welkom は第2と第3リース地域の採鉱権リースをそれぞれ President Steyn と President Brand に譲渡する際，両鉱山会社に25万ポンドを再要求する——で，ほぼ20万ポンドが探査費用の償還にあてられ，残りの約100万ポンドが開発費となった[188]。African & European は Lydenburg Estates にたいしブロック8の探査を請け負っていたが，採算性ある鉱脈を突き止めることはできず，オプションを放棄することを決定した[189]。

1947年6月，Western Holdings 第2リース地域の採鉱権貸与認可がおりた。AAC は，Western Holdings を探査会社から鉱山会社に転換することを決定し，Western Holdings 自身が第2リース地域を開発することとなった[190]。さらに，同年8月，Free State Geduld Mines（Free State Geduld）が設立さ

---

187) *Western Holdings Ltd : Tenth Report and Accounts for the Year ended 31st December, 1946*, p. 4.
188) M. R. Graham, *op.cit.,* p. 151.
189) *The Statist,* September 30, 1950, p. 434.
190) *Ibid.,* p.179.

れ，Blinkpoort Gold Syndicate 鉱地の開発に着手した。

　以上見てきたように，SA Townships 支配権の掌握に始まる AAC の大胆なオレンジ・フリー・ステイト復帰政策は，ここに実を結び，Welkom, President Steyn, President Brand, Western Holdings, Free State Geduld の有望な鉱山を傘下に収めるにいたった。一方，Union Corporation は，探査方法にトーション・バランス法という新機軸を導入することにより，St Helena を掌握することに成功した。

　〔Freddies オプション〕

　Welkom, Western Holdings, Free State Geduld が設立された1947年に，JCI 傘下に2つの鉱山がオデンダールスラス地域の Freddies 鉱地にたてられた。

　1930年代中葉以降，ほとんどのラントの指導的鉱業金融商会が新鉱地の探査にむかうなかで，JCI は GM とならんで慎重であった。JCI がようやく重い腰をあげたのは1943年になってからである。この年 JCI は，New Union Goldfields および Rooderand Main Reef Mines (Rooderand) と協定を結び，①JCI は両社の所有するオレンジ・フリー・ステイト内のオプションの探査に従事する，②この探査の結果設立される鉱山会社は，JCI の管理下に置かれる，が取り決められた[191]。翌年2月，JCI の管理下に探査会社 Free State Development and Investment (Freddies) が設立され，JCI, New Union Goldfields および Rooderand からボータヴィル，クルーンスタド，フープスタド，ヴェンテルスブルグ，ウィンブルグ，ブランドフォートの各地域の計34万6000モルゲンの広さのオプションとその他オレンジ・フリー・ステイトにおける種々の資本参加権が移管された。

　これらのオプションのうちもっとも注目され，もっとも有望視されたのは，Blinkpoort Gold Syndicate オプションのすぐ北側のオデンダールスラス・ブロック（広さは1万2600モルゲン）であった。先に述べたとおり，ここはかつて Wit Extensions のオプション下にあり，次に CM がオプションを設定し，そして放棄したところである。地球物理学的調査の後，綿密な計算に基づいて12本の試掘坑が格子状に打ちこまれた。成果は早くからあがった。1946年6月

---

191) The Staff of the Johannesburg Consolidated Investment Co Ltd., *op.cit.*, pp. 53-54.

には12本の試掘坑すべてがBasal Reefと交差し，この地域およそ20平方マイルにわたってBasal Reefが存在することはほぼ確実と予想された[192]。

　St Helena鉱山のBasal Reefは比較的鉱脈幅が厚く，また，比較的浅いところに存在した（平均1500フィート）。これにたいし，この地域のBasal Reefは最も浅いところで4000フィート，最も深いところでは8700フィート（平均しておおよそ5000フィート）の深さに存在し，また，鉱脈幅も厚いもので17インチ，平均して僅かに9インチにすぎなかった[193]。鉱脈幅の薄さはある程度まで鉱石の金含有率（鉱石品位）の高さによって補われていたが，採掘コストの問題を考えると，この鉱脈の深さと厚さは重要な要因であった。なぜなら，薄い鉱脈を採掘するには，鉱脈を掘り進めるのに必要な十分な広さの採掘場を確保するために，鉱脈の上下の岩石を相当量掘らねばならず，より無駄な採掘費を要する上に，余分の鉱石搬出費・鉱石粉砕費がかかるからであり，また，深部の鉱石を採掘するには，より深く竪坑を掘らねばならないばかりか，Orange Free State金鉱地の地下温度はラントのそれに比して高かったから，より高性能の通風装置を設置する必要があったからである。ともあれ，1947年6月13日，JCI傘下にFreddies North Lease Areas（Freddies North）とFreddies South Lease Areas（Freddies South）とがこのFreddies鉱地に設立された。

　〔Wit Extensionsオプション〕
　先に述べたように，1943年の暮に，Wit ExtensionsとAACとの間に協定が成立し，AACはオデンダールスラス地域におけるWit Extensionsのオプションを探査する代償に，そこに鉱山がたてられる場合60％の資本参加権を得ていた。Ofsitsが設立された際，これらの権利と義務はOfsitsに移譲された。1946年半ば以降，AACによってオプション農園の探査が実施され，1950年半ばには2つの鉱山をたてるに十分な広さにBasal Reefが存在することが確認された。かつてロバーツが資金切れのために中途で放棄した試掘坑のあるアーンデンク227農園はこのオプション内にあった。試みにこの試掘坑を掘り進めたところ，中止した深さからわずか400フィートのところでBasal Reefと交

---

192）*The Statist,* June 15, 1946, p. 572 ; *The Mining Journal : Annual Review 1951,* p. 572.
193）*The Statist,* June 15, 1946, p. 572 ; September 21, 1946, p. 259.

差した[194]）。ロバーツは新金鉱地の主要鉱脈を発見する，文字通り一歩手前で掘削を中止せざるを得なかったわけである。Wit Extensions に採鉱権貸与が認可された鉱地の西半分を開発するために，1950年11月，Loraine Gold Mines（Loraine）が，そして，東半分を開発するため，同年12月，Jeannette Gold Mines（Jeannette）が，AAC傘下に設立された。

〔サンド川——ヴァージニア・ブロック〕

　African & European による探査の過程で，巨大な断層がブロック7の東部を南北の方向に生じているのが発見されていた。そして，当時，この断層地帯と断層の東と南の地域には鉱脈は存在しないと多くの方面で強く信じられていた[195]）。しかし，1947年にこれらの地域でも，Middle Wits, Freddies, New Cons FS, Union Corporation, Selection Trust, New Union Goldfields 傘下の Union FS Coal & Gold と Free State Gold Areas が，それぞれ自社のオプション農園の探査を開始した。最初にこの地域に Basal Reef が存在することを示したのは，Middle Wits と Union FS Coal & Gold であった。

　1947年11月，サンド川のすぐ南に位置するメリースプルイト219農園でMiddle Wits の試掘坑（M1）が2757フィートの深さで Basal Reef と交差した。鉱石品位は4.3 dwts，鉱脈幅24インチであった[196]）（表1－8参照）。その2週間後，この試掘坑から北におよそ2マイルの地点，ハーモニー222農園で，Middle Wits と Union FS Coal & Gold が共同で打ち込んだ試掘坑（H1）は，3807フィート，3952フィート，および4218フィートの深さで，それぞれ'A' Reef, 'B' Reef および Basal Reef と交差した。Basal Reef は高品位で，鉱石品位20.9 dwts，鉱脈幅56.4インチ（鉱脈品位1179 inch-dwt）であった[197]）。さらにM1の位置から北西にほぼ4マイル，H1の位置から西南西にほぼ4マイルの地点，ラ・リヴィエラ289農園の最南端のサンド川のほとりに New Cons FS によって打ち込まれた試掘坑 LR1 も，6181フィートの深さで高品位の Basal Reef と交差した。鉱石品位100 dwts，鉱脈幅30.6インチであった[198]）。

---

194）　A. P. Cartwright, *The Gold Miners,* p. 244.
195）　*Free State Gold Areas Ltd : Directors' Report and Accounts for the Year ended 30 th June, 1949,* p. 6 ; P. Klempner, *The Orange Free State Gold Mines,* (1951?) p. 15.
196）　*The Statist,* November 15, 1947, p. 496.
197）　*The Statist,* November 22, 1947, p. 524.
198）　*The Statist,* February 7, 1948, p. 154.

Welkom 鉱地 (第2リース地域) の東南角から東南におよそ 3～7 マイルの距離にあるこの界隈は, 従来 Basal Reef は発見されていなかったが, これら鉱脈の発見は, この地域一帯に鉱脈を含む地層が大きく盛り上がっていることを示していた。

M1とH1の試掘坑が鉱脈と交差した後, Middle Wits はオプションを有する16の農園に集中的ドリル・プログラムを実施するとともに, Freddies, Union FS Coal & Gold, Lydenburg Platinum, Transvaal Mining, Eastern Rand などのオプション農園との境界に, 共同で試掘坑を掘削した。表 1-8 はこの地域で Middle Wits が掘削した試掘坑の結果を示している。モリヤー288農園のMO1, ヴァージニア448農園のV3, ヴァールクランツ220農園のVZ3 は高品位の Basal Reef を掘り当てた。1949年初めには, Middle Wits オプション農園に, 広範囲にわたって採掘可能な深さに収益性ある Basal Reef が存在することが明らかとなった。

1949年3月と6月に, Anglovaal 傘下に Virginia Orange Free State Gold Mining (Virginia) と Merriespruit (Orange Free State) Gold Mining (Merriespruit) が設立された。一方, Middle Wits は採鉱権貸与局にたいし, Virginia リース地域——ヴァージニア448農園を中心とする5355鉱区——と Merriespruit リース地域——メリースプルイト219農園を中心とする5830鉱区——について, 採鉱権貸与申請書を提出した[199]。翌年この申請は受理され, 2つの採鉱権リースは, Middle Wits からそれぞれ Virginia と Merriespruit に譲渡された。

Virginia の当初発行資本金は225万ポンド (5シリング株, 900万株) であ

---

[199] *Anglo-Transvaal Consolidated Investment Co Ltd : Seventeenth Annual Report and Accounts for the Year ended 30th June,* 1950, p. 3. これらのリース地域に他の会社が鉱物権を所有する周辺の農園が組み入れられた。例えば, Geoffries が売主利得と株式応募権の一部を有するブルーガムヘーク457・オリヴァイン249農園の大部分とブルーガムヘークの小部分がそれぞれ Virginia リース地域と Merriespruit リース地域に組み入れられた (*General Exploration Orange Free State Ltd : Report and Accounts for the Year ended 31st December,* 1949, p. 2.)。また, ヴァージニア——サンド川地域における Freddies のいくつかのオプションが Virginia リース地域に組み入れられ, Freddies はその代償に, 5万741ポンド15シリング——これは Virginia 5シリング・ユニット債の額面での購入にむけられる——と, Virginia 5シリング株式70万3532株並びに第1抵当社債29万6224株を購入する権利を得た (*The Mining Journal : Annual Review 1951,* p. 157.)。

表 I-8　サンド川——ヴァージニア地域

| 農　　園 | 試掘坑番号 | 掘削開始年 | 掘削完了年月日 | 完了時の深さ (feet) | 鉱脈名 | | 深さ (feet) | 鉱石品位 (dwts) | 鉱脈幅 (inch) |
|---|---|---|---|---|---|---|---|---|---|
| Rustgevonden 564 | RU 1 | 1946 | 47. 7. 7 | 5,608 | Leader | | 4,386 | n | |
| | | | | | Leader | D | 4,394 | n | |
| Dora 287 | D 1 | 1947 | 47. 9. 25 | 4,887 | — | | — | — | — |
| Merriespruit 219 | M 1 | 1947 | 47. 9. 20 | 5,122 | Leader | | 2,742 | 2.32 | 60c |
| | | | | | **Basal** | | **2,757** | **4.3** | **24c** |
| | | | | | Leader | D | 2,753 | 2.9 | 50c |
| | | | | | Basal | D | 2,767 | 16.2 | 6c |
| Harmony 222 | H 1 | 1947 | 47. 11. 26 | 4,591 | Leader | | 4,200 | n | |
| | | | | | **Basal** | | **4,218** | **20.9** | **56.4** |
| | | | | | Leader | D | 4,200 | n | |
| | | | | | Basal | D | 4,218 | 15.4 | 57.3 |
| Virginia 448 | V 1 | 1947 | 47. 12. 5 | 1,975 | — | | — | — | — |
| Vaarkranz 220 | VZ 1 | 1948 | 48. 3. 13 | 2,385 | Leader | | 2,246 | 0.08 | 156c |
| | | | | | Basal | | 2,263 | 1.83 | 45.6 |
| | | | | | Leader | D | 2,246 | 0.1 | 15c |
| | | | | | Basal | D | 2,263 | 3.07 | 34.2 |
| Vaarkranz 220 | VZ 2 | 1948 | 48. 8. 4 / 48. 8. 10 | 3,917 | Leader-Basal | | 3,765 | 5.0 | 32.0 |
| | | | | | Leader-Basal | D | 3,765 | 5.56 | 29.0 |
| Moriyah 288 | MO 1 | 1948 | 48. 4. 16 / 48. 4. 29 | 4,390 | Leader | | 4,215 | 3.27 | 34.8 |
| | | | | | Leader | | 4,221 | 2.11 | 60.9 |
| | | | | | **Basal** | | **4,289** | **51.5** | **9.7** |
| | | | | | Leader | D | 4,216 | 7.43 | 28.0 |
| | | | | | Leader | D | 4,222 | 3.03 | 46.4 |
| | | | | | Basal | D | 4,289 | 14.3 | 11.6 |
| Wilgerboom 216 | WB 1 | 1948 | 48. 8. 9 | 3,822 | — | | — | — | — |
| Onverwag 251 | O 1 | 1949 | 48. 7. 20 / 48. 8. 10 | 4,161 | Leader-Basal | D | 4,031 | 0.1 | 32.5 |
| | | | | | Leader-Basal | D | 4,030 | 1.3 | 14.5 |
| Mooi Uitzicht 352 | MU 1 | 1948 | 48. 7. 20 / 48. 8. 2 | 4,299 | Leader | | 3,639 | 1.04 | 60c |
| | | | | | Leader | $D_1$ | 3,638 | 1.06 | 57c |
| Virginia 448 | V 2 | 1948 | 48. 8. 9 | 3,534 | — | | — | — | — |
| Virginia 448 | V 3 | 1948 | 48. 10. 16 / 48. 10. 30 | 2,700 | Leader | | 2,205 | 2.09 | 57.7 |
| | | | | | Leader | D | 2,205 | 2.65 | 52.2 |
| | | | | | **Basal** | $D_1$ | **2,211** | **208.0** | **5.8** |
| | | | | | Quurtzite below Basal | $D_1$ | 2,211 | 7.30 | 40.6 |
| | | | | | Leader | $D_2$ | 2,205 | 2.71 | 58.0 |
| | | | | | Basal | $D_2$ | 2,211 | 12.9 | 5.8 |
| | | | | | Quurtzite below Basal | $D_2$ | 2,211 | 19.5 | 5.8 |

第1章 新金鉱地の発見と鉱業金融商会　91

における Middle Wits の試掘坑

| 鉱脈品位<br>(inch-dwt) | その他の鉱脈<br>〔鉱脈名・深さ（鉱石品位 dwts×鉱脈幅 inch)〕 | 共　同　の　有　無 |
|---|---|---|
| — | A・3,977(2.3×7c), B・4,111(1.1×10c) | |
| | A・2,472(1.26×30c), B・2,531 | Freddies<br>Union FS Coal & Gold |
| **1,179** | **A・3,807**(1.8×36c), **B・3,952** | Union FS Coal & Gold が掘削 |
| 882 | | |
| — | | |
| 83 | A・1,967(0.2×24c), B・2,069(8.0×12c) | Lydenburg Platinum |
| 105 | | |
| 160 | | |
| 161 | | |
| 114 | | |
| 128 | | |
| **500** | | |
| 208 | | |
| 141 | | |
| 166 | | |
| — | | Trl M & F, Eastern Rand |
| 3 | | Lydenburg Platinum |
| 19 | | |
| | A・3,456(0.62×48c), B・3,512(1.3×24c)；〔D2〕 | |
| — | A・3,456(3.4×24c), B・3,516(1.55×24c) | New Cons FS Expl, FS Gold Areas |
| 121 | A・1,928(2.8×12c), B・1,994(0.04×283c) | Freddies |
| 138 | | |
| **1,206** | | |
| 296 | | |
| 157 | | |
| 75 | | |
| 113 | | |

| 農　　　園 | 試掘坑番号 | 掘削開始年 | 掘削完了年月日 | 完了時の深さ(feet) | 鉱脈名 | Leader・Basal 鉱脈 深さ(feet) | 鉱石品位(dwts) | 鉱脈幅(inch) |
|---|---|---|---|---|---|---|---|---|
| Adrianasrust 455 | AD 1 | 1948 | 48. 10. 13 | 1,067 | — | — | — | — |
| Merriespruit 219 | M 2 | 1948 | 48. 10. 14 | 2,660 | — | — | — | — |
| Dora 287 | D 2 | 1948 | 48. 10. 25<br>48. 11. 5 | 3,200 | 不　明 | 2,566 | 2.35 | 24c |
|  |  |  |  |  | Leader-Basal | 2,736 | 24.3 | 11.3 |
|  |  |  |  |  | 不　明 | D 2,566 | 4.55 | 24c |
|  |  |  |  |  | Leader-Basal | D 2,736 | 4.33 | 17.4 |
| Mooi Uitzicht 352 | MU 2 | 1948 | 49. 2. 16<br>49. 2. 21 | 1,818 | Leader-Basal | 1,693 | 1.15 | 63.8 |
|  |  |  |  |  | Leader-Basal | D 1,693 | 0.65 | 92.7 |
| Adrianasrust 455 | AD1A | 1948 | 49. 1. 25<br>49. 2. 5 | 3,350 | Leader-Basal | 3,200 | 2.51 | 41.2 |
|  |  |  |  |  | Leader-Basal | D 3,200 | 2.13 | 34.8 |
| Kaallaagte 562 | KA 1 | 1948 | 48. 11. 25<br>48. 12. 3 | 3,118 | Leader | 2,394 | 0.35 | 11.6 |
|  |  |  |  |  | Basal | 3,011 | 3.32 | 23.2 |
|  |  |  |  |  | Leader | D 2,934 | 0.4 | 17.4 |
|  |  |  |  |  | Basal | D 3,007 | 4.17 | 69.5 |
| Zomersveld 395 | ZV 1 | 1948 | 49. 1. 18<br>49. 4. 8 | 5,831 | Leader | $D_1$ 5,415 | 0.2 | 29.0 |
|  |  |  |  |  | Leader | $D_3$ 5,412 | 0.04 | 29.0 |
| Stilte 138 | SE 1 | 1948 | 49. 1. 11<br>49. 1. 26 | 2,936 | Leader | 2,276 | 3.53 | 46.4 |
| The Whitehouse 22 | WH 1 | 1949 | 49. 3. 10<br>49. 3. 17 | 2,701 | Leader | 2,525 | 0.07 | 34.8 |
|  |  |  |  |  | Leader | D 2,525 | 0.03 | 34.8 |
| The Whitehouse 22 | WH 2 | 1949 | 49. 5. 6 | 3,330 | — | — | — | — |
| Smaldeel 239 | SM 1 | 1949 | 49. 5. 21<br>49. 6. 14 | 2,040 | Leader-Basal | 1,874 | 12.06 | 11.6 |
|  |  |  |  |  | Leader-Basal | $D_1$ 1,874 | 12.40 | 21.25 |
|  |  |  |  |  | Leader-Basal | $D_2$ 1,875 | 13.15 | 23.2 |
| Morijah 288 | MO 2 | 1948 | 49. 1. 20<br>49. 2. 9 | 8,633 | Leader-Basal | 7,975 | 2.14 | 104.0 |
|  |  |  |  |  | Leader-Basal | D 7,975 | 2.44 | 86.9 |
| Morijah 288 | MO 3 | 1948 | 49. 5. 31<br>49. 7. 7 | 6,390 | 不　明 | 4,904 | 4.45 | 92.8 |
|  |  |  |  |  | 不　明 | 4,956 | 0.7 | 5.8 |
|  |  |  |  |  | 不　明 | 5,266 | 2.4 | 104.3 |
|  |  |  |  |  | 不　明 | 6,081 | 5.3 | 34.8 |
|  |  |  |  |  | 不　明 | D 4,911 | 3.09 | 72.8 |
|  |  |  |  |  | 不　明 | D 4,927 | 5.70 | 30.5 |
|  |  |  |  |  | 不　明 | D 5,256 | 3.02 | 104.3 |
|  |  |  |  |  | 不　明 | D 6,082 | 3.09 | 39.6 |
| Vaalkranz 220 | **VZ 3** | 1949 | 49. 9. 8 | 3,911 | Leader-Basal | **3,780** | **15.77** | **52.2** |

| 鉱脈品位 (inch-dwt) | その他の鉱脈 〔鉱脈名・深さ（鉱石品位 dwts×鉱脈幅 inch)〕 | 共 同 の 有 無 |
|---|---|---|
| — | | |
| — | | |
| 274 | | |
| 75 | | New Nigel Estate & Gold, FS Gold Areas |
| 73 | B・1,619(2.0×11.6) | |
| 60 | | |
| 103 | A・2,854(1.8×5.3) | |
| 74 | | |
| 4 | | |
| 77 | | |
| 7 | | |
| 290 | | |
| 6 | 〔D₁〕A・4,804(10.5×23.2), B・5,111(Trace×46.4); 〔D₂〕A・4,904(2.1×23.2), B・5,111(n); 〔D₃〕A・4,905(6.55×23.2) | South African HE Proprietary |
| 1 | | |
| 164 | | |
| 2 | A・2,110(0.5×81.1) | Lydenburg Platinum |
| 1 | | |
| — | | Eastern Rand |
| 140 | | Lydenburg Platinum |
| 264 | | |
| 305 | | |
| 223 | | Freddies |
| 212 | | |
| 413 | | Freddies |
| 4 | | |
| 250 | | |
| 184 | | |
| 225 | | |
| 174 | | |
| 315 | | |
| 122 | | |
| **823** | Gold Estate・3,361(3.25×46.4), B・3,477(0.23×69.5) | |

| 農　園 | 試掘坑番号 | 掘削開始年 | 掘削完了年月日 | 完了時の深さ(feet) | 鉱脈名 | Leader・Basal 鉱脈 深さ(feet) | 鉱石品位(dwts) | 鉱脈幅(inch) |
|---|---|---|---|---|---|---|---|---|
| Virginia 448 | V 4 | 1949 | 49. 9.12<br>49. 9.21 | 1,842 | Leader-Basal | 1,728 | 1.66 | 60.9 |
|  |  |  |  |  | Leader-Basal | D 1,729 | 1.00 | 58.9 |
| Oostewald 621 | OW 1 | 1949 | 49. 9. 5 | 2,304 | — | — | — | — |
| Morijah 288 | MO 4 | 1949 | 49.11.21<br>49.12. 3 | 3,749 | Leader | 3,631 | 0.67 | 66.7 |
|  |  |  |  |  | Basal | 3,698 | 18.0 | 8.7 |
|  |  |  |  |  | Leader | D₁ 3,632 | 0.56 | 61.8 |
|  |  |  |  |  | Basal | D₁ 3,698 | 15.0 | 6.8 |
|  |  |  |  |  | Leader | D₂ 3,632 | 0.68 | 63.7 |
|  |  |  |  |  | Basal | D₂ 3,698 | 10.5 | 6.8 |
| Merriepruit 219 | M 3 | 1949 | 50. 1.11<br>50. 1.20 | 1,881 | Leader-Basal | 1,730 | 5.49 | 25.1 |
|  |  |  |  |  | Leader-Basal | 1,731 | 6.38 | 29.9 |
| Mooi Uitzicht 352 | MU 3 | 1949 | 50. 4. 1 | 3,871 | — | — | — | — |
| Merriespruit 219 | M 4 | 1950 | 50. 5.18<br>50. 6. 1 | 2,225 | — | — | — | — |
| Merriespruit 219 | M 5 | 1950 | 50. 5.18<br>50. 6. 1 | 2,225 | — | — | — | — |
| Stilte 138 | SE 2 | 1950 | 50. 8.14 | 2,810 | — | — | — | — |
| Stilte 138 | SE 3 | 1950 | 50.10.19<br>50.11.17 | 4,190 | Leader-Basal | 1,734 | 0.62 | 65.0 |
|  |  |  |  |  | Leader-Basal | (dup) 3,932 | 2.76 | 28.6 |
|  |  |  |  |  | Leader-Basal | (D) 1,735 | 0.97 | 40.4 |
|  |  |  |  |  | Leader-Basal | (D-dup) 3,930 | 2.74 | 21.7 |
| Christiang 452 | CA 1 | 1950 | 50. 9.27<br>50.10.22 | 2,799 | Leader-Basal | 2,570 | 1.35 | 37.4 |
|  |  |  |  |  | Leader-Basal | (D) 2,571 | 1.15 | 30.5 |
|  |  |  |  |  | Leader-Basal | (D2) 2,570 | 1.13 | 48.0 |

(注)　「その他鉱脈」欄の鉱脈幅の数値に付けられたｃの記号は，core width（試料幅）を表す。dupは，du-
[出所]　*Middle Witwatersrand (Western Areas) Ltd : Annual Report and Accounts* の各該当年度。

った。このうち168万7500ポンドは，Middle Wits, Freddies および Virginia 鉱山に鉱地を提供したいくつかの小会社の株主によって応募されることになった。注目すべきはアメリカの巨大鉱業会社 Kennecott Copper Corporation（Kennecott）が資本参加したことである。Kennecottは残りの56万2500ポンドを額面価格で応募することになったばかりか，同鉱山が生産段階に達したとき発行される200万ポンドの3％利付き15年債の引受けを行うことになった[200]。

---

200)　*The Statist,* March 18, 1950, p. 333.

| 鉱脈品位 (inch-dwt) | その他の鉱脈〔鉱脈名・深さ（鉱石品位 dwts×鉱脈幅 inch）〕 | 共 同 の 有 無 |
|---|---|---|
| 101 | B・1,525(1.7×11.8) | |
| 59 | | |
| — | | |
| 45 | A・3,318(1.42×24.2)，B・3,431(8.8×11.6) | |
| 156 | | |
| 35 | | |
| 102 | | |
| 43 | | |
| 71 | | |
| 138 | | |
| 191 | | |
| — | A・3,094(0.4×21.3)，B・3,145(5.5×23.2) | Freddies, Eastern Rand |
| — | | |
| — | | |
| — | | |
| 40 | B・1,390(6.1×32.1)，B(dup1)・1,477(10.2×10.7)，B(dup2)・3,777(1.31×43.5)；〔D〕B・1,400(18.9×39.0)，B(dup1)・1,986(8.6×11.3)，B(dup2)・3,777(2.06×48.3) | |
| 79 | | |
| 39 | | |
| 59 | | |
| 50 | B・2,434(4.2×13.8)；〔D〕B・2,437(4.6×11.6) | |
| 35 | | |
| 54 | | |

plicated の略で，褶曲現象によって，鉱脈が二重に現れていることを示す。

同様に，Merriespruit 鉱山の金融についても，Anglovaal と Kennecott の間に協定が結ばれた。Merriespruit の資本金は，普通株256万2500ポンドと，生産段階にたっして発行される第1抵当3％利付き社債200万ポンドであった。このうち Kennecott は，普通株56万2500ポンドと社債50万ポンド応募するとともに，残りの社債150万ポンドの引受けを行うことになった[201]。Virginia と Merriespruit にたいする Kennecott のこの投資は，1917年に AAC が設

---

201) *The Economist,* July 15, 1950, p.149 ; *The Mining Journal : Annual Review 1954,* p. 217.

立されたとき以来の，アメリカ資本による巨額の対南ア投資であり，アメリカ資本による初めての南ア鉱山会社株式の直接的大量購入であった[202]。

　一方，Union FS Coal & Gold はハーモニー222農園にたいして80％の権利を有していた[203]。先に述べたように，ハーモニー222農園に掘られた試掘坑（H1）は高品位の Basal Reef と交差していた。その後，同農園の周辺に，他の会社によって掘削された試掘坑も，見事な成果をあげることができた。すなわち，ハーモニー222農園の北と東に打ち込まれた3本の試掘坑（RU1，VZ2，AD1A）は Leader Reef と交差しただけであったが，南と西に打ち込まれた6本の試掘坑——LR1，LR2，V3，M1，KA1，MO1——は Basal Reef と交差した。鉱脈品位は，M1の100 inch-dwt から H1の1031 inch-dwt の範囲に連なっており，平均して440 inch-dwt であった。したがって，ハーモニー農園一帯に Basal Reef が存在することはほぼ確実であった[204]。この Union FS Coal & Gold 鉱地は2406モルゲンの広さで，ひとつの鉱山をつくるに十分であった。しかし，Union FS Coal & Gold 鉱地に接する New Cons FS と New FS Gold Estates の鉱地はそれぞれ1106モルゲンと324モルゲンの広さしかなく，個別に鉱山をつくることは無理であった。これらの鉱地に鉱脈が存在することが確認されると，両社は Union FS Coal & Gold にたいし，彼らの権利を譲渡し，代償に，そこにつくられる鉱山（Harmony 鉱山）の28.8％と8.4％の資本参加権を得た[205]。この Harmony 鉱地の獲得に乗り出したのが CM であった。

　Western Holdings と African & European が金鉱脈を発見した直後，オレンジ・フリー・ステイトで CM が取り上げたオプションは，オデンダールスラス近くの3つの農園ブロックからなっていた。そのうちのひとつはオデンダールスラスの南，もうひとつはその北，そして3つ目は東のレーウボッシュ685とニュー・カメールドームズ1398両農園にあった。Western Holdings の探査結果の全容が明らかとなった1940年，CM はオデンダールスラスの北と南のオ

---

202) *Ibid.*, p. 217.
203) *The Economist,* November 12, 1949, p.1095. この *The Economist* の記事によれば，残りの20％は AAC が所有していた。
204) *The Economist,* May 21, 1949, p. 961.
205) M. R. Graham, *op. cit.*, pp. 159-160. *The Economist* によれば，採鉱権リース認可の下りた Harmony 鉱地にたいする Union FS Coal & Gold の権利は51.19％であった（*The Economist,* November 12, 1949, p.1095.）。

プションを放棄し，東のオプションのみ保有することを決定した。オレンジ・フリー・ステイトにおける探査活動の再開後，CM はレーウボッシュ685とニュー・カメールドームズ1398両農園で期待した成果を生むことに失敗した。他方，放棄したオプション農園は，高品位の鉱脈を発見した Blinkpoort Gold Syndicate のオプションと南端で接していたばかりか，Freddies による探査によって，2つか3つの鉱山がたてられる可能性が明らかとなっていたから，おそらく CM は苦い失望感を味わざるを得なかったであろう[206]。

　CM は，Orange Free State 金鉱地において，St Helena シンジケート以外に足場を持たぬ状態となっていた。今や，南に注目した。狙いはハーモニー222農園であった。この地域での探査の最良の成果は，ハーモニー222農園のひとつの試掘坑 (H1) から得られていた。ハーモニー222農園のオプションを有する Union FS Coal & Gold の親会社，New Union Goldfields には，巨大鉱山を開発する資力と技術が欠けていた。したがって，当然のことながら，Anglovaal は，採鉱権貸与申請を意図している区域の中にハーモニー222農園を組み入れることを切望していた。しかし，New Union Goldfields の代表取締役ノーバート・アーリは，Anglovaal を設立した1人で，最初の代表取締役であったが，Anglovaal とは喧嘩別れをしていたため，元の同僚と仲が良くなかった。このため，Anglovaal の立場は微妙であった。CM と New Union Goldfields の話し合いは数週間にわたって続けられた。1949年3月，ようやく協定が成立し，CM は，Union FS Coal & Gold を買収することになった。将来にわたって CM が南ア金鉱業の指導的鉱業金融商会の地位を維持していくためには，Orange Free State 金鉱地における巨大金鉱山を入手することが至上命令であった。買収費は驚くべきことに165万ポンドであった[207]。今度は CM のロンドン取締役会も，この金額を賭けてみることに合意した。

　1949年，Central Mining Free State Areas が，CM によって設立された。資本金は500万ポンド（額面5シリング，2000万株）であった。Central Mining Free State Areas は，Union FS Coal & Gold 株式200万株と50万株のオプションを購入した。CM の管理下に，新たにハーモニー222農園に4本の試掘坑が掘られた。首脳陣の安堵したことに，これら試掘坑によって採掘可能な深さ

---

206) A. P. Cartwright, *Golden Age,* pp. 252, 281.
207) *Ibid.,* pp. 286, 288.

（4000〜6000フィート）に収益性ある Basal Reef が存在することが証明された。1950年8月，CM の傘下に，Harmony Gold Mining (Harmony) が設立され，翌年2月鉱地が Union FS Coal & Gold から Harmony に移管された。1953年3月に，Central Mining Free State Areas の所有する Harmony 株式は全発行株式のおおよそ13%であった[208]。

Harmony 鉱山がつくられてから7年後，同鉱山のすぐ北，President Steyn の西に Free State Saaiplaas Gold Mining (Free State Saaiplaas) が CGFSA 傘下に設立された。CGFSA は Western Reefs 鉱山にかなりの利権を有していたけれども，Klerksdorp 金鉱地の探査・開発に積極的な役割を果たすことはなかった。Western Reefs 鉱山の発見で金鉱探査の波がヴァール川を越えてオレンジ・フリー・ステイトに及んだとき，CGFSA はそこに生じた活発なオプション争奪戦に参加できる立場になかった。まさにその時，CGFSA は Far West Rand 金鉱地の開発に手一杯であった。CGFSA がオレンジ・フリー・ステイトにおいて2000平方マイルにおよぶオプションを獲得したのは，探査活動が開始されて数年してからであった。

金鉱探査においては，オプションの獲得でもドリルの位置の決定でも，運の要素が大きい。そして，CGFSA には運がなかった。掘削された試掘坑はどれも否定的結果しか示さなかった。2418平方マイルもあったオプション面積は，126平方マイルに縮小されていた[209]。

1944年，CGFSA の探査活動は，West Witwatersrand Areas の子会社として設立された New Cons FS に引きつがれた。New Cons FS は探査に50万ポンド以上を費やした。ようやく1948年に，ラ・リヴィエラ289農園において価値ある結果を得ることができた。しかし，過去数年間にわたる労力とくらべるとみすぼらしい成果であった。しかも，CGFSA は，ラ・リヴィエラ289農園の3分の1の権利を持つにすぎず，先に述べたとおり，結局，Harmony 鉱

---

208) 1953年1月，Union FS Coal & Gold Mines は解散となり，同年3月，それが所有する Harmony 株式は，Union FS Coal & Gold 株式5株につき Harmony 株式2株の割合で配分された。1952年6月末日に所有していた Union FS Coal & Gold 株式の株数から計算すると，Central Mining Free State Areas は Harmony 株式100万4000株を割当てられたことになる。直接所有していた Harmony 株式82万3000株を合算すると，182万7000株となる。この数は，Harmony の発行株式1360万株の13.43%に当たる (*The Mining Journal : Annual Review 1953*, p. 187.)。

209) A. P. Cartwright, *Gold Paved the Way*, pp. 216-217.

地に組み入れるよりほかなかった。

　1949年,サーイプラース551農園に掘った試掘坑が Basal Reef と交差した。以後5年間にわたる探査の結果,ようやくに見込みのある鉱地を確保することができた。New Cons FS はオプションを行使し,1954年の暮に採鉱権貸与申請書を政府に提出,翌年,CGFSA 傘下に Free State Saaiplaas が設立された[210]。

〔ヴァンデン・ヘルヴァース・ラスト地区〕

　オデンダールスラスの北西,Freddies North リース地域に接して,Geoffries と Middle Wits のオプション農園があった。Middle Wits のそれは,ファンデン・ヘルヴァース・ラスト419,クライン・ビギン111,ブリッツパン1289,ステファナス・ラスト419の4農園,1196モルゲンであり[211],Geoffries のそれは,スペス・ボナ921,ローズデイル898,ヴェルテヴレデン205,ヴェルヘフォンデン1183の4農園,2650モルゲンであった[212]。丁度,Middle Wits がサンド川――ヴァージニア地域の探査を始めようとする頃,Geoffries も,この地域の探査を開始した。Geoffries は,単独もしくは Middle Wits と共同で探査を行なっていった。

---

210)　Free State Saaiplaas が採鉱権リースの認可をうけた鉱地の広さは3416.5モルゲンであった。Middle Wits は,ヘルクスパン394,ゾマースヴェルド395,ラストヘヴォンデン564,ラ・リヴィエラ289の2区と4区の各一部,計1134.7モルゲンを提供し,25%の売主利得(11万3470ポンド)と株式応募権を得た(*Middle Witwatersrand (Western Areas) Ltd : Twenty-Second Annual Report and Accounts for the Year ended 31st December, 1954*, pp. 2-3 ; *Twenty-Third Annual Report and Accounts for the Year ended 31st December, 1955*, p. 9.)。Free State Saaiplaas の授権資本金は650万ポンド(10シリング株式,1300万株)であった。当初の発行株式数は1100万株で,このうち558万6615株は次の会社の株主に種々の割合で配分されることとなった。すなわち,New Consolidated Free State Exploration 2株にたいし1株,Middle Wits 10株にたいし3株,New Free Gold Estates 8株にたいし1株,H. E. Proprietary 10株に1株,New Witwatersrand Gold 20株に1株。残りの541万3333株は次の会社に額面価格で購入されることになった。New Consolidated Gold Fields 306万8009株,Middle Wits 150万5494株,New Free State 21万619株,South African H. E. Proprietary 45万619株,New Central Wits 17万8644株(*The Mining Journal : Annual Review 1955*, p. 20.)。
211)　*Middle Witwatersrand (Western Areas) Ltd : Twentieth Report and Accounts for the Year ended 31st December, 1952*, p. 5.
212)　*General Exploration Orange Free State Ltd : Directors' Report and Accounts for the Year ended 31st December, 1952*, p. 2.

最初の成果が，両社共同費用でファンデン・ヘルヴァース・ラスト419農園に打ち込んだ試掘坑 VDH 1 であがった。興味深いことに，VDH 1 は，深さ4690～5304フィートのところで，幾層にも重なった鉱脈と交差した。その鉱脈のうち最高品位は1652 inch-dwt であった。

この複合鉱脈は，Basal Reef とも Leader Reef とも相関していなかった。というのも，より深部で，試掘坑はこの2つの鉱脈と交差したからである。VDH 1 の北西，約1万4000フィートのところ，クロムドゥラーイ農園に打ち込まれた試掘坑 K 1 も，再び複合鉱脈と交差した。鉱脈品位は華々しいものではなかったが，それでも最高のものは554 inch-dwt に達していた。また，より深部で Leader Reef と Basal Reef とも交差した。K 1 で再度複合鉱脈と交差したことは，この鉱脈と VDH 1 で見つけられた複合鉱脈との間にどのような関連があるかの問題を，提起することになった。これを確かめるために，VDH 1 と K 1 のほぼ中間，テ・ヴレデ農園に試掘坑 TV 2 が打ち込まれ，4776～5652フィートの深さで三たび複合鉱脈と交差した。鉱脈品位は以前のどれよりも高く，上位の2つは5306 inch-dwt と4052 inch-dwt を示していた[213]。この複合鉱脈には，Rainbow Reefs という美しい名前がつけられる。

今や問題は，Rainbow Reefs はどこまで続いているか，また，どこまで広がっているか，であった。この第1の問題の解答を出すために，VDH 1 の南東，約7000フィートのところ，ローズデイル898農園に，試掘坑 RD 1 が掘削された。RD 1 は，上部の鉱脈帯のなかに3筋の鉱脈を発見した。一番高い品位は，1439 inch-dwt であった。さらに，このラインの延長上，RD 1 から3000フィート離れたところ，エナジー896農園にもうひとつの試掘坑 ERK 1 が掘られた。ここでは上部の鉱脈帯に2筋の鉱脈が発見された。高い方の品位は1005 inch-dwt であった。こうして K 1 から ERK 1 まで2万4000フィートの長さにわたって，鉱脈ラインが Geoffries と Middle Wits の鉱地を通っていることがほぼ確実となった[214]。

残りのドリル・プログラムは，Rainbow Reefs とその他の鉱脈がラインの東と西にどの程度広がっているかの確認に費やされた。ラインの西側では，2つの試掘坑が非常に満足すべき成果をもたらした。すなわち，VDH 1 と TV

---

213) *The Mining Journal : Annual Review 1953*, p.195 ; *The Mining Journal : Annual Review 1954*, p.215.

214) *Ibid.*, p. 215.

2のほぼ中間，ラインからおよそ500フィートの試掘坑 TV 3 は，Rainbow Reefs と交差した。最高品位は4118 inch-dwt で，他の6つの鉱脈も収益性に達していた。VDH 1 と RD 1 のほぼ中間，同じくラインから500フィートほど離れた地点の試掘坑 RD 2 で見つかった複合鉱脈の最高品位は，830 inch-dwt であった。ラインの東側では，VDH 1 から北東500フィートのところに打ち込まれた試掘坑 VDH 5 も，複合鉱脈の発見に成功したが，品位は高いものではなかった。しかし，その下部で見つかった'A' Reef と Basal Reef はそれぞれ 535 inch-dwt と3130 inch-dwt の品位を示していた。ラインのこの側の他の試掘坑は複合鉱脈を発見できなかったり，発見しても品位はネグリジブルであった。ただし，これらの試掘坑で発見された他の鉱脈品位は必ずしも低いものでなく，たとえば，スペス・ボナ1のデフレクションは，259 inch-dwt の Basal Reef と交差し，VDH 3 は237 inch-dwt の Basal Reef と交差した[215]。

　1950年，Anglovaal, GM, Middle Wits, Geoffries の4社の間で，オデンダールスラスの北西の，隣接する Middle Wits と Geoffries の鉱地を合併することが取り決められた。当該鉱地は，先に述べた Middle Wits の4農園と Geoffries の4農園であった。そこに鉱山がつくられる場合，最初の鉱山は Anglovaal の支配下に置かれ，最初の鉱山に含められなかった鉱地は Geoffries 管理下に置かれることとなった。また，鉱山会社にたいする両社の権利，すなわち，売主利得と株式応募権は，両社が提供する鉱地に含まれる収益性ある推定鉱石埋蔵量に比例して配分されることとなった。ただし，最初の鉱山の場合には，Anglovaal が少なくとも25％の売主利得と25％の株式応募権を与えられることになっていた。収益性ある鉱石推定埋蔵量によって両社の権利を案分するこの方法は，鉱地面積に応じて案分していた従来の方法と異なっていた[216]。比較的に規則的な鉱脈品位を呈する Basal Reef および Leader Reef と異なり，Rainbow Reefs は場所によって非常に大きな鉱脈品位の違いを示していたので，この方法の方がより合理的と考えられたのである。他方，推定埋蔵量の算出はとうてい試掘坑の掘削だけでは不可能なので，権利案分の問題

---

215) *Ibid.*, p. 215 ; *General Exploration Orange Free State Ltd : Directors' Report and Accounts for the Year ended 31st December, 1952*, p. 5.

216) *Ibid.*, p. 5 ; *The Statist,* May 5, 1951, p.608 ; *The Mining Journal : Annual Review 1951* ; p.159.

表 I－9　Orange Free State 金鉱地における金鉱山会社

|  | 管理会社 | 鉱区数 | 設立年 | 生産開始年 |
|---|---|---|---|---|
| 1. St Helena Gold Mines Ltd | Union | 8,244 | 1946 | 1951 |
| 2. Welkom Gold Mining Co Ltd | AAC | 4,710 | 1947 | 1951 |
| 3. Western Holdings Ltd[1] | AAC | 4,930 | 1947 | 1953 |
| 4. Freddies North Lease Area Ltd[2] | JCI | 5,127 | 1947 | 1953 |
| 5. Freddies South Lease Area Ltd[2] | JCI | 5,066 | 1947 | 1953 |
| 6. Free State Geduld Mines Ltd | AAC | 5,232 | 1947 | 1956 |
| 7. President Steyn Gold Mining Co Ltd | AAC | 4,839 | 1949 | 1954 |
| 8. President Brand Gold Mining Co Ltd | AAC | 4,263 | 1949 | 1954 |
| 9. Virginia Orange Free State Gold Mining Co Ltd | Anglovaal | 5,355 | 1949 | 1954 |
| 10. Merriespruit (Orange Free State) Gold Mining Co Ltd[3] | Anglovaal | 5,830 | 1949 | 1956 |
| 11. Harmony Gold Mining Co Ltd | CM＝RM | 5,520 | 1950 | 1954 |
| 12. Loraine Gold Mines Ltd[4] | AAC | 5,163 | 1950 | 1955 |
| 13. Jeannette Gold Mines Ltd[5] | AAC | 6,539 | 1950 |  |
| 14. Free State Saaiplaas Gold Mining Co Ltd | CGFSA | 4,920 | 1955 | 1961 |
| 15. Riebeeck Gold Mining Co Ltd[4] | Anglovaal | 2,415 | 1956 |  |

(注)　1) 1947年，探査会社から生産会社に転換。
　　　2) 1954年6月，合併して Freddies Consolidated Mines Ltd となる。
　　　3) 1961年の初め，CM＝RM 傘下に入る。
　　　4) 1958年11月，Riebeeck と Loraine は合同し，Loraine となる。
　　　5) 生産段階にいたらず。
[出所]　*Mining Year Book*; W. P. De Kock, 'The Influence of the Free State Gold Fields on the Union's Economy', *South African Journal of Economics*, vol. 19, No. 2 (June 1951), p. 133; *Chamber of Mines, Ninety-Third Annual Report 1982*, pp. 74-75.

は，実際の採掘が始まるまで解決できなかった[217]。1956年3月，上記8農園の鉱地に，Anglovaal 傘下の Riebeeck Gold Mining (Riebeeck) が設立された。鉱地の広さは2415鉱区であった。

1946年2月の St Helena に始まりこの Riebeeck で終わる，Orange Free State 金鉱地に設立された金鉱山会社を一覧表にすると，表1－9のようになる。鉱山が生産段階に達したかどうか，このことを今問わないとすると，全部で15の鉱山がつくられたことになる。Union Corporation, CM, CGFSA が各々1社を傘下に収めただけなのにたいして，JCI は2社，Anglovaal は3社を支配するにいたった。しかし，最高の成功を収めたのは AAC である。実に15社中7社を支配下においたのである。Western Holdings 獲得に始まる旺盛なオレンジ・フリー・ステイト復帰政策は見事に実を結んだのであった。

217) *The Mining Journal : Annual Review 1953*, p.195; *The Mining Journal : Annual Review 1954*, p. 215.

第 1 章　新金鉱地の発見と鉱業金融商会　103

## 第 4 節　Evander 金鉱地

　Klerksdorp 金鉱地と Orange Free State 金鉱地において鉱山開発が精力的に進められているとき，それらの反対側，すなわち，ヨハネスブルグの東南に位置する East Rand 金鉱地のはるか東南の農園に着目したひとつの鉱業金融商会があった。Union Corporation である[218]。Randfontein 鉱山の西に主鉱脈統の延長が発見されたのであれば，East Rand 金鉱地の最東端の Springs 鉱山の東にも主鉱脈統の延長が発見され得ないであろうか。Union Corporation の関心はここにあった。

　Springs 鉱山の東の土地も，Randfontein 鉱山の西の土地と同様に，過去に何度か探査が行われていた。1903年，G・ファッラーのつくったシンジケートがヴィンケルハーク農園——後に Kinross 鉱山がたてられる——で試掘坑を1500フィートまで掘り進めた。しかし，鉱脈を発見できなかった。また，1906年に，C・ハナウを破産に導びく悲劇の探査（露頭鉱脈の断片をラントの主鉱脈と同種のものと見間違える）が行われたのは，後に Springs 鉱山がたてられる場所とベタールとの間であった[219]。1928年，あるシンジケートが天然ガスの探査中に，Upper Witwatersrand 系を発見した。しかし，その後，敢えてこの地を探査する者はいず，第二次世界大戦終了後まで放置されたままであった。

　1949年，Capital Mining Areas という会社を代表する数人の青年が現れて，いくつかの農園にオプションを設定した。後に明らかになることだが，この Capital Mining Areas こそは，Union Corporation の子会社であった。Union Corporation は秘密裡に広大なオプションを獲得したのであった。

　Union Corporation によるこのオプション地域の探査は，当初から綿密に練られた計画的探査であった。33万4000モルゲン（約1000平方マイル）もの広大な地域に地球物理学的調査が実施され，その調査結果に基づいて，1950年2月7日以降，257本の試掘坑が打ち込まれた。先に述べたように，1933年から1950年までにオレンジ・フリー・ステイトの探査に打ち込まれた試掘坑の数が

---

218)　この Evander 金鉱地については，A. P. Cartwright, *The Gold Miners*, pp. 314-318 による。もうひとつの鉱業金融商会 Anglovaal もベタール地域に注目した。その探査会社 Middle Wits は New Consolidated Eastern Areas と共同で探査活動に従事したが，鉱脈を発見することはできなかった（*The Mining Journal : Annual Review 1954*, p.606.）。
219)　A. P. Cartwright, *The Gold Miners*, pp. 151-154 参照。

表 1−10　Evander 金鉱地における金鉱山会社

|  | 管理会社 | 設立年 | 生産開始年 |
|---|---|---|---|
| 1. Winkelhaak Mines Ltd | Union | 1955 | 1958 |
| 2. Bracken Mines Ltd | Union | 1959 | 1962 |
| 3. Leslie Gold Mines Ltd | Union | 1959 | 1962 |
| 4. Kinross Mines Ltd | Union | 1963 | 1968 |

［出所］　*Mining Year Book 1960 ; Chamber of Mines, Ninety-Third Annual Report 1980,* pp. 74-75.

535本であったのであるから，その数の多さに驚かされるであろう。Union Corporation は，新金鉱地においては St Helena の支配権を確保しているのみで，旧金鉱地の鉱石埋蔵量は急速に枯渇しつつあったから，どこかで新鉱山を確保しないかぎり，南ア金鉱業界における鉱業金融商会としての地位は先細りとなることは目に見えていた。この見通しが，Union Corporation を大胆な探査活動に駆り立てたのである。

　探査の成果はかなり早くから上がってきた。1951年8月4日，ヴィンケルハーク農園の試掘坑が Kimberley Reef と交差した。品位は低位であったけれども，これは半世紀にわたって探し求められた鉱脈であった。ついで，ヴィンケルハーク農園の試掘坑74番が3416フィートの深さで鉱脈と交差した。鉱石品位は，24.33 dwts，鉱脈幅24.7インチであった。さらに，ヴィンケルハーク農園とドゥリーフォンテイン農園の境で2本の試掘坑が鉱脈と交差した。品位はそれぞれ300 dwts と808 dwts の高品位であった。

　Union Corporation が採鉱権リースを獲得した鉱地の総面積は3000モルゲンにおよんだ。1955年12月7日，Winkelhaak Mines（Winkelhaak）が設立された。翌年初葉に竪坑の掘削が開始され，1958年12月に採掘が始められた。1959年4月には，Bracken Mines（Bracken）と Leslie Gold Mines（Leslie）が同時に設立され，1963年11月には Kinross Mines（Kinross）が設立された。これら4つの金鉱山会社はすべて，Union Corporation の管理下に置かれた（表1−10参照）。Union Corporation が，1976年5月に GM に吸収されるまで，南ア金鉱業界における中堅鉱業金融商会としての地位を保持し得たのは，この Evander 金鉱地開発の成功によるものであった。

図 1-9 南アフリカの金鉱地（1969年）

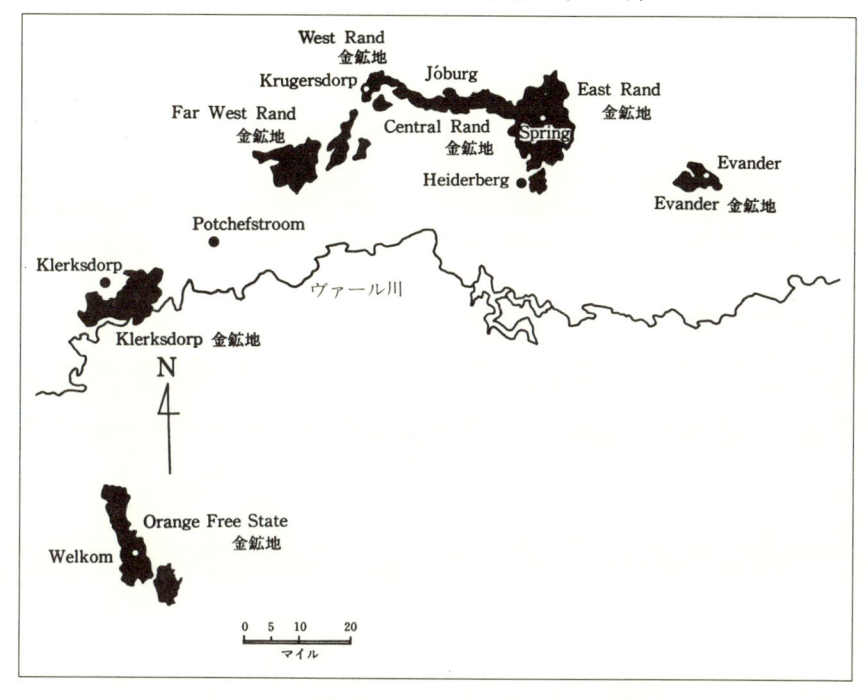

## むすび

　南アにおいては，1930年代半ばから1950年代半ばまでに，新しい 4 つの金鉱地が発見され，金鉱地の分布は円弧状から半円周にひろがった（図 1-9 参照）。たてられた鉱山が生産段階に達することができたかどうか，また，生産を開始した鉱山が不測の事態にあうことなく順調に操業を継続することができたかどうか，を一応度外視すると，1974年までに，新金鉱地には36の金鉱山がつくられた。鉱地別に見ると，Far West Rand 金鉱地が10鉱山，Klerksdorp 金鉱地が 7 鉱山，Orange Free State 金鉱地15鉱山，Evander 金鉱地 4 鉱山である。戦前・戦中につくられた Far West Rand 金鉱地並びに Klerksdorp 金鉱地の 5 鉱山と戦後に発見された Evander 金鉱地の 4 鉱山を除けば，27鉱山のうち19鉱山が大戦直後の1945～50年の時期につくられている。Orange Free State 金鉱地では，15鉱山のうち13鉱山までがこの時期にたてられたものであ

表1-11 南ア新金鉱地における金鉱山会社の設立年と生産開始年（1934～72年）

（数字は会社数）

|  | 1934～44年 | 1945～50年 | 1951～55年 | 1956～60年 | 1960～70年 | 1972年 |
|---|---|---|---|---|---|---|
| I 設立年別 |  |  |  |  |  |  |
| Far West Rand 金鉱地 | 3 | 2 |  | 2 | 3 |  |
| Klerksdorp 金鉱地 | 2 | 4 | 1 |  |  |  |
| Orange Free State 金鉱地 |  | 13 | 2 |  |  |  |
| Evander 金鉱地 |  |  |  | 3 | 1 |  |
| 合　　　計 | 5 | 19 | 3 | 5 | 4 |  |
| II 生産開始年別 |  |  |  |  |  |  |
| Far West Rand 金鉱地 | 2 | 1 | 2 |  | 4 | 1 |
| Klerksdorp 金鉱地 | 1 |  | 3 | 2 | 1 |  |
| Orange Free State 金鉱地 |  |  | 10 | 2 | 1 |  |
| Evander 金鉱地 |  |  |  | 1 | 3 |  |
| 合　　　計 | 3 | 1 | 15 | 5 | 9 | 1 |

［出所］ Chamber of Mines, *Annual Report*.

表1-12 南ア新金鉱地における鉱業金融商会別鉱山会社数（1934～68年）

|  | AAC | CGFSA | Union | Anglovaal | JCI | GM | CM=RM | 計 |
|---|---|---|---|---|---|---|---|---|
| Far West Rand 金鉱地 | 1 | 6 |  |  | 2 |  | 1 | 10 |
| Klerksdorp 金鉱地 | 2 |  |  | 2 |  | 3 |  | 7 |
| Orange Free State 金鉱地 | 7 | 1 | 1 | 3 | 2 |  | 1 | 15 |
| Evander 金鉱地 |  |  | 4 |  |  |  |  | 4 |
| 合　　　計 | 10 | 7 | 5 | 5 | 4 | 3 | 2 | 36 |

［出所］ Chamber of Mines, *Annual Report*.

り，Klerksdorp 金鉱地では7鉱山のうち4鉱山がこの時期につくられている。これは，大戦の勃発により探査活動が延期されたこと，また，大戦の終了を待って探査活動が戦後集中的に行われたことを，如実に反映している。生産開始の時期は，懐妊期間のために，鉱山会社設立の時期とは若干ずれている（表1-11参照）。

　鉱業金融商会がいくつの金鉱山を支配するにいたったかを見ると，AAC が10鉱山，CGFSA が7鉱山，Anglovaal と Union Corporation がそれぞれ5鉱山，JCI が4鉱山，GM 3鉱山，CM=RM 2鉱山，である（表1-12参照）。CGFSA の7鉱山のうち6鉱山は Far West Rand 金鉱地にある。一方，Far West Rand 金鉱地につくられた鉱山の数は10鉱山であるから，CGFSA が過半を制している。CGFSA はここにおいて南アにおける新金鉱地の探査活動に先鞭をつけ，West Wits Line をほぼ完全に独占していたのであるから，これは当然のことといえるであろう。

　AAC は，Far West Rand 金鉱地に1鉱山と Klerksdorp 金鉱地に2鉱山

を傘下に収めるとともに，Orange Free State 金鉱地の15鉱山のうち7鉱山を支配するにいたった。AAC は，クラークスドープ地域の探査活動に従事するとともに，オレンジ・フリー・ステイト西北部では種々の探査会社と共同探査・開発協定を結び，最終的には African & European の親会社ルイス・アンド・マルクス商会を買収することにより，Orange Free State 金鉱地において支配的地位を確立した。また，戦後，Far West Rand 金鉱地において超深層鉱山の開発に挑戦し，これに成功した。

　新興鉱業金融商会 Anglovaal は精力的に探査活動に従事し，戦後，クラークスドープ地域で Hartebeestfontein と Zandpan の2鉱山，オレンジ・フリー・ステイトで Virginia, Merriespruit, Riebeeck の3鉱山を傘下におさめることに成功した。復員したジャック・スコットはクラークスドープ地域において父親の代から追い求めてきた Strathmore Reef の発見に成功し，Stilfontein と Buffelsfontein の巨大鉱山会社と小さな鉱山会社 Ellaton を設立した。しかし，巨額の開発費を賄うことができず，1954年，彼の鉱業金融商会 Strathmore Consolidated Investments は，GM との合同を余儀なくされた。他方，新金鉱地への進出で遅れを取っていた GM は，この合同によって将来性ある2つの鉱山を傘下に収めることができた。JCI は新金鉱地への進出の遅れを取り戻すべく，大戦終了とともに精力的に探査活動をおしすすめ，Orange Free State 金鉱地では Freddies North と Freddies South, Far West Rand 金鉱地では Western Areas と Elsburg の鉱山を発見することに成功した。

　CM＝RM は，Far West Rand 金鉱地において，いわば CGFSA の好意によってきわめて富裕な Blyvooruitzicht 鉱山を傘下におくことができた。しかし，新金鉱地の発見においてはほとんど主要な役割をはたすことができず，その後，かろうじてオレンジ・フリー・ステイトのサンド川――ヴァージニア・ブロックにおいて Harmony 鉱山を買収することができただけであった。ラント金鉱開発以来，長らく南ア金鉱業界の第一人者を任じてきた鉱業金融商会としては，淋しい成果であった。一方，トーション・バランス法を発明して鉱地の探査に画期をもたらした Union Corporation は，オレンジ・フリー・ステイトの最初の鉱山 St Helena を傘下に収めるとともに，ベタール地域において一社の企てとしては前代未聞の大胆な包括的ドリル・プログラムを実施し，まったく新しい Evander 金鉱地を発見し，そこに4つの鉱山 (Winkelhaak, Bracken, Leslie, Kinross) をつくった。

旧金鉱地の鉱石埋蔵量は枯渇の一途をたどっており，もし鉱業金融商会が南ア金鉱業界で将来も指導的地位を保持しつづけようとするならば，新金鉱地の有力鉱山を傘下に収めなければならなかった。そして，そのためにはオプションを設定し，調査・探査を実施し，他の会社に先んじて鉱地を確保しなければならなかった。したがって，有力鉱山を獲得するため，指導的鉱業金融商会は最大限の努力を払ってきたといえるであろう。では，どうして各鉱業金融商会間に鉱地支配の違いが生じたのであろうか。

　鉱山業は本質的にギャンブルである。調査・探査がいくら科学的になろうと，また，大量かつ規則的な鉱石の存在によって，どんなに「工業的」性格を持とうと，鉱山業は運・不運を回避できない。オプションを設定すべき農園の選択から始まって，試掘坑の掘るべき場所の決定，鉱脈の賦存状況，鉱石品位，断層や地下水の存在，これらにはすべて運・不運が付きまとうのである。クラーマンが，いくつかの主要な鉱業金融商会のなかで，CGFSA に鉱脈の磁気探査法を持ち込んだことも偶然のことであったであろう。このとき，確かに CGFSA には運があったのである。逆に，地下に鉱脈の存在しない農園にオプションを設定した多くの会社は不運であった。このように，鉱山業においては運が左右するところが大きい。しかし，運のみによるものでないことも事実である。

　運・不運を語るには，その前提として，あえてリスクに挑戦する企業心が必要である。CM が，CGFSA から申し込まれた West Witwatersrand Areas への20％資本参加権を断り，また，ベイリーの遺産購入を見送って，Western Holdings を支配するチャンスを逸したのは，当時 CM に企業としての活力がいちじるしく喪失していたことによるものであった。一方，Orange Free State 金鉱地において AAC が支配的地位を占めるにいたったのは，リスクに敢えて挑戦する旺盛な企業心によるものであった。Orange Free State 金鉱地で，AAC が最初選んだオプション農園の探査はことごとく失敗であった。それにもかかわらず，AAC が，Welkom, President Brand, President Steyn, Western Holdings, Free State Geduld, Loraine, Jeannette の7鉱山を支配するにいたったのは，すでに見たように，ベイリーの遺産を購入することによって SA Townships の支配権を握り，Western Holdings を傘下に収めたこと，並びに，Blinkpoort Gold Syndicate および Wit Extensions と開発協定を結び，探査実施を条件に，そこに鉱山がつくられる場合それぞれ60％の資本参加権を得たこと，さらには，ルイス・アンド・マルクス商会を買収して African

第1章　新金鉱地の発見と鉱業金融商会　109

& European を掌握したこと，によるものであった。また，戦後，Far West Rand 金鉱地において Blyvooruitzicht・West Driefontein 両鉱山の南側で1万フィートをこえる超深層鉱山の開発に挑戦したのも，AAC の旺盛な企業心を示すものであった。しかし，旺盛な企業心のみで有力鉱地が入手できたわけではない。企業心を生かす条件が必要であった。金融力と技術力である。重要なのは，金融力と技術力に裏打ちされた大胆な企業心である。

　需要が保証されているという金商品の特殊な性格から，南ア金鉱業界では鉱山会議所を中心に各鉱業金融商会・各金鉱山会社の間に技術の協調体制が敷かれていたから，指導的鉱業金融商会（並びに傘下の金鉱山会社）の間に大きな開発技術力の違いは存在しなかった。CGFSA が始めた磁気探査法や Union Corporation が開発したトーション・バランス法の鉱地調査方法でさえ，急速に他の鉱業金融商会や他の探査会社の採用するところとなっていた。したがって，調査・探査を実施する会社間にはほとんど技術力の差異はなく，違いが生じるとすれば，リスクにかける決意とそれを可能にする資金力であった。この点で，4つの新金鉱地における36の鉱山が，ひとつの例外もなく指導的鉱業金融商会の傘下に入ったという事実は，象徴的であったと言えるであろう。というのも，Wit Extensions, Blinkpoort Gold Syndicate, Union FS Coal & Gold などは，自己のオプション農園で鉱脈が発見されたにもかかわらず，いずれも鉱山を掌握するにいたらなかったからである。オプションの設定料に加えて，フィート当り20シリングという試掘坑の掘削費は，小さな会社が負うことができるものでなかった。ロバーツたちの Wit Extensions は1本目の試掘坑の掘削途中でこれを放棄せざるを得なかったし，Blinkpoort Gold Syndicate は，AAC との協定が成立するまでは，周辺の探査結果を待つ「待機政策」を取っていた。また，Union FS Coal & Gold の親会社である New Union Goldfields も試掘坑 H1が高品位の鉱脈を掘り当てた後，周辺の探査結果を待っていた。この時期，広大な農園にオプションを設定し，何十本もの試掘坑を掘削するに十分な資金力と探査・開発技術を有していたのは指導的鉱業金融商会だけであった。

　表1-13は，1927～57年における指導的鉱業金融商会の利潤を示している。南アが金本位制を離脱した1932年の暮れ以降の7年間，金鉱業は未曾有の繁栄を享受し，金鉱山を支配する鉱業金融商会の利潤は増大した。第二次世界大戦中，人員不足による操業の低下と物価の上昇によって，金鉱山会社の利潤は低

表 I-13 主要鉱業金融商会の利潤（1927～57年）

(単位：1,000ポンド)

| | | 1927年 | 1932年 | 1937年 | 1942年 | 1947年 | 1952年 | 1957年 |
|---|---|---|---|---|---|---|---|---|
| 1. CM | 粗利潤 | 837 | 600 | 794 | n.a. | n.a. | n.a. | 2,165[5] |
| | 純利潤 | 787 | 570 | 743 | 687 | n.a. | 737 | 1,142[3][5] |
| 2. RM | 粗利潤 | 710 | n.a. | 1,232 | 904 | n.a. | 878 | 769 |
| | 純利潤 | 674 | 562 | 960 | 874 | n.a. | 780[3] | n.a. |
| 3. JCI[2] | 粗利潤 | 827 | 386 | 1,173 | 953 | 1,861 | 1,598 | 2,636 |
| | 純利潤 | 794 | 360 | 1,142 | 939 | 1,827 | 1,444 | 2,469 |
| 4. AAC | 粗利潤 | 877 | 143 | 1,677 | 1,074 | n.a. | 3,736 | 8,048 |
| | 純利潤 | 840 | 120 | 1,639 | 993 | n.a. | 3,615 | 5,358 |
| 5. Union | 粗利潤 | 442 | 291 | 779 | n.a. | n.a. | 2,045 | n.a. |
| | 純利潤 | 386 | 256 | 683 | 610 | n.a. | 1,058[3] | n.a. |
| 6. NCGF[2] | 粗利潤 | 551 | 519 | 2,215 | n.a. | n.a. | 2,226 | 3,285 |
| | 純利潤 | 512 | 449 | 2,159 | n.a. | 1,427 | 1,996 | 2,788 |
| 7. GM | 粗利潤 | 414 | 276 | n.a. | 440 | 484 | 611 | 1,701 |
| | 純利潤 | 525 | 229 | 528 | 408 | 385[3] | 582[3] | 1,378[3] |
| 8. Anglovaal | 粗利潤 | — | — | 340 | 184 | 843 | 751 | 1,086 |
| | 純利潤[4] | — | — | 153 | 51 | 584 | 616 | 634 |

(注) 1) n.a.＝不明。
2) その年の6月30日で終わる1年間。
3) 税引後利潤。
4) 減価償却後。
5) 翌年の3月31日で終わる1年間。

[出所] Anglo-Transvaal Consolidated Investment Co Ltd, *Anglovaal 1933-1958 : Twenty-Five Years of Progress*, 1958, p. 11 ; *The Statist, The South African Mining and Engineering Journal* および各当該鉱業金融商会の年次報告書による。

下するが，指導的鉱業金融商会の利潤は，総じてなお1920年代の水準を凌駕していた。大戦直後，操業率の回復とともに再び利潤は回復し，1950年代に入ると，新金鉱地における鉱山の操業開始によって鉱業金融商会の利潤水準は未曾有の高さとなる。ここで特に注目されるのは，この1950年代には，他の鉱業金融商会に比べて，AACの利潤が飛び抜けて大きいことである。他の鉱業金融商会に比してAACの投資には大きな特徴があった。金鉱業にたいする投資と並んで，ダイヤモンドと北ローデシアの銅にたいする投資を行なっていたことである。（他の鉱業金融商会のなかでは，JCIも大きなダイヤモンド利権をもつ。）1920年代の長い間，AACは，East Rand金鉱地のDaggafontein鉱山を開発できないでいた。AACは，蓄積資本を，一方ではダイヤモンド鉱業の支配をめぐる戦いに，他方では北ローデシアの銅開発に投下しなければならなかった。1929年に始まった世界大恐慌は，ダイヤモンドと銅の価格をドラスティックに引き下げ，AACの金融力を掘り崩した。（もっとも，AAC傘下のローデシアの銅が生産を開始するのは1932年からである。）AACはDaggafontein鉱山からの収益を期待してこの開発に着手したが，その開発費用捻

出のために，1931年と32年に200万ポンド以上準備金をくずさなければならなかった[220]。一方，1931年と32年に，AACの利潤は僅か11万3303ポンドと11万9704ポンドにすぎなかった[221]。イギリスにつづく南アの金本位制離脱によって，金の南ア・ポンド価格が急速に上昇し，金鉱業が未曾有の繁栄を享受したとき，Daggafontein 鉱山は，AAC の金融的支柱のひとつとなった。うちつづくダイヤモンドの不況は，AAC の資金を吸収し続けた。ダイヤモンド市場の完全な崩壊をくいとめるために，AAC は膨大な量のダイヤモンド原石を蓄積することを余儀なくされたからである。1930年代の最初の6年間，AAC はダイヤモンドの利権からなんらの配当も受け取らなかった。また，AAC が北ローデシアの銅から配当を受け取るのは1936年からであった。この期間，AAC を破産から救ったのは金鉱業であった。

1930年代半ば，ダイヤモンド・ブームが戻ってきたとき，Diamond Trading の販売額は，1935年の326万ポンドから翌年には850万ポンドに増大し，さらに次の年には916万ポンドを記録する[222]。AAC は，ここから多額の利潤を獲得することができた。しかし，1930年代半ば以降，確かに AAC の利潤は他の鉱業金融商会に比して大きかったけれども，必ずしも圧倒的大きさというのではなかった。すなわち，鉱物権オプションをめぐって激しい競争が展開された第二次世界大戦終了時までは，指導的鉱業金融商会間にそれほど大きな金融力の差があったとは言いがたいのである。圧倒的違いが生じるのは，北ローデシアの銅，ダイヤモンド，新金鉱地から巨額の利潤の流入する1950年代になってからである。したがって，AAC が，クラークスドープ地域での探査・開発に従事する一方，Western Holdings や，Blinkpoort Gold Syndicate, Wit Extensions, African & European を傘下に収め，新鉱地の獲得で他の鉱業金融商会を圧する大成功を収めることができたのは，豊富な資金と技術力に基づく積極果敢な企業心にあったのである。

これら新金鉱地の鉱山開発には，戦前にもまして巨額の資金が必要であった。巨額の開発資金はどのように調達されたか，開発主体たる鉱業金融商会はリスクを回避するためにどのような方策を採用したか，こうした問題の考察が次章の課題である。

---

220) D. Innes, *op.cit.*, p. 135.
221) T. Gregory, *op.cit.*, p. 107 ; D. Innes, *op.cit.*, p. 136.
222) T. Gregory, *op.cit.*, pp. 248, 311 ; D. Innes, *op.cit.*, pp. 136, 141.

# 第2章　新金鉱地の鉱山開発金融

## はじめに

　前章で述べたように，1930年代から始められた探査によって発見された新金鉱地には，36の鉱山がたてられた。これら36鉱山のうち，第二次世界大戦終了までに生産を開始したのは，Far West Rand 金鉱地における Venterspost 鉱山（CGFSA 傘下）と Blyvooruitzicht 鉱山（CM＝RM 傘下），ならびに Klerksdorp 金鉱地における Western Reefs 鉱山（AAC 傘下）の3鉱山にすぎず，残り33鉱山の開発はすべて大戦後においてであった。

　第二次世界大戦前，ラントにおいて1鉱山を開発するにはおおよそ300万ポンドの資金が必要であった。戦後に開発費はいっそう巨額となり，1950年に Orange Free State 金鉱地における標準的鉱山の開発費は700～800万ポンド，1960年には1500万ポンドとなった[1]。金鉱山の投資リスクは大きく，鉱業金融商会それ自身の資本金に匹敵するような開発費を集めること自体生易しい事柄ではなかったが，CM を除いて主要鉱業金融商会は開発すべき鉱山を複数抱え込んでいた。しかも，鉱業金融商会は巨額の開発資本のかなりの部分を戦後の変化した国際金融市場，就中，イギリスのそれに求めねばならなかった。新金鉱地開発のため戦後どれだけの資本が投下されるにいたったか。また，その資本はどこからきたか。鉱山開発の主体たる鉱業金融商会は投資リスク回避のためにどのような措置をとっていったか。また，十分な開発資金を準備するためにどのような工夫を講じたか。さらに，戦後の変化した国際資本市場にどう対応していったか。こうした問題の解明が本章の課題となる。まず，第1節では，南ア金鉱業に特異な経営様式とされるグループ・システムと新金鉱山開発

---

1) D. Innes, *Anglo American and the Rise of Modern South Africa*, London, Heinemann Educational Books Ltd, 1984, p. 146.

金融の関係を見る。第 2 節では，第二次世界大戦後新金鉱地開発のためにどれだけの資本が投下されたか，また，大戦前の投資と比較して戦後の投資にはどのような特徴がみられるかを，フランケルの統計とブッシァウの指摘を分析して明らかにする。第 3 節と 4 節では，投資リスク回避のために探査会社や開発主体たる鉱業金融商会により採用された方策とその結果を，第 5 節では巨額の資本を集めるための新しい対応を，考察する。そして，最後の第 6 節においては鉱業金融商会が自らの金融力強化に向けて採用した外国からの資本調達について見る。

## 第 1 節　金鉱山開発金融とグループ・システム

新金鉱地における鉱山開発金融が，すべて鉱業金融商会の責任のもとで行われたことを理解するためには，南ア鉱業界における特異な経営形態とされるグループ・システムについて見ておかねばならない。H・F・オッペンハイマーは「鉱山金融のグループ・システムが存在しなければ，これら鉱山を開発する資金を見出すことはまったく不可能であった」[2]と述べている。この指摘は，Orange Free State 金鉱地についてなされたものであるが，他の新金鉱地についてもそのまま当てはまる。

南ア金鉱業における経営の特徴は，グループ・システムと呼ばれる経営様式である[3]。この経営様式はラントの金鉱業が深層鉱山の開発へと移行した1890年代半ばに成立し，1910年頃に確立したものである。ラントの金鉱床は，地質学的にいくつかの岩層が重なる単一の系からなり，東西に伸びる露頭鉱脈から南に広範囲に広がっていた。これら鉱地は種々の大きさに区分され，独自の取

---

[2] H. F. Oppenheimer, 'The Future of the Gold Mining Industry', *The South African Mining and Engineering Journal,* May 17, 1952, p. 459. グレイアムも「もし Orange Free State 金鉱地が著名な金融商会によって後援されていなかったとしたら，1959年までに推計投資総額 2 億6300万ポンドが集められたかどうか，考えてみる価値がある」と指摘している（M. R. Graham, *The Gold-Mining Finance System in South African with Special Reference to the Financing and Development of the Orange Free State Gold Field up to 1960,* unpublished Ph. D. Thesis (University of London), 1964, p. 127.）。

[3] グループ・システムについては次の 2 つの文献を参照されたい。1．小池賢治「鉱山商会と『グループ・システム』」『アジア経済』，第23巻第 7 号（1982年 7 月）。2．拙著『南アフリカ金鉱業史』（新評論，2003年），第 2 章「鉱業金融商会とグループ・システム」。

締役会と独自の株主を有する法的に独立した金鉱山会社によって採掘されていた。しかし，これらの金鉱山会社は，鉱業金融商会によって設立されたものであり，鉱業金融商会は，鉱地を取得し，自己が設立した鉱山会社にこれを売却し，その代償に大量の売主株を受け取った。鉱業金融商会は通常，鉱山会社の取締役会に商会自身の取締役もしくは指名する者を送り込んで多数を占めているばかりか，当該鉱山会社の支配人および顧問技師の指名権を持っていた。鉱業金融商会は，経営契約によって傘下の鉱山会社にたいし日常の経営の監督権を有するとともに，開発，金融，投資，配当など重要な政策を決定していた。H・フランケルの指摘するとおり，鉱業金融商会は傘下の鉱山会社にたいし，「発起・管理・金融」[4]の三位一体的支配を行なっていたのである。ここから，グループ・システムが，「支配のグループ・システム（group system of control）[5]」と呼ばれたり，「管理のグループ・システム（group system of administration）[6]」，あるいは「鉱業金融のグループ・システム（group system of mining finance）[7]」などと，力点のおき方によって，違った風に呼ばれることが理解されるであろう。

　AACの取締役副会長であったハガートによって[8]，金鉱山会社の設立と金融の標準的パターンを箇条書きにまとめると，鉱業金融商会や鉱山によっては多少細部に相違があるものの，大筋としては次のようになる。

1）鉱物権オプションの取得

　鉱業金融商会は，鉱脈探査を実施したいとおもう地域の鉱物権オプションを取得する。鉱物権はその土地の所有者に属し（通常，農民によって所有されている），地上権とは明確に区別されている。オプションの期間は通常数年間にわたり，オプションを設定した鉱業金融商会は，鉱物権所有者に設定料を支払う。通常，オプションが設定される際に，鉱物権購入価格が決められる。

---

4) S. H. Frankel, *Capital Investment in Africa : Its Course and Effects,* London, Oxford University Press, 1938, p.93.

5) *Ibid.,* p. 81.

6) A. J. Limebeer, 'The Group System of Administration in the Gold Mining Industry', *Optima,* Vol. 1, No. 1 ( June 1951 ), p. 26.

7) S. H. Frankel, *Investment and the Return to Equity Capital in the South African Gold Mining Industry 1888-1965 : An International Comparison,* Oxford, Basil Blackwell, 1967, p. 18.

8) R. B. Hagart, 'The Changing Pattern of Gold Mining Finance', *Optima,* Vol. 2, No. 3 (December 1952), pp. 1-2.

## 2）探査活動

鉱業金融商会は，自身でか，あるいは傘下の探査会社を使って探査を実施する。通常，探査は一連の試掘坑を掘削して行う。取り出された鉱石資料は厳密に吟味・分析される。鉱脈が発見されると，その地域の複合的地質地図が作製される。いくつもの試掘抗の結果から，収益性ある鉱脈が途切れなく分布していることが確かめられると，竪抗の掘削と地下開発に向かって，資本を募集すべきかどうかが決定される。

## 3）オプション行使

先に進むべきだとの決定が下されると，オプションを行使して当該地域の鉱物権を購入する。

## 4）政府の採鉱権貸与局への申請

南アの法律では，鉱物権の所有者は，政府にロイヤルティを支払うことなく鉱山をたてることができる。しかし，その場合，鉱山の広さは採算性ある鉱脈が存在する鉱地の25％に限られる。通常，それだけの広さでは採算にのる開発は不可能なので，鉱物権の所有者は残余の鉱地を含めて，政府の採鉱権貸与局にたいし採鉱権貸与の申請を行う。採鉱権貸与局は探査結果やその他必要な関連要素を考慮して，採鉱権貸与鉱地の境界，ロイヤルティ金額，初期資本金など，貸与条件を決定する。

## 5）金鉱山会社の設立

鉱業金融商会は，鉱地の開発に向けて鉱山会社を設立し，貸与された採鉱権リースを譲渡する。鉱山会社が支払うべき購入価格は売主利得（vendor's consideration）と呼ばれ，採鉱権貸与局の承認を必要とする。鉱業金融商会は鉱山会社の初期資本金の額を決定し，初期資本に応募する権利をもつ。売主利得とこの初期資本応募権は，オプションを獲得し探査活動に資金を投入したリスクにたいする報酬ともいうべきものである。通常，鉱業金融商会は，自己の株主に持株数に応じて鉱山会社株を額面価格で購入する権利をあたえる。

## 6）鉱山会社の増資

竪抗の掘削が進み，地下開発へと移行すると，この段階で必要とされる資本は鉱山会社自身の株主にたいする新しい株式発行により賄われる。地下開発で十分な量の収益性ある鉱石の存在が確認されると，回収装置が設置され，その他必要な施設が建造される。このために必要な資本もまた，鉱山会社自身の株主にたいする株式発行で賄われる。

以上の南ア金鉱山開発金融の「一般範式」を理解する上で留意すべきことを2つ付け加えておきたい。

　ひとつは，南ア金法における鉱物権と採鉱権に関してである。鉱物権とは，地下に埋蔵された資源そのものの所有権であり，採鉱権とはそれを採掘する権利である。世界各国の鉱山法では，国家が鉱物権の所有者であり，土地所有者が採鉱権を有するのが通例である。これにたいし，1908年以降のトランスヴァール金法では，これとは逆に，鉱物権は土地所有者に属し，採鉱権は国家に属している[9]。そして，採掘者は，政府から採鉱権を借り受け，採鉱する。政府は採鉱権を貸与する代償にリース料を徴集する。このリース料は，地代に当たる。したがって，政府が採掘者から地代部分を徴収する限り，国家の所有するものが鉱物権であろうと採鉱権であろうと，その効力に変わりはない。1908年以前のトランスヴァールにおいては，鉱物権とともに採鉱権もまた土地所有者に属し，ラント金鉱山会社は，利潤税（クルーガー政権下では5％，ミルナー統治下では10％）を支払うだけで，利潤だけでなく地代部分をも取得することが可能であった。しかし，1908年の金法改定により，オレンジ・フリー・ステイトと同様に，採鉱権は国家に属することとなり，採鉱権リース料として地代部分を政府が取得することとなった。このことは，金鉱山会社設立の際の株式発行に甚大な影響を及ぼすこととなった。留意すべき第2点は，このことに関連している。

　1908年以前，ラント金鉱地における金鉱山会社の設立に際しては，営業資本を得るため，一般投資家にたいし株式が発行されるとともに，金鉱山の開発主体たる鉱業金融商会は鉱物権・採鉱権の譲渡の代償に大量の株式を売主株として獲得した。すなわち，鉱物権・採鉱権の獲得費を凌駕する額の株式が売主たる鉱業金融商会に発行されたのである。営業費獲得のために売り出された株式資本と鉱物権・採鉱権獲得費に見合う売主株が一般利潤率の形成に参加するものとすれば，売主株の大部分，すなわち，鉱物権・採鉱権獲得費を超過する部分は地代部分にたいする請求権を表している。理論的にいえば，鉱物権・採鉱権獲得費を超える売主株は将来の地代部分の資本化を表すものである。この売主株の発行が，広大な鉱地を押さえ開発に向けて鉱業金融商会を設立したウェルナー，バイト，バーナト，ローズ，アルビュ，ゲルツなどラントローズ(Rand-

---

9) 天沼紳一郎『金の研究：貨幣論批判序説』弘文堂，1960年，341-342ページ。

lords) の強力な致富手段であった。鉱業金融商会はただ同然で入手した売主株を株価が浮揚した時期に手放したのである。一方，営業資本を提供する一般投資家は，額面価格で株式を入手できたわけではなく，通常額面を大幅に超える価格で購入しなければならなかった。価格は，支配的利子率，リスクなど投資環境を別にすれば，当該鉱山の期待される収益性にかかっていた。

採鉱権リース制度が導入され，リース料として地代部分が政府のものとなると，鉱物権の売主が「無償の」売主株を取得できる収益幅はいちじるしく狭まり，いまや売主株の発行は，鉱物権・採鉱権リースの獲得費を大幅に超えない金額，すなわち鉱山をたてるまでに要した費用にほぼ見合う金額に限定されることとなった[10]。他方，政府も採鉱権リース料の代わりに，地代部分にみあう株式を取得することも可能であった。この場合，鉱業金融商会が株式取引所で売主株を売却するように，政府もまた取得株の流動化を図ることができたであろう。売主発行が減少する一方，鉱地の調査・探査に資金を投下する探査会社または鉱業金融商会は，そのリスクの代償に，発行価格または市場価格より低い価格——多くの場合，額面価格である——で株式を購入する権利を得ることとなった。フランケルは，この株式の発行を「特恵的現金株式発行（preferential cash stock issue）」と名づけている[11]。1908年以降，鉱業金融商会は，鉱物権・採鉱権の獲得費の何倍もの額の売主株を獲得するチャンスを失ったが，安い価格で大量の株式を入手し，取得価格と市場価格の差額，すなわち創業者利得を確保することができたのである。

---

10)「1929年まで，探査に始まり現実の採掘で終わる全過程は，公衆にたいする直接的株式発行と，採鉱権と鉱地の売主にたいする同時的発行によって金融された。……売主株の割合がもっとも高いのは1887～1906年の期間（46.8％）で，ついで1907～1912年の期間（26.8％）である。すなわち，採鉱権貸与制度が十分に進行する以前である。明らかに，利潤のうちより大きな部分が国家のものになればなるほど，採鉱権の代償の売主株に利用しうる部分は小さくなる。もちろん，売主は，特恵的条件での現金株式発行のような他の理由で特別な条件で株式を受け取るであろう。1933年以降，売主資本の大半は特恵的現金株式発行の形態をとるにいたった。」(S. H. Frankel, *Investment and the Return to Equity Capital*, pp. 21-22.)

11)「売主株に取って代わる他の種類の金融協定が出現してきた。この協定は，鉱業商会ならびに金融商会もしくは関連会社やそれらの株主によって後に大衆に売り出されるよりも一般に低い価格での，鉱業商会や金融商会等々への現金を対価とする株式の発行を含んでいる。われわれはこうした株式の発行を『特恵的現金株式発行』と呼びたい。こうした株式発行は，1933年以降になって初めて重要となってきたもので，1933年以降投下された資本のほぼ40％を占めている」(S. H. Frankel, *Investment and the Return to Equity Capital*, pp. 13-14.)。なお，1946年の南ア金鉱業租税委員会は次のように指摘している。「最初の株式資本（最大の

戦後における一金鉱山の開発費は巨大鉱業金融商会の資本金に匹敵するほどの大きさになっていた。しかも，この投資は「リスク投資」であり，また，鉱山の開発が進む数年の期間配当の形で収益が生じない投資であった。したがって，戦後の新金鉱地開発金融は，その規模が巨大であっただけに，新しい方策が採用されねばならなかった。しかし，これを見る前に，第二次世界大戦後，新金鉱地開発にどれだけの資本が投下されたか，また，大戦前と比較して戦後の投資にはどのような特徴が見られたか，を明らかにしておかなければならない。

## 第2節　第二次世界大戦後における新金鉱地開発投資額

AACが明らかにしたところによると，1959年における Orange Free State 金鉱地の標準的金鉱山——鉱脈の深さ5000フィート，月間粉砕鉱石量12万5000トン——の開発費は，1550万ポンドであった。表2－1はその内訳を示している。これによると，竪坑掘削・竪坑施設費255万ポンド（16.5％），生産前の地下開発・地下施設費240万ポンド（15.5％），金回収工場建設費160万ポンド（10.3％），その他地上の建物・工場・施設ならびに電力・水道・鉄道の建設・施設費234万ポンド（15.2％），白人労働者の宿泊施設ならびにアフリカ人労働者のコンパウンド建設費300万ポンド（19.4％），鉱地・鉱物権の購入費50万ポンド（3.2％），物品購入費ならびに開発の一般管理費110万ポンド（7.1％）である。当時，新金鉱山は標準的規模，すなわち，月間粉砕鉱石量12万5000トンの規模を目標につくられていたから，各鉱山の地上・地下の施設建設費にほとんど差はなく，開発費の違いはほとんど唯一つ，竪坑掘削・竪坑施設費から生じていた。一方，竪坑掘削・施設費は鉱脈の深さにほぼ比例していた。

大戦前に比して戦後に開発費が巨額になった理由として，次の4つの要因を指摘できる。第1に，戦中・戦後に生じたインフレーションによる資材価格の騰貴である。大戦中，南アの卸売り物価は輸入品を中心に上昇し，大戦終了時

---

リスクを帯びた株式資本）がひとつもしくはいくつかの巨大金融商会によって応募されることはほとんどラントの確立された慣習である。1933年の Rand Leases の設立以来，新金鉱山の最初の株式発行は一般投資家には利用できなかった。それはすべて保証者とその関連会社によって購入された」(Union of South Africa, *Report of the Committee on Gold Mining Taxation* (U. G. 16-1946), 1946, p. 9.）。

表2－1　Orange Free State 金鉱地の金鉱山開発費（1959年）

(かっこ内は%)

| 項目 | 金額 | % |
|---|---|---|
| 竪坑掘削・永久的竪坑施設費（鉱脈の深さ5000フィート） | £ 2,550,000 | 16.5 |
| 生産前の地下開発・地下施設費 | £ 2,400,000 | 15.5 |
| 回収工場建設費 | £ 1,600,000 | 10.3 |
| 地上の建物・工場・施設（月間鉱石12万5000トン粉砕能力）建設費 | £ 1,793,000 | 11.6 |
| 地上の電力・水道・鉄道施設費 | £ 550,000 | 3.6 |
| アフリカ人労働者用宿泊施設・コンパウンド建設費 | £ 1,262,000 | 8.1 |
| 白人労働者用宿泊・娯楽施設建設費 | £ 1,745,000 | 11.3 |
| 開発段階の一般管理費用 | £ 750,000 | 4.8 |
| 鉱地・鉱物権・採掘権購入費 | £ 500,000 | 3.2 |
| 物品購入費 | £ 350,000 | 2.3 |
| 生産前開発費計 | £13,500,000 | 87.1 |
| 生産開始後地下開発費 | £ 1,000,000 | 6.5 |
| アフリカ人労働者募集費・賃金・当初物品準備費 | £ 1,000,000 | 6.5 |
| 総開発費 | £15,500,000 | 100 |

［出所］　Anglo American Corporation of South Africa, *The Orange Free State Gold Field,* 1959, pp. 24-25. (Duncan Innes, *Monopoly Capital and Imperialism in South Africa,* Unpublished, Ph. D. Thesis (University of Sussex), 1980, p. 339 より重引。)

表2－2　南アフリカの物価指数（1938～70年）

(1938年＝100)

| | 卸売り | | | 小売り |
|---|---|---|---|---|
| | 南ア産物 | 輸入品 | 全商品 | 全商品 |
| 1938年 | 100 | 100 | 100 | 100 |
| 1945年 | 144 | 167 | 152 | 132 |
| 1950年 | 172 | 240 | 198 | 159 |
| 1955年 | 242 | 312 | 271 | 202 |
| 1960年 | 258 | 317 | 283 | 225 |
| 1965年 | n. a. | n. a. | 293 | n. a. |
| 1970年 | n. a. | n. a. | 351 | n. a. |

［出所］　D. Hobart Houghton, *The South African Economy,* Fouth Edition, 1976, p. 293.

の1945年には大戦前（1938年）に比して50%がた騰貴していた。さらに，大戦直後の10年間には78%騰貴し，次の10年間にはやや落ち着きを示し，8%の上昇に止まったが，次の5年間には再び騰勢に転じて20%の上昇を見た（表2－2）。したがって，新金鉱地の開発がもっとも精力的に進められていた時期の物価水準は戦前の2倍，3倍となっていたと考えて間違いない。

　第2に，ラントの鉱山に比して，新金鉱地の鉱脈は総じてより深部にあったことである。1930年代後半に，East Rand 金鉱地で新しく開発された鉱山の竪坑の深さはおおよそ2000～4000フィートであった。しかし，Evander 金鉱地の Winkelhaak 鉱山を除き，新金鉱地の深さは，浅いもので3000フィート，

表2－3　南ア新金鉱山の竪坑の深さ

| 鉱　山　会　社 | 管理会社 | 設立年 | 生産開始年 | 竪 坑 の 深 さ |
|---|---|---|---|---|
| I．Far East Rand 金鉱地 | | | | |
| 　1．Daggafontein | AAC | 1916 | 1932 | No.1. 3580f |
| | | | | No.2. 4163f |
| | | | | No.3. 4128f |
| 　2．East Daggafontein | AAC | 1932 | 1939 | No.1. 上の鉱山から購入 |
| | (Daggafontein と共同) | | | May S. 4025f |
| 　3．East Geduld | Union | 1927 | 1931 | No.1. 3225f |
| | | | | No.2. 4137f |
| 　4．Grootvlei Pty | Union | 1904 | 1938 | No.4. 4382f |
| 　5．Marievale | Union | 1935 | 1939 | n. a. |
| 　6．Rietfontein Cons | CGFSA | 1934 | 1935 | n. a. |
| 　7．Rietfontein (No.11) | CGFSA | 1934 | | North-West S. 2578f |
| 　8．SA Land | AAC | 1934 | 1938 | No.1. 4651f |
| 　9．Spaarwater | CGFSA | 1934 | 1947 | 3388f |
| 　10．Van Dyke Cons | Union | 1934 | 1938 | No.2. 2152f |
| | | | | No.4. 3668f |
| 　11．Vlakfontein | CGFSA | 1934 | 1942 | No.1. 5252f |
| 　12．Vogelstruisbult | CGFSA | 1933 | 1936 | No.1. 4254f |
| | | | | No.2. 2874f |
| 　13．Welgedacht | CM＝RM | 1899 | 1948 | No.1. 1932f |
| | | | | No.2. 2825f |
| 　14．West Spaarwater | Anglovaal | 1935 | | 4146f |
| II．Far West Rand 金鉱地 | | | | |
| 　1．Venterspost | CGFSA | 1934 | 1939 | No.1. 3195f |
| | | | | No.2. 3198f |
| 　2．Libanon | CGFSA | 1936 | 1949 | No.1. 4110f |
| | | | | No.2. 5335f |
| | | | | Harvie-Watt. 4917f |
| 　3．Blyvooruitzicht | CM＝RM | 1937 | 1942 | No.4. 5045f |
| 　4．West Driefontein | CGFSA | 1945 | 1952 | No.1. 4517f |
| | | | | No.2. 5618f |
| | | | | No.3. 4405f |
| | | | | No.5. 5650f |
| 　5．Doornfontein | CGFSA | 1947 | 1953 | n. a. |
| 　6．Western Deep Levels | AAC | 1957 | 1962 | n. a. |
| 　7．Western Areas | JCI | 1959 | 1961 | MS. 4980f |
| | | | | VS. 3161f |
| 　8．Kloof | CGFSA | 1964 | 1968 | No.1. 6700f |
| | | | | No.1. VS. 5946f |
| 　9．Elsburg | JCI | 1965 | 1968 | n. a. |
| 　10．East Driefontein | CGFSA | 1968 | 1972 | n. a. |
| III．Klerksdorp 金鉱地 | | | | |
| 　1．Western Reefs | AAC | 1936 | 1941 | No.1. 2820f |
| | | | | No.2. 4338f |
| | | | | No.3. 4093f |
| 　2．Vaal Reefs | AAC | 1944 | 1956 | No.2. 7200f |
| | | | | MS. 4480f |

| 鉱 山 会 社 | 管 理 会 社 | 設立年 | 生産開始年 | 竪 坑 の 深 さ | |
|---|---|---|---|---|---|
| 3．Ellaton | GM | 1946 | 1954 | | 1353f |
| 4．Stilfontein | GM | 1949 | 1952 | new S. | 4500f |
| 5．Haretbeestfontein | Anglovaal | 1949 | 1955 | No.1. | 3041f |
| | | | | No.2. | 3297f |
| | | | | No.3. | 5810f |
| 6．Buffelsfontein | GM | 1949 | 1957 | MS. | 5242f |
| | | | | VS. | 5189f |
| 7．Zandpan | Anglovaal | 1955 | 1964 | S. | 7000f |
| **Ⅳ．Orange Free State 金鉱地** | | | | | |
| 1．St Helena | Union Corp | 1946 | 1951 | No.2. | 5528f |
| | | | | VS. | 4100f |
| 2．Welkom | AAC | 1947 | 1953 | No.1. | 4676f |
| | | | | No.2. | 4420f |
| 3．Western Holdings | AAC | 1947 | 1951 | No.3. | 3864f |
| 4．Freddies North | JCI | 1947 | 1953 | n.a. | |
| 5．Freddies South | JCI | 1947 | 1953 | n.a. | |
| 6．Free State Geduld | AAC | 1947 | 1956 | No.1. | 5517f |
| | | | | No.2. | 5465f |
| | | | | No.3. | 5778f |
| 7．President Steyn | AAC | 1949 | 1954 | No.1. | 4460f |
| | | | | No.2. | 5074f |
| 8．President Brand | AAC | 1949 | 1954 | No.1. | 4879f |
| | | | | No.2. | 4850f |
| 9．Virginia | Anglovaal | 1949 | 1954 | No.1. | 4516f |
| | | | | No.2. | 3718f |
| | | | | No.3. | 1754f |
| 10．Merriespruit | Anglovaal | 1949 | 1956 | No.1. | 3802f |
| | | | | No.2. | 3680f |
| 11．Harmony | CM＝RM | 1950 | 1954 | No.2. | 5535f |
| | | | | No.3. | 5380f |
| | | | | VS. | 4729f |
| 12．Loraine | AAC | 1950 | 1955 | No.1. | 5475f |
| | | | | No.2. | 5515f |
| 13．Jeannette | AAC | 1950 | | No.1. | 4232f |
| | | | | No.2.B. | 5075f |
| 14．Free State Saaiplaas | CGFSA | 1955 | 1961 | No.1. | 5853f |
| | | | | No.2. | 6474f |
| **Ⅴ．Evander 金鉱地** | | | | | |
| 1．Winkelhaak | Union Corp | 1955 | 1958 | No.1. | 1590f |
| | | | | No.3. | 1584f |
| | | | | No.3B. | 1471f |
| 2．Bracken | Union Corp | 1959 | 1962 | No.1. | 2700f |
| 3．Leslie | Union Corp | 1959 | 1962 | No.1. | 3179f |
| | | | | No.1A. | 3179f |
| 4．Kinross | Union Corp | 1963 | 1968 | No.1. | 5517f |
| | | | | No.1A. | 5517f |
| | | | | No.2. | 6339f |

[出所] *Mining Year Book 1939, Mining Year Book 1960, Mining International Year Book 1977* より作成。

通常は5000フィートを越えていた（表2－3参照）。先のAACの挙げた鉱山開発費の内訳から推計すると，竪坑の深さが1000フィート増すごとに，その掘削・施設建設費は50万ポンド増大し，開発費は全体として3.3％上昇する。したがって，新金鉱地における鉱脈の深さは，竪坑の建設に限っても，ラント鉱山の開発に比して開発費を数％から10％程度引き上げていたといえるであろう。しかも，鉱脈の深さが開発費に及ぼす影響は竪坑の掘削・施設の建設費に止まらなかった。

　鉱脈が深くなると，地熱にたいする対策が必要であった。すでにいくつかのラントの金鉱山では1930年代後半に採掘場の探さは8000フィートを越え，換気装置と空冷装置を導入していた。岩石の熱伝導率の相違により，ラント金鉱地においては1000フィート増すごとに地下温度は華氏5度上昇するのにたいし，Orange Free State 金鉱地においては，同じ深さ増すごとに華氏6.5度上昇し，地熱問題はより深刻であった[12]。ラントの金鉱山では8000フィートを越えてはじめて抗道・採掘場における地熱問題が生じたのにたいし，Orange Free State 金鉱地では5000フィートを越えるとこの問題が生じ，操業の初めから換気・空冷装置を設置しておかねばならなかった。

　第3に，ラント金鉱地の鉱脈が均質で一様な広がりをみせていたのにたいし，Orange Free State 金鉱地では無数に存在するひどい断層のため，鉱脈は一様でなく，また，しばしば途切れが生じていたことが挙げられる。このため地下坑道の設計は複雑をきわめ，また，より多くの地下開発作業を要することとなった。

　第4に，開発の地質的条件やアフリカ人労働力不足に対応するため，さらには，生産性を上げるために，戦後には地下開発，採掘，冶金など鉱山のあらゆる分野で技術革新が採用されたことである。電化が最終的に完成し，地下の鉱石の運搬では蒸気機関車に代わってディーゼル機関車が導入された。ことに新金鉱地の鉱山での技術革新が著しく，資本の技術的ならびに有機的構成の高度化が生じた。以上のそれぞれの要因が，開発費の上昇にどれだけ寄与したかについての推計は存在しないが，戦後の物価上昇が最大の要因であったことは疑いない。

　それでは，戦後新金鉱地にどれだけの資本が投下され，また，その「資本構

---

12) D. Innes, *op. cit.*, p. 163.

成」はどのような特徴を有しているであろうか。ここではフランケルによって集計された金鉱山投資額[13]を分析することによって，これを明らかにすることを考えているが，その前に，種々の人々によって言及された戦後の金鉱山投資額について触れておこう。

　1954年に H・F・オッペンハイマーは，戦後金鉱地開発の最初の10年間に2億ポンドが投下されたと述べている[14]。ついで，南アのある統計年鑑は，1959年末までに Orange Free State 金鉱地開発のため政府と民間によって投下された資本金は，2億6300万ポンドにのぼると見積もっている。これには金鉱山開発費だけでなく，町や水道，道路などの建設費も含まれていた[15]。1960年の南ア鉱山会議所の年次総会で，会長J・ブッシャウは，1946年以降南アの金・ウラン鉱山会社によって募集された資本金（株式資本と借入資本）はおよそ3億7000万ポンドになることを明らかにした。彼は，この金額は，過去半世紀間にわたって南ア金鉱山に投下された資本の1.5倍であり，半分以上が外国からきた，と付け加えている[16]。さらに彼は，同年9月に発表した一論稿において，戦後南ア金鉱山に投下された資本金は4億7000万ポンドになると指摘し，そのうち3億5000万ポンドが新たに募集された資本である，としている[17]。なお，翌年の南ア鉱山会議所年次総会では，会長のアンダースンは，戦後イギリスからきた資金は1億ポンド，新規募集資本の3分の1に当たると述べた[18]。

---

13) S. H. Frankel, *Investment and the Return to Equity Capital in the South African Gold Mining Industry 1888-1965 : An International Comparison,* Oxford, Basil Blackwell, 1967.

14) H. F. Oppenheimer, 'Unions' Group System', *The Mining and Industrial Magazine of Southern Africa,* Vol. XLIV, No. 9 (September 1954), p. 323.

15) *State of the Union : Economic, Financial and Statistical Year Book of the Union of South Africa, 1959/1960.*（M. R. Graham, *op. cit.,* p. 124 より重引。）

16) 「ウィトワータースラントにおける金鉱業の開始から1909年末までに，同鉱業は1億3600万ポンドを株式と借入資本で集めた。1910年から1932年まで3600万ポンド，1933年から1939年まではおおよそ6300万ポンドであった。大戦中は，戦争遂行の活動に制約されて，わずか500万ポンドにすぎなかった。ごく大まかな推計では，1946年以降，金・ウラン鉱山会社によって募集された金額は3億7000万ポンドぐらいである。この金額は，過去50年にわたる金鉱業の存在中に集められた資本の1.5倍を越えている。それは戦後の困難な時期に集められたものであり，その半分以上は海外からやってきた」（*The Mining Journal,* July 1, 1960, p. 22.）。

17) 「大戦以来，金・ウラン鉱業は4億7000万ポンドの資本支出をなした。そのうちの3億5000万ポンドは一般からの資金を表し，また，およそその半分は海外からであった」(W. J. Busschau, 'The World's Greatest Goldfield : Thanks to New Discoveries the Industry Has Still to Reach Matuarity', *South Africa Today,* September 1960, p. 35.)。

ブッシャウの新規募集資本額の指摘には若干の食い違いが見られるが，以上のことから，さしあたって次の結論を下してもよいであろう。

1．戦後1959年末までに，南ア金鉱山に 4 億7000万ポンドが投下された。
2．そのうち 3 億7000万ポンドが新規募集資本（株式資本と借入資本）であった[19]。この投資額は過去50年間にわたって投資された額の1.5倍に当たる。
3．全資本支出 4 億7000万ポンドと新規募集資本 3 億7000万ポンドの差額，1 億ポンドは利潤再投資である。
4．新規募集資本のうち半分程度，約 1 億8500万ポンドが外国からきた。
5．そのうち 1 億ポンドがイギリスからであった。
6．戦後1959年までに約 2 億6000万ポンドが Orange Free State 金鉱地に投下された。

さて，表 2 － 4 は，フランケルの集計になる1886年から1964年までの南ア金鉱山投資額を 7 期に分けて示している。フランケルの原表では，①すべての金鉱山，②当該年に存在している金鉱山，③配当を支払ったことのあるすべての金鉱山，④配当を支払ったことのある金鉱山で当該年に存在している金鉱山，の 4 範疇における株式投資，借入資本，借入資本返済，利潤再投資が，年ごとの投資額（および返済額）と累積額で示されている。なお，借入資本には社債と借入金が含まれている。カヴァリッジは資本金50万ポンド以上の会社である。株式資本は，全発行株式（売主株も含めて）が発行価格もしくは市場価格で計算されているものと，売主株が額面で計算されているものとの，2 種類表示されている。売主株が額面で計算されている株式資本額は，1908年以前，すなわ

---

18) 「南アフリカの金鉱業は本質的に南アフリカ人のものであり，南アフリカ人の能力に基づいて南アフリカ人によって経営されている。にもかかわらず，金鉱業の基礎を築いたのはイギリス人の技術と資本と企業であり，近年にいたるまで金鉱業拡大におけるイギリス人投資家の役割は第一級の重要性を担っていた。戦後の大躍進にたいするイギリスの貢献は 2 億ラント（1 億ポンド）を越えており，その金額は，南アフリカ新金鉱地の鉱山を金融するのに提供された新しい資本総額のほぼ 3 分の 1 に等しかった」(*The Mining Journal*, June 30, 1961, p.772.）。
19) イネスも戦後1960年までの新規募集資本額を 3 億7000万ポンドとしている。彼は，C. S. Mennell, *The Changing Character of the South African Mining Finance Houses in the Post-War Period*, MBA Thesis (University of Pennsylvania), 1961 に依拠しているが，メネルのマスター論文は、筆者は未見である。

表2－4　南ア金鉱山への投資額（1886～1964年）

（単位：1000ポンド）

|  | (1) 株式資本 売主株市場価格評価 | (2) 株式資本 売主株額面評価 | (3) 借入資本 | (4) 利潤再投資 | (5) 借入資本返済 | (6) 合計 (1)+(3)+(4)－(5) |
|---|---|---|---|---|---|---|
| A　各　期　合　計 | | | | | | |
| Ⅰ．1886～1901年 | 75,116 | 62,638 | 14,737 | 8,744 | 6,984 | 91,613 |
| Ⅱ．1902～1910年 | 46,969 | 41,580 | 18,208 | 16,437 | 15,480 | 66,134 |
| Ⅲ．1911～1932年 | 24,893 | 24,877 | 17,982 | 40,192 | 26,064 | 57,003 |
| Ⅳ．1933～1939年 | 104,185 | 60,587 | 3,232 | 13,164 | 2,163 | 118,418 |
| Ⅴ．1940～1944年 | 5,289 | 3,498 | 1,139 | 6,234 | 2,138 | 10,524 |
| Ⅵ．1945～1952年 | 219,080 | 99,822 | 56,409 | 33,042 | 3,951 | 304,580 |
| Ⅶ．1953～1964年 | 248,470 | 186,834 | 160,793 | 362,382 | 162,860 | 608,785 |
| 合　　計 | 724,002 | 479,840 | 272,499 | 480,197 | 219,649 | 1,257,047 |
| B　各　期　年　平　均 | | | | | | |
| Ⅰ．1886～1901年 | 4,695 | 3,915 | 921 | 547 | 436 | 5,726 |
| Ⅱ．1902～1910年 | 5,219 | 4,620 | 2,023 | 1,826 | 1,720 | 7,348 |
| Ⅲ．1911～1932年 | 1,132 | 1,131 | 817 | 1,827 | 1,185 | 2,591 |
| Ⅳ．1933～1939年 | 14,884 | 8,655 | 462 | 1,881 | 309 | 16,916 |
| Ⅴ．1940～1944年 | 1,058 | 700 | 228 | 1,247 | 428 | 2,105 |
| Ⅵ．1945～1952年 | 27,385 | 12,478 | 7,051 | 4,130 | 494 | 38,072 |
| Ⅶ．1953～1964年 | 20,706 | 15,570 | 13,399 | 30,199 | 13,572 | 50,732 |
| C　各　期　構　成　比 | ％ | | ％ | ％ | ％ | ％ |
| Ⅰ．1886～1901年 | 82.0 | | 16.1 | 9.5 | －7.6 | 100 |
| Ⅱ．1902～1910年 | 71.0 | | 27.5 | 24.9 | －23.4 | 100 |
| Ⅲ．1911～1932年 | 43.7 | | 31.5 | 70.5 | －45.7 | 100 |
| Ⅳ．1933～1939年 | 88.0 | | 2.7 | 11.1 | －1.8 | 100 |
| Ⅴ．1940～1944年 | 50.3 | | 10.8 | 59.2 | －20.3 | 100 |
| Ⅵ．1945～1952年 | 71.9 | | 18.5 | 10.8 | －1.3 | 100 |
| Ⅶ．1953～1964年 | 40.8 | | 26.4 | 59.5 | －26.8 | 100 |
| D　備　考 | | | | | | |
| 1946～1959年（全金鉱山） | | | | | | |
| 合　　計 | 369,805 | 214,864 | 188,531 | 195,263 | 106,607 | 646,992 |
| 年　平　均 | 26,415 | 15,347 | 13,466 | 13,947 | 7,614 | 46,214 |
| 構　成　比(％) | 57.2 | | 29.1 | 30.2 | －16.5 | 100 |
| 1946～1959年（各年に存在する金鉱山） | | | | | | |
| 合　　計 | 345,825 | 192,334 | 180,559 | 178,187 | 99,167 | 605,404 |
| 年　平　均 | 24,702 | 13,738 | 12,897 | 12,727 | 7,083 | 43,243 |
| 構　成　比(％) | 57.1 | | 29.8 | 29.4 | －16.4 | 100 |

［出所］　S. H. Frankel, *Investment and the Return to Equity Capital in the South African Gold Mining Industry 1887-1965*, 1967, Appendix D (pp. 116-126) より作成。

ち，売主が大量の「無償の」売主株を獲得し得た採鉱権リース制導入以前においては，現実に投下された金額よりは過大に表示されており（なぜなら，売主株は鉱物権・採鉱権獲得額をはるかに凌駕して発行されたから），他方，採鉱権リース制が導入され，売主発行が鉱地・鉱物権の獲得額にほぼ限定された1908年以降は，現実に投下された金額を概ね正確に反映していると考えられる。以下のフランケルの南ア金鉱山投資額の分析においては，資本全体の「構成」を知るために，売主株が発行価格もしくは市場価格で算出された株式資本額を使用する。この場合，資本総額は実際に投下された金額より大きくなる。先に見たブッシァウの数値とフランケルの数値との対比については本節の最後のところで触れることにする。

金鉱開発以来1964年までの金鉱業の歴史を表2－4のように7期に分けると，各期について次のような特徴づけが可能である[20]。

I．露頭鉱山の開発に始まり深層鉱山の開発へと移行した時期（1886～1901年）

II．低品位鉱業として確立した時期（1902～10年）

III．労働過程の再編成が実施されるとともに，金鉱業の重心がEast Rand金鉱地へと移った時期（1911～32年）

IV．金本位制度崩壊による金価格の上昇により未曾有の繁栄を享受した時期（1933～39年）

V．戦争により新金鉱地の開発が中断された時期（1940～44年）

VI．新金鉱地の開発が急速に進められた時期（1945～52年）

VII．新金鉱地の鉱山の生産が次々に始まり，旧金鉱地の生産を凌駕する時期（1953～64年）

南ア金鉱業史上に占めるこれらの特徴は，以下に見るように，それぞれの期間の投資額とその構成に顕著に反映されている。

第I期（1886～1901年）15年間の総額は9160万ポンド，年平均投資額は570万ポンドである。1889年，1895年，1899年の3回の金鉱株ブームを中心に金鉱山会社の設立が相次ぎ，営業資本の募集を目的に大量の新規発行株がイギリス

---

[20] 第IV期まで，すなわち第二次世界大戦勃発までの南アフリカ金鉱業史については，拙著，前掲書第1章「金鉱山開発と鉱業金融商会」を参照されたい。

や大陸ヨーロッパで売り出されるとともに，発起・発行業者たる鉱業金融商会は，鉱地の提供の代償に巨額にのぼる売主株を取得した。資本投下は株式資本が主流で，全投資額の80％を占めていた。注目すべきことに，その内の半分は売主株であった（表2－5参照）。金鉱山会社に提供する鉱地の代償に売主株は発行されるが，先に指摘したように，この発行額は鉱物権・採鉱権の取得価格を大幅に上回り，将来実現される地代部分の資本化を意味していた。詐欺的発行ともいえる資本の水増しを問わぬとして，この売主株の発行がラントローズの強力な致富手段であったことは先に指摘したとおりである。

　第Ⅱ期（1902～10年）9年間の投資額と年平均投資額は6613万ポンドと735万ポンドである。一見奇異に感じることは，投資額を年平均で見ると，金鉱山会社の設立が殺到した第Ⅰ期より，減少した第Ⅱ期の方が大きくなっていることである。しかし，これには統計上の問題があり，資本金50万ポンド以下の会社はカヴァリッジから除外されており，開発当初における零細な露頭鉱山の投資は除かれていること，また，金鉱山が活動を停止した南ア戦争の3年間を含んでいるため，第Ⅰ期の平均投資額は小さく表されていること，これに注意しておかねばならない。さて，先に指摘したように，第Ⅱ期は南ア金鉱業が低品位鉱業として確立された時期である。1890年代中葉からの開発鉱石品位の急速な低下により，南ア戦争後のコスト引下げが至上命令となった。管理会社たる鉱業金融商会は技術革新を導入すると同時に傘下の鉱山会社の合同を企てた。一方，活発な金鉱株ブームは南ア戦争直後（1902年）とEast Rand 金鉱地の本格的開発の始まった1909年に見られただけで，高価格での株式発行の機会は乏しく，合同鉱山における大型機械や技術革新の導入は総じて借入資本と利潤再投資によって賄われた。そのため，この期の投資構成においては借入資本と利潤再投資の比重（それぞれ28％と24％）が上昇した。株式資本投資に占める売主発行の低下は新金鉱山会社の設立が少なかったことを反映している。

　第Ⅲ期（1911～32年）は，East Rand 金鉱地へと金鉱業の重心が移行し，また，ラントの反乱鎮圧後，労働過程の再編成が強行された時期である。この期間は一度も金鉱株ブームは生じず，Far East Rand 金鉱地におけるいくつかの新金鉱山会社の設立があっただけで，株式資本投資は低調をきわめた。22年間の投資総額は5700万ポンド，年平均投資額260万ポンドは第Ⅱ期の水準の35％であった。ジャック・ハンマー・ドリルの導入や深くなる地下開発は専ら利潤の再投資で賄われ，利潤再投資の割合は71％を占めていた。第一次世界大戦

表2－5　南ア金鉱山への株式資本投資（1886～1965年）

(単位：1000ポンド，かっこ内は%)

|  | 現金発行額<br>（プレミアムを含む） | 売主発行額<br>（市場価格） | 合　計 |
|---|---|---|---|
| 1886～1906年 | 56,034(53.2) | 49,283(46.8) | 105,317(100) |
| 1907～1912年 | 13,656(73.5) | 4,923(26.5) | 18,579(100) |
| 1913～1932年 | 21,995(95.3) | 1,086( 4.7) | 23,081(100) |
| 1933～1945年 | 65,771(50.2) | 65,235(49.8) | 131,006(100) |
| 1946～1965年 | 271,214(60.4) | 177,480(39.6) | 448,694(100) |
| 合　計 | 428,670(59.0) | 448,007(41.0) | 726,677(100) |

［出所］　S. H. Frankel, *Investment and the Return to Equity Capital in the South African Gold Mining Industry 1887-1965,* 1967, p. 22.

の結果生じたコストのインフレ的上昇のため，ペイ・リミットは上昇し，1920年代後半には金鉱業の将来に関し悲観主義が支配的となっていた。こうした悲観主義を吹き飛ばしたのが1930年代の金価格の高騰である。

　金本位制崩壊により金価格は金平価1オンス84シリング11ペンスから1935年には7ポンドとなり，鉱石のペイ・リミットは著しく低下した。既存の鉱山で操業が拡大されただけでなく，従来採算のとれなかった鉱石や鉱山が採算に乗るようになり，新しい鉱山が開発され，また，閉ざされていた鉱山も再開された。

　第Ⅳ期（1933～39年）　7年間の投資総額は1億1800万ポンドで，年平均では1690万ポンドに達し，投資の盛んであった1913年までの水準の実に3倍の高さであった。金鉱株ブームに乗って活発な株式発行が行われ，全投資額に占める株式投資（1億400万ポンド）の比重は88％であった。表2－5から推して，この株式投資のうちおおよそ半分は売主株であったと考えて差支えないであろう。まさに，金鉱山会社の設立が集中し大量の売主株が発行された1890年代の再来の如くであった。

　しかし，1890年代と1930年代とでは大きな違いが見られることに注意を要する。すなわち，売主株を額面で見ると，1930年代には驚くほど小さいのである。先に，ここでのフランケル統計の分析は，売主株は額面ではなくて市場価格評価を用いると述べたが，問題は市場価格評価がかかえる売主株の「プレミアム」である。表2－6は，表2－4の原表と表2－5とから作成したものである。この表のメリットは，売主株の額面と「プレミアム」（市場価格と額面の差額）を割り出しているところにある。これによれば，1933～45年の売主株の市場価格評価は6524万ポンドであるが，その額面はわずか602万ポンドで，「プレミア

表2－6　南ア鉱山会社の株式発行（1886～1964年）

(単位：1000ポンド)

| | a | b | c | d | e | f |
|---|---|---|---|---|---|---|
| | 株式発行<br>(売主株)<br>市場価格<br>$P+p+V+v$ | 株式発行<br>(売主株)<br>額　面<br>$P+p+V$ | 現金発行<br>(プレミア<br>ムを含む)<br>$P+p$ | 売主発行<br>市場価格<br>評　価<br>$V+v$ | 売主発行<br>(額　面)<br>$(b-c)$<br>$V$ | 売主株<br>プレミアム<br>$(a-b)$<br>$v$ |
| I　各期合計 | | | | | | |
| 1886～1906年 | 105,317 | 90,253 | 56,034 | 49,283 | 34,219 | 15,064 |
| 1907～1912年 | 18,579 | 15,717 | 13,656 | 4,923 | 2,061 | 2,862 |
| 1913～1932年 | 23,082 | 23,126 | 21,995 | 1,086 | 1,130 | －44 |
| 1933～1945年 | 131,006 | 71,795 | 65,771 | 65,235 | 6,024 | 59,211 |
| 1946～1964年 | 446,019 | 278,947 | 269,597 | 176,442 | 9,370 | 167,072 |
| II　各期構成比 | % | | % | % | % | % |
| 1886～1906年 | 100 | | 53.2 | 46.8(100) | 32.5(69.4) | 14.3(30.6) |
| 1907～1912年 | 100 | | 73.5 | 26.5(100) | 11.1(41.9) | 15.4(58.1) |
| 1913～1932年 | 100 | | 95.3 | 4.7(100) | 4.9(104) | －0.2(－4) |
| 1933～1945年 | 100 | | 50.2 | 49.8(100) | 4.6(9.2) | 45.2(90.8) |
| 1946～1964年 | 100 | | 60.4 | 39.6(100) | 2.1(5.3) | 37.5(94.7) |

(注)　1)　株式発行は営業資金獲得のために売り出される「現金発行」と鉱物権・採鉱権リースの代償に売主（鉱業金融商会）に手渡される売主発行とに分けられる。「現金発行」株式の額面をP，額面と市場価格の差，すなわち，プレミアム部分をpとし，また，売主株の額面をV，それと市場価格との差，すなわち，プレミアム部分をvと置くと，a～f欄の項目は，項目の名の下に書いた式で表される。

2)　cとdの欄が依拠した下記の文献22ページの表4では1946年から1965年までの期間の合計額が与えられているのにたいし，aとbの欄を作成したAppendix Dにおいては1964年までの数値しか示されていない。22ページ表4における1946～1965年の数値は，c欄が271,214（千ポンド），d欄が177,480（千ポンド）であり，a欄の両者の合計は448,694（千ポンド）である。この合計額と本表a欄の1946～1964年の合計額との差，2,675（千ポンド）を，上の1946～1965年のc欄とd欄の数値で案分し，それぞれから差し引いて本表1946～1965年のc欄とd欄を求めている。厳密には一致しないが，誤差は大きくない。各期構成比で見ると，百分比で少数第一位まで同数である。

[出所]　S. H. Frankel, *Investment and the Return to Equity Capital in the South African Gold Mining Industry 1887-1965*, 1967, p.22およびAppendix D (pp.116-126)より作成。なお，p.22の表4には1887－1906とあるが，1886－1906の誤植なので訂正した。

ム」は実に5921万ポンドに達している。1930年代の金鉱株ブームを背景に売主株の額面の10倍もの「プレミアム」が生じているのである。大量の売主株を発行し，「プレミアム」は額面の半分程度であった1890年代とは著しい対照をなしていると言わざるをえないであろう。前以て指摘すれば，1946～64年の「プレミアム」はさらに大きくなり，額面937万ポンドにたいし「プレミアム」は1億6700万ポンド（17.8倍）となる[21]。確かに大量の「無償」の売主株を獲

---

[21]　売主株が額面の10数倍を越える「プレミアム」をもつのは驚異的である。売主株を額面で評価した株式発行額と市場価格で評価した株式発行額の差（これは売主株の「プレミアム」を表す）が非常に大きな年を抜き出すと，次の年があげられる。株式発行額面額をA，市場価格で評価した株式発行額をBとし，1000ポンド単位で表すと，次のようである。1946年：A2,848, B28,376；1947年：A23,184, B68,784；1948年：A7,847, B13,881；1949年：A18,796, B37,473；1950年：A16,039, B24,218；1959年：A17,792, B48,639。フラン

得できた1890年代と異なり，売主株の発行は鉱物権・採鉱権リースの取得原価にみあう金額に限定されることになった。この点，フランケルの主張するように「採鉱権リース制度の導入以来，売主株の相対的な量はだんだんと低下し，いまでは相対的にわずかな意義しか持っていない」[22]と言えるかもしれない。しかし，上に見た「プレミアム」に表されているように，売主株の発行は依然として売主の致富の源泉であったのである。さらに，現金発行株式も一般投資家には利用できなくなり，特恵価格——通常，額面価格——で鉱業金融商会と関連会社に引き渡された。フランケルがこれを「特恵的現金株式発行」と名づけたことは先に指摘した。額面を大幅に上回る市場価格を考えると，鉱業金融商会や関連会社には巨額の創業者利得が入手可能であったであろう。

第V期（1940～44年）は戦争によって新金鉱地の開発が中断した時期で，当然投資は低調となり，総額1050万ポンド，年平均で210万ポンドにすぎなかった。戦争が終結するや一斉に開発が再開され，新金鉱地には1890年代中葉や1930年代をはるかに凌駕する資本投下がなされた。

戦後1965年までを大きく2期に分けると，新金鉱地の開発が急速に進められ，新金鉱山会社の設立が相次いだ第Ⅵ期（1945～52年）と新金鉱地鉱山の生産が次々と始まり旧金鉱地の生産を凌駕する第Ⅶ期（1953～64年）になる。投資総額は，第Ⅵ期8年間に3億460万ポンド（年平均3800万ポンド），第Ⅶ期12年間には6億880万ポンド（年平均5070万ポンド）であった。戦中・戦後のインフレを考慮して1930年代の通貨価値に直しても，ごく大まかにそれぞれ2億4000万ポンド（年平均3000万ポンド）と4億ポンド（年平均3300万ポンド）となり，1930年代の倍の水準であった。

投資額の内訳を見ると，第Ⅵ期では2億2000万ポンド（72％）が株式資本投資であった。借入資本と利潤の再投資による投資も活発で，それぞれ5600万ポンド（19％）と3300万ポンド（11％）に達していた。第Ⅶ期にも株式資本投資は2億4800万ポンドに達していたが，利潤再投資と借入資本による投資の増大が著しく，投資総額に占める比重は41％に低下した。利潤再投資と借入資本は

---

ケルは，売主株の市場価格の求め方について「普通株の発行日に一番近い日にちの株式取引所の相場で計算した」と述べている（S. H. Frankel, *Investment and the Return to Equity Capital*, p. 13.）が，額面の何倍もの「プレミアム」がついた理由として，鉱業金融商会は好機を逃さずもっとも適切な発行日を選んだ，というほかないのであろうか。開発される金鉱山について，一般投資家は高収益を期待したことがうかがわれるのである。

22) S. H. Frankel, *Investment and the Return to Equity Capital*, p. 13.

それぞれ3億6000万ポンドと1億6000万ポンドで，60％と26％の比重を占めていた。第Ⅵ期と比べれば，この期においては，利潤再投資が借入資本を凌駕しているばかりか，株式資本投資をも越えていることが注目に値する。

　以上に述べた資本投資の動向を要約すると，次のようになる。第Ⅰ期1890年代は，深層鉱山への突入とともに多数の鉱山会社が設立され，株式資本を中心に資本が集められた。現金発行に匹敵する売主発行が見られたことも著しい特徴であった。南ア戦争後の第Ⅱ期には，Ⅰ期と同様の高水準の投資が見られたが，新鉱山の設立は少なくなり，低品位鉱石の開発は借入資本と利潤の再投資を中心に行われた。第Ⅲ期，すなわち第一次世界大戦勃発から1932年までの投資は低調であった。この期間一度も金鉱株ブームはなく，ジャック・ハンマー・ドリルの導入や深層鉱脈の開発はもっぱら利潤の再投資によって賄われた。世界金本位制の崩壊により事態は一変し，第Ⅳ期7年間は未曾有の金鉱株ブームが生じた。このブームに乗って活発な株式発行が行われ，投資水準は1913年以前のそれの3倍を記録した。第Ⅴ期＝大戦中は，投資は低調であった。戦後新金鉱地の探査・開発の再開とともに，旺盛な投資が行われた。投資水準は実質的にも金鉱株ブームに沸いた1930年代の2倍に達した。新金鉱地の開発が急速な勢いで進められていた第Ⅵ期には，株式資本投資が中心であったが，新金鉱地の鉱山が次々と生産を開始する第Ⅶ期には，利潤再投資が中心となる。借入資本や利潤再投資が過去に見られなかったわけではないが，株式資本投資と並んで借入資本と利潤再投資が高水準であるところに戦後の投資の著しい特徴を見ることができる。

　ところで表2－4の戦後の投資額がすべて新金鉱地開発向けであったわけではない。旧金鉱地における投資をも含んでいる。どれだけが旧金鉱地に向けられ，どれだけが新金鉱地に向けられたかは，残念ながらフランケルの統計から直接はわからない。先にあげたブッシャウなどの指摘を加味して考えなければならない問題である。この問題に立ち入る前に，先に残した課題，フランケルの統計とブッシャウの指摘の比較をしておかなければならない。

　フランケルの統計では，表2－7の示すように，戦後1959年までの南ア金鉱山投資総額は，売主株を市場価格で評価した場合6億4700万ポンド（セルA－(8) a），額面で評価した場合4億9200万ポンド（セルA－(8) b）である。前者と後者の相違は，前者の場合，売主株の「プレミアム」が算入されている点にある。売主株は鉱物権・採鉱権リースの譲渡の代償に売主たる探査会社——

表 2 − 7　1946〜59年における南ア金鉱山投資額

(単位：1000ポンド)

|  | A<br>全鉱山 | B<br>各年に存在する鉱山 |
|---|---|---|
| (1) 株式資本 |  |  |
| 　a．売主株市場価格評価 | 369,805 | 345,825 |
| 　b．売主株額面評価 | 214,864 | 192,334 |
| (2) 借入資本 | 188,531 | 180,559 |
| (3) 借入資本返済 | 106,607 | 99,167 |
| (4) 借入資本残高 ((2)−(3)) | 81,924 | 81,392 |
| (5) 利潤再投資 | 195,263 | 178,187 |
| (6) 新規募集資本 ((1)b +(2)) | 403,395 | 372,893 |
| (7) 新規募集資本残高 ((1)b +(4)) | 296,788 | 273,726 |
| (8) 投資総額 a．((1)a +(4)+(5)) | 646,992 | 605,404 |
| 　　　　　 b．((1)b +(4)+(5)) | 492,051 | 451,913 |

［出所］　S. H. Frankel, *Investment and the Return to Equity Capital in the South African Gold Mining Industry 1887-1965*, 1967 より作成。

大部分鉱業金融商会の子会社である——に発行されるものであるが，先にも指摘したように，この時期売主株の発行は当局との協議の上決定されることになっており，鉱物権・採鉱権リースの取得額を大きく越えることはなかった。したがって実際に現金が集められ投下されたという意味では，後者の方が実態を反映していると言える。先にあげた戦後15年間の南ア鉱山資本支出についてのブッシャウの数値4億7000万ポンドをこれと比べると，2000万ポンド程度の相違であり，両者はほぼ合致しているかに見える。しかし，ブッシャウの数値を卒然と受けとることには問題がある。

　ブッシャウの指摘では，戦後1959年末までの南ア金鉱山の資本支出は4億7000万ポンドで，そのうち3億7000万ポンドが新規募集資本（株式資本と借入資本）であった。したがって，その差，1億ポンドは鉱山自身の利潤再投資であったと考えられる。一方，フランケルの統計では1946〜59年における南ア金鉱山（全鉱山）の新規募集資本額は，表2−7に見られるように，4億ポンド（セルA−(6)），利潤再投資額はおおよそ2億ポンド（セルA−(5)）である。同じ項目を，各年に存在する鉱山（すなわち閉鎖された鉱山を除く）で見ると，それぞれ3億7000万ポンド（セルB−(6)）と1億8000万ポンド（セルB−(5)）である。ところで，ブッシャウの新規募集資本額は，フランケルの閉鎖された鉱山を除く数値とぴったりと一致している。この時期旧金鉱地においてはいくつかの鉱山が鉱脈が尽きて閉鎖されたり，また，新金鉱地において Merriespruit 鉱山は地下の洪水を止めることができず閉山となっていたから，ブッシャウはこれら鉱山の数値を除外したとも考えられる。一方，利潤再投資額では両者にかなり大きな開きがあり，ブッシャウの指摘から引き出される数値は8000万ポンドから9500万ポンドの過小評価となっていた。しかし，ブッシャウの数値の最大の問題点は，借入資本のうち返済された金額が考慮されていないことである。フランケルの統計では，この期間になされた金鉱地の借入資本1億8900万ポンド（セルA−(2)）のうち1億700万ポンド（セルA−(3)）が返済されており，その残高は8200万ポンド（セルA−(4)）である。この返済は通常利潤からなされるが，転換社債やオプション付き社債の場合にはそのまま株式に転換する。したがって，1959年末における新規募集資本残高は，金鉱山の場合株式資本（売主株額面評価）2億1500万ポンドと借入資本残高8200万ポンドでおよそ3億ポンド（セルA−(7)），閉鎖された鉱山を除く場合株式資本（売主株額面評価）と借入資本残高それぞれ1億9000万ポンドと8100万ポンドで，2億7000万ポンド（セルB−(7)）となる。転換社債や利潤からの返済を考慮せず，株式発行額，借入資本，利潤再投資額を単純に加算したのでは二重計算を免れない。ブッシャウの挙げた新規募集資本3億7000万ポンドはいわばグロスの数値であり，返済ならびに株式への転換を考慮していないと判断せざるを得ない。投資総額でブッシャウの数値がフランケルのそれとほぼ一致したのは，ブッシャウが借入金の返済と株式への転換を考慮にいれず，他方で利潤の再投資を過小に見積もったためであると考えられるのである。ブッシャウの指摘は，新規募集資本額3億7000万ポンドはグロスの数字として意味を持つが，投資総額として4億7000万ポンドが妥当するのは偶然の一致と言わねばならない。

　では，新金鉱地と旧金鉱地に，戦後それぞれどれだけの資本が投下されたと考えればよいだろうか。

　*Mining Year Book 1960* によれば，旧金鉱地の鉱山で1946〜59年に増資をしたのは，City Deep（39万1832ポンド），ERPM（18万ポンド），New Kleinfontein（25万6080ポンド）の3社で，増資額は計83万ポンドにすぎなかった。1958−59年の旧金鉱地鉱山の借入金（ウラン借入金は除く）は320万ポンド（ERPM 100万ポンド，Government GM Areas 21万ポンド，SA Land 200万ポンド），また旧金鉱地における1958年のウラン借入金残高は1280万ポンド（表2−8）であった。通常借入金は，年4度の割賦払いとなっており，旧金鉱地鉱山の借入金の1960年残高は，上記合計1600万ポンド（320万＋1280万）の80％程

表2－8　旧金鉱地金鉱山のウラン借入金残高（1958/59年）

（単位：ポンド）

| | | |
|---|---|---|
| Daggafontein | 1958年末日 | 2,544,130 |
| Vogelstruistbult | 1958年末日 | 1,529,877 |
| Dominion Reefs | 1959年末日 | 1,039,375 |
| East Champ d'OR | 1958年末日 | 83,170 |
| Luipaardsvlei | 1959年6月30日 | 1,884,441 |
| Randfontein | 1958年末日 | 4,441,628 |
| West Rand Cons | 1958年末日 | 1,345,872 |
| 合 | 計 | 12,868,430 |

［出所］　*Mining Year Book 1960* より作成。

度[23]，すなわち1300万ポンド程度と見積もることができる。したがって，1959年末における旧金鉱地鉱山の新規募集資本残高は，これに増資額を加えた1400万ポンド程度と考えられる。1946～59年の新規募集資本額については，増資の発行価格と年々の借入額ならびに返済額がわからないので確かなことは言えないが，増資の額面額と1958－59年の借入金残高との合計1700万ポンドを大きく越えていないと考えて大過ないであろう。このことと旧金鉱地鉱山はほとんど社債を発行していないことを勘案すれば，フランケルの新規募集資本とその残高についておおよそ次の結論を下すことができる。

1．戦後1959年末までの旧金鉱地鉱山の新規募集資本は2000万ポンド程度で，新規募集資本残高は1400万ポンドであった。
2．戦後1959年末までの新金鉱地鉱山の新規募集資本は3億8300万ポンド（閉鎖された鉱山を除けば3億5300万ポンド）で，新規募集資本残高は2億8300万ポンド（閉鎖された鉱山を除くと2億6000万ポンド）であった。

ここに見られるように，戦後1959年末までの新規募集資本（株式資本と借入資本）の圧倒的部分は，新金鉱地に投下されたものであった。そして，借入資本のかなりの部分（1億ポンド）が利潤によって株式への転換により償還されていた。

一方，利潤再投資額およそ2億ポンド（閉鎖鉱山を除けば1億7800万ポンド）についてであるが，残念ながら新金鉱地と旧金鉱地に分けることはできない。しかし，旧金鉱地における既存鉱山の開発が株式発行や借入資本に依存するこ

---

23）　係数の80％は，南ア金鉱山の1946～1960年における金・ウラン借入金残高8200万ポンド（表2－7セルA－(4)）の1958/59のそれ1億200万ポンド（*Mining Year Book 1960* より算出）にたいする比率で求めた。

とは少なく，利潤の再投資によって行われていたことを考えると，旧金鉱地の再投資額は相当の金額に上っていたものと思われる。上記の全鉱山の再投資額と閉鎖鉱山を除くそれとの差，すなわち閉鎖鉱山の利潤再投資額が2200万ポンドに達していることもこれを示唆するものである。

新金鉱地開発の旺盛な資金需要に開発主体たる鉱業金融商会はどのように対応していったか。また，投資リスクを回避するためにどのような方策を採用していったか。借入資本と利潤再投資が大きくなる戦後投資の特徴は鉱業金融商会の金融政策とどのように関連していたか。これらの問題が次節以下の課題となる。

## 第3節　投資リスク分散協定

前節では戦後の南ア金鉱投資の特徴として次の点が明らかとなった。
1. 戦後1960年代中葉まで南ア金鉱開発には，未曾有の繁栄をみた1930年代の水準をはるかに上回る巨額の資本投下がなされた。
2. 株式資本投資とならんで借入資本投資と利潤再投資も高水準であった。しかし，1950年代前葉の前と後では著しい違いがあり，新金鉱山会社の設立が相継ぎ開発が急速に進められた1945〜52年の時期には株式資本による投資が中心であり，新金鉱地の生産が次々と始まり旧金鉱地の生産を凌駕するにいたる1953〜64年の時期には利潤再投資が中心であった。
3. 戦後，旧金鉱地鉱山会社によって募集された株式資本と借入資本はさほど大きくなく，その圧倒的部分は新金鉱地開発向けであった。一方，利潤再投資については，旧金鉱地のそれは相当の額に達していた。

本節と次節では，戦後の株式資本投資に鉱業金融商会はどのように関わっていたかを問題とする。高水準の投資が見られた1890年代と1930年代に比して，借入資本と利潤再投資の割合が大きいところに戦後投資の特徴があるが，株式資本投資がなお投資の中核であることに変わりはない。株式資本投資は「第1のリスク」投資であり，株式資本投資が存在して初めて借入資本，利潤再投資が存在するのである。

1946年の金鉱業租税委員会報告では，1933年のRand Leasesの設立以来，

新金鉱山会社の発行株式は一般投資家には直接購入することはできず，その入手は鉱業金融商会とその関連会社に限られていることが指摘されていた[24]。しかし，このことは，新金鉱山会社の発行株式が，親会社の鉱業金融商会と関連会社だけで取得されたことを意味するものではなく，株式は競争相手の他の鉱業金融商会やグループ外の会社にも広くいきわたっていた。戦前，新金鉱山会社が設立される際に発行される株式はどの程度競争相手の鉱業金融商会やグループ外の会社に取得されていたかについては不明である。しかし，戦後は，戦前に比してはるかに他の鉱業金融商会やグループ外の会社にいきわたるようになったことは疑いない。新金鉱山の開発費が戦前に比してより巨額となったこと，さらにはひとつの鉱山に多額の資本を賭けるにはリスクが大きすぎるようになったことによる。

　金鉱山投資は本質的にリスク投資である[25]。磁気探査法やトーション・バランス法の科学的方法が探査に導入されても，鉱脈があるかどうか，あったとしても収益に乗る品位であるかどうか，これらのことはまったく運まかせである。通常，鉱脈探査は鉱業金融商会の設立する探査会社や独立の探査会社，シンジケートによって行われる。Orange Free State 金鉱地では探査活動に総額でおよそ300万ポンド，平均して1鉱山当り20万ポンドが支出された[26]。他の新鉱地については不明であるが，1鉱山当り同じ程度の費用と考えて差し支えないであろう。鉱脈を発見できなかったとすれば，10万ポンドなり20万ポンドなりの支出は文字どおり無に帰する。鉱脈が発見されたとすれば，巨大鉱業金融商会の資本金に匹敵する開発費が必要となる。しかし，探査段階で有望視された鉱山も，生産過程に入って断層による鉱脈の途切れや洪水に遭って操業不能となるかもしれないし，また，採掘していくうちに鉱脈が収益不能の低品位

---

24) Union of South Africa, *Report of the Committee on Gold Mining Taxation* (U. G. 16-1946), 1946, p. 9.
25) フランケルは，金鉱山の投機的性格として次の3点を指摘している。
 1．鉱山会社の設立（ならびにそれにたいする資本投資）から最初の配当支払まで経過する長い時間
 2．金鉱業への資本供給に影響し，一時的に資本募集を中断させることにより開発中もしくは操業中の鉱山の閉鎖をもたらす（南ア現地の要因とは区別される）世界経済の要因の大きな影響
 3．収益性に達する量の金が存在しなかったり，金融が不適切であることから生じる既投下資本の損失（S. H. Frankel, *Capital Investment in Africa*, p. 92.）
26) M. R. Graham, *op. cit.*, pp. 142-143.

鉱に変わるかもしれない。こうした「物理的リスク」に加えて，金融的リスクがある。開発のそれぞれの段階で十分な資金を集めることができるかどうか。もし十分な資金を集めることができないとなると，それまでに投下した資本はすべてが無駄になってしまう。巨額の資本を集めねばならないという問題と投資リスクを削減しなければならないという問題は，新鉱山の開発金融に際し鉱業金融商会が直面した2大問題であった。そして，この2つの問題は相互に関連していた。投資リスクが増せば資本を集めることは難しくなるし，資本の流入が減ずればすでに投下されている資本のリスクは増大する。

　物理的・金融的投資リスク減少の方法として探査会社や鉱業金融商会によって採用されたのが，投資の分散であった。鉱業金融商会は，一方で投資を分散しながら，他方で傘下鉱山への他の鉱業金融商会やその他会社の資本の誘導を計ったのである。その結果，探査会社，鉱業金融商会，金融会社間において，網の目のように種々の協定が結ばれるにいたった。協定をその内容にしたがって整理すると，次の5種類に分けることができる[27]。

（1）探査リスク分散協定

　投資リスクの分散は，探査の過程から始まる。探査会社A，Bがそれぞれのオプション地域で探査にかなりの資金を使っていたとする。自己の地域で鉱脈が発見されなければ，相当の損失を被らざるをえない。これを回避するためには，A，Bは協定を結び，どちらかの地域に鉱脈が発見され鉱山会社が設立されれば，相手にたいし資本参加を認めるのである。どちらかの地域で鉱脈が発見される確率の方が，どちらか一方の地域で鉱脈が発見される確率よりも明らかに大きい。A，B両社の間で資金のやり取りはないが，投資リスクは軽減する。同様の相互協定を，Aは探査会社C，D，E等と結ぶことができるし，また，BもC，D，E等と結ぶことができる。

（2）境界の共同探査協定

　探査会社A，Bが隣り合った地域で探査を実施している場合，両地域の境界に共同費用で試掘坑を掘削する。この協定の場合，通常，つくられる鉱山にたいし相互に資本参加を認めあう。

（3）鉱地合同協定

　金鉱脈が発見されても，設定したオプション面積が小さすぎるか，断層によ

---

27）　以下の5種類の投資リスク分散協定は，M. R. Graham, *op. cit.*, pp. 146-147 による。

って切り離されている場合，隣接する鉱地に組み入れる。鉱地を手放す会社は，そこにつくられる鉱山の売主利得と株式応募権を得る。

(4) 資本参加協定

協定相手会社が金融会社の場合がある。この場合，金融会社Bは，他の金融会社C,D,E等を誘って探査会社Aにたいし資金を提供する。鉱山がつくられる場合，金融会社B〜E等はともに資本参加権を得る。

(5) 資本参加権再配分協定

ある探査会社のオプション地域に鉱脈が発見されると，探査会社と協定会社は，そこにつくられる鉱山会社の株式応募権を得る。この場合，株式取得価格は通常市場価格より安い。これが探査会社と協定会社にとって探査に資金を賭けた報酬なのである。こうして探査会社と協定会社は鉱山開発に資本を賭けることになるが，探査リスクを分散したと同じ流儀で，また，同じ理由で，株式応募権の一部を他の会社に配分する。

これら協定にみられるように，探査リスクと投資リスク分散の原理は，保険と再保険，あるいは株式発行の引受けと再引受けと同じ原理であることが理解されるであろう。新金鉱地の発見と鉱業金融商会の関わりについて見た第1章で，共同探査，資本参加，共同開発などの協定と事例を逐次紹介したが，上述した5つの種類の協定にどんなものがあるか紹介すれば，次のものが挙げられる。

(1)の探査リスク分散協定の典型例として，Union Corporation と Selection Trust の協定を挙げることができる。これにより両社は，それぞれのオプション地域に鉱山がつくられる場合，相手にたいし50%の資本参加を認めた[28]。同様の協定を Western Holdings と Union Corporation は結んでいたが，この場合はやや複雑であった。1938年，Western Holdings は，サンド川の北と南に展開する広大なオプション地域を自力で探査するのは資金的にも技術的にも無理と判断し，サンド川の南，セウニッセン地域のオプションをUnion Corporation に譲るとともに，自己が探査するサンド川の北のオデンダールスラス地域に鉱山がつくられる場合，Union Corporation に経営権と35%の資本参加権を与えた。他方，Western Holdings は，Union Corporation の技術協力を得るとともに，セウニッセン地域に鉱山がつくられる場合，営業資本金の30%参加する権利を得た[29]。サンド川の北の Western Holdings のオ

---

28) M. R. Graham, *op. cit.*, p. 8.

プション地域からは，St Helena と Western Holdings の 2 つの鉱山が生まれることになる。AAC が Western Holdings の親会社 SA Townships を傘下に収めたことにより，戦後，Western Holdings と Union Corporation の協定は改定されることは，第 1 章で見たとおりである。

　オプション境界上の（2）共同探査協定は，オプション地域が接しているところでは例外なく結ばれたといってよい。その代表例として，オデンダールスラス地域における African & European のオプション（ブロック 7）と Western Holdings のそれとの境界上に打ち込まれた試掘坑，JBW 1, JBW 2, MB 8, ハーモニー農園での Middle Wits と Union FS Coal & Gold Mines の共同試掘坑 H 1, オデンダールスラス地域における Western Holdings と Blinkpoort Gold Syndicate 両オプション境界上の共同試掘坑 Geduld 1, Geduld 2, を挙げることができる。ことに最後の共同試掘坑は有名で，1946 年 4 月と 1947 年 2 月にそれぞれ驚異的な高品位鉱脈を掘り当てた（本書77-79ページ）。

　オプション面積が小さすぎるか地質的に切り離されていて，他社の鉱山と合同し，代償に売主利得と資本参加権を得た（3）鉱地合同のケースもかなりの数を指摘できる。

1. Far West Rand 金鉱地で，CM 傘下に Blyvooruitzicht 鉱山がつくられたとき，West Witwatersrand Areas の鉱地の一部を割譲（本書19ページ）。
2. AAC 傘下の Western Deep Levels への West Witwatersrand Areas と Blyvooruitzicht 鉱山の鉱地の割譲[30]。
3. Klerksdorp 金鉱地において，Union Corporation がオプションを設定していたハーテベーストフォンテイン41とスティルフォンテイン39両農園の東の部分のジャック・スコット率いるストラスモア・グループ傘下の Stilfontein 鉱山への編入。Union Corporation はその代償に20％の資本参加権を得る（本書37ページ）。
4. Middle Wits から Stilfontein 鉱山へのハルテベーストフォンテイン41農園の1000鉱区の移譲。Middle Wits は，Stilfontein 鉱山への7.5％の資本参加権を得る。他方，ストラスモア・グループはルーカス・ブロックに

---

29) *South African Mining and Engineering Journal*, June 4, 1938, p. 453.
30) *Mining Year Book 1960*, p. 742.

対する50％の利権を得る（本書37ページ）。
5．ルーカス・ブロックにおける Stilfontein と Vaal Reefs のそれぞれ300鉱区と300モルゲンの Hartebeestfontein 鉱山への返還と割譲。これにより Stilfontein は現金5450ポンドと Hartebeestfontein の株式4万株を額面で購入する権利を得，Vaal Reefs は7％の資本参加権を得た（本書38－39ページ）。
6．ザンドパン43農園の Western Reefs ならびに Vaal Reefs のオプションとクラークスドープ町有地の Middle Wits のオプションを合同して，Anglovaal 傘下に Zandpan 鉱山を設立（本書40ページ）。
7．Western Holdings の第2リース地域の東南隅と Blinkpoort Gold Syndicate オプションの東端を，African & European がオプションを有するブロック7へ編入（本書84ページ）。
8．New Cons FS の鉱地と New FS Gold Estates の鉱地を，Union FS Coal & Gold Mines 鉱地へ吸収。これにより，Harmony 鉱山がつくられる（本書96ページ）。
9．Anglovaal 傘下の Virginia 鉱山への Geoffries 鉱地の，Merriespruit 鉱山への Freddies 鉱地の編入。Geoffries ならびに Freddies は売主利得と株式応募権を得る（本書89ページ，注199）。
10．CGFSA 傘下の FS Saaiplaas 設立の際の，New FS Gold Estates, Middle Wits, South African H. E. Priprietary の所有する周辺鉱地の編入（本書99ページ，注210）。
11．Riebeeck 鉱山をつくる際の Middle Wits と Geoffries の鉱地の合同（本書101－102ページ）。

（4）の資本参加協定の典型例として，1941年の St Helena 鉱山会社設立の際の7社協定を挙げることができる。サンド川の北の Western Holdings のオプション地域に金鉱が発見され，St Helena 鉱山がつくられることとなったとき，Union Corporation は，Western Holdings との協定に基づき，その鉱山の管理権と35％の資本参加権を得ていた。一方，この資本参加権の半分は，Union Corporation と Selection Trust との協定によって後者に譲られた。St Helena 鉱山開発に必要とされる初期資本額は，Western Holdings がリスクを冒しうる金額を越えていた。そこで，Western Holdings とその親会社の SA Townships は，Union Corporation の他，AAC, CM, CGFSA, African

& European を招き，ここに開発金融のための7社協定が成立した。第二次世界大戦の勃発と戦時のインフレーションのためにこの協定は停止され，1946年1月，新協定にとって代わられた。戦後開発費がいっそう巨額になったことと，Western Holdings が AAC 傘下に入ったことが新協定となった理由であった。この新協定では，Western Holdings 第2リース地域につくられる鉱山——Western Holdings 自身が鉱山会社となる——にたいする Union Corporation の管理権は取り下げられるとともに，35％の資本参加権は20％に減じられた。しかしその代償に，Union Corporation は St Helena 鉱山にたいする5％の資本参加権を Western Holdings から譲られた（本書81, 84ページ）。

　AAC が Blinkpoort Gold Syndicate や Wit Extensions と，また，ブロック8に関して African & European と結んだ協定も広い意味で資本参加協定に数えることができる。すなわち，Blinkpoort Gold Syndicate との協定では，Blinkpoort Gold Syndicate が有するオプション農園に関して，①AAC が探査を請け負う，②探査費用を3対2の割合で AAC と Blinkpoort Gold Syndicate で負担する，③そこに鉱山がつくられる場合，売主利得と株式応募権を探査費用の分担と同じ割合で分けあう，と決めていた[31]。同様に，Wit Extensions との協定でも，AAC が探査を請け負い，負担と果実はそれぞれ3対2で分配することが約束された（本書70ページ）。ブロック8については，AAC が探査費の25％を受け持ち，そこに鉱山がつくられる場合，African & European の有する資本参加権60％のうち25％を得ることとなった（本書70ページ）。これらの協定においては，協定相手会社は強力な金融力と技術力を持つ AAC に援助を求めたものであったが，他方，AAC にとっては支配の拡大を意味していた。Blinkpoort Gold Syndicate のオプションからは FS Geduld 鉱山が生まれ，Wit Extensions のオプションからは Loraine と Jeannette 鉱山が生まれるが，いずれも AAC 傘下に入ることになる。ただし，後の2つ

---

31）　後年，この協定は若干修正される。Blinkpoort Gold Syndicate の親会社 Transvaal Mining & Finance 所有の隣接オプション農園が断層によって切り離されていたため，Blinkpoort Gold Syndicate オプションに統合され，Transvaal Mining & Finance は7.5％の資本参加権を得た。このオプションには Free State Geduld 鉱山がつくられたが，その発行株式のうち，Ofsits は55.5％，Blinkpoort Gold Syndicate は37％，そして，Transvaal Mining & Finance は7.5％の資本参加権を得た。ここで，Ofsits と Blinkpoort Gold Syndicate の比率がやはり3対2となっていた。Blinkpoort Gold Syndicate は，37％のうち20％を自分の株主に割り当てた（M. R. Graham, *op. cit.,* p. 157.）。

の鉱山は失敗であったことが判明する。

　探査会社は，探査それ自体を目的とする会社であるから，資本金はさほど大きくない。通常，探査にかける投資リスクを少なくするため，さらには鉱脈が発見され鉱山がつくられるとき必要な資本の募集を容易にするために，探査会社設立の際に他の会社に資本参加を求めるか，探査への出資を求める。Far West Rand 金鉱地の探査・開発を目的に West Witwatersrand Areas が設立された際，また，Klerksdorp 金鉱地の探査に Western Reefs が設立された際，それぞれ CGFSA と AAC が他の鉱業金融商会に資本参加を呼びかけたのは前者の代表的事例である（本書14, 27ページ）。

　図2－1は，1947年における Orange Free State 金鉱地の鉱山と探査過程にある鉱地の分布を示している。この段階で9つの鉱山と5つの採鉱権貸与地域と15の探査地域がある。1960年までには，北から順に，Wit Extensions East リース地域に Jeannette 鉱山が，Wit Extensions West リース地域に Loraine 鉱山が，Geoffries＝Middle Wits リース地域に Riebeeck 鉱山が，そして，Harmony リース地域に Harmony 鉱山，Merriespruit リース地域に Merriespruit 鉱山，⑪の CGFSA ブロックに FS Saaiplaas 鉱山がつくられる。ここで注目したいのは，①～⑱の探査中の地域に例外なく複数の会社が関わっていることである。例として①の St Helena 鉱山の延長地域を取り上げれば，最初にあげられている Union Corporation は探査に直接従事している会社であり，2つ目以下の Selection Trust, Wit Extensions, Rooderand の3社は探査費用を出資している会社である。出資会社は探査地域に金鉱が発見され鉱山がつくられるようになると，資本参加権を得るのである。

　（5）資本参加権再配分協定の典型例は親会社（鉱業金融商会）と探査会社の協定である。探査会社はなによりも鉱脈の発見を目的にするので資本金はさほど大きくなく，株式応募権を得ても，その大部分は他の会社——通常その親会社——に移される。たとえば，Freddies Lease Areas の探査ならびに開発リスクは，探査会社 Freddies と親会社 JCI ならびにもうひとつのグループのメンバーである Rooderand が負っていた。Freddies と親会社 JCI との間には協定が結ばれており，Freddies は JCI から譲渡された種々のオプションの代償に，自らが参加する事業にたいして親会社の参加権を認めていた。これにより，探査会社 Freddies の Freddies Lease Areas にたいする資本参加権の大部分は親会社の JCI に譲渡されていた。同様に，Middle Wits と親会社 An-

第 2 章　新金鉱地の鉱山開発金融　143

図 2 − 1　Orange Free State 金鉱地の鉱山, リース地域, ありうべき鉱脈の延長地域

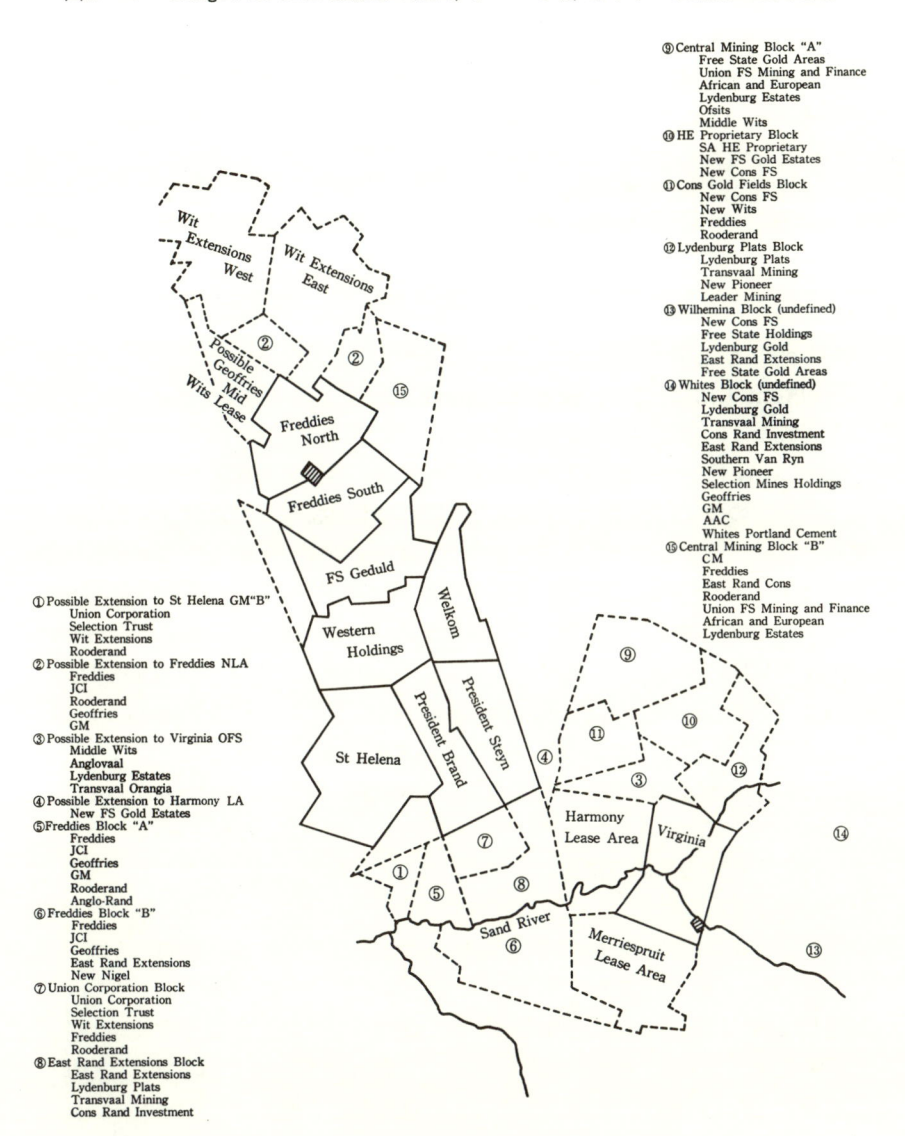

⑨ Central Mining Block "A"
　Free State Gold Areas
　Union FS Mining and Finance
　African and European
　Lydenburg Estates
　Ofsits
　Middle Wits
⑩ HE Proprietary Block
　SA HE Proprietary
　New FS Gold Estates
　New Cons FS
⑪ Cons Gold Fields Block
　New Cons FS
　New Wits
　Freddies
　Rooderand
⑫ Lydenburg Plats Block
　Lydenburg Plats
　Transvaal Mining
　New Pioneer
　Leader Mining
⑬ Wilhemina Block (undefined)
　New Cons FS
　Free State Holdings
　Lydenburg Gold
　East Rand Extensions
　Free State Gold Areas
⑭ Whites Block (undefined)
　New Cons FS
　Lydenburg Gold
　Transvaal Mining
　Cons Rand Investment
　East Rand Extensions
　Southern Van Ryn
　New Pioneer
　Selection Mines Holdings
　Geoffries
　GM
　AAC
　Whites Portland Cement
⑮ Central Mining Block "B"
　CM
　Freddies
　East Rand Cons
　Rooderand
　Union FS Mining and Finance
　African and European
　Lydenburg Estates

① Possible Extension to St Helena GM "B"
　Union Corporation
　Selection Trust
　Wit Extensions
　Rooderand
② Possible Extension to Freddies NLA
　Freddies
　JCI
　Rooderand
　Geoffries
　GM
③ Possible Extension to Virginia OFS
　Middle Wits
　Anglovaal
　Lydenburg Estates
　Transvaal Orangia
④ Possible Extension to Harmony LA
　New FS Gold Estates
⑤ Freddies Block "A"
　Freddies
　JCI
　Geoffries
　GM
　Rooderand
　Anglo-Rand
⑥ Freddies Block "B"
　Freddies
　JCI
　Geoffries
　East Rand Extensions
　New Nigel
⑦ Union Corporation Block
　Union Corporation
　Selection Trust
　Wit Extensions
　Freddies
　Rooderand
⑧ East Rand Extensions Block
　East Rand Extensions
　Lydenburg Plats
　Transvaal Mining
　Cons Rand Investment

［出所］　Paul Klempner, *The Orange Free State Gold Mines,* 1950 (?).

glovaal, Geoffries と親会社 GM, New Cons FS と親会社 CGFSA の間にも同種の協定が結ばれており，親会社たる鉱業金融商会は，子会社の探査会社が資本参加権を得た場合には，その大部分を受け取ることになっていた。

　以上のような協定の結果，ひとつの鉱山会社が設立されるとき，種々の会社に株式は配分される。いかに株式は配分されていったか，いくつかの鉱山会社について見ておこう。


## 第4節　株式応募権の分散

**Welkom　鉱山**[32]

　Welkom 鉱山は，African & European のオプション地域（ブロック7）につくられた3つの鉱山のうち最初につくられた鉱山である。

　African & European がブロック7として知られている広大な地域にオプションを得たのは，1930年代後半である。ここでは1939年6月に最初の金鉱脈が発見され，大戦中も中止されることなく探査活動が続けられた。この地域の西側には Western Holdings が，そして，北側には Blinkpoort Gold Syndicate がオプションを設定していた。この両オプションのブロック7寄りの部分が断層によって他の部分と切り離されていることがわかったとき，Western Holdings と Blinkpoort Gold Syndicate はその部分を African & European に譲り，そこにたてられる鉱山の売主利得と株式応募権を取得することになった。African & European が相互協定を結んでいるいくつかの会社のうち2社，Lydenburg Estates と Ofsits もまた，ブロック7につくられる鉱山にたいし売主利得と株式応募権の権利を有していた。

　1946年に採鉱権貸与局によってブロック7にたいする3つの採鉱権貸与が承認され，翌年1月 Welkom 金鉱山会社が設立された。Welkom は，3つの貸与地のうち1番目の鉱地を開発することになった。この鉱地は，Western Holdings と Blinkpoort Gold Syndicate から移管された鉱地を含んでいた。1947年1月と2月に President Brand と President Steyn が設立され，それぞれ，第2，第3の貸与地を開発することとなった。この2つの President 鉱山

---

　32)　以下の Welkom 鉱山の事例は，M. R. Graham, *op. cit.*, pp. 156-160 による。

表2－9　Welkom 株式の第1次配分

|  | 売主利得 | 株式応募権(注) | 合計 |
|---|---|---|---|
| African & European | 21.6% | 38.2% | 59.8% |
| Lydenburg Estates | 9.6 | 7.5 | 17.1 |
| Western Holdings | 4.7 | 7.4 | 12.1 |
| Ofsits | 1.2 | 8.8 | 10.0 |
| Blinkpoort Gold Syndicate | 0.4 | 0.6 | 1.0 |
| 合計 | 37.5 | 62.5 | 100.0 |

(注)　探査費用の返済に交付される株式を含む。
[出所]　R. Graham, *The Gold Mining Finance System*, p. 152.

は Welkom 鉱山会社の株主にたいする株式発行によって金融されることになっていた。

　Welkom の当初発行資本金は200万ポンドであった。このうち75万ポンドは3つの貸与鉱地の売主利得として、ほぼ20万ポンドが探査費の代償、そして、およそ100万ポンドが営業資本として発行された。各貸与鉱地の売主利得は25万ポンドで、Welkom が第2、第3の貸与鉱地を2つの President 鉱山に譲渡する際、それぞれ25万ポンドを株式で受けとることになっていた。当初の開発費として現金発行による100万ポンドだけでは足りず、さらに150万ポンドが社債発行により募集された。こうして Welkom は発足時に営業資本として250万ポンドの現金を有していた。

　もし上記5会社——African & European, Western Holdings, Lydenburg Estates, Blinkpoort Gold Syndicate, Ofsits——との協定だけで、それ以上、他会社との協定が存在しなければ、Welkom の株式資本200万ポンドは表2－9に示した「第1次配分」のように分配されていたことであろう。すなわち、African & European の資本参加率は、売主利得で21.6％、株式応募権と探査費用の代償とで38.2％、計59.8％であり、ついで大きい順番に、Lydenburg Estates 17.1％, Western Holdings 12.1％, Ofsits 10.0％, Blinkpoort Gold Syndicate 1.0％である。しかし、投資リスク分散を考慮し、あるいは自己資本の小さい探査会社であるために、最初の3つの会社は株式応募権をすべて行使することを望んではいなかったし、また、その立場にもなかった。事実、これらの会社は他の会社と種々の協定を結んでいた。

　African & European はいくつかの会社と相互協定、すなわち、どちらか一方が取得する事業に、他方が参加するという協定を結んでいた。そのひとつに

親会社ルイス・アンド・マルクス商会との協定があった。ルイス・アンド・マルクス商会は買収されて AAC 傘下のメンバーとなり，Free State Mines Selection 社と改名するが，Free State Mines Selection はこの協定により Welkom たいする3.5%の資本参加権を得た。同様の相互協定が Associated Mining & Selection Trust とも結ばれていた。Associated Mining & Selection Trust は Ofsits に吸収されたことにより，この協定に基づく資本参加権は Ofsits のものとなった。

Western Holdings は Union Corporation と相互協定を結んでおり，また，Union Corporation は Selection Trust と協定を結んでいた。これらの協定により，Union Corporation と Selection Trust とは，Western Holdings に配分された Welkom の発行株式の12.1%の8分の1，すなわち，それぞれ0.75%を得ることになった。

同様の協定が，何故に Middle Wits とその親会社 Anglovaal が Welkom の発行株式への参加権を獲得したかを説明する。Lydenburg Estates と Middle Wits の相互協定が，後者に Welkom 資本への1.5%の参加権をもたらした。一方，Middle Wits は，設立された際，親会社 Anglovaal から種々オプションを得ていた。その代償に Middle Wits は自己の参加する事業にたいして，Anglovaal に一定の参加権を保証していた。これにより，Welkom にたいする Middle Wits の1.5%参加権の3分の1は，Anglovaal に譲られた。(後年，この協定が Lydenburg Estates に Middle Wits の鉱山，Merriespruit への 3.5%参加権をもたらす。)

売主ならびに売主との関係（協定）から Welkom への参加権を得た上記の場合に加えて，AAC もまた直接的参加権を得ていた。すなわち，AAC はブロック7の3つの鉱山によって発行された400万ポンドの社債の半分の元利を保証する代償に，1.6%の参加権を認められた。同様に African & European も，残りの社債の保証の代償に同様の権利を得た。売主利得による参加権とは区別される African & European の参加権38.2%のうち，3.2%が社債保証によるものであり，35%が本来の参加権であった。

1947年10月，AAC の下でルイス・アンド・マルクス商会が Free State Mines Selection に改組された際，両者の間に協定がなり，それぞれが新しく参加する事業に相互に5分の1の参加を認めあうこととなった。この相互参加が Welkom にたいする African & European の本来の参加権にも適用され，

表2-10 Welkom株式の第2次配分

| | |
|---|---|
| African & European | 14.3% |
| Lydenburg Estates | 1.1 |
| Western Holdings | 0.5 |
| Blinkpoort Gold Syndicate | 1.0 |
| SA Mines Selection | 7.0 |
| FS Mines Selection | 3.1 |
| Middle Wits | 1.0 |
| Anglovaal | 0.5 |
| Union Corporation | 0.75 |
| Selection Trust | 0.75 |
| Ofsits | 23.0 |
| AAC／その他 | 47.0 |
| 合　　計 | 100.0 |

［出所］ R. Graham, *The Gold Mining Finance System*, p. 155.

Free State Mines Selection は Welkom の資本金の7％の参加権を得た。

African & European, Lydenburg Estates および Western Holdings は，Welkom への残りの参加権をそれぞれの株主に分配した。1947年には African & European と Western Holdings の最大株主は，AAC と Ofsits であった。したがって，この2社は間接的にも Welkom にたいする直接的株式参加権を増やした。さらに，Ofsits は，1947年10月，Free State Mines Selection から Welkom の資本金の3.1％を購入し，Welkom の持株を増加させた。こうして，Orange Free State 金鉱地にたいする AAC の投資の主要な通路たる Ofsits（分野別持株会社）は Welkom の株式の23％以上を持つようになり，そればかりか，つづいて設立される2つの President 鉱山にたいする大きな資本参加権を確保したのである。

以上述べてきた Welkom の事例は，いかに額面200万ポンドの株式がいろいろな会社に分散するにいたったか，そして，いかに探査リスクと鉱山投資リスクの分散が計られるにいたったか，を示している。1947年末における Welkom への資本参加権の分布を大まかに示せば，表2-10のようになる。ここに見られるように，African & European は第1次的に分配された Welkom の株式参加権59.8％のうち14.3％を残すだけとなり，また，Lydenburg Estates と Western Holdings もそれぞれ17.1％と12.1％のうち1.1％と0.5％を残すのみとなった。もっとも，Anglovaal と Union Corporation とは，おそらくこれら3会社の株主であったであろうから，両者の参加権は表2

—10に示された持分（0.5%と0.75%）より大きい可能性はある。同様の理由によって，他の鉱業金融商会がWelkomの資本に参加している可能性は高い。注目すべき点は，Welkomの最大株主がOfsitsであることである。その親会社であるAACの持株はいくらであるか不明であるが，Welkom鉱山開発の最大リスクをAACグループ（AAC, Ofsits, Free State Mines Selection, African & European）が負っていることは明らかである。

以上のWelkomの事例が，どこまで戦後南ア新金鉱山設立の際の株式応募権配分の代表例といえるか，問題ではある。しかし，さしあたって，Welkomの事例から次の点が指摘できる。第1に，株式応募権は親会社の鉱業金融商会とその関連会社だけでなく，他の鉱業金融商会やグループ外の会社にも広くゆきわたっている。第2に，それは主として南ア鉱業を支配する鉱業金融商会とその関連会社に限られている。第3に，Welkomの管理会社たるAACのグループがもっとも多くの株式を割り当てられている。

資料の制約から十分に調査ができないが，*Mining Year Book 1960*に記載されているいくつかの会社の発行株式の配分について見ておきたい。

Bracken鉱山とLeslie鉱山[33]

1959年4月にEvander金鉱地に設立されたBracken鉱山とLeslie鉱山の場合，同年10月に，その管理会社たるUnion Corporationは，100％子会社（Capital Mining AreasとAcacia Mines）と合わせて資本のそれぞれ76.4％と73.6％を有していた。さらに，Union Corporationの株主とWinkelhaakの株主は合計で，Brackenでは発行株式の10.6％（148万株），Leslieでは9.3％（148万株）が割り当てられた。他の鉱業金融商会やグループ外の会社がUnion CorporationやWinkelhaakの株主となっていたから，当然にこれらの会社もBrackenやLeslieの株主となった。しかし，両社の設立の際の株式応募権のほとんど全部がUnion Corporationグループに割り当てられていることは明らかである。

---

33) *Mining Year Book 1960,* pp. 190-191, 430.
34) *Ibid.,* pp. 739-740.

表2－11　Western Areas の発行資本金

| 発行資本金（1959年末日） | ポンド<br>8,270,000 | 株数<br>16,540,000 | % | %<br>〔100.0〕 |
|---|---|---|---|---|
| I．第1回資本募集（1959年9月） | 7,213,868 | 14,427,736 | (100.0) | 〔87.2〕 |
| 　　JCI | | 5,935,844 | (41.1) | 〔35.9〕 |
| 　　Freddies | | 692,328 | (4.8) | 〔4.2〕 |
| 　　Rooderand Main Reef Mines | | 234,500 | (1.6) | 〔1.4〕 |
| 　　AAC | | 1,654,000 | (11.5) | 〔10.0〕 |
| 　　Anglo-French Exploration | | 268,046 | (1.9) | 〔1.6〕 |
| 　　Anglo-Rand Mining & Finance | | 366,732 | (2.5) | 〔2.2〕 |
| 　　GM | | 714,764 | (5.0) | 〔4.3〕 |
| 　　NCGF | | 357,382 | (2.5) | 〔2.2〕 |
| 　　West Wits | | 357,382 | (2.5) | 〔2.2〕 |
| 　　New Union Goldfields | | 820,100 | (5.7) | 〔5.0〕 |
| 　　Pan Investments | | 714,764 | (5.0) | 〔4.3〕 |
| 　　RM | | 681,448 | (4.7) | 〔4.1〕 |
| 　　Seleciton Trust | | 134,000 | (0.9) | 〔0.8〕 |
| 　　Union FS Mining & Finance | | 1,496,446 | (10.4) | 〔9.0〕 |
| II．第2回資本募集（1959年9月） | 1,056,132 | 2,112,264 | | 〔12.8〕 |
| 　　Freddies の株主 | | 1,452,000 | | 〔8.8〕 |
| 　　Anglo-Rand Mining & Finance の株主 | | 180,000 | | 〔1.1〕 |
| 　　Rooderand Main Reef Mines の株主 | | 480,264 | | 〔2.9〕 |

[出所]　*Mining Year Book 1960*, p.740.

## Western Areas 鉱山[34]

表2－11は Western Areas の設立の際の発行株式の配分を示している。Western Areas は，1959年9月 Far West Rand 金鉱地において JCI 傘下に設立された鉱山で，設立に際し，JCI を中心に資本参加協定が結ばれた。資本募集は2回に分かれ，当初資本金827万ポンドのうち721万3868ポンドが第1回に，残りの105万6132ポンドが第2回に集められた。第2回の募集では Freddies, Anglo-Rand Mining & Finance, Rooderand 3社の株主に株式応募権が配分されたのにたいし，第1回の募集では JCI, AAC, New Consolidated Gold Fields (NCGF), GM の鉱業金融商会の他，その関連会社（JCI の探査会社 Freddies, NCGF の Far West Rand 金鉱地における持株会社 West Witwatersrand Areas）と南アの鉱業投資会社に発行株式は配分された。ただひとつの例外はイギリスの Selection Trust である。しかし，Selection Trust は American Metal と組んで AAC と北ローデシアの銅鉱業を2分しているばかりか，オレンジ・フリー・ステイトの金鉱探査に初期から参加し，Union Corporation と相互資本参加協定を結ぶなど，チェスター・ビーティの支配

Western Areas の発行株式の配分を見ると，JCI グループが全体の約40%を占めている。他の鉱業金融商会では，AAC が10%，CGFSA グループと GM がそれぞれ4.4%と4.3%，RM 4.1%である。その他では，Union Free State Mining & Finance 9%，New Union Goldfields 5%，Anglo-Rand Mining & Finance 2.2%，Anglo-French 1.6%等である。「第2次配分」によって，第1次配分の株式がどこまで分散していったかはわからない。しかし，それによって株式配分が細分化されていくにせよ，管理会社 JCI グループが最大の配分を得ている，また，その他の鉱業金融商会をはじめ南ア鉱業に関連する会社が残りの株式を取得している，と考えて間違いないであろう。

### Zandpan 鉱山[35]

Zandpan 鉱山は，Klerksdorp 金鉱地においてザンドパン43農園の Western Reefs ならびに Vaal Reefs のオプションとクラークスドープ町有地の Middle Wits のオプションとを統合して，1955年9月 Anglovaal 傘下につくられたものである。同年8月の第1回株式発行で50万ポンド，10月の第2回で450万ポンドが募集され，1960年の発行資本金は500万ポンドであった。第1回の株式発行のうち20万ポンド（40万株）は売主発行で，売主株は鉱地を提供した3社に——おそらく提供した鉱地面積に応じて——配分された。残り30万ポンド（60万株）は営業資金獲得のための発行であったが，どこに配分されたかはわからない。第2回株式発行450万ポンド（900万株）のうち260万ポンド（520万株）が，鉱地を提供した会社の親会社ならびにその関連会社と，GM および Federale Mynbou に配分された。すなわち，AAC グループ120万5000ポンド，Anglovaal グループ76万7752ポンド，GM25万2248ポンド，Federale Mynbou37万5000ポンドである。残りの190万ポンドが誰に発行されたか，これまた不明であるが，ここでも発行株式の大部分は鉱業金融商会に発行されていることが確認できる（表2-12参照）。AAC グループへの発行が管理会社 Anglovaal グループにたいする発行より多いのは，本来 AAC が管理権を執るところ，これを Anglovaal に譲ったためである。

---

35) *Ibid.*, pp. 760, 762.

表2-12 Zandpanの発行資本金

| 発行資本金（1960年） | ポンド 5,000,000 | 株　数 10,000,000 | ％ (100.0) |
|---|---|---|---|
| 当初資本金（1955年8月） | 500,000 | 1,000,000 | (10.0) |
| うち，売主利得 | | 400,000 | (4.0) |
| 　Middle Wits | | 180,000 | (1.8) |
| 　Vaal Reefs | | 151,108 | (1.5) |
| 　Western Reefs | | 68,892 | (0.7) |
| 増資（1958年10月） | 4,500,000 | 9,000,000 | (90.0) |
| うち，次のように配分 | 2,600,000 | 5,200,000 | (52.0) |
| 　AACもしくはその指名者 | | 797,499 | (8.0) |
| 　West Rand Invesment Trust もしくはその指名者 | | 375,000 | (3.8) |
| 　Vaal Reefs | | 9,983 | (0.1) |
| 　Vaal Reefsの株主 | | 840,000 | (0.8) |
| 　Western Holdings | | 2,518 | (0.0) |
| 　Western Holdingsの株主 | | 385,000 | (0.4) |
| 　　小　計 | | 2,410,000 | (24.1) |
| 　Anglovaalもしくはその指名者 | | 467,842 | (4.7) |
| 　Middle Witsの株主 | | 715,955 | (7.2) |
| 　Middle Witsもしくはその指名者 | | 351,707 | (3.5) |
| 　　小　計 | | 1,535,504 | (15.4) |
| 　GMもしくはその指名者 | | 504,496 | (5.0) |
| 　Federale Mynbouもしくはその指名者 | | 750,000 | (7.5) |

［出所］　*Mining Year Book 1960*, p. 760.

### Western Deep Levels 鉱山[36]

　Far West Rand 金鉱地において，高品位の Carbon Leader Reef と Ventersdorp Contact Reef を開発すべく，富裕鉱山 Blyvooruitzicht と West Driefontein の南側につくられたのがこの鉱山である。1960年に発行資本は840万ポンド（1株1ポンド）で，A株式560万株とB株式280万株からなっていた[37]。A株式は優先的に，すなわちB株式に配当がなされる前に，1株当り10シリングの配当を得る権利が与えられていた。1957年8月の当初発行A株式は85万ポンド，そのうち60万ポンドが売主発行で，鉱地を提供した5社に分配された。同年12月に発行されたA株式475万株はこの5社とその関連会社に配分された。発行されたA株式の配分を見ると，全株式560万のうち，Western Ultra Deep Levels（AACグループ）が20.8％，CGFSAグループが45.4％，CM＝RMグループが33.9％である（表2-13参照）。B株式140万株は，A株式の所有者

---

36)　*Ibid.*, pp. 742-743.
37)　1960年の授権資本金は1860万ポンドで，B株式の1020万株は未払であった。

表2-13　Western Deep Levels の発行資本金（A株式のみ）

| A株式発行資本金 | ポンド<br>5,600,000 | 株数<br>5,600,000 | %<br>(100.0) |
|---|---:|---:|---:|
| I. AACグループ | | | |
| 　Western Ultra Deep Levels | | 1,162,500 | (20.8) |
| II. CGFSAグループ | | | |
| 　West Witwatersrand Areas | | 537,500 | (9.6) |
| 　West Driefontein | | 1,612,500 | (28.8) |
| 　New Witwatersrand Gold Exploration | | 50,000 | (1.0) |
| 　Witwatersrand Deep | | 337,500 | (6.0) |
| | | 2,537,500 | (45.4) |
| III. CM=RMグループ | | | |
| 　RM | | 87,500 | (1.6) |
| 　Central Mining Finance | | 150,000 | (2.7) |
| 　Blyvooruitzicht | | 1,650,000 | (29.5) |
| 　Transvaal Cons Land and Exploration | | 12,500 | (0.2) |
| | | 1,900,000 | (33.9) |

［出所］ *Mining Year Book 1960*, pp. 742-743.

に，A株式4株に1株の割合で価格40シリングで発行された。残りの140万株は，AACを筆頭とする550万ポンドの貸付金シンジケートのメンバーに価格45シリングで渡された。CGFSA，CM＝RM両グループに比してAACグループの持株が少ないにもかかわらず，AACがこの鉱山の管理会社となっているのは，AACこそが超深層鉱山の開発に敢えて挑戦したことによる。ここでもまた，発行株式は鉱業金融商会と関連会社に発行されていることが確認できる。

資料上の制約から新金鉱山会社のすべてについて当初発行株式がどこに発行されたかはわからない。しかし，上に述べたいくつかの事例から，Welkomについて指摘した特徴が再び確認できると言えよう。すなわち，新金鉱山会社の株式は鉱業金融商会とその関連会社および南ア鉱業に関係する会社に発行されている。また，管理会社たる鉱業金融商会グループが発行株式の大きな部分を引き受けている。Zandpan鉱山やWestern Deep Levels鉱山のように，管理会社グループよりも，他の鉱業金融商会の引受けの方が大きい場合があるが，これは，鉱山設立の際の特殊な事情があることがわかる。管理会社が発行株式の70～80％を引き受けたBracken鉱山とLeslie鉱山の場合も，両鉱山があるEvander金鉱地がただひとつの鉱業金融商会によって発見・開発されたという事情によると言えるであろう。Welkomの場合のように発行株式が細分化

され，分散することはなかったとしても，多くの場合，かなりの程度，他の鉱業金融商会グループや投資会社に分散していったと考えられるのである。

　株式資本は「リスク投資」であった。鉱業金融商会が「リスク資本」たる株式を引き受けたことは，単に資本を提供したということを意味するのではなかった。鉱業金融商会が「リスク資本」を引き受けることがなければ，次に述べる借入資本の導入もありえなかったし，利潤再投資もありえなかったのである。

## 第5節　借入資本，利潤再投資

　フランケルは，1938年出版の *Capital Investment in Africa* において，「ラントの金鉱山によって募集された資本のほとんど全部は株式の発行により獲得された。社債もしくはその他の確定利付き証券による金融は相対的に少なかった」[38]と述べている。第1節において見たように，金鉱ブームがほとんどなく株式発行の難しかった1900年代中葉から1920年代末までは，借入資本と利潤再投資が投資の中心であり，金鉱ブームを背景に高水準の投資がなされた1890年代と1930年代には，借入資本と利潤再投資の意義は決して無視していいものではないが，株式発行による資本の募集が主流であった。ところで，戦後南ア金鉱投資のひとつの特徴は，旺盛な株式資本投資とならんで巨額の借入資本投資と利潤再投資が見られたところにある。何故に戦後借入資本と利潤再投資が増大したか，ここでの課題は，その要因を明らかにすることにある。

　その最大の要因として，戦後新金鉱山の開発費が巨額となり，リスク分散を図っても鉱業金融商会と関連会社がリスクを冒しうる限界を越えたことが挙げられる。1933年の Rand Leases の設立以降，新金鉱山会社の発行する株式は鉱業金融商会と関連会社の独占するところであったが，ハガートによれば，新鉱山の開発費が600万ポンド，1000万ポンド，1500万ポンドと上昇するにつれて，株式発行に応募する権利は鉱業金融商会の困惑の種にかわったという[39]。というのも，この権利の行使は鉱業金融商会ならびに関連会社の金融力を凌駕するにいたったからであり，また，株式応募権が鉱業金融商会や関連会社の株

---

38)　S. H. Frankel, *Capital Investment in Africa*, p. 93.
39)　R. B. Hagart, *op. cit.*, p. 3.

主に渡された場合でも，個々の株主の資力を越えるにいたったからである。したがって，鉱業金融商会と関連会社が用意しうる資本またはリスクを冒しうる資本を越える開発費は，これを南ア鉱業界の外部と一般投資家に求めるか，あるいは開発鉱山の操業を早期に始め，そこから生じる利潤の再投資で埋め合わせるほか金融の方法はなかったのである。

ところで，一般投資家と南ア鉱業界の外部からくる資本が株式の形態を取らず，借入資本の形態を取った理由として次の2点を指摘することができる[40]。

第1に，南アやイギリスの南ア金鉱投資家にとって，税法上，株式投資に比べて借入資本での投資が有利となったことである。

南アの金鉱山会社は政府にたいし採鉱権リース料（ロイヤルティ）を支払っていたが，これにより残余の利潤にたいする税の支払いは免除されていなかった。利潤税は特殊な定式税率に基づいており，通常の商工業の会社の利潤に適用される普通税の税率と異なるばかりか，はるかに高率であった。南ア政府は，普通所得税に関するかぎり，金鉱山会社の利潤に直接賦課していることを理由に個人株主の得る配当には賦課していなかった。しかし，株主の受け取る配当は，所得税特別付加税の範囲にあれば，その対象となった。一方，イギリスの南ア金鉱山会社の個人株主は，受けとる配当にたいし南ア非居住者株主税とイギリスの所得税，さらに，もしその範囲にあれば，付加税を支払わなければならなかった。他方，会社株主には所得税特別付加税の代わりに利潤税と超過利潤税がかけられていた。

この南アの所得税特別付加税とイギリスの所得税の負担とは，新金鉱山の資本償却との関連で，新金鉱山の開発金融に大きな影響を及ぼすことになった。金鉱山会社の資本は，戦後に法改定がなされるまで，鉱山の推定寿命に基づいて償還されていた。すなわち，資本のある一定割合に等しい金額が利潤から毎年差し引かれ，それが課税控除利潤となっていた。そして，この控除利潤は資本の償還部分として株主に配当として利用し得ると見なされていた。一方，改定法により，生産段階に達するまでの資本支出ばかりでなく，生産が始まって以降の経常的資本支出もまた税控除の対象になると規定された。この資本償却規定の結果，全資本が償還されるまで利潤に税金がかからなくなったから，それは全て配当に回すことが可能となった。たとえば，新金鉱山の資本支出が

---

40) 以下は上記のハガート論文による。

1100万ポンドだとすると，利潤が税に服するまで，1100万ポンドの利潤はそのまま配当に回すことができるのである。しかし，この段階が過ぎると，一切の利潤は高率の利潤税とロイヤルティに服すことになる。一見したところ，この規定は新金鉱山会社の株主に有利に見えた。しかし，所得税特別付加税の範囲にある株主にとってはさほど有利なものでなかった。というのも，金鉱山会社の新規発行株式を割り当てられるような個人投資家は所得税特別付加税に服する類の大金持ちであったからである。一方，イギリスの株主は種々の課税に服していた。彼らは二重課税救済を主張できなかった。資本償却部分に当たる利潤＝配当には南アで税はかけられていなかったからである。それゆえ，金鉱投資を促進するためなされた法改正も，付加税を支払わねばならないような人にとっては魅力とはならなかった。

　ところで，以上述べた不利益は，鉱地を十分に開発している金鉱山会社を金融するために募集される社債や借入金の借入資本にたいしては生じなかった。借入資本の元利の返済は費用勘定であり，株式資本の場合と事情を異にしていたからである。ここに新金鉱山開発金融に借入資本が使われた理由がある。一方，借入資本の形態での投資は戦後のイギリス・シティの資本市場の変化にも合致していた。これが借入資本の比重を高めた第2の理由である。

　第二次世界大戦後，国際資本市場，ことにイギリス・シティの資本市場が大きく変化した。イギリスは常に南ア金鉱業の主要な資本源であった。しかし，戦後，累進所得税と高率の相続税の結果，イギリスの個人投資家の資金が不断に縮小し，投資に利用できるほとんどの資金が保険会社，年金受託基金，ならびにそれに類似した機関の手にますます集中することとなった。このような機関は信託された基金をリスクの要素を最低にするようなところに投資する義務を負っていた。それゆえ，金鉱山会社の株式投資は，リスクが大きいと判断された。確かに，鉱山が富裕鉱であれば，株式投資は利子率の何十倍もの配当を得ることができる。しかし，徹底をきわめた調査・探査といえども，金鉱山企業におけるリスクの要素を完全に取り除くことはできないからである。さらに，金鉱山は通常，投資してから利潤を生むまで5～6年にわたる懐妊期間を要する。これにたいし，借入資本は事情を異にする。借入資本は確定利付きであり，懐妊期間の終了を待たずに果実を手にできるばかりか，また，しばしば親会社（管理会社）の鉱業金融商会によって保証されていた。それゆえ，他人の資金を運用するイギリスの保険会社，年金受託基金などの機関にとって，株式投資

表2-14 南ア金鉱山における竪坑掘削スピード

| 時 期 | 鉱 山 | 金 鉱 地 | 月当り掘削<br>(フィート) |
|---|---|---|---|
| 1940年5月 | West Rand Cons | Central Rand | 454 |
| 1951年4月 | Virginia | OFS | 504 |
| 1953年5月 | Vlakfontein | East Rand | 585 |
| 1954年6月 | Merriespruit | OFS | 597 |
| 1955年3月 | Vaal Reefs | Far West Rand | 667 |
| 1955年9月 | West Rand Cons | Central Rand | 763 |
| 1957年9月 | FS Saaiplaas | OFS | 834 |
| 1959年9月 | Vaal Reefs | Far West Rand | 922 |
| 1959年11月 | President Steyn | OFS | 1,001 |
| 1960年1月 | President Steyn | OFS | 1,020 |

[出所] R. A. L. Black, "Development of South African Mining Methods", *Optima*, Vol. 10, No. 2 (June 1960), p. 68.

よりも借入資本形態での投資の方が，たとえ大幅な収益が期待できなくとも元利が安全なために，適合した投資形態であったのである。

操業を開始するまでに最低限必要な資本と株式発行で募集しうる資本の差額を埋めたのが借入資本であるとすると，最適規模にまで開発を進めるまでに必要とされる資本と，株式発行と借入資本の形態で募集しうる資本との差額を埋めたのが利潤再投資であった。換言すると，開発の完成を待たず可能な限り早期に操業を開始し，そこから上がる収益を開発資金の一部に充当したのである。

金鉱業が深層鉱山に突入して以来，新鉱山開発における最初の仕事は竪坑を地表から鉱脈まで掘削することであった。これは鉱山開発においてもっとも骨が折れ時間のかかる作業であり，開発開始から操業を始めるまでの時間はこれに大きく規定されていた。第二次世界大戦の直前直後においては，竪坑の掘削スピードは月当り300～500フィートであった。しかし，戦後竪坑掘削技術に著しい技術革新が見られた。すなわち，竪坑の掘削を進めると同時に周囲の壁をコンクリートで固め，地下水の湧水を封ずる技術と，竪坑の開発先端から出てくる有毒ガスを除去する換気装置の改良とが導入され，掘削スピードが相当に引き上げられたのである。1961年には月当り1000フィートが普通となっていた（表2-14参照）。これにより，大戦直後においては竪坑掘削の完成にはほぼ3年が予定されていたのが，1961年には15カ月から18カ月までに短縮されていた。竪坑掘削の技術革新は掘削時間の短縮，早期の生産開始を可能にしたばかりか，資本支出の削減，投資リスクの減少，資本募集の容易化をももたらすことになったのである。

グレイアムは，竪坑掘削技術の改善が開発期間の短縮をもたらした好例として，St Helena, Western Holdings および Harmony の開発期間の長さの比較を行なっている。これら3鉱山はほとんど同じ深さであった。St Helena 鉱山と Western Holdings 鉱山の初期の開発は戦前の方法でなされた。しかし，Harmony 鉱山の開発では，当初から改善された技術が採用された。開発が開始されてから生産にいたるまでの期間は，St Helena 鉱山が5年8カ月, Western Holdings 鉱山が6年1カ月であるのにたいし，Harmony 鉱山は4年1カ月であった。さらに，St Helena 鉱山と President Brand 鉱山を比較すると，St Helena 鉱山は竪坑の深さが3000フィートに達したとき生産が開始され，President Brand 鉱山は5000フィートに達したとき生産が開始されたにもかかわらず, President Brand 鉱山は St Helena 鉱山より2カ月早く（5年6カ月で）生産を開始した[41]。

　できるだけ早い時期に生産を始めるのに必要とされたもうひとつの要件は，回収施設の建設である。戦前には，通常鉱地が広範に開発された後に回収工場がつくられ，鉱石の粉砕が始まる以前に大量の鉱石が提供されていた。そして，回収工場完成後数カ月にして鉱山は最適操業に達していた。戦後は，回収工場が鉱山開発と同時に建設されるようになり，生産は限られた規模で早期に始められ，開発の進行とともに望ましいレベルに引き上げられていくこととなった。これは新しい竪坑掘削技術の導入による開発時間の短縮化に対応する措置であった。

　長い開発期間，巨額の資本を遊休したままにしておくことは，開発主体たる鉱業金融商会にとり高価なものについた。株式に配当がつかぬだけでなく，借入資本には利子を支払わねばならなかった。また，開発費用の水準を考慮して資本の一部分を生産から金融することが必要であった。ここに開発の新しい技術革新を導入しできるだけ早く生産を始めなければならない理由があった。

## 第6節　鉱業金融商会と外国資本の調達

戦後14年間（1946～59年）の南ア金鉱業新規募集資本（株式資本と借入資本）

---

41) M. R. Graham, *op. cit.*, pp. 124-125.

表2-15 第2次世界大戦後における南ア金鉱業新規募集資本[1]の源泉（1946～59年）

(単位：1000ポンド)

|  | イネス<br>推計 |  | フランケル[2]<br>推計 |
|---|---:|---:|---:|
| 総額 | 370,000 | 100% | 400,000 |
| イギリス | 100,000 | 27% | 108,000 |
| アメリカ・大陸ヨーロッパ | 85,000 | 23% | 92,000 |
| 南ア鉱業界 | 160,000 | 43% | 172,000 |
| その他南アフリカ | 26,000 | 7% | 28,000 |

(注) 1) 現金発行株式資本と借入資本
2) フランケル推計の内訳は総額にイネス推計の比率を乗じて算出。

[出所] D. Innes, *Anglo American and the Rise of Modern South Africa*, 1984, pp. 146-150.

の出資先の投資額と比率について，イネスが種々の指摘から推計したものを挙げると表2-15（イネス推計）のようになる。これによれば，総額3億7000万ポンドのうち，27％がイギリスで集められ，23％がアメリカと大陸ヨーロッパで，7％が南アの鉱業界外で，そして圧倒的に大きい43％が鉱業金融商会の内部金融を中心とする南ア鉱業界から集められた。フランケルの統計では，この期間の新規募集資本総額は4億ポンドである。イネス推計の比率でこれを出資先別に案分すると，同表フランケル推計のようになる。この両推計から，およそイギリスから1億ポンド強，大陸ヨーロッパ・アメリカから1億ポンド弱，南ア鉱業界から1億7000万ポンド，その他南アフリカから3000万ポンド弱がきたことがうかがわれる。

鉱業金融商会はこの巨額の資本を集めるために次の4つの新しいアプローチを採用した。第1にイギリスの金融機関をとらえるための社債発行である。これについては，前節においてすでに述べた。第2に鉱業金融商会自身の蓄積資本の利用である。過去においてもこの金融方式は採用されていたけれども，戦後これは相当の規模に拡大した。鉱業金融商会は傘下の鉱山開発の大部分の金融負担とリスクの主要部分を担うとともに，投資リスクを考慮して相互に他商会傘下の鉱山に資本参加していた。さらに，鉱業金融商会は姉妹会社や傘下の会社の蓄積資本も動員し[42]，上述のイネス推計に見られるように，鉱業界からの投資は新規募集資本のうち最大となった。鉱業金融商会の強力な金融力がなければ，戦後の新金鉱地の開発は決して実現しなかったであろう。

第3のアプローチはイギリス以外の先進国の資本源の開拓である。鉱業金融商会は，自己の資金不足を外国資本の導入で補ったり，傘下鉱山の開発に外国

資本を誘導した。ことに開発すべき鉱山を多数抱えていた AAC と，開発すべき鉱山に比して資力の弱かった Anglovaal は，外国資本の導入に積極的であった。両社は戦前ほとんど投資のみられなかったアメリカとスイス，西ドイツに接近した。

ヨーロッパ大陸では AAC の努力はスイスとドイツに向けられた。1950年，AACは自己の名でスイスから380万ポンドの借入をした。この借入金のうちかなりの部分——恐らく190万ポンド——は明らかに Orange Free State 金鉱地開発に投下された。1952年には傘下の Ofsits の名で再度スイスから190万ポンドの借入をした。これも Orange Free State 金鉱地開発に向けられた。それゆえ，AAC グループのスイスからの借入は合計570万ポンドに達していた[43]。

さらに AAC は，1958年フランクフルトのドイツ銀行から460万ポンドの借款をえた。その頃までに Orange Free State 金鉱地は十分生産段階に到達しており，1950年代初期のようには資本の必要は高くなかったけれども，なお新規株式を発行していた。ドイツ銀行からのこの借款の3分の1，約150万ポンドが Orange Free State 金鉱地に投下されたと見積もられている[44]。

Anglovaal は1946年にロンドンのラザード・ブラザーズと J・ヘンリー・シュレーダーならびにニューヨークのラーデンブルグ，タールマン・アンド・ラザーズと協定に達した[45]後，翌年8月資本金500万ポンドで American Anglo Transvaal Investment Corporation が設立された。この投資会社の投資は

---

42) 鉱業金融商会の姉妹会社の投資として最大のものは，De Beers Consolidated Mines のそれである。Diamond Corporation は，世界大恐慌の時に蓄積した大量のダイヤモンドを1930年代半ばから徐々に捌き始めた。ダイヤモンドは異常なほど安い価格で購入し，不断に回復する市場で販売したから，Diamond Corporation を支配する De Beers には「予期せぬ」巨額の利潤（5000万ポンド）が生じた（D. Innes, *op. cit.,* p. 149.）。1952年 De Beers の子会社として De Beers Investment Trust がつくられ，利潤は AAC 傘下の鉱山を中心に金鉱業に投下された。グレゴリーによれば，De Beers Investment Trust の金鉱業への投資額は，1954年までに2889万ポンドに達し，そのうち1630万ポンドが Orange Free State 金鉱地に，500万ポンドが Far West Rand 金鉱地に投下された（T. Gregory, *op. cit.,* pp. 571-572.）。*The Economist* は，De Beers の金鉱業への投資は必ずしもロンドンの株主に好評とはいえなかったことを報じている（'King of Diamond', *The Economist,* June 19, 1954, pp. 991-993.）。これは，かつて De Beers の投資政策をめぐって存在したセシル・ローズとロスチャイルドの対立を想起させる。1961年に，De Beers Investment Trust は，AAC のもうひとつの姉妹会社である Rand Selection Corporation に合併される。
43) M. R. Graham, *op. cit.,* pp. 289-290.
44) *Ibid.,* p. 290.
45) *The Statist,* July 3, 1948, p. 19.

Anglovaal とその Orange Free State 金鉱地に関連する会社に集中していた。1953年に Anglovaal に吸収されるが，その直前の同社の最後の財務報告は150万ポンドに達する資本・準備金を示していた[46)]。

Anglovaal が勧誘したアメリカのもうひとつの会社が当時世界最大の銅会社であった Kennecott Copper Corporation である。Kennecott の投資は Virginia と Merriespruit に向けられ，両鉱山にたいする貸付金は1470万ポンド，株式投資は130万ポンド，合計1600万ポンドに達した。これは，南ア金鉱業にたいする非イギリス系の単一機関としての最大規模の外国投資で，1917年に AAC が設立されたとき以来の最大のアメリカの南ア投資であり，アメリカ資本による最初の南ア金鉱山会社株式の直接的大量購入であった[47)]。

南ア金鉱業にたいするアメリカ投資のもうひとつの道は C・W・エンジェルハードの活動により開かれた。1957年，南アで2番目に大きい鉱業金融商会 CM が乗っ取りの危険に遭遇したとき，彼によって率いられたコンソーシアムが CM の一大株を取得した。CM は，南ア金鉱業をつくった最大商会であるウェルナー・バイト商会を引き継いだ会社で，当時南ア金鉱業の有力な商会のひとつである RM を支配するばかりか，オーストラリア，カナダの抽出産業にも相当の利権を有していた。CM の獲得は RM にたいする支配権を与え，彼は南アフリカにたいする最も強力なアメリカの投資家となった。当時 RM 傘下の鉱山は南ア生産の半分以上を生産していた。

1959年にエンジェルハードは American South African Investment Corporation（ASAIC）を設立し，南ア金鉱業へアメリカの投資を誘導した。設立時の資本は鉱業金融商会自身の保有する一塊の株式の購入に使用された。ASAIC の第1回年次報告書で明らかにされたところによると，その所有する Orange Free State 金鉱山への投資は市場価格で470万ポンド，保有株式価額の47％であり，9つの鉱山にまたがっていた[48)]。

見落としてならないのは South African Trust Fund である。これは，鉱業

---

46) M. R. Graham, *op. cit.*, p. 286.
47) *Ibid.*, p. 289. 1960年に貸付金の一部が返還された。しかし，両鉱山は失敗であることが判明。翌年1月，この両鉱山の Kennecott の持株は，AAC, CM, Anglovaal の3社を中心につくられたコンソーシアム Virginia-Merriespruit Investments（Pty）に譲渡された。これとともに，Merriespruit 鉱山の管理権が CM に移った（M. R. Graham, *op. cit.*, p.192.）。
48) *Ibid.*, p. 289.

金融商会でなくアフリカーナーの経済団体の勧誘により，1948年1月スイス合同銀行によって設立された投資会社であった。第二次世界大戦後スイスでは再度の大戦の勃発を恐れて安全な場所への投資が望まれていた。当時安全な投資場所は唯一アメリカであったが，1941年に実施されたスイス資本の凍結は解除されていず，アメリカへの投資は回避されていた。他方，戦後のヨーロッパ経済はアフリカとの連携を強めるものと期待されていた。1954年に South African Trust Fund はスイス最大の，いやおそらくヨーロッパ大陸最大の，南アフリカ証券投資家であった。そして保有証券の70%は金鉱株であった[49]。

第4に現地資本源の利用である[50]。南アの資本市場の規模はヨーロッパやアメリカのそれと比較にならないが，戦後現地資本市場は未曾有の拡大の局面を迎えていた。いくつかの指標を挙げると，1948年と58年の間に，南アの個人・企業の貯蓄は1554%増加（1300万ポンドから2億1500万ポンドへ），政府・公共体の経常余剰は125%増加（2800万ポンドから6300万ポンドへ），粗資本形成は102%の増加（2億8000万ポンドから5億6500万ポンドへ），であった。1958年には建築協会の資本と預金は5億1200万ポンドに達した。また，南アの生命保険業を支配する4つの金融機関の合わせた資産は2億2300万ポンドにとどいていた。こうして，南ア企業預金の突然の増大と金融機関への巨額の資金の集中は，金鉱業にたいしても重要な資本源を提供することとなった。他方，この点でも，国家も決定的な役割を演じた。1949年政府は National Finance Corporation を設立し，一般大衆から要求払い預金を受け入れ，1958年までに5800万ポンドの預金を支配するにいたった[51]。そして，その大部分は直接的株式所有の形態か非保証貸付金の形態で新金鉱山に投下されていた。

上述の4つの金融方式が過去に採用されていなかったわけではない。しかし，第二次世界大戦前における南ア金鉱業の金融は，鉱山自身の利潤再投資を別とすれば，第一次的には鉱業金融商会とイギリスの個人投資家の株式投資に依存していたのであるから，戦後の南ア金鉱山開発金融は大転換を遂げたと言わねばならない。第1に，鉱業金融商会や姉妹会社，傘下会社の蓄積資本が動員さ

---

49) 'South Africa in Search of Investment Capital', *The Statist,* February 7, 1948, pp. 154-155 ; D. Innes, *op. cit.,* p. 148.
50) 以下は，D. Innes, *op. cit.,* p. 148による。
51) 1954年には，De Beers Investment Trust は，National Finance Corporation にたいし2084万9000ポンドの預金をしていた（M. R. Graham, *op. cit.,* p. 294.）。

れて，新金鉱地開発資本のほぼ半分を提供するにいたった。第2に，戦前と同じくイギリス資本は開発に不可欠であったけれども，戦後のイギリス資本市場の変化を反映して，富裕な個人投資家による株式投資から保険会社，年金基金等の機関による借入資本形態での投資に変わった。第3に，イギリス以外の外国の資本が積極的に勧誘された。ことにアメリカとスイスからの投資が活発で，イギリスからの資本額に近づくまでになった。第4に，南ア自身にも戦中・戦後経済の拡大を反映して資本市場が強化され，鉱業界以外の資本が流入することとなった。経済成長によって，南ア自身の資本力は強化されていたけれども，なお，戦後金鉱業新規募集資本の半分は，外国からきていたことが注目されるのである。

## むすび

　1890年代中葉における深層鉱山への突入以来，南ア金鉱山の開発はグループ・システムの下に鉱業金融商会により遂行されてきた。鉱業金融商会は金鉱地を購入したり鉱物権・採鉱権のオプションを設定し，探査を実施し，鉱脈が発見されれば傘下に鉱山会社を設立した。その際，鉱業金融商会は鉱山会社への鉱地もしくは鉱物権・採鉱権の譲渡の代償に，大量の売主株を取得した。浮揚した市場での売主株の売却が，配当と並ぶランドローズの富の源泉であった。金法の改正により採鉱権貸与制度がトランスヴァールにも導入され，政府による地代部分の取得が始まると，売主株を発行する余地は著しく減少した。しかし，鉱業金融商会はオプション設定や探査につぎ込む資本のリスクの代償に，安い価格での株式応募権を確保した。これにより鉱業金融商会は取得価格と市場価格の差，すなわち創業者利得を得ることができた。
　1930年代初発から1950年代にかけてなされた新金鉱地・新金鉱山の発見は，すべてが巨大鉱業金融商会の手になるものではなかった。しかし，新金鉱山は例外なく強力な金融力と技術力を有する巨大鉱業金融商会の把捉するところとなり，その開発はグループ・システムの下に鉱業金融商会により行われることとなった。
　新金鉱地における鉱山開発金融の最大の問題は，開発費が驚くほど巨額になったことである。第二次世界大戦直前ラントにおける標準的鉱山の開発費はお

よそ400万ポンドであった。しかし，戦中・戦後のインフレーション，開発すべき鉱脈の深さ，断層などの地質的条件，アフリカ人労働者不足に対応する機械化の促進等のために，戦後の鉱山開発費は，800万ポンド，1100万ポンド，1500万ポンドと上昇していった。しかも鉱業金融商会は開発すべき鉱山を複数抱え込んでいた。

フランケルの統計によれば，戦後1964年までの南ア金鉱業の投資額（売主株は市場価格評価）は，1945～52年には3億458万ポンド，1953～64年には6億879万ポンドで，計9億1337万ポンドに達する。ブッシャウによれば，戦後投下された資本額は1959年末までで，戦前50年にわたって投下された資本の1.5倍を越えていた。イネスは「戦後の新金鉱地の開発金融は南アフリカでかつて企てられたもっとも大きいもっとも壮観な金融的事業であった」[52]と指摘している。資本「構成」を見ると，新金鉱地の開発が急速に進められた1945～52年には，株式資本が3分の2以上（71.9％）を占め，借入資本17.2％，利潤再投資10.8％であり，新金鉱地鉱山の生産が次々に始まり，旧金鉱地の生産を上回る1953～64年では，利潤再投資が半分を大きく越え（59.5％），株式資本40.8％，借入資本0.4％である。利潤再投資の比重が高い背景には，株式資本の募集だけでは開発費を賄えなかった事情がある。

開発主体たる鉱業金融商会にとって，巨額の資本をいかにして集めるか，そして，投資リスクをいかにして少なくするかが，鉱山開発に際しての最大の問題であった。探査会社や鉱業金融商会は探査・開発における投資リスクをできるだけ小さくするため，種々の協定（探査リスク分散協定，共同探査協定，鉱地合同協定，資本参加協定，資本参加権再配分協定）を相互に取り結んだ。これらリスク分散の協定は，同時に資本確保の手段でもあった。

投資リスク分散協定により新設金鉱山会社の発行株式は種々の商会・会社に配分されたが，注目すべきことは，これら株式がほとんどすべて南ア鉱業に関連する会社にわたったことである。しかもその大半は，総じて管理会社たる鉱業金融商会とその関連会社にわたった。開発主体たる鉱業金融商会グループが第一次的リスクを負ったことは明らかである。

必要最低限の開発費と募集可能な株式資本の差額は借入資本によって埋められたが，他方，出資先のイギリスでは，株式資本に比して借入資本での投資を

---

52) D. Innes, *op. cit.*, pp. 149-150.

歓迎する事情があった。第1に，戦後の南アフリカにおける金鉱業資本償却に関する税制改革の影響である。それ以前，金鉱山会社の資本は，当該鉱山の推定寿命に基づいて年々利潤から定率で控除・償還され，課税控除となっていた。税法改革により初期資本ばかりでなく，生産開始後の経常的資本支出も課税控除の対象とされるにいたった。これにより全資本が償却されるまで，利潤に税がかからなくなった。この改革は一見投資家に有利に見えたが，特別付加税に服する南アやイギリスの人々や，超過利潤税を支払わなければならないイギリスの機関投資家には必ずしも有利でなく，株式投資は敬遠されて借入資本形態の投資が好まれた。第2の事情は戦後イギリスの資本市場の変化である。累進所得税と高率の相続税の結果，個人投資家の資金が縮小し，一方資金は保険会社や年金基金などの機関に集中することとなった。これら機関はリスクの高い株式投資よりも，元利の保証された借入資本形態の投資を望んでいた。

　巨額の初期資本は懐妊期間の縮小を至上命令とした。竪坑の掘削に新しい技術が導入され，掘削時間を著しく短縮するとともに，開発の完成を待たずして回収装置が設置されていった。限られた規模ながらできるだけ早期に操業が始められ，そこから上がる利潤は再投資されていった。1953～64年における投資額のうち利潤再投資が半分を大きく越えるまで占めているのはこれを反映している。

　イネスの推計によれば，戦後14年間における南ア金鉱業の新規募集資本（株式資本と借入資本）の出資先比率は，イギリス27％，アメリカと大陸ヨーロッパ23％，南ア鉱業界43％，南アの鉱業界を除く国内7％，である。フランケル推計をも勘案すると，金額はおおよそ，イギリス1億ポンド強，アメリカ・大陸ヨーロッパ1億ポンド弱，南ア鉱業界1億7000万ポンド，その他南ア3000万ポンド弱，となる。戦前南ア金鉱業の開発金融は，鉱山自身の利潤再投資を別にすれば，鉱業金融商会とイギリスの富裕な個人投資家の株式資本投資に依存していたから，戦後の投資には著しい変化が生じたといわねばならない。第1に，鉱業金融商会を中心に南ア鉱業界の蓄積資本が総動員された。第2にイギリスからの資本も形態を変え，機関による借入資本形態の投資が主流となった。第3にアメリカと，スイスを中心に大陸ヨーロッパから資本が新しく流入した。金額は大きく，イギリスのそれに近付いていた。第4に南アの国内資本がかなりの量投下された。第1節で見たように，これらの資本は圧倒的に新金鉱地向けであった。戦後には過去50年にわたって投下された資本の1.5倍が投下され

た。イネスの指摘するように，戦後の新金鉱地の開発金融は南アフリカでかつて企てられたもっとも大きいもっとも壮観な金融事業であったが，なお新規募集資本の半分は外国に依存していた。

　新金鉱地に巨額の資本を投下した結果，どのような成果が生まれたか。この考察が次章の課題である。

# 第3章　金鉱業の新展開

## はじめに

　南アにおいては，1930年代から60年代にかけて，Far West Rand, Klerksdorp, Orange Free State, Evander の4つの金鉱地が発見され，そこに36の鉱山がつくられた。本章の課題は，これら鉱山がどのような成果を生むにいたったかを見ることにある。

　新金鉱地の鉱脈品位は旧金鉱地のそれに比して総じて高かったけれども，すべての鉱山が高品位であったわけではなく，富裕鉱山（そのなかには飛び抜けて高品位の鉱山がある），中位鉱山，劣位鉱山があった。また，高品位であっても，地下の洪水を止めることができず，採鉱を断念しなければならない鉱山もあった。戦後の鉱業界においては，収益の高い金鉱山を獲得した鉱業金融商会は有力商会となっていったし，また，有力商会であっても収益の高い金鉱山を獲得するのに失敗した商会はその地位を維持することができなかった。旧金鉱地から新金鉱地への金鉱業中心の移動は鉱業金融商会の盛衰に大きな影響を及ぼしたのである。もっとも，鉱業金融商会の盛衰を金鉱山からの収益だけから判断するのは誤りであることを付け加えておかねばならない。鉱業金融商会の収益は金鉱山以外の鉱山や他の産業からもあがってくるからである。たとえば，AACは，北ローデシアの銅鉱山や南ア・南西アフリカのダイヤモンドを支配していたし，JCIはダイヤモンドに大きな利権を有するとともに，南アのプラチナを支配していた。また，戦後どの鉱業金融商会も製造業に進出していた。しかし，この時期，鉱業金融商会の投資の中心はなお金鉱山開発にあるのであって，金鉱山からの収益が鉱業金融商会の帰趨を決定していたといって差支えないのである。

　新金鉱地の鉱山が急速に開発されたことにより，戦後程なく，AACが金生産者のトップの座を占めるようになり，CGFSAも第一次世界大戦前と同じ第

図 3 − 1  南アの金生産量（1939〜70年）

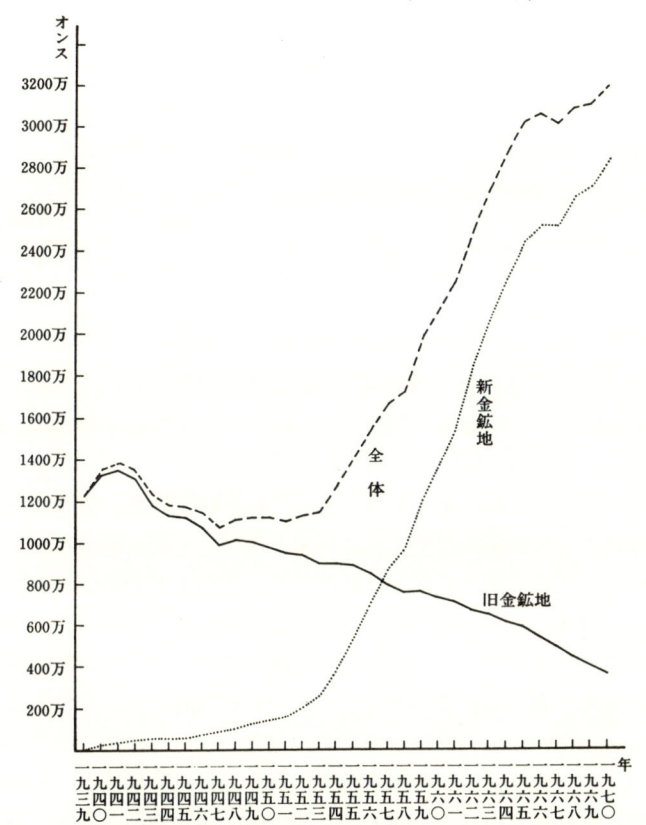

[出所] Chamber of Mines, *Annual Report* 各号より作成。

2位の地位を回復した。一方，1890年代以来トップの座を占めてきたCMと，両大戦間中トップの座を争っていたJCIが大きく後退することになる。金鉱業の支配者としての鉱業金融商会の盛衰を見ることも本章の課題となる。本章の標題を「金鉱業の新展開」としたのも，金鉱業の中心が新金鉱地に移り，それとともに鉱業金融商会の力関係が大きく変化したことによる。

考察の期間は1939〜70年とした。というのは，1965年には新金鉱地の開発がほぼ終了し，1960年代後半に生産は最盛期を迎えるからであり，また，1971年以降，ドル＝金体制の国際通貨体制が崩壊して，金価格が騰貴するとともに，

金鉱山におけるアフリカ人労働者の賃金が上昇し始め、南ア金鉱業を取り巻く環境が大幅に変化するからである。

　1939年から70年までの南ア金生産量の推移を見ると、図3－1のようになる。すなわち、金生産量は、1939年の1235万オンスから41年の1388万オンスのピークに達した後、47年の1070万オンスにまで漸減し、その後53年までほぼ横ばいであった[1]。54年以降の生産の伸びは著しく、翌年には41年のピークを突破し、60年には2000万オンス、65年には3000万オンスを凌駕した。ラント金鉱発見以来それまでの最高の年生産量は41年のそれであったから、50年代半ばから60年代半ばにかけての生産の伸びは著しいものがあったといわねばならない。この生産の背後に、4つの新金鉱地における鉱山の操業開始があったことは明らかである。50年代中葉まで金鉱業の中心地は、Randfontein 鉱山から Nigel 鉱山にいたる約90マイルの黄金の円弧(golden arc)に展開する West Rand, Central Rand, East Rand の3金鉱地にあった。しかし、これら旧金鉱地の生産は1941年を境に漸減過程に突入する一方、これと対照的に、30年代から探査・開発された新金鉱地の鉱山は50年代に入ると次々に生産を開始し、57年には旧鉱地の生産を凌駕し、60年代半ばには南ア金生産の圧倒的部分を占めるにいたるのである。以上のことから、この期間の南ア金鉱業の歴史は50年代半ばを境に2つの時期に、すなわち、旧金鉱地が生産の過半を占めていた50年代半ばまでと、新金鉱地が南ア金鉱業の中心となったそれ以降とに区分することができる。それゆえ、本章においては、南ア金鉱業の動向をこの2つの時期に分けて分析したい。第1節において第二次世界大戦勃発から50年代半ばまでを、そして、第2節においてそれ以降を見ることにする。第3節において、南ア金鉱業の支配者としての鉱業金融商会の地位の変化を見る。Orange Free State 金鉱地の有力鉱山を支配した AAC と Far West Rand 金鉱地の有力鉱山を支配した CGFSA が、戦後の南ア金鉱業において支配的地位を占めるにいたったことが明らかにされる。(なお、補論では、50年代半ば以降金鉱山会社の収益に大きく貢献したウラン生産を取り上げる。)

---

1)　本章で取り扱う南ア金鉱業の数値、指標は南ア鉱山会議所加盟鉱山(ただし、「雑」に分類される零細鉱山は除く)のものであることを断っておきたい。南アには加盟鉱山の他いくつかの小さな非加盟鉱山があるが、生産量は多くない。

## 第1節　金鉱業の動向(1)──1939～55年

　本論に先立ち，1930年代の南ア金鉱業について簡単に触れておこう[2]。

　1930年代の南ア金鉱業は，世界大恐慌下の金本位制度の崩壊による金価格の高騰により，未曾有の繁栄を遂げた。1931年9月のイギリス金本位制度離脱により金のポンド価格は漸次上昇していたが，翌年12月南ア・ポンドが金本位制度をやめイギリス・ポンドにリンクすると，南アでの金価格は1オンス85シリングから125シリングへと急上昇した。この50％の上昇に加えて，1934年にアメリカがドル平価を1オンス35ドルに固定すると，さらに14％の上昇が生じた。これはおよそ142シリングに等しく，1932年12月28日以前に比べて67％高くなっていた。この金価格の上昇と不況下の資材等の値下りによるコスト低下とにより，鉱石のペイ・リミットが下がり，従来収益を上げることができず放置されたままになっていた埋蔵鉱石が採掘されるようになったり，閉鎖されていた鉱山が再開発されることとなった。粉砕鉱石トン当り金量（鉱石品位）は1932年まで6dwtsを越えていたのに，34年以降4dwts台に低下した。粉砕鉱石量から見ると，32年の3447万トンから38年には5383万トンに増大し，金鉱業の規模は1.56倍になった。しかし，金生産量は同期間に1092万オンスから1171万オンスに，1.07倍に増大したにとどまった。一方，営業利潤は1932年に1377万ポンドにすぎなかったが，1934年には2900万ポンドを越え，1938年には3100万ポンドに達した。金鉱業が金価格の騰貴を全面的に享受したことがここにうかがえるのである。では，30年代の繁栄に続き，南ア金鉱業はどんな時代を迎えたであろうか。

　表3－1は1957年までの南ア金鉱業の基本指標を示している。これにより，まず，1939～55年における生産と営業利潤の動向を見ておこう。

　金生産を見ると，1941年の1388万オンスをピークに47年の1070万オンスまで漸減し，以後53年までほぼ横ばいが続き，54年から急上昇に向かい，55年にはそれまでの最高であった41年を越える1409万オンスを記録している。一方，営業利潤は，1940年のピークの4753万ポンドから47年のボトムの2143万ポンドへと半分以下に低下し，その後，生産の停滞にもかかわらず急上昇を遂げて，

---

　[2]　拙著『南アフリカ金鉱業史』新評論，2003年，69～74ページ参照。

表 3-1　南ア金鉱業の基本指標

| | 鉱山数 | 粉砕鉱石量 | 粉砕鉱石トン当り金量 | 生産量 | 営業利潤 | 営業費用 | 営業利潤 | 粉砕鉱石トン当り 営業収入 | 粉砕鉱石トン当り 営業費用 | 粉砕鉱石トン当り 営業利潤 | 配当 |
|---|---|---|---|---|---|---|---|---|---|---|---|
| | | 千トン | dwts | オンス | ポンド | ポンド | ポンド | s/d | s/d | s/d | ポンド |
| 1928年 | 34 | 30,045 | 6,551 | 9,840,698 | 42,039,866 | 29,598,151 | 12,441,718 | 28/0 | 19/9 | 8/3 | 7,980,095 |
| 1932年 | 32 | 34,467 | 6,328 | 10,920,095 | 46,525,453 | 32,755,157 | 13,770,296 | 27/0 | 19/0 | 8/0 | 8,378,995 |
| 1934年 | 31 | 39,140 | 4,996 | 9,777,308 | 66,978,445 | 37,611,123 | 29,367,322 | 34/3 | 19/3 | 15/0 | 14,520,212 |
| 1936年 | 36 | 48,221 | 4,569 | 11,015,776 | 77,227,893 | 45,317,911 | 31,909,982 | 32/0 | 18/9 | 13/3 | 17,237,216 |
| 1938年 | 40 | 53,834 | 4,349 | 11,707,254 | 83,412,856 | 51,724,900 | 31,687,956 | 31/0 | 19/3 | 11/9 | 17,207,365 |
| 1939年 | 43 | 58,340 | 4,234 | 12,352,099 | 92,126,373 | 56,609,412 | 35,516,961 | 31/7 | 19/5 | 12/2 | 19,903,321 |
| 1940年 | 44 | 64,515 | 4,195 | 13,535,504 | 114,207,553 | 66,682,366 | 47,525,187 | 35/5 | 20/8 | 14/9 | 21,060,575 |
| 1941年 | 45 | 67,255 | 4,127 | 13,877,275 | 116,978,499 | 71,133,456 | 45,845,043 | 34/9 | 21/2 | 13/7 | 19,399,645 |
| 1942年 | 47 | 66,980 | 4,053 | 13,572,339 | 114,455,214 | 70,800,068 | 43,655,146 | 34/2 | 21/2 | 13/0 | 17,489,225 |
| 1943年 | 47 | 59,953 | 4,097 | 12,281,855 | 103,585,046 | 65,676,280 | 37,908,766 | 34/7 | 21/11 | 12/8 | 15,322,952 |
| 1944年 | 47 | 58,504 | 4,039 | 11,813,729 | 99,623,168 | 66,681,942 | 32,941,226 | 34/1 | 22/10 | 11/3 | 13,617,895 |
| 1945年 | 46 | 58,898 | 3,997 | 11,769,904 | 101,847,382 | 69,941,061 | 31,906,321 | 34/7 | 23/9 | 10/10 | 13,056,263 |
| 1946年 | 45 | 56,928 | 4,024 | 11,462,280 | 99,249,814 | 72,920,881 | 26,328,933 | 34/10 | 25/7 | 9/3 | 13,406,349 |
| 1947年 | 45 | 53,712 | 3,982 | 10,700,609 | 92,740,023 | 71,309,136 | 21,430,887 | 34/7 | 26/7 | 8/0 | 11,845,035 |
| 1948年 | 45 | 55,286 | 4,012 | 11,090,028 | 96,174,355 | 72,383,938 | 23,790,417 | 34/9 | 26/2 | 8/7 | 13,419,243 |
| 1949年 | 43 | 56,882 | 3,942 | 11,203,812 | 110,617,436 | 76,667,643 | 33,949,793 | 38/11 | 27/0 | 11/11 | 17,384,671 |
| 1950年 | 43 | 59,515 | 3,759 | 11,185,321 | 139,491,029 | 87,956,643 | 51,534,386 | 46/11 | 29/7 | 17/4 | 25,769,759 |
| 1951年 | 45 | 58,649 | 3,756 | 11,019,045 | 137,494,860 | 93,337,806 | 44,157,054 | 46/11 | 31/10 | 15/11 | 23,809,160 |
| 1952年 | 46 | 60,001 | 3,767 | 11,299,986 | 141,271,310 | 102,525,003 | 38,746,307 | 47/1 | 34/2 | 12/11 | 20,716,231 |
| 1953年 | 49 | 58,772 | 3,893 | 11,440,830 | 142,198,156 | 107,306,956 | 34,891,200 | 48/5 | 36/6 | 11/11 | 18,994,307 |
| 1954年 | 53 | 62,355 | 4,068 | 12,682,328 | 158,630,787 | 120,435,001 | 38,195,786 | 50/11 | 38/8 | 12/3 | 19,946,297 |
| 1955年 | 53 | 65,951 | 4,274 | 14,093,668 | 177,414,094 | 133,161,104 | 44,252,990 | 53/10 | 40/5 | 13/5 | 23,286,885 |
| 1956年 | 56 | 67,525 | 4,553 | 15,373,680 | 193,214,230 | 144,763,823 | 48,450,007 | 57/3 | 42/11 | 14/4 | 29,106,517 |
| 1957年 | 53 | 66,114 | 5,000 | 16,540,817 | 207,705,565 | 149,871,972 | 57,833,593 | 62/10 | 45/4 | 17/6 | 37,586,612 |

[出所]　Chamber of Mines, *Annual Report* より作成。

1950年には5153万ポンドとなる。これはそれまでの最高である40年を凌駕する記録である。しかし，翌年から減少に転じ，53年には3489万ポンドになる。翌年には再び上昇に転じ，55年には4425万ポンドに回復する。明らかに，営業利潤の動きは生産のそれに比して複雑な動きを示している。これらの生産と営業利潤の動きには，第二次世界大戦と1949年のポンド切下げの影響と，旧金鉱地の生産減少と新金鉱における操業開始が反映されているのである。以下，これらの要因を念頭に，この期間における南ア金鉱業の動向を見てみよう。

第二次世界大戦勃発直前に金のポンド価格は再び上昇を開始し，1オンス150シリングの水準を突破した。1940年1月1日から南ア準備銀行による金の購買価格は1オンス168シリングに固定され，大戦が終わるまでこの水準に維持された[3]。大戦中，出征や戦争協力による白人熟練労働者の減少，アフリカ人労働者の軍事徴用や他産業への吸引，電力の供給不足，機械や資材の輸入途絶などのため，十分な操業が不可能となり，1941年を頂点に粉砕鉱石量も生産量も次第に減少していく。労働力不足と資材不足は戦後にも持ち越され，粉砕鉱石量も低下しつづけ，1947年には粉砕鉱石量5371万トン，生産量1070万オンスのボトムを記録した[4]。

南ア金鉱業にとって粉砕鉱石量や生産量の低下にもまして深刻であったのは，物価騰貴の収益性への影響であった。すでにこの影響は大戦前に現れていたが，戦中・戦後に国内品，輸入品を問わず，機械・資材・食料は軒並み高騰し，営業コストは加速的に上昇した。1920年代末から30年代初頭にかけてピローや1930年低品位鉱石委員会が問題にしたのと同じ事態が生じていたのである。営業費用は年々上昇し，粉砕鉱石トン当り営業費用は1930年代に最低であった36年の18シリング9ペンスから，41年には21シリング2ペンス，45年23シリング9ペンス，47年26シリング7ペンスとなった[5]。

一方，粉砕鉱石トン当り営業利潤は，1936年の13シリング3ペンスから40年

---

3) S. Jones and A. Muller, *The South African Economy, 1910〜1990,* London, Macmillan, 1992, p. 155 ; *Official Year Book of the Union of South Africa and of Basutoland, Bechuanaland Protectorate and Swaziland, 1941,* No, 22, p. 811.

4) 1947年に粉砕鉱石量，生産量がボトムを記録した要因として，①アフリカ人労働力不足，②戦時中に枯渇した予備鉱石補充のため，不均衡に労働者の多くを採鉱，搬出にまわしたこと，③白人技術者不足，④地下労働者のストライキ，を挙げることができる。ことに，第1番目の要因が深刻で，必要労働者数の80％しか雇用できていなかった（*Minerals Yearbook 1947,* p. 577.）。このアフリカ人労働者不足は1950年代後半まで継続する。

に14シリング9ペンスに上昇したが（これは40年1月1日の金価格の引上げを反映する），以後急速に低下し，41年13シリング7ペンス，43年12シリング8ペンス，45年10シリング10ペンス，そして47年には8シリングになった。粉砕鉱石量の減少と相俟って，営業利潤は40年の4753万ポンドを頂点に，43年3791万ポンド，45年3191万ポンド，そして，47年には2143万ポンドまでに低下した。

1945年12月米英金融協定が結ばれた頃，イギリス・ポンドは為替管理によって4.03ドルの公定相場を維持されていたが，ニューヨークのポンドの自由相場は2.10ドルあたりを低迷していた。米英金融協定で約束されたポンドの交換性回復が1947年7月15日に実施されると，5週間のうちにイギリスは10億ドルを失い，8月20日にはポンドのドルへの交換を停止せざるを得なかった。ここに，大戦によるイギリス経済の疲弊によって，ポンドのドルにたいする価値調整は必至であった[6]。

1949年9月19日，イギリス・ポンドはドルにたいし44％切り下げられた。イギリス・ポンドにリンクしていた南ア・ポンドも同時に切り下げられ，金価格は一夜にして1オンス172シリング6ペンスから248シリング3ペンスに跳ね上がった。ここに1930年代の繁栄をもたらした事態に似た状況がつくり出されたのである。しかし，1932年のポンド切下げと1949年のポンド切下げとでは，南ア金鉱業にたいする影響はかなり大きく違っていた[7]。

1932年末における南アの金本位制離脱は，世界金本位制度崩壊の中での出来事であり，金にたいしすべての国の通貨が減価した。言い換えると，南アの主要輸出品である金にたいし，イギリスやアメリカの金輸入国は彼らの通貨をより多く支払うことになったのである。したがって，1930年代の南ア金鉱業の拡大とそれに刺激された第二次産業と農業の活発化は海外からやってきたのである。しかし，1949年の場合はそうではなかった。金が非切下げ国アメリカに輸

---

5) これをペイ・リミット，すなわち営業費用を償うに足る金量に直すと，1936年2.674dwts，1941年2.511dwts，1945年2.745dwts，1947年3.067dwtsとなる。1941年に一時低下しているのは，1940年の金価格の引上げを反映している。これとは逆に，1946年の金価格引上げにもかかわらず，1945年に引き続いて1947年にも上昇しているのは，粉砕鉱石トン当り費用が金価格の引上げ率以上に上昇したことを示している。先に指摘した収益性ある埋蔵鉱石量の減少は，ひとつには，このペイ・リミット上昇による。

6) 牧野純夫『円・ドル・ポンド』第二版，岩波新書，1969年，68～76ページ。

7) 以下の，1932年と1949年の比較は次の論文による。C. S. Richards, 'Devaluation and its Effects on the Gold Mining Industry', *Optima*, Vol. 1, No. 1 (June 1951), p. 15.

出される限り，金価格は変わらず，ただ南ア金鉱山会社が国内で受けとる南ア・ポンドが増えただけであった。したがって，ポンド切下げによる金価格の上昇は輸入業者と他産業から金鉱業への所得の国内的移転を表すにすぎず，1949年の通貨切下げによる金鉱業の繁栄は，自国他産業の「犠牲」に基づくものであったともいえるのである。もっとも，インフレ率を考慮すると，この所得移転は，戦中・戦後に増大するコストと賃金水準が奪っていた収益の金鉱業への再移転を表すにすぎなかったともいえる。ともあれ，重大なことは，1949年の通貨切下げが不可避的かつ自動的に上昇するコスト構造をもたらしたことである。第1に，非切下げ国，たとえばアメリカからの輸入品は切下げ幅まで自動的に騰貴した。この場合44%であった。第2に，切下げ国，ことに南アの主要輸入先であるイギリスからの物品価格も上昇することになった。なぜなら，通貨切下げによる輸入原料・生活物資の価格騰貴を相殺する物価と賃金の上昇圧力により，イギリスの生産コストも不可避的に上昇したからである。第3に，南ア国内においても，これと同じ理由で，賃金の上昇や農産物・工業製品の価格上昇を回避できず，不可避的にコスト上昇圧力がつくられたのである。

しかし，1949年の通貨切下げが南ア金鉱業に及ぼした影響は即効的であり，かつ大きなものであったことも事実である。ことに十分な埋蔵鉱石量は有するが，鉱石品位の低下に悩んでいた鉱山にとって，それは救いであった。表3－2に旧金鉱地のいくつかの鉱山の営業利潤を示すが，1949年と50年の営業利潤を比較すれば，金1オンス12ポンドが持った意味が了解されるであろう。しかし，その救いも一時的で，翌年，あるいは翌々年には営業利潤は49年の水準を割っている。コスト上昇構造の定着により，ポンド切下げの不利益が明白に姿を現すことになったのである。

切下げ前後の南ア金鉱業粉砕鉱石トン当り指標を挙げると表3－3のようになる。主要な変化は次のとおりである。第1に，粉砕鉱石トン当り金含有量（鉱石品位）は，切下げ前8カ月（49年1～8月）の平均3.996dwtsから50年7～9月平均の3.745dwtsに低下した。第2に，粉砕鉱石トン当り営業収入は，切下げ前8カ月の平均34シリング8ペンスから切下げ直後3カ月（49年10～12月）の平均47シリング6ペンスに急上昇した後，翌年の7～9月平均では46シリング8ペンスに低下した。金価格の上昇と粉砕鉱石品位の低下によるものであることはいうまでもない。第3に，粉砕鉱石トン当り営業費用は一貫して上昇し続けた。切下げ前8カ月の平均が26シリング5ペンスであったのにたいし，

表3－2　旧金鉱地鉱山の営業利潤（1949～52年）

(単位：ポンド)

| | 金鉱地 | グループ | 1949年 | 1950年 | 1951年 | 1952年 |
|---|---|---|---|---|---|---|
| Brakpan | ER | AAC | 460,663 | 907,849 | 666,589 | 421,558 |
| City Deep | CR | CM | 865,059 | 1,307,597 | 817,293 | 311,823 |
| Cons Main Reef | CR | CM | 528,785 | 746,181 | 574,927 | 392,617 |
| Crown Mines | CR | CM | 1,094,896 | 1,996,654 | 1,081,953 | 475,918 |
| Daggafontein | ER | AAC | 3,883,696 | 5,983,739 | 5,193,070 | 4,646,134 |
| Durban Deep | CR | CM | 826,980 | 1,338,265 | 1,201,226 | 1,007,469 |
| East Daggafontein | ER | AAC | 889,925 | 1,283,002 | 978,816 | 732,168 |
| East Geduld | ER | UC | 3,303,043 | 4,432,616 | 4,247,237 | 4,073,439 |
| ERPM | ER | CM | 1,903,543 | 2,401,113 | 2,106,840 | 1,695,476 |
| Geduld Pty | ER | UC | 661,776 | 737,342 | 535,704 | 410,274 |
| Govt Areas | ER | JCI | 560,118 | 920,299 | 658,930 | 625,543 |
| Grootvlei | ER | UC | 2,703,803 | 3,793,212 | 3,481,545 | 3,200,772 |
| Luipaards Vlei | WR | CGF | 607,863 | 865,932 | 703,564 | 585,435 |
| Marievale | ER | AAC | 642,837 | 956,328 | 891,901 | 843,597 |
| Modder B | ER | CM | 110,570 | 152,544 | 108,018 | 72,218 |
| Modder East | ER | CM | 560,763 | 820,910 | 452,504 | 275,797 |
| New Kleinfontein | ER | Ind | 297,211 | 558,737 | 485,673 | 373,199 |
| Randfontein | WR | JCI | 368,676 | 800,668 | 510,465 | 356,223 |
| Rand Leases | CR | Ang | 747,153 | 1,275,458 | 1,009,770 | 791,619 |
| Rietfontein | ER | CGF | 275,328 | 376,268 | 370,887 | 327,943 |
| Robinson Deep | CR | CM | 202,396 | 411,503 | 129,823 | 145,430 |
| Rose Deep | CR | CM | 116,153 | 298,858 | 242,769 | 113,588 |
| Simmer & Jack | CR | CGF | 323,152 | 446,803 | 360,819 | 190,780 |
| SA Lands | ER | AAC | 384,225 | 857,882 | 978,772 | 819,224 |
| Springs | ER | AAC | 350,785 | 691,454 | 378,673 | 224,815 |
| Sub Nigel | ER | CGF | 1,844,948 | 2,120,629 | 1,654,597 | 1,424,175 |
| Van Dyk | ER | GM | 216,712 | 321,833 | 202,758 | 139,685 |
| Vlakfontein | ER | CGF | 609,984 | 891,327 | 964,285 | 940,451 |
| Vogelstruisbult | ER | CGF | 718,896 | 1,010,164 | 988,463 | 1,016,648 |
| West Rand Cons | WR | GM | 1,323,655 | 2,195,526 | 1,874,097 | 1,489,670 |

(注)　ER＝East Rand 金鉱地，CR＝Central Rand 金鉱地，WR＝West Rand 金鉱地。
[出所]　Chamber of Mines, *Annual Report* より作成。

月を追うごとに上昇し，50年7～9月の平均では29シリング9ペンスまでになった。第4に，営業利潤は，切下げ前8カ月平均の8シリング3ペンスから直後の3カ月には19シリングに上昇したが，それ以後急激に低下し，翌年の7～9月には16シリング11ペンスまでになった。営業費用の上昇によるところであった。

　1939年から49年の10年間に粉砕鉱石トン当り営業費用は19シリング5ペンスから26シリング5ペンスへ，丁度7シリング上昇した。年平均に直すと8.4ペンスの上昇であった。49年8月から翌年11月までには26シリング5ペンスから30シリング4ペンスに，すなわち15カ月で3シリング11ペンス，年に直すと

第3章　金鉱業の新展開　175

表3-3　1949年ポンド切下げ前後の粉砕鉱石トン当り指標

|  | 粉砕鉱石トン当り | | | |
|---|---|---|---|---|
|  | 金含有量 | 営業収入 | 営業費用 | 営業利潤 |
|  | dwts | s/d | s/d | s/d |
| 1939年 | 4.234 | 31/7 | 19/5 | 12/2 |
| 1949年1月～8月平均 | 3.996 | 34/8 | 26/5 | 8/3 |
| 1949年10月～12月平均 | 3.808 | 47/6 | 28/6 | 19/0 |
| 1950年1月～3月平均 | 3.778 | 47/1 | 28/9 | 18/4 |
| 1950年4月～6月平均 | 3.761 | 46/11 | 29/4 | 17/7 |
| 1950年7月～9月平均 | 3.745 | 46/8 | 29/9 | 16/11 |
| 1950年10月～12月平均 | 3.751 | 46/10 | 30/5 | 16/5 |

［出所］　C. S. Richards, 'Devaluation and its Effects on the Gold Mining Industry', *Optima*, Vol 1, No. 1 (June 1951), p. 15.

37.6ペンスの上昇を見た。これは，49年までの10年間の4.4倍の上昇率であって，通貨切下げ以降の営業費用の上昇は驚くべき数字であった。

　営業費用の上昇はその後も止まず，1950年に粉砕鉱石トン当り営業費用は29シリング7ペンスとなり，57年には45シリング4ペンスとなる。実に年平均27ペンスの上昇であった。しかし，営業利潤は50年の17シリング4ペンスから53年には11シリング11ペンスに低下するが，翌年から上昇傾向に転じ，57年には17シリング6ペンスにまで回復する。これは金価格の騰貴によるものでなく——この期間金価格はほとんど一定である——，粉砕鉱石品位の上昇によるものであった。粉砕鉱石トン当り金量は，1952年から上昇に変わり，51年に3.756 dwts であったが，57年には5.000 dwts に達した。この背景には新金鉱地における鉱山の操業開始があったことはいうまでもない。

　第二次世界大戦が始まったとき，新金鉱地で操業していたのは，Far West Rand 金鉱地の Venterspost 鉱山ただひとつであった。1941年に Klerksdorp 金鉱地の Western Reefs 鉱山が操業を始め，翌年 Far West Rand 金鉱地で Blyvooruitzicht 鉱山がひとつの竪坑のまま採鉱を開始する。戦時には，大戦勃発直前に鉱床が発見された Orange Free State 金鉱地のセント・ヘレナ農園付近で African & European や Western Holdings の探査活動は継続していたが，その他の地域では探査活動は完全に停止され（本書62ページ），また，St Helena 鉱山も開発直前で中断された。本格的な探査と開発は戦後に持ち越されたのである。

　戦後ただちに再開された探査活動により，Far West Rand 金鉱地，Klerksdorp 金鉱地，Orange Free State 金鉱地において，有力な鉱床が次々

表 3 - 4  旧金鉱地の基本指標

([ ]内は全金鉱業に占める割合%)

| | 鉱山数 | 粉砕鉱石量 | 粉砕鉱石トン当り金量 | 生産量 | 営業収入 | 営業費用 | 営業利潤 | 粉砕鉱石トン当り | | | 配当 |
|---|---|---|---|---|---|---|---|---|---|---|---|
| | | | | | | | | 収入 | 費用 | 利潤 | |
| | | 千トン | dwts | オンス | ポンド | ポンド | ポンド | s/d | s/d | s/d | ポンド |
| 1939年 | 42 | 58,111[99.6] | 4.238 | 12,312,911[99.7] | 91,832,463 | 56,306,337 | 35,526,126[100 ] | 31/7 | 19/5 | 12/3 | 19,903,321 |
| 1940年 | 43 | 63,233[98.0] | 4.202 | 13,286,540[98.2] | 112,105,238 | 65,124,472 | 46,980,766[98.9] | 35/5 | 20/7 | 14/10 | 20,846,200 |
| 1941年 | 43 | 65,567[97.5] | 4.131 | 13,543,371[97.6] | 114,168,944 | 69,089,293 | 45,079,651[98.3] | 34/10 | 21/1 | 13/9 | 18,965,895 |
| 1942年 | 44 | 64,716[96.6] | 4.041 | 13,076,901[96.3] | 110,286,740 | 67,946,309 | 42,340,431[97.0] | 34/1 | 21/10 | 13/1 | 16,671,100 |
| 1943年 | 44 | 57,757[96.3] | 4.102 | 11,845,271[95.7] | 99,090,252 | 62,663,107 | 36,407,145[96.0] | 34/4 | 21/8 | 12/7 | 14,431,286 |
| 1944年 | 44 | 56,375[96.4] | 4.002 | 11,279,435[95.5] | 95,128,367 | 63,675,608 | 31,452,759[95.5] | 33/9 | 22/7 | 11/2 | 12,760,604 |
| 1945年 | 43 | 56,632[96.2] | 3.958 | 11,207,772[95.2] | 96,993,872 | 66,635,330 | 30,358,542[95.1] | 34/3 | 23/6 | 10/9 | 12,230,117 |
| 1946年 | 42 | 54,450[95.6] | 3.949 | 10,749,891[93.8] | 93,091,485 | 68,973,866 | 24,117,619[91.6] | 34/2 | 25/4 | 8/10 | 12,206,140 |
| 1947年 | 42 | 51,184[95.3] | 3.850 | 9,851,934[92.1] | 85,397,043 | 67,096,893 | 18,300,150[85.4] | 33/4 | 26/3 | 7/2 | 10,099,702 |
| 1948年 | 42 | 52,394[94.8] | 3.856 | 10,101,215[91.1] | 87,617,920 | 67,753,682 | 19,864,238[83.5] | 33/5 | 25/10 | 7/7 | 11,098,827 |
| 1949年 | 39 | 53,074[93.3] | 3.763 | 9,985,024[89.0] | 98,293,947 | 70,511,625 | 27,782,322[81.8] | 37/0 | 26/7 | 10/6 | 14,059,516 |
| 1950年 | 39 | 55,176[92.7] | 3.537 | 9,758,735[87.2] | 121,724,948 | 80,299,581 | 41,425,367[80.4] | 44/1 | 29/1 | 15/0 | 21,118,299 |
| 1951年 | 39 | 53,848[91.8] | 3.518 | 9,471,641[86.0] | 118,210,572 | 84,101,504 | 34,109,068[77.2] | 43/11 | 31/3 | 12/8 | 19,128,852 |
| 1952年 | 38 | 53,433[89.1] | 3.493 | 9,322,697[82.6] | 116,723,551 | 88,385,556 | 28,337,995[73.1] | 43/8 | 33/1 | 10/7 | 15,818,216 |
| 1953年 | 37 | 50,563[86.0] | 3.536 | 8,939,580[78.1] | 111,165,549 | 87,904,129 | 23,261,420[66.7] | 44/0 | 34/9 | 9/2 | 14,076,642 |
| 1954年 | 36 | 50,333[80.7] | 3.558 | 8,954,984[70.6] | 112,057,979 | 90,861,229 | 21,196,750[55.5] | 44/6 | 36/1 | 8/5 | 14,465,547 |
| 1955年 | 35 | 50,373[76.4] | 3.506 | 8,831,421[62.7] | 111,303,157 | 93,332,710 | 17,970,447[40.6] | 44/2 | 37/1 | 7/2 | 15,435,207 |
| 1956年 | 35 | 48,445[71.7] | 3.480 | 8,428,797[54.8] | 106,063,165 | 93,179,373 | 12,883,792[26.6] | 43/9 | 38/6 | 5/4 | 14,956,802 |
| 1957年 | 32 | 44,421[67.2] | 3.556 | 7,898,553[47.8] | 99,359,906 | 89,050,808 | 10,309,098[17.8] | 44/9 | 40/1 | 4/8 | 13,946,862 |

[出所] Chamber of Mines, *Annual Report* より作成。

第3章　金鉱業の新展開　177

表3－5　新金鉱地の基本指標

([ ]内は全金鉱業に占める割合%)

| | 鉱山数 | 粉砕鉱石量 | | 粉砕鉱石トン当り金量 | 生産量 | 営業収入 | 営業費用 | 営業利潤 | | 粉砕鉱石トン当り | | | 配当 |
|---|---|---|---|---|---|---|---|---|---|---|---|---|---|
| | | | | | | | | | | 収入 | 費用 | 利潤 | |
| | | チトン | | dwts | オンス | ポンド | ポンド | ポンド | | s/d | s/d | s/d | ポンド |
| 1939年 | 1 | 229 | [0.4] | 3,426 | 39,188 [0.3] | 293,910 | 303,075 | −9,165 | [−0.0] | 25/8 | 26/6 | −/10 | 0 |
| 1940年 | 1 | 1,283 | [2.0] | 3,882 | 248,964 [1.8] | 2,102,315 | 1,557,894 | 544,421 | [1.1] | 32/9 | 24/4 | 8/6 | 214,375 |
| 1941年 | 2 | 1,689 | [2.5] | 3,955 | 333,904 [2.4] | 2,089,555 | 2,044,163 | 765,392 | [1.7] | 33/3 | 24/3 | 9/1 | 433,750 |
| 1942年 | 3 | 2,263 | [3.4] | 4,378 | 495,438 [3.7] | 4,168,474 | 2,853,759 | 1,314,715 | [3.0] | 36/10 | 25/3 | 11/7 | 818,125 |
| 1943年 | 3 | 2,196 | [3.7] | 4,888 | 536,584 [4.3] | 4,514,794 | 3,013,173 | 1,501,621 | [4.0] | 41/2 | 27/5 | 13/8 | 891,666 |
| 1944年 | 3 | 2,129 | [3.6] | 5,019 | 534,294 [4.5] | 4,494,801 | 3,006,334 | 1,488,467 | [4.5] | 42/3 | 28/3 | 14/0 | 857,291 |
| 1945年 | 3 | 2,266 | [3.8] | 4,962 | 562,132 [4.8] | 4,853,510 | 3,305,731 | 1,547,779 | [4.9] | 42/10 | 29/2 | 13/8 | 826,146 |
| 1946年 | 3 | 2,477 | [4.4] | 5,752 | 712,389 [6.2] | 6,158,329 | 3,947,015 | 2,211,314 | [8.4] | 49/9 | 31/10 | 17/10 | 1,200,209 |
| 1947年 | 3 | 2,529 | [4.7] | 6,713 | 848,675 [7.9] | 7,342,980 | 4,212,243 | 3,130,737 | [14.1] | 58/1 | 33/4 | 24/9 | 1,745,333 |
| 1948年 | 3 | 2,892 | [5.2] | 6,838 | 988,813 [8.9] | 8,556,435 | 4,630,256 | 3,926,179 | [16.5] | 59/2 | 32/0 | 27/2 | 2,320,416 |
| 1949年 | 4 | 3,808 | [6.7] | 6,455 | 1,008,788 [11.0] | 12,323,489 | 6,156,018 | 6,167,471 | [18.1] | 64/9 | 32/4 | 32/5 | 3,262,655 |
| 1950年 | 4 | 4,340 | [7.3] | 6,575 | 1,426,586 [12.8] | 17,766,081 | 7,657,062 | 10,109,019 | [19.6] | 84/11 | 35/3 | 46/7 | 4,651,460 |
| 1951年 | 6 | 4,801 | [8.2] | 6,446 | 1,547,404 [14.0] | 19,284,288 | 9,236,302 | 10,047,986 | [22.8] | 80/4 | 38/6 | 41/10 | 4,666,141 |
| 1952年 | 8 | 6,568 | [10.9] | 5,991 | 1,967,289 [17.4] | 24,547,759 | 14,039,447 | 10,408,312 | [26.9] | 74/9 | 43/1 | 31/8 | 4,898,015 |
| 1953年 | 12 | 8,209 | [14.0] | 6,094 | 2,501,250 [21.9] | 31,032,607 | 19,402,827 | 11,629,780 | [33.3] | 75/7 | 47/3 | 28/4 | 4,917,665 |
| 1954年 | 17 | 12,022 | [19.3] | 6,201 | 3,727,344 [29.4] | 46,572,808 | 29,573,772 | 16,999,036 | [44.5] | 77/6 | 49/2 | 28/3 | 5,480,750 |
| 1955年 | 18 | 15,578 | [23.6] | 6,755 | 5,261,347 [37.3] | 66,110,937 | 39,828,394 | 26,282,543 | [59.4] | 88/10 | 51/2 | 37/8 | 7,728,224 |
| 1956年 | 21 | 19,080 | [28.3] | 7,280 | 6,944,883 [45.2] | 87,151,065 | 51,584,450 | 35,566,615 | [73.4] | 91/4 | 54/1 | 37/3 | 13,902,807 |
| 1957年 | 21 | 21,693 | [32.8] | 7,968 | 8,642,264 [52.2] | 108,345,659 | 60,821,164 | 47,524,495 | [82.2] | 99/1 | 56/1 | 43/10 | 23,368,152 |

[出所] Chamber of Mines, *Annual Report* より作成。

と発見され，また，1950年代半ばには East Rand 金鉱地の東方で Evander 金鉱地が発見された。戦後まず Libanon が操業を開始し（1949年3月），ついで，St Helena と Welkom が操業を始め(51年11月)，以後，新金鉱地の鉱山は次々に操業を開始した。1950年に旧金鉱地では39の鉱山が操業していたのにたいし，新金鉱地は4にすぎなかった。しかし，5年後には旧金鉱地35にたいし，新金鉱地は18にまで増加していた。

　表3-4，表3-5は，新旧金鉱地それぞれの基本指標を示している。旧金鉱地の生産量は1948年の1010万オンスから55年の883万オンスへと漸減している。営業利潤は1950年に4143万ポンドを記録した後急激に減少し，55年には1797万ポンドになる。これにたいし新金鉱地の生産量は，1949年に100万オンス程度であったが，以後急速に増大し，55年には526万オンスとなった。営業利潤も急速に増大し，1949年の617万ポンドから55年には2628万ポンドになった。

　新旧金鉱地の比重を比較すると次のようになる。新金鉱地の生産は1945年に全生産の5％を切っていたが，50年には12％を越え，55には37％を凌駕した。粉砕鉱石量では，50年に旧金鉱地が全体の92.7％，55年に76.4％で，規模の点ではなお旧金鉱地が圧倒的であった。しかし，営業利潤では，50年に80.4％を占めていたが，55年には50％を大きく割ることになる（40.6％）。換言すれば，55年に新金鉱地は生産の37％強を占めるにすぎないのに，営業利潤は60％近く（59.4％）を占めるにいたっているのである。新金鉱地の収益性が旧金鉱地のそれをはるかに凌駕していたことがここに示されているのである。

　この収益性の差は鉱石品位の差によるものであった。旧金鉱地における鉱石品位は，戦時中に引き続き，戦後も一貫して低下し，1950年以降粉砕鉱石トン当り金量は3.5dwts 前後で推移することとなる。営業コストは不断に上昇していたから，1949年のポンド切下げで一時回復していた粉砕鉱石トン当り営業利潤は，再び10シリングを切った。営業費用の上昇とともに鉱石のペイ・リミットも上昇していったから，旧金鉱地の限界鉱山はいよいよ閉山の運命に直面することになった。一方，新金鉱地の粉砕鉱石トン当り金量は，新金鉱地の鉱山が一斉に操業を開始する1950年代前半には6dwts を越えていた。先に見たように，52年以降金鉱業全体の粉砕鉱石トン当り金量が上昇に転ずるのは，この新金鉱地鉱山の操業開始による。

　ところで，注目すべきは新金鉱地における方が旧金鉱地におけるよりも粉砕

鉱石トン当り営業費用が高かったことである。旧金鉱地の粉砕鉱石トン当り営業費用は，50年29シリング1ペンス，55年37シリング1ペンスであったが，新金鉱地のそれは50年35シリング3ペンス，55年には51シリング2ペンスであった。新金鉱地の鉱山が概して旧金鉱地の鉱山よりはるかに深く，営業費用が嵩んだことによる。こうした営業費用にもかかわらず，採掘鉱石品位が高かったので，新金鉱地の方がトン当り営業利潤が高かったのである。

## 第2節　金鉱業の動向(2)——1956～70年

### 1. 旧金鉱地

　1950年代半ばから60年代半ばまでの南ア金生産量の伸びは著しく，60年には2000万オンスを越え，65年には3010万オンスに達した。55年の生産量は1409万オンスであったから，1955年から65年までの10年間に倍以上の伸びであった。営業利潤の伸びはそれ以上で，55年の8851万ラント（4425万ポンド）から，60年には1億9600万ラント（約1億ポンド），65年には3億ラントとなった[8]。60年代半ばから，新金鉱地の生産は最盛期を迎えるのである。

　営業利潤が生産量以上の伸びを示した理由は，粉砕鉱石トン当り指標——収入・費用・利潤——（表3-6）より見て取ることができる。この間の粉砕鉱石トン当り営業利潤は，1955年の1.34ラントから60年2.75ラント，65年3.85ラントと上昇した。戦後の世界の不断のクリーピング・インフレーションを念頭におけば，この上昇が粉砕鉱石トン当り営業費用の低下によるものでないことは明らかである。実際，粉砕鉱石トン当り営業費用は50年代半ば以降も年々上昇しており，55年の4.04ラントから，60年には4.65ラント，65年5.64ラントである。したがって，粉砕鉱石トン当り営業利潤の上昇は，同営業収入の上昇にあることは自明である。

　粉砕鉱石トン当り営業収入を見ると，1955年の5.38ラントから60年7.40ラント，65年9.48ラントと，一貫して上昇している。この上昇が金価格の上昇によ

---

8)　1961年2月14日の南ア通貨改革により，従来のポンド，シリング，ペンスに代わって，ラント，セントの通貨が導入された。それとともに，1961年から南アの統計も後者で表示されることになった。それゆえ，1960年代を取り扱う本章では，後者を用いる。ただし，1967年11月まで，2ラントは1ポンドに等しかったので，1960年以前の数値も，それで換算した。

表 3-6　南ア金鉱業の基本指標 (1955～70年)

| | 鉱山数 | 粉砕鉱石量 | 粉砕鉱石トン当り金量 | 生産量 | 営業収入 | 営業費用 | 営業利潤 | 粉砕鉱石トン当り | | | 配当 |
|---|---|---|---|---|---|---|---|---|---|---|---|
| | | | | | | | | 収入 | 費用 | 利潤 | |
| | | チトン | dwts | オンス | チランド | チランド | チランド | ランド | ランド | ランド | チランド |
| 1955年 | 53 | 65,951 | 4.274 | 14,093,668 | 354,828 | 266,322 | 88,506 | 5.38 | 4.04 | 1.34 | 46,574 |
| 1956年 | 56 | 67,525 | 4.553 | 15,373,680 | 386,428 | 289,528 | 96,901 | 5.72 | 4.29 | 1.44 | 58,213 |
| 1957年 | 53 | 66,114 | 5.000 | 16,540,817 | 415,411 | 299,744 | 115,667 | 6.28 | 4.53 | 1.75 | 75,173 |
| 1958年 | 54 | 65,542 | 5.228 | 17,154,005 | 430,366 | 307,653 | 122,712 | 6.57 | 4.69 | 1.87 | 86,801 |
| 1959年 | 54 | 70,472 | 5.566 | 19,630,155 | 492,249 | 320,093 | 172,156 | 6.99 | 4.54 | 2.44 | 92,369 |
| 1960年 | 54 | 71,259 | 5.865 | 20,921,982 | 527,662 | 331,705 | 195,958 | 7.40 | 4.65 | 2.75 | 95,661 |
| 1961年 | 56 | 73,143 | 6.142 | 22,504,610 | 566,905 | 347,172 | 213,476 | 7.75 | 4.75 | 2.92 | 101,058 |
| 1962年 | 59 | 75,779 | 6.570 | 24,917,852 | 626,265 | 373,501 | 246,169 | 8.26 | 4.93 | 3.25 | 109,873 |
| 1963年 | 56 | 78,427 | 6.861 | 26,911,063 | 677,515 | 399,438 | 270,682 | 8.64 | 5.09 | 3.45 | 117,039 |
| 1964年 | 56 | 79,569 | 7.185 | 28,603,822 | 721,968 | 417,877 | 295,821 | 9.07 | 5.25 | 3.72 | 125,466 |
| 1965年 | 53 | 80,027 | 7.518 | 30,102,216 | 758,457 | 451,108 | 307,791 | 9.48 | 5.64 | 3.85 | 130,764 |
| 1966年 | 52 | 78,796 | 7.776 | 30,426,989 | 770,791 | 466,991 | 303,800 | 9.85 | 5.97 | 3.88 | 129,316 |
| 1967年 | 49 | 77,475 | 7.733 | 29,970,679 | 759,756 | 474,177 | 285,579 | 9.81 | 6.12 | 3.69 | 125,887 |
| 1968年 | 48 | 78,796 | 7.780 | 30,759,269 | 779,072 | 493,404 | 285,668 | 9.89 | 6.26 | 3.63 | 117,824 |
| 1969年 | 48 | 80,690 | 7.656 | 30,891,758 | 817,204 | 515,101 | 302,203 | 10.13 | 6.88 | 3.75 | 156,633 |
| 1970年 | 47 | 74,467 | 7.742 | 31,794,919 | 822,847 | 544,515 | 278,332 | 11.05 | 7.31 | 3.74 | 143,572 |

[出所] Chamber of Mines, *Annual Report* より作成。

ってもたらされたものでないことも明らかである。50年代末よりドル不安が始まり，金価格の騰貴がいく度となく生じていたが，スワップ協定・金の二重価格制などの採用により，金1オンス35ドルの平価は維持されており，1967年のポンド危機でスターリング・ポンドは14.28％切下げられたにもかかわらず，ラントの切下げはなかったからである。この期間におけるラントでの年平均産金1オンス当り営業収入——これは年平均金販売価格を示す——は，ほぼ25ラント強で推移しているのである。したがって，粉砕鉱石トン当り営業収入の伸びは，金価格の騰貴によるものではなく，唯一つ採掘＝粉砕鉱石品位の向上に求められるのである。そして，この期間の金鉱業の特徴として採掘＝粉砕鉱石品位の著しい向上を挙げることができるのである。鉱石品位，すなわち，粉砕鉱石トン当り金量は，1955年に4.274ペニーウェイトであったが，1957年には5ペニーウェイト台に乗り，1961年には6ペニーウェイト台，そして，1964年には7ペニーウェイト台に乗ったのである。

　採掘＝粉砕鉱石品位の上昇は，旧金鉱地の低品位鉱山が閉鎖されていく一方，新金鉱地では高品位鉱山が次々に操業を開始したことによる。1955年から65年の間に旧金鉱地の鉱山数は9減少して26となり，70年にはさらに9減少して17となった。一方，新金鉱地の鉱山数は1955年から65年の間に9増えて27となり，70年には30となった。

　旧金鉱地では，鉱山数の減少につれて粉砕鉱石量も減少し，55年の5037万トンから60年4084万トン，65年2888万トンへと低下し，さらに70年には1717万トンとなった（表3－7）。これにたいし，新金鉱地の粉砕鉱石量は，55年の1558万トンから60年3042万トン，65年5114万トンへと増大し，70年には5730万トンとなった（表3－8）。生産量は，旧金鉱地では55年の883万オンスから60年726万オンス，65年585万オンス，70年363万オンスへと低下の一途を辿ったのにたいし，新金鉱地では急速に増大し，同じ年に526万オンスから1366万オンス，2425万オンス，2816万オンスとなった。営業利潤は，旧金鉱地では55年の3594万ラントから60年3320万ラント，65年1799万ラントへ，そして70年には遂にマイナス652万ラントを記録するが，新金鉱地では55年の5257万ラントから60年1億6275万ラント，65年に2億8980万ラントへと急上昇し，69年には3億ラントを突破した。新旧金鉱地の比重を見ると，粉砕鉱石量では，新金鉱地は1955年に僅か23.6％を占めているにすぎなかったのに，62年に半分を越え（53.1％），65年63.9％，70年には76.9％となった。生産量において逆転はもっと早く，55

表 3 – 7 旧金鉱地の基本指標 (1955～70年)

([ ]内は全金鉱業に占める割合%)

| | 鉱山数 | 粉砕鉱石量 | 粉砕鉱石トン当り 金量 | 生産量 | 営業収入 | 営業費用 | 営業利潤 | 粉砕鉱石トン当り | | | 配当 |
|---|---|---|---|---|---|---|---|---|---|---|---|
| | | | | | | | | 収入 | 費用 | 利潤 | |
| | | 千トン | dwts | オンス | チランド | チランド | チランド | ランド | ランド | ランド | チランド |
| 1955年 | 35 | 50,373[76.4] | 3,506 | 8,831,421[62.7] | 222,606 | 186,665 | 35,941 [40.6] | 4.42 | 3.71 | 0.71 | 30,870 |
| 1956年 | 35 | 48,445[71.7] | 3,480 | 8,428,797[54.8] | 212,126 | 186,359 | 25,768 [26.6] | 4.38 | 3.85 | 0.53 | 29,914 |
| 1957年 | 32 | 44,421[67.2] | 3,556 | 7,898,553[47.8] | 198,720 | 178,102 | 20,618 [17.8] | 4.47 | 4.01 | 0.46 | 27,894 |
| 1958年 | 32 | 42,652[65.1] | 3,531 | 7,529,468[43.9] | 189,415 | 173,107 | 16,309 [13.3] | 4.44 | 4.06 | 0.38 | 25,651 |
| 1959年 | 32 | 42,613[60.5] | 3,573 | 7,613,728[38.8] | 191,378 | 155,231 | 36,147 [21.0] | 4.49 | 3.64 | 0.85 | 22,980 |
| 1960年 | 32 | 40,843[57.3] | 3,557 | 7,263,025[34.7] | 183,630 | 150,426 | 33,204 [16.9] | 4.50 | 3.68 | 0.81 | 21,644 |
| 1961年 | 32 | 38,866[53.1] | 3,620 | 7,034,779[31.3] | 177,324 | 141,073 | 30,076 [14.1] | 4.56 | 3.63 | 0.77 | 23,896 |
| 1962年 | 32 | 35,533[46.9] | 3,774 | 6,652,568[26.7] | 167,691 | 131,989 | 29,107 [11.8] | 4.72 | 3.71 | 0.82 | 25,693 |
| 1963年 | 29 | 33,413[42.6] | 3,870 | 6,465,885[23.7] | 160,427 | 127,321 | 25,711 [9.5] | 4.80 | 3.81 | 0.77 | 23,520 |
| 1964年 | 29 | 31,393[39.5] | 3,885 | 6,098,419[21.3] | 153,977 | 122,991 | 22,715 [7.7] | 4.90 | 3.92 | 0.72 | 23,133 |
| 1965年 | 26 | 28,883[36.1] | 4,051 | 5,850,689[19.4] | 146,677 | 129,129 | 17,991 [5.8] | 5.08 | 4.47 | 0.62 | 18,178 |
| 1966年 | 25 | 25,438[32.5] | 4,204 | 5,346,505[17.6] | 135,668 | 122,643 | 13,025 [4.3] | 5.33 | 4.82 | 0.51 | 14,018 |
| 1967年 | 22 | 23,615[30.5] | 4,147 | 4,896,040[16.3] | 124,085 | 115,511 | 8,574 [3.0] | 5.25 | 4.89 | 0.36 | 11,921 |
| 1968年 | 18 | 21,663[27.5] | 4,046 | 4,382,931[14.2] | 110,730 | 106,953 | 3,777 [1.3] | 5.11 | 4.94 | 0.17 | 7,990 |
| 1969年 | 18 | 20,626[25.6] | 3,863 | 3,984,094[12.9] | 102,927 | 102,056 | 871 [0.3] | 4.99 | 4.95 | 0.04 | 9,313 |
| 1970年 | 17 | 17,169[23.1] | 4,232 | 3,633,142[11.4] | 99,496 | 99,496 | −6,523[−2.3] | 5.42 | 5.80 | −0.38 | 8,418 |

[出所] Chamber of Mines, *Annual Report* より作成。

第3章 金鉱業の新展開　183

表3-8 新金鉱地の基本指標（1955～70年）

([ ]内は全金鉱業に占める割合%)

| 年 | 鉱山数 | 粉砕鉱石量 千トン | 粉砕鉱石トン当り 金 dwts | 生産量 オンス | 営業収入 ランド | 営業費用 ランド | 営業利潤 ランド | 粉砕鉱石トン当り 収入 ランド | 粉砕鉱石トン当り 費用 ランド | 粉砕鉱石トン当り 利潤 ランド | 配当 ランド |
|---|---|---|---|---|---|---|---|---|---|---|---|
| 1955年 | 18 | 15,578[23.6] | 6,755 | 5,261,347[37.3] | 132,222 | 79,657 | 52,565[59.4] | 8.49 | 5.11 | 3.37 | 15,456 |
| 1956年 | 21 | 19,080[28.3] | 7,280 | 6,944,883[45.2] | 174,302 | 103,169 | 71,133[73.4] | 9.14 | 5.41 | 3.73 | 27,806 |
| 1957年 | 21 | 21,693[32.8] | 7,968 | 8,642,264[52.2] | 216,691 | 121,642 | 95,049[82.2] | 9.99 | 5.61 | 4.38 | 46,736 |
| 1958年 | 22 | 22,891[34.9] | 8,409 | 9,624,537[56.1] | 240,951 | 134,547 | 106,404[86.7] | 10.53 | 5.88 | 4.65 | 60,558 |
| 1959年 | 22 | 27,860[39.5] | 8,622 | 12,010,427[61.2] | 300,872 | 164,862 | 136,010[79.0] | 10.80 | 5.92 | 4.88 | 68,797 |
| 1960年 | 22 | 30,416[42.7] | 8,982 | 13,658,957[65.3] | 344,033 | 181,279 | 162,754[83.1] | 11.31 | 5.96 | 5.35 | 73,474 |
| 1961年 | 24 | 34,277[46.9] | 9,026 | 15,469,831[68.7] | 389,580 | 206,100 | 183,399[85.9] | 11.37 | 6.01 | 5.35 | 77,262 |
| 1962年 | 27 | 40,246[53.1] | 9,077 | 18,265,284[73.3] | 458,573 | 241,511 | 217,062[88.2] | 11.39 | 6.00 | 5.39 | 84,180 |
| 1963年 | 27 | 45,014[57.4] | 9,128 | 20,545,178[76.3] | 517,087 | 272,116 | 244,971[90.5] | 11.49 | 6.05 | 5.44 | 93,519 |
| 1964年 | 27 | 48,176[60.5] | 9,343 | 22,505,403[78.7] | 567,992 | 294,886 | 273,106[92.3] | 11.79 | 6.12 | 5.67 | 102,333 |
| 1965年 | 27 | 51,144[63.9] | 9,484 | 24,251,527[80.6] | 611,780 | 321,979 | 289,801[94.2] | 11.96 | 6.30 | 5.67 | 112,586 |
| 1966年 | 27 | 52,812[67.5] | 9,498 | 25,080,484[82.4] | 635,123 | 344,348 | 290,775[95.7] | 12.03 | 6.52 | 5.51 | 115,297 |
| 1967年 | 27 | 53,861[69.5] | 9,311 | 25,074,639[83.7] | 635,672 | 358,667 | 277,005[97.0] | 11.80 | 6.66 | 5.14 | 113,966 |
| 1968年 | 30 | 57,132[72.5] | 9,233 | 26,376,338[85.8] | 668,342 | 386,451 | 281,891[98.7] | 11.70 | 6.76 | 4.93 | 109,834 |
| 1969年 | 30 | 60,065[74.4] | 8,960 | 26,907,664[87.1] | 714,377 | 413,045 | 301,332[99.7] | 11.89 | 6.88 | 5.02 | 147,320 |
| 1970年 | 30 | 57,298[76.9] | 8,830 | 28,161,777[88.6] | 729,874 | 445,019 | 284,855[102.3] | 12.74 | 7.77 | 4.97 | 135,154 |

[出所] Chamber of Mines, *Annual Report* より作成。

表3-9 新旧金鉱地の鉱石品位, ペイ・リミット (1939～70年)

(単位：dwts)

| | (1) 粉砕鉱石トン当り金量 | | | (2) ペイ・リミット | | | (3) (差(2)-(1)) | | |
|---|---|---|---|---|---|---|---|---|---|
| | 旧金鉱地 | 新金鉱地 | 全体 | 旧金鉱地 | 新金鉱地 | 全体 | 旧金鉱地 | 新金鉱地 | 全体 |
| 1939年 | 4.238 | 3.426 | 4.234 | 2.598 | 3.532 | 2.602 | 1.640 | −0.106 | 1.632 |
| 1940年 | 4.202 | 3.882 | 4.196 | 5.441 | 2.877 | 2.450 | 1.761 | 1.005 | 1.746 |
| 1941年 | 4.131 | 3.955 | 4.127 | 2.500 | 2.878 | 2.509 | 1.631 | 1.077 | 1.618 |
| 1942年 | 4.041 | 4.378 | 4.053 | 2.490 | 2.997 | 2.507 | 1.551 | 1.381 | 1.546 |
| 1943年 | 4.102 | 4.888 | 4.097 | 2.594 | 3.262 | 2.598 | 1.508 | 1.626 | 1.499 |
| 1944年 | 4.002 | 5.019 | 4.039 | 2.679 | 3.357 | 2.703 | 1.323 | 1.662 | 1.336 |
| 1945年 | 3.958 | 4.962 | 3.997 | 2.719 | 3.380 | 2.745 | 1.239 | 1.582 | 1.252 |
| 1946年 | 3.949 | 5.752 | 4.024 | 2.926 | 3.686 | 2.959 | 1.023 | 2.066 | 1.065 |
| 1947年 | 3.850 | 6.713 | 3.982 | 3.025 | 3.851 | 3.064 | 0.825 | 2.862 | 0.918 |
| 1948年 | 3.856 | 6.838 | 4.012 | 2.982 | 3.700 | 3.019 | 0.874 | 3.138 | 0.993 |
| 1949年 | 3.763 | 6.455 | 3.942 | 2.699 | 3.224 | 2.733 | 1.064 | 3.231 | 1.209 |
| 1950年 | 3.537 | 6.575 | 3.759 | 2.334 | 2.834 | 2.370 | 1.203 | 3.741 | 1.389 |
| 1951年 | 3.518 | 6.446 | 3.756 | 2.503 | 3.087 | 2.551 | 1.015 | 3.359 | 1.205 |
| 1952年 | 3.493 | 5.991 | 3.767 | 2.645 | 3.451 | 2.734 | 0.848 | 2.540 | 1.033 |
| 1953年 | 3.536 | 6.094 | 3.893 | 2.796 | 3.810 | 2.938 | 0.740 | 2.284 | 0.955 |
| 1954年 | 3.558 | 6.201 | 4.068 | 2.885 | 3.938 | 3.088 | 0.673 | 2.263 | 0.980 |
| 1955年 | 3.506 | 6.755 | 4.274 | 2.940 | 4.069 | 3.208 | 0.566 | 2.686 | 1.066 |
| 1956年 | 3.480 | 7.280 | 4.553 | 3.057 | 4.309 | 3.412 | 0.423 | 2.971 | 1.141 |
| 1957年 | 3.556 | 7.968 | 5.000 | 3.187 | 4.473 | 3.610 | 0.369 | 3.495 | 1.390 |
| 1958年 | 3.531 | 8.409 | 5.228 | 3.227 | 4.696 | 3.742 | 0.304 | 3.713 | 1.486 |
| 1959年 | 3.573 | 8.622 | 5.566 | 2.898 | 4.724 | 3.623 | 0.675 | 3.898 | 1.943 |
| 1960年 | 3.557 | 8.982 | 5.865 | 2.913 | 4.733 | 3.691 | 0.644 | 4.249 | 2.174 |
| 1961年 | 3.620 | 9.026 | 6.142 | 2.880 | 4.775 | 3.768 | 0.740 | 4.251 | 2.374 |
| 1962年 | 3.744 | 9.077 | 6.570 | 2.947 | 4.780 | 3.922 | 0.797 | 4.297 | 2.648 |
| 1963年 | 3.870 | 9.128 | 6.861 | 3.072 | 4.804 | 4.046 | 0.798 | 4.324 | 2.815 |
| 1964年 | 3.885 | 9.343 | 7.185 | 3.103 | 4.851 | 4.161 | 0.782 | 4.492 | 3.024 |
| 1965年 | 4.051 | 9.484 | 7.518 | 3.567 | 4.991 | 4.474 | 0.484 | 4.493 | 3.044 |
| 1966年 | 4.204 | 9.498 | 7.776 | 3.800 | 5.150 | 4.712 | 0.404 | 4.348 | 3.064 |
| 1967年 | 4.147 | 9.311 | 7.733 | 3.860 | 5.254 | 4.829 | 0.287 | 4.057 | 2.904 |
| 1968年 | 4.046 | 9.233 | 7.780 | 3.908 | 2.339 | 4.945 | 0.138 | 3.894 | 2.835 |
| 1969年 | 3.863 | 8.960 | 7.656 | 3.831 | 5.180 | 4.826 | 0.032 | 3.780 | 2.830 |
| 1970年 | 4.232 | 9.830 | 7.742 | 4.529 | 5.994 | 5.651 | −0.297 | 3.836 | 2.091 |

(注) ペイ・リミットは，筆者が算出。
[出所] Chamber of Mines, *Annual Report* より作成。

年に新金鉱地の比重は37.3％であったが，57年に52.2％に達し，59年には61.2％，62年には73.3％，65年80.6％，そして70年には88.6％と，圧倒的比重を占めるにいたる。営業利潤では，新金鉱地がすでに55年に59.4％を占め，56年73.4％，58年86.7％，そして，次の3年間は若干低下するが，63年には90.5％を占めるにいたった。1950年代半ば以降，金鉱業の中心が急速に新金鉱地に移行したことがうかがわれよう。

　旧金鉱地において鉱山が次々に閉ざされていったのは，ひとつには埋蔵鉱石

そのものが枯渇していったことにもよるが，埋蔵鉱石はあっても，ペイ・リミットの上昇により収益性ある鉱石がなくなってきたことにもよる。ここでペイ・リミットとは，費用を償うに足る鉱石含有金量のことであり，粉砕鉱石トン当り金量で表される。したがって，ペイ・リミットは費用が上がれば高くなり，金価格が騰貴すれば低くなる。当然のことながら，粉砕鉱石トン当り金量がペイ・リミット以下であれば損失が発生する。

表3－9は南ア金鉱業全体と新旧金鉱地の粉砕鉱石トン当りの金量とペイ・リミットを示している。旧金鉱地のペイ・リミットは大戦中とその直後，営業費用の上昇とともに上昇し，1939年の2.598dwtsから47年には3.025dwtsとなった。48～50年には低下し，50年2.334dwtsとなるが，それ以後再び上昇し，58年3.227dwtsとなった。59～61年に僅かに低下し（61年2.880dwts），その後，70年の4.529dwtsまで上昇する。上昇が阻止された48～50年と59～61年の期間は金価格が上昇した時期であることが理解されよう。もし金価格の上昇がなければ，ペイ・リミットは一貫して上昇していたことは明らかである。

一方，旧金鉱地の粉砕鉱石トン当り金量は，第二次世界大戦勃発時の4dwts台から50年の3.5dwtsまでに漸次低下し，60年までその水準を維持した後，漸次上昇している。61年以降の粉砕鉱石トン当り金量が上昇しているのは，採算のとれなくなった低品位鉱山が次々と閉鎖されていったことを物語っている。粉砕鉱石トン当り営業利潤を見ると，40年の14s10d（＝1.48ラント）から47年には7s2d（＝0.72ラント）まで低下している。49年のポンド切下げによる金価格の上昇によって，50年には15s（＝1.50ラント）に回復するが，再び低下して58年には3.8s（＝0.38ラント），となる。59～62年には0.8ラント前後に回復するが，それ以降は低下を続け70年にはマイナスを記録する。50年代半ば以降，旧金鉱地のかなりの鉱山がウラン鉱山に変身するか，あるいは，ウラン生産を兼業とすることによりはじめて閉鎖を免れていたのである。

ここに限界鉱山にたいする国家補助の問題が再び浮上してきた。それ以前，南アにおいては国家補助の問題が議論されたことが3度あった[9]。1度目は第一次世界大戦末期，2度目は1920年代末から30年代初頭にかけて，そして，3度目は第二次世界大戦の前夜から直後にかけて，である。いずれも金価格に比

---

9) C. S. Richards, 'Subsidies to Vulnerable Gold Mines', *Optima*, Vol. 15, No. 1 (March 1957), p. 15.

して生産費用が上昇し，限界鉱山の収益が著しく低下し，閉山の危機に遭遇した時であった。第一次世界大戦末期の危機は一時，イギリスの金本位制停止下に金のポンド公定価格と実勢価格との間に差が生じ，この金プレミアムを金鉱業が享受することにより回避された[10]。1920年代末から30年代初頭にかけての危機は，世界大恐慌下の金本位制度崩壊による金価格の騰貴により回避され，それどころか膨大な低品位埋蔵鉱石を有する限界鉱山が史上空前の繁栄を享受した[11]。第二次世界大戦後の危機は，1949年のポンド切下げにより救われた。しかし，これは一時的な救済でしかなかったことは先に見たとおりである。

　第二次世界大戦中から鉱山会議所を中心に，南ア経済に占める金鉱業の地位の重要性がことあるごとに強調され，国家の補助が訴えられた[12]。しかし，当時の支配的見解は，営利を目的とする民間企業に国家が補助金を出すのは妥当でないというものであった。南アの政治を支配したアフリカーナーは金鉱山の利権から完全に排除されており，イギリス人とイギリス人系の支配する金鉱業に同情が寄せられなかったのも異とするにたりない。

　しかも，戦後，国家が限界鉱山を援助できない理由として，もうひとつの事情があった。IMF体制下におけるドル価値の維持である。IMFとそれを支配したアメリカは，どの国であれ金鉱業にたいし補助金を出すことに徹頭徹尾反対であった。そして，IMF加盟国は金の公定価格を維持する責任を負っていた。加盟国は公定価格の上下1％以下の幅でしか金を売買することは許されなかった。金価格は限界鉱山を規定するが，また逆に，限界鉱山の生産価格が金価格を規定する。したがって，金価格が限界鉱山の生産価格で決まる限り，補

---

10)　拙著，前掲書，55〜56ページ。
11)　同上，69〜74ページ。
12)　*Minerals Yearbook 1943* は，「金鉱業にたいする南ア経済の依存が最近の論稿で強調されている」として，*South African Mining and Engineering Journal*, 1943年8月28日号，549〜555ページの記事を次のように要約している。「金鉱業は直接間接に全人口の半数に生計を供給しているから，現在の南アの経済的福祉は，根本的に，収入を生み・配分する金鉱山の能力に結びつけられている。製造業と農業ですら第二義的産業であり，金鉱業によって生み出される収入がなければ存在し得ない。この点に関して，どの一次産業も深刻な経済的社会的崩壊をもたらすことなくしては，金鉱業に取って代わることはできない。金にかかわる鉱業コストが低下するとき繁栄が生じ，上がるとき不況が生じる。金鉱業を長命の安定した産業たらしめる政策が必要であり，現存する，あるいは将来の金鉱山のペイ・リミットの上昇を引き起こすものは，それが絶対に回避できない場合をのぞいて，許されるべきでない」(*Minerals Yearbook 1943*, pp. 131-132.)。金鉱業の雇用力と市場提供，金輸出による外貨獲得，これらの強調が，鉱山会議所会長や鉱業金融商会の社長によって何度となく繰り返される。

助金を出すとその分だけ金の限界的生産価格が上昇し，IMF の中軸的規定である金1オンス35ドルの交換比率は維持できなくなることになる。島崎久彌氏の労作『金と国際通貨』によれば，大戦直後，すでにカナダ，オーストラリア等においても限界鉱山にたいする国家補助の問題が生じ，これらの政府は IMF 当局ならびにアメリカと協議せざるを得なかったのである[13]。

一方，南アにおいては，IMF の反対にもかかわらず，限界鉱山にたいして国家が援助せざるを得ない事態が生じていた[14]。閉鎖された鉱山から隣接する鉱山に流入してくる地下水のポンプ料である。1950年代半ば，Central Rand 金鉱地のいくつかの鉱山での採鉱は最後の採算可能鉱石に達しており，鉱山は早晩閉鎖されることが確実であった。ところで，この鉱地の鉱山の地下作業場は，程度の差はあれ相互に関連しており，ある鉱山を閉鎖することはその地下作業場を水浸しにし，隣接鉱山を洪水に晒すことを意味した。そして，この洪水は隣接鉱山に新たにポンプ費用を課すことによってのみ回避できた。しかし，これは操業中の鉱山に新たな負担を課し，その経済的生命を短縮することになる。しかも，この問題は累積的で，鉱山が閉鎖される度に残りの鉱山の負担を増大させる。1963年6月，南ア政府は初めて閉山から流れ込む地下水のポンプ料を払い戻すことに同意した。他の鉱地でも事情は同じであったから，この措置は East Rand 金鉱地と West Rand 金鉱地へも広げられていった。

1964年になって，政府は一歩を進め，閉鎖に直面している鉱山にたいし，営業収入の10%まで営業赤字を埋め合わせるか，もしくは，資本プロジェクトの金融のための借款を認めることになった。しかし，この金額では，大量の埋蔵鉱石を有しながら閉鎖に追い込まれている鉱山そのものの延命を計るには不十分であった。しかし，度重なるドル不安により金価格の上昇が予想されるようになると，限界鉱山の操業を継続することは南ア経済にとっていっそう重要となった。というのも，一度閉鎖して水浸しになると，鉱山の再開は不可能となるか，そうでなくとも非常な費用と年月——おおよそ2年——を要するからである。こうして，1964年借款法が廃止されて，1968年金鉱山援助法が制定され，4月1日から包括的税・信用計画が実施されることになった。この計画において援助される鉱山は，援助がなければ8年以内の閉鎖が予想され，もし援

---

13) 島崎久彌『金と国際通貨』外国為替貿易研究会，1983年，222～235ページ参照。
14) 以下の国家援助については，R. Weston, *Gold : A World Survey,* London and Canberra, Croom Helm, 1983, pp. 144-145 による。

助されることにより，金もしくはウランの価格の著しい上昇によって鉱山寿命が相当程度伸びることが期待できる生産鉱山と規定された。包括的税・信用計画とは，これら鉱山で，税を支払っている鉱山には税負担軽減の形で，税を支払っていない鉱山には補助金の形で援助を行うというものであった。しかし，提供された金額は余りに少なく，また，遅きに失していた。1970年に旧金鉱地で残っている鉱山は僅か17となり，しかもこれらのうち9鉱山が赤字操業であった[15]。

## 2. 新金鉱地

新金鉱地の鉱山は1955年の18から1970年には30となった。Far West Rand 金鉱地8，Klerksdorp 金鉱地6，Orange Free State 金鉱地12[16]，Evander 金鉱地4である。先に述べたように，新金鉱地での生産量は，1955年の526万オンスから65年2425万オンス，70年2816万オンスへと増大し，全生産量に占める割合は65年以降80％を越えた（表3－8）。鉱地別に見ると，1950年に Far West Rand 金鉱地は116万オンス，Klerksdorp 金鉱地は26万オンスで，それぞれ南ア金鉱業全体の10.4％，2.4％を占めていた。そして，この年までに Orange Free State 金鉱地で操業を開始した鉱山はまだなかった。しかし，55年には Orange Free State 金鉱地は219万オンス，15.5％で，Far West Rand 金

---

15) 1968年に Central Rand 金鉱地では，City Deep, Crown Mines, Cons Main Reef, Village Main Reef, Rand Leases の5鉱山が操業していたが，いずれも国家の補助を受けていた。East Rand 金鉱地で操業している10鉱山のうち，Sub Nigel, Spaarwater, Wit Nigel, East Geduld, Grootvlei は収益性ある操業の最後に近づいていた。SA Lands は向う15年間の操業が期待され，なお探査すべき広大な Withok リース地域を有していた。巨大鉱山 ERPM は500万トンを越える埋蔵鉱石をなお有し，採鉱の深さは1万フィートを越え，1万2000フィートに挑戦しようとしていた。East Daggafontein は寿命10年以内のグループに入ったが，Kimberley 鉱脈から高品位の鉱石を採掘していた。Marievale と Vlakfontein もかなりの利潤を上げ，資本支出が低水準に引き下げられていたので，金価格の上昇があれば，それから相当の利潤を獲得できる位置にあった。West Rand 金鉱地では4つの鉱山が操業していた。Luipaardsvlei の余命は短く，South Roodepoort と Durban Deep の生命も10年以内であると見られていた。West Rand Cons は完全にウラン鉱山に転化していた（R. Weston, *op. cit.*, p. 145 ; Chamber of Mines, *Annual Report 1968*, pp. 46-47.）。なお，East Rand 金鉱地の Vogelstruisbult はこの年2月に閉山となっている。Village Main Reef と South Roodepoort は「雑」に入れられているため，表3－9と鉱山数は一致しない。

16) 後に述べるように，Orange Free State 金鉱地では，開発に着手された15鉱山のうち，Freddies North と Freddies South は合同，Merriespruit は水没，Jeannette は低品位のため開発中止，Riebeeck は鉱地が狭すぎたため Loraine に合併。鉱山数は11となる。

鉱地218万オンス，15.5％と並んだ。Klerksdorp 金鉱地も89万オンス，6.3％となった。65年には全金鉱地中，Orange Free State 金鉱地（1079万オンス，35.9％）がトップで，2位が Far West Rand 金鉱地（694万オンス，23.0％），Klerksdorp 金鉱地（491万オンス，16.3％）は East Rand 金鉱地（400万オンス，13.3％）を抜いて3位となり，Evander 金鉱地（161万オンス，5.3％）は5位となった。

　新金鉱地が旧金鉱地を凌駕したのは，粉砕鉱石量においては1962年，生産量においては1957年，そして，営業利潤においては1955年であった。粉砕鉱石量においてよりも生産量において，また，生産量においてよりも営業利潤において，より早く凌駕したことに，新金鉱地の特徴が現れている。すなわち，旧金鉱地に比して新金鉱地は鉱石品位が高かったのである。

　旧金鉱地においては，1945年以降64年まで粉砕鉱石トン当り金量は3 dwts 台で推移するのにたいし，新金鉱地においては，1947年から55年までは6 dwts 台，56年と57年は7 dwts 台，58年から60年までは8 dwts 台，そして，61年から70年までは9 dwts 台となっている。もちろん，金鉱山は開発初期には高品位であること，また，新金鉱地における鉱山は旧金鉱地の鉱山より高コストであったことが注意されなければならない。コスト高を反映して，ペイ・リミットは旧金鉱地より新金鉱地の方が高く，1943年以降54年まで3 dwts 台，55年から65年まで4 dwts 台，そして，66年以降は5 dwts 台となっており，旧金鉱地に比しておよそ1 dwts 強高くなっている。それにもかかわらず，60年代における新金鉱地の粉砕鉱石トン当り営業利潤が5ラントを維持しているのは，その採掘＝粉砕鉱石品位が高かったことを物語っている。先に示したように，旧金鉱地の粉砕鉱石トン当り営業利潤が戦後一番高かったのは1950年であったが，それでも僅か1.50ラントにすぎなかったから，新金鉱地のそれがいかに高かったかが知られよう。

　しかし，新金鉱地における粉砕鉱石品位が高かったといっても，すべての鉱山が高かったわけでもないし，すべての鉱山が成功を収めたわけでもない。

　1961年に新金鉱地では24の鉱山が操業していたが，粉砕鉱石トン当り金量は様々であった。10 dwts 以上が5鉱山，9 dwts 台が3鉱山，8 dwts 台が3鉱山，7 dwts 台が2鉱山，6 dwts 台が3鉱山，5 dwts 台が4鉱山，そして，4 dwts 台が4鉱山と，かなりの散らばりを示している。新金鉱地におけるペイ・リミットは，1961年に4.775 dwts であったから，およそ粉砕鉱石トン当り

金量5dwts以下の鉱山は苦しい経営を強いられていたと見てよい。逆に，Free State Geduld 17.499dwts, West Driefontein 16.547dwts, President Brand 15.590dwts, Western Holdings 13.899dwts, Blyvooruitzicht 12.625dwtsと，この5鉱山はずば抜けて富裕な鉱山であった。

Orange Free State 金鉱地では，1951年に St Helena と Welkom の生産が始まった。53年 Western Holdings, Freddies North, Freddies South の鉱山がこれに続き，54年には President Brand, President Steyn, Virginia, Harmony が生産を開始した。55年には Loraine が，そして，56年には Free State Geduld と Merriespruit が生産を始めた。最後は1961年の Free State Saaiplaas であった。Jeannette と Riebeeck は生産段階に達することに失敗した。Orange Free State 金鉱地では，1960年末までに15の鉱山が開発されたが，そのうち Jeannette と Riebeeck を含む8鉱山が失敗であった[17]。

Freddies North, Freddies South, Jeannette, Loraine, Virginia, Free State Saaiplaas の失敗の主要な理由は，採掘に取りかかった鉱石が低品位であったことである。その上，Freddies リース地域では異常な断層が加わった。Freddies 両鉱山は生産開始の翌年（1954年）合同し，Freddies Consolidated として再建されたが，それも大して役に立たなかった。もしウラン生産からの利潤がなかったとすれば，倒産は確実であった。

Riebeeck リース地域は，経済的な開発には狭すぎることがわかった。そのため同じく苦闘中であった隣接する Loraine に合併された。再建鉱山には Loraine の名が引き継がれた。税務上の理由——Riebeeck と Loraine 双方の資本支出は税を払うようになるまで利潤で相殺される——と，儲けの多いウラン供給契約が Loraine の名でなされていたからである。

アラン・ロバーツの発見した Wit Extensions 地域のもうひとつの鉱山，Jeannette は低品位のため完全に放棄された。

サンド川流域の Harmony——Virginia——Merriespruit 地域では，Merriespruit が幸先よい生産のスタートを切ったが，制御できない洪水に見舞われ，地下水に埋没してしまった。Virginia は，Freddies Consolidated, Loraine

---

17) 以下の Orange Free State 金鉱地鉱山については，M. R. Graham, *The Gold-Mining Finance System in South African with Special Reference to the Financing and Development of the Orange Free State Gold Field up to 1960,* unpublished Ph. D. Thesis (University of London), 1962, pp. 119-121 による。

と同様に，副産物としてのウランの生産によって辛うじて生き長らえることができた。1961年に Harmony, Merriespruit, Virginia の3社協定がなり，Virginia にたいし前2社はそれぞれリース地域の一部分を提供することになった。これは，Virginia の寂しい将来を改善しようとする試みであると同時に，Merriespruit の株主に彼らの投資にたいする幾ばくかの収益を与えようとするものであった。Orange Free State 金鉱地における CGFSA 唯一の鉱山として期待された Free State Saaiplaas も，地下水の洪水と鉱脈の途切れに妨げられながら開発されたにもかかわらず，試掘坑で示された鉱脈品位とは逆に，きわめて低品位であった。

St Helena, Welkom, President Steyn, Harmony の，後年富裕鉱山となる4鉱山も，当初は，将来に疑念を抱かせる貧弱な開発時期を体験した。St Helena と Welkom とは，設立して10年後の1956/57年度に最終的に堅実な回復の期間に入るが，それ以前には数回にわたり，ほとんど失敗として評価されていた。President Steyn は，満足な生産を開始した後，貧弱な成果に陥り，1958年と1960年には配当はストップした。Harmony もまた1958年から60年までの3年間採掘鉱石品位は低下した。

もっとも富裕な鉱山である Free State Geduld も，開発初期に第2竪坑の埋没を心配するほどの洪水を経験しなければならなかった。何のトラブルに遭うことなく順調に開発が進められたのは，Western Holdings と President Brand だけであった。

Far West Rand 金鉱地では，大戦終了までに Venterspost（1939年），Blyvooruitzicht（1942年），戦後に，Libanon（1949年），West Driefontein（1952年），Doornfontein（1953年），そして，60年代にはいって，Western Areas（1961年），Western Deep Levels（1962年），Kloof（1968年），Elsburg（1968年）がそれぞれ生産を開始した。Far West Rand 金鉱地では，地下層をなす苦灰岩の中の，地下100～600フィートのところに膨大な泥水が存在し，不断に水と戦わねばならなかった[18]。ことに鉱地の東の部分に巨大な断層を抱えていた West Driefontein は南ア鉱業史上最悪の災害に遭った。

1962年12月12日朝，丁度生産のピークにさしかかっていた West Driefontein で，突然，直径150フィート，深さ100フィートの陥没が生じ，第2竪坑の場所の選鉱・粉砕プラントを装備した7階建ての建物が崩落した。それとともに，そこで働いていた29名のアフリカ人労働者の命が失われた。この悲劇に洪水が

加わった。第2竪坑から引いていた直径3フィートの水道管が陥没により切断されたからである[19]。West Driefontein は非常な高品位鉱山で,「ラントの奇跡」とも「金の泉」[20]とも呼ばれ,1960年に南ア金鉱業史上初めて,ひとつの鉱山として1000万ポンドを越える営業利潤を実現していた。さらに,1968年10月26日,何の前ぶれもなく第4竪坑の採掘場で亀裂が生じ,洪水が起こった。竪坑の水没を回避すべく3週間にわたる必死の排水活動が行われ,辛うじてMerriespruit の遭った運命を免れることができた[21]。

Klerksdorp 金鉱地では,Western Reefs (1941年) の生産が始まってから11年後の1952年,ようやく Stilfontein が生産を開始し,1954年 Ellaton, 1955年 Hartebeestfontein, 1956年 Vaal Reefs, 1957年 Buffelsfontein と続いた。Zandpan は少し遅れて1964年 であった。Evander 金鉱地では,1958年のWinkelhaak を皮切りに,1962年 Bracken と Leslie が,そして,1968年にKinross が生産を開始した。これらの鉱山も地下水の洪水と戦わねばならなかった。しかし,この両鉱地における鉱山の歴史についてはほとんど研究されておらず,詳細を知ることはできない。恐らく幸運にも大災害に見舞われることがなかったと考えられるのである[22]。

F・ウィルスンは,1961年における南アの47の金鉱山について,粉砕鉱石トン当り営業利潤の大きさによって,富裕鉱山,中位鉱山,劣位鉱山に分類して

---

18) 「1960年代中ずっと,苦灰岩の水問題と洪水の危険に関しパニックともいうべきものが存在した。West Driefontein, Blyvooruitzicht および Western Deep Levels の(鉱脈の)大半は,Oberholzer Compartment と呼ばれる広大な地下の湖の下にあった。1968年のこれら3つの鉱山のポンプ料は2億ラントを越えていた。1955年以降,West Driefontein の排水量が1日700万ガロンを切る日はなかった。1962~64年には1日当り3000万ガロンの水を汲み出さねばならなかった。そして,程なくアフリカのどこよりも多いポンプを備えるようになり,その処理能力は1日当り6300万ガロンであった。ピーター・ファン・レンスブルグが述べているように,『West Driefontein は鉱石の3倍に当る重量の水を地上に汲み出さねばならず,金鉱山というより水鉱山と呼べる程であった』」(Paul Johnson, *Gold Fields : A Century Portrait,* London, George Weidenfeld and Nicolson, 1987, p. 71.)。

19) 1962年の West Driefontein 鉱山での陥没事故については,A. P. Cartwright, *Gold Paved the Way,* pp. 306-307 ; R. Macnab, *Gold Their Touchstone : Gold Fields of South Africa ; A Century Story,* Johannesburg, Jonathan Ball Publishing, 1987, pp. 213-215 参照。

20) A. P. Cartwright, *Gold Paved the Way,* p. 242.

21) 1968年の West Driefontein の洪水については,R. Macnab, *op. cit.,* pp. 225-227 ; P. Johnson, *op. cit.,* p. 73 参照。

22) このことは日常の操業で災害が存在しなかったということではない。鉱山の事故による労働者の死亡率は,南ア金鉱業が世界のトップに位置することは周知の事実であった。

いる。すなわち，粉砕鉱石トン当り営業利潤が6ラントより大きい鉱山を富裕鉱山，2ラントより大きく6ラントより小さい鉱山を中位鉱山，2ラント以下の鉱山を劣位鉱山としている[23]。粉砕鉱石トン当り営業利潤の大きさによる分類は単なる粉砕鉱石トン当り金量の大きさによる分類よりもすぐれたものである。けだし，後者は金量だけでなく，コストをも考慮にいれたひとつの収益性を表しているからである。しかし，真の分類基準は資本の大きさを考慮した利潤率でなければならないであろう。利潤率に基づく分類は後に見ることにして，ここではウィルスンに倣い，粉砕鉱石トン当り営業利潤の大きさに基づいて分類しておきたい。粉砕鉱石トン当り金量の大きさは，同営業利潤の大きさに反映され，そして，営業利潤の大きさは利潤率に反映される限り，粉砕鉱石トン当り金量の大きさも，粉砕鉱石トン当り営業利潤の大きさも鉱山分類の第一次接近または第二次接近として許されるからである。

　ウィルスンの取り上げた1961年の47金鉱山は，新金鉱地24鉱山，旧金鉱地23鉱山からなっている。ウィルスンの問題意識は，7大鉱業金融商会が，どの範疇の鉱山を幾つ支配しているかにあったため，商会別範疇別に鉱山数が挙げられており，また，旧金鉱地鉱山のうち7大商会傘下外のNew KleinfonteinとWit Nigelは省かれている。さらに，その年に閉山となったGovernment AreasとSimmer & Jackも除かれている。ここでは，鉱山会議所の年次報告書によって，鉱地別範疇別鉱山数を見ておきたい。ただし，New KleinfonteinとWit Nigelは含め，旧金鉱地の3鉱地は旧金鉱地として一括する。

　ウィルスンの分類基準に従うと，1961年の旧金鉱地31鉱山（粉砕鉱石トン当り営業利潤未公表のLuipaardsvleiを除く）の内，中位鉱山5，劣位鉱山26で，富裕鉱山は皆無であった。しかも，劣位鉱山26のうち，当時限界鉱山と見なされていた，粉砕鉱石トン当り営業利潤0.5ラント以下の鉱山が，19を占めていた。まさに国家の補助が問題となる事態であった。

　新金鉱地における24鉱山のうち，富裕鉱山は5，中位鉱山9，劣位鉱山10であった。表3－10により，これを金鉱地別に見ると，Orange Free State金鉱地では富裕鉱山3，中位鉱山3，劣位鉱山5，Far West Rand金鉱地で富裕鉱山2，中位鉱山1，劣位鉱山3，Klerksdorp金鉱地で中位鉱山4，劣位鉱山2，Evander金鉱地で中位鉱山1となっている。

---

23) F. Wilson, *Labour in South African Gold Mines*, Cambridge, Cambridge University Press, 1972, p. 108.

さらに、ウィルスンの分類基準に従って1965年について見ると、新金鉱地における27鉱山のうち、富裕鉱山は7，中位鉱山15，劣位鉱山5である。この間物価騰貴が生じているから、1961年の基準をそのまま当てはめることは問題であるが、1938年を基準とする卸売り物価指数は1960年283にたいし65年は293であり[24]、60年代前半に南アの物価は比較的安定していた。Orange Free State 金鉱地では富裕鉱山4，中位鉱山5，劣位鉱山2，Far West Rand 金鉱地では富裕鉱山2，中位鉱山4，劣位鉱山1，Klerksdorp 金鉱地で中位鉱山4，劣位鉱山2，Evander 金鉱地で富裕鉱山1，中位鉱山2であった。65年を61年と比較すると、第1に、富裕鉱山の数が5鉱山から7鉱山へ増加していることが注目される。新しく登場したのは St Helena と Bracken であるが、Free State Geduld, West Driefontein, President Brand, Western Holdings の超富裕鉱山と比べれば、見劣りがすることを否定できないであろう。グレイアムは数年間の利潤率から「大成功鉱山」と「成功鉱山」に分け、Free State Geduld 以下の鉱山と St Helena 等の鉱山とを区別している[25]。第2に、Orange Free State 金鉱地と Far West Rand 金鉱地では、劣位鉱山の数が減少していることである。新金鉱地における鉱山開発には巨額の資本を要し、早期に操業を開始して利潤再投資によって資本不足を補う必要があったため、開発直後には、採掘鉱石品位が埋蔵鉱石品位の平均以下であることは珍しいことではなかった。操業開始後暫くすると超富裕鉱山にランクされる Western Deep Levels や Kloof が、開発直後には（表3－10において，Western Deep Levels では1965年，Kloof では1969年）中位鉱山の実績しか示していないのである。第3に、Evander 金鉱地は、鉱山数が少なく、また、飛び抜けた鉱山もなかったが、いずれも中位以上の鉱山であることが注目されよう。南ア金鉱山は、法律により埋蔵鉱石のうち、ペイ・リミットを越える鉱石の平均品位を採掘するよう決められており、高品位鉱石ばかり採掘して短期に大きな収益を挙げることは許されず、そのため各鉱山の年々の採掘＝粉砕鉱石品位はかなり安定しているが、それでも年によりかなりの変動が見られることもあり、単年度だけをとって鉱山を分類することは問題が残るのである。

表3－11は1965年の金鉱地別基本指標を示している。金生産量から見て、新

---

24) D. H. Houghton, *The South African Economy,* Fouth Edition, Cape Town, Oxford University Press, 1976, p. 293.
25) M. R. Graham, *op. cit.,* p. 220.

表 3-10　新金鉱地鉱山の粉砕鉱石トン当り金量，営業利潤（1961～69年）

| | 生産開始年 | 1961年 | | 1965年 | | | | 1969年 | | | |
|---|---|---|---|---|---|---|---|---|---|---|---|
| | | 金量 | 営業利潤 | 金量 | 営業収入 | 営業費用 | 営業利潤 | 金量 | 営業収入 | 営業費用 | 営業利潤 |
| | | dwts | R | dwts | R | R | R | dwts | R | R | R |
| West Driefontein (FWR) | 1952 | 16.547 | 14.21 | 16.372 | 20.62 | 7.66 | 12.96 | 16.532 | 21.51 | 10.00 | 11.51 |
| Free State Geduld (OFS) | 1956 | 17.499 | 14.19 | 21.062 | 26.51 | 7.21 | 19.30 | 19.733 | 26.64 | 7.67 | 18.97 |
| President Brand (OFS) | 1954 | 15.590 | 13.26 | 13.258 | 16.70 | 6.40 | 10.30 | 12.765 | 17.22 | 6.49 | 10.73 |
| Western Holdings (OFS) | 1953 | 13.899 | 11.87 | 14.320 | 18.02 | 5.87 | 12.15 | 12.459 | 17.21 | 5.90 | 11.31 |
| Blyvooruitzicht (FWR) | 1942 | 12.625 | 9.56 | 12.505 | 15.75 | 7.28 | 8.47 | 11.623 | 14.62 | 7.92 | 6.70 |
| Hartebeestfontein (Kld) | 1955 | 9.206 | 5.16 | 9.669 | 12.38 | 7.74 | 4.64 | 7.354 | 10.20 | 8.23 | 1.97 |
| Buffelsfontein (Kld) | 1957 | 8.766 | 4.97 | 8.893 | 11.21 | 6.38 | 4.83 | 8.455 | 10.63 | 7.64 | 2.99 |
| Vaal Reefs (Kld) | 1956 | 9.357 | 4.94 | 9.592 | 12.07 | 6.75 | 5.32 | 9.295 | 12.48 | 7.49 | 4.99 |
| Doornfontein (FWR) | 1953 | 8.532 | 4.90 | 9.626 | 12.13 | 7.02 | 5.11 | 9.653 | 12.59 | 7.80 | 4.79 |
| Stilfontein (Kld) | 1952 | 9.002 | 4.79 | 10.093 | 12.72 | 7.74 | 4.98 | 7.419 | 9.33 | 9.04 | 0.29 |
| St Helena (OFS) | 1951 | 7.050 | 4.59 | 9.025 | 11.37 | 4.23 | 7.14 | 9.203 | 11.57 | 4.89 | 6.68 |
| Harmony (OFS) | 1954 | 8.106 | 3.90 | 7.771 | 9.78 | 6.27 | 3.51 | 6.074 | 7.64 | 6.51 | 1.13 |
| Winkelhaak (Evd) | 1958 | 6.804 | 3.66 | 6.440 | 8.13 | 5.31 | 2.82 | 5.903 | 7.48 | 5.78 | 1.70 |
| President Steyn (OFS) | 1954 | 7.486 | 2.99 | 6.622 | 8.34 | 6.08 | 2.26 | 6.659 | 8.99 | 6.64 | 2.35 |
| Western Reefs (Kld) | 1941 | 5.830 | 1.98 | 6.337 | 7.97 | 6.47 | 1.50 | 7.158 | 9.59 | 6.86 | 2.73 |
| Venterspost (FWR) | 1939 | 5.978 | 1.53 | 7.215 | 9.09 | 7.03 | 2.06 | 7.003 | 9.11 | 7.50 | 1.61 |
| Libanon (FWR) | 1949 | 5.077 | 1.46 | 6.373 | 8.02 | 5.70 | 2.32 | 7.914 | 10.28 | 6.54 | 3.74 |
| Welkom (OFS) | 1951 | 6.366 | 1.33 | 7.121 | 9.96 | 5.93 | 3.03 | 6.564 | 8.87 | 6.51 | 2.36 |
| Ellaton (Kld) | 1954 | 4.748 | 1.22 | … | … | … | … | … | … | … | … |
| Loraine (OFS) | 1955 | 6.077 | 0.88 | 7.982 | 10.24 | 7.68 | 2.56 | 6.188 | 8.80 | 8.24 | 0.56 |
| Free State Saaiplaas (OFS) | 1961 | 5.315 | 0.08 | 4.946 | 6.23 | 6.36 | -0.13 | 7.917 | 10.67 | 6.41 | 4.26 |
| Western Areas (FWR) | 1961 | 4.194 | 0.10 | 5.252 | 6.64 | 4.96 | 1.68 | 5.271 | 7.36 | 5.43 | 1.93 |
| Virginia (OFS) | 1954 | 4.042 | -0.48 | 5.452 | 7.01 | 5.79 | 1.22 | 4.402 | 6.16 | 5.63 | 0.53 |
| Freddies Consolidated (OFS) | 1953 | 4.107 | -0.66 | 10.062 | 12.67 | 7.82 | 4.85 | 10.467 | 14.10 | 7.87 | 6.23 |
| Western Deep Levels (FWR) | 1962 | … | … | 8.512 | 10.72 | 5.59 | 5.13 | 11.935 | 16.09 | 6.83 | 9.26 |
| Leslie (Evd) | 1962 | … | … | 6.750 | 8.52 | 4.24 | 4.28 | 5.690 | 7.24 | 4.47 | 2.77 |
| Bracken (Evd) | 1962 | … | … | 9.294 | 11.73 | 5.37 | 6.36 | 8.576 | 10.91 | 5.60 | 5.31 |
| Zandpan (Kld) | 1964 | … | … | 7.931 | 10.04 | 8.20 | 1.84 | 7.047 | 9.62 | 8.39 | 1.23 |
| Kloof (FWR) | 1968 | … | … | … | … | … | … | 9.760 | 12.61 | 7.62 | 4.99 |
| Elsburg (FWR) | 1968 | … | … | … | … | … | … | 6.053 | 8.10 | 6.47 | 1.63 |
| Kinross (Evd) | 1968 | … | … | … | … | … | … | 6.648 | 8.41 | 5.12 | 3.29 |
| East Driefontein (FWR) | 1972 | … | … | … | … | … | … | … | … | … | … |
| 新　金　鉱　地 | | 9.026 | 5.35 | 9.484 | 11.96 | 6.30 | 5.67 | 8.960 | 11.89 | 6.88 | 5.02 |
| 旧　金　鉱　地 | | 3.620 | 0.77 | 4.051 | 5.08 | 4.47 | 0.62 | 3.863 | 4.99 | 4.95 | 0.04 |
| 全　　　体 | | 6.142 | 3.17 | 7.518 | 9.79 | 5.74 | 4.05 | 7.656 | 10.31 | 6.42 | 3.89 |

(注)　FWR＝Far West Rand 金鉱地，Kld＝Klerksdorp 金鉱地，OFS＝Orange Free State 金鉱地，Evd＝Evander 金鉱地。
[出所]　Chamber of Mines, *Annual Report* より作成。

表3-11　金鉱地別基本指標（1965年）

(かっこ内は％)

| | 粉砕鉱石量 | 生産量 | 営業収益 | 営業費用 | 営業利潤 | ウラン利潤 | 利潤合計 | 配当 |
|---|---|---|---|---|---|---|---|---|
| | 千トン | oz | 千ランド | 千ランド | 千ランド | 千ランド | 千ランド | 千ランド |
| Central Rand | 7,091 | 1,277,617　(4.2) | 32,130 | 33,523 | −1,393 (−0.5) | 0 | −1,393 | 1,089 |
| West Rand | 4,033 | 575,773　(1.9) | 14,157 | 15,063 | −906 (−0.3) | 8,651 | 7,745 | 4,098 |
| East Rand | 17,758 | 3,997,299　(13.3) | 100,390 | 80,543 | 19,847　(6.5) | 465 | 20,312 | 12,990 |
| 旧金鉱地計 | 28,883 | 5,850,689　(19.4) | 146,677 | 129,129 | 17,548　(5.7) | 9,116 | 26,664 | 18,178 |
| Far West Rand | 14,252 | 6,937,792　(23.0) | 174,832 | 91,428 | 83,404　(27.1) | 3,436 | 86,840 | 26,721 |
| Klerksdorp | 11,029 | 4,914,525　(16.3) | 124,154 | 77,652 | 46,502　(15.1) | 2,289 | 48,790 | 18,455 |
| O.F.S. | 21,435 | 10,792,236　(35.9) | 272,232 | 131,239 | 140,993　(45.9) | 8,659 | 149,653 | 55,870 |
| Evander | 4,428 | 1,606,974　(5.3) | 40,563 | 21,661 | 18,902　(6.2) | 0 | 18,902 | 11,540 |
| 新金鉱地計 | 51,144 | 24,251,527　(80.6) | 611,780 | 321,979 | 289,801　(94.3) | 14,384 | 304,184 | 112,586 |
| 合計 | 80,027 | 30,102,216(100.0) | 758,457 | 451,108 | 307,349(100.0) | 23,500 | 330,849 | 130,764 |

[出所]　Chamber of Mines, *Annual Report* より作成。

　金鉱地の中でも，Orange Free State 金鉱地と Far West Rand 金鉱地が中心であることがうかがわれよう。この2つの金鉱地が，営業利潤において，生産における以上に高い比率を示しているのは，きわめて高品位の鉱山を抱えていたことによる。

## 第3節　鉱業金融商会別動向

　1941年をピークとする旧金鉱地の生産のその後の漸減と，1950年代後半以降における新金鉱地の生産の急速な伸びは，南ア金鉱業を支配する鉱業金融商会の地位に著しい影響を及ぼした。戦後，1970年までに，金生産支配者としての鉱業金融商会の地位にどのような変化が生じたか，また，鉱業金融商会の収益の中で，金鉱山からの収益はどのような位置を占めていたか，これらを見ることがここでの課題である。
　表3-12は1940年から70年までの10年ごとの鉱業金融商会鉱山グループ別の金・ウラン指標を示している。まず各年合計の金生産量，利潤ならびに配当の推移を確認しておこう。
　金生産量は，1940年の1354万オンスから50年には1119万オンスに減少する。しかし，60年には50年より約1000万オンス増大して2092万オンス，さらに70年には60年より1000万オンス強増大して3179万オンスとなる。大まかに言って，

60年には50年の2倍，70年には3倍になる。一方，金営業利潤は，1940年の9500万ラントから50年には1億300万ラントに増える。生産が減少しているにもかかわらず，利潤が増えているのは，先に見たように，1949年9月19日のポンド切下げによる金のポンド価格上昇による。60年には50年のほぼ2倍の1億9600万ラント，70年には3倍近い2億7800万ラントとなる。ウラン利潤を加えると，60年には2億5000万ラントを越え，70年には3億ラント近くとなる。配当金は40年の4200万ラントから，50年には5200万ラントへと若干の増大にとどまるが，60年には9600万ラント，70年には1億4400万ラントと，それぞれ50年の約2倍，3倍となった。大まかに総括して，60年と70年には，金生産量，金営業利潤，配当は，すべて50年のほぼ2倍と3倍になったと言えるであろう。

1950年までの最大の金生産者はCM＝RM鉱山グループである。CM＝RM鉱山グループの金生産は40年と50年にそれぞれ394万オンス（29.1％）と344万オンス（30.8％）でトップであった。金利潤と配当もトップで，金利潤は40年2440万ラント（25.7％），50年3200万ラント（31.1％），配当は40年1060万ラント（25.1％），50年1570万ラント（30.5％）であった。60年と70年のRM鉱山グループ——コーナーハウス（CM＝RM）グループの管理権は57年CMよりRMに移転される——の金生産量は，それぞれ390万オンスと371万オンスであり，50年に比べて，ほぼ横ばいであった。しかし，南アの金生産が上昇するなか，RM鉱山グループの生産の割合は必然的に下降し，60年18.6％，70年には11.7％にまで低下する。60年にまだ2位の地位にあったものの，70年には4位に退くのである。金利潤と配当における後退はもっと著しい。金利潤は60年に2610万ラント，70年には870万ラントにまで減少し，その割合は60年に50年の半分以下の13.3％（4位）となり，70年には3.1％（5位）にすぎなくなる。配当は60年に1440万ラントと50年より僅かに低下するだけであるが，割合は15.1％と半減する。70年には910万ラントとなり，割合は6.4％を占めるにすぎない。CM＝RM鉱山グループは40年に11鉱山を有していたが，70年にはRM鉱山グループは5鉱山に減少していた。コーナーハウスは新金鉱地ではBlyvooruiyzichtとHarmonyの2鉱山を開発したにすぎず，新金鉱地における探査活動の決定的立ち遅れと旧金鉱地における傘下鉱山の閉鎖とにより，RMは70年までに平凡な金鉱山支配者になるのである。1957年南ア金鉱業の名門コーナーハウスは，オッペンハイマー（AAC）とエンジェルハードの支配下におち，RMは1958年エンジェルハードを取締役会長に選び，CMは1961年AAC

表3-12 鉱業金融商会鉱山グループ別金・ウラン指標（1940～70年）

(かっこ内は%)

| | 鉱山数 旧1) | 鉱山数 新2) | 粉砕鉱石量 1000t | 金生産量 oz | 粉砕鉱石1トン当り金量 dwts | 金からの営業利潤 R000 | ウランからの営業利潤 R000 | 利潤合計 R000 | 配当 R000 |
|---|---|---|---|---|---|---|---|---|---|
| **1940年** | | | | | | | | | |
| AAC 鉱山グループ | 6 | 0 | 8,736 (13.5) | 2,266,096 (16.7) | 5,188 | 18,908 (19.9) | | 18,908 (19.9) | 8,183 (19.4) |
| Anglovaal 鉱山グループ | 1 | 0 | 2,120 (3.3) | 428,112 (3.2) | 4,039 | 2,737 (2.9) | | 2,737 (2.9) | 938 (2.2) |
| CGFSA 鉱山グループ | 6 | 1 | 7,363 (11.4) | 1,887,597 (13.9) | 5,127 | 13,949 (14.7) | | 13,949 (14.7) | 6,327 (15.0) |
| CM=RM 鉱山グループ | 11 | 0 | 20,615 (32.0) | 3,939,775 (29.1) | 3,822 | 24,407 (25.7) | | 24,407 (25.7) | 10,565 (25.1) |
| GM 鉱山グループ | 2 | 0 | 3,526 (5.5) | 596,874 (4.4) | 3,386 | 4,069 (4.3) | | 4,069 (4.3) | 1,567 (3.7) |
| JCI 鉱山グループ | 7 | 0 | 13,119 (20.3) | 2,276,363 (16.8) | 3,470 | 13,841 (14.6) | | 13,841 (14.6) | 6,000 (14.2) |
| Union 鉱山グループ | 6 | 0 | 6,770 (10.5) | 1,674,797 (12.4) | 4,948 | 14,315 (15.1) | | 14,315 (15.1) | 7,113 (16.9) |
| その他 | 4 | 0 | 2,268 (3.5) | 465,890 (3.4) | 4,108 | 2,825 (3.0) | | 2,825 (3.0) | 1,430 (3.4) |
| 合計 | 43 | 1 | 64,515 (100.0) | 13,535,504 (100.0) | 4,196 | 95,050 (100.0) | | 95,050 (100.0) | 42,121 (100.0) |
| **1950年** | | | | | | | | | |
| AAC 鉱山グループ | 5 | 1 | 9,990 (16.8) | 1,994,984 (17.8) | 3,994 | 22,504 (21.8) | | 22,504 (21.8) | 10,432 (20.2) |
| Anglovaal 鉱山グループ | 1 | 0 | 2,388 (4.0) | 381,605 (3.4) | 3,196 | 2,551 (2.5) | | 2,551 (2.5) | 1,440 (2.8) |
| CGFSA 鉱山グループ | 8 | 2 | 8,888 (14.9) | 1,915,356 (17.1) | 4,310 | 15,755 (15.3) | | 15,755 (15.3) | 7,718 (15.0) |
| CM=RM 鉱山グループ | 10 | 1 | 17,304 (29.1) | 3,444,700 (30.8) | 3,981 | 32,023 (31.1) | | 32,023 (31.1) | 15,736 (30.5) |
| GM 鉱山グループ | 1 | 0 | 2,602 (4.4) | 422,968 (3.8) | 3,251 | 4,391 (4.3) | | 4,391 (4.3) | 1,558 (3.0) |
| JCI 鉱山グループ | 5 | 0 | 9,116 (15.3) | 1,149,457 (10.3) | 2,522 | 4,027 (3.9) | | 4,027 (3.9) | 3,031 (5.9) |
| Union 鉱山グループ | 6 | 0 | 7,331 (12.3) | 1,611,880 (14.4) | 4,397 | 20,517 (19.9) | | 20,517 (19.9) | 10,930 (21.2) |
| その他 | 3 | 0 | 1,897 (3.2) | 264,371 (2.4) | 2,787 | 1,301 (1.3) | | 1,301 (1.3) | 696 (1.4) |
| 合計 | 39 | 4 | 59,515 (100.0) | 11,185,321 (100.0) | 3,759 | 103,069 (100.0) | | 103,069 (100.0) | 51,540 (100.0) |
| **1960年** | | | | | | | | | |
| AAC 鉱山グループ | 5 | 8 | 18,696 (26.2) | 6,785,802 (32.4) | 7,259 | 78,963 (40.3) | 15,014 (25.6) | 93,977 (36.9) | 35,895 (37.7) |
| Anglovaal 鉱山グループ | 1 | 2 | 5,131 (7.2) | 1,303,576 (6.2) | 5,081 | 7,366 (3.8) | 10,633 (18.1) | 17,999 (7.1) | 4,950 (5.2) |
| GFSA3) 鉱山グループ | 8 | 4 | 11,210 (15.7) | 3,785,168 (18.1) | 6,753 | 37,084 (18.9) | 6,568 (11.2) | 43,652 (17.1) | 14,973 (15.2) |
| RM4) 鉱山グループ | 7 | 2 | 14,713 (20.6) | 3,897,389 (18.6) | 5,298 | 26,135 (13.3) | 9,487 (16.2) | 35,621 (14.0) | 14,390 (15.1) |
| GM 鉱山グループ | 1 | 3 | 6,529 (9.2) | 1,919,182 (9.2) | 5,879 | 18,236 (9.3) | 12,222 (20.8) | 30,457 (12.0) | 10,315 (10.8) |
| JCI 鉱山グループ | 3 | 1 | 3,588 (5.0) | 435,679 (2.1) | 2,429 | 555 (0.3) | 4,697 (8.0) | 5,252 (2.1) | 1,323 (1.4) |

第3章 金鉱業の新展開 199

| | | | | | | | | | |
|---|---|---|---|---|---|---|---|---|---|
| Union鉱山グループ | 6 | 2 | 10,228 (14.4) | 2,620,307 (12.5) | 5,124 | 27,486 (14.0) | 0 | 27,486 (10.8) | 13,716 (14.4) |
| その他 | 2 | 0 | 1,166 (1.6) | 174,879 (0.8) | 3,000 | 133 (0.1) | 0 | 133 (0.1) | 100 (0.1) |
| 合　計 | 33 | 22 | 71,259(100.0) | 20,921,982(100.0) | 5,872 | 195,958(100.0) | 58,619(100.0) | 254,577(100.0) | 956,606(100.0) |
| 1970年 | | | | | | | | | |
| AAC鉱山グループ | 2 | 11[5) | 25,902 (34.8) | 13,159,161 (41.4) | 10,161 | 149,490 (53.7) | 5,979 (29.5) | 154,814 (51.8) | 82,568 (57.5) |
| Anglovaal鉱山グループ | 1 | 3 | 4,946 (8.3) | 1,624,409 (5.1) | 6,569 | 3,486 (1.3) | 3,806 (18.8) | 7,947 (2.7) | 1,517 (1.1) |
| GFSA[3)鉱山グループ | 3 | 5 | 10,268 (13.8) | 6,201,202 (19.5) | 12,079 | 71,321 (25.6) | 225 (1.1) | 71,546 (24.0) | 24,268 (16.9) |
| RM[4)鉱山グループ | 5 | 2 | 12,472 (16.7) | 3,713,235 (11.7) | 5,955 | 8,722 (3.1) | 658 (3.2) | 9,380 (3.1) | 9,124 (6.4) |
| GM鉱山グループ | 2 | 2 | 6,401 (8.6) | 2,211,841 (7.0) | 6,911 | 4,521 (1.6) | 9,419 (46.5) | 13,940 (4.7) | 5,345 (3.7) |
| JCI鉱山グループ | 0 | 2 | 3,101 (4.2) | 940,813 (3.0) | 6,068 | 4,540 (1.6) | 177 (0.9) | 4,717 (1.6) | 1,240 (0.9) |
| Union鉱山グループ | 3 | 5 | 11,171 (15.0) | 3,895,617 (12.3) | 6,975 | 36,510 (13.1) | 0 | 36,510 (12.2) | 19,192 (13.4) |
| その他 | 1 | 0 | 206 (0.3) | 48,641 (0.2) | 4,722 | −258 (−0.1) | 0 | −258 (−0.1) | 319 (0.2) |
| 合　計 | 17 | 30 | 74,467(100.0) | 31,794,919(100.0) | 8,539 | 278,332(100.0) | 20,264(100.0) | 298,596(100.0) | 143,572(100.0) |

(注) 1) 旧金鉱地。
　　 2) 新金鉱地。
　　 3) 1959年10月CGFSAは南アにおける傘下会社の管理権をGFSAに移管。
　　 4) 1957年8月CMはグループの管理権をRMに移管。
　　 5) AACは1964年JCIよりFreddies Consの管理権を，1965年GFSAよりFree State Saaiplaasの管理権を掌握。
[出所] Chamber of Mines, *Annual Report*より作成。

グループに編入された後，オッペンハイマーの主導下に，1964年特許会社 BSAC および AAC の姉妹会社 Consolidated Mines Selection (CMS) とともに，Charter Consolidated に組み込まれる（本書343－344ページ）。

　CM＝RM 鉱山グループ以上に急速に地位を低下させたのは，両大戦間期に第2位の地位にあった JCI 鉱山グループである。1940年 JCI 鉱山グループは，生産量が228万オンス（16.8％）でなお2位であった。しかし，同グループの鉱山は低品位・高コストであったため，金利潤と配当における地位はもっと後退していた。すなわち，金利潤は1384万ラント（14.6％）で4位，配当は600万ラント（14.2％）で5位であった。50年には生産量でも115万オンス（10.3％）で5位に低下し，金利潤は403万ラントで僅か3.9％（6位），配当は303万ラントで5.9％（5位）を占めるにすぎなくなる。60年にはこれらの地位はいっそう低下する。鉱山数は，新金鉱地に1つの鉱山（Western Areas）をもつが，旧金鉱地では3鉱山となり（40年7鉱山，50年5鉱山），金生産量44万オンス（2.1％），金利潤56万ラント（0.3％），配当132万ラント（1.4％）とグループのなかで最低となる。配当が金利潤よりも大きいのは，Randfontein などのウラン利潤が存在したことによる。70年には旧金鉱地の鉱山は皆無となり，新金鉱地に2鉱山（Elsburg が加わる。Freddies Cons は開発に失敗し，管理権は1964年 AAC に移る）を擁するのみとなる。生産量94万オンス（3.0％），金利潤454万ラント（1.6％），配当124万ラント（0.9％）にすぎない。JCI は RM より早く平凡な金鉱山支配者となるのである。1963年に JCI も，そのダイヤモンドとプラチナの利権のゆえに，AAC 傘下に組み込まれる（本書337－338ページ）。

　RM 鉱山グループと JCI 鉱山グループとは対照的に，AAC 鉱山グループと CGFSA（GFSA）鉱山グループは地位を大幅に引き上げる。

　AAC 鉱山グループの金生産量は，1940年に，JCI 鉱山グループとほぼ同じ大きさ（227万オンス，16.7％）で3位であったが，すでに金利潤と配当はそれぞれ1891万ラント（19.9％）と818万ラント（19.4％）で2位であった。50年に生産量は199万オンスと僅かに低下するが，割合は17.8％に上がり，2位となる。金利潤と配当もそれぞれ2250万ラント（21.8％）と1043万ラント（20.2％）で引き続き2位であった。50年代における Orange Free State 金鉱地での鉱山開発は一挙に AAC 鉱山グループをトップの座に押し上げる。53年には富裕鉱山 Western Holdings が，翌年 President Brand が，そして，56年 Free

State Geduld が操業を開始する。60年には新金鉱地の AAC 傘下の鉱山数は8となり（50年は1つ），グループの生産量は50年の3.4倍の679万オンス（32.4％），金利潤は7896万ラント（40.3％），配当は3590万ラント（37.7％）となる。1964年 JCI 鉱山グループの Freddies Cons を，65年には GFSA 鉱山グループの Free State Saaiplaas を傘下に収め，新金鉱地の鉱山数は11となる。70年には，生産量1316万オンスで41.4％，金利潤は1億4949万ラント，ウラン利潤を加えると1億5000万ラントを凌駕する。粉砕鉱石品位は平均より高かったので，金利潤の割合は生産量の割合より大きく，53.7％と全体の半分を越え，配当は8257万ラントに達し，実に57.5％を占めるのである。AAC は押しも押されもせぬ南ア金鉱業界の第一人者となったのである。

1970年までに AAC 鉱山グループに次ぐ地位を占めたのは，Far West Rand 金鉱地の開発に成功した CGFSA 鉱山グループである。40年同グループは，生産量189万オンス（13.9％），金利潤1395万ラント（14.7％），配当633万ラント（15.0％）で，すべて4位にすぎなかった。50年には生産量192万オンス（17.1％）で3位に浮上するが，金利潤1576万ラント（15.3％），配当772万ラント（15.0％）はともに依然として4位であった。52年に富裕鉱山 West Driefontein が操業を開始し，翌年 Doornfontein が操業を始める。新金鉱地における Gold Fields of South Africa（GFSA）鉱山グループ——59年 CGFSA は完全所有子会社 GFSA に南アにおける事業の管理権を委譲——の鉱山数は4つとなる。60年の生産量は50年の2倍近い379万オンスを記録する。割合は18.1％でなお3位であったが，金利潤は3708万ラント（18.9％），配当1497万ラント（15.2％）でともに2位になる。70年には新金鉱地の鉱山数は5つとなり，生産量と金利潤はそれぞれ AAC 鉱山グループの約半分の620万オンス（19.5％）と7132万ラント（25.6％）であり，2位の地位を占めていた。配当は2427万ラント（16.9％）で，これも2位であった。

1970年までに，Union Corporation 鉱山グループは，Evander 金鉱地の開発に成功することにより，AAC 鉱山グループ，GFSA 鉱山グループに次ぐ第3位の地位を確立する。40年の同グループの生産量は167万オンス（12.4％）で5位であった。しかし，粉砕鉱石品位は平均より高かったので，金利潤と配当はそれぞれ143万ラント（15.1％）と711万ラント（16.9％）でともに3位であった。50年には生産量はほぼ横ばいの161万オンス（14.4％）で4位となる。金利潤は2052万ラント（19.9％）で引き続き3位であったが，配当は1093万ラ

ント (21.2%) で, AAC鉱山グループを僅かに越えて2位になる。60年にはグループの新金鉱地の鉱山は2つとなり, 生産量は50年より100万オンス増えて262万オンスとなる。しかしこの間, CM=RM鉱山グループとJCI鉱山グループを除き, 他のグループが生産を著しく伸ばすので, 割合は12.5%に低下し, 順位は依然4位であった。金利潤は2749万ラント (14.0%) で3位, 配当は1372万ラント (14.4%) で4位である。金利潤よりも配当で順位がひとつ低いのは, Union Corporation鉱山グループはウランを生産していなかったことによる。70年には新金鉱地鉱山は5つとなり, 生産量は60年より約130万オンス増やして390万オンス, 割合は若干低下して12.3%となるが, 3位の地位を占める。金利潤と配当もそれぞれ3651万ラント (13.1%) と1919万ラント (13.4%) で3位であった。Union Corporationは南ア金鉱業界の中堅的地位をしっかりと確立していたといえる。

1940年GM鉱山グループは2鉱山, Anglovaal鉱山グループは1鉱山を有するにすぎず, 南ア金鉱業界最小のグループであった。GM鉱山グループとAnglovaal鉱山グループの生産量はそれぞれ60万オンス (4.4%) と43万オンス (3.2%) で, 最大のCM=RM鉱山グループの10〜15%の大きさにすぎず, 金利潤もそれぞれ407万ラント (4.3%) と274万ラント (2.9%), 配当も157万ラント (3.7%) と94万ラント (2.2%) にすぎなかった。50年においても事態は同様で, 生産量は42万オンス (3.8%) と38万オンス (3.4%), 金利潤は439万ラント (4.3%) と255万ラント (2.5%), 配当は156万ラント (3.0%) と144万ラント(2.8%)であった。1954年, GMはジャック・スコットのStrathmore Consolidated Investmentsと合同し, Stilfontein(操業開始52年), Buffelsfontein (操業開始57年), Ellaton (操業開始54年) を獲得する (本書41ページ)。これにより, GMは初めて新金鉱地に3つの鉱山をもつようになる。一方, Anglovaalは54年Virginiaの, 翌年Hartebeestfonteinの操業を始める。60年には50年に比べて, GM鉱山グループの生産量は4.5倍の192万オンス, Anglovaal鉱山グループのそれは3.4倍の130万オンスとなり, 生産総量に占める割合もそれぞれ9.2%と6.2%に上昇し, 両グループともJCI鉱山グループを追い抜く。金利潤は, GM鉱山グループが1824万ラントで9.3%を占め, Anglovaal鉱山グループも737万ラントで3.8%を占める。60年に両グループのウラン利潤は大きく, 金・ウラン利潤合計で見ると, ウラン鉱山West Rand Consを擁しているGM鉱山グループは, 3046万ラントで12.0%, Hartebeestfontein

を有する Anglovaal 鉱山グループは，1800万ラントで7.1%を占める。配当は，GM 鉱山グループ1032万ラント（10.8%），Anglovaal 鉱山グループ495万ラント（5.2%）となる。70年には，GM 鉱山グループは，新旧金鉱地に2鉱山ずつもち，計4鉱山，Anglovaal 鉱山グループは旧金鉱地鉱山ひとつ，新金鉱地鉱山3つで，計4鉱山になる。生産量は，GM 鉱山グループ221万オンス（7.0%），Anglovaal 鉱山グループ162万オンス(5.1%)で，GM と Anglovaal はともに，南ア金鉱業界で無視し得ない地位を確立したといえる。ただし，金利潤は，GM 鉱山グループ452万ラント，Anglovaal 鉱山グループ349万ラントで，それぞれ1.6%と1.3%を占めるにすぎない。ウラン利潤を加えると，GM 鉱山グループ1394万ラント，Anglovaal 鉱山グループ795万ラントとなり，それぞれ4.7%と2.7%を占めることになる。配当は，GM 鉱山グループ535万ラント（3.7%），Anglovaal 鉱山グループ152万ラント（1.1%）である。

　1970年は，生産量から見て第二次世界大戦後における南ア金鉱業の頂点をきわめた年である。この年の金鉱山支配者としての各鉱業金融商会の地位を確定すると，次のようになる。全鉱山数は，新金鉱地鉱山30，旧金鉱地鉱山17で，47鉱山，生産総量は3179万オンスである。AAC 鉱山グループは鉱山数13（新金鉱地鉱山11，旧金鉱地鉱山2），生産量1316万オンス（41.4%）でトップを占め，GFSA 鉱山グループは8鉱山（新5，旧3），生産量620万オンス（19.5%）で2位，以下，3位 Union Corporation 鉱山グループ8鉱山（新5，旧3），生産量390万オンス（12.3%），4位 RM 鉱山グループ7鉱山（新2，旧5），生産量371万オンス（11.7%），5位 GM 鉱山グループ4鉱山（新2，旧2），生産量221万オンス（7.0%），6位 Anglovaal 鉱山グループ4鉱山（新3，旧1），生産量162万オンス（5.1%），7位 JCI 鉱山グループ2鉱山（新2），生産量94万オンス（3.0%）である。

　生産量では3位の Union Corporation 鉱山グループと4位の RM 鉱山グループにはほとんど差が見られないが，金利潤では大きな差がある。すなわち，金利潤総額2億7833万ラントのうち，AAC 鉱山グループが53.7%を占めて他を圧倒し，2位の GFSA 鉱山グループは25.6%，そして3位の Union Corporation 鉱山グループは13.1%であるが，4位の RM 鉱山グループは3.1%にすぎないのである。上位3グループと下位4グループとでは大きな差が生まれていると言わざるをえない。ちなみに，5位の GM 鉱山グループは1.6%，6位の Anglovaal 鉱山グループは1.3%，7位の JCI 鉱山グループは1.6%である。

表 3 - 13 新金鉱地鉱山の操業開始から

| | (1) 操業期間 年 | (2) 粉砕鉱石量合計 1000t | (3) 金生産量合計 oz | (4) 粉砕鉱石トン当り金量 dwt | (5) 営業利潤合計 R000 |
|---|---|---|---|---|---|
| FS Geduld (AAC) | 1956～70 | 21,421 | 20,411,771 | 19.058 | 354,401 |
| West Driefontein (GF) | 1952～70 | 33,257 | 28,235,670 | 16.981 | 444,094 |
| President Brand (AAC) | 1954～70 | 28,358 | 19,764,606 | 13.940 | 319,203 |
| Western Holdings (AAC) | 1953～70 | 33,677 | 21,978,734 | 13.053 | 360,140 |
| Blyvooruitzicht (CM=RM) | 1942～70 | 34,290 | 21,401,995 | 12.483 | 302,917 |
| W Deep Levels (AAC) | 1962～70 | 24,868 | 12,218,741 | 9.827 | 157,739 |
| Bracken (Union) | 1962～70 | 9,008 | 3,980,640 | 8.838 | 51,628 |
| St Helena (Union) | 1951～70 | 35,278 | 13,652,348 | 7.740 | 188,155 |
| Kloof (GF) | 1968～70 | 4,200 | 2,130,512 | 10.145 | 22,459 |
| Vaal Reefs (AAC) | 1956～70 | 24,884 | 11,728,738 | 9.427 | 123,269 |
| Doornfontein (GF) | 1953～70 | 21,643 | 9,731,049 | 8.992 | 98,799 |
| Buffelsfontein (GM) | 1957～70 | 30,634 | 13,108,949 | 8.558 | 130,610 |
| Hartebeestfontein (Ang) | 1955～70 | 24,317 | 10,906,561 | 8.970 | 103,510 |
| Stilfontein (GM) | 1952～70 | 31,534 | 13,671,440 | 8.671 | 123,723 |
| Kinross (Union) | 1968～70 | 4,393 | 1,524,786 | 6.943 | 14,655 |
| Leslie (Union) | 1962～70 | 13,968 | 4,317,610 | 6.182 | 46,371 |
| Harmony (CM=RM) | 1954～70 | 33,856 | 12,656,020 | 7.476 | 99,069 |
| President Steyn (AAC) | 1954～70 | 30,490 | 10,784,902 | 7.074 | 82,414 |
| Winkelhaak (Union) | 1958～70 | 17,594 | 5,546,741 | 6.305 | 46,136 |
| FS Saaiplaas (GF-AAC) | 1961～70 | 12,595 | 4,388,011 | 6.968 | 28,872 |
| Ellaton (GM) | 1954～63 | 3,102 | 777,864 | 5.015 | 6,295 |
| Libanon (GF) | 1949～70 | 28,276 | 7,901,757 | 5.589 | 54,356 |
| Welkom (AAC) | 1951～70 | 28,755 | 9,006,686 | 6.265 | 54,009 |
| Freddies Cons (JCI-AAC) | 1954～70 | 13,051 | 4,484,928 | 6.873 | 22,815 |
| Western Reefs (AAC) | 1941～70 | 42,547 | 11,681,480 | 5.491 | 71,428 |
| Elsburg (JCI) | 1968～70 | 1,330 | 429,593 | 6.460 | 2,082 |
| Zandpan (Ang) | 1964～70 | 5,204 | 1,961,645 | 7.540 | 7,499 |
| Western Areas (JCI) | 1961～70 | 19,397 | 5,149,588 | 5.310 | 28,099 |
| Venterspost (GF) | 1939～70 | 42,529 | 11,471,580 | 5.395 | 56,995 |
| Loraine (AAC) | 1955～70 | 15,816 | 4,990,204 | 6.310 | 15,937 |
| Virginia (Ang) | 1954～70 | 25,515 | 6,235,841 | 4.888 | 17,391 |
| 合　計 | | 695,787 | 306,230,990 | 8.802 | 3,435,070 |

［出所］　Chamber of Mines, *Annual Report* より作成。

ウラン利潤を加えた金・ウラン利潤では，GM 鉱山グループ4.7％，Anglovaal 鉱山グループ2.7％に上昇する。しかし，AAC 鉱山グループ51.8％，GFSA 鉱山グループ24.0％，Union Corporation 鉱山グループ12.2％であり，4位の GM 鉱山グループとは大きな差が存在する。同様に，配当おいても総額1億4357万ラントのうち，AAC 鉱山グループが半分以上の57.5％を占め，次いで GFSA 鉱山グループ16.9％，Union Corporation 鉱山グループ13.4％であ

第3章 金鉱業の新展開　205

1970年までの基本指標（1939〜70年）

| (6)粉砕鉱石トン当り利潤 R | (7)利潤率年平均 % | (8)ウラン利潤合計 R000 | (9)金・ウラン利潤合計 R000 | (10)金・ウラン利潤年平均 % | (11)配当合計 R000 | (12)配当率年平均 % | (13)資本金年平均 R000 |
|---|---|---|---|---|---|---|---|
| 16,544 | 480.2 | — | 354,401 | 480.2 | 135,880 | 184.1 | 4,920 |
| 13,354 | 210.2 | 10,650 | 454,744 | 215.3 | 148,144 | 70.1 | 11,117 |
| 11,256 | 272.2 | 11,205 | 330,408 | 281.8 | 147,277 | 125.6 | 6,898 |
| 10,694 | 544.6 | — | 360,140 | 544.6 | 133,195 | 201.4 | 3,674 |
| 8,834 | 179.9 | 31,894 | 334,811 | 198.8 | 136,888 | 82.2 | 5,806 |
| 6,343 | 35.1 | — | 157,739 | 35.1 | 69,350 | 15.4 | 50,000 |
| 5,731 | 41.0 | — | 51,628 | 41.0 | 25,560 | 20.3 | 14,000 |
| 5,333 | 98.8 | — | 188,155 | 98.8 | 75,268 | 39.5 | 9,519 |
| 5,317 | 24.8 | — | 22,459 | 24.8 | 1,557 | 1.7 | 30,240 |
| 4,954 | 157.5 | 39,981 | 163,250 | 208.6 | 64,350 | 81.3 | 5,217 |
| 4,565 | 55.9 | 3,369 | 102,168 | 57.7 | 34,693 | 19.6 | 9,828 |
| 4,264 | 84.8 | 43,691 | 174,301 | 113.2 | 52,113 | 33.8 | 11,000 |
| 4,257 | 71.9 | 53,345 | 156,855 | 108.9 | 55,980 | 38.9 | 9,000 |
| 3,623 | 101.7 | 19,446 | 143,169 | 117.7 | 45,557 | 37.5 | 6,401 |
| 3,336 | 27.1 | — | 14,655 | 27.1 | 4,860 | 9.0 | 18,000 |
| 3,320 | 32.2 | — | 46,371 | 32.2 | 22,480 | 15.6 | 16,000 |
| 2,926 | 64.8 | 33,465 | 132,534 | 86.6 | 62,370 | 40.8 | 9,000 |
| 2,703 | 70.4 | 15,636 | 98,050 | 83.8 | 37,175 | 31.8 | 6,882 |
| 2,622 | 29.6 | — | 46,136 | 29.6 | 16,120 | 10.3 | 12,000 |
| 2,292 | 16.3 | 1,903 | 30,775 | 17.4 | 28,731 | 16.3 | 17,672 |
| 2,029 | 159.9 | 2,492 | 8,787 | 223.1 | 0 | 0 | 394 |
| 1,922 | 31.1 | — | 54,356 | 31.1 | 21,789 | 12.5 | 7,937 |
| 1,878 | 46.2 | 12,238 | 66,247 | 56.7 | 30,012 | 25.7 | 5,844 |
| 1,748 | 5.8 | 11,304 | 34,119 | 8.7 | 21,908 | 5.6 | 23,097 |
| 1,679 | 72.4 | 38,837 | 110,265 | 111.7 | 44,385 | 45.0 | 3,290 |
| 1,565 | 2.2 | — | 2,082 | 2.2 | 0 | 0 | 31,500 |
| 1,441 | 9.5 | 1,575 | 9,074 | 11.5 | 0 | 0 | 11,294 |
| 1,397 | 13.7 | — | 28,099 | 13.7 | 6,513 | 3.3 | 19,848 |
| 1,339 | 36.3 | — | 56,995 | 36.3 | 25,485 | 16.3 | 4,900 |
| 1,008 | 6.3 | 7,550 | 23,487 | 9.2 | 1,446 | 0.6 | 15,903 |
| 0,682 | 15.4 | 42,850 | 60,241 | 53.4 | 3,320 | 2.9 | 6,639 |
| 4,937 | 73.8 | 381,431 | 3,816,501 | 82.0 | 1,452,405 | 31.2 | |

り，4位以下は大きく下がって，RM鉱山グループ6.4％，GM鉱山グループ3.7％，Anglovaal鉱山グループ1.1％，JCI鉱山グループ0.9％である。1970年には新金鉱地は南ア金生産量の88.6％，金利潤の102.3％，配当の94.1％を占めていた（表3－8）のであるから，金鉱山支配者としての鉱業金融商会の地位の変動は，新金鉱地鉱山をいくつ抱えていたか，また，その質はどのようなものであったかによって決定されたことは明らかである。

先にウィルスンに倣い，粉砕鉱石トン当り営業利潤の大きさ（これには粉砕鉱石トン当り金量とコストが反映される）から，1961年と1965年の新金鉱地鉱山の分類を金鉱地別に行なった。しかし，このように単年度の粉砕鉱石トン当り営業利潤の大きさだけから鉱山の質を分類することに問題がないわけではない。単年度だけでは，たまたまその年に粉砕鉱石品位やコストが好転もしくは悪化したとも考えられるからである。

表3-13は新金鉱地におけるそれぞれの鉱山の操業開始年から1970年までの基本的指標を示している。先の分類に倣い，粉砕鉱石トン当り営業利潤によって見ると，新金鉱地31鉱山のうち，富裕鉱山は6つ（Free State Geduld：16.54ラント（以下同じ），West Driefontein：13.35, President Brand：11.26, Western Holdings：10.69, Blyvooruitzicht：8.83, Western Deep Levels：6.34），中位鉱山は15（Bracken：5.73, St Helena：5.33, Kloof：5.32, Vaal Reefs：4.95, Doornfontein：4.57, Buffelsfontein：4.26, Hartebeestfontein：4.26, Stilfontein：3.62, Kinross：3.34, Leslie：3.32, Harmony：2.93, President Steyn：2.70, Winkelhaak：2.62, Free State Saaiplaas：2.29, Ellaton：2.03），そして劣位鉱山10（Libanon：1.92, Welkom：1.88, Freddies Cons：1.75, Western Reefs：1.68, Elsburg：1.57, Zandpan：1.44, Western Areas：1.40, Venterspost：1.34, Loraine：1.01, Virginia：0.68）である。長年の鉱山実績を示すこの方法が，単年度のそれに比べ明らかに正しい分類方法である。

しかし，営業利潤を粉砕鉱石量に関連づけて分類するこの方法は，粉砕鉱石品位やコストを反映しているとは言え，資本金を考慮していないために十分ではない。当然のことながら金鉱業も利潤を目的としているのであるから，鉱山の質も資本金に関連づけて位置づけられなければならない。

資本金を考慮した基準，すなわち，年平均利潤率と年平均配当率からすればどのように分類できるであろうか。ただし，ここでの資本金とは株式額面資本金を指し，株式現金発行の際に生まれる額面を越える現金，借入金，利潤の再投資は考慮していない。

新金鉱地各鉱山の操業開始年から1970年までの株式額面資本金年平均金利潤率から見ると，200％を越える鉱山は4鉱山（Western Holdings：545％, Free State Geduld：480％, President Brand：272％, West Driefontein：210％），100～200％が4鉱山（Blyvooruitzicht：180％, Ellaton：160％, Vaal Reefs：

158％, Stilfontein：102％), 50～100％が7鉱山 (St Helena：99％, Buffelsfontein：85％, Western Reefs：72％, Hartebeestfontein：72％, President Steyn：70％, Harmony：65％, Doornfontein：56％), 20～50％が9鉱山 (Welkom：46％, Bracken：41％, Venterspost：36％, Western Deep Levels：35％, Leslie：32％, Libanon：31％, Winkelhaak：30％, Kinross：27％, Kloof：25％), 0～20％が7鉱山 (Free State Saaiplaas：16％, Virginia：15％, Western Areas：14％, Zandpan：10％, Loraine：6％, Freddies Cons：6％, Elsburg：2％) である。

　ウラン利潤を加えた金・ウラン利潤率では，200％を越える鉱山は6鉱山となり (Ellaton と Vaal Reefs が加わる)，100～200％では5鉱山 (Ellaton と Vaal Reefs が上昇して，Buffelsfontein, Western Reefs, Hartebeestfontein が加わる)，50～100％では6鉱山 (Buffelsfontein, Western Reefs, Hartebeestfontein が上昇し，Welkom と Virginia が加わる)，20～50％では8鉱山 (Welkom が上昇)，0～20％では6鉱山 (Virginia が上昇) となる。ウラン利潤により，Vaal Reefs, Buffelsfontein, Western Reefs, Hartebeestfontein, Virginia, Welkom の鉱山は利潤率を著しく高めたのである。

　表3-14は，それぞれの新金鉱地鉱山の操業開始年から1970年までの「粉砕鉱石トン当り営業利潤」と「株式額面資本金年平均金利潤率」の相関を示している。これによると，両者の間には明らかにかなり強い相関がうかがわれる。すなわち，富裕鉱山は6鉱山のうち5鉱山が200％以上の利潤率を上げ，中位鉱山は20～200％の利潤率の範囲に分布し，劣位鉱山はほとんど50％以下の利潤率しか上げていない。富裕鉱山のうち Western Deep Levels が35％の利潤率しか上げていないのは，この鉱山が途方もなく大きい資本金 (5000万ラント) であったことによる。また，中位鉱山のうち Kloof, Kinross, Leslie, Winkelhaak も資本の大きさのゆえに利潤率を下げている。これとは逆に，Vaal Reefs, Stilfontein は資本金が相対的に小さく，また，Ellaton の場合は資本金が極端に小さく，それによって利潤率を上げている。劣位鉱山では，Western Reefs と Venterspost が相対的に資本金が小さく利潤率が高くなっている。

　管理権が1964年に JCI から AAC に移った Freddies Cons と，翌年 GFSA から同じく AAC に移った Free State Saaiplaas を除く新金鉱地29鉱山について，「株式額面資本金年平均金利潤率」からグループ別に鉱山を整理すると，AAC 鉱山グループは，200％を越える鉱山が3つ (Western Holdings, Free

表 3 — 14　新金鉱地鉱山の操業開始年から1970年までの粉砕鉱石トン当り営業利潤と年平均金利潤率の相関

| 操業開始年 | 200%以上 | 100~200% | 50~100% | 20~50% | 0~20% | 資本金 |
|---|---|---|---|---|---|---|
| **富裕鉱山** | | | | | | |
| 1956 | A(16, 5)FS Geduld(480)[2] | | | | | 4,920 |
| 1952 | F(13, 4)W. Driefontein(210) | | | | | 11,117 |
| 1954 | A(11, 3)P. Brand(272) | | | | | 6,878 |
| 1953 | A(10, 7)W. Holding(545) | | | | | 3,674 |
| 1942 | R(8, 8)Blyvooruitzicht(179) | | | | | 5,806 |
| 1962 | | | | A(6, 2)W. Deep Levels(35) | | 50,000 |
| **中位鉱山** | | | | | | |
| 1962 | | | U(5, 3)St Helena(99) | U(5, 7)Bracken(41) | | 9,517 |
| 1951 | | A(5, 0)Vaal Reefs(158) | | | | 30,240 |
| 1968 | | | | F(5, 3)Kloof(25) | | 5,217 |
| 1956 | | | F(4, 5)Doornfontein(56) | | | 9,828 |
| 1953 | | | G(4, 3)Buffelsfontein(85) | | | 11,000 |
| 1957 | | | An(4, 3)Hartebeest(72) | | | 9,000 |
| 1955 | | G(3, 6)Stilfontein(102) | | | | 6,401 |
| 1952 | | | | U(3, 3)Kinross(27) | | 18,000 |
| 1968 | | | | U(3, 3)Leslie(32) | | 16,000 |
| 1962 | | | R(2, 9)Harmony(65) | | | 9,000 |
| 1954 | | | A(2, 7)P. Steyn(70) | | | 6,882 |
| 1954 | | | | U(2, 6)Winkelhaak(30) | | 12,000 |
| 1958 | | G(2, 0)Ellaton(160) | | | | 394 |
| **劣位鉱山** | | | | | | |
| 1949 | | | | F(1, 9)Libanon(31) | | 7,937 |
| 1951 | | | | A(1, 9)Welkom(46) | | 5,844 |
| 1941 | | | A(1, 7)Western Reefs(72) | | | 3,290 |
| 1968 | | | | | J(1, 6)Elsburg(2) | 31,500 |
| 1964 | | | | | An(1, 4)Zandpan(10) | 11,294 |
| 1961 | | | | | J(1, 4)Western Areas(14) | 19,848 |
| 1939 | | | | F(1, 3)Venterspost(36) | | 4,900 |
| 1955 | | | | | A(1, 0)Loraine(6) | 15,903 |
| 1954 | | | | | An(0, 7)Virginia(15) | 6,639 |
| 1961 | | | | | (2, 3)FS Saaiplaas(16) | 17,672 |
| 1954 | | | | | (1, 7)Freddies Cons(6) | 23,097 |

(注)　1)　R000。 2)　冒頭のAはAAC，FはGFSA，UはUnion Corporation，RはRM，GはGM，AnはAnglovaal，JはJCI。次のかっこ内の数字は操業開始から1970年までの年平均営業利潤トン当り。最後のかっこ内の数字は操業開始から1970年までの年平均金利潤率(％)。
[出所]　表3—13より作成。

State Geduld, President Brand), 100～200%の鉱山が1つ (Vaal Reefs), 50～100%の鉱山が2つ (Western Reefs, President Steyn), 20～50%の鉱山が2つ (Welkom, Western Deep Levels), 0～20%の鉱山がひとつ (Loraine) である。GFSA 鉱山グループでは, 200%を越える鉱山がひとつ (West Driefontein), 50～100%の鉱山がひとつ (Doornfontein), 20～50%の鉱山が3つ (Venterspost, Libanon, Kloof), Union Corporation 鉱山グループでは, 50～100%の鉱山がひとつ (St Helena), 20～50%の鉱山が4つ (Bracken, Leslie, Winkelhaak, Kinross), RM 鉱山グループでは, 100～200%の鉱山がひとつ (Blyvooruitzicht) と50～100%の鉱山がひとつ (Harmony), GM 鉱山グループでは, 100～200%の鉱山が2つ (Stilfontein, Ellaton), 50～100%の鉱山がひとつ (Buffelsfontein), Anglovaal 鉱山グループでは, 50～100%の鉱山がひとつ (Hartebeestfontein) と0～20%の鉱山が2つ (Virginia, Zandpan), JCI 鉱山グループでは, 0～20%の鉱山が2つ (Western Areas, Elsburg) である。鉱山数と「年平均金利潤率」から見て, AAC 鉱山グループが際立って多くの優良鉱山を抱えており, GFSA 鉱山グループと Union Corporation 鉱山グループがこれに続き, JCI 鉱山グループを除き, 残りの鉱業金融商会鉱山グループもそれぞれに有力鉱山を有していたことが知られる。

ところで, 株式額面資本金年平均金利潤率は鉱山の質を示すひとつの指標であり, それによる分類は粉砕鉱石トン当り営業利潤による分類よりもすぐれたものであるが, それにも問題がある。株式現金発行の際に生まれる額面を越える現金, 借入金, 利潤の再投資は考慮されていないからである。たとえば, Ellaton は金利潤率159.9%, 金・ウラン利潤率223.1%の高率を示し, これだけなら優良鉱山に数えてもおかしくないが, 株式資本金が極端に小さい。Ellaton は, ストラスモア・グループ下に開発されたのであるが, 開発費は増資によらず, AAC からの250万ポンドの借入金でなされたのである (本書36ページ)。(Ellaton は業績が上がらず1963年に閉山となる。) したがって, 株式資本金・株式現金発行の際に生まれる額面を越える現金・借入金および利潤の再投資を考慮した利潤率を求めることが望ましいが, それは資料の制約によってほとんど不可能である。ここでは, 株式額面資本金年平均金利潤率の大きさの比較も絶対的な意義をもたぬことに注意しなければならない。

グレイアムは, 配当を生むのに失敗した鉱山を「失敗」鉱山, 配当を出した鉱山を「成功」鉱山として分け, 「成功」鉱山の中でも, 特別に高配当率の鉱

山を「大成功」鉱山としている[26]。ここでは，一般利子率を考慮して「年平均配当率」が5％以下の鉱山を失敗鉱山，それ以上の鉱山を成功鉱山とし，なかでも70％を越える鉱山を大成功鉱山と，表3-13によって分類してみよう。

　失敗鉱山に入るのは，配当金ゼロの Ellaton, Elsburg, Zandpan の他，計7鉱山で，残りの24鉱山が成功鉱山である。そのうち Western Holdings を筆頭に，5鉱山が大成功鉱山である。Freddies Cons と Free State Saaiplaas を除く29鉱山について，グループ別に見ると，AAC 鉱山グループは4つの大成功鉱山（Western Holdings：201.4％（以下同じ），Free State Geduld：184.1，President Brand：125.6，Vaal Reefs：81.3）の他，4つの成功鉱山（Western Reefs：45.0, President Steyn：31.8, Welkom：25.7, Western Deep Levels：15.4）と1つの失敗鉱山（Loraine：0.6）を有し，GFSA 鉱山グループは1つの大成功鉱山（West Driefontein：70.1）の他，3つの成功鉱山（Doornfontein：19.6, Venterspost：16.3, Libanon：12.5）と1つの失敗鉱山（Kloof：1.7）を有する。Union Corporation 鉱山グループは5つの成功鉱山（St Helena：39.5, Bracken：20.3, Leslie：15.6, Winkelhaak：10.3, Kinross：9.0），RM 鉱山グループは1つの大成功鉱山（Blyvooruitzicht：82.2）と成功鉱山1つ（Harmony：40.8）を，GM 鉱山グループは2つの成功鉱山（Buffelsfontein：33.8, Stilfontein：37.5）と1つの失敗鉱山（Ellaton）を，Anglovaal 鉱山グループは1つの成功鉱山（Hartebeestfontein：38.9）と2つの失敗鉱山（Virginia：2.9, Zandpan），JCI 鉱山グループは2つの失敗鉱山（Western Areas：3.3, Elsburg）を有する。ここに，AAC が収益性の高い金鉱山を最も多く支配していること，GFSA と Union Corporation も新金鉱地の開発に成功したことが明らかとなる。

　しかしながら，1970年で区切って配当率を見る見方も問題がないわけではない。表3-15は，各鉱山の「年平均金・ウラン利潤率」と「年平均配当率」との相関を示しているが，総じて強い相関関係が存在することがうかがわれる。しかし，Ellaton, Virginia, Kloof などは利潤率の高さに比して低い配当しか支払っていない。それには2つの理由がある。ひとつは，Ellaton と Virginia のように，借入金の返済に追われていたことである。もうひとつは，Kloof, Kinross, Elsburg は若い鉱山であったことである。一般的に言って，金鉱山開発の初期には利潤の再投資が活発に行われ，配当にまわる利潤は少ないので

---

26) M. R. Graham, *op. cit.*, p. 220.

第3章 金鉱業の新展開 211

表3-15 新金鉱地鉱山の操業開始年から1970年までの
年平均金・ウラン利潤率と年平均配当率の相関

| | 大成功鉱山 | 成功鉱山 | 失敗鉱山 |
|---|---|---|---|
| 200%以上 | A(545) W. Holdings(201)1)<br>A(480) FS Geduld(184)<br>A(282) P. Brand(126)<br>F(215) W. Driefontein(70)<br>A(209) Vaal Reefs(81) | | G(215) Ellaton(0) |
| 100〜200% | R(199) Blyvooruitzicht(82) | G(118) Stilfontein(38)<br>G(113) Buffelsfontein(34)<br>A(112) Western Reefs(45)<br>An(109) Hartebeest(39) | |
| 50〜100% | | U(99) St Helena(40)<br>R(87) Harmony(41)<br>A(84) P. Steyn(32)<br>F(58) Doornfontein(20)<br>A(57) Welkom(26) | An(54) Virginia(3) |
| 20〜50% | | U(41) Bracken(20)<br>F(36) Venterspost(16)<br>A(35) W. Deep Levels(15)<br>U(32) Leslie(16)<br>F(31) Libanon(13)<br>U(30) Winkelhaak(10)<br>U(27) Kinross(9)<br>(17) FS Saaiplaas(16)<br>(9) Freddies Cons(6) | F(25) Kloof(2) |
| 0〜20% | | | J(14) W. Areas(3)<br>An(12) Zandpan(0)<br>A(9) Loraine(1)<br>J(2) Elsburg(0) |

(注) 1) 冒頭のAはAAC, FはGFSA, UはUnion Corporation, RはRM, GはGM, AnはAnglovaal, JはJCI。次のかっこの中の数字は操業開始から1970年までの年平均金・ウラン利潤率(%)。最後のかっこ内の数字は同期間の年平均配当率(%)。
[出所] 表3-13より作成。

ある。これらの鉱山は，1970年には操業を開始して3年目を迎える若い鉱山であり，鉱山としての実績が期待される以前であった。その後，Elsburgの業績は芳しくなく，1975年Western Areasに合併されるが，Kinrossは成功鉱山，Kloofは大成功鉱山となるのである。

さて，金鉱業における各鉱業金融商会の地位を考える上で，鉱業金融商会ま

表3-16 金鉱山会社配当金と主要取得者（1972年）

(かっこ内は株式所有比率)

| | 配当総額 R000 | AAC グループ2) R000 | CGF グループ3) R000 | Union グループ4) R000 | Barlow Rand R000 | GM グループ5) R000 | Anglovaal R000 | JCI R000 | Charter R000 | ASAIC R000 | SICOVAM R000 | Soges Société Anonyme R000 | Barclays Bank GATR R000 |
|---|---|---|---|---|---|---|---|---|---|---|---|---|---|
| **I. AAC グループ** | | | | | | | | | | | | | |
| 1. East Daggafontein | 1,679 | (20)336 | | | | | | | | | | | (40)6,800 |
| 2. FS Geduld | 17,000 | (25)4,250 | | | | | | | | | (5)850 | | (11)1,660 |
| 3. President Brand | 15,094 | (25)3,774 | | | | | | | | | (6,5)98 | | (21)794 |
| 4. President Steyn | 3,780 | (36,4)1,376 | | | | | | | | (3,2)121 | | (3)453 | (10,5)0 |
| 5. SA Land & Expl | 0 | (15)0 | | | | | | | | | (25)0 | | (10,4)1,087 |
| 6. Vaal Reefs | 10,450 | (34,1)3,563 | | | | | | | | (3,8)397 | | | (31)1,215 |
| 7. Welkom | 3,920 | (30)1,176 | | | | | | | | | (5)1,000 | | (26)5,200 |
| 8. W. Deep Levels | 20,000 | (42,8)8,560 | (5,4)1,080 | | | | | | | | (13)2,290 | | (17)2,995 |
| 9. Western Holdings | 17,616 | (25)4,404 | | | | | | | | 518 | 5,121 | 453 | 19,751 |
| 計 | 89,539 | 27,439 | 1,080 | | | | | | | | | | |
| | [100] | [30.6] | [1,2] | | | | | | | [0,6] | [5,7] | [0,5] | [22,1] |
| **II. GFSA グループ** | | | | | | | | | | | | | |
| 1. Doornfontein | 3,342 | (6,6)221 | (30,6)1,023 | | | | | | | (10)334 | | | (11,5)384 |
| 2. East Driefontein | 0 | (20)0 | (43,1)0 | | | | | | | | | | (2)0 |
| 3. Kloof | 5,560 | (13,3)739 | (28,6)1,590 | | | | | | | (3)167 | | | (17)945 |
| 4. Libanon | 4,286 | | (29)1,243 | | | | | | | | | | |
| 5. Venterspost | 1,421 | | (13)185 | | | (5)71 | | | | | | | |
| 6. Vlakfontein | 1,320 | | (27)336 | | | | | | | | | | |
| 7. West Driefontein | 23,940 | (14,2)3,399 | (32)7,661 | | | | | | | (3,3)790 | | | (9)2,155 |
| 計 | 39,869 | 4,359 | 12,058 | | | 71 | | | | 1,291 | | | 3,484 |
| | [100] | [10,9] | [30,2] | | | [0,2] | | | | [3,2] | | | [6,2] |
| **III. Union グループ** | | | | | | | | | | | | | |
| 1. Bracken | 3,500 | (5)175 | | (62)2,170 | | | | | | | | | |
| 2. Grootvlei | 1,487 | | | (18)268 | | | | | | | | | |
| 3. Kinross | 5,400 | | (3)162 | (65)3,510 | | | | | | | | | |
| 4. Leslie | 2,240 | (5)112 | | (68)1,523 | | | | | | | | | |
| 5. Marievale | 1,800 | | | (17)306 | | | | | | | | | |
| 6. St Helena | 8,663 | (20)1,733 | | (22)1,906 | | | | | | (5,2)450 | | | |
| 7. Winkelhaak | 3,120 | (8)250 | (3)94 | (42)1,310 | (4)125 | | | | | (8,6)268 | | | |
| 計 | 26,210 | 2,270 | 256 | 10,993 | 125 | | | | | 718 | | | |
| | [100] | [8,7] | [1,0] | [41,9] | [0,5] | | | | | [2,7] | | | |

第3章 金鉱業の新展開 213

| | | | | | | | | | |
|---|---|---|---|---|---|---|---|---|---|
| Ⅳ. Barlow Rand グループ | | | | | | | | | |
| 1. Blyvooruitzicht | 6,960 | (7.1)494 | (11.9)828 | (8)557 | | (8.5)592 | (3.6)251 | (11.6)807 | (24)168 |
| 2. Durban Deep | 698 | | | (9)63 | | | | | |
| 3. ERPM | 594 | | | (7)42 | | | | (63)374 | |
| 4. Harmony | 4,140 | (10)414 | (5)207 | (12)497 | | (9)373 | | (16)662 | |
| 5. Merriespruit | 0 | | | | (7)0 | | | (5)0 | |
| 計 | 12,392 | 908 | 1,035 | 1,159 | 0 | 965 | 251 | 1,843 | 168 |
| | [100] | [7.3] | [8.4] | [9.4] | [0] | [7.8] | [2.0] | [14.9] | [1.4] |
| Ⅴ. GM グループ | | | | | | | | | |
| 1. Buffelsfontein | 3,300 | (25.2)832 | | (17.5)578 | (4)132 | | | (14.4)475 | |
| 2. South Roodepoort | 0 | | | (26)0 | | | | | |
| 3. Stilfontein | 2,286 | | | (18)411 | | | | (7)160 | (13)297 |
| | | | | (11)50 | | | | (16)72 | |
| 4. West Rand Cons | 453 | | | 1,039 | 132 | | | 707 | 914 |
| 計 | 6,039 | 832 | | 1,039 | 132 | | | 707 | 297 |
| | [100] | [13.8] | | [17.2] | [2.2] | | | [11.7] | [4.9] |
| Ⅵ. Anglovaal グループ | | | | | | | | | |
| 1. Hartebeestfontein | 6,170 | (18.9)1,166 | | | (8)494 | | | | (27)1,666 |
| 2. Loraine | 321 | (21)67 | (27)87 | | (8)26 | | | (25)332 | (10)32 |
| 3. Virginia | 1,328 | | | | (6)80 | | | | |
| 4. Zandpan | 0 | (19.7)0 | | | 600 | | (4)0 | 0 | 1,698 |
| 計 | 7,819 | 1,233 | 87 | | 600 | | 0 | 332 | 1,698 |
| | [100] | [15.8] | [1.1] | | [7.7] | | [0] | [4.2] | [21.7] |
| Ⅶ. JCI グループ | | | | | | | | | |
| 1. Elsburg | 0 | (12.3)0 | | | (34)0 | | | (20.6)0 | (5)0 |
| 2. Randfontein | 0 | | | | (32)0 | | | | |
| 3. Western Areas | 3,308 | (12.1)400 | | (3)99 | (17.5)579 | | | 0 | (12)397 |
| 計 | 3,308 | 400 | | 99 | 579 | | | 0 | 397 |
| | [100] | [12.1] | | [3.0] | [17.5] | | | [0] | [12.0] |
| 総 計 | 185,176 | 37,441 | 14,516 | 11,874 | 1,209 | 1,102 | 2,778 | 8,003 | 25,795 |
| | [100] | [20.2] | [7.8] | [6.4] | [0.7] | [0.6] | [1.5] | [4.3] | [13.9] |
| | | | | 1,284 | 732 | 965 | | 1,367 | |
| | | | | [0.7] | [0.4] | [0.5] | | [0.7] | |

(注) 1) 3%以下の所有は省略。 2) Anglo American Corporation of South Africa の他、Anglo American Gold Investment, De Beers, Rand Selection, African & European, SA Townships, New Central Wits。 3) Consolidated Gold Fields と GFSA グループ。 4) Union Corporation と UC Investments。 5) General Mining and Finance Corporation と Sentrust。
[出所] 株式所有比率は *Gold : A Financial Mail Special Survey*, November 17,1972, p.83。ただし, CGF グループの持株比率は Consolidated Gold Fields, *Annual Report 1972*, p. 40による。各金鉱山会社の配当金は Chamber of Mines, *Annual Report 1972*, p.52。株主への配当金は各金鉱山会社の配当金と株式所有比率から算出。

たはそのグループが金鉱山からどれだけの配当を確保していたかも見ておかなければならないであろう。しかし，1970年以前における金鉱山会社にたいする持株についてはほとんど資料が利用できない。ここでは，時期が少し下るが，1972年について見ておきたい。

表3-16は，1972年の金鉱山会社の配当金と，鉱業金融商会またはそのグループと主要株主が取得した配当を示している。3％以下の持株は省略されており，また，持株比率も小数点1桁で四捨五入されているから，取得配当金額はおおよその目安であることを注意しておきたい。さて，この表によれば，1972年の金鉱山会社39社（配当を支払わない会社も含む）の配当金は総額1億8518万ラントに達する。鉱山グループでは，AAC鉱山グループ8954万ラント，GFSA鉱山グループ3987万ラント，Union Corporation鉱山グループ2621万ラント，Barlow Rand（本書389ページ参照）鉱山グループ1239万ラント，Anglovaal鉱山グループ782万ラント，GM鉱山グループ604万ラント，JCI鉱山グループ331万ラントである。特徴的なことは，鉱業金融商会（グループ）の持株が傘下の金鉱山会社に集中していることを反映して，各商会鉱山グループにおいて，配当取得者としてその支配者たる鉱業金融商会（グループ）が7大鉱業金融商会（グループ）中1位を占めていることである。すなわち，AAC鉱山グループでは，AACグループがその配当の30.6％，GFSA鉱山グループでは，CGFグループが30.2％，Union Corporation鉱山グループでは，Union Corporationグループが41.9％，Barlow Rand鉱山グループでは，Barlow Rand9.4％，GM鉱山グループでは，GMグループが17.2％，JCI鉱山グループではJCIが17.5％であり，それぞれ1位なのである。唯一例外はAnglovaal鉱山グループで，Anglovaalが7.7％であるのにたいし，AACグループが倍の15.8％を占めている。これは，Klerksdorp金鉱地とOrange Free State金鉱地におけるAnglovaal傘下の鉱山開発に際し，AACが資金的にバックアップしたことを反映している。さらに，AACグループは，他の鉱山グループにおいても配当の7〜14％を受けとっている。資金の豊富であったAACグループは，新金鉱地における他鉱業金融商会の鉱山開発金融にも積極的にかかわり，他商会傘下金鉱山会社の株式を広くかなりの数もつことになる。それは一方で鉱山開発投資リスクの分散をはかり，他方で富裕な鉱山の収益に与ろうとする投資政策の反映であった。

こうしてAACグループの配当取得額は7大鉱業金融商会（グループ）中最

大で，3740万ラントに達し，配当総額の20.2%を占めて他を大きく引き離している。鉱業金融商会（グループ）のなかで2位に位置するのが CGF グループで，取得額1450万ラント（7.8%），3位は Union Corporation グループで，取得額1190万ラント（6.4%）である。3位と4位以下には大きな開きがあり，Barlow Rand, GM グループ，JCI, Anglovaal の取得額は70～130万ラントで，総額に占める割合も0.4～0.7%にすぎない。7大鉱業金融商会全体では，配当総額の36.8%を得ている。ともあれ，配当収益から見ると，鉱業金融商会鉱山グループの金生産，金利潤，配当金における以上に，上位3商会グループと下位4商会の差は著しいと言える。

ところで，鉱業金融商会（グループ）以外の配当取得者が注目されねばならないであろう。Barclays Bank GATR は，各鉱業金融商会鉱山グループの鉱山の株式を広く所有し，2580万ラントの配当（総額の13.9%）を得て，AAC グループに次ぐ配当取得者となっているのである。Barclays Bank GATR は株式の受託者名義人であり，GATR とは Morgan Guaranty Trust を表している。南アで金鉱株を購入したアメリカの投資家は Barclays Bank GATR に預託し，それにたいしニューヨークの Morgan Guaranty Trust は預託受領書を発行するのである[27]。アメリカのもうひとつの投資機関 ASAIC (American-South African Investment Corporation) は278万ラント（1.5%）を受けとっている。ASAIC は，1959年アメリカの資本を南アに誘導するため，エンジェルハードが作った投資機関である[28]。SICOVAM (Société Interprofessionelle pour la Compensation de Valeurs Mobilieres) は800万ラント（4.3%）の配当を得ている。SICOVAM はフランスの公的名義人であり，フランス居住者で外国の株式を取得するものは，この名義人で登録することを義務づけられている[29]。137万ラント（0.7%）を得ている Soges Société Anonyme はベルギーにおける同様の機関である[30]。ここにアメリカとフランスの投資家が，南アの金鉱山にかなり食い込んでいることが明らかとなる。

それでは，鉱業金融商会の投資収益において金鉱山からの投資収益はどのような位置を占めているであろうか。ただし利用できる資料は非常に限られる。

---

27) *Gold : A Financial Mail Special Survey,* November 17, 1972, p. 83.
28) D. Pallister, S. Stewart and I. Lepper, *South Africa Inc. : The Oppenheimer Empire,* London, Simon & Shuster, 1987, p. 81.
29) *Gold : A Financial Mail Special Survey,* p. 83.

表3-17　Anglo American Corporation of South Africa の投資と投資収益[1]（1965～69年）

単位：R000（かっこ内は％）

|  | 1965年 | 1966年 | 1967年 | 1968年 | 1969年 |
|---|---|---|---|---|---|
| 1. 投　資 |  |  |  |  |  |
| 金 | 176,355(42) | 186,240(38) | 191,015(31) | 248,652(26) | 171,809(21) |
| ダイヤモンド | 92,376(22) | 117,625(24) | 184,853(30) | 315,597(33) | 269,986(33) |
| プラチナ | 4,199(1) | 4,901(1) | 6,162(1) | 9,564(1) | 8,181(1) |
| 銅 | 29,393(7) | 29,406(6) | 36,971(6) | 47,818(5) | 57,270(7) |
| 石　炭 | 25,194(6) | 24,505(5) | 18,485(3) | 19,127(2) | 16,363(2) |
| その他鉱業 | 16,796(4) | 14,703(3) | 30,809(5) | 47,818(5) | 49,088(6) |
| 工　業 | 62,984(15) | 93,120(19) | 123,236(20) | 191,271(20) | 179,990(22) |
| 金　融 | 12,597(3) | 19,604(4) | 24,627(4) | 76,508(8) | 65,451(8) |
| 合　計 | 419,893 | 490,104 | 616,179 | 956,355 | 818,138 |
| 2. 投資収益 |  |  |  |  |  |
| 金 | 10,421(41) | 10,095(38) | 10,592(37) | 10,285(34) | 10,841(32) |
| ダイヤモンド | 4,575(18) | 5,313(20) | 6,012(21) | 6,958(23) | 7,453(22) |
| プラチナ | 254(1) | 266(1) | 286(1) | 303(1) | 339(1) |
| 銅 | 4,321(17) | 4,251(16) | 4,008(14) | 3,933(13) | 5,082(15) |
| 石　炭 | 1,525(6) | 1,594(6) | 1,431(5) | 1,210(4) | 1,355(4) |
| その他鉱業 | 1,017(4) | 1,063(4) | 2,004(7) | 1,513(5) | 1,355(4) |
| 工　業 | 2,542(10) | 2,922(11) | 3,149(11) | 3,630(12) | 4,404(13) |
| 金　融 | 763(3) | 1,063(4) | 1,145(4) | 2,420(8) | 3,049(9) |
| 合　計 | 25,417 | 26,567 | 28,628 | 30,250 | 33,879 |

（注）　1）投資額，投資収益とも合計と割合から算出。
［出所］　1965年は *Beerman's Financial Year Book of Southern Africa 1966*, Vol. II, p. 14；1966年は *Ibid., 1967*, Vol. II, p. 15；1967年は *Ibid., 1968*, Vol. II, p. 33；1968年は *Ibid., 1969*, Vol. II, p. 48；1969年は *Jane's Major Companies of Europe : 1970 Edition*, p. F 192.

　表3-17は南ア最大の金鉱山支配者となったAACの1960年代後半における投資額（上場株式は時価，非上場株式は額面）と投資収益を投資部門ごとに示している。ただし，数値は投資額合計と割合から算出しているためおおよその目安である。まず投資額の推移を見ると，総額では1965年と69年の間に約2倍となっている。部門ごとに見ると，金融部門が最大の伸びを示し約5倍，ついでダイヤモンド部門と工業部門と「その他鉱業」部門が3倍弱となっている。ダイヤモンド部門の増大がダイヤモンド市場の活況を反映したダイヤモンド関連会社株式の騰貴によるのにたいして，金融部門，工業部門と「その他鉱業」部門の増大は実質的投資の増大を示していると考えて差支えないであろう。すなわち，AACは1965年までにすでに金融，工業，「その他鉱業」においてかなりの事業の多角化を計っていたが，この時期これらの部門で多角化はいっそ

30)　*Ibid.*, p. 83.

表 3－18　General Mining & Finance Corporation の投資と投資収益[1]（1967年）

単位：R000（かっこ内は％）

|  | 投　資 | 投資収益 |
|---|---|---|
| 金・ウラン | 30,216(33) | 2,754(37) |
| 石　炭 | 12,819(14) | 1,340(18) |
| プラチナ | 7,325( 8) | 521( 7) |
| 卑金属 | 6,410( 7) | 372( 5) |
| 鉱工業金融 | 12,819(14) | 1,116(15) |
| 商業・工業 | 21,976(24) | 1,340(18) |
| 合　計 | 91,565 | 7,443 |

（注）　1）投資額，投資収益とも合計と割合から算出。
［出所］　*Beerman's Financial Year Book of Southern Africa 1968*, Vol. I, p. 572.

う進められるのである。これにたいし，金部門の投資額はほぼ横ばいで推移し，比重は半減する。さて，この金部門投資からの投資収益であるが，この期間1000万ラント強で推移していることがうかがわれる。しかし，活況を呈するダイヤモンド部門と多角化する金融部門ならびに工業部門の収益の増大により，投資総収益に占める金部門のそれの割合は，65年の41％から69年には32％に低下した。第二次世界大戦後南アの金鉱業が最盛期を迎えた1960年代末において，AACの投資収益においては約3分の1が金部門からの収益であった。多角化以前に比べれば，金部門からの収益の比重は明らかに低下しているのであるが，部門別ではなお最大であった。

投資多角化と金部門収益の比重の低下はGMについてもあてはまる。表3－18は1967年におけるGMの投資額（上場株式は時価，非上場株式は額面）と投資収益を投資部門ごとに示している。数値は同じく投資額合計と割合から算出しているためおおよその目安にすぎない。これによると，投資総額と投資総収益に占める金・ウラン部門の比重はなお最大であるが，AACの場合と同じく3分の1強に低下している。他方，多角化の遂行により，「商業・工業」，鉱工業金融の部門が伸長しているのがうかがわれるのである。表3－19は1960年代中葉のJCIの部門別投資・投資収益構成を示している。数値は投資額合計と割合から算出しているためおおよその目安にすぎないことにかわりない。ただし，上のAACとGMの場合と異なり，投資額は株式額面で表示されている。JCIの過去の南ア・ダイヤモンド鉱業への関わりと第二次世界大戦後におけるプラチナ鉱業への拡大を反映して，「銅・ダイヤモンド・プラチナ」がトップの座を占め，しかもこの期間投資額・割合ともに増えている。多角化を反映して工

表3-19 Johannesburg Consolidated Investment の投資と投資収益[1] (1963～67年)

単位：R000（かっこ内は％）

|  | 1963年 | 1964年 | 1965年 | 1966年 | 1967年 |
|---|---|---|---|---|---|
| 1. 投　資[2] |  |  |  |  |  |
| 金・石炭・卑金属 | 14,630(30) | 11,960(23) | 12,728(23) | 11,909(20) | 12,740(17) |
| 銅・ダイヤモンド・プラチナ | 14,630(30) | 18,720(36) | 18,263(33) | 23,818(38) | 29,978(40) |
| 金　融 | 7,803(16) | 7,800(15) | 8,855(16) | 8,932(15) | 9,743(13) |
| 工　業 | 11,704(24) | 13,520(26) | 15,495(28) | 16,077(27) | 22,483(30) |
| 合　計 | 48,766 | 52,000 | 55,341 | 59,546 | 74,944 |
| 2. 投資収益 |  |  |  |  |  |
| 金・石炭・卑金属 | 1,544(17) | 1,272(14) | 1,328(15) | 1,440(15) | 1,420(14) |
| 銅・ダイヤモンド・プラチナ | 4,936(54) | 5,451(60) | 5,046(57) | 5,279(55) | 5,376(53) |
| 金　融 | 914(10) | 999(11) | 974(11) | 1,056(11) | 913( 9) |
| 工　業 | 1,737(19) | 1,363(15) | 1,505(17) | 1,824(19) | 2,435(24) |
| 合　計 | 9,140 | 9,085 | 8,853 | 9,599 | 10,144 |

(注) 1) 投資額，投資収益とも合計と割合から算出。
　　 2) 額面
[出所] *Beerman's Financial Year Book of Europe, 1968,* Fourth Edition, p. F 207.

業投資も同様である。しかし，金鉱業での後退により，「金・石炭・卑金属」投資は停滞している。投資収益では，「銅・ダイヤモンド・プラチナ」が過半を占め，1967年には工業も4分の1近くを生み出すにいたっている。「金・石炭・卑金属」の収益の比重は低下ぎみで，僅か15％前後にすぎない。

以上，3つの鉱業金融商会について見たが，1960年代後半における金鉱山からの投資収益は投資総収益のせいぜい3分の1前後である。鉱業金融商会には個性があり，ダイヤモンドとプラチナへの投資が大きいJCIの場合にはもっと低い。また，資料は利用できないが，早くから工業に進出していたAnglovaalの場合もJCIの場合と同じく低いと思われる。逆にEvander金鉱地の開発に集中したUnion Corporationの場合には，その比重はもっと高いであろう。ともあれ，金鉱山からの投資収益の比重の低下は，この時期の鉱業金融商会の注目すべき傾向である。これは，ひとつには金価格が固定されていて古い鉱山が閉鎖を余儀なくされたり，新しい鉱山の収益が抑えられた結果であるが，もうひとつには，新金鉱地鉱山からの収益を基礎に投資の多角化がはかられたことの結果でもあった。

ところで，南アの鉱業金融商会にとって投資収益だけが主要な収益源ではなかった。鉱業金融商会は傘下の企業にたいして独特な経営形態（グループ・システム）をとっていた。すなわち，鉱業金融商会は傘下の企業にたいして支配株を所有するだけでなく，管理契約・技術契約によって管理・経営に責任をも

第3章 金鉱業の新展開 219

表3-20 鉱業金融商会の収益構成 (1954/55〜1969/70年)

単位：R000（かっこ内は％）

| | | 投資収益 | 証券売却益 | その他収益 | 粗収益合計 |
|---|---|---|---|---|---|
| 1954/55年[1] | AAC | 5,188(41.8) | 1,934(15.6) | 5,282(42.6) | 12,404(100) |
| | Anglovaal | 694(35.6) | 362(18.5) | 896(45.9) | 1,952(100) |
| | CGFSA | 2,980(43.5) | 858(12.5) | 3,006(43.9) | 6,844(100) |
| | GM | 1,426(43.2) | 844(25.6) | 1,030(31.2) | 3,300(100) |
| | JCI | 2,924(69.5) | 652(15.5) | 632(15.0) | 4,208(100) |
| | Union | 2,996(81.6) | 288(7.8) | 386(10.5) | 3,670(100) |
| | CM=RM[2] | 3,290(73.6) | 894(20.0) | 286(6.4) | 4,470(100) |
| 1960/61年[1] | AAC | 16,318(59.6) | — | 11,080(40.4) | 27,398(100) |
| | Anglovaal | 1,440(48.7) | 30(1.0) | 1,486(50.3) | 2,956(100) |
| | CGFSA | 9,322(50.6) | 2,352(12.8) | 6,766(36.7) | 18,440(100) |
| | GM | 3,602(72.8) | 90(1.8) | 1,256(25.4) | 4,948(100) |
| | JCI | 5,776(92.2) | 332(5.3) | 156(2.5) | 6,264(100) |
| | Union | 4,976(41.2) | 2,212(18.3) | 4,898(40.5) | 12,086(100) |
| | CM=RM[2] | 7,040(86.4) | 758(9.3) | 354(4.3) | 8,152(100) |
| 1964/65年[1] | AAC | 22,997(66.8) | — | 11,450(33.2) | 34,447(100) |
| | Anglovaal | 2,066(63.2) | 649(19.9) | 554(16.9) | 3,269(100) |
| | CGF | 12,800(41.6) | 4,136(13.4) | 13,944(45.3) | 30,800(100) |
| | GM | n.a. | n.a. | n.a. | n.a. |
| | JCI | 8,853(77.4) | 2,588(22.6) | | 11,441(100) |
| | Union | 10,655(71.8) | 3,663(24.7) | 524(3.5) | 14,842(100) |
| 1969/70年[1] | AAC | 33,879(60.3) | 1,878(3.3) | 20,390(36.3) | 56,147(100) |
| | Anglovaal | 1,654(14.9) | 191(1.7) | 9,283(83.4) | 11,128(100) |
| | CGF | 18,766(25.2) | 12,558(16.8) | 43,214(58.0) | 74,538(100) |
| | GM[3] | 6,140(70.0) | 2,634(30.0) | | 8,774(100) |
| | JCI | 11,793(76.4) | 3,654(23.7) | | 15,438(100) |
| | Union | 11,393(76.7) | 1,560(10.5) | 1,897(12.8) | 14,850(100) |

(注) 1) AAC, GM および Union は後の年の12月31日で終わる1年間。Anglovaal, CGF および JCI は後の年の6月30日で終わる1年間。2) CM と RM の合計。1954/55年の CM=RM は後の年の12月31日で終わる1年間。1960/61年は、RM が後の年の12月31日で終わる1年間で、CM は後の年の3月31日で終わる1年間。3) 1968年。

[出所] 1954/55年 と1960/61年 は、M. R. Graham, *The Gold-Mining Finance System in South Africa, with special reference to the Financing and Development of the Orange Free State Goldfield up to 1960*, unpublished Ph. D. Thesis (University of London), 1965, p.69；1964/65年と1969/70年は、*Beerman's Financial Year Book of Southern Africa* と *Jane's Major Companies of Europe*.

ち，それによって巨額の管理費・技術費の他，各種の手数料を徴していた。表3-20は1950年代半ばから70年までのだいたい5年ごとの鉱業金融商会の収益を示している。ここで「その他収益」とは管理費・技術費の他，各種の手数料を指す。投資収益に利子が加えられたり加えられなかったり，「その他収益」に支払利子が差し引かれたり差し引かれなかったりするため，鉱業金融商会間だけでなく，年度間の厳密な比較も不可能であるが，おおよそ収益構造を知ることができる。証券売却益は株式市況を反映して年によりむらがあるが，投資収益と各種手数料が鉱業金融商会の2大収益源であることは明らかである。1969/70年度を見ると，総収益ではCGFとAACがずば抜けて大きく，その他の鉱業金融商会はほぼ横一線にならんでいる。CGFとAnglovaalでは「その他収益」の方が大きいが，AACとGM，JCI，Union Corporationは投資収益の方が大きい。しかし，後者の鉱業金融商会においても「その他収益」は無視しえない。鉱業金融商会のグループ・システムの本質は管理・技術サービスの効率的提供による手数料徴収の確保にあったのである[31]。

　表3-21はCGFの1967/68年度における総収益の部門別地域別分布を示している。収益には投資収益だけでなく，証券売却益，手数料も含まれていることに注意しておきたい。ただし，上の統計と同じく，収益額ならびに資産額はそれぞれ総収益ならびに総資産と割合から算出しているためおおよその目安である。これによると，資産の地域分布では南ア55％，オーストラレイシアが15％，同じくアメリカが15％，「イギリス他」が12％，カナダが3％と，南アフリカ以外の地域にも広く分布している。そして，投資部門では卑金属，鉄鉱石，工業・商業にも進出し，金鉱業以外の分野に多角化したことがうかがわれる。収益を見ると，南アの金鉱山がなお最大で総収益2266万ポンドのうち35％，約790万ポンドを占め，南ア全体では52％，1178万ポンドで過半を制している。種々の鉱業にまたがるオーストラレイシアへの進出は大成功で，収益は28％，630万ポンドに達している。アメリカとイギリスからも着実に収益をあげている。

　CGF以外の鉱業金融商会については，このような表は利用できない。もし投資収益構造がほぼ「その他収益」，すなわち管理費・技術費を初めとする各種手数料にも当てはまると仮定するならば，1960年代後半における鉱業金融商

---

31) 拙著，前掲書第2章「鉱業金融商会とグループ・システム」を参照。

第3章 金鉱業の新展開 221

表3-21 Consolidated Gold Fieldsの総収益の部門別地域別構成（1967／68年¹⁾）

単位：£000（かっこ内は%）

| | 南ア | オーストラレイシア | アメリカ | カナダ | イギリス他 | 合計 |
|---|---|---|---|---|---|---|
| 金 | 7,931(35) | — | — | — | — | 7,931(35) |
| プラチナ | 1,586(7) | — | — | — | — | 1,586(7) |
| 鉛・亜鉛・銀 | — | 453(2) | — | 227(1) | — | 680(3) |
| 銅 | — | 1,586(7) | — | — | — | 1,586(7) |
| 金紅石・ジルコン | — | 1,360(6) | — | — | — | 1,360(6) |
| その他鉱物・金属 | 1,133(5) | 453(2) | 680(3) | 227(1) | 906(4) | 3,399(15) |
| 工業・商業 | 1,133(5) | 906(4) | 906(4) | 227(1) | 1,360(6) | 4,532(20) |
| 鉄鉱石 | — | 1,586(7) | — | — | — | 1,586(7) |
| 合計 | 11,784(52) | 6,345(28) | 1,586(7) | 680(3) | 2,266(10) | 22,661(100) |
| 資産額 | 174,000(55) | 47,000(15) | 47,000(15) | 9,000(3) | 38,000(12) | 316,000(100) |

（注）1）1968年6月30日で終わる1年間。
[出所] *Beerman's Financial Year Book of Southern Africa, 1969*, Vol. I, p. 188.

会の総収益に占める南ア金鉱山からの収益の割合はおよそ30～40％あったと言えよう。そして，新金鉱地への進出の成功度に応じてその割合は上昇し，多角化の度合に応じて下降する。総収益に占める南ア金鉱山からの収益の割合は，AAC, CGF, Union Corporation, GM の場合には高く，JCI, RM, Anglovaal の場合には比較的低いと考えられる。

## むすび

1939年から70年までの南アの金生産は，41年のピーク（1388万オンス）から47年（1070万オンス）まで漸減し，その後53年までほぼ横ばいであるが，54年以降の生産の伸びは著しく，翌年（1409万オンス）には41年のピークを突破し，60年には2000万オンス，65年には3000万オンスを凌駕する。この背景には，旧金鉱地の衰退と1930年代から始まった新金鉱地の発見と開発があった。

旧金鉱地の生産は41年を境に漸減過程に入る。多くの旧金鉱地の鉱山は，埋蔵鉱石の枯渇や戦中・戦後のインフレーションによるコスト上昇によるペイ・リミットの上昇によって次々に閉鎖を余儀なくされた。旧金鉱地の鉱山数は，1945年に43であったが，50年39，55年35，60年32，65年26，そして70年には17となった。これに応じて，生産量は漸減し，1941年の1354万オンスをピークに，45年1121万オンス，50年976万オンス，55年883万オンス，60年726万オンス，65年585万オンスとなり，70年には363万オンスにまで低下する。営業利潤も41年の4508万ポンドをピークに，45年3036万ポンドに低下する。50年には49年のポンド切下げを反映して4143万ポンドに回復するが，切下げの効果も長くは続かず，55年には1797万ポンド，60年1660万ポンド，65年1799万ラント（900万ポンド）へと漸減し，そして70年には652万ラント（326万ポンド）の赤字へと転落する。70年に旧金鉱地に残っている17鉱山のうち9鉱山は赤字操業であり，国家の援助を受けるか，あるいはウラン生産を兼業とするか，またはウラン鉱山に変身していた。

一方，第二次世界大戦直後急速に開発の進められた新金鉱地では，鉱山の数は1945年に3つにすぎなかったが，50年4，55年18となり，さらに60年22，65年27，70年には30へと増加する。金生産量は，45年には56万オンスであったが，50年には143万オンス，55年526万オンス，60年1366万オンス，65年2425万オン

ス，70年2816万オンスと増加の一途を辿った。営業利潤も，45年には僅か155万ポンドにすぎなかったが，50年1011万ポンド，55年2628万ポンド，60年8138万ポンド，65年2億8980万ラント（1億4490万ポンド）と急成長を遂げる。70年には2億8486万ラント（1億4243万ポンド）で65年とほぼ横並びであるが，これはこの時期に新金鉱地の生産が最盛期を迎えたことによる。

　新金鉱地が旧金鉱地を凌駕するのは，営業利潤で1955年，生産量で57年，粉砕鉱石量で62年である。62年に南ア金鉱業に占める新金鉱地の比重は粉砕鉱石量で53.1％，生産量で73.3％，営業利潤で88.2％である。62年以降南ア金鉱業の中心地は旧金鉱地を離れ，名実ともに新金鉱地に移行する。ここに南ア金鉱業は新しい展開を遂げ，地域的には以前と異なる「鉱業」に変わったのである。

　新金鉱地が旧金鉱地を凌駕するのが粉砕鉱石量でよりも生産量でより早く，生産量でよりも営業利潤でより早いのは，新金鉱地の採掘＝粉砕鉱石品位が旧金鉱地のそれよりも高かったことによる。旧金鉱地の粉砕鉱石トン当り金量（鉱石品位）は，1939年から44年まで4 dwts 台で，45年から64年まで3 dwts 台に低下し，その後69年を除いて70年まで4 dwts 台を回復する。61年以降粉砕鉱石品位が回復するのは，採算のとれなくなった低品位鉱山が次々に閉鎖されていったことを反映している。これにたいして新金鉱地は，最初の鉱山 Venterspost が操業を始めた39年から戦後最初の鉱山 Libanon が開発された49年まで，粉砕鉱石品位は3 dwts 台から6 dwts 台に漸次上昇し，以後55年まで6 dwts 台を維持し，56年と57年は7 dwts 台，58年から60年までは8 dwts 台，そして，61年から70年までは9 dwts 台となっている。衰退しつつあった旧金鉱地に比して，若々しい新金鉱地の粉砕鉱石品位ははるかに高かったのである。

　しかしながら，新金鉱地鉱山の鉱脈の深さを反映して，新金鉱地鉱山の営業コストは旧金鉱地鉱山のそれよりも高かった。コスト高を反映して，ペイ・リミットは旧金鉱地よりも新金鉱地の方が1 dwts 程度高く，1943年以降54年まで3 dwts 台，55年から65年まで4 dwts 台，そして，66年以降は5 dwts 台であった。それにもかかわらず，60年代の新金鉱地の粉砕鉱石トン当り営業利潤が5ラントを維持しているのは，その採掘＝粉砕鉱石品位が高かったことによる。旧金鉱地の粉砕鉱石トン当り営業利潤が一番高かったのは1950年で，1.50ラントにすぎなかった。

　新金鉱地における粉砕鉱石品位が高いといっても，すべての鉱山が高かったわけではない。1961年に新金鉱地では24の鉱山が操業していたが，粉砕鉱石ト

ン当り金量はさまざまであった。10dwts以上が5鉱山，9dwts台3鉱山，8dwts台3鉱山，7dwts台2鉱山，6dwts台3鉱山，5dwts台4鉱山，そして，4dwts台4鉱山と，かなりの散らばりを示している。新金鉱地における1961年のペイ・リミットは4.775dwtsであったから，粉砕鉱石トン当り金量5dwts以下の鉱山は苦しい経営を強いられていたと考えて差支えない。

　ウィルスンは，1961年における南アの47金鉱山について，粉砕鉱石トン当り営業利潤の大きさによって富裕鉱山，中位鉱山，劣位鉱山に分類している。すなわち，粉砕鉱石トン当り営業利潤が6ラントより大きい鉱山を富裕鉱山，2ラントより大きく6ラントより小さい鉱山を中位鉱山，2ラントより小さい鉱山を劣位鉱山としている。

　1961年には旧金鉱地には32鉱山と新金鉱地には24鉱山が存在した。ウィルスンの分類基準に従うと，Luipaardsvlei（金関係の数値が発表されていない）を除く旧金鉱地の31鉱山のうち，中位鉱山は5，劣位鉱山は26で，富裕鉱山は皆無であった。しかも，劣位鉱山26のうち，当時限界鉱山と見なされていた粉砕鉱石トン当り営業利潤0.5ラント以下の鉱山が19を占めていた。生産を継続するには，国家の補助金が必要な事態であった。

　新金鉱地における24鉱山のうち富裕鉱山は5，中位鉱山9，劣位鉱山10である。これを金鉱地別にみると，Orange Free State金鉱地では富裕鉱山3，中位鉱山3，劣位鉱山5，Far West Rand金鉱地では富裕鉱山2，中位鉱山1，劣位鉱山3，Klerksdorp金鉱地で中位鉱山4，劣位鉱山2，Evander金鉱地で中位鉱山1となっている。最盛期を迎えた1965年についてみると，新金鉱地における27鉱山のうち富裕鉱山は7，中位鉱山15，劣位鉱山5となっている。金鉱地別では，Orange Free State金鉱地では富裕鉱山4，中位鉱山5，劣位鉱山2，Far West Rand金鉱地では富裕鉱山2，中位鉱山4，劣位鉱山1，Klerksdorp金鉱地で中位鉱山4，劣位鉱山2，Evander金鉱地で富裕鉱山1，中位鉱山2である。同年の南ア金鉱業全体に占める新金鉱地の割合は，金生産量で80.6％，営業利潤で94.2％であった。Orange Free State金鉱地が生産量と営業利潤でそれぞれ35.9％と45.8％，Far West Rand金鉱地が23.0％と27.1％を占めていた。この両鉱地が南ア金鉱業の中心となったことが知られよう。営業利潤において生産における以上に高い比重を示しているのは，これらの金鉱地がきわめて高品位の鉱山を抱えていたことによる。

　1941年以降の旧金鉱地の生産の漸減と1950年代後半以降の新金鉱地の生産の

急速な伸びは，南ア金鉱業を支配する鉱業金融商会の地位に決定的な影響を及ぼした。とくに新金鉱地の収益性の高い鉱山を数多く支配した鉱業金融商会は有力な商会となり，支配することに失敗した商会は以前の地位を維持できなかった。大きく地位を向上させたのは AAC と CGF（GFSA）と Union Corporation であり，低下させたのは両大戦間期に1位と2位の地位にあった CM＝RM（RM）と JCI である。

　1950年までの最大の金生産者は CM＝RM 鉱山グループであった。しかし，CM＝RM は，新金鉱地では Blyvooruitzicht と Harmony の2鉱山を開発したにすぎず，新金鉱地における探査活動の決定的立ち遅れと旧金鉱地における傘下鉱山の閉鎖とにより，60年と70年の間，RM 鉱山グループの生産量は横ばいで，割合は必然的に下降し，60年18.6％，70年には11.7％となる。60年にまだ2位の地位にあったものの，70年には4位に退く。金利潤と配当での後退はもっと著しく，金利潤は60年に13.3％（4位），70年には3.1％（5位）までに低下，配当は60年に15.1％と半減し，70年には6.4％にまで低下する。CM＝RM 鉱山グループは1940年に11鉱山を有していたが，70年には RM 鉱山グループは7鉱山に減っていた。RM は70年までに平凡な金生産者になる。

　CM＝RM 鉱山グループ以上に急速に地位を低下させたのは JCI 鉱山グループである。1940年生産は16.8％で2位であった。しかし，金利潤と配当ではもっと後退していた。金利潤は14.6％で4位，配当は14.2％で5位であった。50年には生産も10.3％（5位）に低下し，金利潤と配当も3.9％（6位）と5.9％（5位）となる。60年には鉱山数は，新金鉱地1鉱山，旧金鉱地3鉱山の4鉱山となり（40年7鉱山，50年5鉱山），地位はいっそう低下する。生産2.1％，金利潤0.3％，配当1.4％と7大鉱業金融商会鉱山グループのなかで最低となる。70年には旧金鉱地の鉱山は皆無となり，新金鉱地に2つの低品位鉱山（Western Areas と Elsburg）を有するだけとなる。生産（3.0％）と金利潤（1.6％）はやや回復するが，配当は0.9％に下げる。

　この両グループとは対照的に，新金鉱地の躍進によって地位を大幅に引き上げたのは AAC 鉱山グループと CGFSA（GFSA）鉱山グループである。

　1940年に AAC 鉱山グループの生産は JCI 鉱山グループとほぼ同じ大きさ（16.7％——3位）であったが，すでに金利潤と配当とはそれぞれ19.9％と19.4％で2位であった。50年に生産は僅かに低下するが，割合は17.8％に上がり2位となる。金利潤と配当もそれぞれ21.8％と20.2％で引き続き2位であった。

50年代における Orange Free State 金鉱地での鉱山開発は一挙に AAC 鉱山グループをトップの座にすえる。60年に新金鉱地の鉱山数は8つとなり，生産は32.4％，金利潤は40.3％，配当は37.7％となる。70年には，生産41.4％，金利潤は53.7％，配当は実に57.5％を占める。

　AAC 鉱山グループに次ぐ地位を占めたのは，Far West Rand 金鉱地の開発に成功した GFSA 鉱山グループである。40年，生産13.9％，金利潤14.7％，配当15.0％で，すべて4位にすぎなかった。50年には生産17.1％で3位に浮上するが，金利潤は15.3％，配当は15.0％で，ともに依然4位であった。60年には新金鉱地における GFSA 鉱山グループの鉱山数は4つとなる。この年，生産は18.1％でなお3位であったが，金利潤は18.9％，配当15.2％でともに2位になる。70年には新金鉱地の鉱山数は5つとなり，生産量と金利潤はそれぞれ AAC 鉱山グループの約半分の19.5％と25.6％であり，2位の地位を占めていた。配当も16.9％で2位であった。

　Union Corporation は Evander 金鉱地の開発に成功したことにより，同鉱山グループは第3位の地位を確立する。40年の同鉱山グループの生産は12.4％で5位，金利潤15.1％で3位，配当16.9％で3位であった。50年には生産14.4％で4位となる。金利潤は19.9％で引き続き3位であったが，配当は21.2％で2位であった。60年にはグループの新金鉱地の鉱山は2つとなり，生産量は50年より100万オンス増やすが，割合は12.5％に低下し，順位は依然4位であった。金利潤は14.0％で3位，配当は14.4％で4位に下がる。しかし70年には新金鉱地鉱山は5つとなり，生産量は60年より約130万オンス増やして390万オンス，割合は若干低下して12.3％となるが，3位の地位を占める。金利潤と配当もそれぞれ13.1％と13.4％で3位であった。

　1940年 GM 鉱山グループは2鉱山，Anglovaal 鉱山グループは1鉱山を有するにすぎず，南ア金鉱業界最小のグループであった。60年には新金鉱地に GM 鉱山グループは3つ，Anglovaal 鉱山グループは2つの鉱山を持つようになる。GM 鉱山グループの生産は9.2％，Anglovaal 鉱山グループのそれは6.2％を占めるようになり，ともに JCI 鉱山グループを追い抜く。金利潤も，GM 鉱山グループが9.3％，Anglovaal 鉱山グループが3.8％と上昇する。金・ウラン利潤の割合では，West Rand Cons を擁している GM 鉱山グループは12.0％，Hartebeestfontein を有する Anglovaal 鉱山グループは7.1％に達する。配当は，GM 鉱山グループ10.8％，Anglovaal 鉱山グループ5.2％であ

る。70年には，GM鉱山グループは新旧金鉱地2つずつで4鉱山，Anglovaal鉱山グループは旧金鉱地鉱山1つ，新金鉱地鉱山3つで4鉱山になる。生産は，GM鉱山グループ7.0％，Anglovaal鉱山グループ5.1％で，両グループとも南ア金鉱業界で無視し得ない地位を確立したといえる。ただし，金利潤は，GM鉱山グループ1.6％，Anglovaal鉱山グループ1.3％を占めるにすぎない。ウラン・金利潤では，GM鉱山グループ4.7％，Anglovaal鉱山グループ2.7％であった。配当は，GM鉱山グループ3.7％，Anglovaal鉱山グループ1.1％である。

　第二次世界大戦後における南ア金鉱業の頂点をきわめた70年の総生産量は3179万オンスであった。グループごとの割合を見ると，AAC鉱山グループ41.4％，GFSA鉱山グループ19.5％，Union Corporation鉱山グループ12.3％，RM鉱山グループ11.7％，GM鉱山グループ7.0％，Anglovaal鉱山グループ5.1％，JCI鉱山グループ3.0％である。生産では3位のUnion Corporation鉱山グループと4位のRM鉱山グループにはほとんど差が見られないが，金利潤では大きな差がある。すなわち，金利潤総額2億7833万ラントのうち，首位のAAC鉱山グループが53.7％を占め，2位のGFSA鉱山グループは25.6％，そして3位のUnion Corporation鉱山クループは13.1％であるが，4位のRM鉱山グループは3.1％にすぎないのである。上位3グループと下位4グループとでは大きな差が生まれていると言わざるをえない。1970年には新金鉱地は南ア金生産量の88.6％，金利潤の102.3％，配当の94.1％を占めているのであるから，こうした差は鉱業金融商会が新金鉱地において支配する鉱山数とその質の違いから生じたものであることは明らかである。

　「操業開始年から1970年までの株式額面資本金年平均金利潤率」で，Freddies ConsとFree State Saaiplaasを除く新金鉱地鉱山をグループ別に整理するとその数は次のようになる。AAC鉱山グループは200％を越える鉱山が3つ，100〜200％の鉱山が1つ，50〜100％が2つ，20〜50％が2つ，0〜20％が1つである。GFSA鉱山グループでは，200％を越える鉱山が1つ，50〜100％の鉱山が1つ，20〜50％が3つ，Union Corporation鉱山グループでは50〜100％が1つ，20〜50％が4つ，RM鉱山グループでは100〜200％が1つと50〜100％が1つ，GM鉱山グループでは100〜200％が2つ，50〜100％が1つ，Anglovaal鉱山グループでは50〜100％が1つと0〜20％が2つ，JCI鉱山グループでは0〜20％が2つである。鉱山数と「株式額面資本金年平均金利潤

率」から見て、AAC 鉱山グループが際立って多くの優良鉱山を抱えており、GFSA 鉱山グループと Union Corporation 鉱山グループがこれに続き、JCI 鉱山グループを除き、残りの鉱業金融商会鉱山グループもそれぞれに有力鉱山を有していたことが知られる。

グレイアムに倣って、「年平均配当率」が5％以下の鉱山を失敗鉱山、それ以上の鉱山を成功鉱山とし、なかでも70％を越える鉱山を大成功鉱山として、Freddies Cons と Free State Saaiplaas を除く新金鉱地鉱山をグループ別に整理するとその数は次のようになる。AAC 鉱山グループは4つの大成功鉱山の他、4つの成功鉱山と1つの失敗鉱山を有し、GFSA 鉱山グループは1つの大成功鉱山と3つの成功鉱山と1つの失敗鉱山を有する。Union Corporation 鉱山グループは5つの成功鉱山、RM 鉱山グループは1つの大成功鉱山と成功鉱山1つを、GM 鉱山グループは2つの成功鉱山と1つの失敗鉱山を、Anglovaal 鉱山グループは1つの成功鉱山と2つの失敗鉱山、JCI 鉱山グループは2つの失敗鉱山を有する。ここに、AAC が収益性の高い金鉱山を最も多く支配していること、GFSA と Union Corporation も新金鉱地の開発に成功したことが明らかとなる。

金鉱業における各鉱業金融商会の地位を考える上で、鉱業金融商会またはそのグループが金鉱山からどれだけの配当を確保していたかも見ておかなければならない。しかし、1970年以前については資料が利用できないので、72年について見ておきたい。

72年の金鉱山会社39社の配当総額は1億8518万ラントに達する。内訳は、AAC 鉱山グループ8954万ラント、GFSA 鉱山グループ3987万ラント、Union Corporation 鉱山グループ2621万ラント、Barlow Rand 鉱山グループ1239万ラント、Anglovaal 鉱山グループ782万ラント、GM 鉱山グループ604万ラント、JCI 鉱山グループ331万ラントである。金鉱山会社にたいする鉱業金融商会（グループ）の持株で特徴的なことは、それが傘下の会社に集中していることである。これを反映して、各鉱山グループにおいて、その支配者たる鉱業金融商会（グループ）が最大の配当取得者となっている。すなわち、AAC 鉱山グループで AAC グループがその配当の30.6％、GFSA 鉱山グループでは CGF グループが30.2％、Union Corporation 鉱山グループでは Union Corporation グループが41.9％、Barlow Rand 鉱山グループでは Barlow Rand が9.4％、GM 鉱山グループでは GM グループが17.2％、JCI 鉱山グループでは

JCI が17.5％であり，それぞれ1位なのである。唯一例外は Anglovaal 鉱山グループで，Anglovaal が7.7％であるのにたいし，AAC グループが倍の15.8％を占めている。これは，Anglovaal 傘下の鉱山開発に際し，AAC が資金的にバックアップしたことを反映している。さらに，AAC グループは，他の鉱山グループにおいても配当の7～14％を受けとっている。資金の豊富であったAAC グループは新金鉱地における他鉱業金融商会の鉱山開発金融にも積極的にかかわっていた。こうして，AAC グループの配当取得額は7大鉱業金融商会（グループ）中最大で，3740万ラントに達し，配当総額の20.2％を占めていた。2位は CGF グループで1450万ラント（7.8％），3位は Union Corporation グループで1190万ラント（6.4％）である。3位と4位以下には大きな開きがあり，Barlow Rand, GM グループ，JCI, Anglovaal の取得額は70～130万ラントで，総額に占める割合も0.4～0.7％にすぎない。7大鉱業金融商会（グループ）全体では配当総額の36.8％を得ている。ともあれ，配当収益から見ると，鉱業金融商会鉱山グループの金生産，金利潤，配当金における以上に，上位3商会グループと下位4商会の差は著しい。鉱業金融商会（グループ）以外の配当取得者としては，アメリカの Barclays Bank GATR が大きく2580万ラント（総額の13.9％）を得ている。その他にアメリカの ASAIC（278万ラント（1.5％）），フランスの SICOVAM（800万ラント（4.3％）），ベルギーの Soges Société Anonyme（137万ラント（0.7％））がある。

　1960年代は新金鉱地鉱山からの収益を基礎に鉱業金融商会の事業の多角化が進められた時期であった。ことに工業，金融，卑金属など「その他鉱業」への進出は著しく，鉱業金融商会の投資収益に占める金鉱山からの収益の比率は低下していった。AAC の場合，総投資収益に占める金部門からの投資収益の割合は65年の41％から69年には32％に低下した。GM の場合も，1967年に総投資収益に占める金部門の比重は3分の1強であった。「銅・ダイヤモンド・プラチナ」への投資が大きく，戦後の新金鉱地での開発に後れを取った JCI の場合，1960年代後半に「金・石炭・卑金属」の収益の比重は僅か15％前後にすぎない。他の鉱業金融商会については資料が利用できないが，早くから工業に進出していた Anglovaal の場合も JCI の場合と同じく低いと思われる。逆にEvander 金鉱地の開発に集中した Union Corporation の場合には，その比重はもっと高いであろう。

　南アの鉱業金融商会にとって，投資収益だけが主要な収益源ではなかった。

鉱業金融商会は傘下の企業にたいして独特な経営形態（グループ・システム）をとっており，支配株を所有するだけでなく，管理契約・技術契約によって管理・経営に責任をもち，それによって巨額の管理費，技術費の他，各種の手数料を徴していた。そして，この管理費，技術費，各種の手数料が投資収益と並んで鉱業金融商会の2大収益源であった。1969/70年度にCGFとAnglovaalでは前者の収益の方が大きく，AACとGM, JCI, Union Corporationでは後者の収益の方が大きい。しかし，前者の収益も無視しうる金額ではないのである。もし投資収益構造がほぼ管理費・技術費など各種手数料にも当てはまると仮定するならば，1960年代後半における鉱業金融商会の総収益に占める南ア金鉱山からの収益の割合はおよそ30～40％あったと推測できる。ともあれ，鉱業金融商会は新金鉱地鉱山からの収益を基礎に工業・金融・「その他鉱業」への多角化を推進した。そして，金鉱山収益の増大と事業の多角化は鉱業金融商会の再編成を引き起こすことになるのである。

# 3章補論　金鉱山のウラン生産

## 第1節　南アのウラン生産の背景と経緯

　国家補助にもまして，限界金鉱山の延命に力があったのは，ウラン生産からの利潤である。旧金鉱地におけるいくつかの鉱山は，ウラン生産を兼業とするか，あるいはウラン鉱山となることにより延命することができた。しかし，ウランは旧金鉱地の限界鉱山と劣位鉱山によってだけ生産されていたのではない。新金鉱地のいくつかの中位鉱山と富裕鉱山も，ウラン生産に乗り出すことにより，いっそう大きな利潤を挙げた。本補論の課題はウラン生産がどれほど個々の鉱山の収益に貢献したかを見ることにある。

　1970年までの南アのウラン生産動向を見ると，次のようである。生産は1952年に開始され，酸化ウランで，その年40トン，翌年から急速に増大し，55年に約3000トン，56年約4000トン，そして，59年と60年には5800トン台に達する。61年から減少に転じ，65年にはピーク時の半分以下の2670トンとなる。翌年から回復に転ずるが，それでも70年には3740トンにすぎない。一方，ウラン生産からの利潤は，53年に僅か366万ラントであったが，58年にはピークの7548万ラントに達する。この年，金生産からの利潤は1億2271万ラントであったから，その大きさがうかがわれよう。その後金生産からの利潤は増大し続けるが──新金鉱地において鉱山が次々に操業を開始する──，ウラン生産からの利潤は漸次減少する。1968年には，金からの利潤が3億ラントに達したのに対し，ウランからの利潤は2220万ラントである。ピーク時に比べれば，金額も，金からの利潤に対する比率も，大幅に縮小している。しかし，金額そのものが小さいとは必ずしも言えないのである（酸化ウランの生産量と利潤については表3C－1参照）。

　ところで，南ア金鉱山鉱石のウラン含有率は決して高くないことに注意を要する。1950年代後半に，アメリカのウラン生産においては酸化ウランの含有率

表3C-1　南アのウラン生産とウラン利潤（1952～70年）

| | 鉱山会議所加盟 | | | | 南ア |
|---|---|---|---|---|---|
| | 処理鉱石量 1000トン | 品位* kg/ton | 酸化ウラン生産量 kg | 営業利潤 ラント | 酸化ウラン生産量 ton |
| 1952年 | 116 | 0.346 | 40,177 | 0 | 40 |
| 1953年 | 2,566 | 0.201 | 514,923 | 3,656,134 | 515 |
| 1954年 | 7,408 | 0.198 | 1,466,118 | 16,211,488 | 1,466 |
| 1955年 | 13,684 | 0.219 | 2,998,025 | 35,116,416 | 2,998 |
| 1956年 | 16,903 | 0.234 | 3,962,590 | 49,324,108 | 3,963 |
| 1957年 | 20,288 | 0.255 | 5,174,475 | 66,616,390 | 5,174 |
| 1958年 | 22,042 | 0.257 | 5,668,718 | 75,484,118 | 5,669 |
| 1959年 | 22,370 | 0.261 | 5,846,229 | 54,477,478 | 5,846 |
| 1960年 | 22,481 | 0.259 | 5,813,906 | 55,023,856 | 5,814 |
| 1961年 | 15,536 | 0.319 | 4,960,750 | 47,954,091 | 4,961 |
| 1962年 | 12,805 | 0.356 | 4,557,874 | 39,390,576 | 4,558 |
| 1963年 | 11,414 | 0.360 | 4,111,677 | 39,608,538 | 4,112 |
| 1964年 | 10,483 | 0.385 | 4,032,638 | 36,149,139 | 4,042 |
| 1965年 | 7,403 | 0.361 | 2,669,230 | 23,841,287 | 2,673 |
| 1966年 | 8,620 | 0.346 | 2,981,138 | 21,064,096 | 2,983 |
| 1967年 | 9,525 | 0.284 | 2,915,366 | 21,374,588 | 3,048 |
| 1968年 | 12,389 | 0.279 | 3,522,488 | 22,191,156 | 3,522 |
| 1969年 | 12,937 | 0.267 | 3,609,579 | 20,771,019 | 3,610 |
| 1970年 | 13,976 | 0.267 | 3,736,819 | 18,494,000 | 3,737 |

（注）　＊処理鉱石トン当り酸化ウラン量。
[出所]　Chamber of Mines, *Annual Report*.

は平均で処理鉱石量トン当り5重量ポンド，カナダのそれは2重量ポンドであるのにたいし，南アのそれは僅か0.67重量ポンドにすぎない[1]。したがって，南ア金鉱山のウラン生産を見ようとするとき，何故にウラン含有率の低い南ア金鉱山が，世界有数のウラン生産者となったかが問題となろう。また，何故にウランの生産と利潤は1950年代末にピークに達し，その後低下していったかも疑問とされよう。こうした問題に答えるためには，南ア金鉱山がウラン生産者となった背景・経緯とその展開の歴史を見ておかなければならない。

　ラントの金鉱石に放射性物質が含まれていることは，すでに1915年には知られていた。1923年，CMの冶金副顧問技師であったF・ヴァルテンヴァイラーはコールテン状の濃縮鉱の鉱物組成の調査を始めた。当時コーナーハウスは遊離金回収のためにプレイト・アマルガメーション法からコールテン状の濃縮鉱

---

1)　R. B. Hagart, 'National Aspects of the Uranium Industry', *Journal of the South African Institute of Mining and Metallurgy*, April 1957, p. 577.

法への転換を決めたところであった。調査は，R・A・クーパーによって遂行され，ウランの存在が確認された。しかし，その量は僅かで，含有率を確認する試みはなされなかった。この発見は，1923年10月，クーパーによって，*Journal of the Chemical, Metallurgical and Mining Society of South Africa* に発表された[2]。当時ウランの用法といえば，ガラスと陶磁器の生産に使用されるだけで，顔料としての性質が主な産業的価値であった。このような目的のウラン需要は大きくなく，ベルギー領コンゴ (Shinkolobwe)，中央ヨーロッパ (Joachimstal)，カナダ北部 (Great Bear Lake) などすでに知られていた生産地からの供給で十分であった。これらの鉱床では，第一にラジウムの抽出，次いで貴金属の回収の副産物として採掘されていた。ウラン供給は世界の需要を超過していたから，ウランを含む鉱滓の大部分は積み上げられたままにされていた。アメリカのコロラド平原のヴァナジウム鉱山でも事態は同じであった[3]。

原子力開発計画の出現とともに事態は一変する。原子爆弾の開発は，突如ウランを戦略物資に変えるのである。1943年8月，ルーズベルト大統領とチャーチル首相はケベック協定を結び，次のことを取り決めた[4]。①アメリカとイギリスは決して相互に原子爆弾を使用しない。②両国は互いの同意がないかぎり，第三国に原子爆弾を使用しない。③両国は互いの同意がある場合を除き，原子力に関する情報を第三国に伝えない。④戦後における産業的もしくは商業的利用から生じる利益は，アメリカ大統領によってイギリス首相にたいし指定される条件に基づき取り扱われる。⑤種々の協定を結び，両国間の完全かつ有効な協力を確保し，原子力開発計画を実現する。協力には，両国間の作業プログラムと資材の配分を決定する合同政策委員会 (CPC: Combined Policy Committee) の設立を含む。

ウラン資源開発にとって直接重要な意味を持つことになるのは，この CPC

---

[2] L. Taverner, 'An Historical Review of the Events and Developments Culminating in the Construction of Plants for the Recovery of Uranium from Gold Ore Residues', *Journal of the South African Institute of Mining and Metallurgy,* No. 57 (November 1956), p. 125 ; C. S. McLean, 'The Uranium Industry of South Africa', *Journal of the Chemical, Metallurgical and Mining Society of South Africa,* April 1954, p. 346.

[3] L. Taverner, *op. cit.,* pp. 125-126.

[4] M. Gowing, *Independence and Deterrence : Britain and Atomic Energy 1945-1952, Vol. 1, Policy Making,* London, Macmillan, 1974, p. 6.

の設立である。以後，ウランの開発のために「『CPC によって合意された計画の必要に応じて，供給不足の資材，装置ならびにプラント』の割当がなされることになる」5)。ケベック協定が結ばれるや，多くのイギリス人原子物理学者や技術者（帰化亡命者を含む）がアメリカへの移住を開始する。

　1944年6月13日には，ルーズベルト大統領とチャーチル首相署名の「トラスト宣言 (Agreement and Declaration of Trust)」が発表され，合同開発トラスト（CDT : Combined Development Trust。1948年1月，CDA : Combined Development Agency と改名される6)）が設置された。CDT 設置の目的は，世界のウラン資源をアメリカとイギリスで可能なかぎり独占することにあった。すなわち，アメリカとイギリスは，それぞれ領土内のウランとトリウムの支配を確保し（イギリスはカナダを除く英連邦と植民地に責任をもつ），CDT 領土と呼ばれたその他の地域では，協力してウランとトリウム資源の支配を獲得せんとしたのである。「トラスト宣言」に掲げられた CDT の任務は広範で，①ウラン資源の調査・探査，②鉱山ならびに採鉱権の獲得，③採掘ならびに生産に必要な装置の提供，④生産方法研究の遂行，⑤ウランとトリウムの購入・処理・備蓄・処分，⑥資材と施設の提供，そして，最後により一般的に，⑦「共通の利益のために，トラストの目的の効果的実現に資するあらゆる機能・活動を遂行すること」，がうたわれた7)。

　しかし，CDT がイギリスの期待どおりに機能したかどうかは疑わしい。CDT は，アメリカ，イギリス，カナダの各2名の委員から構成され，アメリカの委員が委員長になった。専任スタッフは存在せず，組織はただ委員会だけで，3政府のスタッフをとおして行動した8)。しかし，委員会の開催は散発的で，イギリスの委員は絶えず「もっと協議しもっと情報を出すべきだ」と主張せねばならなかった。アメリカは，都合のいい時にのみ利用する自国の活動の補助機関と考えていた。掲げられた任務の大きさにもかかわらず，CDT は，原料政策を決定し原料の配分に責任をもつ CPC によって指揮される事実上のウラン

---

5) *Ibid.*, p. 352.
6) 「トラスト」という名は悪名高い民間独占企業を連想させるとして，Union Miniéré の M・センジャーが改名を進言。これにより，1948年1月 Combined Development Agency (CDA) と改名される（M. Gowing, *op. cit.*, pp. 352, 367.）。
7) *Ibid.*, pp. 352-353, 393-394.
8) *Ibid.*, p. 353.

共同購入機関以上のものとはならなかったのである[9]。ともあれ，CDT の最初の大きな成果は，1944年ベルギー政府と秘密協定をむすび，ベルギー領コンゴの産するウランを1956年まで確保したことである。当時コンゴの Shinkolobwe 鉱山は世界で一番豊かな高品位のウラン鉱山であった[10]。しかし，これはウラン資源支配の始まりにすぎなかった。

今やアメリカ，イギリス両政府は世界のウラン探査計画を実施し始めた。計画の一環として，アメリカで集中的な文献調査が実施された。クーパーの論文が日の目を見たのもこのときである。1944年5月，ブーレットは南アにおけるウランの存在を調査・報告するよう委託された。ブーレットは南アに4カ月滞在し，金鉱山からサンプルを蒐集し，予備的放射能検査を行った。この検査は，アメリカでのダーシィ・ジョージによる化学分析と鉱物学的研究によって補足された。1945年春暫定報告が完成し，アムハースト大学の G・W・ベイン教授に送られた。当時彼はマンハッタン計画の諮問委員で，ウラン資源調査を委託されていた。彼は，手持ちのラント金鉱石の放射能検査を行い，放射性物質の存在を確認し，ラントで処理されている膨大な量の鉱石を考えれば，放射性物質の量は相当のものになると考えた[11]。

ラント金鉱石に含まれるウラン含有量の最初の化学的決定は，ブーレットによって集められたサンプルでなされたと考えられている。しかし，どのような数値が得られたかは不明である。だが，南ア政府にたいして緊急に交渉することを正当化するのに十分であったのであろう。1945年末ベイン教授とデビッドスン博士が南アに派遣され[12]，ラントのウランの可能性についての最初の量的評価が行われることになる。1945年10月デビッドスン博士が，ロンドンの科学産業調査局に提出した報告書は次のような言葉で締め括られていた。「現在の証拠では，ラントが世界で最大の低品位ウラン地域のひとつであることを指示しているように見える」[13]。

ベイン教授の要請により，Blyvooruitzicht, Vogelstruisbult, Western Reefs, East Daggafontein の4鉱山のかなりの量の鉱石サンプルが，南ア政

---

9) *Ibid.*, p. 354.
10) *Ibid.*, p. 365.
11) L. Taverner, *op. cit.*, p. 126.
12) *Ibid.*, p. 126.
13) C. S. McLean, *op. cit.*, p. 346.

府冶金実験所（Government Metallurgical Laboratory）を介してアメリカ，カナダ，イギリスへ送付された。これらのサンプルはすべて選択的に採掘されたもので，通常採掘されている鉱石より金とウランの含有率は高かった[14]。タヴァナー教授は，「もし通常採掘されている鉱石の正確な価値が十分に認識されていれば，これら鉱山の鉱床がはじめから深刻かつ緊急な関心を引きつけたかどうか，疑問は残る」と記している[15]。しかし，大戦直後のウラン不足と熱狂的探査の時代に，アメリカの主要な発見はまだなされていなかったし，オーストラリアの生産も不確かであった。そして，コンゴの供給は近い将来減少していく見通しであった。このような状況下で，南ア金鉱山の膨大な量のウラン鉱石は貴重だと考えられたのである。

アメリカ，イギリス，カナダでウラン鉱石の検査と抽出工程の実験がつづけられる一方，南アでもこうした検査と実験がなされ，同時にウランを支配する適切な規定と機関を提供するための法律が制定された。1945年の戦時法70号によって，南アにおけるウランならびにトリウムの探査・生産・販売は，国家の支配下におかれた[16]。1946年2月には，スマッツ首相によってウラン調査委員会（Uranium Research Committee）が設置され，種々の調査を調整し，調査に指針を与え，情報交換を行う機関となった[17]。さらに，1947年同法11号によって国家の支配は拡大され，「放射性物質」の生産にかかわる発明・発見・調査と原子力の生産・利用を含むようになった。この2つの戦時法は，1948年に原子力法（1948年35号，1949年1月1日から実施）におきかえられ，1950年8号法と1952年18号法によって拡大・修正され，適用地域は，南アフリカが支配していた南西アフリカにも広げられた[18]。

原子力法によって，ウランまたはトリウムをふくむ物質は「規定物質」[19]と

---

14) L. Taverner, *op. cit.,* p. 127.
15) *Ibid.,* p. 127.
16) The Office of the Atomic Energy Board, 'Uranium in South Africa', *The South African Journal of Economics,* Vol. 21, No. 1 (March 1953), p. 12.
17) L. Taverner, *op. cit.,* p. 129. 委員会は，科学・産業調査委員長として，B・F・J・ションランドが委員長に就任した他，地質調査所長，政府鉱業技師，外相，鉱山相，政府冶金実験所長，金鉱業界からの2名の代表者——その内の1名は専門家——によって構成された（L. Taverner, *op. cit.,* p. 129.）。
18) The Office of the Atomic Energy Board, *op. cit.,* p. 12.
19) 1950年布告32号で，規定物質とは，酸化ウランを0.006％以上含むか，酸化トリウムを0.5％以上含む物質と規定される（The Office of the Atomic Energy Board, *op. cit.,* p.12.）。

名づけられ，国家は，①規定物質の調査・探査・発掘，または何らかの方法での獲得ならびに譲渡，および，②規定物質の抽出・分離，または濃縮・精製・加工，ならびに原子エネルギーの生産，の独占権を有することが規定された[20]。そして，鉱山大臣が認可する場合にかぎり，民間人・民間会社による規定物質の探査・採掘が許された[21]。実際，南アではウランの採掘・抽出に従事するのは金鉱山会社となる。

原子力法の実施機関として原子力委員会（Atomic Energy Board）が設けられた。同委員会の権限は大きく，採掘・抽出された規定物質の所有権と支配権は国家を代表するそれに帰属することが定められた。また委員会は規定物質を含有する鉱石の埋蔵量，年間生産量，価格，抽出過程に関する情報の公開を禁止した条項を管理した[22]。

この間，南ア政府鉱山局地質調査部（Geological Survey）は，金鉱業界との協力の下に精力的なウラン鉱石の調査を実施した。種々の鉱脈から採集された40万にのぼる鉱石サンプルと多数の鉱滓サンプルのウラン含有量が検査された[23]。

ラント金鉱脈におけるウランは炭化水素と瀝青ウランの混合物として生じており，ラントの地層のほとんどの礫岩に含まれている[24]。しかし，十分な量のウランを含む鉱石はいくつかの鉱脈に限られていた。

従来ラントの金の大半を産出してきた主鉱脈統が，ウィトワーターズラント地質系の唯一の礫岩鉱脈ではなく，主鉱脈統の上方と下方に――主に上方に――，多くの他の礫岩鉱脈が存在した。そして，その内のいくつかが重要なウラン含有鉱脈であった。重要なウラン含有鉱脈を上から数えると，最初の鉱脈は，Elsburg Reef である。これは，Central Rand 金鉱地で頭を出していた鉱脈であり，ラント金鉱発見に導いた鉱脈である。Klerksdorp 金鉱地の West-

---

20) The Office of the Atomic Energy Board, *op. cit.*, p. 12 ; R. B. Hagart, ' National Aspects of the Uranium Industry', p. 565.
21) *Ibid.*, p. 566.
22) *Ibid.*, p. 566. ; The Office of the Atomic Energy Board, *op. cit.*, p. 12. 鉱山相を委員長に，外相，蔵相，政府鉱業技師，科学産業委員会が指名する1名，鉱山相が指名する3名（内2名は規定物質が採掘可能なほどに存在する鉱地で鉱業活動に従事しているもの）からなる（The Office of the Atomic Energy Board, *op. cit.*, p. 12.）。
23) L. Taverner, *op. cit.*, p. 125.
24) 以下に述べるウラン鉱脈については，C. S. McLean, *op. cit.*, pp. 350, 352 による。

ern Reefs ではこの鉱脈からウランを回収することになる。

　Elsburg Reef の下には, Kimbery Reef がある。East Rand 金鉱地の Daggafontein と Vogelstruisbult は, この鉱脈からウランを取ることになる。この鉱脈のかなり下方に, Bird 鉱脈統がある。もっとも重要なウラン生産鉱脈となる Monarck Reef と, これより重要性は劣るが主要な生産鉱脈となる White Reef とは, この鉱脈統に含まれる。West Rand 金鉱地の West Rand Cons, Randfontein, East Champ d'Or, Luipaardsvlei にウランを提供することになるのは, これらの鉱脈である。これらの鉱脈はもちろん金を含んでいるが, 品位は低く, 採掘・抽出コストをカバーするには不十分となっていた。West Rand 金鉱地の鉱山は, ウランを産出することにより延命可能となる。Monarck Reef は, Klerksdorp 金鉱地では Vaal Reef となり, Orange Free State 金鉱地では Basal Reef となるとみなされている。これらの鉱脈はそれぞれ, 両金鉱地で主力の金鉱脈であり, ウラン品位も高い。

　Bird 鉱脈統の下の重要な鉱脈統が, 主鉱脈統である。この統の基底をなす Carbon Leader Reef はウラン品位が高く, Far West Rand 金鉱地では, Blyvooruitzicht, West Driefontein および Doornfontein で金と同時に回収されることになる。ラント産出金の大部分が回収されてきた South Reef, Main Reef Leader および Main Reef の3つの鉱脈もまたこの地層に属する。しかし, これらの鉱脈はウランを含んではいるが品位は低く, 開発の経済性は見込まれなかった。

　主鉱脈統の下方にある Government Reef はウラン採掘の経済性が見込まれ, Klerksdorp 金鉱地の Afrikander Lease と Babrasco Mines が再開発されることになる。その鉱脈の下に Dominion 鉱脈統がある。これはウィトワータースラント地質系の基底をなし, ウランを含有している。これは, Klerksdorp 金鉱地の Dominion Reefs 鉱山で採掘されることになる。

　総じてこれらの鉱脈のウラン品位は低かったけれども, 南アのウラン生産は金の副産物として産出できるという大きな利点を有していた。採鉱・粉砕コストは生産コストに入らず, 酸化ウランの抽出にコストがかかるだけであった。しかも, ラントには長年にわたって積み上げられた選鉱くずや鉱滓が存在し, そこからのウランの抽出も期待できた。

　低品位の鉱石からウランを抽出するためには, 多くの困難な技術的問題が解決されねばならなかった。これらの技術開発は, アメリカのマサチューセッツ

工科大学実験所（Massachusetts Institute of Technology Labolatory），イギリスの化学研究実験所（Chemical Research Laboratory），カナダの鉱山局実験所（Bureau of Mines Laboratory），ならびに南アの政府冶金実験所において，同時平行的に協力して進められた[25]。1947年中頃までに，マサチューセッツ工科大学実験所は，金98％，ウラン65％を抽出することに成功した。この方法はつづく5年間に改良の手がくわえられ，最終的には，効率的かつ経済的な方法であるイオン交換法として完成される[26]。

## 第2節　南アのウラン供給契約とウラン生産

　1948年春，ションランドとタヴァナー教授はロンドンを訪問し，ウランの価格と量，低品位鉱石と高コストの問題，技術員募集，ならびに南ア化学産業発展について討議した。討議はワシントンでのCDAとの協議にひきつがれ，南アは総量1万トンの酸化ウランを供給し，年間400トンまでは最高価格9ポンド，つづく150トンまでは最高価格25ドルにすることが暫定的に決められた。この価格設定には，高品位の低コスト鉱山と低品位の高コスト鉱山のバランスある発展を確保することが企図されていた。支払は，半分はドルで，残りの半分はポンドでなされることになっていた[27]。

　最終契約の協議は1948年終りに南アでなされる予定であった。しかし，その年の6月，国民党のマランがスマッツに代わって首相となった。協議は1949年末まで再開されなかった。再開されるや，失敗に終った。新政府は，前首相の企画を嫌っていた。さらに，ウラン抽出問題はなお解決していなかったし，価格問題，ことに金とウランへの鉱山コストの振り分けに関して，南アとCDAとの間には根本的な相違があった。話し合いは再び6ヵ月間延期された[28]。

　1949年中頃イギリスとアメリカの合同使節団が南アを訪問した。討論の冒頭からいくつかの困難が明らかになった。第1は，価格をいくらに設定すればいいかの問題である。当時，ウランの確立された市場は存在せず，したがって確

---

25)　L. Taverner, *op. cit.*, p. 125.
26)　M.Gowing, *op. cit.*, pp. 380-381, 383.
27)　*Ibid.*, p. 381.
28)　*Ibid.*, p. 381.

立された価格もなかった。南アは，CDA が固定価格を提示し，どの鉱山が有利にウランを供給することができるか自ら決定することを希望した。しかし，CDA には固定価格を提示する準備ができていなかった。アメリカとカナダにおける公定価格はあまりに低く，その価格では南アの生産者は収益をあげることができなかった。他方，より高い価格を提示するとなると，他所で反作用を生むことは必至であった。CDA では，生産コストと資本償還と一定の利潤幅にもとづいて価格を決めることを望んでいた。これは南アにとっては個々の生産者によって価格が異なることを意味した。第 2 は採鉱コストをウランの生産コストに含めるかどうかである。CDA は，採鉱は金生産のために行われており，ウランは金の副産物であるという立場であった。第 3 は税負担の問題である。金鉱業界は，ウランの利潤にたいしては，卑金属の場合と同じく，通常の会社税率が適用されるべきだと主張した。しかし，政府は同意せず，所得税法を改正して，ウラン利潤は金の利潤に含められると規定した。こうしてウラン利潤は金鉱業にかけられる差別的高率税に服することになった。

　南ア政府と CDA の協議は価格とコストについて折り合いがつかなかったが，双方の立場を明瞭にする効果があった。CDA は，特定の条件において南アがどれだけのウランを提供できるかの情報を得ることができた。他方南アは，CDA が提供する契約の種類について重要な情報が得られた[29]。

　ウラン生産方法に大きな前進がみられ，1949年10月に，CM 傘下の Blyvooruitzicht でイオン交換法のパイロット・プラントが運転を開始し，ついで50年 3 月には AAC 傘下の Western Reefs でも始まった[30]。1950年10月，CDA の代表者は協議再開のため南アにやってきた。11月，南ア原子力委員会との間に契約が結ばれ，Blyvooruitzicht, Daggafontein, Western Reefs, West Rand Cons の 4 つの金鉱山が，南アにおけるウラン生産の先駆者となった[31]。

　翌年10月，CDA の代表者は南アを再び訪問し，ウラン生産の拡張を求めた。アメリカとイギリスは原子爆弾製造の増強を決定しており，ウラン需要は大幅に増えていた。当時，南ア金鉱山が世界でもっとも確かな供給源であった。以後 4 度の協定が成立し，最終的には，南アのウラン採掘鉱山は29鉱山，抽出プ

---

29) R. B. Hagart, 'National Aspects of the Uranium Industry', pp. 566-567.
30) C. S. McLean, *op. cit.,* p. 347.
31) R. B. Hagart, 'National Aspects of the Uranium Industry', p. 567.

ラント数は17となる。金鉱地別に見ると，採掘鉱山は，East Rand 金鉱地2鉱山，West Rand 金鉱地4鉱山，Far West Rand 金鉱地3鉱山，Klerksdorp 金鉱地10鉱山，Orange Free State 金鉱地10鉱山であり，抽出プラント数はEast Rand 金鉱地2，West Rand 金鉱地3，Far West Rand 金鉱地2，Klerksdorp 金鉱地6，Orange Free State 金鉱地4である。採掘鉱山と抽出プラントの数が異なるのは，5つの共同生産計画（joint production scheme）があるためである。鉱業金融商会別に見ると，採掘鉱山は AAC 傘下8鉱山，CGFSA, GM, Anglovaal 傘下各5鉱山，JCI 傘下3鉱山，CM 傘下2鉱山，独立系1鉱山であり，抽出プラント数は，AAC 傘下5，CGFSA 傘下4，GM 傘下3，Anglovaal と CM 傘下各2，JCI 傘下1である（表3C−2）。ここに，Union Corporation を除くすべての巨大鉱業金融商会が，傘下にウラン鉱山を抱えるようになった。最初の協定では，南アの酸化ウランの供給量は年1500トンであったが，51年12月の改定協定では年3000トン，さらに52年協定では4000トンを越えるにいたる[32]。

ウラン生産協定を大まかに述べると，次のような内容である。

①契約期間は10年とする。最初に契約した鉱山は1954年1月1日に生産を開始するものとし，契約消滅日は1966年12月31日である。②CDA は抽出プラント建設に必要な全資金を調達することに同意する。これにはウラン生産に不可欠な硫酸プラントの建設資金も含む。ローンは10年間で利子をつけて返済される。③酸化ウラン価格は，生産コスト，ローンと利子の支払い，ならびに利潤を考慮した算出方式によって決定される。個々の鉱山で生産コストが異なるので，価格も異なる。④シーリング価格以下で生産を継続することに失敗する鉱山が出た場合，ローンの未払い残高に関しては CDA が保証する。⑤予期せぬ事情からコストの上昇，下降が生じた場合，価格調整をおこなう。⑥ウラン生産者として受け入れられた鉱山は，いかなる時でもプラントの最大能力まで生産する権限を有する。⑦南ア国内消費に必要な量の生産は許されるが，それ以外の生産拡大には，CDA は拒否権を有する。⑧南アの電力不足を解消し，ウラン生産に必要な電力を供給する発電所建設資金として，CDA は Electricity Supply Commission（ESCOM）に建設借款を供与する[33]。

---

32) M. Gowing, *op. cit.*, p. 419.
33) R. B. Hagart, 'National Aspects of the Uranium Industry', pp. 568-569.

表3C-2 ウラン生産計画拡大の段階

| 鉱　　　山 | 抽出工場所在鉱山 | 契約期間 | 生産開始 年　月 |
|---|---|---|---|
| 第1段階 | | | |
| 　Daggafontein (AAC) | Daggafontein | 1953/ 4 / 1 ～63/12/31 | 1953/ 5 |
| 　Blyvooruitzicht (CM) | Blyvooruitzicht | 1954/ 1 / 1 ～63/12/31 | 1953/ 4 |
| 　Western Reefs (AAC) | Western Reefs | 1954/ 1 / 1 ～63/12/31 | 1953/ 9 |
| 　West Rand Cons (GM) | West Rand Cons | 1955/ 1 / 1 ～64/12/31 | 1952/10 |
| 第2段階 | | | |
| 　上記4鉱山の生産拡大 | | | |
| 　Stilfontein[1] (GM) | Stilfontein | 1955/ 1 / 1 ～64/12/31 | 1954/10 |
| 　West Driefontein (CGF) | | 一時的に撤退 | |
| 第3段階 | | | |
| 　Randfontein[2] (JCI) | Randfontein | 1955/ 1 / 1 ～64/12/31 | 1954/ 2 |
| 　　East Champ d'Or[2] (JCI) | | 1955/ 1 / 1 ～64/12/31 | 1954/ 2 |
| 　　Afrikander[1] (Ind) | | 1955/ 1 / 1 ～64/12/31 | 1954/ 8 |
| 　　Babrasco Mines[1] (GM) | | 1955/ 1 / 1 ～64/12/31 | 1954/ 8 |
| 　　New Klerksdorp[1] (Ang) | | 1955/ 1 / 1 ～64/12/31 | 1954/ 8 |
| 　　Ellaton[1] (GM) | | 1955/ 1 / 1 ～64/12/31 | 1954/ 8 |
| 　Vogelstruisbult (CGF) | Vogelstruisbult | 1955/ 4 / 1 ～65/ 3 /31 | 1954/12 |
| 　Luipaardsvlei (CGF) | Luipaardsvlei | 1955/ 7 / 1 ～65/ 6 /30 | 1954/11 |
| 第4段階 | | | |
| 　Harmony (CM) | Harmony | 1955/ 7 / 1 ～65/ 6 /30 | 1955/ 3 |
| 　Welkom[3] (AAC) | | 1956/ 1 / 1 ～65/12/31 | 1955/ 1 |
| 　　President Styn (AAC) | | 1956/ 1 / 1 ～65/12/31 | 1955/ 1 |
| 　　President Brand[3] (AAC) | Welkom・ | 1956/ 1 / 1 ～65/12/31 | 1955/ 1 |
| 　　FS Geduld[3] (AAC) | President Steyn | 1956/ 1 / 1 ～65/12/31 | 1955/ 1 |
| 　　Western Holdings[3] (AAC) | | 1956/ 1 / 1 ～65/12/31 | 1955/ 1 |
| 　　Freddies Cons[3] (JCI) | | 1956/ 1 / 1 ～65/12/31 | 1955/ 1 |
| 　Dominion Reefs (CGF) | Dominion Reefs | 1956/ 1 / 1 ～65/12/31 | 1955/ 6 |
| 　Virginia[4] (Ang) | Virginia | 1956/ 7 / 1 ～65/ 6 /30 | 1955/ 1 |
| 　　Merriespruit[4] (Ang) | | 1956/ 7 / 1 ～66/ 6 /30 | 1955/ 9 |
| 第5段階 | | | |
| 　West Driefontein[5] (CGF) | West Driefontein | 1955/10/ 1 ～66/ 9 /30 | 1956/ 3 |
| 　　Doornfontein[5] (CGF) | | 1955/10/ 1 ～66/ 9 /30 | 1956/ 3 |
| 　Loraine[3] (Ang) | Welkom | 1956/ 1 / 1 ～65/12/31 | 1956/11 |
| 　Vaal Reefs (AAC) | Vaal Reefs | 1957/ 1 / 1 ～66/12/31 | 1956/ 5 |
| 　Hartebeestfontein (Ang) | Hartebeestfontein | 1957/ 1 / 1 ～66/12/31 | 1956/11 |
| 　Buffelsfontein (GM) | Buffelsfontein | 1957/ 7 / 1 ～66/12/31 | 1957/ 7 |

(注)　1）Stilfontein 共同生産計画。
　　　2）Randfontein/East Champ d'Or 共同生産計画。
　　　3）Free State 共同生産計画。
　　　4）Virginia/Merriespruit 共同生産計画。
　　　5）West Driefontein/Doornfontein 共同生産計画。

[出所]　D. N. Stuart, "The Supply of the Raw Material Requirements of the Uranium Programme", *Journal of the South African Institute of Mining and Metallurgy*, January 1957, p. 404；契約開始年月日は *Mining Year Book 1960*；契約終了年月日は Chamber of Mines, 'South African New Uranium Production Programme', *The Mining Journal*, February 10, 1961, p. 166.

こうした契約は明らかに南アのウラン生産者に有利であった。第1に利潤が保障されていた。しかも，コストの引下げがなされれば，利潤幅は広がるようになっていた。第2に，抽出プラントの建設費用がCDAによって調達されることになった。ウランを生産する金鉱山は直接なんの資金的負担をおう必要がなく，ローンはウラン生産からの利潤で返済していけばよかった。第3に，シーリング価格以下で生産できない場合には，ローンの未払い残高は，CDAによって保証されていた。いくつかの鉱山の場合には，鉱石の正確なウラン含有率が決定できないにもかかわらず，ウラン生産工場を建設するよう求められたから，この保証は絶対に必要であった。ラントにおける長い経験から，顧問技師は新鉱山の金の含有率についてはかなり正確に推定することができたけれども，ウランではそうはいかなかった。

　全計画が完成するまでに，総額6600万ポンドがウラン抽出工場と硫酸製造工場の建設に投下された。海外で購入されたプラントと装置を除いて，すべての支出は南ア経済に投下された新規の貨幣であったから，南ア経済に与える恩恵は計り知れぬものであった。さらに，これに年々増大するウラン生産価値が付け加わる。1956年に酸化ウランの生産量は4400トンであり，輸出された「規定物質」の価値は2850万ポンドであった。この数字には輸出されたトリウムと希土類元素の価値が含まれていたから，酸化ウランの輸出額は2800万ポンドよりいくぶん小さかった。このように，ウラン輸出は南アにとって特別重要な外国為替の源となる。この年のウランからの粗利潤は2500万ポンドであった[34]。

　南ア金鉱山がウラン生産をはじめた1950年代初めには，世界のウラン供給は極度に逼迫していた。しかし，50年代後半になると，ウランは供給過剰に転ずる。アメリカとカナダで大規模なウラン鉱床が発見され，生産は爆発的に拡大し，他方，戦略目的のためのウラン需要は飽和状態になり，同時にイギリスでは原子力発電用ウラン需要が大幅に減少したためである[35]。ウランは買手市場となり，供給確保のため，どんなに高い価格でも支払うというようなことは，問題外となった。1957年秋，CDAは南アの新しい供給者からの引取りを拒否し，翌年3月には，南アが私的に販売できることを認めた。それのみか，膨大なウランの備蓄をかかえたアメリカとイギリスは，ついに協定の見直しを求めたのである[36]。CDAの要求は，ウラン価格の安定と引取量の再調整であった。し

---

34) *Ibid.*, p. 569.

かし、供給国南アも問題を抱えていた。協定期限終了日を越えてウラン生産の継続を保証することである。明らかに南アは協定期間の延長を欲していた。

協議は1960年2月に始まった。旧協定は完全に破棄され、新協定が結ばれた（1961年1月1日発効）。しかし、今度は南ア当局とCDAとの協定ではなく、南ア当局とアメリカ原子力委員会（USAEC）ならびにイギリス原子力省（UKAEA）との別個の協定であった[37]。

新協定で大きく変わった点は次の2点である。

第1に、期間が延長され、年間の引渡量が変更された。旧協定では、1961年1月1日から協定終了日（1966年12月31日）までの6年間の酸化ウランの引渡量は2万8350トンであった。新協定では、このうち、イギリス原子力省に引き取られる5953トンが延期となり、1967年1月1日から1970年12月31日の間に引き渡されることになったのである。言い換えると、イギリスとアメリカが引き取る総量に変わりがないけれども、イギリスへの引渡しがより長期にわたることになったのである[38]。

第2は、価格の変更である。1950年協定では、価格は生産コストを基に計算され、個々の生産者のあいだで価格は異なっていた。新協定では、アメリカとイギリスが引き取るすべてのウランにたいし、固定価格が適用されることになった。ただし、生産者の利潤は考慮されなければならないので、個々の生産者が以前受けとっていた価格と大きくは変わらない価格となった[39]。

新協定における固定価格の設定は、南アのウラン鉱業全体の合理化を促した。けだし、コストが低ければ低いほど利潤が大きくなることになったからである。

表3C-3は新旧協定におけるウラン鉱山の生産割当と引渡し期間を示して

---

35) ジェフ・ベリッジは、ウラン需要減少の原因を、化石燃料エネルギーにたいする原子力エネルギーの経済性の悪化に求めている。「イギリスでのウラン需要減少の原因は、1950年代後半に化石燃料エネルギーにたいする原子力エネルギーの経済性が著しく悪化したことにある。原子力発電所建設コストが増大する一方で、安い輸入石油の利用が増大するとともに、石炭火力発電所の効率が増大した。その結果、1958年初めにイギリスの原子力発電計画は速度を落とすことになり、将来のウラン必要量を相当程度下方修正しなければならなかったのである」（G. Berridge, *Economic Power in Anglo-South African Diplomacy,* London, The Macmillan Press, 1981, p. 57.）。

36) *Ibid.,* pp. 57-58. 再協議の対象となった国は南アだけではなかった。

37) 'Uranium Agreement', *Atom,* No. 53 (March 1961), pp. 5-6 ; Geoff Berridge, *op. cit.,* p. 58.

38) 'Uranium Agreement', pp.5-6.

39) *The Mining Journal,* January 27, 1961, pp. 106-107.

いる。新協定においては, Vogelstruisbult, Luipaardsvlei, West Driefontein /Doornfontein 共同生産, Vaal Reefs, Daggafontein, Randfontein/East Champ d' Or 共同生産, Blyvooruitzicht, Stilfontein/Ellaton 共同生産, Dominion Reefs, Welkom/President Steyn 共同生産, Virginia/Merriespruit 共同生産は, 元の協定終了日かそれ以前に引渡しを終えることになっている。これら鉱山と共同生産のうち, Vaal Reefs までは元の契約どおりの量を生産し引き渡すが, Daggafontein 以下は, Blyvooruitzicht を除いて, 生産量を大幅に減らし, 割当分の一部または全部を他の鉱山に譲渡することになる。Blyvooruitzicht は, Randfontein から1712トンの譲渡を受ける。West Rand Cons, Buffelsfontein, Western Reefs, Hartebeestfontein, Harmony は1970年まで引渡し期間を延長された鉱山であり, 同時に他鉱山から譲渡を受けた鉱山である。後に掲げる表3Ｃ－7(2)欄にうかがわれるように, 譲渡する鉱山はウラン品位の低い鉱山であり, 譲渡を受ける鉱山はそれに比して高い鉱山である。明らかにハイ・コスト生産者からロー・コスト生産者へ生産が移されたことを示している。一方, 契約における権利を, 他鉱山に売却した鉱山会社は, 期待していたよりも大きい現金(ロイヤルティ)を獲得する[40]。

　鉱業金融商会別に譲渡を見ると, かなりの部分が同一鉱業金融商会傘下内の譲渡であったことがわかる。すなわち, 同一鉱業金融商会傘下内の譲渡は, AAC 傘下内が1811トン, GM 傘下内が1507トン, Anglovaal 傘下内が1503トンであり, 譲渡された7735トンのうち, 60％以上を占めているのである。商会間では, AAC 傘下鉱山からGM傘下鉱山に1360トン, JCI 傘下鉱山とCGFSA 傘下鉱山からCM傘下鉱山にそれぞれ880トンと674トンが譲渡されている。こうして旧協定に比して, 新協定ではGMとCMが比重を高めた(表3Ｃ－4参照)。鉱地別では, 同一鉱地内の譲渡は, Klerksdorp 金鉱地内で1676トンのそれが見られただけで, 後の6059トンは鉱地間の譲渡であった。鉱地間譲渡の結果, 旧協定に比すると, Orange Free State 金鉱地は比重を著しく低め, Klerksdorp 金鉱地と West Rand 金鉱地が比重を高めた。West Rand 金鉱地は, Far West Rand 金鉱地と Orange Free State 金鉱地にそれぞれ740トンと140トンを譲渡するが, Orange Free State 金鉱地から1360トンの譲渡を受け,

---

40) 1962年3月, Randfontein は West Rand Cons にたいし, 4年間にわたり各年200トンを譲渡することに同意した (A. Hocking, *Randfontein Estates : The First Hundred Years,* Bethulie, Orange Free State, Hollard South Africa, 1986, p. 187.)。

表3C−3　新旧協定におけるウラン生産計画

(単位：ショート・トン)

| | | 1961年 | 1962年 | 1963年 | 1964年 | 1965年 | 1966年 | 1967年 | 1968年 | 1969年 | 1970年 | 合計 |
|---|---|---|---|---|---|---|---|---|---|---|---|---|
| 1．East Rand 金鉱地 | | | | | | | | | | | | |
| Daggafontein(AAC) | 旧契約 | 283 | 283 | 283 | | | | | | | | 849 |
| | 新契約 | 171 | 150 | 150 | | | | | | | | 471 |
| | (378トンは Western Reefs へ譲渡。Royalty[2] 52 s. 0 d) | | | | | | | | | | | |
| Vogelstruisbult(CGF) | 旧契約 | 103 | 103 | 103 | 104 | 26 | | | | | | 439 |
| | 新契約 | 103 | 103 | 103 | 104 | 26 | | | | | | 439 |
| 2．West Rand 金鉱地 | | | | | | | | | | | | |
| Luipaardsvlei(CGF) | 旧契約 | 378 | 378 | 378 | 381 | 188 | | | | | | 1703 |
| | 新契約 | 378 | 378 | 378 | 381 | 188 | | | | | | 1703 |
| West Rand Cons(GM) | 旧契約 | 617 | 617 | 617 | 622 | | | | | | | 2473 |
| | 新契約 | 431 | 234 | 234 | 234 | 234 | 234 | 234 | 234 | 170 | | 2473 |
| Welkom/P Steyn-JPS から | | 200 | 290 | 290 | 290 | 290 | | | | | | 1360 |
| | 計 | 631 | 524 | 524 | 524 | 524 | 234 | 234 | 234 | 170 | | 3833 |
| Randfontein(JCI)/East | 旧契約 | 968 | 968 | 968 | 976 | | | | | | | 3880 |
| Champ d'Or(JCI)-JPS | 新契約 | 788 | 720 | 670 | 510 | 312 | | | | | | 3000 |
| | (Blyvooruitzicht へ740トン，Harmony へ140トン譲渡。Royalty[2] n. a.) | | | | | | | | | | | |
| 3．Far West Rand 金鉱地 | | | | | | | | | | | | |
| W Driefontein(CGF)/ | 旧契約 | 137 | 137 | 137 | 138 | 138 | 108 | | | | | 795 |
| Doornfontein(CGF)-JPS | 新契約 | 137 | 137 | 137 | 138 | 138 | 108 | | | | | 795 |
| Blyvooruitzicht(CM) | 旧契約 | 324 | 324 | 324 | | | | | | | | 972 |
| | 新契約 | 240 | 146 | 147 | 146 | 147 | 146 | | | | | 972 |
| Randfontein から | | 120 | 140 | 140 | 170 | 170 | | | | | | 740 |
| | 計 | 360 | 286 | 287 | 316 | 317 | 146 | | | | | 1712 |
| 4．Klerksdorp 金鉱地 | | | | | | | | | | | | |
| Stilfontein(GM)-JPS | 旧契約 | 418 | 418 | 418 | 422 | | | | | | | 1676 |
| | 新契約 | | | | | | | | | | | 0 |
| | (New Kld は169トンを Hartebeest へ譲渡。Royalty[2] 60 s. 0 d。残りの鉱山は1507トンを Buffels へ譲渡。Royalty[2] 51 s. 0 d。) | | | | | | | | | | | |
| Buffelsfontein(GM) | 旧契約 | 380 | 380 | 380 | 383 | 383 | 399 | | | | | 2305 |
| | 新契約 | 231 | 231 | 231 | 231 | 231 | 230 | 230 | 230 | 230 | 230 | 2305 |
| Stil-JPS(New Kld 除く)から | | 151 | 151 | 150 | 150 | 150 | 151 | 151 | 151 | 151 | 151 | 1507 |
| | 計 | 382 | 382 | 381 | 381 | 381 | 381 | 381 | 381 | 381 | 381 | 3812 |
| Vaal Reefs[1] (AAC) | 旧契約 | 282 | 282 | 282 | 284 | 286 | 299 | | | | | 1715 |
| | 新契約 | 273 | 291 | 282 | 284 | 286 | 299 | | | | | 1715 |
| Western Reefs[1] (AAC) | 旧契約 | 336 | 336 | 336 | | | | | | | | 1008 |
| | 新契約 | 336 | 336 | 336 | | | | | | | | 1008 |
| Daggafontein から | | 1 | 4 | 6 | 20 | 19 | 16 | 78 | 78 | 78 | 78 | 378 |
| Welkom/P Steyn-JPS から | | 2 | 14 | 21 | 72 | 71 | 61 | 298 | 298 | 298 | 298 | 1433 |
| | 計 | 339 | 354 | 363 | 92 | 90 | 77 | 376 | 376 | 376 | 376 | 2819 |
| Hartebeestfontein(Ang) | 旧契約 | 516 | 516 | 516 | 520 | 524 | 546 | | | | | 3138 |
| | 新契約 | | | | | | | | | | | 3138 |
| Virginia/Merries-JPS から | | 500 | 500 | 500 | 500 | 450 | 450 | 450 | 450 | 450 | 391 | 1334 |
| New Klerksdorp から | | | | | | | | | | | | 169 |
| | 計 | 500 | 500 | 500 | 500 | 450 | 450 | 450 | 450 | 450 | 391 | 4641 |
| Dominion Reefs(CGF) | 旧契約 | 265 | 265 | 265 | 267 | 270 | | | | | | 1332 |
| | 新契約 | 238 | 210 | 210 | (674トンは Harmony へ譲渡。Royalty[2] 54 s. 0 d) | | | | | | | 658 |

3章補論　金鉱山のウラン生産　247

| | | 1961年 | 1962年 | 1963年 | 1964年 | 1965年 | 1966年 | 1967年 | 1968年 | 1969年 | 1970年 | 合計 |
|---|---|---|---|---|---|---|---|---|---|---|---|---|
| 5．Orange Free State 金鉱地 | | | | | | | | | | | | |
| ａ．Welkom 地域 | | | | | | | | | | | | |
| Welkom(AAC)/P Steyn | 旧契約 | 576 | 576 | 576 | 581 | 586 | | | | | | 2895 |
| (AAC)-JPS | 新契約 | 102 | | | | | | | | | | 102 |
| | | (1433トンは Western Reefs へ，1360トンは West Rand Cons へ譲渡。Royalty[2) 54 s. 10 d) | | | | | | | | | | |
| ｂ．Virginia 地域 | | | | | | | | | | | | |
| Virginia(Ang)/Merries | 旧契約 | 373 | 373 | 373 | 376 | 377 | 198 | | | | | 2070 |
| (Ang)-JPS | 新契約 | 130 | 130 | 130 | 135 | 140 | 71 | | | | | 736 |
| | | (1334トンは Hartebeest へ譲渡。Royalty[2) 49 s. 0 d) | | | | | | | | | | |
| Harmony(CM) | 旧契約 | 244 | 244 | 244 | 246 | 122 | | | | | | 1100 |
| | 新契約 | 178 | 122 | 122 | 122 | 122 | 122 | 122 | 122 | 68 | | 1100 |
| Randfontein(JCI)-JPS から | | | 60 | 40 | 40 | | | | | | | 140 |
| Dominion Reefs から | | | 27 | 55 | 55 | 267 | 270 | | | | | 674 |
| 計 | | 265 | 217 | 217 | 389 | 392 | 122 | 122 | 122 | 68 | | 1914 |
| 総　　計 | 旧契約 | 6200 | 6200 | 6200 | 5300 | 2900 | 1550 | | | | | 28350 |
| | 新契約 | 4797 | 4382 | 4332 | 3754 | 3244 | 1888 | 1563 | 1563 | 1509 | 1318 | 28350 |
| Harmony(イギリスとの特別契約) | | 200 | 180 | 180 | | | 78 | 78 | 78 | 132 | 201 | 1127 |

(注)　*The Mining Journal*, February 3, 1961, p. 138 の数字と *The Mining Journal*, February 10, 1961, pp. 166-167 の数字と異なるところがある。その場合は，後者を採用した。
　　1) 1961年から共同操業計画（joint operating scheme）を組む。
　　2) Royalty は重量ポンド当り。

[出所]　*The Mining Journal*, Fabruary 3, 1961, p. 138 ; Chamber of Mines, 'South African New Uranium Production Programme', *The Mining Journal*, February 10, 1961, pp. 166-167。

表３Ｃ－４　鉱業金融商会間ウラン生産譲渡

(単位：ショート・トン)

| 譲渡商会＼被譲渡商会 | AAC | GM | JCI | Ang | CM | CGF | 譲渡減 | 旧協定 | 新協定 |
|---|---|---|---|---|---|---|---|---|---|
| AAC | 378<br>1,433 | 1,360 | | | | | -1,360 | 6,247 (22.8) | 5,107 (18.0) |
| GM | | 1,507 | | | | | | 6,285 (22.2) | 7,645 (27.0) |
| JCI | | | | | 740 | | -880 | 3,880 (13.7) | 3,000 (10.6) |
| | | | | | 140 | | | | |
| CM | | | | | | | | 2,072 (7.3) | 3,626 (12.8) |
| CGF | | | | | 674 | | -647 | 4,269 (15.1) | 3,595 (12.7) |
| Ang | | | | 1,334<br>169 | | | | 5,377 (19.0) | 5,377 (19.0) |
| 被譲渡増 | | +1,360 | | +1,554 | | | | | |
| 合　計 | | | | | | | | 28,350 (100) | 28,350 (100) |

[出所]　表３Ｃ－３より。

表3C-5　金鉱地間ウラン生産譲渡

(単位:ショート・トン)

| 譲渡鉱地 \ 被譲渡鉱地 | East Rand | West Rand | Far West Rand | Klerks-dorp | Orange Free State | 譲渡減 | 旧協定 | | 新協定 | |
|---|---|---|---|---|---|---|---|---|---|---|
| East Rand 金鉱地 |  |  |  | 378 |  | −378 | 1,288 | (4.5) | 910 | (3.2) |
| West Rand 金鉱地 |  |  | 740 |  | 140 | −880 | 8,056 | (28.4) | 8,536 | (30.1) |
| Far West Rand 金鉱地 |  |  |  |  |  |  | 1,767 | (6.2) | 2,507 | (8.8) |
| Klerksdorp 金鉱地 |  |  |  | 1,507<br>169 | 674 | −674 | 11,174 | (39.4) | 13,645 | (48.1) |
| Orange Free State 金鉱地 |  | 1,360 |  | 1,433<br>1,334 |  | −4,127 | 6,065 | (21.4) | 2,752 | (9.7) |
| 被譲渡増 |  | +1,360 | +740 | +3,145 | +814 |  |  |  |  |  |
| 合　計 |  |  |  |  |  |  | 28,350 | (100) | 28,350 | (100) |

[出所]　表3C-3より。

　Klerksdorp 金鉱地も Orange Free State 金鉱地に674トン譲渡するが，East Rand 金鉱地から378トン，Orange Free State 金鉱地から2767トンの譲渡を受けるのである（表3C-5参照）。要約すれば，Klerksdorp 金鉱地の Buffelsfontein, Western Reefs, Hartebeestfontein, West Rand 金鉱地の West Rand Cons, ならびに Orange Free State 金鉱地の Harmony に生産が集中することになったのである。

　1963年，ウラン過剰に悩むイギリスは，南アにたいし再度ウラン引渡し計画の検討を提起する。その結果，Buffelsfontein, Harmony, Hartebeestfontein, West Rand Cons, Western Reefs/Vaal Reefs の4鉱山・1共同操業が1963年から66年に引き渡す量のうち，2888トンが1971～73年に繰り延べられる（表3C-6参照）。しかし，1960年代半ばには，世界の先進国で原子力発電の計画が進行し，ウランの確保が必要となる。1967年，西ドイツ，フランス，日本は次々と南アとウラン購入協定を結ぶ。西ドイツは1967年前半の2～3カ月に1000トンのウラン（1600万ラント）を購入し[41]，フランスは翌年から2年間に総額1400万ラントの酸化ウランを[42]，そして，日本は約5年間に総額2500万ラントのウランを購入することになる[43]。イギリスにおいても1970年代の需要量が見直され，3度目の南アとの購入協定を結ぶことになる[44]。

41)　*The Mining Journal,* March 10, 1967, p. 181.
42)　*The Mining Journal,* June 30, 1967, p. 527.
43)　*The Mining Journal,* September 22, 1967, p. 210.

3章補論　金鉱山のウラン生産　249

表3C-6　1963年契約におけるウラン生産計画

(単位：ショート・トン)

| 年 | 1963 | 1964 | 1965 | 1966 | 1967 | 1968 | 1969 | 1970 | 1971 | 1972 | 1973 | 合計 |
|---|---|---|---|---|---|---|---|---|---|---|---|---|
| A．1961年契約におけるウラン生産計画 | | | | | | | | | | | | |
| Buffelsfontein | 381 | 381 | 381 | 381 | 381 | 381 | 381 | 381 | … | … | … | 3,048 |
| Harmony | 397 | 389 | 392 | 200 | 200 | 200 | 200 | 201 | … | … | … | 2,179 |
| Hartebeestfontein | 500 | 500 | 450 | 450 | 450 | 450 | 450 | 391 | … | … | … | 3,641 |
| Vaal Reefs/Western Reefs | 645 | 376 | 376 | 376 | 376 | 376 | 376 | 376 | … | … | … | 3,277 |
| West Rand Cons | 524 | 524 | 524 | 234 | 234 | 234 | 234 | 170 | … | … | … | 2,678 |
| B．1961年契約におけるウラン生産計画 | | | | | | | | | | | | |
| Buffelsfontein | 380 | 380 | 380 | 380 | 380 | 380 | 380 | 380 | … | … | … | 3,040 |
| Harmony | 397 | 389 | 392 | 200 | 200 | 200 | 200 | 201 | … | … | … | 2,179 |
| Hartebeestfontein | 500 | 500 | 450 | 450 | 450 | 450 | 450 | 391 | … | … | … | 3,641 |
| Vaal Reefs/Western Reefs | 795 | 376 | 376 | 376 | 376 | 376 | 376 | 376 | … | … | … | 3,427 |
| West Rand Cons | 777 | 778 | 737 | 234 | 234 | 234 | 234 | 170 | … | … | … | 3,398 |
| C．1963年契約におけるウラン生産計画 | | | | | | | | | | | | |
| Buffelsfontein | 380 | 380 | 106 | 189 | 380 | 380 | 380 | 380 | 228 | 227 | … | 3,030 |
| Harmony | 217 | 389 | 234 | 86 | 200 | 200 | 200 | 201 | 65 | 65 | 322 | 2,179 |
| Hartebeestfontein | 451 | 450 | 369 | 332 | 307 | 289 | 288 | 289 | 289 | 288 | 289 | 3,641 |
| Vaal Reefs/Western Reefs | 795 | 376 | 107 | 194 | 376 | 376 | 376 | 376 | 151 | 150 | 150 | 3,427 |
| West Rand Cons | 627 | 608 | 557.5 | 234 | 234 | 234 | 234 | 234 | 234 | 202 | … | 3,398.5 |

(注)　AとBとでは数字の異なるところがあるが，指摘するに止めたい。
[出所]　Aは表3C-3から。BとCは *The Mining Journal,* February 8, 1963, pp. 138-139, 141 と表3C-3による。

　表3C-7は，1950年代後半から70年までの鉱山別酸化ウラン生産を3期に分けて示している。(1953～55年の生産量は公表されていない。) 1956～60年の生産量は2万6454トンであった。ずば抜けた鉱山はRandfonteinで，4000トン近くを生産し，ついでWest Rand Consが2852トン，Hartebeestfontein1911トンと続き，1000トンを越える鉱山が12鉱山にのぼった。すでに見たように，この期には，どのウラン鉱山も，CDAとの協定の下にアメリカとイギリスへの供給と利潤を保障されており，安心して生産に従事できた。1961～65年には，2回の協定によりイギリスへの供給が見直され，旧協定における1961年1月1日から1966年12月31日までの酸化ウラン引渡量2万8350トンのうち，5953トンが延期されて1967年1月1日から1973年12月31日のあいだに引き渡されることになる。換言すれば，年間の引渡量は少なくなり，引渡期間が延長されたのである。引渡価格も変更されて固定価格となり，生産コストの高い鉱山は低い鉱山に供給権を譲渡する合理化がとられる。総生産量は，前期よりも20％強減少

44)　G. Berridge, *op. cit.,* p. 59.

表3C-7　鉱山別酸化ウラン生産量（1956～70年）

（単位：キログラム）

| | (1)<br>酸化ウラン<br>生産期間 | (2)<br>処理鉱石品位[1]<br>（1960年） | (3)<br>1956～60年 | (4)<br>1961～65年 | (5)<br>1966～70年 | (6)<br>合　計 |
|---|---|---|---|---|---|---|
| Blyvooruitzicht | 1953～64,70年 | 0.353 | 1,415,321 | 1,187,631 | 171,801 | 2,774,753 |
| Buffelsfontein | 1957～70年 | 0.534 | 1,152,944 | 1,879,185 | 3,079,265 | 6,111,394 |
| Daggafontein | 1953～62年 | 0.360 | 1,316,789 | 224,559 | | 1,541,348 |
| Dominion Reefs | 1955～63年 | 1.069 | 1,127,129 | 595,993 | | 1,723,122 |
| Harmony | 1955～70年 | 0.483 | 1,424,752 | 1,757,650 | 1,303,668 | 4,486,070 |
| Hartebeestfontein | 1956～70年 | 0.691 | 1,911,074 | 2,326,900 | 1,960,889 | 6,198,863 |
| Luipaardsvlei | 1955～65年[2] | 1.243 | 1,664,036 | 1,653,133 | | 3,317,169 |
| Randfontein | 1954～65年 | 1.012 | 3,955,948 | 2,018,619 | | 5,974,567 |
| 　East Champ d'Or | 1954～64年 | 0.779 | 266,753 | 166,784 | | 433,537 |
| Stilfontein | 1953～61年 | 0.290 | 772,831 | 17,184 | | 790,015 |
| 　Ellaton | 1954～61年 | 0.315 | 271,984 | 4,296 | | 276,280 |
| Virginia | 1955～70年 | 0.393 | 1,488,796 | 1,722,199 | 1,698,218 | 4,909,213 |
| 　Merriespruit | 1956年 | | 14,249 | | | 14,249 |
| Vogelstruisbult | 1955～64年 | 0.439 | 503,904 | 244,461 | | 748,365 |
| Welkom | 1957～61年 | 0.272 | 426,428 | 65,463 | | 491,891 |
| President Steyn | 1955～61年[3] | 0.250 | 636,084 | | | 636,084 |
| 　President Brand | 1955～61年[3] | 0.228 | 507,717 | | | 507,717 |
| 　Freddies Cons | 1955～61年[3] | 0.297 | 485,947 | | | 485,947 |
| 　Loraine | 1956～61年[3] | 0.205 | 330,964 | | | 330,964 |
| West Driefontein | 1956～62年 | 0.325 | 317,037 | 179,467 | | 496,504 |
| Doornfontein | 1956～62年 | 0.317 | 199,104 | 67,129 | | 266,233 |
| Western Reefs | 1953～70年 | 0.343 | 1,519,832 | 2,999,544 | 3,068,238 | 7,587,614 |
| Vaal Reefs | 1956～70年[4] | 0.697 | 1,105,718 | | 1,526,301 | 2,632,019 |
| W Deep Levels | 1970年 | | | | 137,056 | 137,056 |
| West Rand Cons | 1953～70年 | 1.405 | 2,852,035 | 3,202,412 | 2,741,525 | 8,795,972 |
| Zandpan | 1966～70年 | | | | 1,078,455 | 1,078,455 |
| その他 | | | 787,103 | 19,601 | 0 | 806,704 |
| 合　計 | | | 26,454,481 | 20,332,209 | 16,765,415 | 63,552,106 |

(注)　1) 処理鉱石トン当り酸化ウラン量（ポンド）。
　　　2) 1965年の生産量は発表されていない。
　　　3) 1961年の生産量は Welkom に含まれる。
　　　4) 1961～67年の生産量は Western Reefs に含まれる。
[出所]　Chamber of Mines, *Annual Report*.

して2万332トンとなるが，West Rand Cons (3202トン)，Western Reefs/Vaal Reefs（3000トン），Hartebeestfontein（2327トン），Buffelsfontein（1879トン），Harmony（1758トン），Virginia（1722トン）は，他鉱山から供給権の譲渡を受け，前期よりも生産を伸ばす。Randfontein は前期に比べ，生産を半分に減らすが，それでも生産量は2019トンであり，第3位である。Luipaardsvlei と Blyvooruitzicht も生産を僅かに減らすが，それぞれ1653トン，1188トンで，1000トンを越えている。年間生産量が1000トンを越えるのは，こ

表3C-8　対英米酸化ウラン引渡契約量と生産量（1961〜70年）

(単位：ショート・トン)

|  | 引渡契約量 | 生産量 | 差 |
|---|---|---|---|
| 1961年 | 4,997 | 5,468 | 471 |
| 1962年 | 4,562 | 5,024 | 462 |
| 1963年 | 4,133 | 4,532 | 399 |
| 1964年 | 3,534 | 4,445 | 911 |
| 1965年 | 2,283 | 2,942 | 659 |
| 1966年 | 1,361 | 3,286 | 1,925 |
| 1967年 | 1,498 | 3,213 | 1,716 |
| 1968年 | 1,480 | 3,883 | 2,403 |
| 1969年 | 1,479 | 3,979 | 2,500 |
| 1970年 | 1,554 | 4,119 | 2,565 |

［出所］　引渡契約量は表3C-3と表3C-6，生産量は，Chamber of Mines, *Annual Report.* による。ただし，後者の単位は常用ポンドからショート・トンに変えてある。

の期には9鉱山となる。1966〜70年の生産量はいっそう低下し，1万6765トンとなる。しかし，この生産量はイギリスにたいする引渡契約量を大きく越えている（表3C-8参照）。このことは，明らかに西ドイツ，フランス，日本への販売が増大したことを物語っている。高コストの鉱山は生産をやめ，生産はもっぱら低コストの鉱山で行われる。年間生産量が1000トンを越えるのは，大きい順に，Buffelsfontein（3079トン），Western Reefs（3068トン），West Rand Cons（2742トン），Hartebeestfontein（1961トン），Virginia（1698トン），Vaal Reefs（1526トン），Harmony（1304トン），Zandpan（1078トン）の8鉱山であり，この8鉱山で生産の圧倒的部分を占めるのである。ただ，Zandpanと並んでWestern Deep Levelsがこの期に生産を始めたこと，一時生産を中止していたBlyvooruitzichtが生産を再開したことが注目される。

では，ウラン生産は個々の鉱山の利潤にどのように貢献したであろうか。表3C-9は，1953年から70年までにウラン生産に従事した全鉱山の酸化ウランからの利潤を，金からの利潤とともに示している。全期間の合計で，酸化ウランからの利潤が最大であったのはRandfonteinで，8207万ラント，以下10位まで挙げると，West Rand Cons 7202万ラント，Hartebeestfontein 5335万ラント，Buffelsfontein 4369万ラント，Virginia 4285万ラント，Vaal Reefs 3998万ラント，Western Reefs 3884万ラント，Luipaardsvlei 3793万ラント，Harmony 3347万ラント，Blyvooruitzicht 3189万ラントである。当然のことながら，酸化ウランからの利潤は金鉱山の利潤を引き上げるものであったが，鉱山によってその意義には違いがあった。金をまったく生産せずウラン鉱山として

表3C-9　金・酸化ウラン生産鉱山の利潤（1953～70年）

(単位：ラント)

| | 酸化ウラン生産期間 | | 1953～55年 | 1956～60年 | 1961～65年 | 1966～70年 | 合　計 |
|---|---|---|---|---|---|---|---|
| Randfontein | 1954～67年 | U | 12,079,022 | 47,165,128 | 22,700,145 | 129,042 | 82,073,337 |
| | | G | -6,576,196 | -26,758,768 | -797,912 | 213,764 | -33,919,112 |
| West Rand Cons | 1953～70年 | U | 12,227,960 | 32,798,840 | 6,494,448 | 20,498,121 | 72,019,369 |
| | | G | 1,188,756 | -6,190,530 | 3,767,342 | -18,366,859 | -19,601,291 |
| Hartebeestfontein | 1956～70年 | U | | 24,486,178 | 13,125,200 | 15,734,096 | 53,345,474 |
| | (1955年)1) | G | 1,171,814 | 34,177,524 | 38,853,973 | 29,307,000 | 103,510,311 |
| Buffelsfontein | 1957～70年 | U | | 14,885,294 | 11,554,752 | 17,250,940 | 43,690,986 |
| | (1957年)1) | G | | 21,771,996 | 51,954,485 | 56,883,108 | 130,609,589 |
| Virginia | 1955～70年 | U | 837,104 | 19,178,062 | 17,946,158 | 4,889,000 | 42,850,324 |
| | (1954年)1) | G | 502,804 | 3,844,856 | 8,043,339 | 5,000,000 | 17,390,999 |
| Vaal Reefs | 1956～70年 | U | | 13,603,944 | 9,499,236 | 16,877,727 | 39,980,907 |
| | (1956年)1) | G | | 20,951,812 | 46,292,821 | 56,024,206 | 123,268,839 |
| Western Reefs | 1953～70年 | U | 6,402,000 | 17,576,902 | 5,319,665 | 9,538,864 | 38,837,431 |
| | | G | 4,754,840 | 10,053,020 | 19,101,891 | 16,761,714 | 50,671,465 |
| Luipaardsvlei | 1955～68年 | U | 2,905,894 | 17,956,392 | 16,682,344 | 384,136 | 37,928,766 |
| | | G | 707,250 | -7,065,176 | -184,861 | -1,184,244 | -7,727,031 |
| Harmony | 1955～70年 | U | 1,329,714 | 17,352,772 | 7,360,637 | 7,421,954 | 33,465,077 |
| | (1954年)1) | G | 2,856,126 | 23,660,232 | 45,996,594 | 26,556,456 | 99,069,408 |
| Blyvooruitzicht | 1953～70年 | U | 4,961,270 | 15,964,268 | 9,049,491 | 1,918,483 | 31,893,512 |
| | | G | 33,307,364 | 61,722,346 | 79,403,285 | 64,991,767 | 239,424,762 |
| Daggafontein | 1953～63年 | U | 7,170,000 | 16,015,018 | 8,369,018 | 0 | 31,554,036 |
| | | G | 22,775,316 | 30,216,394 | 20,462,104 | 1,692,854 | 75,146,668 |
| Dominion Reefs | 1955～64年 | U | 936,718 | 11,344,436 | 11,201,895 | | 23,483,049 |
| | | G | 0 | 0 | 0 | | 0 |
| Stilfontein | 1953～70年 | U | 1,558,960 | 9,031,684 | 2,860,406 | 5,995,388 | 19,446,438 |
| | | G | 11,471,568 | 41,359,174 | 56,180,718 | 14,437,708 | 123,449,168 |
| President Steyn | 1955～65年 | U | 723,970 | 7,218,230 | 7,694,000 | 0 | 15,636,200 |
| | (1954年)1) | G | 3,843,706 | 22,900,120 | 26,238,916 | 29,431,299 | 82,414,041 |
| Vogelstruisbult | 1955～68年 | U | 427,355 | 6,313,960 | 5,562,000 | 14,013 | 12,317,328 |
| | | G | 1,338,981 | 5,597,002 | 1,065,500 | 1,419,864 | 9,421,347 |
| Welkom | 1957～65年 | U | | 4,942,928 | 7,295,000 | 0 | 12,237,928 |
| | | G | 691,656 | 7,826,822 | 20,697,864 | 25,055,826 | 54,272,168 |
| Freddies Cons | 1955～65年 | U | 490,000 | 5,434,964 | 5,379,188 | 0 | 11,304,152 |
| | (1954年)1) | G | -1,441,620 | -3,904,140 | 5,007,356 | 23,153,168 | 22,814,764 |
| President Brand | 1955～65年 | U | 450,990 | 5,139,844 | 5,614,500 | 0 | 11,205,334 |
| | (1954年)1) | G | 7,861,650 | 70,000,270 | 116,980,551 | 124,360,300 | 319,202,771 |
| West Driefontein | 1956～66年 | U | 0 | 4,593,000 | 5,337,000 | 720,000 | 10,650,000 |
| | | G | 22,878,598 | 84,623,252 | 151,003,627 | 183,616,500 | 442,121,977 |
| Loraine | 1956～65年 | U | 0 | 3,293,512 | 4,256,600 | 0 | 7,550,112 |
| | (1955年)1) | G | -538,398 | -1,957,134 | 11,573,239 | 6,859,000 | 15,936,707 |
| East Champ d'Or | 1954～64年 | U | 1,662,554 | 3,140,736 | 617,446 | | 5,420,736 |
| | | G | -1,404,182 | -1,900,048 | 11,366 | | -3,292,864 |
| Doornfontein | 1956～66年 | U | 0 | 1,460,000 | 1,666,000 | 243,000 | 3,369,000 |
| | | G | 3,937,048 | 21,141,264 | 37,895,353 | 35,825,308 | 98,798,973 |
| Ellaton | 1954～63年 | U | 393,172 | 1,937,916 | 160,960 | | 2,492,048 |
| | (1954年)1) | G | 2,012,966 | 3,202,462 | 1,079,902 | | 6,295,330 |

|  | 酸化ウラン生産期間 |  | 1953～55年 | 1956～60年 | 1961～65年 | 1966～70年 | 合　　計 |
|---|---|---|---|---|---|---|---|
| FS Saaiplaas | 1963～70年 | U |  |  | 1,197,542 | 705,095 | 1,902,637 |
|  | (1961年)1) | G |  |  | 140,248 | 28,731,672 | 28,871,920 |
| Zandpan | 1966～70年 | U |  |  | 0 | 1,575,000 | 1,575,000 |
|  | (1964年)1) | G |  |  | 1,333,207 | 6,166,000 | 7,499,207 |
| Merriespruit | 1956年 | U |  | 91,942 |  |  | 91,942 |
|  | (1956年)1) | G |  | 455,972 |  |  | 455,972 |

(注)　U＝酸化ウランからの利潤。G＝金からの利潤。
　　1）金生産開始年。他の鉱山は1953年以前に金生産を開始している。
［出所］　Chamber of Mines, *Annual Report*.

　再開発された Dominion Reefs は例外として，Randfontein, West Rand Cons, East Champ d'Or の金利潤はマイナスであり，専ら酸化ウラン利潤で鉱山がなりたっていた。これらの鉱山は明らかに金鉱山からウラン鉱山に変身を遂げていたのである。鉱山会議所の年次報告書が，これらの鉱山を「ウラン中心生産者 (primary uranium producers)」と名づけたのも当然であったといえるであろう45)。また，Freddies Cons と Loraine とは，開発後長らくのあいだ金利潤は赤字であった。これらの鉱山が閉鎖を免れたのは，ひとえに酸化ウラン利潤によるものであった。一般的に言って，劣位の鉱山ほど金利潤にたいする酸化ウラン利潤の割合は高い。これは，劣位鉱山は金利潤が少ないのであるから，当然とも言えるであろう。上述した金操業が赤字である鉱山を別にして，ウラン生産開始年から1970年までの（操業が停止される鉱山は停止年までの）期間の，金利潤にたいする酸化ウラン利潤の割合 (U/G) は，新金鉱地の Virginia では2.46，旧金鉱地の Vogelstruisbult では1.31にも達しているのである。ウィルスンの分類基準，すなわち，粉砕金鉱石トン当り営業利潤から見て，1965年に劣位鉱山に分類される鉱山について見ると，Virginia と Vogelstruisbult の他，Western Reefs 0.77, Daggafontein 0.42, Ellaton 0.40である。中位鉱山では，Hartebeestfontein 0.52, Buffelsfontein 0.33, Vaal Reefs 0.32, Harmony 0.34, Welkom 0.23, President Steyn 0.19, Stilfontein 0.16, Doornfontein 0.03である。Hartebeestfontein, Buffelsfontein, Vaal Reefs, Harmony が劣位鉱山並の数値を示しているのは，60年代後半に West Rand

---

45)　1961年以降の，Chamber of Mines, *Annual Report* は，このように名づけている。

Cons と並んで，これら鉱山に酸化ウランの生産が集中したことによる。West Driefontein, President Brand, Blyvooruitzicht の富裕鉱山は，それぞれ 0.024, 0.035, 0.133であり，金利潤が大きいだけに，それにたいする酸化ウラン利潤の割合は小さい。しかし，金額で見ると，West Driefontein と President Brand は1000万〜1100万ラント，Blyvooruitzicht は3000万ラントを越えるウラン利潤をあげているのである。原子力開発と世界のウラン不足によって，いくつかの南アの金鉱山は，いわば僥倖ともいうべき収益をわがものとしたのである。

# 第 4 章　金鉱業「労働帝国」の拡大

## はじめに

　世界大恐慌による世界金本位制の崩壊の下に，南ア金鉱業は自国の金本位制離脱（1932年12月）につづく7年間「南アフリカ金鉱業史上最大のブーム」を享受した。また，1930年代初めの Far West Rand 金鉱地の発見につづいて Klerksdorp 金鉱地と Orange Free State 金鉱地が発見され，そして，これら新金鉱地の開発は1950年代半ばから1960年代初めにかけて大躍進を遂げた。

　この事態を2，3の基本的指標から確認すると次のようである。1930年と1940年を比較すると，鉱山数は31鉱山から44鉱山（うち新金鉱地1鉱山）へ増大し，粉砕鉱石量は3112万トンから6452万トンへと倍増した。一方生産量は1014万オンスから1354万オンスへと約34％増にとどまった。粉砕鉱石量に較べ生産量の伸び率が小さいのは，金価格の上昇によって鉱石品位のペイ・リミットが低下し，低品位鉱石をより大量に採掘したことによる。さらに，1945年と1965年を比較すると，鉱山数は46から53に増大した。しかし，この鉱山数の変化には単に鉱山が7つ増えたということ以上の意味が込められていた。すなわち，この期間，旧金鉱地の鉱山数は43から26に減少したのにたいし，新金鉱地のそれは3から27へと増大したのである。これは，旧金鉱地ではかなりの数の鉱山の鉱石が枯渇する一方，新金鉱地では鉱山が次々と開発され，そして，金鉱業の中心が1950年代半ばから1960年代初めにかけて完全に新金鉱地に移ったことを如実に示すものである。粉砕鉱石量は5890万トンから8003万トンへと増大し，1.4倍となった。生産量の伸びはもっと著しく，1177万オンスから3010万オンスへ，すなわち2.6倍となった。これは新金鉱地の鉱山が概して旧金鉱地のそれよりも鉱石品位が高かったことによる（表4－1）。

　同じく表4－1によって，1930年代と第二次世界大戦後の金鉱業の規模拡大に対応して，どのようにアフリカ人労働者と白人労働者が増加したかを確認し

表4-1　南アフリカの金鉱山数,粉砕鉱石量,生産量と年平均雇用者数(1930～70年)

| | 鉱山数 | | 粉砕鉱石量 | 金生産量 | 年平均労働者数 | |
|---|---|---|---|---|---|---|
| | 旧金鉱地 | 新金鉱地 | (1000トン) | (1000oz) | 非白人 | 白人 |
| 1930年 | 31 | — | 31,120 | 10,137 | 202,118 | 22,112 |
| 1935年 | 33 | — | 44,235 | 10,459 | 273,218 | 31,898 |
| 1940年 | 43 | 1 | 64,515 | 13,536 | 351,826 | 42,852 |
| 1945年 | 43 | 3 | 58,898 | 11,770 | 307,291 | 36,328 |
| 1950年 | 41 | 4 | 59,515 | 11,185 | 305,165 | 43,109 |
| 1955年 | 35 | 18 | 65,951 | 14,094 | 327,425 | 49,266 |
| 1960年 | 32 | 22 | 71,259 | 20,922 | 387,577 | 49,688 |
| 1965年 | 26 | 27 | 80,027 | 30,102 | 375,329 | 44,181 |
| 1970年 | 17 | 30 | 74,467 | 31,795 | 378,101 | 38,745 |

［出所］　Chamber of Mines, *Annual Report* 各号。

ておこう。年平均雇用労働者数でみると,白人労働者数は,1930年と1940年には2万2112人から4万2852人へと94％(およそ2万人強)増加し,1945年と1965年には3万6328人から4万4181人へと22％(約8000人)の増加にすぎなかった。一方,アフリカ人労働者数も,同じ期間,前者では20万2118人から35万1826人へと74％(約15万人)増加し,後者では30万7291人から37万5329人へ22％(約7万人)の増加にとどまった。第二次世界大戦後,粉砕鉱石量の伸びに比して白人労働者とアフリカ人労働者の数の伸びが小さいのは,機械化,経営の改善,労働者の訓練をいっそう押し進めることによって労働生産性が上昇したことを表している。ともあれ,アフリカ人労働者の増加は,生産量が急増した第二次世界大戦後でなく,圧倒的に1930年代に生じていることがここに確認できよう。1930年代と第二次世界大戦後のアフリカ人労働者数の推移を見る限り,金鉱業は順調にアフリカ人労働者を確保したかに見える。しかし,金鉱業は1930年代と40年代には慢性的にアフリカ人労働力不足に泣かされつづけたのであり,またアフリカ人労働者の供給地域も大きく変化しているのである。

ところでよく知られているように,南ア金鉱業は,その当初から,アフリカ人労働者を国内ばかりなく,国外にも依存していた。鉱山会議所は,アフリカ人労働者募集の両腕である Witwatersrand Native Labour Association (WNLA) と Native Recruiting Corporation (NRC) が南ア国内ばかりでなく外国のアフリカ人労働者にたいするモノプソニーを確立する頃には,同時に南部アフリカに「労働帝国」をつくっていた。南ア金鉱業は,その募集システムをますます遠隔の地に拡大しなければならなかった。鉱山会議所が労働者募集のフロンティアの最端まで募集員を動員しなければならなかったのは,コ

ストを考慮しなければならなかったばかりでなく，鉱山労働は困難で危険で不健康で賃金が安いため，鉱山近隣のアフリカ人は他に良い仕事があれば，鉱山で働くことを避けたからであった。それ故，鉱業の募集員はもっとも発展の遅れた地域でもっとも成功した。遠隔の地では賃金は安く，雇用機会は少なかったので，募集員は現地の雇用者よりも高い値をつけ，彼らを容易に窮地に立たせることができた。アフリカ人労働者の出稼ぎシステムは金鉱業の拡大とともに拡大した。このシステムが継続したのは，金鉱山のコスト抑制とカラーバーの政治的厳格性にも負っていたが，それはまたアフリカ人労働力供給フロンティアが継続的に拡大した結果でもあった[1]。

本章の課題は，第二次世界大戦後急速に進められた新金鉱地の開発が必要としたアフリカ人労働者がどこから，どのように得られたかを明らかにすることである。しかし，それを明らかにするためには，白人労働者の1922年の反乱を鎮圧し，人種的労働力構造と人種的職種構造の再編成をほぼ完了した1925年以降におけるアフリカ人労働力供給開拓政策を振り返っておく必要がある。なぜなら，1950年代以降の新金鉱地開発に必要なアフリカ人労働者の獲得は，それ以前の供給開拓政策に大きく規定されていたからである。ジョナサン・クラッシュは，南ア金鉱業の「労働帝国」史を3期に，すなわち，1886〜1920年の期間を建設期，1920〜1970年の期間を確立期，そして，1970年以降を再建期に区分している[2]が，彼のこの時期区分に従えば，第2期の確立期の実態解明が本章の課題となる。

## 第1節 「労働帝国」拡大の追求

### 1. 1928年モザンビーク協定

1909年のモザンビーク協定は1923年に失効した。しかし，それはモザンビークと南アフリカの関係にほとんど影響しなかった。モザンビークの労働者は南

---

1) J. Crush, A. Jeeves and D. Yudelman, *South Africa's Labor Empire: A History of Black Migrancy to the Gold Mines,* Oxford, Westview Press, 1991, p. 10.
2) J. Crush, 'The Chaines of Migrancy and the Southern African Labour Commission', in *Colonialism and Development in the Contemporary World,* ed., by Chris Dixon and Michael Heffernar, London, Mansell Publishing Ltd., 1991, p. 47.

表4－2　南アフリカ鉱業における年平均雇用アフリカ人労働者の出身国別数（1920～40年）

(単位：人)

| | 南アフリカ | モザンビーク | バストランド | スワジランド | ベチュアナランド | 南ローデシア | 北ローデシア | ニアサランド | タンガニーカ | アンゴラ | 熱帯地域合計[1] | 総計[2] |
|---|---|---|---|---|---|---|---|---|---|---|---|---|
| 1920年 | 74,452 | 77,921 | 10,439 | 3,449 | 2,112 | 179 | 12 | 354 | — | — | 545 | 174,402 |
| 1925年 | 78,884 | 73,210 | 14,256 | 3,999 | 2,547 | 68 | 4 | 136 | — | — | 208 | 173,118 |
| 1930年 | 92,772 | 77,828 | 22,306 | 4,345 | 3,151 | 44 | — | — | 183 | — | 227 | 200,634 |
| 1935年 | 152,902 | 62,576 | 34,788 | 6,865 | 7,505 | 27 | 570 | 49 | 109 | — | 755 | 265,400 |
| 1936年 | 167,753 | 67,622 | 39,637 | 7,356 | 7,799 | 216 | 201 | 629 | — | — | 1,046 | 291,213 |
| 1937年 | 155,868 | 81,165 | 39,666 | 6,874 | 8,964 | 2,336 | 1,132 | 1,735 | — | — | 5,203 | 297,748 |
| 1938年 | 156,706 | 80,844 | 43,759 | 7,062 | 11,365 | 6,277 | 2,011 | 3,691 | — | — | 11,979 | 311,923 |
| 1939年 | 160,636 | 75,676 | 45,575 | 6,791 | 12,038 | 6,959 | 2,042 | 6,563 | — | — | 15,564 | 316,760 |
| 1940年 | 179,708 | 74,693 | 52,044 | 7,152 | 14,427 | 8,112 | 2,725 | 8,037 | — | 698 | 19,572 | 347,666 |

(注)　1）南ローデシア，北ローデシア，ニアサランド，タンガニーカ，アンゴラ。
　　　2）「その他」を含む。
[出所]　Jonathan Crush, Alan Jeeves & David Yudelman, *South Africa's Labor Empire : A History of Black Migrancy to the Gold Mines,* Oxford, Westview Press, 1991, pp. 234-235.

ア金鉱業に出稼ぎ労働を続けていたし，トランスヴァールの輸入貨物のおよそ50％はロレンソ・マルクス港を通過していた[3]。

　1925年における南ア鉱山（以下，南ア鉱山と表現する場合，鉱山会議所加盟鉱山を指す）へのアフリカ人労働力供給地域構成をみると，南アフリカは，年平均アフリカ人労働者総雇用数17万3118人のうち7万8884人（45.6％）を占めるだけで，過半は外国人労働者であった。そのうちモザンビーク7万3210人（42.3％）が最大で，ついでバストランド1万4256人（8.2％），スワジランド3999人（2.3％），ベチュアナランド2547人（1.5％）であった。モザンビークと3つの高等弁務官領で外国人労働者のほぼ全体を占めていた（表4－2）。換言すれば，モザンビークの労働力供給は南ア国内にほとんど匹敵する大きさであり，モザンビーク労働者はなお南ア金鉱業の脊柱となっていた。したがって，モザンビークの労働力供給がなければ，南ア金鉱業は規模を縮小しなければならないか，収益性を犠牲にしてより高賃金のアフリカ人労働者をどこか他所で求めなければならなかったであろう。しかしながら，1920年代中葉までには金鉱業へのモザンビーク労働者供給に2つの方面から圧力がかけられた。ひとつは南アフリカ国内から，そして，もうひとつはポルトガル／モザンビーク自身からである。

---

3)　S. E. Katzenellenbogen, *South Africa and Southern Mozambique : Labour, Railways and Trade in the Making of a Relationship,* Manchester, Manchester University Press, 1982, p. 144.

モザンビーク南部の農業開発は極度に遅れていた。ポルトガル政府とモザンビーク当局は，それを南ア金鉱業に働きに出かける出稼ぎ労働者のせいにした。労働力不足が開発を遅らせているというのである。1920年代中葉には，モザンビークでは鉱山労働者割当を設定し，既存の水準から段階的に出稼ぎ労働者を削減するべきだとの声が大きくなった。他方，南アフリカでも，1924年に成立したヘルツォーグ政府は，金鉱業が多数のモザンビーク労働者を雇用しているのを批判した。政府にはヘルツォーグのパートナーとして労働党のクレスウェルが参加していた。彼は20年以上にわたって外国アフリカ人不熟練労働者の輸入反対キャンペインをおこなっていた。「文明化労働政策」を実現するためには白人の雇用機会を増やし，彼らの高賃金を実現すべきであった。そのためには外国から労働者の輸入を減らす必要があった。もちろん，鉱山会議所の立場はこれと異なっていた。鉱山会議所は，政府が「東海岸の労働供給にたいする現在の権利を享受しつづけるのを可能にするできるだけ良い条件をポルトガル人から確保することによって，鉱業の利益を保護するあらゆる努力をはらう」ことを欲していた。それには，南アフリカの他の産業がモザンビークで募集することを許さず，また，募集がポルトガル人の組織によって乗っ取られるのを許さず，そこでの募集権の独占をWNLAが保持することを含んでいた[4]。

　1920年から22年にかけてスマッツ政府はポルトガル人との新しい条件を協議するのに失敗した。スマッツにはモザンビークを南アフリカに併合しようとする野心があった[5]。1924年と1925年にモザンビーク政府は，健康対策，ロレンソ・マルクス港の改善，両国間の貿易における無関税輸出入品のリスト作成に関していくつかの考えを提起したが，どちらの国も事態を前進させることができなかった[6]。1925年10月，南アフリカ連邦の3人の大臣，蔵相のニコラス・ハヴェンガ，鉄道・港湾相C・W・マラン，国防相クレスウェルがモザンビークを訪問し，クーチノー総督および一連の高官と会い，総督が提起していた提案を討議した。ハヴェンガはモザンビークに最恵国待遇以上のもの，すなわち特恵権は認められないと言明した。マランは，クーチノーが求めていたスワジランド鉄道の延長にたいし，線路を敷設するよう鉄道会社に強制はできないが，政府はできるだけのことはしてみるという曖昧な態度に終始した。クレス

---

4) *Ibid.,* pp. 144-145.
5) *Ibid.,* p. 126.
6) *Ibid.,* pp. 144-145.

ウェルは，鉱山労働志願者の健康と福祉に関する種々の提案を考慮する用意があると語った。しかし，自国の「文明化労働政策」を促進するためにモザンビークからくる労働者の数は制限されねばならないと指摘し，モザンビークでも農業開発のために労働者を必要としているのであるから，それは双方の国の利益になると付け加えた。さらに，ポルトガル人の組織が鉱山労働者募集に責任をもつべきだとの考えにたいしては，鉱山会議所の意を受けて「労働者の監督と福祉と作業に責任を有する人たち，すなわち，雇用者こそが責任をもつべきである」と主張した[7]。

これらの交渉にもかかわらず，両政府は新しい協定になかなか達することができなかった。そしてこの間，ヘルツォーグ政府の「文明化労働政策」の意図にもかかわらず，南アフリカ経済全般と鉱業の拡大はアフリカ人労働力の需要を大きくしていたから，モザンビークから輸入する労働者の数は減らなかった。他方，モザンビーク南部農業の開発も多数の労働者を吸収できず，相当数の男性青壮年労働者は雇用をラントに依存し続けていた。

1926年にモザンビーク植民地当局は，鉱山労働者に割当制を実施し，出稼ぎ労働者を既存の水準から段階的に削減するとの声明を発表した[8]。南ア鉱業は都市のアフリカ人労働力市場から後退をつづけており，アフリカ人労働力不足を経験していた。したがって，この声明は南ア金鉱業経営者に脅威を与えた。1927年暮に鉱山会議所の金生産者委員会は，鉱山・産業相ベイヤーズにポルトガル領からの労働者供給は南ア鉱業にとって中心であると指摘した[9]。南アフリカとモザンビークの再協議の結果，1928年新しい協定がむすばれた。

この1928年モザンビーク協定で取り決められた主要点を挙げると次のようであった。①従来どおり，WNLAがモザンビーク（南緯22度以南）での労働者募集を独占する。②募集人員に上限を設け，かつ，人員を1929年の10万人から毎年5000人ずつ減らし，1933年には8万人とする。③契約期間の最長を18カ月

---

7) *Ibid.*, pp. 147-148.

8) A. H. Jeeves, 'Migrant Labour in the Transformation of South Africa, 1920-1960', in *Studies in the Economic History of Southern Africa : Vol. 2, South Africa, Lesotho and Swaziland,* ed., by Z. A. Konczacki, Jane L. Parpart and T. M. Shaw, London, Frank Cass, 1991, p. 113.

9) A. H. Jeeves and J. Crush, 'The Failure of Stabilization Experiments and the Entrenchment of Migrancy to the South African Gold Mines', *Labour, Capital and Society,* Vol. 25, No.1 (April 1992), p. 33.

（契約期間12カ月と6カ月間の延長）とし，労働者が帰国後再雇用されるまでに6カ月を経ることを要する。④賃金後払い制度を導入し，9カ月を越える期間の賃金の半分はポルトガル人受託者によって保留され，労働者がモザンビークへ帰国した後に金で支払われる。⑤モザンビーク国境を越える密入国者にたいして南アフリカ政府は断固とした手段をとる，すなわち，密入国移民を確認し，彼らを国外追放に処す。⑥ロレンソ・マルクス線には従来どおり競争ゾーンの貨物の50～55％を保証する[10]。

これらの点についていくつかの補足をすると，次の点が注目される。①に見られるように，モザンビークでの労働者募集は南ア鉱業が独占し，他の産業は排除されたままであった。②の募集人員の上限の設定と漸次的減少とはポルトガル政府の要求により協定に書き込まれたものである[11]。③の金での賃金後払いはポルトガルの金準備を強化し，宗主国ポルトガルは南ア金鉱山へ出稼ぎ労働者を出すモザンビークにより強い利害関係を有することになった。⑤の密入国者の厳しい取締りは南ア労働力市場に大きな影響を及ぼした。南ア農民の立場からすると，この最後の点が重要であった。

従来トランスヴァール北東部とズールーランド，ナタールの柑橘類，綿，砂糖の農園はかなりのところモザンビークからの密入国労働者に依存していた。しかし，南ア政府の厳重な取締りの結果，密入国労働者が阻止されたことにより，これらの農園はアフリカ人労働力不足をきたした[12]。農民の協会はロビー活動を展開した。プレトリアはこれに反応し，鉱業の募集者に閉ざされていた地区を彼らに開放することを取り下げ，逆に，以前NRCの保護区であった地域に農業の募集員が入ることを公認した[13]。こうして，鉱業，農園，プランテーションの間にアフリカ人労働力をめぐる激しい争奪戦が展開された。

2. 熱帯労働者の導入解禁とWNLAの近隣植民地政府との協定

1913年以来，金鉱業は南緯22度以北の熱帯労働者の雇用を禁止されたままであった。ヘルツォーグは熱帯地域でのアフリカ人労働者募集活動の再開を承認

---

10) A. H. Jeeves, 'Migrant Labour in the Transformation of South Africa', p. 118 ; S. E. Katzenellenbogen, *op. cit.,* pp. 152-153.
11) A. H. Jeeves and J. Crush, *op.cit.,* p. 33.
12) A. H. Jeeves, 'Migrant Labour in the Transformation of South Africa', p. 113.
13) *Ibid.,* p. 118.

する言質を与えなかったけれども，将来の募集再開に備えて，鉱業がそこでの労働者募集の展望を調査することには反対しなかった14)。モザンビーク協定がむすばれた1928年に，WNLAは1人の上級職員，P・ネールガールドをザンベジ川の向こうに派遣した。彼は，自動車，列車，フェリーを乗り継いで旅行し，ニアサランド，北ローデシア，タンガニーカおよび北部モザンビークの広大な地域を訪れた。彼は単なる旅行者の装いで旅し，真の意図を明らかにしようとしなかったけれども，行く先々でラント金鉱業のエイジェントであるとの噂がつきまとっていた。彼は，これらの地域の潜在労働力とWNLAがそこで活動する可能性に関するレポートを携えて帰国した。彼は，北部ニアサランドでの労働者募集の可能性を裏づけ，また，ザンベジのクウェリマネのモザンビーク諸州とポルトガル領ニアサランドでは，現地で仕事が見つからず，ラントに来たがっている「原住民が溢れている」ことを強調した。彼は西部タンガニーカの「体格の良い原住民」に感銘し，彼らは際だって鉱山労働に適していると考えた。彼らのなかには現地のプランテーションで働いて僅かのカネを稼いでいる者もいたが，ほとんどの者は現金収入のある雇用を見いだせないでいた。何千人もの熱帯アフリカ人がすでに苦労して独力で南アフリカの高賃金へのアクセスをはたしていたのであるから，ひとたびWNLAが現地に募集事務所をつくると，彼らの数は何倍にもなるように見えた15)。

　ヨハネスブルグの鉱業金融商会は，ロンドンの代表者を通じて熱帯アフリカ（中央アフリカ）にアクセスできる指示を植民地政府に与えるよう植民地省と自治領省に圧力をかけた。彼らはまたプレトリアのイギリス高等弁務官をとおしても働きかけた。ロンドンは，植民地政府がむすぶ募集協定を批准するには，被募集者の健康が保護されるべきであり，目標とされる住民の住む共同体社会の崩壊を最小限にとどめるために，募集人員の割当制を採用すべきであると主張した16)。鉱山会議所はその経済力にもかかわらず，政治的影響力には明白な限界があった。南アフリカ自体においては，農業ロビーが熱帯労働者問題に死活にかかわる利害を有していた。トランスヴァール北部とズールーランドの農場主は密入国外国人労働者に依存していた。彼らは，この重要な労働力源へ

---

14) A. H. Jeeves and J. Crush, *op.cit.*, p. 33.
15) A. Jeeves, 'Migrant Labour and South African Expansion, 1920-1950', *South African Historical Journal*, No. 18 (1986), pp. 82-83.
16) *Ibid.*, pp. 73-74.

のアクセスを減少させるように見えたり，いわんやそれを妨げたりするように見える政策の実施には必死に抵抗した。したがって，南アフリカ連邦政府は農場主のこの利害に非常に敏感であった。それゆえ，この労働者の流れにたいする統制は1930年代をとおして南アフリカの一大政治問題となる17)。

　低品位鉱石委員会が1931年の会合を行うときまでに，南ア鉱山はもはやアフリカ人労働力不足を経験していなかった。大恐慌は南部アフリカ全域に溢れるばかりの失業者を生みだしており，1928年モザンビーク協定の割当制によって生じた一時的労働者不足を終わらせていた。にもかかわらず，鉱山会議所幹部は熱帯労働者の再導入を推進することを選んだ。この決定にはいくつかの理由があった。第1に，彼らは，恐慌は長くは続かず，鉱山の将来の労働力需要を考えれば，募集活動を北部に拡大する必要があると判断していた。第2に，彼らは，恐慌は広範な失業を生みだしており，この失業は政府をして鉱山所有者の要請をより受け容れやすくしていると認識していた。けだし，低品位鉱山の閉鎖と白人失業率が高い経済での白人の仕事の減少は，過去におけるよりも白人にとって脅威となっていたからであり，さらに，経済全般にたいする金鉱業の反景気循環的性格を考えれば，経済にたいする金鉱業の重要性は看過できなかったからである。第3に，恐慌は鉱山にアフリカ人労働者募集においてより健康で頑強な男性を選ばせることを許すことによって，いくつかの病気，ことに結核の発生を減少させていた18)。

　1930年初めのFar West Rand金鉱地の発見と1931年9月のイギリスによる金本位制離脱による金価格の騰貴がどの程度影響したか不明であるが，1932年，南ア政府は南緯22度（亜大陸を横切り，南アフリカの北の国境を越え，モザンビーク，ベチュアナランド，南西アフリカを等分する）以北で労働者を募集する許可を鉱山会議所に与えた。熱帯労働者の募集が20年ぶりに承認されたのである。これは1928年モザンビーク協定によるモザンビーク出稼ぎ労働者の減少にたいする南ア鉱業への補償であったとも言われている19)。鉱山会議所の総支配人であり，WNLAの支配人にも就任していたウィリアム・ゲミルは，直ちに南ア政府の承認を得て南ローデシア政府と協議を開始した。交渉相手は，

---

17) *Ibid.*, p. 75.

18) R. M. Packard, 'The Invention of the "Tropical Worker" ', *Journal of African History*, No. 34 (1993), pp. 287-288.

19) A. H. Jeeves, 'Migrant Labour in the Transformation of South Africa', p. 118.

1933年に首相に就いたゴッドフレイ・マーティン・ハギンズであった。南ローデシアの鉱山とプランテーションにおけるアフリカ人労働者の賃金は南アフリカにおけるよりもはるかに安く，労働条件も劣悪であったから，南ア金鉱業の熱帯労働者募集の再開は，ハギンズを恐慌状態に陥れた。彼は自分の植民地からの労働者の払底を恐れたのである。

ゲミルは，もしWNLAの募集員が拒否されるようなことがあれば，南ローデシアの国境沿いに基地を設けるだけだとハギンズに警告した。南ア金鉱業におけるアフリカ人労働者の高賃金——南ローデシアの賃金に比して——は魔法のように南ローデシアの労働者を吸い上げることは明らかであった。ハギンズはしぶしぶ1万人までの労働者を募集できることに合意した。そのかわり，彼はWNLAがニアサランドで労働者募集をめぐって南ローデシアと競争しない合意をとりつけた[20]。しかし，この合意は短命に終わる運命にあった。南アフリカにおける既存金鉱山の拡大と新金鉱地の開発は，多数のアフリカ人労働者を必要としており，1941年までには40万人を越えるアフリカ人労働者が必要となると考えられていた。南ア連邦と高等弁務官領ではせいぜい2万人ばかりの新規労働者が募集できるだけだと見なされていた。したがって必要とされる増大分の大部分は熱帯地域で募集しなければならなかった。WNLAの真の目標地域は北部ニアサランドと北ローデシアであった[21]。1934以降ゲミルは労働者を移動させるための交通網への投資を大幅に引き上げた。

交通網の鍵となる国はベチュアナランドであった。当地はそれ自体潜在的労働力供給源としても重要であったが，北に向かうハイウェイの建設にとって決定的であった。南ローデシアのハギンズは，WNLAの計画を阻止し，彼の植民地からの，また彼の植民地を通る労働者の流れを阻止するために，できることは何でもやると公言していた。モザンビークを通じる通信は困難であった。したがって人と通信の流れはベチュアナランドに委ねられた[22]。

WNLAは，ベチュアナランド北部のフランシスタウンの新しい駅を拠点に，北はザンベジ川のほとりのカズングラまで，西はガーンジへ，さらに中央カラハリ砂漠を越えて南西アフリカのグルートフォンテインまで道路を建設した。WNLAはまたフランシスタウンからマウンを経由してオカバンゴ川のほとり

---

20) A. Jeeves, 'Migrant Labour and South African Expansion', p. 83.
21) *Ibid.*, p. 83.
22) *Ibid.*, p. 87.

第 4 章　金鉱業「労働帝国」の拡大　265

図 4 − 1　熱帯地域からの WNLA のルート

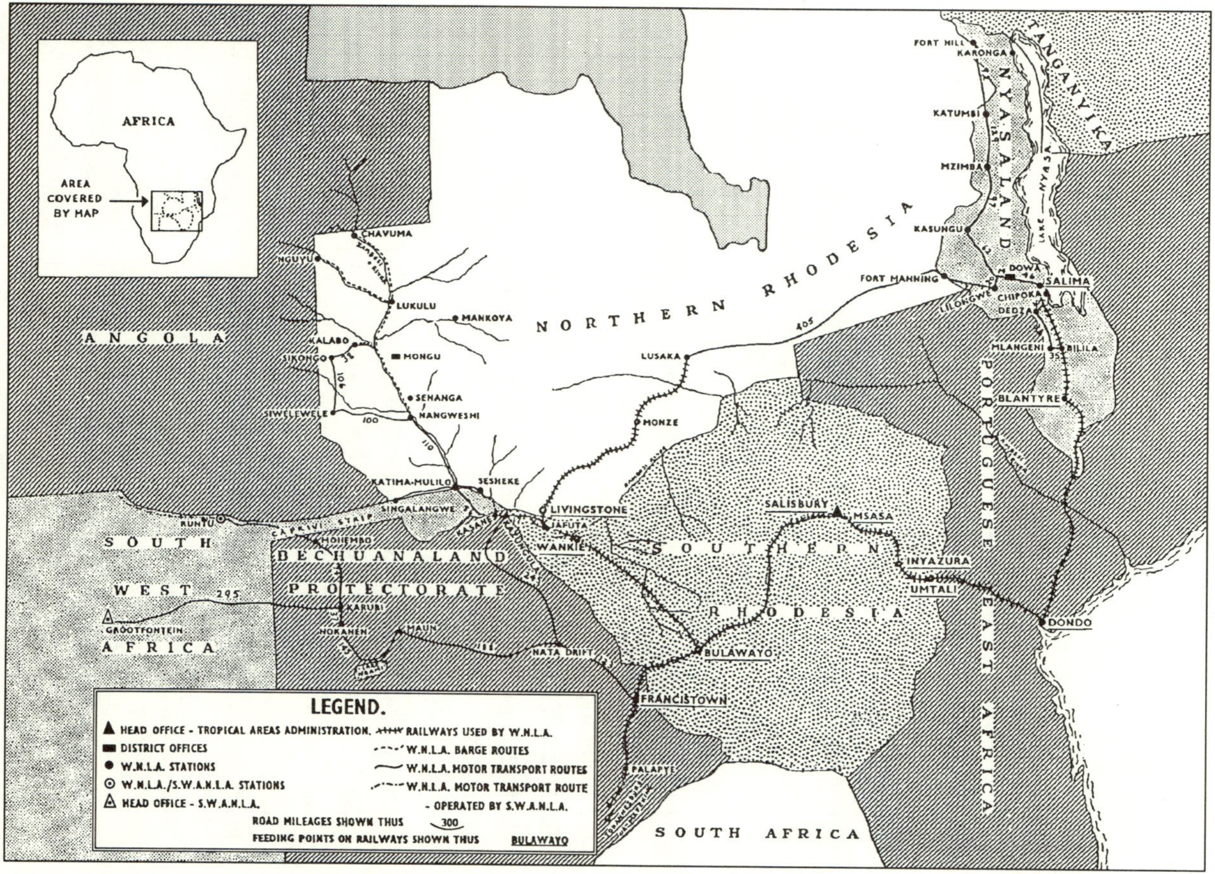

[出所]　W. Gemmill, 'The Growing Reservoir of Native Labour for the Mines', *Optima*, Vol. 2, No. 2 (June 1952), p. 16.

のモヘンボまで近代的道路を開いた。結局 WNLA は北部ベチュアナランドだけで1200キロメートルを越える道路を建設した。また，ザンベジ川にモーター船輸送を確立した。それのみならず，WNLA は北部ニアサランドとバロツェランドにも道路とキャンプを建設した（図4-1）。第二次世界大戦後には，飛行機輸送にも着手し，1955年にはフランシスタウンからだけでも週30便を越える計画輸送を実施していた[23]。

ハギンズは1936年と39年の間しぶしぶと WNLA との交渉の席につかざるをえなかった。彼は，すでに WNLA は南ローデシアの国境沿いに展開しているのを知っていた[24]。ゲミルは北ローデシアとニアサランドとも交渉を始めたが，この両植民地の利害は南ローデシアのそれと異なっていた。定評ある労働力「余剰」，限られた現地の雇用機会，経済不況，これらのために，両植民地はゲミルの提案に含まれる所得獲得のチャンスに非常に敏感であった。さらに彼らは，南ローデシアが非常な低賃金で労働者を使用しているのを知っており，その雇用者が手に負えぬ WNLA からの競争に対応しなければならないことに反対でなかった。とはいえ，両植民地政府とも地元の白人移民と農園主ロビーを満足させねばならなかった。ことに北ローデシアの場合，コッパーベルトの銅鉱山会社に十分な労働者を送らなければならなかった。また，両植民地政府は，WNLA との競争がもたらす賃金の高騰を恐れる現地雇用者に配慮しなければならなかったし，大規模な成人男子の移動が引き起こす社会破壊的効果にも留意しなければならなかった[25]。

1939年までには，ゲミルは南北ローデシア，ニアサランドと労働者募集協定をむすぶことに成功した。モザンビーク協定がこれら協定のモデルとなった[26]。WNLA は地域的本部を南ローデシアのソールズベリーに設置し，それぞれの植民地に発着所，キャンプを設けた（図4-2）。

しかし，協定が成立したとはいえ，1939年に WNLA は僅か約2万人の熱帯労働者を名簿に載せているだけであった。熱帯地域へのこの緩慢な浸透は，

---

23) J. Crush, A. Jeeves and D. Yudelman, *op.cit.*, p.39.
24) *Ibid.*, p. 39.
25) A. Jeeves, 'Migrant Labour and South African Expansion', pp. 85-86.
26) M. Legassick and F. de Clercq, 'Capitalism and Migrant Labour in Southern Africa', in *International Labour Migration : Historical Perspectives,* ed., by S. Marks and P. Richardson, Hounslow Middlesex, Maurice Temple Smith, 1984, p. 149.

第4章　金鉱業「労働帝国」の拡大　267

図4-2　南部アフリカにおける WNLA と NRC の発着所（1946年）

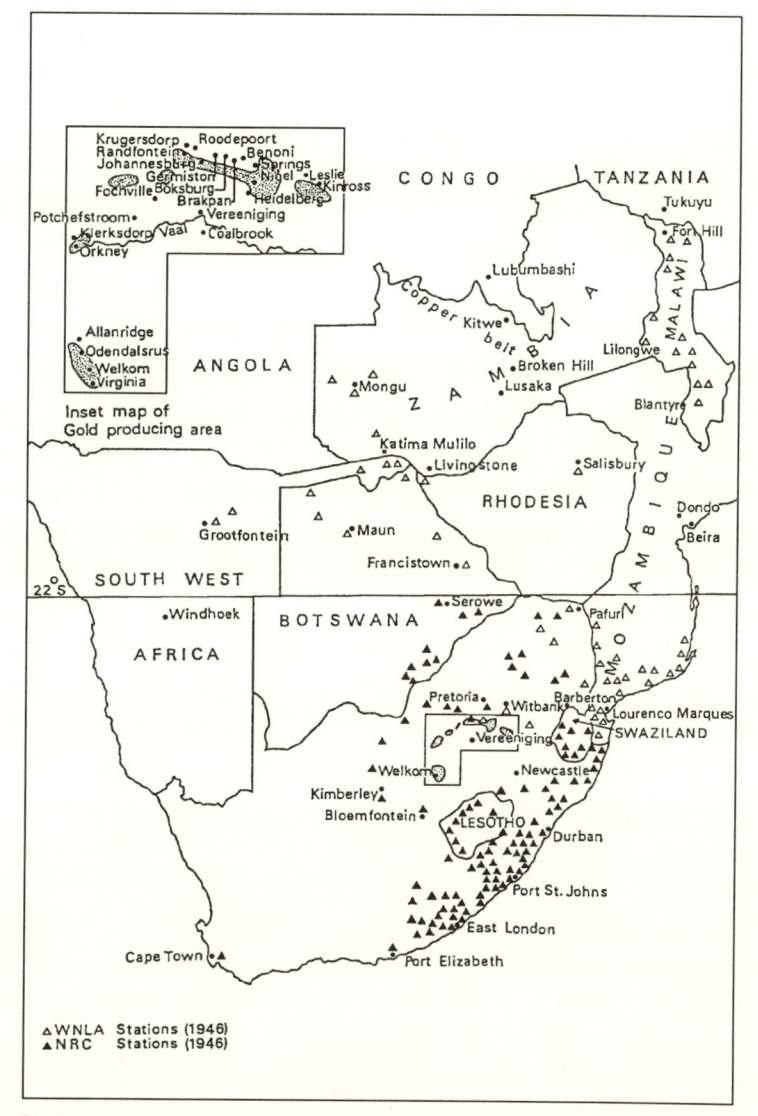

△ WNLA Stations (1946)
▲ NRC Stations (1946)

［出所］　Francis Wilson, *Labour in the South African Gold Mines, 1911-1969*, Cambridge, Cambridge University Press, 1972, p. v.

ひとつには鉱山会議所の政治的計算の産物であった。第1に，鉱山会議所は北部植民地諸政府の協力を確保することを望んだ。そのために，会議所は当初は実験的募集目標を設定することに同意し，さらに，時間のかかる病気の精緻な研究を実施してアフリカ人の健康を保証した。第2に，鉱山会議所は，熱帯労働者の募集にたいするイギリス政府とILO (International Labour Organization：国際労働機関) の眼を意識せねばならなかった。植民地政府との対立は悪評を生み，決して金鉱山雇用者の利益とならなかった。こうして鉱山会議所は北部諸地域にゆっくりと浸透することとなった[27]。

　ゲミルは，北部植民地で募集が許されたことの代償に，これらの植民地からの密入国者を雇用しない措置をとった。これは北部植民地政府にとっては大きな成果であった。諸政府は，南アフリカの鉱山が不法移民の磁石であることを知っていた。南部アフリカ全域にわたって国境を統制し，国境を出入りする人びとを確実に監視できる政府は存在しなかった。ザンベジ川から南のリンポポ川に向かうモザンビークの西国境に沿った道のない荒野は，南アフリカに向かう人びとに格好の隠れ場所を提供した。何千人もが決して帰国せず，彼らは「失われた人」となった。1939年協定は，国境警察パトロールもパス法も，そしてその他の規制も防止できなかった不法な労働者の流れを阻止する約束をした。協定の下に今やこの労働者の一部がWNLAのチャンネルに振り向けられ，送還が保証された。力が達成できなかったことを，北部の諸政府はWNLAとの協定で実現しようとした[28]。

　ゲミルと北部植民地諸政府との協定とその他のやりとりは，北部トランスヴァールの農園に深刻な影響を及ぼした。アフリカ人労働者が十分に手に入らぬ農園主，農民の不満は1930年代半ばには大きくなっていたが，1940年代前半には爆発寸前までになっていた。彼らは50年以上にわたって求めてきたスクォターにたいする有効な行動，熱帯地域への彼らの募集員のアクセス，鉱山募集員からの保護の拡大，両親の許可なくして児童を雇用する権利などを政府に要求し，北部からの密入国者にたいする厳しい取締りに不満の声を挙げた。ともあれ，北部植民地からの南アフリカへの密入国者の流入はやまず，南ア農園主に雇われた募集員は過去と同じように密入国者をとらえ続けていた[29]。

---

27) J. Crush, A. Jeeves and D. Yudelman, *op. cit.*, pp. 45-46.
28) *Ibid.*, p. 46.

## 第2節　1930年代における南ア国内黒人労働者の増大

　1932年12月からの7年間，南ア金鉱業は未曾有の繁栄を遂げた。金価格の上昇により膨大な量の低品位鉱石がペイ・リミットに入り，鉱山は拡大され，放棄されていた鉱山は再開発された。金鉱業の規模の拡大は当然により多くの労働者を必要とした。1930年と1940年の間に，金鉱業の年平均雇用アフリカ人労働者数は20万634人から34万7666人へと14万7032人増大した（表4－2。出所が異なるので，表4－1とは数字が違っている）。国別に見ると，一番増大したのが南アフリカ国内からの労働者である。すなわち，彼らは9万2772人から17万9708人へと8万6936人増大し，アフリカ人労働者総数に占める比重も46.2％から51.7％となり，半数を凌駕した。次に大きく増大したのがバズトランドで，2万2306人から5万2044人へと2万9738人の増大，次いで南ローデシアが44人から8112人へと8068人，ニアサランドが0人から8037人へと増大した。逆に，南ア金鉱業アフリカ人労働者の脊柱をなしていたモザンビーク人は7万7828人から7万4693人へと若干の低下を見た。その他の国のアフリカ人労働者が増大していたときだけに，総数に占める比重は38.8％から21.5％に低下した。

　南ア国内からのアフリカ人労働者増大の要因を，世界大恐慌とその余波における失業者の増大に求めることができると考えるかも知れない。しかし，事態はそうではなかった。南アでは，世界金本位制の崩壊による金価格の上昇によって金鉱業は1933年以降未曾有の繁栄を享受し，それとともに農業，製造業，商業も不況を脱していたからである。南アでは1933年には恐慌は終了していた。では，なぜ南ア国内のアフリカ人金鉱業労働者は増大したのであろうか。

　その最大の要因は，南ア国内におけるアフリカ人鉱業労働者の大部分を供給していたアフリカ人居留地，トランスカイとシスカイの社会的経済的変化と生活環境の悪化に求められる。

　この時期，居留地の住民は「移動農業」を営んでいた。すなわち，すべての畑を一斉に耕すのではなく，一部の畑のみを使用し，茂みを取り払い，鋼鉄のすきで数インチ耕して同じ作物を2，3年植え，地力が落ちると別の畑に移動し，これを繰り返して何年かたつと元の畑に帰ってくる方式であった。放牧に

---

29) *Ibid.*, pp. 48-49.

おいても，ある牧場の草がまばらになり少なくなると，別の牧場に移動し，元の牧場の地力が回復するまでそこには帰ってこなかった。この「移動農業」システムには膨大な土地が必要とされた。この農法は，居留地のアフリカ人が自由に使用できる十分な土地が存在する限りうまく機能した。しかし，居留地では人口と家畜が増え，1930年初めまでには明らかに過剰人口と過剰家畜が存在するようになっていた。このことは土地の深刻な劣化と生産性の低下をまねき，住民の経済状態を悪化させた。他方，生産手段の配分はきわめて不均等であった。したがって1人当り所得は低下したばかりか，土地や家畜を持たない多数の住民が生まれた。そして，彼らこそが金鉱業の労働力需要に応じたのであった30)。原住民労働部もまた，居留地の広範な苦境とそれについての議会の関心に反応して鉱業に居留地からの出稼ぎ労働者を受け取るよう圧力をかけていた31)。

　南ア国内からのアフリカ人労働者増大の第2の要因として，NRCが積極的に推進した「援助された自発的システム（Assisted Voluntary System: AVS)」が挙げられる。これは，幾分長い契約期間の代償に，鉄道輸送と食糧のための利子のつかない前貸金を与え，自発的労働者を生み出そうとするもので，かつて1907〜08年にケープ植民地とトランスヴァールの両政府によって試みられたものである。しかし，当時は民間募集員の激しい募集競争の荒波の中に埋没してしまった。AVSの新たな導入は，1928年モザンビーク協定の再協議と関連した鉱山へのアフリカ人労働力供給にたいする脅威の出現と時を同じくしていた。AVSは，募集システムが固く定着していた地域では浸透できなかったが，農業が没落した居留地と援助されない自発的労働者を供給していた地域では募集員の機先を制することができた32)。そして，1930年代には労働力供給における重要な要素となり，1932年までに全アフリカ人鉱山労働者の32%がAVSであり，1942年には49.2%となっていた33)。すなわち，募集員による募集と同じ程度の数の労働者を集めるようになっていたのである。

---

30) Union of South Africa, *Report of the Witwatersrand Mine Natives' Wages Commission on the Remuneration and Conditions of Employment of Natives on Witwatersrand Gold Mines and Regulation and Conditions of Employment of Natives at Transvaal Undertakings of Victoria Falls and Transvaal Power Company, Ltd, 1943,* 1944, pp. 9-12.
31) A. H. Jeeves, 'Migrant Labour in the Transformation of South Africa', p. 111.
32) *Ibid.*, pp. 116-117.
33) M. Legassick and F. de Clercq, *op.cit.,* p.151.

第4章　金鉱業「労働帝国」の拡大　271

　第3の要因は，外国アフリカ人労働者の採用人員を削減して南アフリカ国内黒人労働者の雇用を優先させようとする政府の要求である。金鉱業はこの要求に応えねばならなかった。とはいえ，鉱山会議所と金生産者委員会は，最も重要な労働者供給源である南部モザンビークを保持し，長期的戦略として熱帯労働者供給源の開発をやめることはなかった[34]。モザンビークからの労働者数がほぼ同数で推移しているのはこの現れであった。

　バズトランドでは，世界大恐慌の影響をもろにかぶり，生産物の価格は低下し，不況が覆った。その上，1932年と33年に激しい干魃が襲い，農民は多数の家畜を失ったばかりでなく，耕作用の雄牛を南アフリカに売らなければならなかった。そして，ここでも土地なし住民や家畜を所有しない住民が増えた[35]。こうした窮乏によって，バズトランドの青壮年層は南アフリカ鉱業への出稼ぎにやむを得ず出かけなければならなかったのである。

　南ローデシアとニアサランドからの労働者の増大の要因が，当地での低賃金と労働条件の悪さと過剰人口を別にして，1932年の熱帯労働者の導入解禁と1930年代の不況にあったことは明らかであろう。


## 第3節　第二次世界大戦中からの出身国別アフリカ人労働者の動向

### 1. 第二次世界大戦中からの南ア国内黒人労働者の動向

　こうした南ア国内，バズトランド，熱帯地域からの労働者の増大にもかかわらず，金鉱業は1930年代と40年代に各鉱山への募集割当を満たすことができなかった。旧金鉱地と新金鉱地での鉱山開発は，必要とする人員を拡大していたからである。しかも，第二次世界大戦中から南ア国内からのアフリカ人労働者は大挙して鉱山を去り始めたのである。当初熱帯労働者の数は少ないままであったので，南ア国内の労働者を外国人労働者で置き換える政策は機能しなかった。ゲミルが1940年に熱帯労働者募集本部のあるソールズベリーに最高責任者として赴任し，熱帯労働者確保のためにいっそうの努力を払ったのは，金鉱業が熱帯労働者に与えていた重要性を物語るものである[36]。

---

34) A. H. Jeeves, 'Migrant Labour in the Transformation of South Africa', p. 111.
35) Union of South Africa, *op. cit.*, pp. 12-13.
36) J. Crush, A. Jeeves and D. Yudelman, *op. cit.*, p. 55.

表4－3　南アフリカ鉱業における年平均雇用アフリカ人労働者の出身国別数（1941～70年）

（単位：人）

| | 南アフリカ | モザンビーク | レソト[1] | スワジランド | ボツワナ[1] | 南ローデシア | ザンビア | マラウィ[2] | タンザニア[2] | アンゴラ | 熱帯地域合計[3] | 総計[4] |
|---|---|---|---|---|---|---|---|---|---|---|---|---|
| 1941年 | 192,730 | 80,369 | 50,950 | 7,749 | 13,731 | 8,459 | 3,294 | 3,621 | － | 2,949 | 18,323 | 363,908 |
| 1942年 | 176,726 | 89,350 | 47,514 | 6,195 | 11,544 | 9,378 | 2,783 | 8,145 | 59 | 3,337 | 23,702 | 355,086 |
| 1943年 | 147,413 | 79,910 | 39,066 | 5,694 | 9,948 | 9,767 | 1,367 | 2,438 | 314 | 4,555 | 18,441 | 301,869 |
| 1944年 | 133,802 | 84,163 | 36,483 | 5,716 | 8,657 | 8,534 | 46 | 4,829 | 641 | 6,088 | 20,138 | 292,993 |
| 1945年 | 143,370 | 78,588 | 36,414 | 5,688 | 10,102 | 8,301 | 27 | 4,973 | 1,461 | 8,711 | 23,473 | 302,339 |
| 1946年 | 136,768 | 78,002 | 37,317 | 6,036 | 9,681 | 6,763 | 680 | 7,521 | 2,605 | 9,248 | 26,817 | 298,891 |
| 1947年 | 124,489 | 81,691 | 34,210 | 6,331 | 10,850 | 5,583 | 4,104 | 8,304 | 2,497 | 8,461 | 28,949 | 288,957 |
| 1948年 | 107,043 | 80,234 | 30,330 | 6,298 | 10,723 | 4,778 | 3,479 | 9,403 | 4,449 | 10,517 | 32,626 | 271,399 |
| 1949年 | 108,669 | 85,975 | 35,275 | 6,614 | 11,905 | 4,638 | 3,468 | 9,196 | 5,609 | 10,032 | 32,943 | 286,076 |
| 1950年 | 121,609 | 86,246 | 34,467 | 6,619 | 12,390 | 2,073 | 3,102 | 7,831 | 5,495 | 9,767 | 28,268 | 294,425 |
| 1951年 | 113,092 | 91,978 | 31,448 | 6,322 | 12,246 | 654 | 3,108 | 7,717 | 6,542 | 8,467 | 26,488 | 286,688 |
| 1952年 | 110,654 | 95,485 | 32,777 | 5,866 | 13,071 | 380 | 3,327 | 6,971 | 6,484 | 7,485 | 24,647 | 286,329 |
| 1953年 | 110,718 | 91,637 | 30,843 | 5,988 | 12,135 | 207 | 3,013 | 5,456 | 6,869 | 7,232 | 22,777 | 278,327 |
| 1954年 | 116,189 | 102,974 | 31,705 | 6,631 | 13,268 | 136 | 3,427 | 8,595 | 7,961 | 8,279 | 28,398 | 301,298 |
| 1955年 | 121,364 | 99,449 | 36,332 | 6,682 | 14,195 | 162 | 3,849 | 12,407 | 8,758 | 8,801 | 33,977 | 314,298 |
| 1956年 | 122,649 | 99,189 | 39,037 | 6,400 | 14,727 | 392 | 3,689 | 14,035 | 12,138 | 9,083 | 39,337 | 323,514 |
| 1957年 | 117,855 | 103,008 | 38,586 | 6,507 | 15,749 | 482 | 4,147 | 14,227 | 13,178 | 9,727 | 41,761 | 324,581 |
| 1958年 | 120,671 | 99,277 | 41,222 | 6,405 | 17,067 | 483 | 4,535 | 16,129 | 13,396 | 9,932 | 44,475 | 329,951 |
| 1959年 | 138,075 | 103,125 | 48,896 | 6,766 | 19,219 | 596 | 5,929 | 20,314 | 14,601 | 11,566 | 53,006 | 370,026 |
| 1960年 | 141,806 | 101,733 | 48,842 | 6,623 | 21,404 | 747 | 5,292 | 21,934 | 14,025 | 12,364 | 54,362 | 375,614 |
| 1961年 | 146,605 | 100,678 | 49,050 | 6,784 | 20,218 | 900 | 7,078 | 30,002 | 13,856 | 11,825 | 63,661 | 388,345 |
| 1962年 | 150,804 | 101,092 | 51,169 | 7,179 | 20,044 | 917 | 6,720 | 24,425 | 6,147 | 12,893 | 51,102 | 383,494 |
| 1963年 | 150,049 | 89,694 | 52,279 | 6,688 | 19,947 | 887 | 6,116 | 25,517 | 3,035 | 17,010 | 52,565 | 373,958 |
| 1964年 | 144,684 | 87,418 | 53,292 | 5,862 | 21,277 | 565 | 5,650 | 35,658 | 2,165 | 14,806 | 58,844 | 369,455 |
| 1965年 | 136,551 | 89,191 | 54,819 | 5,580 | 23,630 | 653 | 5,898 | 38,580 | 404 | 11,169 | 56,704 | 369,161 |
| 1966年 | 128,810 | 88,949 | 56,558 | 4,880 | 25,175 | 758 | 6,038 | 39,014 | 9 | 9,922 | 55,741 | 363,232 |
| 1967年 | 126,862 | 91,797 | 57,583 | 4,800 | 21,507 | 76 | 2,140 | 38,182 | － | 6,732 | 47,130 | 353,198 |
| 1968年 | 129,167 | 90,580 | 59,325 | 5,183 | 21,353 | 3 | 17 | 47,446 | － | 5,282 | 52,748 | 361,632 |
| 1969年 | 122,319 | 88,117 | 59,661 | 5,586 | 19,571 | 4 | － | 53,315 | － | 4,335 | 57,654 | 354,814 |
| 1970年 | 105,169 | 93,203 | 63,988 | 6,269 | 20,461 | 3 | － | 78,492 | － | 4,125 | 82,620 | 370,312 |

（注）　1）1965年以前は，レソトはバズトランド，ボツワナはベチュアナランド。
　　　2）1963年以前は，マラウィはニアサランド，タンザニアはタンガニーカ。
　　　3）南ローデシア，ザンビア，マラウィ，タンザニア，アンゴラ。
　　　4）「その他」を含む。

［出所］　Jonathan Crush, Alan Jeeves and David Yudelman, *South Africa's Labor Empire : A History of Black Migrancy to the Gold Mines,* Oxford, Westview Press, 1991, pp. 234-235.

　南ア国内からのアフリカ人労働者数は，1941年にピークの19万2730人を記録した後，1944年には6万人近く減少して13万3802人となる。この減少傾向は1946年の金鉱業アフリカ人労働者ストライキの後もつづき，1948年には10万7043人で，アフリカ人労働者総数の39.4％を占めるにすぎなくなった。以後1958年まで南ア国内からの労働者数は10万人台から12万人台で推移し，1962年と63年に15万人台，すなわち，1935年水準に回復する。しかし，その後，再び

減少傾向に転じて，1970年に10万5169人（表4－3），そして，1972年にはさらに少なくなって僅か7万8742人となる[37]。

ではなぜ第二次世界大戦中に南ア国内アフリカ人労働者は鉱山を去り始め，1950年代末から60年代初めにかけてやや回復し，そしてその後ふたたび減少していったのであろうか。

第二次世界大戦中以降南アフリカ鉱山で国内アフリカ人労働者が減少していったのは，次の原因に求められる。

第1に，南アの製造業が著しく発展した。製造業のアフリカ人労働者数は1933年の5万5638人から1955年には43万3056人に増大した。製造業においては鉱業におけるよりもアフリカ人労働者の賃金は高く，労働環境は良好であった[38]。第2に，アフリカ人居留地経済が没落した。1946年の金鉱業におけるアフリカ人のストライキ自体，アフリカ人労働者の低賃金と居留地経済の没落によって，アフリカ人労働者とその家族が生活できなくなった結果であった。ますます多くのアフリカ人が居留地を離れて都市住民化していった。すなわち，生産手段から切り離されたプロレタリアートとなった。ひとたび都市住民化すると，彼らは容易に鉱山の仕事に就こうとはしなかった[39]。第3に，鉱山会議所の募集組織自体が官僚的かつ自己満足的になっていた。アフリカ人労働者を集めるためには，募集組織の地区監督者が不断に「志願者，首長，族長，原住民女性」との接触を維持していなければならなかったのに，それを怠っていた。これは，1912年から1929年までNRCによる労働者募集システムの主たる構築者であったH・M・タベラーと彼の後継者H・C・ウェルベラウドの募集成功の秘密であった。彼らの引退後，NRCはこの接触の重要性を見失っていた[40]。第4に，南ア国内と高等弁務官領からくるアフリカ人労働者の契約期間は，1923/24年以来半分長くされて9カ月となっていた。しかし，9カ月とは言いながら，現実には270シフトで，それを達成するまでには暦の9カ月よりも長くかかっていた。鉱山技術の習得には長時間が必要であったため，6カ月と9カ月とでは労働効率に大きな差が生じていた。しかし，南アフリカと高等弁務官領のアフリカ人労働者は長い契約期間を嫌っていた[41]。第5に，

---

37) *Ibid.*, pp. 234-235.
38) *Ibid.*, p. 62.
39) *Ibid.*, p. 69.
40) *Ibid.*, p. 63.
41) *Ibid.*, p. 66.

金鉱業と商人／募集員との関係が希薄となっていた。1910年代末における鉱山会議所によるアフリカ人労働力モノプソニーの確立以来，この中央集権化された募集システムにとって商人／募集員はお荷物となっていた。国家もまた商人／募集員を減らすことを望んだ。彼らの間の競争が詐欺，瞞着および他の悪弊を引き起こしていたからである。しかし，商人／募集員はアフリカ人に強力な影響力を有していたばかりか，志願者にとって鉱山についての重要な情報源であった。金鉱業と商人／募集員との関係が希薄となることにより，金鉱業はアフリカ人を鉱山労働へ導く重要な協力者を失っていた[42]。

　南ア国内黒人労働者減少の穴を埋めたのは，次項で述べるように，モザンビーク，レソト（バズトランドは1966年独立してレソトとなる），ボツワナ（1966年にベチュアナランドは独立してボツワナとなる），熱帯地域の労働者である。しかし，これらの植民地，地域からくる労働者が漸次増えていったからといって，鉱山会議所は南ア国内黒人労働者の減少を無視することはできなかった。金鉱山の労働力需要は拡大していた。鉱山会議所はその対策にのりだした。第1に，NRCは1949年に，ランズダウン委員会が1943年に提案していたアフリカ人労働者の賃金引上げを実施した。大戦中と戦争直後を通じて物価は上昇していた。NRC会長G・O・ロヴェットは，1949年の金価格の上昇に言及して賃金引上げ政策への転換を正当化した。金価格上昇はいくつかの限界鉱山が生産を継続し，労働力需要を拡大することを意味した[43]。第2に，1953年契約期間を9カ月から旧の6カ月に短縮した[44]。第3に，NRCは商人／募集員との関係修復に乗り出した。1947年と1949年のNRCの地区監督者会議は商人／募集員の重要性を強調していた。NRCは巨額の資金を使い始めた。NRCは一部の商人／募集員に，彼らが送り出したAVS労働者ごとにボーナスを支払うことに同意した。1953に6カ月（180シフト）契約を再導入したとき，募集員にたいする手数料を引き上げた。すなわち，270シフト契約に以前適用されていた1人当り40シリングの手数料が新しい6カ月契約にたいして支払われるようになった。9カ月契約にたいしては，手数料は60シリングとなった。AVS労働者にたいする手数料がすべてのNRC募集員に適用されるようになり，金額は倍となった。AVS労働者の数は低下し続け，募集される労働者との比率

---

42) *Ibid.*, p. 66.
43) *Ibid.*, p. 63.
44) *Ibid.*, p. 67.

は完全に逆転した。ロヴェットは，1953年の募集活動を評価する中で「次の事実は無視されてはならない。すなわち，商人は自分の地域で原住民にたいし強力な影響力を行使しており，ことに彼らが仕事を探す段階に達するとそうである。商人は鉱業の募集機関の必要な統合された部分として認識されねばならない。彼らとの関係を危うくする行為や政策はいかなるものであれ避けなければならない」と述べた45)。

　第4に，NRCは「志願者，首長，族長，および原住民女性」との接触の回復を実行した。アフリカ人宣伝員——ほとんど引退した元鉱夫——を雇用し，主な目標地域を回らせた。さらにバス・ルートにポスターを貼ったり，16ミリフィルムの巡回映写会を開いたり，潜在的志願者とその家族，ことに女性に甘いものやタバコやちょっとした贈物やロゴタイプで飾った包装紙，キャリア・バッグを配った。この配慮は，青年が鉱山に働きにでるのは妻との相談のうえでの年長者や鉱山経験者によってなされる家族の決定でありつづけたことを考慮していた46)。同時にNRCは首長と地元実力者の忠誠をかちとろうと努力した。たとえば，これはスワジランドのことであるが，NRC監督者は一連の会合を成功裡に組織したが，そのうち2つの会合に王であるソブフザ2世が出席した。彼は労働者をめぐる競争の高まりに反対してNRCを支持した。代わりに彼は，ヨハネスブルグのNRC本部に代表者をおくという長らく求めていた重要な譲歩を引き出した。これは王にスワジ人青年労働者にたいするはるかに良いアクセスを与え，スワジ王国への税収入の確保と契約終了時の労働者の帰国の保証をより確かなものにした47)。

　第5に，これらにもまして重要なことは，鉱山会議所が鉱山への出稼ぎ労働者を支えてきたアフリカ人の農村社会秩序の構造を吟味したことである。1940年代末と1950年代初めのフェイガン委員会とトムリンスン委員会にたいする鉱業の代表者の証言は，彼らがいかに常に多くの鉱山労働者を供給してきた農村社会の貧困の激増に驚いたかを示していた。彼らによれば，農村社会の貧困こそが労働力供給の低下を引き起こしているのであった。金鉱山支配者の初期の世代は，国家が税金とその他の政策を行使して農村の自給経済を掘り崩し，農村の貧困を生み出し，農民を労働力市場へと駆り立てたのに，1950年代の鉱山

---

45)　*Ibid.*, pp. 66-67.
46)　*Ibid.*, pp. 63-65.
47)　*Ibid.*, p. 67.

会議所は，政府による大規模な投資がなければ，アフリカ人農村経済は崩壊し，鉱山の労働システムはさらに危機に陥ると結論していた[48]。しかしながら，国民党政府は，トムリンスンによって最終的に提案された，不十分だが費用のかかるアフリカ人居留地開発計画に資金を出す意志のないことを明らかにした[49]。後に首相となる原住民相フェルウールトは流入規制法を強制し，アフリカ人が都市に住みつくのを厳重に取り締まった。この事態は，居留地における人口増大と農業生産の悪化と相俟って労働力供給を増大させた[50]。これは鉱業界が予期せぬ事態ではあった。

NRCによる賃金引上げ，短期契約，募集員に支払われる手数料の改善，アフリカ人の都市流入にたいする厳格な取締り，これらの措置の結果，1960年代初めには南アフリカ国内アフリカ人労働者は鉱山に復帰し，15万人という戦前の数を回復していた。

しかしながら，金鉱業は南ア国内黒人労働者のこの水準を維持することはできなかった。1960年代の南アフリカ製造業の急速な成長は鉱業から黒人労働者を奪っていた。鉱山の賃金は一定で推移していたのにたいして，製造業の賃金は上昇していた。金鉱業における南ア国内黒人労働者数は，1960年代初頭の15万人をひとつのピークに減少し，1970年には10万5169人にすぎなくなった。1960年代の南アフリカの急速な製造業の発展は多数の国内黒人労働者を引きつけていたのである。

2. 第二次世界大戦中からの近隣各国アフリカ人労働者の動向

以上のように，南ア金鉱業における南ア国内黒人労働者は，1941年の19万2730人をピークに1948年には10万7043人にまで減少し，その後1960年代初めに15万人にまで回復したが，その後再び減少傾向に転じて1970年には10万5169人となった。これをアフリカ人労働者全体に占める割合で見ると，1941年には53.0％で半分以上を占めていたが，1948年39.4％，1960年37.8％と低下し，1970年には僅か28.4％を占めるにすぎなくなった（表4－3．比率も同表から算出。以下同じ）。そして，南ア国内黒人労働者の減少を埋めたのは外国アフリカ人労働者であった。

---

48) *Ibid.*, pp. 55, 70.
49) *Ibid.*, p. 70.
50) *Ibid.*, p. 70.

外国アフリカ人労働者数は，1941年の17万1178人から1948年には16万4356人に低下するが，1955年には19万2934人（61.4％），1962年には23万2690人（60.7％），そして1970年には26万5143人になり，総数の71.6％を占めるまでになっていた。新金鉱地が旧金鉱地を凌駕するのは，営業利潤で1955年，生産量で1957年，粉砕鉱石量で1962年である。したがって，1960年代初頭以降は名実ともに新金鉱地が南ア金鉱業の中心となったのであり，そして，これを支えたのがまさに増大する外国アフリカ人労働者であった。

では，外国アフリカ人労働者はどこの国からやってきたのであろうか。

まず注目すべきはモザンビークからの労働者である。モザンビーク労働者は南ア金鉱業の開発以来一貫してアフリカ人労働力の脊柱であり，1941～1970年にモザンビーク労働者数は南ア国内黒人労働者数に次ぐ大きさであった。1941年のモザンビーク労働者数は8万8369人で，1970年には9万3203人であった。その間，最少人数は1946年の7万8002人で，最高は1959年の10万3125人であった。すなわち，1941年から1970年まで南ア鉱山で働くモザンビークの年平均労働者数はおおよそ8万人から10万人の枠内で推移しているのである。労働者総数に占める比重は1941年の24.3％から1950年代前半の30～34％に上昇し，その後漸減して1970年には25.2％となる。

1930年代に比して1941年以降モザンビーク労働者が増大した背景として，次の2点が指摘できる。第1に，1940年のモザンビーク／南アフリカ協定の改訂によって南ア金鉱業で働くモザンビーク労働者数の上限は従来の8万人から10万人に引き上げられた[51]。（下限は1934年協定改訂の時決められた6万5000人のままであった。）また，1964年協定改訂では，モザンビーク労働者保護条項が強化された[52]。第2に，1932年の熱帯労働者導入の解禁により，モザンビークのインハムバネ州から南ア鉱山に行く労働者が増大した。インハムバネ州はインド洋に面しモザンビークの東北部を占める広大な地域である。熱帯にかかる部分はインハムバネ州の4分の1程度を占める北部だけであるが，1960年代末までに，インハムバネ州全体で南ア鉱山で働くモザンビーク労働者の20％から25％を占めるほどになっていた。それには次のような要因が働いていた。植民地当局は小屋税を徴収し，インハムバネ州の農民も貨幣経済に引き入れら

---

51) R. First, *Black Gold : The Mozambican Miner, Proletarian and Peasant*, Sussex, The Harvester Press, 1983, p. 318.

52) *Ibid.*, p. 218.

れていたことは他の州と異ならなかったが，この州では次の特殊な事情が存在した。すなわち，ポルトガル人移民がマチャンゴス（灌漑された帯状地帯）を占領しラティフンディアを確立した。原住民は農業を降雨に完全に依存する砂地に追いやられるか，囲い込まれて小作人にならざるをえなかった。小作人は地代として作物の一部を現物か現金で支払わなければならなかった。その上，あたかも徴収する地代が不十分であるかのように，小作人には一定期間のチバロ（chibalo：強制労働)，すなわち，6カ月間の強制労働が待ちうけていた。その脅威は南アの鉱山に赴く重要な誘因となった。というのも，鉱山労働契約にサインする者は，チバロからの法的免除を自動的に与えられたからである。このようにして，インハムバネ州から南ア鉱山に赴く労働者が増えたのであった53)。

　第2に注目されるのはレソト労働者の動向である。南ア鉱山で働くレソト労働者数は1940年（5万2044人）と1941年（5万950人）に5万人を越えて頂点に達し，その後1948年まで3万330人まで減少した。1955年以降回復軌道にのり，1962年（5万1169人）には前回のピークを越え，その後も漸増して1970年には6万3988人になった。レソトの国土は平野が少なく大部分が山岳地帯であり，農業の中心は早期に穀物生産から羊毛とモヘアの生産に移っていた。農業の労働力吸収力は人口増加による労働力増加に追いつかず，過剰人口が形成された。植民地支配下ではもちろんのこと，独立後も製造業は育たず，独立直後の農業開発計画の失敗もあり，南アに出稼ぎに出るより他に生計を立てられない土地なし住民が増大していた。これが独立後も南ア金鉱業への多数の出稼ぎ労働者を生んだ要因であった54)。

　南ア鉱山で働くスワジランドの労働者数は，1930年代に漸増し，1930年の4345人から1941年にはピークの7749人に達した。その後，1970年まで，ほんの2, 3の年（1962年＝7179人，1966年＝4880人，1967年＝4800人）を除いて，おおよそ6000人前後で推移した。ボツワナの労働者数も，1930年代にはスワジランドのそれと同じ趨勢を示した。すなわち，1930年から漸増し1940年にはピークの1万4472人に達した。その後，1950年代前半まで停滞がつづくが，1950年代後半には漸増に転じ，1960年代には，1966年の2万5175人をピークにほぼ

---

53) R. Cohen, *The New Helots : Migrants in the International Division of Labour*, Hants, Gower Publishing Company, 1988, p. 87.

54) B. Harris, *The Political Economy of the Southern African Pheriphery*, New York, St. Martin's Press, 1993, pp. 168-176.

2万人台を維持した。1960年代の増加は熱帯労働者の解禁と NRC の募集努力がこの時期に実をむすんだものであることは明らかである。

すでに述べたように，南ローデシア，北ローデシア，タンガニーカ，アンゴラ，ニアサランドは，熱帯労働者解禁後，WNLA との募集協定により労働者募集が始まった植民地であった。しかし，募集協定をめぐっては，WNLA にとって南ローデシアほど交渉が難航した植民地はない。にもかかわらず，その努力に比して成果は貧弱であった。南ローデシアから来る南アフリカ鉱山労働者数は，募集協定が成立した頃（1938年，1939年），年平均6000人台であった。その後，1943年の9767人をピークに1945年まで8000人台を維持するが，戦後は急速に減少し，1951年以降は1000人を割り，1960年代最後の3年間は僅か3，4人を数えるにすぎないのである。

この背景には第二次世界大戦を境にした南ローデシアの飛躍的な経済発展があった。イギリス復員軍人をふくむヨーロッパ人の大量の移民があり，それとともにイギリスと南アフリカから巨額の資本が流入した。1949年から1953年までに南ローデシアに投下された資本総額は2億3370ポンドに達したが，そのうち約1億6000万ポンド（およそ70%）が国外からのものであった。しかし，南ローデシアの経済発展はヨーロッパ人経済部門——製造業，サービス，プランテーション——に限られ，アフリカ人経済部門，すなわち，アフリカ人農業は旧態依然であった。ヨーロッパ人企業の拡大につれて，アフリカ人のプロレタリアート化はいよいよ促進され，1920年代にヨーロッパ人部門に働くアフリカ人労働者数は20万人に達していなかったが，1955年には55万人を越えていた[55]。そして，全部門平均アフリカ人労働者の実質賃金は，1954年と1962年の間に平均年率6.9%の伸びで上昇し，1962年には1954年の1.7倍となっていた[56]。南ローデシアの戦後の経済発展，これこそがこの植民地からの南ア鉱山への出稼ぎ労働を減少せしめたのであった。

ザンビア（1964年北ローデシアは独立してザンビアとなる）からの労働者数は1934年に767人であったが，1941年には3294人に増加していた。しかし，大

---

55) 星昭・林晃史『アフリカ現代史 I：総説・南部アフリカ』山川出版社，1978年，198-199ページ。G. Arrighi, 'Labor Supplies in Historical Perspective: A Study of the Proletarianization of the African Peasantry in Rhodesia', in *Essays on the Political Economy of Africa,* ed., by G. Arrighi and J. S. Saul, New York, Monthly Review Press, 1973, p. 217.

56) G. Arrighi, *Ibid.,* p. 217.

戦中激減し，1945年には僅か27人であった。戦後急速に回復し，1947年には4104人に達し，1948年から1956年までは3000人台を維持する。次の10年間（1957～1966年）にはなお増大して，1961年の7078人をピークに4000～6000人台を維持する。しかし，1968年には僅か17人を記録するにすぎなくなる。タンザニア（1961年タンガニーカは独立。1964年にザンジバルと連合してタンザニアとなる）の増大は完全に戦後に属する。1946年の2605人から，その後急速に増大し，1950年代後半から1961年には1万2000～1万4000人台に達する。しかし，1962年以降急減し，1966年には9人となる。1962年のタンザニアと1967年のザンビアの急減は，南アフリカのアパルトヘイトに反対して，タンガニーカのニエレレ首相が1961年に南アフリカへの労働力供給を断ちきり，1966年にはザンビアのカウンダ大統領もこれに続いたことによるものである[57]。

遠隔の地，アンゴラからも戦後かなりの人数が南ア鉱山に姿を現した。1941年には2949人であったが，大戦中に引き続き大戦直後も漸増し，1948年と1949年には1万人を越えてひとつのピークに達した。1950年から1958年まで1万人を割るが，最小数は1953年の7232人であり，ほぼ高水準を維持していたと言える。1959～1965年には，1963年の1万7010人をピークに再び1万人を凌駕していた。しかし，1967年以降は急激に減少する。この減少の背後には，アンゴラ独立の主導権をめぐるMPLA（アンゴラ解放人民戦線）とUNITA（アンゴラ全面独立国民連合）の戦闘があった[58]。

ニアサランド植民地政府とWNLAの間の募集協定は1936年にむすばれた。協定は，半年間の延長オプションをともなう1年契約で年8000人の募集を規定していた。1946年には割当数は1万2750人に引き上げられ，その後この数字は上昇し続けた[59]。マラウィ（ニアサランドは1964年に独立してマラウィとなる）からの労働者数の動向はやや複雑である。南アフリカ鉱山で働くマラウィ人は1936年の629人から1940年には8037人と飛躍的に増大した。翌年には3621人へと半数以下に減少するが，42年には8145人となった。その後大戦中は減少し，戦後再び回復し，1948年には9403人を記録する。1949年から1953年まで減

---

57) M. Legassick and F. de Clercq, *Ibid.*, p. 156.
58) 星昭・林晃史，前掲書，262-263ページ。
59) C.W. Stahl, 'Migrant Labour Supplies, Past, Present and Future ; with Special Reference to the Gold-Mining Industry', in *Black Migration to South Africa : A Selection of Poliicy-Oriented Research,* Geneva, International Labour Office, 1981, pp. 30-31.

少傾向がつづき，53年には5456人にすぎなくなった。しかし，翌年からの増加は目覚ましく，1955年には1万2407人，1959年に2万314人，1961年3万2人，そして，1962年と1963年には2万5000人前後に低下するが，1964年には3万5658人，1968年4万7446人，1969年5万3315人，そして1970年には7万8492人に達した。1970年のこの人数は南ア鉱山に働く外国人労働者の29.6％を占めていた。

　何故マラウィからの南ア鉱山への労働者は，1950年代末以降このように増大したのであろうか。第1に指摘すべきことは，マラウィは人口過剰で働き手が充満していたことである。産業は未発達で，雇用口のない住民で溢れていた。WNLAと当局との募集協定の改訂によって，WNLAが募集できる人員が拡大するにつれて，南ア鉱山に赴く労働者も増えていった。第2に注目すべきことは，レソトとともに，マラウィは，南ア国内，タンザニア，アンゴラ，ザンビアからの労働者が減少したとき，その減少を埋め合わせたことである。すでに述べたように，タンザニアとザンビアはアパルトヘイトに抗議して労働者をおくることを禁止し，アンゴラでは独立の主導権をめぐる内戦の勃発の結果，南アフリカに赴く労働者が激減した。これらの労働者の穴をうめるために，WNLAはマラウィでの募集を強化したのであった。

　以上，第二次世界大戦中～1970年における南ア鉱山で働く近隣諸国の労働者数の動向とその要因を概観した。最後に，これらの総括として労働者の出身国別構成の変化を見ておこう。

　表4-4は大戦中から1970年までの南ア鉱山で働く出身国別アフリカ人労働者数とその割合を示している。1941年から1955年までの期間，南ア金鉱業の中心は，粉砕鉱石量から見るかぎりなお旧金鉱地が中心であった。（粉砕鉱石量は1955年に旧金鉱地がなお全体の4分の3を占めていた。）この期間，アフリカ人労働者出身国（植民地）の特徴として次の点が注目される。①労働者はなお南アフリカ国内，モザンビーク，レソト，ボツワナ，スワジランドの出身者が中心であった。しかし，②その人数にはかなりの変化が見られる。すなわち，南アフリカ国内とレソト出身者は絶対的にも相対的にも漸減しているのにたいして，モザンビーク出身者は，総じて絶対的にも相対的にも漸増している。③熱帯（南ローデシア，ザンビア，マラウィ，タンザニア，アンゴラ）の出身者が1万8323人から3万3977人に増えて，総数に占める比重も5.0％から10.8％に上昇している。中でも大きな比重を占めたのは，1941年では南ローデシア，

表4-4 南アフリカ鉱山年平均雇用アフリカ人労働者の出身国別構成(1941～70年)

(かっこ内は%)

| | 南アフリカ | モザンビーク | ボツワナ | レソト | スワジランド | 南ローデシア | ザンビア | タンザニア | マラウィ | アンゴラ | 熱帯地域合計 | 総計 |
|---|---|---|---|---|---|---|---|---|---|---|---|---|
| 1941年 | 192,730 | 80,369 | 13,731 | 50,950 | 7,749 | 8,459 | 3,294 | 0 | 3,621 | 2,949 | 18,323 | 363,908 |
| | (53.0) | (22.1) | (3.8) | (14.2) | (2.1) | (2.3) | (0.9) | (0.0) | (1.0) | (0.8) | (5.0) | (100) |
| 1945年 | 143,370 | 78,588 | 10,102 | 36,414 | 5,688 | 8,301 | 27 | 1,461 | 4,973 | 8,711 | 23,473 | 302,337 |
| | (47.4) | (26.0) | (0.3) | (12.0) | (1.9) | (2.8) | (0.0) | (0.5) | (1.6) | (2.9) | (7.7) | (100) |
| 1950年 | 121,609 | 86,246 | 12,390 | 34,467 | 6,619 | 2,073 | 3,102 | 5,495 | 7,831 | 9,767 | 28,268 | 294,425 |
| | (41.3) | (29.3) | (4.2) | (11.7) | (2.3) | (0.7) | (1.1) | (1.9) | (2.7) | (3.3) | (9.7) | (100) |
| 1955年 | 121,364 | 99,449 | 14,195 | 36,332 | 6,682 | 162 | 3,849 | 8,758 | 12,407 | 8,801 | 33,977 | 314,298 |
| | (38.6) | (31.6) | (4.5) | (11.6) | (2.1) | (0.1) | (1.2) | (2.8) | (4.0) | (2.8) | (10.8) | (100) |
| 1960年 | 141,806 | 101,733 | 21,424 | 48,842 | 6,623 | 747 | 5,292 | 14,025 | 21,934 | 12,364 | 54,362 | 375,614 |
| | (37.8) | (27.1) | (5.9) | (13.0) | (1.8) | (0.2) | (1.4) | (3.7) | (5.8) | (3.3) | (14.4) | (100) |
| 1965年 | 136,551 | 89,191 | 23,630 | 54,819 | 5,580 | 653 | 5,898 | 404 | 38,580 | 11,169 | 56,704 | 369,161 |
| | (37.0) | (24.2) | (6.4) | (14.9) | (1.5) | (0.2) | (1.6) | (0.1) | (10.5) | (3.0) | (15.4) | (100) |
| 1970年 | 105,169 | 93,203 | 20,461 | 63,988 | 6,269 | 3 | 0 | 0 | 78,492 | 4,125 | 82,620 | 370,312 |
| | (28.4) | (25.2) | (5.3) | (19.3) | (1.7) | (0.0) | (0.0) | (0.0) | (21.2) | (1.1) | (22.3) | (100) |

(注) 「熱帯」は，南ローデシア，ザンビア，タンザニア，マラウィ，アンゴラ。
[出所] Jonathan Crush, Alan Jeeves & David Yudelman, *South Africa's Labor Empire : A History of Black Migrancy to the Gold Mines,* Oxford, Westview Press, 1991, pp. 234-235.

1945年では南ローデシアとアンゴラ，1950年と1955年ではマラウィ，タンザニア，アンゴラである。

　1955年以降1970年までの期間には，名実ともに南ア金鉱業の中心は新金鉱地であった。粉砕鉱石量で新金鉱地が旧金鉱地を1962年に凌駕する。この期間のアフリカ人労働者出身国の特徴として次の点を指摘できる。①なお南ア国内，モザンビーク，レソト，ボツワナ，スワジランドが中心である。しかし，南ア国内は1960年に人数で一時期盛り返すが，総じて絶対的にも相対的にも減少を免れていない。モザンビークも1960年を頂点に相対的に減少する。しかし，レソトは1960年代に絶対的にも相対的にも増大する。②熱帯の増大は絶対的にも相対的にも著しく，人数は1955年の3万3977人から1970年の8万2620人に増大し，総数に占める比重も10.8%から22.3%に上昇する。しかし，この期間熱帯の中の変化は著しい。南ローデシアは1955年にはいち早く脱落する。タンザニアも南アフリカのアパルトヘイトに抗議して1960年代半ばには労働者を送ることをやめる。ザンビアも1960年代後半にはタンザニアにつづき，アンゴラは独立の主導権をめぐる内戦のために同じく1960年代後半には南ア鉱山に赴く労働者は減少する。一貫して増大したのがマラウィで，1955年には1万2407人であったが，1970年には7万8492人を数えるにいたるのである。1950年代半ばから

第4章　金鉱業「労働帝国」の拡大　283

の急速な新金鉱地の開発の主力は，なお南アフリカ国内黒人労働者とモザンビーク人労働者であったが，レソトと熱帯の労働者の増大がなければ，その開発は遅れたか，あるいは，違った様相の下になされなければならなかったことであろう。


## むすび

　以上，新金鉱地の開発の労働はどこの国の労働者が担ったかの問題意識の下に，各国（植民地）の労働者数の動向を考察した。
　第二次世界大戦後，南ア鉱業で働く南ア国内黒人労働者が減少していったとき，近隣植民地からの労働者がその穴を完全に埋めることができた。ことに，1950年代中葉から南アフリカ新金鉱地の開発が本格的に展開されたとき，熱帯労働者は不可欠の存在となった。これは，鉱山会議所が1920年代末から準備していた近隣植民地での募集体制，すなわち，近隣植民地での募集可能性の調査，熱帯労働者の導入解禁，ベチュアナランドのフランシスタウンを基点とする熱帯植民地への交通網の整備とそこでのステーションの設置，熱帯植民地政府との労働者輸入協定の締結が戦後見事に実を結んだことを示すものである。
　もちろん熱帯労働者だけが新金鉱地の開発を担ったというのではない。南ア金鉱業のアフリカ人労働者の中心は，依然として同じく南アフリカ国内とモザンビークとレソトの労働者であった。しかし，熱帯労働者を獲得できなければ，新金鉱地の開発は相当に遅れたか，現実とは違った様相の下になされなければならなかったであろう。熱帯労働者を獲得できたことの意義は，新金鉱地の開発を促進したばかりではない。出稼ぎ労働者の地理的貯水池を拡大する鉱山会議所の能力は，アフリカ人労働者の賃金を低くたもち，1897年と1970年のあいだ実質でほとんど変わりなくしておくことを可能にした。それのみならず，アフリカ人労働者の低賃金を支える出稼ぎ労働システムの維持を可能にしたのである。
　しかし，熱帯労働者と言っても，出身国は同じではなかった。熱帯労働者の中心は南ローデシアからアンゴラへ，アンゴラからマラウィ，タンザニア，ザンビアへと移っていった。まさに金鉱業の「労働帝国」は自在に拡大していたといえるであろう。しかしながら，1960年代から1970年代初めにかけて，南ア

金鉱業の「労働帝国」も限界に達した。リンポポ川の向こうの急速な政治的変化が，南ア鉱山の労働者募集に敵対的あるいは曖昧な政府を樹立していた。タンザニアとザンビアの南アへの労働者移動の禁止が前触れとなった。南ア鉱業が外国アフリカ人労働者供給に過度に依存することは戦略的に危険であることを明らかにしていた。南ア鉱業は外国アフリカ人労働力の主要な供給源をひとつひとつ，全体としてか部分的にか失っていった。1970年代中葉には南ア鉱業はアフリカ人労働力供給源を国内に求め，そして出稼ぎ労働システムを再検討する立場に追い込まれていくのである。

## 第5章　鉱業金融商会の再編成

### はじめに

　南アの金鉱山会社を支配・管理する鉱業金融商会間の関係については，長い間その協調体制が強調されてきた。すなわち，鉱業金融商会は，鉱山会議所を中心にアフリカ人労働力の募集や技術開発，技術者教育，医療において相互に協力してきた[1]のであり，他の鉱業金融商会傘下の鉱山の経営権を奪うような

---

1) 　両大戦間期の鉱山会議所の構成と活動内容について述べると，おおよそ次のようである。鉱山会議所は鉱業金融商会，金鉱山会社ならびに炭鉱会社が参加する連合体で，その活動は，労働関係事項，鉱業規制と関係する技術問題，鉱業に関係する法の制定など議会対策と法律事項，粉塵軽減・換気などの作業場の環境問題，パテント吟味，税金問題，会計問題，統計作成など，当該鉱業全体に関わる問題や共通する問題の解決と処理を行うことにあった。鉱山会議所の中心機関は金生産者委員会（Gold Producers' Committee ── 1922年6月設置）である。執行委員会（Executive Committee）は加盟会社によって互選され，加盟会社に共通するいくつかの問題と会員資格を取り扱う。金生産者委員会は執行委員会の上級員で構成され，執行委員会で選ばれる鉱山会議所会長が議長となる。事実上，金生産者委員会は主要鉱業金融商会の代表者によって構成され，金鉱業に関する最高の意思決定機関である。同委員会の下には数多くの委員会や分科委員会がつくられ，それぞれ固有な問題を調査し，解決案を報告することになっている。炭坑委員会（Collieries' Committee）は炭坑会社の代表者によって構成され，炭坑に関する問題を扱う。鉱山会議所の子会社に，次の会社があった。南緯22度以北 ── ポルトガル領東アフリカ，ニアサランド，ベチュアナランド北部，バロツェランド ── で，アフリカ人労働者を募集するWNLA（1900年設立），南緯22度以南 ── 南ア，スワジランド，バズトランド，ベチュアナランド南部 ── でアフリカ人労働者を募集するNRC（1912年設立），金の精製に従事するThe Rand Refinery, Ltd（1923年設立），金産出の際に出てくる金以外の金属の精製を行うBy-Products, Ltd（1909年，Witwatersrand Co-operative Smelting Works, Ltdとして設立），バッテリー・シューズ，ダイス，およびチューブ・ミルに使用される鋼鉄球を生産するThe Chamber of Mines Steel Products, Ltd（1936年設立，The Witwatersrand Smelting Works, Ltdのシューズ・ダイス部門の全プラント，建物，事業を継承），鉱山会議所の建物などの管理会社The Chamber of Mines Building Company, Ltd。子会社の運営に際しての重要問題は金生産者委員会の決定に従った。さらに，関連機関として，政府と鉱山会議所または鉱山会社が共同出資してつくったThe Government Miners' Training Schools, Transvaal Miners' Phthisis Sanatorium, South

ことは，たとえ多数株を取得したとしても，なかった[2]，というのである。確かに鉱業金融商会間の協調は南ア金鉱業界の重要な特徴であるといってよい。生産物が金という均質でおよそ需要が無限とみなされた特殊商品であるため，販売をめぐる競争は存在せず，他方，コスト低減の方策はなんであれ，その利益はひとしく鉱山会社ならびにそれを支配する鉱業金融商会に均霑したからである。こうして，1890年代半ばに鉱業金融商会が成立し，グループ・システムによる鉱山経営が生まれて以来，鉱山会議所を中心に種々の協調体制がとられ，いくつかの巨大鉱業金融商会による金鉱業の支配体制が確立されていた[3]。しかし，このことを以て鉱業金融商会間に競争がなかったと解釈すれば，それは誤りである。探査活動はどの商会においても秘密裡に行われていたし，鉱地の鉱物権・オプションの獲得をめぐっては厳しい競争が存在した。また，鉱山会議所の設立により直ちにアフリカ人労働力のモノプソニー（買手独占）が確立されたのでなく，実に1920年頃まで，南ア国内では，鉱山会議所の募集機関（NRC）の募集員と並んで，鉱業金融商会または鉱山会社と契約した数多く

---

African Institute for Medical Research と，鉱山会議所に加盟していない鉱山も参加する Rand Mutural Assurance Co, Ltd があった（*Official Year Book of the Union of South Africa and Basutoland, Bechuanaland Protectorate, and Swaziland, 1941,* No. 22, 1941, pp. 779-786 参照）。鉱山会議所は，事実上，主要鉱業金融商会の共同委員会であり，その実行組織であった。

2) *Fortune* とティモシー・グリーンはそれぞれ次のように指摘している。「鉱業金融商会は傘下の鉱山会社にたいし一般的にある程度の（some）株式を持つだけで，多数株を有することは稀であった。鉱業金融商会は当該企業の取締役会に指名者を派遣することにより支配を行使した。この支配は競争相手の商会がより大きい株式を取得したときでも存続した。商会は互いに他のグループの企業を襲うことはしなかった。それがラントの慣習であった。そして，ラントは慣習を重んじていた」（'Seven Golden Houses', *Fortune,* October, 1946, p. 165.）。「金山管理会社だからといって，ひとつの鉱山の株を半数以上もつ必要はないのである。大部分の金融会社は25～30％の持株で金山を管理しており，金山の基礎がしっかりしてくれば，持株比率をさらに引き下げることさえあるだろう。Springs鉱山が閉鎖されるとき，AACの持株比率は10％を割っていた。理論的にいえば，他の株主が金山金融会社の支配権を放棄させるのは容易であった。現に1度そういったことがあったが，しかし軽率に採用できる戦略ではなかった。というのは，新管理者は金山金融会社としての管理，金融，技術面の後だてを全部引き受けなくてはならないからである」（T. Green, *The World of Gold,* London, Michael Joseph, 1968, p. 56.（永川秀雄・石川博友訳『金の世界』金融財政事情研究会，昭和43年，60ページ））。

3) 1933年に Anglo-Transvaal Consolidated Investment が設立された後，南アの金鉱山を支配する鉱業金融商会は7社となり，Seven Houses とか，Golden Seven Houses と呼ばれるようになる。

の独立募集員が存在し，アフリカ人労働力の獲得をめぐって商会間・鉱山間の競争は熾烈であったのである。一時期，アフリカ人労働力の獲得をめぐっては，同じ傘下の鉱山が競争する事態ですらあった[4]。

　Fortune やグリーンの述べるとおり，確かに長い間，他鉱業金融商会傘下の鉱山経営権を強引に奪うような事態は存在しなかった。しかし，鉱山経営を行なっている商会自身にたいしてはどうであろうか。ここでもまた，鉱業金融商会が成立してから1950年代初めまでの長期間，他鉱業金融商会を乗っ取る企ては存在しなかった。1916年に JCI がロビンスン商会を，そして，翌年に CM がノイマン商会を吸収したけれども，これは商会創設者の引退によるものであり，経営者の意に反して，強引に敵対的に乗っ取ったものではなかった。しかし，敵対的乗っ取りを避けることが南ア金鉱業界の公理であったわけではない。1950年代から金鉱業支配の集中と現地化の傾向は著しく強まり，1930年代半ばに成立した7大鉱業金融商会の支配体制に変化が生じ始めるのである。すなわち，鉱業金融商会相互の間に他商会の戦略的株取得，支配株取得，ついには乗っ取り競争が生じるのである。

　その第1の要因として，鉱業金融商会の力関係の変化が挙げられる。1950年代に入ると，鉱業金融商会の収益は著しく拡大しはじめる。それに金以外の鉱産物の生産増大も貢献したことは勿論であるが，何といっても新金鉱地からの収益増大が存在した。なかでも，第3章で述べたように，AAC の収益は飛び抜けて大きく，ダイヤモンドと北ローデシアの銅からの収益に加えて，Orange Free State 金鉱地から膨大な収益を引き出し，AAC は南ア鉱業金融商会の疑問の余地なきリーダーとなった。1958年には，AAC と De Beers を中核とする AAC グループの資産は，他の鉱業金融商会のそれを合わせたよりも大きくなっていた。鉱業金融商会間の再編成の動きに先鞭をつけたのは，他の鉱業金融商会を圧する力をつけた AAC であった。

　第2の要因は，アフリカーナー資本の鉱業界への登場である。第二次世界大戦中，南ア農業は繁栄を享受することができた。こうした農業の繁栄とアフリカーナー・ナショナリズムの興隆を基礎に，アフリカーナーの商業銀行や生命保険会社や投資会社が設立され，戦後にはついに鉱業界に進出することになっ

---

[4] A. H. Jeeves, *Migrant Labour in South Africa's Mining Economy : The Struggle for the Gold Mines' Labour Supply 1890-1920,* Kingston and Montreal, Queen University Press, 1985, p. 43.

たのである。他方，イギリス資本と南アのイギリス人系資本が支配していた鉱業金融商会はアフリカーナー・ナショナリズムにたいする対応を迫られ，ついには，アフリカーナー資本の金鉱業界への登場を容認せざるを得なかった。

　第3の要因は，イギリスに本社を置く鉱業金融商会の発行株式は広く分散していたことである。株式の分散はすでに第一次世界大戦前に始まっていた。CGFSAでは，1910年に株式の小投資家への分散とヨーロッパ大陸，就中，フランスへの流出が進行し，発行普通株式200万株のうち，75万8278株が持参人払い証券となり，残りの124万1698株のうち1000株以上を所有する146人の所有は35万3697株にすぎず，1万株以上を所有する者はわずか4人，取締役で1000株を持つ者はいなかった[5]。CMにおいては，株式の持参人払い証券化はいっそう進み，1912年に発行普通株式42万5000株のうち24万6144株（57.9％）が持参人払い証券であった。J・ウェルナーやF・エックシュタインなどコーナーハウス関係者は支配株（10万5602株，24.8％）を所有していた[6]が，ウェルナーやエックシュタインが亡くなると，子孫に経営の後継者がなく，持株は分散していった。Union Corporationでは，第一次世界大戦前にはドイツの大銀行が支配株を所有していたが，大戦によって，これらの株式は「敵国財産」として処分された[7]。GMとJCIの場合，創設者またはその子孫は戦後もなお商会の経営権を握っていたが，彼らが所有する株式の割合は過半にはほど遠かったであろう。およそ，南ア金鉱業の第一世代の亡き後は，イギリス登録の鉱業金融商会には支配株を握る個人の大株主はいなくなり，株式はますます分散す

---

5) 拙著『南アフリカ金鉱業史』新評論，2003年，121-122ページ。
6) 同上，123-124ページ。
7) 「ゲルツ商会はドイツ法の下に設立された。第一次世界大戦の結果，発行資本のうちドイツ人の所有する部分が『敵国』資産となり，それらはフランスを除く連合国の株主に売却された。これに伴って，社名は1918年にUnion Corporationに変えられた」（M. R. Graham, *The Gold-Mining Finance System in South African with Special Reference to the Financing and Development of the Orange Free State Gold Field up to 1960,* unpublished D. Ph. Thesis (University of London ), 1964, p. 25.）。ドイツ法の下に設立されたAd. Goerz & Coの資産と負債は，1897年12月27日，トランスヴァールに設立されたA. Goerz & Co., Ltdに継承された（*The Mining Manual and Mining Year Book for 1920,* London, Walter R. Skinner and Financial Times, 1920, p. 598.）ことを注記しておこう。一方，GMの場合，1925年5月，敵国財産管理局から旧敵国人の所有していた額面1ポンド株式86万1041株を1株2シリングで購入し，これを破棄して資本金は187万5000ポンドから101万3959ポンドに引き下げられた（*The Mining Year Book for 1930,* London, Walter R. Skinner and Financial Times, 1930, p. 219.）。

るとともに，かなりの数の株式が支配を目的としない保険会社や投資会社に所有されることになったと考えて差支えないであろう。明らかに，1950年代半ばには，強力な乗っ取り者が現れると，乗っ取りが成功するまでに株式は分散していたのである。そして，新金鉱山の成功そのものが商会自身の乗っ取りを誘因することとなったのである。

　本章の目的は，大戦中から1970年代半ばまでの鉱業金融商会再編成の過程を追跡することにある。再編成の過程は二重である。ひとつは商会間の再編成であり，1930年代半ばから成立していた7大鉱業金融商会支配体制にどのような変化がもたらされたかを見ることである。もうひとつは商会グループ自身の再編成である。CGFSA，CM，JCIなどロンドンに本社を置く鉱業金融商会はヨハネスブルグに本社を移すか，本社機能をそこに移転せざるを得なかった。6000マイル離れた所からの指令に基づく経営は，事業の多角化と事務量の増大と相俟って，戦後南アの政治・経済の動きへの対応を不適切ならしめたのである。しかし，この事態は同時に商会間の再編成に微妙かつ甚大な影響を及ぼすことになる。一方，設立以来本社がヨハネスブルグにあったAACも，国の内外への投資の多様化と拡大を計るため，企業グループ構造の再編成を計り，金融力の増強に努めなければならなかった。この再編成は，他商会の支配株の取得や影響力の増大と噛み合わされて遂行されたのである。

　南ア金鉱業界の名門であったコーナーハウス（CM，RM），JCI，GM，Union Corporationは，AAC傘下に入るか，アフリカーナー資本の支配に組み入れられ，大戦直後の7大鉱業金融商会支配体制は1970年代半ばには著しく変化し，AAC，CGF，アフリカーナー資本系商会の鼎立状態となるのである。

## 第1節　CGFSAの危機

　他の鉱業金融商会傘下の会社を襲う最初の試みは，第二次世界大戦末期にAACによって始められた。標的となったのは，CGFSA傘下のWest Witwatersrand Areasである。1930年代南アにおいて金鉱床の精力的な探査が行われる中，AACはKlerksdorp金鉱地においては金鉱脈を発見し，2つの鉱山（Western ReefsとVaal Reefs）をたてることができた。しかし，Far West Rand金鉱地においては，ほぼ全域にわたり，鉱床を発見したCGFSAが鉱

物権・オプションを独占するところであったし，オレンジ・フリー・ステイトにおいては，AACがオプションを設定し探査したところはすべて失敗に帰し，Western Holdings の株式を僅かに所有するにすぎなかった。1930年代の金鉱床の発見と鉱地の獲得において，AAC は明らかに CGFSA に後れをとっていたのである。

A・ベイリーが死去するに及び，AAC は彼の遺産を購入することにより，SA Townships のみならず，Orange Free State に広大なオプションを有する Western Holdings の支配権を手に入れ，Orange Free State 金鉱地への復帰に成功した。それ以降の AAC の活動は旺盛で，Western Holdings のオプションに隣接する農園に鉱物権またはオプションを有する会社，Blinkpoort Gold Syndicate（1942年），Wit Extensions（1942〜44年），Lydenburg Platinum（1944年）と共同探査協定，共同開発協定を結び，1945年にはルイス・アンド・マルクス商会を買収して，African & European を傘下に収め，St Helena を除き，オデンダールスラスのすぐ南に展開する鉱山の経営権を独占した。第二次世界大戦後，AAC が南ア金鉱業界のトップの座を占めるようになったのは，まさにこの結果である。

大戦中における AAC の新金鉱地獲得の活動はこれに止まらなかった。AAC が狙いをつけたのは Far West Rand 金鉱地に地歩を築くこと，そして，できれば，West Witwatersrand Areas を支配下に組み入れることであった。ここに，鉱業金融商会は他商会傘下の会社を乗っ取ることはないという主張は神話であることが明らかとなる。

West Witwatersrand Areas は，Far West Rand 金鉱地開発の資本募集のために CGFSA によって設立された持株会社である。CGFSA は Far West Rand 金鉱地における鉱物権・オプションを West Witwatersrand Areas に提供し，代償にその支配権を入手した。一方，West Witwatersrand Areas は，CGFSA 傘下に設立される鉱山会社に鉱物権を提供し，売主株を取得することになっていた。1942年までに Venterspost と Blyvooruitzicht の 2 つの鉱山が操業を始めていたが，Venterspost は Far West Rand 金鉱地で CGFSA 傘下に設立された最初の鉱山であり，Blyvooruitzicht は CGFSA の好意により CM 傘下に開発された鉱山であった。AAC は，West Witwatersrand Areas 設立の際，CGFSA の呼び掛けに応じて株式を購入していたが，傘下の鉱山を所有するという点では Far West Rand 金鉱地から完全に排除されていた。

Blyvooruitzicht は，新しく発見された高品位の Carbon Leader Reef を開発した最初の鉱山で，開発当初から業績は素晴らしく，一時期「20世紀の奇跡」と称えられたほどであった。Blyvooruitzicht の東側のドゥリーフォンテイン農場でも探査の結果はきわめて良好であった。1943年，AACは，Blyvooruitzicht とドゥリーフォンテイン農場の南側の鉱地を探査するため，Western Ultra Deep Levels を設立した。「Ultra Deep」という名称は正確に選ばれたものであった。というのも，Carbon Leader と Ventersdorp Contact の2つの鉱脈が，Blyvooruitzicht とドゥリーフォンテイン農場の東側の境界をそれぞれ7000フィートと5000フィートの深さで通過していたからである。Blyvooruitzicht とドゥリーフォンテイン農場の東側を開発しようとすれば，1万フィートを越える竪坑を掘らねばならず，その費用は膨大な額に上ることが予想された。しかし，鉱脈が掘り進められるにつれて示された Blyvooruitzicht の鉱石品位とドゥリーフォンテイン農場の探査結果とは，このような野心的なプロジェクトを敢行する勇気と資本を有するものによって獲得される富を示唆していた。大戦の最後の2年間，AACは，CGFSAの支配する鉱地の回りの土地の鉱物権，オプションの購入に従事していた[8]。もし，West Witwatersrand Areas を支配できれば，この仕事は容易になったことであろう。それのみか，West Wits Line のいくつもの優良鉱山を支配できれば，顧問技師，秘書会社の地位を得て，巨額の手数料を獲得できるであろう。

　1944年中頃，CGFSAの取締役で金鉱山の経営に責任を負っていたカールトン・ジョーンズは，West Witwatersrand Areas に関する AAC の脅威をロンドン本社に打電した。1944年9月15日取締役会長アナンは，ヨハネスブルグに次のように書き送った。「われわれが AAC に関わる新しい事態の詳細を完全に知るまでは，多くのコメントをするには時期尚早です。しかし，彼らが West Witwatersrand Areas の支配を得ようとしているとあなたが感じていること，また，あなたは，われわれは市場で株式を購入することによって──

---

[8] R. Macnab, *Gold Their Touchstone : Gold Fields of South Africa ; A Century Story*, Johannesburg, Jonathan Ball Publishing, 1987, p. 174. AACによる West Witwatersrand Areas 乗っ取りの企てを，最初に明らかにしたのはマクナブの本書である。CGFSA グループの歴史を述べたカートライトの *Gold Paved the Way : The Story of the Gold Fields Group of Companies*, London, Macmillan, 1967 も，AACの活動の歴史を述べたグレゴリーの *Ernest Oppenheimer and the Economic Development of Southern Africa,* Oxford, Oxford University Press, 1962 もこれについては何も語っていない。本章は主にマクナブのこの本に依る。

多分, 彼らと競争しながら——われわれ自身で支配を確保する努力をすべきであり, われわれは Libanon, Venterspost, Blyvooruitzicht の大株を売却すべきであると, あなたは示唆していること, これらのことは承知しています。しかし, ただちに私は付け加えるのですが, われわれは決してそのようなコースを採用しないでしょう。……私が強調するまでもなく, 支配を確保せんとする競争的購入がすべての金融的崩壊の基礎にあることは記憶に新しいところです。もし, 誰かがやってきて, 実際の価値以上に West Witwatersrand Areas の価格を吊り上げる用意があるとしても, われわれは短期的なプレスティッジのために不健全な金融に引き込まれてはなりません」9)。

West Witwatersrand Areas の支配を確実にするために, かなりの量の Libanon, Venterspost, Blyvooruitzicht の株式を売却し, West Witwatersrand Areas 株を買い増しすること, これがジョーンズの提案であった。それにたいするアナンの回答は, 事態の推移を静観することであった。この返信がジョーンズの危惧を解消するものであったかどうか, 疑問ではあるが, アナンには, West Witwatersrand Areas を支配するに足る十分な株式を握っているとの判断もあったのであろう。このアナンの書簡は, ロンドン登録の鉱業金融商会においては, 2つの取締役会のうちロンドンの取締役会の方がヨハネスブルグ取締役会より上位にあったことも示している。

当時, ジョーンズは, 平和がもどってくる時の準備として, West Driefontein 打ち上げの用意をしていた。このような時, 背後でオッペンハイマーに徘徊されることは穏やかならぬことであった10)。マクナブによれば, それ以後も, CGFSA は, West Witwatersrand Areas の運転席に座りつつ, 規則的にバック・ミラーを見なければならなかった, という。そして, 時折, オッペンハイマーの姿が見分けられると, 回避する行動が取られたという。丁度 Doornfontein が操業を開始しようとしていた頃 (1953年11月), オッペンハイマー自身, West Witwatersrand Areas を支配した, と思ったという。しかし, それは失敗であった。CGFSA の南アの取締役であるブッシャウ博士とハレットが AAC の陰謀を嗅ぎつけ, West Witwatersrand Areas の持株を増やすようロンドンに説いていたのである11)。

---

9) R. Macnab, *op. cit.*, p. 173.
10) *Ibid.*, p. 174.
11) *Ibid.*, p. 197.

オッペンハイマーに注意を集中していた CGFSA は，もう1人の略奪者に気づかなかった。というのも，脅威は新しいまったく予期せぬ方面からきたからである。しかし，これは，国民党政府のもとで南アがいかに変化していたかを反映していたという点で，意義深いものであった。

　アフリカーナー・ナショナリズムは勃興しつつあった。1940年のブレームフォンテインの民族会議（Volkskongress）において，アフリカーナー・ナショナリストたちは，アフリカーナーダムが南アにおける政治権力を求める奮闘だけでは十分でなく，経済力をも追求しなければならないことを決定していた。国民党は1950年代をとおして，選挙の度ごとに，首相の変わるごとに権力を強化させた。

　南ア農業の繁栄を基礎に，1940年代に2つの強力なアフリカーナーの金融グループが姿を現した。ひとつは Suid-Afrikaanse Nationale Lewensassuransie Maatakappy（Sanlam：南アフリカ民族生命保険会社）グループであり，もうひとつは Volkskas である。Volkskas は，トランスヴァールのボンドを基礎に，ボンド活動家によって設立された相互信用銀行であったが，1940年代には全国組織を有する商業銀行となった。これはアフリカーナーの支配する唯一の商業銀行であった。Sanlam は，当初ケープ州の農業資本家をバックに設立された生命保険会社で，1940年，Federale Volksbeleggings（FVB：連合民族融資会社）に資本参加して支配し，さらに，40年代に，資金調達網を広げ，また，新しい投資先を開拓するために建設協会 Saambou と投資会社 Bonuskor（Bonus Beleggings Korporaise，ボヌス投資会社）を子会社として設立した。1953年，Sanlam 傘下の2つの投資会社，FVB と Bonuskor はそれぞれの鉱業利権を合同して Federale Mynbou（連合鉱業）を設立した[12]。

　この新会社の進歩は目覚ましかった。設立時，資本金はわずか6万ポンドで，主要な利権は2つの小さな炭鉱にすぎなかった。政府の発電所およびある石油精製会社と石炭供給協定を結んだことにより拡大を開始し，北ケープの青アスベスト鉱山とポートエリザベス近くの岩塩鉱山を獲得し多様化を計っていった。

---

12) アフリカーナーの金融グループの勃興については，A. H. Jeeves, *Migrant Labour in South Africa's Mining Economy : The Struggle for the Gold Mines' Labour Supply 1890-1920*, Kingston and Montreal, Queen University Press, 1985, pp. 190-208 ならびに，林晃史「両大戦間期南アフリカにおけるアフリカーナーの資本蓄積と労働政策」，山田秀雄編著『イギリス帝国経済の構造』新評論，1986年，210〜221ページを参照。

ついで，はるか遠くまでの結果を有するステップを取った。それは，金鉱業の利権を獲得し始めたのである13)。

SanlamグループのM・S・ルーとW・ケッツァーが目をつけたのはCGFSAである。当時，ルーはSanlam専務取締役でFVBの取締役会長であり，ケッツァーはSanlamとFVBの取締役を務めるとともに，Federale Mynbouの取締役会長であった。ケッツァーは金鉱業に入ることを欲していた。けだし，金鉱業こそが，南アの中心的鉱業であり，名誉ある地位を獲得できる場所であったからである。すべての鉱業金融商会を吟味した後，彼はCGFSAに狙いを定めた14)。

CGFSAには乗っ取りを防ぐ地位にあるような単一の大株主はいないようにみえた。また，フランスには容易に拾い上げることのできる相当数の持参人払い証券があった。事実，後年ロンドンのCGFSAによってなされた調査は，持参人払い証券の80%が海外にあることを明らかにした。ケッツァーはイギリスの金融業者ハーリー・ドレイトンにCGFSAの乗っ取りを助けるよう依頼した。ドレイトンは1957年にはアーリの諸会社を買収することになる男である。ケッツァーはルーと連れ立ってロンドンに赴いた。しかし，ルーは突然翻意し，Klerksdorp金鉱地のストラスモア・グループの株の購入を主張し，CGFSAの乗っ取りに反対した。ケッツァーはそれ以上進むことはできなかった15)。

CGFSAは防御のためのマスター・プランを作成し始めた。しかし，それを作成する前に，大問題が生じた。CMとの合同問題である。そして，この合併が失敗に終わるや，今度はCMが危機に陥るのである。

## 第2節　CMの危機とコーナーハウスの解体

CGFSAだけが外部からの攻撃に弱いのではなかった。CGFSAと同様に，CMとその南アにおける腕であるRMも株式は広範に分散・所有されていた。

---

13)　A. Hocking, *Oppenheimer and Son*, Johannesburg, McGraw-Hill Book, 1973, p. 371.

14)　R. Macnab, *op. cit.*, p. 198. カートライトは，*Gold Paved the Way*の274ページで，CGFSAが乗っ取りに会う危険に陥ったことを指摘しているが，誰によるかは述べていない。誰が乗っ取りを企てたかを明示したこともマクナブの功績である。

15)　R. Macnab, *op. cit.*, p. 198.

事実，次に乗っ取りの対象になったのはコーナーハウス（CMとRM）である16)。

　CMはひとつの石油会社を支配していた。フリードリッヒ・エックシュタインがCMの取締役会長を務めていた1913年に設立されたTrinidad Oil（旧名Trinidad Leasehold）である。Trinidad Oilは，トリニダードで産油に従事するとともに，自社生産の原油に加えて他社から購入する原油を精製・販売する石油会社であった。イギリスでは長年の間，アメリカの巨大石油会社Texasと共同でリージェント・オイルのブランド名で石油を販売していた。1956年6月，このTexasがTrinidad Oilの買収を申し込んできた。当時，Trinidad Oilの授権資本金は500万ポンドで，額面5シリング株式1573万740株が発行されていた。相場価格は1株40シリング9ペンスであった。Texasは，90パーセントの株主が承諾すれば，という条件で，相場のほぼ2倍の価格，実に80シリング3ペンスという驚くべき値段をつけた。買収額は6300ポンドであった。CMの所有する株式は，簿価ではわずか1株6シリングにすぎなかったが，今や，900万ポンド近い価値となった。Trinidad Oilの取締役会は，この提案を受諾し，その大多数の株主と同様に，CMの取締役会もまた売却を決定した。CMが受け取った代金は実に870万ポンドであった。しかし，この巨額の収入には，直ちに税の問題が生じた17)。

　CMの態度は，Trinidad Oilの株式所有は永続的性格なものであったから，その売上金は資本所得である，という見解であった。これにたいし，イギリス内国税務局は通常の証券売却利潤とみなした。この場合，課税は400万ポンドになった。CMの税務顧問は税額を適度なものに押さえる計画にとりかかった18)。

　この計画は株主に公表されなかった。1956年8月27日に大問題が生じたから

---

16) 本節は，主として，A. P. Cartwright, *Golden Age : The Story of the Industrialization of South Africa and the Part Played in it by Corner House Group of Companies 1910-1967*, Cape Town, Purnell, 1968, pp. 317-328 に依る。

17) *Ibid.*, pp. 317-320. Trinidad Oilの売却は，イギリス議会で激しい憤りを呼びおこした。しかし，Trinidad Oilは持手を変えた（B. M. Magubane, *The Political Economy of Race and Class in South Africa,* New York and London, Monthly Review Press, 1979, p. 110.）。CGFSAもTrinidad Oilの持株の売却により，70万ポンドの利得をあげる（A. P. Cartwright, *Gold Paved the Way,* p. 244.）。

18) A. P. Cartwright, *Golden Age,* p. 319.

である。CGFSAとの合同問題である。話はどちらが持ち掛けたものか，詳らかでない。ともあれ，この話は，実現すれば双方に大きな利益をもたらすように思えた。当時，CGFSAはFar West Rand金鉱地に開発すべき巨大鉱山を有していたし，AACの開発するWestern Deep Levelsへの参加資金も必要としていた。また，Orange Frse State金鉱地における傘下のFree State Saaiplaasの開発資本を準備する必要があった。一方，CMは十分な資本を持っており，明らかに新しい投資先を必要としていた。したがって，両商会が合同すれば，金融的に相補う状態となるであろう。そればかりでなく，Far West Rand金鉱地では統一されたWest Wits Lineがもたらされるし，Orange Free State金鉱地では隣接するHarmony鉱山とFree State Saaiplaas鉱山との技術的提携が可能となるであろう。さらに，一般管理費の節約もさることながら，コーナーハウス傘下の古い金鉱山が遠くない将来に閉鎖されることを考えれば，合同は技術・一般スタッフ削減の絶好の機会となったであろう[19]。

両商会の協議は5カ月の間続けられた。しかし，大方の期待に反して，失敗に終わった[20]。合同は，もしそれが行われるならば，1956年6月30日現在の「それぞれの資産の相対価値」を基礎に行うことが最初の会合で合意されていた[21]が，資産評価で折り合いがつかなかったと考えて差し支えない。1956年6月30日現在のCGFSAの資産評価（貸借対照表）は公表されたが，1956年12月31日現在のCMの資産評価の公表は57年5月まで延期される有様であった[22]。資産評価は市場価格でなされるにしても，鉱山や鉱地は埋蔵鉱石量や品位など不確定要素が多く，潜在的収益力をどのように評価するかは，折り合いのつかぬ問題となったのであろう。後年，AACの主導により，British South Africa Co（特許会社），CM，Consolidated Mines Selection (CMS) の3社の合同でCharter Consolidatedが結成される際，この失敗が教訓となる。もしCGFSAとCMの合同が成功していたならば，その資産は膨大なものとなり，疑いもなく南アにおける巨大勢力，すなわち，AACの地位を脅かす勢

19) *Mining Journal,* August 31, 1956, p. 25 ; November 16, 1956, p. 600.
20) A. P. Cartwright, *Golden Age,* pp. 320-321 ; do, *Gold Paved the Way,* pp. 246-247 ; *Mining Journal,* February 8, 1957, p. 191.
21) *Mining Journal,* August 31, 1956, p. 25 ; November 16, 1956, p. 600 ; December 9, 1956, p. 701.
22) *Ibid.,* November 16, 1956, p. 600 ; December 9, 1956, p. 701.

力となっていたことであろう23)。

　協議が続けられる間，CMの870万ポンドはそのままになっていた。巨額の現金は当然に他の人々の注意を引き寄せずにはおかなかった。何ものにもコミットしていない巨額の現金の存在は「乗っ取りへの招待」ともいうべき状況を作り出していたのである。ここに株式所有が広範に分散し，巨額の資産を有し，株式の魅力的買収を正当化するにたる十分な現金を有する巨大会社がある。CMはことのほか襲撃に弱体であった。CMは1942年に外国人株主の投票権を剥奪していた。それゆえ，CMの支配権を獲得するには，イギリスで購入できる比較的少数の株式と優先株所有者にたいする魅力的提案で十分であった。この機会を最初につかもうとしたのがヨハネスブルグのグレイザー兄弟であった。

　彼らは不動産取引に成功し巨額の現金を有していた。兄のサム・グレイザーは，彼らの商会がかなりの数のCM株を獲得し，株主にたいし買収の申入れを行なったことを明らかにした。ともあれ，グレイザーがどれほどの数の株式を獲得したか，また，どこまでCMの乗っ取りプランを実行するつもりでいたか，決して明瞭とならなかった。しかしながら，CMの株式をめぐって取引は騒がしくなった。おそらくグレイザー兄弟は買付けをするにたる十分な資金は持っていなかったであろう。しかし，グレイザー兄弟の行動はCMの弱い立場を浮き彫りにする効果をもった。やがて，より強力な組織が買付けに登場し，乗っ取りに成功するだろう24)。

　*Mining Journal*は，1957年5月24日号で，「今週まで，CMの支配にたいする新しい乗っ取りがなされたとの噂が積み重ねられてきた。その度ごとに，南アやアメリカやイギリスのグループの名前が取り沙汰された」25)と，述べている。どういう名前が挙がったのであろうか。マグバネは，3年前にCGFSAを狙おうとしたFederale Mynbouの親会社Sanlamの名を挙げている26)。先に合同が問題となったCGFSAの名も当然に挙がったことであろう27)。し

---

23)　R. Macnab, *op. cit.,* p. 200.
24)　A. P. Cartwright, *Golden Age,* pp. 321-322.
25)　*Mining Journal,* May 24, 1957, p. 665.
26)　B. M. Magubane, *op. cit.,* p. 110.
27)　D. Pallister, S. Stewart and I. Lepper, *South Africa Inc. : The Oppenheimer Empire,* London, Simon & Shuster, 1987, p. 82. ただし，著者たちはGFSAの名を挙げている。

かし，これは強力なコンソーシアムによって完全に阻止されることになる。

　1957年の初め，Harmony 鉱山の元支配人で，チャールズ・エンジェルハードに招聘されて彼とパートナーを組んでいたゴードン・リッチデイルは，Engelhard Industries Inc の所用でロンドンに到着した。彼は CM が危機にあることを知った。彼は CM の取締役会長のベイリュー卿に会い，CM の優先株の所有者が事態の鍵を握っていること，そして，彼らが動かぬかぎり，誰も取締役会の管理に抗し得ないこと，を聴いた。優先株は主として大保険会社と投資トラストによって所有されていた。リッチデイルは幻想を持っていなかった。1株24シリングでの買付けは，CM の支配に必要なすべての株を購入しうるだろう。彼はかつて関わっていた会社が苦境にあるのを見て心配した。と同時に，彼は自分のチーフであるチャールズ・エンジェルハードが南アに投資を行うチャンスをみた。ベイリュー卿の承諾を得て，彼はニューヨークに帰るや CM の苦境に関する全問題をエンジェルハードに語った。エンジェルハードはすでにこの件に関し電話で承知していた。彼は言った。「買おう」28)。

　エンジェルハードとリッチデイルは CM を救うコンソーシアムの結成に乗り出した。コンソーシアムには，エンジェルハードとリッチデイルがほぼ半分を出資し29)，AAC，Union Corporation，ロスチャイルド商会，J・ヘンリー・シュレーダー商会，ロバート・ベンスン・ロンズデール商会が名を連ねた。コンソーシアムは，1957年5月までに CM の累積優先株の80％を獲得し，同時にかなりの普通株を入手した。グレイザー兄弟は対抗的乗っ取りの構えを見せた30)が，他の者の乗っ取りの野望は完全に打ち砕かれたのである31)。パリのロスチャイルド男爵とロバート・ベンスン・ロンズデール商会の R・F・メドリコットがコンソーシアムの利権を代表して取締役に就任した32)。コンソーシアムは，支配に必要な十分な株式を獲得した後，すべての優先株所有者に1株24シリングの価格での買付けを提起した33)。後の鉱業金融商会間の再編成の推移から振り返ってみるとき，オッペンハイマーの参加は大きな意味を持

---

28)　A. P. Cartwright, *Golden Age*, p. 322.
29)　*Mining Journal,* June 21, 1957, p. 796.
30)　*Ibid.,* May 31, 1957, p. 696.
31)　*Ibid.,* May 24, 1957, p. 665.
32)　*Ibid.,* May 31, 1957, p. 691.
33)　A. P. Cartwright, *Golden Age*, pp. 322-323.

っていた。オッペンハイマーとエンジェルハードの結びつきがここに始まるからである。

　1957年5月のCMの特別総会で，コンソーシアムの了解の下に定款が変更され，普通株と優先株は同じ投票権を持つこととなった。すなわち，従来の定款では，優先株は8株で1票，普通株は5株で1票の投票権であったが，どちらも1株1票に変えられた。同時に優先株の固定配当は，5％から6％に引き上げられた。また，授権資本金は600万ポンドから1000万ポンドに引き上げられ，借入れ能力も広げられた[34]。

　1957年8月コンソーシアムが持つCM株の受け皿としてRand American Investments (Pty) が南アに登録された。授権資本金は250万ポンド，そのうち額面1ポンド株式237万1049株が発行された。最初の株式購入者は，先のコンソーシアムのメンバーと南アの製造会社Thomas Barlow & Sons，およびInternational Nickel Co of Canada であった[35]。Rand American InvestmentsはCMのすべての優先株とかなりの数の普通株を所有し，また，RM株の相当数を入手した。チャールズ・エンジェルハードが最初の取締役会長となり，AACのR・B・ハガートが取締役副会長，Union CorporationのT・P・ストラッテンが専務取締役となった。その他の取締役には，Engelhard Industries Incからリッチデイル，F・フュアースト（エンジェルハードの指名），CMからベイリュー卿，W・M・フレイムズ，S・D・H・ポレン，AACからはW・M・クラーク，金融関係からR・F・メドリコット，それに，Thomas Barlow & SonsのC・S・バーローが就任した。Rand American Investmentsは，救済作業が完了し種々の利害が再調整されるまで株式を保有しておくコンソーシアムの別名であった[36]。

　この間，CMの取締役たちは彼らの税務顧問の推薦した方策を採用した。1957年3月7日，彼らは，Central Mining Finance を設立した。この設立の狙いは，CMの全資産を移管し，Central Mining Finance を機能会社とし，CMを持株会社とすることであった。CMの唯一の投資はCentral Mining Financeの全資本を構成する1ポンド株50万株からなっていた。この変更は

---

34) *Mining Journal,* May 24, 1957, p. 665 ; *Mining Journal : Annual Review 1958,* p. 260.
35) *Mining Journal : Annual Review 1958,* p. 260. ただし，エンジェルハードとリッチデイルは，Engelhard Industries傘下のBaker and Coを通して参加。
36) A. P. Cartwright, *Golden Age,* p. 323.

Trinidad Oil の売却利益を新会社が所有するポートフォリオ投資にたいする準備金として扱うことを許したので，税負担を大幅に引き下げることができた。そして，これこそがこの資本再建の全目的であった。Central Mining Finance は CM と同じ取締役会を持ち，CM の完全子会社であった。CM はその収入を Central Mining Finance の支払う配当から引き出すことになった。換言すれば，以前には1組の帳簿でことたりたのに，爾後2組の帳簿が必要となった。だが，これにより CM はおよそ400万ポンドの節税をしたわけである[37]。

1957年8月，これよりはるかに大きな組織改革が公表された。年次総会でベイリュー卿は，RM が9月から南アにおける CM 傘下の会社にたいしすべての技術的管理的サービスを引き受けることになると報告したのである。CMと RM の関係，すなわち，傘下の会社にたいし，後者が秘書的サービスを提供し，前者が金融ならびに顧問技師，地質学・冶金のサービスを提供するという関係は，CM の設立以来50年以上も続いていた。しかし，いくつかの重要な南ア会社にたいして6000マイル離れたロンドンにある本社が技術的管理的サービスを提供するというシステムは，時勢に合わなくなっていた。そして，この目的のため，適切なスタッフが CM から RM に移る措置がとられた。

「今世紀の初めから，南アにおける CM＝RM グループの鉱工業会社の事業はヨハネスブルグのコーナーハウスから管理されてきた。コーナーハウスは CM の南アにおける指令部であり，かつ，RM の本社であった。RM にたいし，CM は常に相当の株式を所有してきたが，決して支配株を持つことはなかった。この2つの会社のスタッフは別個のものであったが，密接に協力して働き，年金基金や保険基金などの種々の福利機構を共同で享受してきた。CM が，駐在総支配人に率いられるヨハネスブルグの組織によってグループの諸会社に技術的管理的サービスを提供してきたのにたいし，RM は秘書的機能を担ってきた。かくして現在まで，顧問技師，顧問電気機械技師，顧問冶金技師，顧問地質技師は，各部門のスタッフとともに，すべて CM の常勤被雇用者であった。……グループ内諸会社と RM ならびに CM の関係は50年以上にわたって続いてきた。……しかし，最近，沢山の重要な南アの会社にたいし，6000マイル離れたロンドンの本社から技術的管理的サービスを提供する制度の不利益が明らかとなってきた。われわれはこの間熟慮し，当該両商会に不利益な影

---

37) *Ibid.,* pp. 325-326 ; *Mining Journal,* August 16, 1957, p. 202.

響をもたらすことなく,今後,CM に代わって RM がグループ内諸会社にたいし技術的管理的サービスを提供することを決定した」[38]。

　RM に支配権を移すことは,コーナーハウスの歴史にとって画期的出来事であり,CM の伝統からの別離であった。RM の設立以来,CM の前身であるウェルナー・バイト商会は,つねに自己が任命する顧問技師と RM を通じて南アの会社の支配を行使してきた。RM の取締役の大部分はつねにサラリーマン重役であった。CM はこのシステムを継承し支配を行使してきた。この変化の意味するところは,親会社が一種の自律性を RM に与えたことであった。RM は従来勧告や指示を通して影響力を行使する優秀な会計=秘書会社にすぎなかったが,今や,南アの会社にたいし独自の経営的支配を行使することができるようになったのである。

　問題は,伝統からの別離が,先の投票権の変更に見られるように,コンソーシアムの合意の下になされたか,あるいは,6000マイル離れたロンドンから支配することの不利益という純粋に技術的問題の解決のためになされたか,である。けだし,コンソーシアムは支配株を有し,代表者を取締役会に送り込んでいたからである。この問題については,カートライトの *Golden Age* も示唆するところがない。ベイリュー卿は「われわれはグループにたいし金融的サービスを続けるであろうし,取締役会の代表をとおしてグループ内の諸会社と直接的連携を維持するであろう。また,RM における最大株主としての地位を保持するであろうし,同社の執行管理に参加するだろう」[39]と,付け加えていたけれども,以後 CM と RM の関係は,CM の以前からの取締役が期待する方向とは違った方向に展開することになるのである。

　なお,この総会で CM の取締役の数が2名増やされ,E・オッペンハイマーとリッチデイルに取締役の椅子が与えられた[40]。

　1958年5月,フレイムズは RM の取締役会長を辞任し,代わってチャールズ・エンジェルハードが就任し,リッチデイルと AAC のクラークが取締役副会長になった。取締役会にはフレイムズ,ポレンなど以前からの取締役も残ってはいたが,ここに,RM は,エンジェルハードの下に自立した鉱業金融商会の道を歩み始めるのである。一方,投資金融会社となった CM では,ベイ

---

38) *Mining Journal,* August 16, 1957, p. 204.
39) A. P. Cartwright, *Golden Age,* p. 326 ; *Mining Journal,* August 16, 1957, p. 204.
40) A. P. Cartwright, *Golden Age,* p. 325 ; *Mining Journal,* August 16, 1957, p. 204.

リュー卿が取締役会長の座を占めていたが，CM そのものの地位は不安定になっていた。1958年12月，ベイリュー卿は CM の取締役会長をやめ，取締役副会長になる。後任にはミッドランド銀行の取締役副会長で金融のエキスパートである A・F・フォーベスが就任した。カートライトによれば，CM の金融的再編成が複雑であったことと，すでに CM の合同が取り沙汰されていたことが，彼を招聘した理由であった[41]。さらに，翌年1月1日にはエンジェルハードも取締役に就任する[42]。後に見るように，オッペンハイマーとエンジェルハードの結びつきにより，Rand American Investments の所有する CM 株は2年後完全に AAC グループに組み込まれることとなるのである。エンジェルハードの RM 取締役会長への就任からして，オッペンハイマーの支持によるものであったと考えられる。はたして CM はコンソーシアムによって「救済」されたのであろうか。

## 第3節　CGFSAグループの再編成と拡大

### 1. CGFSA グループの再編成

CGFSA 取締役副会長のハーヴィ゠ワットが CM の対抗的乗っ取りの意思をどれほど抱いていたか不明であるが，古くからの同盟者の防衛を目を凝らして観察し，自己のために明瞭な教訓を引きだそうとしたことは疑いない。彼は乗っ取り防止のマスター・プランともいうべきものの作成を開始する。彼は，この時期の CGFSA の中心人物で，かつてチャーチルの秘書を務め，1952年に招聘されてその地位に就き，1961年年頭アナンの後継者となる。

彼は，すでに1956年トロントとシドニーにそれぞれ探査会社 New Consolidated Canadian Exploration と New Consolidated Gold Fields（Australasia）を設立し，有利な投資先を探そうとしていた[43]。CM との合同問題が起

---

41)　A. P. Cartwright, *Golden Age,* pp.329-330.
42)　*Ibid.,* p. 30.
43)　A. P. Cartwright, *Gold Paved the Way,* p. 246. 1956年12月21日の *Mining Journal* は次のように述べている。「同社の最近の発展パターンは，過去にカフィア金融商会が関わってきたよりもはるかに広範な利権の範囲に参加の意図を示している。実際，CGFSA はこのところカナダ，オーストラリア，ローデシア連邦，東アフリカなど南ア以外の国における探査にたいしてきわめて積極的な政策を取っている」（*Mining Journal,* December 21, 1956, p. 767.）。

きたのは正にこの頃である。乗っ取りにたいする彼の防衛策は，多様化と海外への拡大であった。「略奪者からCGFSAを守るためには，可能なところで友好的乗っ取りを行い，われわれの利権を大きくする必要がある」[44]。すなわち，利権を大きくし，資本金を増やして乗っ取りを難しくする。これが彼の対策であった。今やこれに，乗っ取りの直接的防止策が付け加わる。

当時，CGFSAの収益の60〜80％が金鉱山からきていた。また，資産の圧倒的部分がアフリカにあり（ある時点では利権の90％以上），アメリカ，オーストラリア，イギリスにおける利権は小さかった。世界は急速に変化しており，アフリカでは新しい独立国が次々に生まれようとしていた。ハーヴィ＝ワットは，CGFSAが変化する世界に適合しなければならないことを痛感していた。彼は2つのプログラムを欲した。ひとつは鉱業以外の成長産業への投資の拡大であり，もうひとつはアフリカ以外の政治の安定した国々，アメリカ，カナダ，オーストラリア，ニュージーランド，イギリスにおける利権の拡大である[45]。換言すれば，金鉱山と南アへの集中から他産業・他国への多様化と拡大を目指したのである。

彼のすべての計画には相当の資本を必要とした。そればかりでなく，最初の竪坑が掘削されていたFree State Saaiplaasに資金を必要としていたし，Western Deep Levelsへの参加資本として325万ポンドを用意しなければならなかった。幸いなことに，CGFSAの利潤は急速に増大していたし，また，増大する見込みであった。1957年に，南アの年間金生産額が初めて2億ポンドを越えた。1957/58年度のCGFSAの利潤は300万ポンドに達し，22.5％の配当を実現した。増収の見通しは資本を募集する絶好の機会であった。

1957年6月，臨時総会は1ポンド普通株式300万株を創造することにより授権資本金を300万ポンド増加し，1977/82年償還6％転換非保証社債195万8404ポンドを発行することを承認した。そして，株主に，普通株式97万9202株を発行価格1株2ポンドで，社債は額面で提供した。CGFSAの授権資本金は1100万ポンド（普通株800万ポンド，6％第1累積優先株175万ポンド，6％第2累積優先株125万ポンド），発行資本金は887万5212ポンド（2種類の優先株すべてと普通株587万5212株）となった[46]。

---

44) R. Macnab, *op. cit.*, p. 200.
45) A. P. Cartwright, *Gold Paved the Way*, pp. 245-246.
46) *Ibid.*, p. 247.

乗っ取りにたいする CGFSA の弱点は，優先株が普通株と同等な投票権を有していたことである。CM の場合と同じように，普通株は広く分散して所有されていたのにたいし，優先株は保険会社，投資トラストなど少数の機関投資家の手にあった。300万の優先株を獲得しようとする断固たる決意があれば，外部のものが支配権を掌握できる恐れがあった。ハーヴィ＝ワットは，CGFSA の純資産にたいする普通株587万5212株の権利が2600万ポンドを上回っているのにたいし，優先株300万株のそれは300万ポンドにすぎず，したがって，優先株が普通株と同等の投票権を持つのは不公平であり，支配権は普通株の所有者にかたく握られるべきだ，と考えた。1958年11月の特別総会で，優先株の投票権を除く措置が取られた。優先株の所有者は投票権を失う代わりに1％の特別配当が与えられた。彼は「ドアを閉ざし」[47]た。そして，おそらく安心できると考えた。しかし，物語はこれで終わりとはならなかった。West Wits Line の West Driefontein, East Driefontein, Kloof の金鉱山は非常な高品位，高収益であったので，それらを欲する者の注意を引かざるをえなかった。そして，再び奇襲が生じることは避けられなかった[48]。事実，1970年代末から CGF（1964年，CGFSA は CGF に改称。本書324ページ参照）は再び乗っ取りの対象となるのである。

1959年は CGFSA にとって重要な転換点となった年である。ハーヴィ＝ワットは友好的乗っ取りを開始するとともに，グループ全体に及ぶ一連の組織改革を始めるのである。長期的に見ると，この組織改革は CGFSA 自身にたいしもっとも広範な影響を及ぼすことになる。彼は，Gold Fields of South Africa (GFSA) が南アの独立した会社になる基礎を創造するのである。

彼が最初にしたことのひとつは，ブラック・アフリカにおける資産を一掃することであった。ブラック・アフリカでは，植民地が英連邦の独立したメンバーになりつつあった。ゴールド・コーストはエンクルマのガーナに変わっていた。ナイジェリアは丁度独立するところであった。彼は新興国は投資の安全性が低いと見た。彼はケニア，タンガニーカ，ローデシアにおける権益を取り除いていった[49]。

---

47) *Mining Journal*, October 24, 1958, p. 452. この記事は「Gold Fields はドアを閉ざす」と，題されている。
48) R. Macnab, *op. cit.*, p.198.

第 5 章　鉱業金融商会の再編成　305

　それでは南アについてはどうであろうか。
　CGFSA の最大の資産は南アにあった。ハーヴィ＝ワットは，南アでは，その北の国ぐにによりも，白人支配体制は長い生命を有すると考えていた。南アの白人支配体制もいずれは終わるであろう。しかし，差し当たってのことではないであろう。こう彼は確信していた[50]。彼は南アにおける権益の拡大に着手した。
　1957年，CGFSA は AAC と British South Africa Co をジュニア・パートナーに South West Africa Co を傘下に収めていた。1959年，ハーヴィ＝ワットは古くからの鉱業金融商会 Anglo-French に目をつけた。Anglo-French は金鉱株を中心に，石油，石炭，銅の鉱業株を所有するとともに，Rooiberg Minerals Development（錫鉱山会社）と Apex Mines（炭鉱会社）を支配していた。彼は Anglo-French を CGFSA 株式50万株と現金12万5000ポンド，すなわち，198万1000ポンドで購入した。この結果，CGFSA は，かなりの鉱業株と Rooiberg Minerals Development と Apex Mines の管理権を掌握した[51]。
　次のステップはより大きいものであった。ドレイトンは New Union Goldfields という名の南アの鉱業金融商会を支配していた。先に述べたように，ドレイトンは，Sanlam＝Federale Mynbou のケッツァーが CGFSA の乗っ取りを企てようとした時，援助を求めて近づいたロンドンの金融業者である。

---

49)　*Ibid*., p. 201. CGFSA のハーヴィ＝ワットとは逆に，減価しあるいは白人が手放そうとした新興国における資産を買い集めていったのが，Lonrho のタイニー・ローランドである。

50)　*Ibid*., p. 201. 1960年の年次総会において，CGFSA 取締役会長のアナンは次のように述べている。「南アが複雑な政治的，社会的ならびに経済的な問題を持っていることは承知している。南アではどのような政府であれ，すべての民族の安全を維持する一方，すべての民族のための高度な文明の実現を計画し実施することは生易しいことではない。アフリカの他の部分における最近の出来事は，現地住民のあまりに急速な政治的前進は悲惨な結果をもたらすだけであることを明瞭にした。現在の非常に異なった教育と文明の水準を考慮すれば，国家が当座の間住民に異なった政策を適用するのは不可避である。これを背景に，南アでは問題を新しく吟味しようとする新しい意思が存在することは喜ばしい」（*Mining Journal*, December 23, 1960, p. 718.）。CGFSA 首脳部はアパルトヘイト政策とバンツスタン政策を容認したことがうかがわれる。

51)　A. P. Cartwright, *Gold Paved the Way*, p. 248. 1958年末の Anglo-French の資産総額は，186万971ポンド（時価119万1186ポンド）で，その内訳は，金（金鉱山に大きな利権を持つ持株会社を含む）55.6％，石油19.5％，鋼・鉛・亜鉛8.7％，石炭8.2％，錫3.4％，ダイヤモンド2.6％，プラチナ1.3％，その他0.7％であった（*Mining Journal*, April 10, 1959, p. 401.）。

New Union Goldfields はアーリの支配下で大戦中に急速に成長し，かなりの数の鉱山と工業会社を管理するにいたっていた。1949年共同専務取締役のアーリとミルンが傘下会社の資金を不法に投機に使用して失敗し，New Union Goldfields は破産の瀬戸際にたたされた52)。法的管理下に置かれた後，1957年ドレイトン・グループに編入され，管理の良さと新金鉱山からの配当もあっ

---

52) New Union Goldfields 事件は，南ア金鉱業におけるグループ・システムの問題点と，鉱業金融商会が破産する場合，どのような問題を生じさせるかを，明瞭に示したものとして興味深い。グレイアム (M. R. Graham, *op. cit.*, pp. 336-343) により，これを紹介しておこう。New Union Goldfields は，1930年代の金鉱業ブームの最中に群生した金鉱山会社のひとつで，当初トランスヴァール北部で砂金を採掘するにすぎなかった。大戦の勃発とともに，チャンスが訪れた。1939年以降，南アの低金利と産業の繁栄を背景に，New Union Goldfields は何度も増資をはかり，他会社の株を購入し，また，傘下に新しい会社を設立した。こうして，1947年には資本金総額1900万ポンドに達する152の会社を支配・管理するまでの鉱業金融商会に成長した。これらの会社には鉱業関連会社ばかりでなく，ホテル，映画館，醸造，化学，織物，不動産の会社があり，さながらコングロマリットであった。New Union Goldfields の発行資本金は150万ポンドであったが，市価は1947年の最良時には1000万ポンドに達していた。他の鉱業金融商会と同様，New Union Goldfields も新金鉱地，ことに Orange Free State 金鉱地の重要性を認識していた。New Union Goldfields が子会社や関連会社として獲得した会社の多くは，オプションや鉱物権や相互参加権を有していた。その代表的なものとして，Rooderand Main Reef Mines, Eastern Transvaal Consolidated Mines の他，Orange Free State 金鉱地で最初に金鉱脈を発見したアラン・ロバーツのつくった Wit Extensions がある。さらに，New Union Goldfields は，金鉱脈探査のために，Union FS Coal and Gold Mines や New Gold Free State Estates を設立した。これらの会社は Harmony 鉱山の発見で重要な役割を演じた。(本書，96ページ) また，主要な鉱業金融商会 (7つのうち5つ) と相互探査・開発協定を結んでいた。たとえば，Rooderand Main Reef Mines を通して，JCI の探査会社 Free State Development and Investment (Freddies) の設立に際し，47 1/2%の資本参加を行い，Freddies が探査するオデンダールスラス地域の鉱地に金鉱山がつくられる場合，New Union Goldfields は15%，Rooderand Main Reef Mines は20%の資本参加をする権利を有していた (*The Statist*, January 25, 1947, pp. 102-103.)。また，New Union Goldfields は，傘下の Wit Extensions と Eastern Transvaal Consolidated Mines がオレンジ・フリー・ステイトにおいて持つ権利を AAC に譲ることにより，同州における AAC の新規事業にたいする資本参加権を確保した。こうして，子会社や関連会社の獲得，新会社の設立，相互協定の結果，New Union Goldfields は，Orange Free State 金鉱地に係わる，5大商会を含めて，他の鉱業金融商会と連結した利害を有する多くの会社の複雑な会社グループをつくっていた。1944年中葉から金鉱株ブームが始まると，金鉱株取引は鉱業金融商会にとって重要な収益源となった。しかし，New Union Goldfields の場合，全収益に占める株取引収益の比率は80%前後と異常に高く，しかもその収益の大半は子会社や密接に関係した会社の株取引によるものであった。New Union Goldfields は，多くの商会が信用維持のため自己規制するインサイダー取引を行なっていたのである。1947年第2四半期に突然株価が崩壊した。New Union Goldfields の資産の圧倒的部分は子会社ならびに関連会社の株式からなっていたので，New Union Goldfields 自身の株価は他の商会のそれにもま

第5章　鉱業金融商会の再編成　307

てかなりの利潤を上げるようになっていた。ドレイトンはまたロンドンの投資会社 H. E. Proprietary を支配していた。それはオーストラリアとカナダの鉱地に投資しており，イギリスでは3つの会社(Alumasc, Metalion, Moussec)を所有し，さらに，南アでは South African H. E. Proprietary を支配していた。South African H. E. Proprietary は南アの鉱業に有益なポートフォリオ投資を有していた。ハーヴィ＝ワットはドレイトンに面会した。その結果，CGFSA はこれら会社の全発行株式を買いつけることになった。New Union Goldfields の株主は，5シリング株式7株につき CGFSA 株式1株か，1株10シリング6ペンスでの交換を，H. E. Proprietary の株主は，5シリング株式3株につき CGFSA 株式1株か，または1株24シリング6ペンスでの交換を，提起された。CGFSA にとっての費用は，株式と現金を含めて，New Union Goldfields の場合は3つの子会社も含めて420万ポンド，H. E. Proprietary の場合9つの子会社を含めて352万8000ポンドであった。これらの会社の株主の90％以上が申込みを受け入れた[53]（表5－1）。

---

して低落した。1947年11月，専務取締役アーリの依頼により，Anglovaal は特定の年報酬で向こう10年間の New Union Goldfields の経営を引き受けた。しかし，いくつかのいかがわしい経営内容に驚き，南ア最高裁判所に訴えた。アーリともう一人の専務取締役であったミルンは逮捕され有罪となった。彼らは，子会社・関連会社の自由になる巨額の資金を無原則な投機に使用していたのである。New Union Goldfields の債務は850万ポンドに達していた。そのうち500万ポンドは法的借入限度額を越えて子会社・関連会社から借り入れたものであって，しかも，要求払いとなっていた。New Union Goldfields の現金準備は少なく，主要資産（子会社の株式）は減価していた。New Union Goldfields の破産は南ア金鉱業にたいする信頼を打ち砕き，開発資金の募集を困難にして，金鉱業全体，ことに開発の始まったばかりの Orange Free State 金鉱地に深刻な影響を及ぼす恐れがあった。また，New Union Goldfields は沢山の相互開発協定を結んでいたから，その破産が混乱を引き起こすことは必至であった。すべての主要鉱業金融商会は，New Union Goldfields 救済に一般的利益を見出した。彼らは New Union Goldfields が所有する株式を購入し，破産と清算を回避させた。その結果，1948年に Rooderand Main Reef Mines は Anglovaal 傘下に入り，また，49年3月，Union FS Coal and Gold Mines と New Gold Free State Estates はコーナーハウスによって購入された。1951年6月ようやく管財人管理が解かれ，経営陣を補強してグループ内の再編成を行うなどしたが，1957年にはドレイトン・グループの一員となる。CGFSA 傘下に入った時，New Union Goldfields が管理していた主要会社をあげると次のものがある。Anglo-Rand Mining and Finance Corporation, Beatrice Gold Mining, Dominion Reefs, Lydenburg Gold Farms, New Durban Gold and Industries, New Union General Industries, New Witwatersrand Gold Exploration, Star Diamond(Pty), Union Tin Mines, Veilefontein Tin Mining, Waverley Gold Mines, Witwatersrand Deep. (*Mining Journal : Annual Review 1959*, p. 285.).

53)　A. P. Cartwright, *Gold Paved the Way*, p. 249.

表 5 − 1　1959年における CGFSA の企業買収

| 企　業 | 事　業　内　容 | 買収額<br>(千ポンド) |
|---|---|---|
| Anglo-French | 鉱業ポートフォリオ投資<br>Rooiberg Minerals Development（錫鉱山）<br>Apex Mines（炭鉱） | 1,981 |
| New Union<br>Goldfields | 鉱業ポートフォリオ投資<br>3つの子会社 | 4,200 |
| H. E. Proprietary | オーストラリア，カナダにおける鉱地<br>S. A. H. E. Proprietary（鉱業ポートフォリオ投資）<br>Alumasc Ltd（アルミ・ダイカスト）<br>Metalion Ltd（防護金属仕上げ）<br>Moussec（製造業）<br>他5つの子会社 | 3,528 |
| 計 | | 9,709 |

［出所］　A. P. Cartwright, *Gold Paved the Way,* pp. 248-250.

　1959年9月，CGFSA は300万ポンドの新しい普通株を発行した。その内，253万5033株がこれらの会社の株主に手渡された。CGFSA は市価およそ700万ポンドの投資と錫，ダイヤモンド，石炭，銅の鉱山にたいする経営権を獲得した。授権資本金は1100万ポンドから1400万ポンドに引き上げられ，発行資本金は1141万245ポンドとなった[54]。ドレイトンは CGFSA の取締役への就任を要請された。ドレイトン・グループを支配する彼の加入は CGFSA の資力を強化し，乗っ取りの危機を緩和するものと見られたのである[55]。

　H. E. Proprietary から獲得した2つのイギリスの会社，Alumasc（アルミ・ダイカスト）と Metalion（防護金属仕上げ）は CGFSA に関する限りまったく新しい部門への投資であった。翌年，これらの工業会社は99万5000ポンドの利潤を上げた。これは CGFSA の税引前利潤500万ポンドを越える記録的利潤に大きく貢献した[56]。

　*Mining Journal* は，これら3つの会社とその子会社の友好的乗っ取りを「爆弾的乗っ取り（Bombshell Bid）」と評した[57]が，CGFSA は長らく活発な動

54)　*Ibid.,* p. 249.
55)　*Mining Journal,* November 20, 1959, p.519. なお，タイニー・ローランドを Lonrho に紹介したのはドレイトンであった（S. Cronje, M. Ling and G. Cronje, *Lonrho : Portrait of a Multinational,* Pelican Books, 1976, p. 55.）。
56)　A. P. Cartwright, *Gold Paved the Way,* p. 250.
57)　*Mining Journal,* July 24, 1959, p. 86.

第5章　鉱業金融商会の再編成　309

きを示していなかっただけに，これらの乗っ取りは人を驚かす出来事であった。しかし，この一連の乗っ取りは，ほんの手始めであったことが明らかとなる。

　3つの会社とその子会社を傘下に収めたことは，直ちに管理の問題を招いた。しかし，CGFSAはその準備をしていた。すなわち，CGFSAは技術管理権の南アへの移転を計画していたのである。それまで，ロンドンに本社をおくCGFSAは，いわば総督のような機能を果たす駐在取締役をヨハネスブルグに派遣していた。海外の会社の取締役会は重要事項の決定についてはロンドンに照会しなければならなかった。また，書記およびそれ以下の職員はともかく，上級職員はロンドンが決定していた。権益は海外に相当広がっていたが，経営に関する限り，きわめて中央集権的であった58)。しかし，「いくつかの重要な南アの会社にたいする管理・技術サーヴィスが6000マイルも離れたロンドンの本社によって提供されるような体制には不利益があることは明らかであった」59)。ここに，CGFSAの一連の組織改革が始まる。その第1のステップが技術管理権の南アへの移転であった。

　今世紀初め南アに設立され，ヨハネスブルグ郊外のイロヴォとダンヘルドの管理の責任を負う傘下の不動産会社があった。名を The African Land and Investment といい，CGFSAは普通株の88%，優先株の36%を所有していた。1959年3月，CGFSAは残りの全株式の獲得を申し出た。そして，同年10月6日，完全所有となったこの会社にたいし，南部アフリカにおけるグループ内の諸会社にたいする一切の管理技術サービスを移転したのである。そして，The African Land and Investment は，ヨハネスブルグにおける New Consolidated Gold Fields と，Anglo-French および New Union Goldfields の事務所とスタッフを継承した60)。

　南アの駐在取締役であり，アカデミックで歴史的感覚に恵まれていたブッシァウ博士は，この会社は Gold Fields of South Africa (GFSA) と呼ばれるべきだと示唆した。その名は勿論，セシル・ローズとチャールズ・ラッドが

---

58)　P. Johnson, *Gold Fields : A Centenary Portrait,* London, George Weidenfeld & Nicholson, 1987, pp. 228, 230.
59)　R. Macnab, *op. cit.,* p. 202 ; *Mining Journal,* July 24, 1959, p. 86.
60)　A. P. Cartwright, *Gold Paved the Way,* pp. 252-253. ただし，New Union Goldfields そのものは，Gold Fields Finance と改名され，CGFSAが全資本を持つ金融会社としてロンドンから管理されることになった。

1887年に選んだ名であり，1892年 Consolidated Gold Fields of South Africa と改称して以来使われていなかった。新しい GFSA は独自の取締役会長を持ち，独自の取締役会で運営されることになった。初代取締役会長にはブッシャウ博士が選ばれた。ロンドンから派遣された3名の取締役を除き，その他の取締役のメンバーは南ア生れの南ア育ちであった。権限が移譲された時，GFSA は，14の金鉱山会社と，West Witwatersrand Areas を含む5つの金融会社と，4つの不動産会社，4つのエンジニアリング会社，および研究所を含む3つのその他の会社を傘下に収め，以後これらの会社にたいし，経営，秘書，株式取扱事務，バイヤー，並びに顧問技師のサービスを提供することになったのである[61]。

GFSA は以後12年の間ロンドンの会社の完全所有子会社のままであった。12年後に GFSA は West Witwatersrand Areas と合同し，新しい道を歩み始める。この間ロンドンの会社は常に GFSA にたいし3人の取締役を送り，同時に金融サーヴィスを続けるのである。

改革の第2のステップは40年間存在してきた会社の二重構造を廃止することであった。1919年以来，親会社の CGFSA は常に機能会社 New Consolidated Gold Fields の全発行株式を所有していた。この機能会社は，1919年親会社の定款に規定されたよりも広範な権限を取締役会に与えることを唯一の目的に，設立されたものである。イギリス会社法の修正は2つの分離した会社の存在を不要にしていた。それゆえ，1960年1月1日より，親会社は子会社を吸収し事業の支配を回復した。ともあれ，2つの会社は常に同一の取締役を有し，同一の株式構造と同一のスタッフを有していたのであるから，変化は会計の再編成と'Consolidated Gold Fields of South Africa, Limited'と印刷したノートの供給を増加させる以上のことを必要としなかった[62]。CGFSA は，Trinidad Oil 売却金の課税回避のために Central Mining Finance を創造して会社の二重構造化を計った CM とは正に逆の道を採用したことになる。

第3のステップは，南ア以外の国ぐにの資産の所有と管理責任をロンドンに登録される会社に移転したことである。この目的のために，1911年設立の完全所有子会社 Gold Fields American Development (GFAD) が選ばれ，Gold

---

61) R. Macnab, *op. cit.,* p.205.
62) A. P. Cartwright, *Gold Paved the Way,* p. 252 ; *Mining Journal,* July 24, 1959, p. 86.

Fields Mining and Industrial（GFMI）と改名された。その資本金は増額され，また，1960年9月には500万ポンドの7％保証社債が発行された。GFMIはそれ以前に獲得していた南アにおける全投資を親会社に移転し，親会社からは H. E. Proprietary ならびにその子会社の全事業を引き継いだ[63]。ただし，Moussec は相当の利潤をともなって処分された。

　南部アフリカやオーストラリアやアメリカにある鉱山や工業企業をロンドンの事務所から支配することは最早可能ではなかった。アフリカだけでなく，カナダやオーストラリアでもナショナリズムは強まっていた。できるだけ外国支配色を薄める必要があった。さらに，現地の人間に，現地の知識を現地の鉱山や工業企業に提供させ，彼らに彼らの仕事をまかせておくほうが，はるかに効率がよいと考えられた。CM が RM に技術管理権を移転したのも同じ理由による。これは過去に海外の子会社にたいしロンドンが行使してきた支配を緩めることを意味した。たとえてみれば「自治領の身分」に等しいものを海外の会社に与えたことを意味し，ロンドンの取締役会は必要な場合のみ資本と技術指導を提供するのである。それはまた，子会社が一度確立されると，彼らの属する社会に投資の機会を提供する道を開いたことも意味した。

　こうして，CGFSA の資産は2つに分けられ，2つの主要な子会社によって管理されることになった。すなわち，アフリカ大陸の利権はヨハネスブルグの GFSA によって，イギリス，オーストラリア，カナダ，アメリカの資産はロンドンに登録された GFMI によって管理されることになった。CGFSA の1960年の年次報告書は図5－1のようなグループ組織図を示している。企業構造の再編成により管理の簡素化をはかった CGFSA は，いよいよ本格的な多様化と拡大に取り組むのである。

## 2. CGFSA の多様化と拡大

　CGFSA の1959/60年度の税引前利潤は500万ポンドを越え，翌年度には744万ポンドになる[64]。West Wits Line からの収益が大きく貢献していたことは明らかであろう。1961年には West Driefontein は月額100万ポンドの営業利潤を実現する。これは世界の金鉱山がかつて稼いだ最高額であった。1962年に

---

63) A. P. Cartwright, *Gold Paved the Way*, pp. 249-250.
64) *Consolidated Gold Fields of South Africa Ltd : Annual Report 1968*, p. 38.

図5−1 CGFSA グループ構造（1960年）

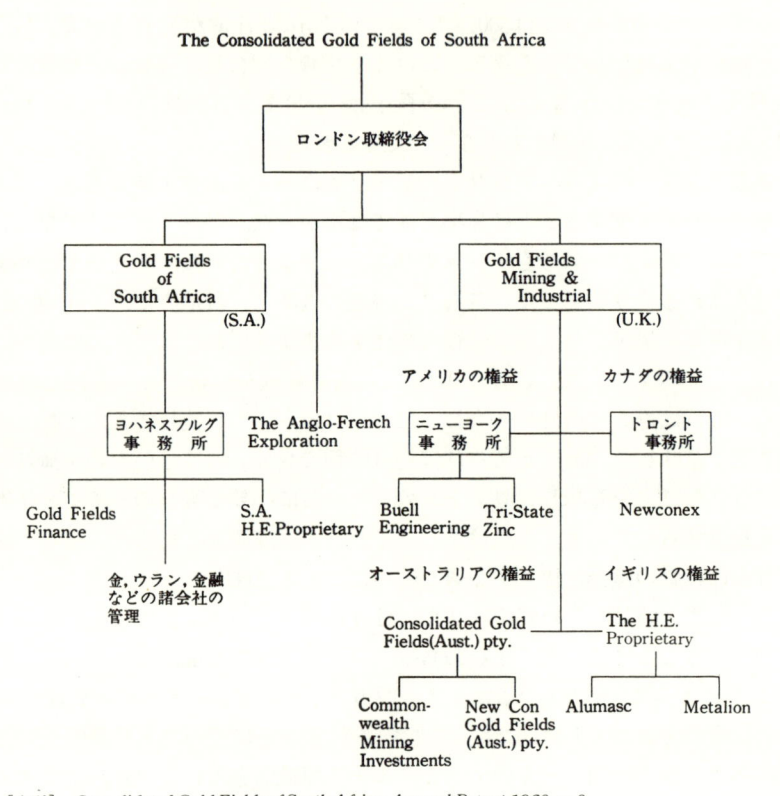

The Consolidated Gold Fields of South Africa

```
                    ロンドン取締役会
          ┌──────────────┴──────────────┐
    Gold Fields                    Gold Fields
        of                         Mining &
    South Africa                   Industrial
       (S.A.)                         (U.K.)
                           アメリカの権益    カナダの権益
  ヨハネスブルグ  The Anglo-French   ニューヨーク    トロント
    事務所      Exploration        事務所       事務所
   ┌──┴──┐                    ┌──┴──┐
 Gold Fields   S.A.          Buell      Tri-State   Newconex
 Finance    H.E.Proprietary  Engineering  Zinc

 金,ウラン,金融              オーストラリアの権益     イギリスの権益
 などの諸会社の
   管理                   Consolidated Gold      The H.E.
                         Fields(Aust.) pty.     Proprietary
                       ┌────┴────┐           ┌────┴────┐
                   Common-    New Con       Alumasc   Metalion
                   wealth    Gold Fields
                   Mining    (Aust.) pty.
                  Investments
```

［出所］ *Consolidated Gold Fields of South Africa: Annual Report 1960*, p. 8.

　CGFSA は10株に1株の割合で株主に104万7959株を発行し（価格1株30シリング），同時に社債の株式転換を実施，授権資本金1500万ポンド，発行資本金1452万7553ポンドとなる[65]。

　豊富な資金を背景に，CGFSA は1965年までの6年間に，海外に2000万ポンド以上投資し，20社以上の会社を獲得する[66]。CGFSA に関する限り，1960年代前半に急速な多国籍企業化の時代を迎えるのである。

---

65) A. P. Cartwright, *Gold Paved the Way*, p. 255.
66) *Ibid.*, p. 276.

ところで，CGFSA が南ア以外の地域・国に投資するのはこれが初めてではない。すでに前世紀末にパーシー・ターバトの勧めにより，ゴールドコーストの金鉱山へ進出し，さらに，第一次世界大戦までに取締役会長ハリス卿の下で急速な多様化と拡大が進められていた。ナイジェリアの錫，シベリアの金，アメリカとカナダの沖積世金の浚渫，アメリカのカリと電力，メキシコとトリニダートの石油，コロンビアの探査などに直接間接の多くの利権を獲得する。1911年にロンドンに Gold Fields Rhodesian Development と，アメリカに完全所有の子会社資本金250万ポンドの GFAD が設立されたのも，それぞれの利権を管理し，新しい投資先を見つけるためであった67)。

第一次世界大戦後も多様化と拡大が進められる。トルコの経済開発企業，アンゴラのダイヤモンド，南アメリカの銅，エストニアのオイルシェイル，ルーマニアの石油などに「相当の資本」参加をするとともに，ブラジル・バラ州で探査権を獲得し，英領ギアナとスマトラで金やダイヤモンドの探査を実施する。イギリス国内では，ピカデリーのデヴォンシャー侯爵邸の購入や British Cellulose and Chemical Manufacturing（後の British Celanese）へ資本参加を行う。1926年には，GFAD がアメリカ・ミズーリー州ジョプリンの近くの有名な亜鉛産地で鉱地をリースし，Tri-State Zinc と Missouri Mining の2つの鉱山会社を設立する。また，同じ年に，CGFSA はオーストラリアでカルグーリの金鉱山会社 Lake View and Star の株式を購入し，さらに，1930年にはパプアニューギニアで金の採掘に従事する。1932年にはオーストラリアにおける権益を管理するため，Gold Fields Australian Development を設立する68)。

これらの投資は，基本的には南ア金鉱山からの収益と増資によって賄われたが，しかし，南ア金鉱山からの増大する収益を背景に旺盛な海外進出が行われたと考えれば，それは誤りである。ことに第一次世界大戦後，CGFSA 傘下で

---

67) 第一次世界大戦前における CGFSA の南ア以外の投資については，A. P. Cartwright, *Gold Paved the Way,* pp. 98-101, 108-118, 175-190 ; The Consolidated Gold Fields of South Africa, Ltd, *The Gold Fields 1887-1937,* London, The Consolidated Gold Fields of South Africa, Ltd, 1937, pp. 84-87 を参照されたい。なお，R. V. Kubicek, *Economic Imperialism in Theory and Practice : The Case of South African Gold Mining Finance 1886-1914,* Durban, Duke University Press, 1979, pp. 226-232 には，1913年の CGFSA グループの投資一覧表が掲載されている。

68) 両大戦間期における CGFSA の南ア以外の投資については，A. P. Cartwright, *Gold Paved the Way,* pp. 191-198 ; The Consolidated Gold Fields of South Africa Ltd, *op. cit.,* pp. 96-97, 112-114 を参照されたい。

かなりの利潤を上げている金鉱山といえば，Robinson Deep と Simmer and Jack にすぎず，しかも1920年代後半にはそれらの利潤も減少し，収益はほとんど Sub Nigel 鉱山に依存する有様となる。そして，しばしば海外資産の売却益によって海外進出資金を捻出したり，赤字を免れるのである[69]。むしろ，海外への進出は，衰退していく南ア金鉱山に代わる投資の意味を持っていたのである。ハリス卿は1911年の年次株主総会で次のように語っている。「数年前，本取締役会は，Gold Fields が終わりのある会社となるべきか，あるいは，世が続く限り続く，終わりのない存在であるべきか，ややアカデミックな，しかし，深刻かつ興味ある議論をした。われわれは，Gold Fields のような会社にたいし投資家大衆が望んでいるのは終わりがあるべきでないということである，という結論に達したが，しかし，われわれは習慣的に期限ある寿命の資産に投資している」[70]。南ア以外の国・地域への拡大・多角化はラントの将来にたいする悲観的な見方と結び付いていたのである。

　旺盛な海外進出は南ア金鉱山に取って代わる収益を上げることができていたかといえば，Trinidad Leasehold や第一次世界大戦中の American Trona などかなりの利潤をあげる投資もあったが，海外利権の収益は総じて低調で，ラント金鉱山に代わる資産としては不足であった。しかも，世界大恐慌の到来とともに，プラチナ，銅，錫，鉛，亜鉛など金以外の投資はすべて赤字に転ずるのである。世界金本位制度の崩壊以降，1930年代の世界の金鉱山は未曾有の繁栄を享受し，CGFSA も金鉱山の経営と West Wits Line の探査・開発に主力を注ぐことになる。

　1960年以降，CGFSA が進出先に選んだ国は，アメリカ，カナダ，イギリス，ニュージーランド，就中，オーストラリアであった。表5－2は1960～65年に，CGFSA が進出した主要企業を示している。これらの投資を第二次世界大戦以前のそれと比較するとき，次の特徴を指摘できる。第1に，大戦前の投資は，それぞれが小規模で1件10万ポンドを越えるようなものはまず稀であったが，

---

69) 海外進出資金は，南ア金鉱山からの利潤（南ア戦争後に積み立てられた200万ポンドの準備金），増資（1911年の GFAD の設立に際し，CGFSA は125万ポンド第2優先株を発行，さらに，普通株50万株を発行），海外資産の売却（1911年における世界最大の沖積世金鉱山 Lenskoie を支配した Lena Goldfields 株の売却・デヴォンシャー候爵邸の売却，1929年の American Potash and Chemical 株の売却）から出された。

70) R. Macnab, *op. cit.,* p. 97.

第5章　鉱業金融商会の再編成　315

表5－2　CGFSAが買収・投資した主要企業（1960～65年）

| 買収・投資年 | 企　業 | 所在国 | 業　務 | 買収・投資額（万ポンド） |
|---|---|---|---|---|
| 1960年 | Commonwealth Mining Investments | オーストラリア | 鉱業金融会社 | 140 |
|  | Wyong Minerals |  | 二酸化チタン，ジルコン |  |
| 1960年 | Mining and Metallurgical Agency | イギリス | 金属販売 | 25 |
| 1961年 | Associated Minerals Consolidated | オーストラリア | 二酸化チタン，ジルコン | n.a. |
| 1961年 | New Market Mine（American Zincと Tri-State の合弁） | アメリカ | 鉛，亜鉛 | 150 |
| 1962年 | Mount Goldworthy (Cyprus Mines, Utah Construction との合弁) | オーストラリア | 鉄鉱石 | 670 |
| 1963年 | American Zinc | アメリカ | 鉛，亜鉛 | 650（$1800万） |
| 1963年 | Zip Holding | ニュージーランド | 家電製造 | 73.4 |
| 1964年 | Mount Lyell Mining | オーストラリア | 銅 | 330 |
|  | Renison Tin |  | 錫 |  |
| 1964年 | Tennant, Sons and Co | イギリス | 金属販売　マーチャントバンク | 210 |
| 1964年 | Bellambi Coal | オーストラリア | 石炭 | 200 |
| 1965年 | Pyramid Mining | カナダ |  | 42.5 |

［出所］　A. P. Cartwright, *Gold Paved the Way*, pp. 293, 297 ; *Mining Journal*, September 23, 1960, p. 341 ; October 7, 1960, p. 396 ; August 23, 1963, p. 179 ; April 17, 1964, p. 308 ; December 18, 1964, p. 478 ; February 18, 1966, p. 120. *Beerman's Financial Year Book of Europe 1967*, Third Edition, p. F 68.

この時期のそれは少数の企業に集中し，1件当りの投資額が途方もなく大きい。第2に，戦前の投資には直接投資とならんで，配当目当ての証券投資が数多く見られたが，この時期には，直接投資が主流となっている。第3に，第1，第2のことと関連して，現地の管理機構が強化された。戦前のGFADはアメリカ，カナダ，南太平洋の広大な地域を受け持つ有様であった。しかし，今回はトロントとシドニーにそれぞれ現地事務所と鉱業商会が開設・設立され，スタッフも充実された。第4に，現地スタッフが採用されるとともに，現地資本の参加が進められ，管理・資本の現地化が強められた。これは，現地のナショナリズムにたいする配慮と経営の効率性を考慮したためにほかならない。以下，国別に獲得または参加した主要な企業を見ておきたい[71]。

アメリカ

ハーヴィ＝ワットがアメリカに目を転じたとき，CGFSAが所有しているものといえば，完全所有の子会社 Tri-State Zinc と産業用集塵装置の製造会社

---

71) 以下の海外進出については，主に，A. P. Cartwright, *Gold Paved the Way* による。

Buell Engineering Incorporated と, Placer Development (Bulo Gold Dredging の子会社) ならびに Fresnillo (メキシコで銀, 鉛, 亜鉛を採掘) の持株にすぎなかった。Tri-State Zinc の埋蔵鉱石は終わりに近づいており, 総支配人の V・C・アレンは新しい鉱地を求めていた[72]。彼の友人ホワード・ヤングは長らく American Zinc, Lead and Smelting (American Zinc) の社長を務めていた。American Zinc はテネシー東部の New Market に広大な亜鉛鉱地の鉱物権を持っていた。しかし, 当時, アメリカ政府の備蓄政策の終了と周期的不況により価格は低落していたので, 開発をスタートさせる好機を待っていた。1961年アレンとヤングは双方を満足させる解決を計った。計画は合弁会社の設立で, American Zinc が鉱地を提供し, Tri-State Zinc が資本を出すとともに採鉱に従事するものであった。費用は150万ポンドと見積もられた。ドリル調査の結果, 2000万トン以上の鉱石が存在すると推定された。1日当り3600トンの鉱石を処理する工場の建設が開始され, 1800フィートの深さの竪坑が掘られ, 合弁会社 New Market Mine は1963年に生産を開始した。

　この間, 1961年ハーヴィ=ワットは American Zinc に招かれて取締役となり, また, ヤングは溶解炉を再装備し採掘活動を拡大するのに必要な資本を見出す方策を探していた。1962年の暮に, ヤングはある銀行から明確な提案を受けた。提案は, American Zinc 株1株につき5％累積優先株 (額面25ドル) を発行し, これを買収するものであった。一方, CGFSA は10％程の American Zinc 株を持っており, American Zinc の株式にたいし現金オファーを意図していた。1963年4月4日, CGFSA は最低62万5000株という条件で, 70万株にたいし1株25ドルの条件を提示した。それ以前, American Zinc 株は13〜14ドルで取引されており, したがって, 条件が提示された瞬間から, それは勝利の買付け同然であった。American Zinc 発行株133万6697株のうち89万246株が申し込まれた。そして CGFSA はその78％を購入した。1963年5月21日, American Zinc の支配は1800万ドル (650万ポンド) で CGFSA の手に移った。この購入は CGFSA にとってそれまでになした最大の単一投資であった。この後, 亜鉛価格は, 1962年の1重量ポンド当り11 1/2セントから1963年12セント, 1964年13セント, 1965年14 1/2セントと上昇し, American Zinc の利潤は1962/63

---

72) 以下の, New Market Mine の設立と American Zinc の買収については, A. P. Cartwright, *Gold Paved the Way*, pp. 265-271 による。

年度67万2000ポンド，1963/64年度117万5000ポンド，1964/65年度169万8000ポンドと増大した。

CGFSA は1800万ドルの購入資金を Bankers Trust に率いられたコンソーシアムによる起債によって賄った。CGFSA はアメリカの卑金属鉱業における主要な地位を獲得し，アメリカの板亜鉛生産の13％，亜鉛選鉱石の生産では2番目に大きい地位を占めるにいたった。テネシー，ニューメキシコ，ワシントン，ウィスコンシンにおいて200万トン以上の鉱石を採掘していたばかりでなく，5つの冶金工場を持ち，他の生産者の選鉱石をも処理していた。1965年に，American Zinc は1000万ポンドの生産拡大計画を発表した。これが完成すれば，1969年には世界でもっとも装備のよい亜鉛鉱業会社となる予定となった。

オーストラリア

CGFSA の最大の進出先はオーストラリアであった。CGFSA は僅か6年間で1500万ポンド以上を投下することになる。1960年11月子会社 Consolidated Gold Fields (Australia) Pty をシドニーに設立する。これは主にオーストラリア人を雇用したオーストラリア会社で，当地の活発な管理センターとなり，それ以来 CGFSA グループの中のどの会社よりも急速に成長する。1966年10月には，CGFA は1株2.5A ドル（オーストラリア・ドル）で500万株の普通株をオーストラリアで発行する。これは全発行株式の22.7％に当たっていた。同時に，社名は Consolidated Gold Fields Australia (CGFA) に変更された[73]。

オーストラリアへの進出を計画し始めた1960年に，CGFSA が当地で管理している鉱山は，Lake View and Star と Lake George 鉛一亜鉛鉱山と Mount Ida 金鉱山にすぎなかった。最初に目をつけたのが鉱業金融会社 Commonwealth Mining Investments (Australia) (Commonwealth Mining) である。Commonwealth Mining の利権は圧倒的に金，銅，亜鉛にあったが，ニューサウスウェールズの海岸の砂から金紅石 (rutile，二酸化チタン) とジルコンを採掘する Wyong Minerals を支配していた。CGFA は設立されて2週間後に Commonwealth Mining 株350万株を額面で購入した。これは同社の発行株の50.8％で，購入価格175万 A ポンド，スターリングで140万ポンドであった。

---

73) A. P. Cartwright, *Gold Paved the Way*, p. 282.

Commonwealth Mining の多数株を購入したとき，CGFSA はオーストラリアの鉱物砂鉱業，すなわち，金紅石とジルコンについてほとんど何も知らなかった。しかし，当時，これら2つの鉱物にたいする世界の需要は増大していた。そして，オーストラリアの東海岸の砂浜は唯一の主要な供給源であった。CGFSA は金紅石とジルコンの将来について調査した結果，この鉱業での支配的地位を得ることを決意した。

　次に目をつけたのが，Associated Minerals Consolidated (Associated Minerals) である。Associated Minerals は持株会社で，その子会社はクインズランドとニューサウスウェールズの海岸に広大な鉱区を所有していた。1961年10月，CGFA はこの会社の多数株を獲得した。Associated Minerals の専務取締役ヨゼフ・ピンターは，そのままその地位に止まった。その後，Associated Minerals は，CGFSA の後援を得て，3つの鉱物砂会社の全株式と，その他3つの会社の株式を獲得し，当業界最大の会社となった。Associated Minerals と Wyong Minerals の生産を合わせると，オーストラリアの全生産の3分の1を占めた。そして，オーストラリアは世界中で使用される金紅石の90％，ジルコンの60％を供給していた。Du Pont があるオーストラリアの会社と5年間の金紅石供給契約を結んだことにより，価格は上昇し始めた。Associated Minerals も American Potash and Chemical と20万トンの供給契約を結んだ。価格はトン当り18ポンドから38ポンドに回復し，1965年には両社の税引前利潤は合計で80万ポンドになっていた[74]。

　次に CGFSA が進出したのは鉄鉱石の採掘である。1960年オーストラリア連邦政府は鉄鉱石の輸出禁止を撤廃した。他方，ほぼ同時期に日本は鋼の生産倍増を決定し，年間数百万トンの鉄鉱石の輸入を計った。ここに俄かに注目を浴びることになったのは，ウェスタンオーストラリア北西部である。ここは長らく荒涼とした人住まぬ非経済的なところと見なされていた。しかし，日本からの鉄鉱石の大きな引合いは事態を変えた。ウェスタンオーストラリアのはるかな山々はただちに注目の的となり，世界の巨大鉱山会社は鉱床を調査するため探査団を派遣した。

　ウェスタンオーストラリア政府の地質学者と New Consolidated Gold Fields (Australasia) によって早期になされた調査により，CGFSA はリー

---

74) *Ibid.*, pp. 285-288.

ス獲得競争で先頭を切ることができた。CGFSA はパースの北およそ900マイルに位置するゴールドワーシイ山を高品位の鉄鉱石の産出地——4000万トン——として注目した。CGFSA はパートナーとしてアメリカの Cyprus Mines Corporation of Los Angels と Utah Construction and Mining Co of California を選んだ。開発には巨額の資本が必要とされることが予想されるとともに，CGFSA 自身鉄鉱石採掘に経験がなかったこと，さらには，マーケティングにおいて両社の日本との繋がりが不可欠であったからである。3社のコンソーシアム Mount Goldworthy Mining Associates（Mount Goldworthy）が設立され，1962年2月のリース申請は政府から認可された。同時に日本との契約も成立し，1966年からの7年間に1650万トン供給することになった。ヘドランド港が整備され，ゴールドワーシイ山から港まで鉄道が敷設された。これらのインフラストラクチュアの整備を含め，Mount Goldworthy を生産段階（年250万トンの規模）までもたらすのに2000万ポンドを要した。そのうち，CGFA は3分の1を負担した[75]。ウェスタンオーストラリアにおける鉄鉱石の開発は，Mount Goldworthy の他，イギリスの Rio Tinto Zinc が Kaiser Steel Corporation と，また，Wester Mining Corporation が America's Hanna Mining および Homestake Mining と組んで参加するとともに，オーストラリア最大の鉄鋼会社 Broken Hill Proprietary も参入していた[76]。

CGFSA のオーストラリアへの投資はここで終わらなかった。1964年 CGFA はオーストラリアでもっとも古い銅鉱山会社である Mount Lyell Mining and Railway（Mount Lyell Mining）の60％の株を購入するのに300万ポンド余りを支払ったと報じたのである。これはそれまでに CGFSA がオーストラリアで1度に支払った最大額であった[77]。

Mount Lyell 銅鉱山はタスマニア島西部，常に雲が覆い雨が洗うライエル山とオーウェン山の間の鞍の所に位置する。年間雨量100インチ，山肌は険しく，原始林に覆われている。銅の存在は，1885年金探査者によって発見されていたが，難所の銅は金を求めている人々にはほとんど価値がなかった。1891年，オーストラリア鉱業上の伝説的人物の1人であり，Broken Hill で百万長者とな

---

75) *Ibid.,* pp. 289-290.
76) *Mining Journal,* January 25, 1963, p. 94.
77) 以下，Mount Lyell Mining の獲得については，A. P. Cartwright, *Gold Paved the Way,* pp. 293-298 による。

ったボーウエス・ケリーが最初の Mount Lyell 社を設立して開発に着手した。年月が経つうち，この会社は近隣のすべての銅鉱山会社—— North Lyell，Crown Lyell, Lyell Comstock, Royal Tharsis —— を吸収した。それだけでなく，シュトラハン港からの鉄道を敷設した。社名に「鉄道」を冠しているのはそのためである。鉄道は65年間活動した後，1963年に撤廃された。

Mount Lyell 銅鉱山は最初の銅を産出した1896年から70年間に50万トンを産出した。CGFSA が終わりに近づいた鉱山に投資した理由は，Mount Lyell Mining がオーストラリアにおけるもっとも有望な錫鉱山のひとつである Renison Tin Mine に投資していた（49％）からである。したがって，CGFA が Mount Lyell Mining の株式を購入した時，同時に Renison Tin Mine にたいする持株も入手したのである。

購入の経緯は次のようであった。1961年，Mount Lyell Mining は，鉱山事業を肥料会社など他の事業から分離することを決定した。この再建計画の下で，1961年11月，Mount Lyell Investments（MLI）が授権資本金600万Ａドルで登録された。MLI は，額面0.25Aドル株1627万5000株を発行し，Mount Lyell Mining の投資，すなわち，Renison Tin Mine の株式と Imperial Chemical Industries of Australia and New Zealand の70万3509株を除く投資の一切を受け取った。Mount Lyell Mining が受け取った MLI 株は，1対1のベースで株主に配分された。同時に Mount Lyell Mining の株式は，額面0.50Aドルから0.25Aドルに切り下げられ，発行資本金は半分となった。

CGFSA は，MLI が Metal Manufactures の持株を650万Ａドルで売却したことを知ったとき，MLI と CGFA との合同の可能性を探ることを決定した。しかし，1963年2月，CGFSA の提案は MLI の取締役によって却下された。CGFSA は，MLI の現金ポジションは乗っ取り買付けを招くであろうと確信して，市場でその株式を買い続けた。予期された買付けが，1963年4月 Boral （元の名は，Bitumen and Oil Refineries of Australia）からやってきた。MLI の取締役はこれを受け入れ，Boral は CGFSA が失敗した地点で成功した。

しかし，Mount Lyell Mining の魅力は MLI の設立で失われなかった。Renison 鉱地でのドリルが錫鉱床を発見したというニュースが漏れるや，Mount Lyell Mining は注目の的となった。Patino Mining Corporation of Canada を筆頭とする海外のグループが，1株0.52Aドルで買付け攻勢をかけた。この買付けは Mount Lyell Mining の取締役の拒絶にあったが，Patino

はこの提案を直接株主に提起すると声明した。その2日後，Boral は救済活動に出動した。Boral は，Mount Lyell Mining 取締役会の承認の下に1株0.6Aドルに当る株式交換の対抗的乗っ取り買付けを行なった。同時に Mount Lyell Mining の取締役は株主にその受入れを推奨した。こうして Boral は，Mount Lyell Mining 株の55％を獲得し，その持株は897万株となった。ここに，Patino の脅威はなくなった。しかし，Boral は鉱業会社ではなかった。1964年 CGFA の取締役会長で専務取締役を兼任するマッシー＝グリーンは，Boral が鉱業のノウハウを知るパートナーを探しているという情報をつかんだ。同年5月，CGFA は Boral にたいし Mount Lyell Mining 株の持株の半分を引き受ける提案をした。

CGFA は40万株を相場の1株6シリング6ペンスで購入し，さらに，調査終了後19万8886株を購入した。Mount Lyell Mining にたいする CGFA の持株比率は29.74％となった。次のステップは Boral によって取られた。Boral は，CGFA が純粋にオーストラリアの会社であり，短期的利潤のために Mount Lyell Mining を利用する「外国会社」でないことに満足し，救済活動を CGFA に委ねた。

1964年12月，Boral は Mount Lyell Mining の持株を売却することを決定し，CGFA にたいし1株11シリング6ペンスで残りの株（全部で480万株）の譲渡を申し込んだ。CGFA は556万Aドルでこれを獲得した。CGFA は約900万株にたいし330万ポンドを支払ったことになる。

CGF は Mount Lyell Mining を傘下に収めるとともに，Renison Tin Mine を支配するにいたった。Mount Lyell 銅鉱山では新たに埋蔵量4000〜5000トンの新しい鉱床が発見された。Renison Tin Mine では生産拡大のために800万ドルが支出されることになった。これにより鉱山で処埋される鉱石量は1日当り100トンから1000トンに増大することが見込まれた。錫の生産量が10倍になるわけではないが，産出量の増大とともに利潤も上昇すると見られていた[78]。

1964年，さらに CGFA は，Bellambi Coal の65％の株式を取得したことを公表した。Bellambi はニューサウスウェールズの南岸のケンブラ港近くの South Bulli Colliery を所有していた。1962年に CGFA はこの炭鉱の調査を

---

78) A. P. Cartwright, *Gold Paved the Way*, p. 298.

開始し，翌年 Bellambi 株の購入を始め，64年の初めには11万8000株（これは5％に達する）を取得していた。次の段階は Bellambi の最大株主である会社と接触して，それが所有する株式の買付けができるかどうか見出すことであった。この協議から株主にたいする申し出が生じ，Bellambi は傘下の会社となった。

　CGFA が Bellambi を欲したのは，それが支配する South Bulli Colliery が良質の堅いコークス用の石炭を産出し，また，Bellambi は溶鉱炉用と精練用のコークスを生産していたからである。CGFA は生産を倍にし，利潤は相当増大すると踏んでいた。1964年6月30日 Bellambi は日本と1967年3月までの3年間に125万トンの石炭を供給する契約を結んだ。ほとんど同時に国内からコークスの大量の注文がきた。1965年日本の別の会社との契約がなり，1967年から70年までに380万トンの供給をすることになった[79]。

### ニュージーランド

　ニュージーランドにたいする CGF の投資は，それまで皆無であった。CGFA が設立された後，種々の機会に個人や会社からニュージーランドの鉱物を探査するよう申し込まれた。ニュージーランドには小規模な沖積世金鉱床があり，そのいくつかを探査したが，成果は上がらなかった。

　1964年4月，CGFA はニュージーランドの Zip Holdings の51％の株式を73万4000ポンドで購入した。Zip Holdings は，家庭電気製品，湯沸かし器などを製造するいくつかの子会社を持つ持株会社であった。ロンドンの CGF は勿論その名前さえ聞いたことがなかったが，Zip Hoidings は当時急速に伸びており，資本を，しかも直ちに必要としていた。Zip Holdings の経営者はマッシー＝グリーンに接近し，CGFA による株式の購入にいたったものである。この購入は CGF の多様化の努力の現れであった[80]。

### カナダ

　カナダへの投資は1923年に遡る。この年，CGFSA は Porcupine Goldfields Development and Finance に投資し，1人の技術者を派遣して有名な Porcu-

---

79)　*Mining Journal,* March 4, 1960, p. 277.
80)　A. P. Cartwright, *Gold Paved the Way,* pp. 301-303 ; *Mining Journal,* April 17, 1964, p. 308.

pine 金鉱地を視察させた。この後，カナダでもっとも収益性の高い Anglo-Huronian and Kerr-Addison Gold Mines のかなりの株を所有することになった。当時，カナダの権益は，GFAD が支配していたが，到底きめ細かな管理は不可能であった。こうして，カナダは1945年には，CGFSA の活動領域であることをほとんど止めていた[81]。1956年にトロントに New Consolidated Canadian Exploration（後に Newconex Canadian Exploration と改名）が設立されたのもこうした理由による。1962年には投資会社 Newconex Holdings が設立される。

当時，CGFSA は Ultramar ならびに Apex (Trinidad) Oilfields と共同で石油探査会社 Canpet Exploration を所有していた。これには150万ポンドが投資されていたが，そのうち，CGFSA は37万5000ポンドを出資していた。Canpet Exploration は1959年までに77本の油井で産油していた。1962/63年度に CGFSA は，Canpet Exploration の持株を Ultramar に売却した[82]。

カナダの北西部にパイン・ポイントと呼ばれる鉛＝亜鉛鉱地があった。そこでは，Consolidated Mining and Smelting Co of Canada が支配する Pine Point Mines が操業していた。1965年 Newconex Canadian Exploration はパイン・ポイントに参入した。ついで，Conwest Exploration と組んで，Pine Point Mines に隣接する鉱区を獲得し，探査の結果ここにおよそ125万トンの鉱石が見込まれた。さらに，こうした直接的権益とは別に，Newconex Canadian Exploration と Conwest Exploration は，Pine Point Mines の南と東に一大鉱区を有する Pyramid Mining の大株を購入した。探査の結果，2つの分離した大鉱床が発見された。埋蔵量は1100万トンと見積もられた。Pyramid Mining はこの鉱床を Pine Point Mines に，Pine Point Mines 株式52万6000株で売却した。時価に換算すると，その価値は1100万ポンドであった。1966年から Pyramid Mining は Pine Point Mines の取得株を株主に配分した[83]。Newconex Canadian Exploration は42万5000万ポンドの支出で，Pine Point Mines 株 6 万株，約125万ポンドを取得したのである[84]。

---

81) A. P. Cartwright, *Gold Paved the Way,* pp. 277-278.
82) *Ibid.,* p. 277.
83) *Ibid.,* pp. 280-281.
84) *Beerman's Financial Year Book of Europe 1967,* Third Edition, p. F 68.

### イギリス

1960年，CGFSA は Mining and Metallurgical Agency の発行株式の半分強をおよそ25万ポンドで獲得した。Mining and Metallurgical Agency は鉱石と金属の商業活動に従事するとともに，ヨーロッパの売買代理人といくつかの海外の重要な鉱山会社の総代表を務めていた[85]。

1963年 CGFSA はテナント商会（C. Tennant, Sons and Co）の発行株式の10％を210万ポンド，すなわち，現金28万8000ポンドと普通株47万2447株（時価にして180万7109ポンド）で購入した。テナント商会は，1794年チャールズ・テナントによって設立されて以来160年にわたって，その子孫によって経営されてきたマーチャント・バンクで，当時，化学品，鉄合金およびその関連製品の代理商を務めるとともに，冶金関係品の取引商となっていた[86]。

南ア準備銀行に一括して購入される金はマーケティングを必要としない。しかし，金以外の金属はそういう訳にはいかなかった。亜鉛や銅や鉄鉱石，錫や金紅石やジルコンの生産に進出した CGFSA にとって，販売組織の強化を企てることは緊急の課題であったのである。イギリスで Mining and Metallurgical Agency を傘下に収め，テナント商会に資本参加をしたのはこの課題の解決のためであった。

1961年に CGFSA グループ資産の市場価格はほぼ5800万ポンドであった。南部アフリカが66％を占め，北アメリカ10％，オーストラリア6％，そして，イギリスが残りの18％を占めていた[87]。2年後には8000万ポンドを越え，重心も移動する（南部アフリカ52％，北アメリカ27％，オーストラリア9％，そして，イギリス12％[88]）。1967年にさらに大きくなり，1億7500万ポンドとなる。南アにおける資産はなお所得の大半を生み出していたが，その割合は48％に低下し，アメリカ21％，オーストラレイシア19％，カナダ4％，イギリスとその他が8％となる[89]。1964年に，CGFSA が，その名称から「South Africa」という言葉を除いて，Consolidated Gold Fields（CGF）と短くするのもこの

---

85) *Mining Journal*, October 7, 1960, p. 396.
86) *Ibid.*, August 23, 1963, p. 179.
87) *Mining Journal : Annual Review 1961*, p. 293.
88) *Beerman's Financial Year Book of Southern Africa 1964*, Vol. 1, p. 253.
89) *Beerman's Financial Year Book of Europe 1968*, Fouth Editon, p. F 196.

事情を反映する。

CGFSA の税引前利潤は1959/60年度の500万ポンドから，60/61年度744万ポンド，61/62年度922万ポンド，63/64年度には1000万ポンド，さらに65/66年度には1500万ポンドと，順調かつ飛躍的に増大する[90]。南ア金鉱業からの収益増大と相俟って，1959年以降取得した企業からの巨額の収益の流入があったからにほかならない[91]。

## 第4節　AACグループ企業構造の再編成
### —— Rand Selection と CMS の拡大

### 1. Rand Selection の拡大

6000マイル離れたロンドンから指令を発していた CGFSA や CM に比して，ヨハネスブルグに本社をおく AAC は，企業経営においても政府との関係においても有利であったことは明らかである。しかも，AAC は，1930年代中葉より増大する保有株式や鉱地の中央管理方式として，投資分野別の持株会社を設立していた。すなわち，1928年に設立した北ローデシア銅鉱山利権の管理会社としての Rhodesian Anglo American を皮切りに，1936年にはダイヤモンド会社の持株会社として Anglo American Investment Trust を設立，さらに，翌年には West Rand Investment Trust と Orange Free Investment Trust を設立し，前者に Far West Rand 金鉱地と Klerksdorp 金鉱地における AAC の利権の，後者には Orange Free State 金鉱地における AAC グループの利権の管理に当たらせていた。また，炭鉱利権は，ルイス・アンド・マルクス商

---

90) *Consolidated Gold Fields of South Africa Ltd : Annual Report 1968*, pp. 38-39.
91) 鋼や亜鉛や鉄鉱石は当然に価格変動を避けられず，不断に高利潤をあげ続けることはあり得ない。ポール・ジョンスンは，高価格のときはともかく，価格低下の時期にどういう経営をするか，CGF の首脳人は経営方針が明確でなかったと指摘している（P. Johnson, *op. cit.*, pp. 51-52.）。亜鉛価格は1967年には低落し，鋼価格も70年代半ばに低下する。ストライキの影響もあり，1966-67年に American Zinc は赤字に転ずる。その上，環境規制が強まり，操業は著しく困難となる。最大の投資先となったオーストラリアでも，成長会社となるのか，所得会社となるのか，また，ロンドンの70％の株式の所有者が主人なのか，現地の30％の所有者が主人なのか，判然としなかったという（P. Johnson, *op. cit.*, p. 159.）。ともあれ，海外に獲得した企業の成果は別の課題である。1981年の Newmont Mining の26％の株式取得により，CGF の海外進出は新しい段階を迎える。

会を買収したさい African & European とともに入手した Vereeniging Estates に集められていた。こうした分野別持株会社だけでなく，AAC は設立以来，Consolidated Mines Selection (CMS) と Rand Selection Corporation (Rand Selection) の金融投資会社と姉妹関係にあり，直接間接に相互に株式を所有しあっており，全体として南ア経済のいたるところに触手を張り巡らしていた。したがって，CGFSA や CM と異なり，企業グループ構造自体の再編成に迫られてはいなかったともいえよう。しかし，多様化と拡大は CGFSA だけの課題ではなかった。発展しつつあるオーストラリアやカナダには投資機会がふんだんにあるように見えたし，何よりも，AAC も繁栄を維持するためには事業の多様化と海外への拡大を画る必要があった。そのためには，海外から資本を引き寄せ，また，海外へ資本を出すことができなければならなかった。しかし，この点に関し，ヨハネスブルグの AAC は，ロンドンの CGFSA や CM に比して不利であった。アパルトヘイト体制が強まるなか，ことに1960年のシャープビル事件以後，南アでは海外からの資本流入が途絶える一方，海外への資本流出があいついだからである。南ア政府は資本の逃避を抑えるために，厳しい為替統制を敷いた。それゆえ，海外から資本を引き寄せ，また，海外に資本を打ち出すことはほとんど不可能となった。これを打開するために，南ア国内に魅力的な金融投資会社をつくるとともに，海外進出のため海外で資本を集めることのできる強力な金融投資会社を国外に創設する必要に迫られたのである。AAC は，CMS や Rand Selection の他，いくつかの金融投資会社を子会社，姉妹会社に有していた。しかし，それらの課題に応えるためには，いずれも従来の規模では明らかに不十分であった。ここに古くからの金融投資会社の格上げが計られるのである。そのために選ばれたのが AAC の姉妹会社 CMS と Rand Selection である。

「外国に投資しようとする南アの会社が直面する困難のひとつは，厳しい為替統制の実施である。J・T・ウィリアムスンの死後，De Beers が Williamson Diamonds を獲得せんとしたときがその一例となる。南ア当局によって必要な外国為替は利用できることになったけれども，海外でほぼ同額の借入れ努力をするという了解の下においてであった。この件に関していえば，当時 Anglo American がドイツ銀行と進めていた借款協定が好便な解決策となった。今や，この問題にたいする長期的解決方法が Anglo American グループによって見出されたようである。同グループの重要な金融会社のひとつである CMS

第5章　鉱業金融商会の再編成　327

は、ロンドン登録会社であり、自分の望むところどこにでも投資できる。それゆえ、将来 CMS は外国への Anglo American の拡大の主要なチャンネルになることも十分考えられる」92)。1960年3月4日の *Mining Journal* はこう述べ、前年に CMS がカナダ最大の鉱業金融投資会社 McIntyre Porcupine Mines と Locana Minerals へ資本参加したことを指摘している。McIntyre Porcupine Mines は、北ケベックのアンガヴァ半島、フォートマッケンジーとフォートチモの間で新しい銅鉱床を発見したことで有名であった。ここには、AAC が外国進出のために外貨の獲得に難航したこと、ロンドン登録の金融会社 CMS が外国進出のひとつの通路になり得ることが示唆されている。しかし、海外で資本を集めることのできる強力な金融会社を創設することはまだ示されていない。

　ハリー・オッペンハイマーが南アとロンドンに巨大金融投資会社を創造することを決意したのは、恐らくこの時期であったと思われる。というのも、この月シャープビル事件が起こり、1月に始まっていた資本の海外逃避は加速するからである。資本の海外逃避は翌1961年5月まで続き、南アの外国為替準備高は7700万ポンドまで低下する。6月には為替統制が導入され、非居住者は資本の償還を禁止され、居住者は海外で証券を購入することを禁止される93)。AAC において、Rand Selection の昇格計画が発表されるのは1960年の暮れであった。

　1960年12月16日、Rand Selection を「安全の点でも成長の可能性の点でも特別なメリットを有する南ア最大の投資会社」94)にする計画が打ち上げられた。その回覧状において、ハリーは次のように述べている。「私には、Rand Selection のような会社の株主と構成員にとって、現状の組織では、経済的潜在的価値は過去におけるよりもはるかに小さいように見える。現代の水準からすれば、それは中規模の投資会社であり、投資分野においてこれといった明確に規定された役割を担っていない。それは特別なポートフォリオを有しているけれども、大規模な資金を募集するほど装備されていないし、殊に海外から南アに資金を導入するのに好位置にいるわけでもない。われわれの提案どおりに拡大

---

92)　*Mining Journal,* March 4, 1960, p. 277.
93)　S. Jones and A. Mueller, *The South African Economy 1910-1990,* London, Macmilian, 1992, p. 223.
94)　*Mining Journal,* January 20, 1961, p. 84.

された Rand Selection は非常に違った立場となろう。それは南部アフリカの将来の経済における安全で確かな投資媒体を提供するであろう。それ自体は新しい投資先を開拓しないけれども，その金融力と他企業との繋がりによって尊重され，他のものによって始められた事業に参加するであろう。」[95]

Rand Selection を巨大金融投資会社にする手続きには，次の2つの段階が取られた。第1は，De Beers Investment Trust の資本と資産を拡大すること，すなわち，鉱業金融商会や子会社がその所有する資産を De Beers Investment Trust に引き渡し，交換に De Beers Investment Trust の株式を取得することである。第2は，Rand Selection が自社株と交換に，この拡大された De Beers Investment Trust の全資本を獲得することである。

De Beers Investment Trust は，De Beers Consolidated Mines (De Beers) の子会社として，1952年に設立された。1960年に発行資本金1500万ポンドであり，De Beers が額面1ポンド株式1125万株，De Beers の子会社である Diamond Corporation と Consolidated Diamond Mines of South West Africa がそれぞれ145万株と230万株を有し，ダイヤモンドからの資金が Orange Free State 金鉱地および Klerksdorp 金鉱地における AAC 傘下の鉱山開発に投下される通路となった投資会社である。グレゴリーによれば，1954年までの3年間に，実に2889万ポンドが De Beers Investment Trust によって金鉱業に投下された[96]。

Rand Selection の格上げに参加した企業は，AAC, De Beers, CM, BSAC の子会社，JCI, Engelhard Hanovia および International Nickel of Canada (International Nickel) である。これらの会社はそれぞれが所有する株式，現金ならびに借款の提供と交換に，De Beers Investment Trust の発行する株式を取得した。De Beers Investment Trust が取得した株式には，AAC や，De Beers や，JCI, BSAC および海外の企業の相当数の株式が含まれていた[97]。しかし，最大かつ最重要なものは，Rand American Investments の全発行株式（1ポンド株式237万1049株[98]）であった。すでに述べたように，Rand American Investments は，CM が乗っ取りの危機に陥った際，これを救済するため

---

95) *Ibid.*, p. 84 ; A. Hocking, *op. cit.*, p. 341.
96) T. Gregory, *Ernest Oppenheimer and the Economic Development of Southern Africa*, Cape Town, Oxford Unversity Press, 1962, pp. 571-572.
97) *Ibid.*, p. 107.

に設立されたコンソーシアムで，CM のほとんどすべての優先株とかなりの数の普通株を所有し，CM を支配する立場にあったからである。また，RM の普通株も相当数有していた。その取締役会長エンジェルハードは CM の取締役であるとともに RM の取締役会長を務めていた。

　次に，Rand Selection は De Beers Investment Trust の株主に自社株を発行することと引き替えに，De Beers Investment Trust の全発行株式を取得した。すなわち，Rand Selection は，授権資本を800万株から3500万株へ（金額で200万ポンドから875万ポンドへ）引き上げ[99]，De Beers Investment Trust の株主，AAC, De Beers, CM, BSAC の子会社，JCI, Engelhard Hanovia および International Nickel にたいし2483万5366株を発行し，そして，それらが所有する De Beers Investment Trust の全発行株式を取得したのである。ここに，De Beers Investment Trust は，De Beers の手を離れ，Rand Selection の完全所有子会社となり，名称も Randsel Investment と改められた。ここに CM は名実ともに Rand Selection 傘下，すなわち，AAC グループに組み込まれたのである。

　Rand Selection は同時に元の株主に75万株を発行した。既発行株式750万株と合わせると，総発行株式数は3308万5366株，額面で827万1341ポンドとなった。元の株主への発行は10株につき１株の割合で，発行価格は45シリング，相場は56シリングであったから，株主にはおよそ１株につき11シリングの儲けが与えられた。しかし，既発行株式の大部分（750万株のうち600万株）は AAC を始めとする種々の鉱業金融商会や金融会社によって所有されていたから，一

---

98) K. Nkrumah, *Neo-Colonialism : The Last Stage of Imperialism*, London and Edinburgh, Thomas Nelson and Son, 1965, p. 121.（家正治・松井芳郎訳『新植民地主義』理論社，1971年，132ページ。）BSAC の取締役会長のロビンズ卿は Rand Selection 拡大への参加について，1961年の株主総会で次のように報告している。「私は，British South Africa Co の株主に，いくつかの子会社の取締役会が，De Beers Investment Trust へ移管し，さらにそこから拡大された Rand Selection へ移管することに同意した証券（1960年11月11日の時点での価値は総計で約1350万ポンドである）は，本社グループが南アで機能している諸会社にたいして保有する株式の大部分をなしていることを，明確にしたい。この取引は，南アにたいするわがグループの投資政策の変更を意味しはしない。わがグループの Union Corporation の保有株はここに含められていないし，ローデシア・ニアサランド連邦ならびに英連邦の国にたいする投資もなんら影響は受けていない」(*Mining Journal,* February 24, 1961, pp. 228-229.)。

99) T. Gregory, *op. cit.,* p. 107.

一般投資家に向かう株式は僅かであった[100]。結局,発行株式3308万5366株のうち,およそ2700万株は,Rand Selection の拡大に参加した会社,すなわち,AAC, De Beers, CM, BSAC の子会社,JCI, Engelhard Hanovia および International Nickel によって所有されることとなった。*Mining Journal*は,一般投資家の持株は15%にも満たないから,Rand Selection 自身は機関投資家のクラブであり,その株式市場は「企業」によってかなり強く支配されるものとなる,と指摘している[101]。これら「機関投資家」の中で De Beers の所有が一番大きく,発行払込株式の過半を占めていた[102]。Rand Selection は De Beers の子会社,Randsel Investment は De Beers の孫会社,Rand American Investments は De Beers の曾孫会社,CM はその曾孫会社に「支配」される会社,という関係になったわけである。Rand Selection は拡大された De Beers Investment Trust を受けとることにより,資産額は2300万ポンドから一躍1億200万ポンドに跳ね上がった[103]。その内訳は,金鉱業44%,鉱業金融30%,銅およびその他卑金属9%,工業8%,不動産等8%,石炭1%であった[104]。こうして,AAC グループの中で,Rand Selection は AAC, De Beers に次ぐ地位を占めるにいたったのである。

膨大な資産を有し強力な金融グループによって支持された Rand Selection は,大規模な新規の事業にたいし,何時でも資本を募集できる有利な地位を享受できることになった。ただし,それは一般投資家からではなく,ロンドンの特許会社が関係する機関資金源と Rand American Investments がもたらすアメリカの基金からであった。Rand Selection は早くも1961年9月にアメリカで3000万ドルの非保証社債(内,500万ドルは7%7年返済,2500万ドルは7%10年返済)の募集に成功する。この時,南ア政府は元利の送金にたいし為替を保証した[105]。

Rand Selection 拡大の一連の手続きにおいて,エンジェルハードの果たした役割は大きなものがあったといわねばならない。彼は,Rand American In-

---

100)  *Mining Journal,* January 20, 1961, p. 80.
101)  *Ibid.,* December 16, 1960, p. 692.
102)  K. Nkrumah, *op. cit.,* p. 134. (家正治・松井芳郎訳『新植民地主義』,144-145ページ。)
103)  T. Gregory, *op. cit.,* p. 107.
104)  *Mining Journal,* December 16, 1960, p. 692.
105)  *Ibid.,* September 29, 1961, p. 323.

vestments 最大の株主であったから，もし彼が拡大に参加しなかったとすれば，AAC は CM を傘下に組み込むことはできなかったであろう。ここに，オッペンハイマーにたいするエンジェルハードの2度目の協力を見るのである。

AAC の創設以来，Rand Selection と AAC とは姉妹関係にあり，Rand Selection は AAC の参加する事業に30%参加する権利を有していた。Rand Selection の再編強化を機に新しい協定がなり，1970年10月1日までの期間，参加権は50%に引き上げられた。他の参加会社を勘案すると，新規事業にたいする従来の AAC と Rand Selection の参加比率は，7対2であったが，参加権の引上げにより2対1となることが予想された[106]。

2. CMS の拡大

Rand Selection 拡大の1年後の1962年1月26日，Consolidated Mines Selection (CMS) の拡大が発表された。翌週の *Mining Journal* は次のように報じている。「Anglo American Corporation of South Africa がロンドンの会社 Lydenburg Estates を吸収する一方，同じロンドンに基礎をおくグループ内の会社 CMS を無視していた理由が今や明らかとなった。CMS には AAC の取締役共同副会長であるケイス・アカットが取締役会長に就任し，CMS は，Rand Selection が1年前に南アにおける Anglo American のプロジェクトに金融するグループの主要機関に引き上げられたと同じ方法で，南アの外の資産を取り扱う主要グループの機関となることになった。

実際の公式声明には事実，少し不思議なところがある。それは，この提案——詳細は2月半ば頃に発表されることになっている——は，『南部アフリカ，イギリス，北アメリカおよびその他の地域に利権を有し，イギリスで管理されているいくつかの鉱業金融商会にたいする重要な投資』の CMS による獲得 (the acquisition by C. M. S. of "important investments in certain mining finance companies managed in the U. K., having interests in Southern Africa, the United Kingdom, North America and elsewhere") を含んでいる，と語っていた。

不思議さは『いくつかの鉱業金融商会』の確認にある。1つ2つの明白な推

---

106) *Beerman's Financial Year Book of Europe 1968*, Fourth Edition, p. F 214 ; K. Nkrumah, *op. cit.*, p. 134.（家正治・松井芳郎訳『新植民地主義』，144-145ページ。）

定は，CMS が AAC 自体，De Beers，Rand Selection およびそれらの関連会社から投資を獲得したという事実によって，表面的には無効となった。……声明は，CMS はこの取引で，昨年12月29日のロンドン価格を基礎にすれば1060万ポンドに上る投資を獲得し，純資産を約500万ポンドから1560万ポンドに引き上げると述べている。これらの投資の相当の部分は新しく設立される持株会社によって保有されることになる。……CMS に新しい投資を売却する諸会社は，交換に，CMS の10シリング新株式を41シリング9ペンスで受けとることになる……。この価格は1961年12月31日現在の CMS 株の純資産価値である。CMS は509万5793株を発行することになる。これにより CMS の発行資本金は120万622ポンドから374万8519ポンドになる。」[107]

Rand Selection を拡大したと同じ方法で，CMS を拡大することが報じられている。CMS の子会社は，AAC，De Beers，Rand Selection およびそれらの関連会社から「いくつかの鉱業金融商会」にたいする投資を獲得する。交換に，これらの関連会社はその子会社の株式を取得する。次に，CMS は，子会社の株式と交換に，これらの会社にたいし株式を発行する。

2月半ばに出された回覧状で，CMS 拡大計画の3つの側面が明らかとなった。

第1に，CMS は授権資本金を200万ポンドから500万ポンドに，発行資本金を120万622ポンドから374万8519ポンドに引き上げる[108]。第2に，CMS は，AAC グループから1063万7468ポンドの投資を獲得する。その大部分は2つの完全所有の持株会社，Financial and Mining Holdings と Consolidated Mines Holdings (Rhodesia) によって所有され，CMS が直接引き受けるのは228万ポンドだけである。獲得される株式は主に BSAC, CM, JCI, Selection Trust および Bay Hall Trust と Rhodesian Anglo American の少数の株からなる。第3に，CMS は 6 1/2％転換社債300万ポンドを100ポンドにつき97 1/2ポンドで募集する。転換時期は1963年から1966年の各3月である[109]。この募集はカナダの重要な鉱業企業の買収に使用される。回覧状では「重要なカナダの鉱業企業」は何であるかについては語られていないが，後に，それはカナダ3大銅・金鉱業会社のひとつであり，合衆国の金融によって支配されていた Hud-

---

107) *Mining Journal*, February 2, 1962, pp. 126, 128.
108) *Ibid.*, February 16, 1962, p. 180.
109) *Ibid.*, March 1, 1963, p. 183.

son Bay Mining & Smelting であることが判明する。

　CMS の拡大は1962年3月の初めに完了した。CMS の固定した資産は完全所有の投資持株会社の株式からなっていた[110]。総額は1560万ポンド。その70％は著名な鉱業金融商会の株式であった[111]。資産の地理的分布はアフリカ61％，北アメリカ28％，イギリスおよびその他の地域11％である[112]。

　翌年，CMS は，AAC，Rand Selection およびいくつかの提携会社とともに，Hudson Bay Mining & Smelting の株式40万株を購入するオプションを得た[113]。社債で集められた300万ポンドのうち，230万ポンドがこのために使用される[114]。1株50ドルであった。これらの株は完全子会社であるカナダの会社 Interlink Investments によって所有された。Interlink Investments はまたケベックのアンガヴァ半島で探査に従事している British Ungava Exploration にたいする CMS の投資——CMS は最大株主である——を所有していた[115]。

　AAC は，Rand Selection に次いで，CMS の拡大を計り，海外におけるグループの広範な事業における CMS の役割を著しく拡大した。しかし，資産1560万ポンドは決して小さくないとは言え，Rand Selection の1億ポンドと比較すると，見劣りすることは否めなかったであろうし，一流の投資金融会社を称することも憚られたであろう。事実，この拡大によって，ロンドンにおける AAC グループの資金調達力がどれ程増したかは疑問であろう。Hudson Bay Mining & Smelting の株式40万株の購入に際し，CMS の起債にもかかわらず，AAC グループは2000万ドルの調達に苦慮するのである[116]。したがって，南ア登録の AAC が海外進出を計るためには，なおロンドンでの確実な資金調達機関が必要であった。一言でいえば，CMS のこの程度の規模では所期の目的を実現できなかったのである。一方，CM は Rand Selection 傘下，AAC グループに入ったとはいえ，その地位は不安定であった。また，北ローデシアの鉱物権を持ち続け，銅生産の拡大とともに巨額のロイヤルティを得ていた

---

110) *Ibid.*, March 1, 1963, p. 183.
111) *Ibid.*, March 1, 1963, p.212.
112) *Ibid.*, February 16, 1962, p. 180.
113) K. Nkrumah, *op. cit.*, p. 134.（家正治・松井芳郎訳『新植民地主義』，144-145ページ。）
114) *Mining Journal*, February 16, 1962, p. 180.
115) *Ibid.*, March 1, 1963, p.213.
116) A. Hocking, *op. cit.*, p. 403.

BSACも，差し迫る北ローデシアの独立により大詰めを迎えようとしていた。CMをどうするか，最大の株主としてBSACをどうするか，AACはこうした課題を抱えていた。

*Mining Journal*が「不思議さは『いくつかの鉱業金融商会』の確認にある。1つ2つの明白な推定は，CMSがAAC自体，De Beers，Rand Selectionおよびそれらの関連会社から投資を獲得したという事実によって，表面的には無効となった」と，不明瞭な，われわれには謎のように見える言葉を記したのも，この間の事情を示唆したものではないだろうか。ロンドンの鉱業金融筋では，CMSへのCM株もしくはBSAC株の移転が囁かれていたのではなかろうか117)。CMSの拡大はより大規模な計画の一環ではなかったかとの疑問をよびおこすのである。実際，CMSの拡大が完了した3カ月後には，CMS，CM，BSACの3者の合同の話合いが始まるのである。


## 第5節　アフリカーナー資本の金鉱業への参入
### ——Federale MynbouによるGM獲得——

### 1. Federale MynbouによるJCI獲得の試み

1957年のCMの危機に，グレイザー兄弟や，Sanlam＝Federale Mynbouや，CGFSAがどれほど関わっていたかは定かでない。乗っ取り買付けを名乗り出たグレイザー兄弟がどれだけの株式を入手したかは，明らかとならなかった。マグバネは，CMの乗っ取りを企てた「名を秘した」グループは，「アフリカーナー民族資本の中心的機関のSanlam」であったと論じている118)。これにたいしイネスは，「おそらくGold Fields」であった，としている119)。い

---

117) CMとCMSならびにBSACの合同を報じた1964年11月27日の *Mining Journal* は次のように述べている。「過去数カ月間，種々の機会にCentral Mining & Investment Corporationが乗っ取り買付けの対象になったとの噂が流れた。もっとも可能性のある乗っ取り社はAACであると考えられていた。（CMは）ロンドン登録会社であるので，もし乗っ取りの提案が行われたとすれば，AACのロンドンに基礎を置く会社CMSを通じてなされたであろう」（*Mining Journal*, November 27, 1964, p. 406.）。AACは，Rand SelectionによってCMの支配株をすでに所有していたのであるから，ここでの乗っ取り買付けとは，多数株の獲得を意味していることは明らかである。

118) B. M. Magubane, *op. cit.*, p. 110.

第5章　鉱業金融商会の再編成　335

ずれにせよ，エンジェルハードとオッペンハイマーたちのコンソーシアムによって，乗っ取りは阻止されたことは，先に見た。A・ホッキングによると，CMがコンソーシアムによって「救済」された直後，Federale Mynbou の取締役会長ケッツァーと専務取締役のトム・ミューラーはアーネスト・オッペンハイマーと面会し，彼らの金鉱業への参入を助けるよう依頼したという。トム・ミューラーは，南アの外相ヒルガート・ミューラーの弟であった。この後程なく，アーネストは死去する。後年アーネストの息子ハリーは，ホッキングに次のように語ったという。「当時，われわれも，もし助けることができるならば，そうすることが正しいであろうと考えていた。しかし，当時その機会はなかった」[120]。

　CGFSA も CM も駄目であったとすると，他の鉱業金融商会はどうであろうか。ケッツァーたちが次に狙いを定めたのは，JCI であった。

　当時 JCI は，ダイヤモンドに重要な利権を有していた。セシル・ローズとともにダイヤモンド独占体 De Beers を設立したのは，JCI を創設するバーナト兄弟であったし，また，1926年オッペンハイマーがダイヤモンド・シンジケートに対抗する新しいシンジケートをつくった際，それは，バーナトの跡を継いだ甥の S・B・ジョウルの協力を得て初めて成功したのである。バーナト兄弟は長らく De Beers の最大の株主であった。1960年の JCI のダイヤモンド投資は金鉱投資より大きく，金鉱投資13％であったのにたいし，De Beers ならびに Diamond Producers' Association への投資は35％であった[121]。

　1958年，ケッツァーとミューラーは大規模な JCI 株式購入キャンペインを

---

119) D. Innes, *Anglo American and the Rise of Modern South Africa*, London, Heinemann Educational Books Ltd, 1984, p. 158. ここでイネスは CM の危機の年を1958年としている。同様に，*South African Inc.* の著者たちも，1958年と誤っている（D. Pallister, S. Stewart and I. Lepper, *op. cit.*, p. 82.）。この誤りは，*Inside Anglo Power House*（*Supplement to the Financial Mail*, July 4, 1969.）の誤りを受け継いだと思われる。*Inside Anglo Power House* の著者は次のように書いている。「RM の窮地は1958年に生じた。正体不明のあるグループが RM の姉妹会社である，当時豊富な資金を有していた CM の乗っ取りを企てた。AAC は，エンジェルハードの関係会社やその他のものと連携し，RM と CM の株を十分に買ってその試みを阻止した。その後，CM は合同して Charter Consolidated となった。AAC とエンジェルハードがそれぞれ所有する RM の株式は Randsel Investment の株式と交換された」（*Ibid.*, p. 23.）。「1958年」は，「1957年」の誤植である。
120) A. Hocking, *op. cit.*, p. 371.
121) D. Innes, *op. cit.*, p. 158.

展開し，その実質的支配を狙った。ダイヤモンド世界における JCI の投資の微妙なバランスを考慮すると，これはハリーにとって不吉な動きに見えた。彼は，BSAC の子会社 New Rhodesia Investments と JCI の株式取引によって，JCI にたいする支配がアフリカーナー・グループの手に移らないようにした[122]。すなわち，JCI は額面1ポンド株式60万株を1株35シリングのプレミアム付きで New Rhodesia Investments に発行し，一方，New Rhodesia Investments は BSAC 株25万株を1株58シリングで JCI に譲渡したのである。JCI 株の売上金のうち，BSAC 株の獲得に使用されない部分は同社の一般目的に使用された[123]。何故に，AAC は BSAC を使うことができたのであろうか。*South African Inc.* の著者たちは，AAC は BSAC を支配していた[124]と述べているが，オッペンハイマーと BSAC の関係については次節で見ることにする。ともあれ，JCI にたいするアフリカーナーの襲撃はオッペンハイマーによって阻止されたわけである。

　JCI は設立いらい南ア登録会社であり，年次総会もヨハネスブルグで開催されていた。しかし，本社ならびに取締役会はロンドンに置かれ，イギリスの課税に服していた。1951年，取締役会は，経営の効率と税負担の軽減を計るため，支配と管理の機能を南アに移転することを決定した。だが，イギリス大蔵省の認可が下りず，この変則な事態はそのままとなっていた。JCI は南ア政府から為替統制上「非居住者」と判断され，自由に資金を海外に持ち出すことができ，この点に関する限り，南ア登録でも AAC や GM に比して有利な立場にあった[125]。しかし，南アよりイギリスの方が税が高かったのである。ようやく当

---

122) A. Hocking, *op. cit.*, p. 371.
123) The Staff of the Johannesburg Consolidated Investment Co Ltd., *The Story of 'Jonnies' (1889-1964) : A History of the Johannesburg Consolidated Investment Co Ltd.*, Johannesburg, 1965, p. 59. G・ラニングによれば，AAC は1940年にジョウル家からその所有する JCI 株を譲渡されたという (G. Lanning with M.Mueller, *Africa Underminded : Mining Companies and the Underdevelopment of Africa,* Penguin Books, 1979, p. 151.)。このことについては，他の文献で確認することができなかった。1940年は，S・B・ジョウルの死後，JCI の終身取締役会長であった J・B・ジョウルが死亡し，息子の H・J・ジョウルが跡を継いだ年である。H・J・ジョウルは1962年に JCI の取締役会長を引退する。この間，AAC が JCI 株を漸次増大させていたことは当然に考えられる。理由は，本文で述べたとおり，JCI のダイヤモンドへの関わりである。
124) D. Pallister, S. Stewart and I. Lepper, *op. cit.*, p. 82.
125) *Mining Journal,* October 27, 1961, p. 436.

局の認可が下りて，1962年暮に支配・管理機能の南アへの移転は完成し，1963年1月1日から，JCIは南ア「居住者」となった。これにより，JCIは税負担を年約90万ラント（45万ポンド）節約できることになった126)。

「居住」の変化が一旦効力を発すると，JCI の完全子会社であった Barnato Brothers がイギリスにおける JCI の投資を引き継いだ。これは1962年7月30日の時点でおおよそ1000万ラントの価値を有していた。Barnato Brothers へのこれら投資の売上金は，Barnato Brothers 株に投資された。ロンドンにおける JCI の雇員は，Barnato Brothers に移り，Barnato Brothers はイギリスにおける JCI の業務・投資を代行することになった127)。

JCI にとって，1963年は巨額の出資を迫られる年となった。第1に，Barnato Brothers の営業資金として500万ラントを出資しなければならなかった。第2に，1950年に発行した4 1/2％社債残高の返済に320万ラントを必要とした。第3に，Far West Rand 金鉱地における傘下の金鉱山会社 Western Areas の追加株式の割当代金260万ラントを用立てねばならなかった。すなわち，合計1080万ラント（540万ポンド）の請求に迫られたのである128)。JCI は，ダイヤモンドとプラチナからかなりの収益を引き出してはいたが，旧金鉱地鉱山からの収益が低下する中，巨額の投資をおこなった Freddies Consolidated は収益の目途がたたず，長年業績不振に苦しんでいた。JCI の脆弱な金融ポジションはアフリカーナー資本に付け込まれる恐れがあった。

恐らく JCI は AAC にアフリカーナーの脅威を語り援助を依頼したのであろう129)。JCI は，上記の請求に応じ，また流動資金を維持するために，Rand Selection から500万ラントを借入れた。利子は5 1/4％，支払い期間は1966年6月30日からの3年間であった。その見返りに，Rand Selection は，JCI から1969年6月30日までに未発行株式50万株（額面2ラント）を1株12ラントで購入する権利を得た130)（この権利を Rand Selection は1965年2月1日に行使する131)）。さらに，1963年3月，Rand Selection は自社株式95万株と交換に

---

126) The Staff of the Johannesburg Consolidated Investment Co Ltd., *op. cit.*, p. 60.
127) *Ibid.*, p. 60.
128) *Ibid.*, p. 60.
129) *Inside Anglo Power House*, p. 23.「RM と JCI の潜在的支配者としての AAC の地位──これは滅多に公表されない関係である──は，両商会の管理者が非友好的勢力が乗っ取りを試みようとしていると疑惑を覚えた際，AAC に援助を求めた直接的結果として生じた」。
130) The Staff of the Johannesburg Consolidated Investment Co Ltd., *op. cit.*, p. 61.

JCI の未発行株式63万3334株を獲得した[132]。Rand Selection が63万3334株と50万株のオプションを得たことにより，AAC グループの JCI 株の持株は，発行株の過半を占めるにいたった。ここに JCI は AAC の「潜在的」支配下に入り，JCI にたいするアフリカーナーの策動は完全に封じられたのである。

## 2. Federale Mynbou による GM 獲得

CM に続いて JCI も「傘下」に収め，その獲得を阻止したことは，AAC にたいするアフリカーナーの不満をつのらせたことは疑いない。一方，ハリー・オッペンハイマーは，アフリカーナーと妥協することの重要性を十分認識していた。政治と経済が不可分に結びついた南アの厳しい鉱業界において，なんらかの方法で，アフリカーナー・ナショナリズムの要求を満足させねば，不利な事態が生じないとも限らなかった[133]。彼はケッツァーとミューラーに立ち返った。彼は彼らに提案した。パートナーシップを組んで，乗っ取りを計る。標的はもうひとつの黄金の商会，GM であった。

GM は1895年アルビュ兄弟によって設立された鉱業金融商会である。GM 傘下の金鉱山で旧金鉱山に残っているのは West Rand Cons だけであった。

---

131) *Beerman's Financial Year Book of Europe 1968,* Fourth Edition, p. F 207.
132) The Staff of the Johannesburg Consolidated Investment Co Ltd., *op. cit.,* p. 61. A・ホッキングは，「この度，ハリーは，JCI と Rand Selection の株式交換を整えることにより，大事にいたるのを阻止し，さらに，110万株のオプションの承認を得ることにより，『確立された』地位をさらに強くした。これは，彼自身の利益に何者も打ち倒せぬ優位を与えた」と述べているが（A. Hocking, *op. cit.,* p. 372.），Rand Selection が獲得した JCI 株のオプションは110万株でなく，50万株である。ホッキングは Rand Selection が自社株95万株と交換に獲得した JCI の未発行株63万3334株を合わせて110万株としたのであろう。
133) AAC と Federale Mynbou による GM 獲得が進行している最中，国民党（Nationalist Party）の中で AAC の規模と影響力が討議の対象となり，特別調査が実施された。プレトリア大学の P・W・ヘーク（Hoek）教授が依頼され，1966年にいわゆるヘーク・レポートを完成する。時の南ア首相ジョン・フォルスターは公表を差し止める。1969年にリークするが，ヘーク教授は，調査を依頼され，執筆したことを否定する。ラニングによると，それは，以下のような内容であった。①AAC は，南アフリカ経済における最大の単一経済力である。②それは，直接的所有，株式支配，経営契約，兼任重役，製造・販売過程での主要商品支配によって，918社を越える会社に支配を行使している。③現行税法では，AAC グループの利潤に対する税の比率は小さく，その他の南ア諸会社の割合は平均で40％であるのに，AAC の管理するいくつかの会社の場合はわずか6％である。④南ア政府は，これによりおよそ数百万ラント減収となっている（G. Lanning with M. Mueller, *op. cit.,* pp. 457-458; D. Pallister, S. Stewart and I. Lepper, *op. cit.,* pp. 65-66.）。

その金生産は限界に近づいており，West Rand Cons は金鉱山というより，ウラン鉱山に変身していた。GM も新しい金鉱床の探査に従事していたが，見るべき成果を上げることができなかった。1954年ジャック・スコットの Strathmore Consolidated Investments と合同したことにより，Klerksdorp 金鉱地の2つの有力金鉱山，Buffelsfontein と Stilfontein を傘下に収めることができた。この両鉱山も有力なウラン生産者となっていた。GM は，West Rand Cons と提携していくつかの工業権益を有していた。また，サミー・コリンズによって始められたナミビア海岸沖でのダイヤモンド採掘企業である Marine Diamonds を経営していた。

Federale Mynbou は政府の後援を受けて急成長を遂げていた。2つの小さな炭鉱（Klippoortje と Koornfontein）から始まった Federale Mynbou の経営は，Barberton 金鉱地の2つの小さな金鉱山（Fairview と Three Sisters）に広げられた。1950年代半ば，電力供給公社 ESCOM との協定がなり，コマチ発電所に石炭を供給するために Blinkpan 炭鉱を開発してから，Federale Mynbou は大躍進の時を迎えた。数年後さらに ESCOM との契約の獲得に成功し，Usutu 炭鉱を開発してエルメロにあるカムデン発電所に供給することになった。1962年には Msauli Asbestos と Griqualand Exploration & Finance Corporation の支配を獲得し，南ア最大のアスベスト生産者となり，翌63年には傘下の炭鉱利権とイギリスのドレイトン・グループが支配する炭鉱利権と合体して，Trans-Natal Coal Corporation（Trans-Natal）を設立し，南ア第2位の炭鉱を支配するにいたった[134]。

AAC は1950年に GM 株式を相当数購入しており[135]，ほどなく同商会の実質的支配者として現れるものと見られていた。GM が Strathmore Consolidated Investments と合同したことにより，AAC の支配は実現しなかったが，大株主として相当の影響力を有していた[136]。AAC が Federale Mynbou の要請に応ずることができたのは，すでに大株を所有していたことによる。

両社による GM の吸収・支配には次の3段階がとられた。

第1段階は，Federale Mynbou のケッツァーとミューラーを GM の取締役会に送り込むことであった。ミューラーは専務取締役となり，AAC のアル

---

134) *General Mining; A Sense of Direction: Supplement to the Financial Mail,* October 5, 1973, p. 26.
135) G. Lanning with M. Mueller, *op. cit.,* p. 151.

バート・ロビンスンは取締役副会長となった。

第2段階は，AAC と Federale Mynbou による合弁会社の設立である。1963年8月合弁会社 Mainstraat Beleggings が設立され，AAC は所有する GM の大株を，そして，Federale Mynbou は Trans-Natal の支配株を提供した137)。新会社の資産は市場価額で2200万ラントを越えていた。取締役には，AAC と Federale Mynbou が3名ずつ出し，Federale Mynbou から取締役会長を出すことになった。しかし，秘書ならびに管理サービスは AAC が受け持つことになった138)。

もし設立両社が同意すれば，Mainstraat Beleggings はその株式を増やす機会を持っていた。これは，ハリーが望んでいた協力のテストであった。もしケッツァーとミューラーが，まだ金鉱業に関わっていない強力なアフリカーナーの金融商会の支持を獲得することができるならば，重要な新しい資金源が生じることになる。事態はスムースに進行した。Mainstraat Beleggings は GM の株式を購入し続けた。AAC グループも，1963年11月，Rand Selection が子会社のひとつをとおして，Mainstraat Beleggings のかなりの株式を取得し，Mainstraat Beleggings はその売上金をその子会社の保有する GM 株の購入に使用した139)。

第3段階は，完全な乗っ取りである。資本は十分にあり，条件は整っていた。1964年1月，AAC と Federale Mynbou は計画の詳細を公表した。

GM の資本金は2ラント株式295万2610株から500万株に増加され，Federale Mynbou に127万2390株，Mainstraat Beleggings に77万5000株を新たに発行する。見返りに，GM は，Federale Mynbou から Trans-Natal と Clydesdale Collieries の株式，金鉱山会社の株式ならびにアスベストの全株式——Mainstraat Beleggings にたいする投資とその他いくつかの資産以外の資産——を

---

136) 1962年，GM の創設者ジョージ・アルビュの息子で取締役会長を務めていたジョージが亡くなり，2人の取締役副会長のうち C・S・マックリーンが跡を継いだ。ジャック・スコットが取締役会長になれなかったのは，AAC の反対によると見られている。スコットは，1954年に Strathmore Consolidated Investments への AAC の金融を拒否し，恨みをかっていたからである。彼は取締役として残ったが，マックリーンの取締役会長就任後2～3カ月で取締役副会長を辞任した（*General Mining : A Sense of Direction*, p. 26.）。
137) *Mining Journal,* September 4, 1964, p. 181.
138) *Ibid.*, August 16, 1963, p. 159.
139) *Ibid.*, January 31, 1964, p. 91.

受けとり，Mainstraat Beleggings からは Trans-Natal の大株を受けとる。Federale Mynbou と Mainstraat Beleggings と GM の3社協定により，Federale Mynbou の所有する GM 株は発行株式の25.4％となった。Mainstraat Beleggings の所有する株式と合わせると，GM 発行株式の半分以上となり，ここに Federale Mynbou グループが GM の実質的支配権を握ることになったのである[140]。この協定は1965年1月1日から効力を発し，その日から Federale Mynbou は一切の新事業を GM をとおして行うことになり，一方，GM は，新事業における自己と子会社の参加権のうち25％は Federale Mynbou に提供することとなった[141]。図5-2に1973年の GM にたいする支配系統図を掲げるが，Federale Mynbou に支配権のあることは一目瞭然であろう。Hollard-straat ses Beleggings とは，Federale Mynbou が51％，AAC が49％所有する Mainstraat Beleggings の改名されたものである。

1963年の初葉に GM の取締役会長に就任した C・S・マックリーンは，1965年3月31日で以て引退し，後任に Federale Mynbou の指名するケッツァーが就任した[142]。

合同前の Federale Mynbou と GM の利権は相互に補完的であった。GM は金，ウラン，ダイヤモンドならびに工業に巨額の投資をしているのにたいし，Federale Mynbou は特に石炭とアスベストで強かったからである[143]。両者の資産が合同されたことにより，より広範囲に分布した投資と将来の拡大の可能性を有する諸会社のグループが形成されたことになる。これは当然に投資ステイタスを引き上げた。

Federale Mynbou の資産は6000万ラントから3億ラントに跳ね上がった。

---

140) *Ibid.*, March 5, 1965, p. 182. GM による Federale Mynbou の炭鉱利権の吸収について，*Mining Journal* は次のように指摘している。「GM は Trans-Natal の実質的支配権を獲得することになる。これにより，南ア石炭業界において敵対する2つの派閥，Transvaal Coal Owners Association のメンバーである Trans-Natal と『クラブ』の非メンバーである Afrikander Proprietary が同じ屋根の下にもたらされたことになる。Afrikander Proprietary は，石炭需要が上昇の兆しを見せていないにもかかわらず，目下生産を増やしている。遠からず，長期的には生産者にも消費者にも利益をもたらさない価格戦争が起こることが懸念される。しかし，これは回避され，友好的協定が締結されることであろう」(*Mining Journal*, September 4, 1964, p. 181.)。資本集中による競争の制限の1例をここに見る。
141) *Ibid.*, September 4, 1964, p. 181.
142) *Ibid.*, February 5, 1965, p. 10.
143) *Ibid.*, February 5, 1965, p. 10.

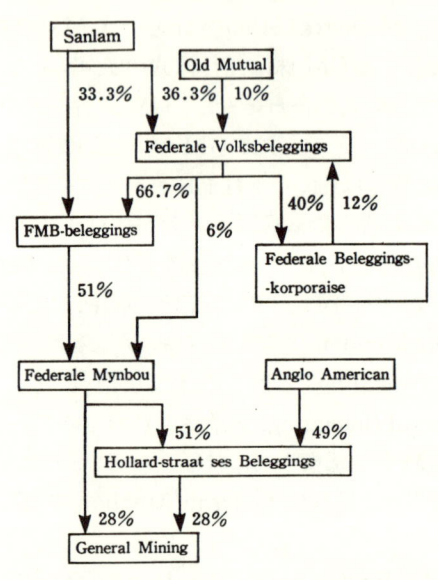

図5-2　GMの支配系統図（1973年）

```
        Sanlam
              ┌── Old Mutual ──┐
      33.3%  36.3%      10%
              ↓    ↓      ↓
           Federale Volksbeleggings
        ┌──────┬──────────┬────────┐
      66.7%            40%    12%
        ↓        6%      ↓
   FMB-beleggings      Federale Beleggings-
        │                  -korporaise
      51%
        ↓
   Federale Mynbou      Anglo American
              ↓51%          ↓49%
           Hollard-straat ses Beleggings
              ↓28%    ↓28%
              General Mining
```

［出所］ "General Mining : A Sense of Direction",
　　　　 *Supplement to the Financial Mail,* October 5, 1973,
　　　　 p. 26.

　南ア金鉱業におけるアフリカーナーの利権は1％からほぼ10％になった。アフリカーナー資本はついに南ア金鉱業における重要な勢力となったのである。1974年にはFederale Mynbouは，南アのウラン生産の37％，石炭生産の20％，アスベスト生産の32％，そして，クロムの主要な生産者で輸出者であった[144]。

　南ア鉱業におけるアフリカーナー資本を育成しようとするハリー・オッペンハイマーの政策は貴重な一里塚を記したことになる。Federale MynbouはGMの実質的支配を獲得し，AACは直接間接に重要な利権を有することになったのである。

　南アの金鉱業を支配する鉱業金融商会を持ちたいという南アのアフリカーナー実業界の願望はここに成就された。ミューラーは，「この乗っ取りは，ハリー・オッペンハイマーの誠実さと援助がなければ，生じなかったであろう」[145]

---

144) G. Lanning with M.Mueller, *op. cit.,* pp. 152-153.
145) A. Hocking, *op. cit.,* pp. 372-373.

と，述べている。問題は，なぜAACはアフリカーナーの金融企業によるJCIの乗っ取りは阻止し，GMは喜んで彼らに引き渡したかである。答はダイヤモンドである。

JCIは単なる金鉱業会社ではなかった。ダイヤモンド鉱業における大きな利権がはるかに重要であった。JCIにたいする支配は，アフリカーナーの資本家グループに金鉱業への接近ばかりでなく，より特殊的には，De Beersならびにダイヤモンドの世界の相当の利権への接近を与えることになったであろう。さらに，これらの利権を通じて，彼らはAAC自体への接近を獲得することになろう。AACの立場からすれば，当時JCIより小さく，ダイヤモンドに関わりなく，AACの内部経営に統合されていないGMのような商会の支配を手放す方がはるかによかったのである[146]。

## 第6節　オッペンハイマー帝国の確立
### —— Charter Consolidatedの設立とMinorcoの成立

### 1. 北ローデシアにおけるBSACの鉱物権の消失とCharter Consolidatedの設立

(1) 北ローデシアの銅生産とBSACの鉱物権

1964年12月24日，CM，CMS，BSACの3社の合同によって，ロンドン登録会社Charter Consolidated（Charter）が成立した。授権資本金3000万ポンド（5シリング株式1億2000万株），発行資本金2445万9218ポンド，純資産1億4000万ポンドであった[147]。

合同以前に公表された最後の発行株式の市場価値は，BSACが5080万ポンド（1963年6月30日），CMSが1860万ポンド（1963年12月31日），CMが2530万

---

146) D. Innes, *op. cit.*, pp. 158-159. イネスばかりでなく，すべての論者が，AACがアフリカーナーによるJCIの獲得を阻止したのは，そのダイヤモンド権益にあったことを指摘している。たとえば，ラニングは，「1950年代に，AACはアフリカーナーの金融資本がRMとJCIを乗っ取る努力を阻止した。というのも，これらの鉱業金融商会はDe BeersとAACに重要な戦略的投資を有していたからである」と述べている（G. Lanning with M. Mueller, *op. cit.*, p. 152.）。

147) *Mining Journal*, December 24, 1964, p. 494.

ポンド（1964年3月31日）であった[148]。3社の資産と収益力の評価は，モルガン・グレンフェル商会（Morgan Grenfell and Co）とロスチャイルド商会が担当した[149]。CGFSAとCMの合同の失敗を教訓に，金融の権威者に評価を依頼したと考えて間違いない。3社とも鉱業金融会社として南アとローデシアに巨額の投資を有し，また，北アメリカ，オーストラリア，西アフリカ，ザンビア，マラウィ，マラヤ，ヨーロッパに利権を持っており，3社の資産構成は似かよっていた。さらに，3社の関係する会社はかなりのところ同じであった。Charterはこれら3社の全発行株式を取得し，それぞれの株主に，BSAC株式1株につきCharter株式3株，CM株式は2 7/8株，CMS株式は2.1株の割合で，9783万6872株を配分した。BSACの株主は，発行株式の55.1％，CMの株主は25％，CMSの株主は19.9％を受け取った[150]。新しい会社の本社はロンドンのAACのビルディングにおかれ，17名の取締役が任命された。彼らと彼らが代表する会社と銀行の利権は広範かつ多様であったので，Charterの注意からのがれる有利な投資機会はほとんどないようにみえた[151]。

ホッキングによれば，合同計画の打ち上げまでに18カ月の検討期間を要した[152]という。計画が打ち上げられたのは1964年11月であった[153]から，3社の予備会談は1963年6月に始まったことになる。おそらく，会談が始まったのは，ヴィクトリア・フォールズ会議でローデシア＝ニアサランド連邦の解体が決定的となり，アフリカ人政府が北ローデシアに出現するとともに，BSACが北ローデシアで保持する鉱物権も返還せざるをえない見通しが確実になった直後のことと考えて差支えないであろう[154]。AACは海外進出のために南アの為替統制に服する必要のない巨大金融投資会社を必要としていたが，拡大されたCMSの規模ではその任に耐えなかった。また，AACは，支配株を掌握したCMをグループ内でどう位置づけるかの課題も抱えていた。今やさらに，鉱物権返還後のBSACをどうするかの問題が浮上してきたのである。Charterの設立はこうした課題を一挙に解決するものであった。

148) *Ibid.,* November 27, 1964, p. 406.
149) *Ibid.,* November 27, 1964, p. 406.
150) *Ibid.,* December 24, 1964, p. 494. カートライトは，*Golden Age* では9736万7579株としている（A. P. Cartwright, *Golden Age,* p. 328.）。
151) A. P. Cartwright, *Golden Age,* p. 329.
152) A. Hocking, *op. cit.,* p. 404.
153) *Mining Journal,* November 27, 1964, p. 406.

第5章　鉱業金融商会の再編成　345

　問題は，どうしてBSACがAACグループに組み込まれるにいたったかである。これを考えるためには，ザンビア独立時点でのBSACとAACの関係とBSACの鉱物権の行方を見なければならない。そして，そのためには，北ローデシアにおける銅生産とBSACのロイヤルティ収入，鉱物権をめぐるイギリス政府，北ローデシア政府およびBSACの論争に触れておく必要がある。

　周知のように，BSACはセシル・ローズによって1889年政府の特許状を得て設立されたもので，通常「The Chartered（特許会社）」と呼ばれてきた。当初の特許状では，BSACは中央アフリカ（今日のジンバブエとザンビア）の統治権，ケープ鉄道と電信の北への延長権，全領域にわたる鉱物権，木材伐採権，土地などの利権を有していた。しかし，北ローデシアの鉱物権に関する限り，BSACがこれを獲得したのは設立後であり，北ローデシア西部について

---

154）　カートライトは，「AACとオッペンハイマーの指導の下に，CMのデレク・ボレンの熱意ある支持を得て，……Charter Consolidatedの結成をもたらした。」「3つの会社の取締役会は原理的に合同に同意した。続いて3社の資産評価がなされた。必要な準備として，Rand American Investmentsの全株式がDe Beers Investment Trustによって獲得され，ついでRand Selectionに移管された」（A. P. Cartwright, *Golden Age*, pp. 329-330.）と述べている。ホッキングは，「……AACが慣れ親しんだ活動領域から外に出ようとすると，南アはそのために必要な膨大な資金を提供できなかった。ハリーは，AACに世界へのより良い窓を与える国際金融会社をロンドンに設立することを決意した。このために，彼はまず最初にBSACを考えた。BSACはザンベジ川の北の大きな資産をカウンダ政府に引き渡すよう強制されていた。この古くからの『特許』会社に，彼は，別個の会社であるよりも合同したほうがよりよく活動できる他の会社を付け加えた」（A. Hocking, *op. cit.*, pp. 403-404.）と指摘している。カートライトの「必要な準備として云々」は明らかに誤りであろう。第1に，この文言を，3社の合同が同意された後に「Rand American Investmentsの全株式が……獲得され，ついでRand Selectionに移管された」と解釈すれば，それは歴史的（時間的）事実に反するし，また，そうでなく，Rand Selectionの拡大計画が発表された1960年12月16日の時点で3社の合同が明確に意識されており，その「必要な準備として」この措置が取られたと解釈すれば，とても，そうは考えられないからである。確かに1960年は「アフリカの年」であり，アフリカでは「変化の風」が吹き上げていた。ローデシア＝ニアサランド連邦に関しては，1960年10月にモンクトン委員会報告が提出され，連邦解体の方向が打ち出された。北ローデシアの独立の方向は確定的となり，それとともに巨額のロイヤルティをもたらしていたBSACの鉱物権の返還も取り沙汰されていたであろう。しかし，この段階でBSACが鉱物権の売却を決意し，3社の合同に賛同したとは思われない。1960年以降ロイヤルティ収入は1000万ポンドを越え，簡単に放棄できるものではなかった。この後長く，BSACはイギリス政府の鉱物権の保証にしがみつくのである。3社の合同の検討に入ったのは，ホッキングの指摘するように，1963年6月とみるのが妥当であろう。というのも，まさにこの月にヴィクトリア・フォールズ会談において連邦の解体が決定され，北ローデシアの独立が日程に上り，それとともにBSACの鉱物権の「返還」が具体的に検討され始めるからである。

は，1890年フランク・ロッホナーがロチ族のレヴァニカ最高酋長から獲得し（レヴァニカ・コンセッション），東部については，ジョンストンが多くの酋長と結んだ協定による。これらの協定がどれだけ合法的であったか，また，コンセッション協定にコパーベルトが含まれていたかどうかが，後に問題となる。

1923年 BSAC は南北ローデシアにおける鉱物権と鉄道利権を除く諸々の権利をイギリス政府に引き渡し，375万ポンドの補償金と北ローデシア西部における土地処分金の半分を向う40年間受け取る権利を得た。後者の権利は，1956年に北ローデシア政府の要請により，残りの8年間（1957年3月31日から）年額5万ポンドを受け取る権利に振り替えられる。1933年，BSAC は南ローデシアの鉱物権を200万ポンドで政府に返還し，1947年には南北ローデシアとベチュアナランド保護領における全鉄道網をそれぞれの政府に売却し，残る権利は北ローデシアの鉱物権のみとなった[155]。

ところで，この権利は特許会社に至大な意味を持っていた。1920年代後半から始まった北ローデシアの銅鉱山開発は世界大恐慌の終了とともに急速に進み，30年代末には北ローデシアは世界有数の銅生産国となったからである。

ここでは北ローデシアにおける銅鉱山開発の歴史——1923年の BSAC の鉱山開発政策の変更，巨大コンセッションの認可，銅鉱床の探査と発見，会社間のコンセッション取引と資本参加，開発金融，英米資本の抗争，会社合同など——について，立ち入ることはできない[156]。ただし，1928年には AAC の Rhodesian Anglo American グループとチェスター・ビーティ率いる Rhodesian Selection Trust グループが北ローデシア銅鉱業を2分するにいたったこと，

---

155) J. J. Grotpeter, *Historical Dictionary of Zambia,* London, The Scarerow Press Inc., 1979, pp. 4-5, 29-30.

156) 北ローデシア銅鉱業史の文献として以下のものを挙げておこう。J. A. Bancroft, *Mining in Northern Rhodesia,* London, British South Africa Company, 1961 ; T. Gregory, *Ernest Oppenheimer and the Economic Development of Southern Africa,* London, Oxford University Press, 1962 ; M. Bostock and C. Harvey eds., *Economic Independence and Zambian Copper : A Case Study of Foreign Investment,* New York, Praeger Publishers, 1972 ; R. L. Sklar, *Corporate Power in an African State : The Political Impact of Multinational Mining Companies in Zambia,* Berkeley, University of California, 1975 ; R. Prain, *Reflections on a Era : An Autobiography,* Surry, Metal Bulletin Books, 1981 ; C. Harvey, *The Rio Tinto Company : An Economic History of a Leading International Mining Concern 1873-1954,* Cornwall, Alison Hodge, 1981 ; S. Cunningham, *The Copper Industry in Zambia : Foreign Mining Companies in a Developing Country,* New York, Praeger Publishers, 1981 ; A. J. Wilson, *The Life and Times of Sir Alfred Chester Beatty,* London, Cadogan Publications, 1985.

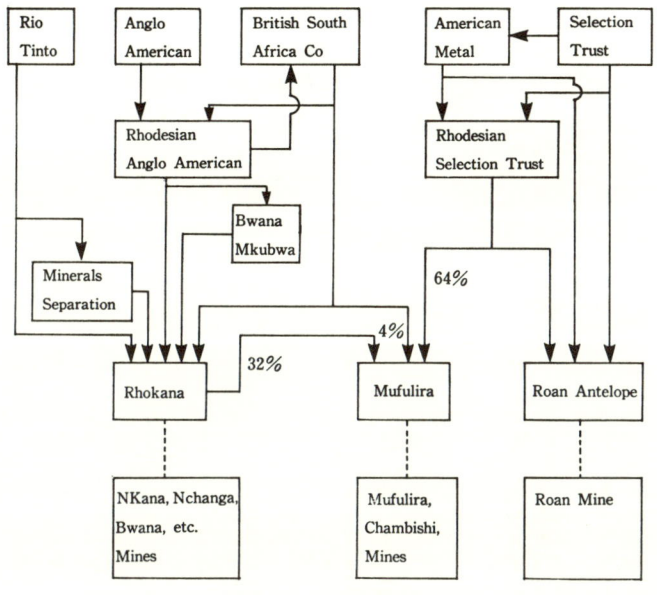

図5-3 北ローデシア銅鉱業の企業系統図（1934年）

(注) ハーヴィによれば，1932年末日における Rhokana Corporation にたいする持株比率は，Rhodesian Anglo American 32.3％，Bwana Mkubwa 22.5％，Rio Tinto 17.6％，Minerals Separation 4.5％，ロスチャイルド商会 6.6％，その他 16.5％である。(Charls Harvey, *The Rio Tinto Company : An Economic History of a Leading International Mining Concern 1873-1954,* Cornwall, Alison Hodge, 1981, p. 248.)
［出所］ *The Economist,* May 12, 1934, p. 1034.

そして，1930年代の初めに，前者にはロスチャイルド商会とそれが支配する Rio Tinto ならびにアメリカの Newmont Mining が，後者にはアメリカの American Metal が大きな利権を有するにいたったことを確認しておきたい。1930年代，北ローデシアの銅からの収益が Rio Tinto にとって唯一の命綱となる。1934年の北ローデシア銅鉱業支配構造を示せは図5-3のようになる。この構造は1970年にザンビアナイゼーションによって国有化されるまで基本的に継続する。

1931年に Roan Antelope 鉱山と NKana 鉱山が生産を開始し，33年には Mufulira 鉱山が，そして，36年に Nchanga 鉱山が生産を始める。北ローデシアの銅生産量は1931年の3万2900トンから38年25万4900トンに激増し，大戦中の40年にピーク（26万6600トン）に達する[157]（表5-3）。その後，鉄鋼な

表5－3　北ローデシアの銅生産，ロンドン銅価格，
British South Africa Co のロイヤルティ収入（1929～64年）

| | 北ローデシア銅生産量(1000トン) | ロンドン銅価格(£/トン) | B S ロイヤルティ地代・手数料(£) | 投資収益(£) | A C 税 イギリス(£) | 金 海外(£) |
|---|---|---|---|---|---|---|
| 1929年 | 6.4 | 84.05 | | | | |
| 1931年 | 32.9 | 41.99 | | | | |
| 1933年 | 131.5 | 36.13 | | | | |
| 1935年 | 171.4 | 34.14 | | | | |
| 1937年 | 249.8 | 59.13 | 311,000 | | | |
| 1938年 | 254.9 | 45.12 | | | | |
| 1939年 | 215.1 | 47.92 | | | | |
| 1940年 | 266.6 | 61.02 | | | | |
| 1941年 | 232.0 | 61.02 | | | | |
| 1942年 | 250.6 | 61.02 | | | | |
| 1943年 | 255.0 | 61.02 | 400,000 | | | |
| 1944年 | 224.4 | 61.02 | | | | |
| 1945年 | 197.1 | 61.02 | | | | |
| 1946年 | 185.2 | 75.95 | | | | |
| 1947年 | 195.6 | 128.50 | 2,000,000 | | | |
| 1948年 | 217.0 | 131.88 | 2,288,074 | 547,420 | | |
| 1949年 | 263.2 | 130.94 | 2,607,045 | 714,513 | | |
| 1950年 | 280.9 | 175.98 | | | | |
| 1951年 | 314.1 | 216.88 | 5,500,771 | 825,825 | | |
| 1952年 | 317.4 | 255.25 | 7,066,386 | 1,450,453 | 3,044,849 | 2,641,336 |
| 1953年 | 368.4 | 247.27 | 7,787,440 | 1,390,731 | 3,125,349 | 2,905,128 |
| 1954年 | 384.7 | 244.66 | 7,397,216 | 1,567,947 | 2,287,433 | 2,904,441 |
| 1955年 | 347.7 | 345.87 | 10,154,158 | 2,175,529 | 1,940,869 | 4,331,263 |
| 1956年 | 389.6 | 323.73 | 12,262,909 | 2,674,594 | 2,331,340 | 5,245,447 |
| 1957年 | 435.7 | 216.02 | 8,758,252 | 2,878,947 | 2,138,411 | 3,949,234 |
| 1958年 | 400.1 | 194.26 | 6,120,829 | 2,434,327 | 775,943 | 2,832,037 |
| 1959年 | 543.3 | 234.00 | 9,395,827 | 2,218,942 | 902,014 | 3,952,874 |
| 1960年 | 576.4 | 242.07 | 11,835,729 | 3,002,916 | 516,419 | 5,030,202 |
| 1961年 | 574.7 | 225.94 | 10,303,088 | 3,576,049 | 474,027 | 4,942,784 |
| 1962年 | 562.3 | 230.29 | 10,906,000 | | | |
| 1963年 | 588.1 | 230.57 | 10,619,000 | | | |
| 1964年 | 632.3 | 345.52 | 15,495,000 | | | |

(注)　①空白は不明。②1943年と1947年のロイヤルティ等の数字は概数。③1950年以降のロイヤルティ等の数字は，北ローデシア政府にたいするロイヤルティ収入の20％を差し引いたものである。

［出所］　生産量と価格は，Christopher J. Schmitz, *World Non-Ferrous Metal Production and Prices 1700-1976*, London, Frank Cass. 1979, pp. 76, 271-272. ロイヤルティと税は，J. R. T. Wood, *The Welensky Papers : A History of the Federation of Rhodesia and Nyasaland*, Durban, Graham Publishing, 1983, pp. 81, 107 ; *Mining Journal Annual Review 1953*, p. 207 ; *Mining Journal Annual Review 1958*, p. 286 ; *Mining Journal Annual Review 1962*, p. 330 ; *Mining Journal*, November 1, 1963, p. 427. ; *Ibid.*, November 13, 1964, p. 363.

第5章　鉱業金融商会の再編成　349

どの資材と機械設備の不足，ローデシア鉄道の車両不足によるワンキー炭鉱からの石炭不足，ストライキ（1946年）などにより完全操業ができず，生産は1946年の18万5200トンにまで低下する。1949年のポンド切下げはスターリングでの銅価格の上昇をもたらし，既存鉱山が拡張されるとともに，すべての有望鉱床の開発が試みられ，1955年 Chibuluma 鉱山が，57年 Bancroft 鉱山，そして，65年 Chambishi 鉱山が生産を始める。生産量は，1950年にはそれまでの最高の28万900トンとなり，54年38万4700トン，57年43万5700トン，そして，ザンビア独立（1969年）の前年には58万8100トンとなる。

　コパーベルトの鉱山が生産に入ったとき，鉱物権の価値は明瞭となった。銅生産が拡大し，銅価格が上昇するにつれて，ロイヤルティ収入は鰻登りに上昇したからである[158]。1925年の BSAC の税引前ロイヤルティ収入は1万2781ポンドにすぎなかったが，37年31万1000ポンド[159]，43年40万ポンド，47年には200万ポンドに達する。後述のように，1950年以降 BSAC はロイヤルティ収入

---

157) 1931年の精錬開始から大戦の勃発まで世界の銅生産者カルテルへの参加により，生産は制限される（*Mineral Yearbook*, 1942, p. 160.）。

158) ロイヤルティ算定は次の方式によっていた。月末にロンドン金属取引所で取り引きされたその月の現金取引の標準電解銅の相場の相加平均と過去3カ月間の相加平均とが確認される。この2つの平均の相加平均からその10％を差し引いた値がその月に生産された銅のロイヤルティ算出の基礎に使われる。その月に支払われるトン当りロイヤルティ額はその月の2つの相加平均の平均の5％，価格がトン当り80ポンドを越えた場合，超過額の10％をそれに加えた額となる。簡単に定式化すると，その月の現金取引の相加平均と3カ月間の相加平均の平均の14.5％から8ポンドを差し引いた額である（*Mining Journal Annual Review 1958*, p. 286. ただし，ここでは，13.5％となっている。恐らく誤植であろう）。チェスター・ビーティの後任として Rhodesian Selection Trust の会長となったロンルド・プレインによれば，1912年にロイヤルティの算定式が決められたとき，銅の市場価格がトン当り80ポンドを越えるなどとは誰も想像だにしていなかったという。生産物の市場価格に基づいているため，ロイヤルティは高コスト鉱山と低コスト鉱山を区別しない税を表すことになった。この支払いの影響は，低コスト，高品位鉱山では僅かであったが，高コスト，低品位鉱山では悲惨であった。ロイヤルティは，資材供給や労働のコストとまったく同じように，固定した支払いであったので，生産コストを増大させ，それにより，経済的に採掘されるであろう地下の銅の品位に影響を及ぼした。プレインは次のように付け加えている。「この件に関し，私は歴代の BSAC の会長と多くの話合いを持った。私は，現存の定式を継続することは，そうでなければ生き長らえる鉱山となるいくつかの鉱地が，生産にもたらされないであろうことを指摘した。換言すれば，より啓蒙的制度の下では，銅会社と BSAC ならびに領土全体に収入を生産するであろう銅が，そのまま地中に残されることになる。さらに，数年間にわたり，特許会社は銅鉱業自身より多い金を稼いでいた。私は，もし利潤が現在の率で増大を続けるならば，特許会社はますますなんらかの形態の没収に抵抗できなくなると，その指導者に警告した。ウェレンスキーは1949年に重要な改定を獲得した。このことは再び生じるであろう。私の主張

の20％を北ローデシア政府に引き渡すようになるが，それを差し引いた税引前ロイヤルティ収入は，51年実に550万ポンド，54年740万ポンド，さらに55年には1000万ポンドを越え，翌年には1226万ポンドになる。57年からの3年間銅価格の低下により1000万ポンドを割るが，60年には再び1000万ポンドを越え，ザンビア独立の年には1500万ポンドに達する。BSACの最後の取締役会長エムリス=エバンズが1964年9月17日のタイムズ紙への手紙で明らかにしたところによれば，1923年から64年9月30日までにBSACはロイヤルティ粗収入として1億6100万ポンドを受け取り，その内7900万ポンドを北ローデシア政府に収め，1200万ポンドをイギリス大蔵省に支払い，純収入は7000万ポンドであった。そして，この内2000万ポンドが北ローデシアへの投資と支出に使用された[160]。

ザンビア独立の直前，この巨額のロイヤルティ収入をもたらしていたBSACの鉱物権返還が問題となる。それとともに，その合法性とコパーベルトがコンセッション協定に含まれていたかどうかが争点となる。しかし，こうした争点が問題となるのはこれが最初ではなかった。

すでに，最初のコンセッション協定を結んだレヴァニカ最高酋長自身がローズの代理人に騙されたと主張し，その息子のイエタ3世は3度（1917年，21年，23年），特許会社は義務を遂行しないのであるから権利を放棄すべきだと要求していた[161]。1930年代に入って，BSACのロイヤルティ収入が増すにつれて，鉱物権にたいする白人移民の批判が強くなった。北ローデシア総督フベルト・

---

は効果がなかった。BSACは，いつもイギリス政府が何年にもわたりその権利を保護してきたという事実に逃れ，取締役たちは，彼らが何の見返りもなく北ローデシアに多額の金を注ぎ込んできた時代を指摘した。銅鉱山会社は勿論この件に関し何らの交渉権もなかった。そして，我々の主な希望は，我々の議論の力が特許会社の取締役たちに，定式を変更することが我々だけでなく彼ら自身の利益になることを確信させるであろうことであった。これが失敗したとき，我々は特許会社のロイヤルティ権を生産会社の株式と交換することを提案した。ロビンズ卿がBSACの会長であったとき，彼の組織は，時が経つにつれてますます政治的に脆弱となるであろうロイヤルティ権の所持者としてよりも，銅鉱山会社の株主としての方がより安全であろうと指摘したことを覚えている。私は，彼に，議論の当時，ロイヤルティの会社の株式への転換は，後者の株式資本の20％になることを証明した。しかし，それはまったく無益であった。特許会社の役人たちは我々の議論の論理に耳を貸すことはできなかったし，また，しようともしなかった。あるいは，もしそうしたとしても，何等の変化をもたらすことも拒絶した」(R. Prain, *Reflections on a Era : An Autobiography*, Surry, Metal Bulletin Books, 1981, pp. 155-156.)。

159) P. Slinn, 'Commercial Concessions and Politics during the Colonial Period : The Role of the British South Africa Company in Northern Rhodesia, 1890-1964', *African Affairs*, No. 70 (October 1971), p. 374.

ヤングは，白人移民が熱烈に支持する南北ローデシアの合同に反対であったけれども，コパーベルトにおける鉱物権の合法性に疑問をなげかけた。1937年8月，彼は公式に国務大臣オルムスビ=ゴアに問題を提起した。ヤングは，イギリス政府と特許会社の1923年協定第3条G項は，特許会社の権利をレヴァニカ・コンセッション及び本条において言及された権利証書によって覆われた地域に認めるにすぎず，利用可能な証拠の示すところでは，コパーベルトの地域はレヴァニカの支配下に入ったことは一度もなく，また，明らかに権利証書の範囲外であるから，コパーベルトにおける特許会社の権利は異議申したてを回避できない，と主張した。これにたいし，オルムスビ=ゴアは，この権利を疑問とすることを拒否し，特許会社が最初に統治して以来，北ローデシアにおける鉱物権は認められ，成文法にも記載されており，1923年協定でも再度確認された，と論じた。そして，第3条G項については，「獲得された鉱物権」という言葉は，特許会社が「適正に獲得したことを示し得る権利」ではなく，「特許会社が事実上獲得した権利，彼らが公正に獲得したと主張する権利」であるとして，ヤングの主張を却下したのである[162]。

大戦中，イギリス植民地省は北ローデシアにおける鉱物権と鉱業にたいする戦後政策を検討し，民間会社がかつての現地支配者との協定から巨額の金を引き出すのは近代的開発理念と一致しない，と結論した。1946年に公刊された『植

---

160) P. Slinn, 'The Legacy of the British South Africa Company : The Historical Background', in *Economic Independence and Zambian Copper : A Case Study of Foreign Investment,* edited by M. Bostock and C. Harvey, New York, Praeger Publishers, 1972, pp. 51-52. 7000万ポンドという数字は，北ローデシア政府がBSACの鉱物権に関する白書においてBSACのロイヤルティ純収入として述べた数字と一致する (The Government of Northern Rhodesia, *The British South Africa Company's Claims to Mineral Royalties in Northern Rhodesia,* Lusaka, The Government Printer, 1964, p. 1.)。ただし，この白書はロイヤルティ粗収入を1億3500万ポンドとしている。論者によってBSACのロイヤルティ粗収入・純収入合計の数字は少しずつ異なる。北ローデシアの週刊誌，*African Mail* の編集者で，1963年に同誌に3回連載の「BSACロイヤルティ秘史」を発表し，BSACの鉱物権の脆弱な法的基礎に注意を喚起したリチャード・ホールは，ロイヤルティ粗収入を1億6000万ポンド，純収入を8200万ポンドとしている (R. Hall, *The High Price of Principles,* Penguin Books, 1973, pp. 71-72.)。イギリス政府は銅鉱山会社から別に4000万ポンドを得ていた。しかし，北ローデシアの開発に500万ポンドを支出したにすぎなかった (G. Lanning with M. Mueller, *op. cit.,* p. 198.)。銅鉱山会社，BSACとならんで，イギリス政府もまた北ローデシアの植民地支配の受益者であった。

161) G. Lanning with M.Mueller, *op. cit.,* p. 197 ; J. J. Grotpeter, *op. cit.,* pp. 145, 331.

162) P. Slinn, 'Commercial Concessions and Politics during the Colonial Period', pp. 375-376.

民地鉱業政策に関するメモランダム』では,「鉱業事業が領土の利益と社会全体の一般的福祉のために遂行されるのを確保するよう,政府があらゆる段階でコントロールを保持することが望ましい」と主張し,「当該社会のメンバーでない限られた私的個人」によって享受されるのを防止するため,国家による鉱物権の所有を支持した[163]。

　大戦が終了するや,こうした検討・提案を受けて,北ローデシア政府は鉱物権の回復に取り組んだ。およそ500万ポンドでの強制的買上げ案を考えたが,討論の過程で,補償評価,支払い方法,補償金にたいする課税など解決の困難な問題が明るみになった。一方,特許会社社長ドゥーガル・マルカムは,株主から「長年の忠実な忍耐強い期待」の報酬をうばう試みに,会社は全力を挙げて反対することを明らかにした。しかし,北ローデシア政府の鉱物権買収計画に決定的打撃を与えたのは,マルカムの反対にもまして,銅価格の著しい上昇であった。価格上昇は,政府の所得税収入以上に,ロイヤルティ収入を増加させていた。それとともに鉱物権買収価格も上昇し,少なく見積もっても2000万ポンドは下らなくなった。これはとうてい植民地政府が負担できる金額でなかった[164]。

　イギリス植民地省の動きに北ローデシアで呼応したのが立法審議会の民間人メンバーであったロイ・ウェレンスキーである。1945年彼は,過去10年間にBSACの獲得したロイヤルティ収入は200万ポンドに上ることを指摘し,ロイヤルティは利潤よりもはるかに大きい粗生産額にたいする税であると論じた。彼は,ヤングの議論を取り上げ,BSACの鉱物権の合法性を疑問とし,北ローデシア政府による買収を主張した。そして,買収価格は過去20年間の利潤を基礎に計算されるべきであり,買収資金は長年ロイヤルティ収入に課税してきたイギリス政府が出すべきである,とした。そして,もし買収が不可能であれば,1950年までに鉱物権を北ローデシア国民に返還すべきであると主張した[165]。

　1947年に,ロイヤルティは200万ポンドに上った。1948年の終わりに,ウェレンスキーは,ロイヤルティ収入にたいする特別税導入動議を立法審議会に提

---

163)　P. Slinn, 'The Legacy of the British South Africa Company : The Historical Background', p. 41.
164)　*Ibid.,* pp. 41-42.
165)　J. R. T. Wood, *The Welensky Papers : A History of the Federation of Rhodesia and Nyasaland,* Durban, Graham Publishing, 1983, pp. 100-101.

出する，と予告した。1949年3月，マルカムは，これを他人の繁栄を妬む動機から出たものであると非難し，ロイヤルティの正当性について1939年のイギリス政府の確認を持ち出した。3月24日ウェレンスキーは動議を提出し，それは13対1で可決された166)。

BSACの株主の反応は大変なもので，マルカムはプラワヨでのウェレンスキーとの会談を余儀なくされた。会談は7月末にロンドンで再開され，①1986年10月を期して鉱物権を北ローデシア政府に返還すること，②翌年からロイヤルティ収入の20%を北ローデシア政府に収めること，が決められた。この代償に，以後BSACはいかなる種類の特別税も免れることになった。ロイヤルティ収入の20%を回復したことにより，ザンビア独立の日までに，およそ3000万ポンドが北ローデシア政府に帰属した167)。

(2) 北ローデシア独立直前の鉱物権返還交渉

M・L・O・フェイバーは，「鉱物権物語の終わりから2番目の舞台は1963年夏に始まる」168)と述べている。1963年6月のヴィクトリア・フォールズ会議により，連邦の解体とともに北ローデシアの独立が確実となり，特許会社の鉱物権は維持できないことが明らかとなる。以後，鉱物権の返還をめぐって，北ローデシア政府とBSACならびにイギリス政府との交渉が始まる。

まず，問題提起をしたのは，北ローデシア政府の大蔵大臣トレヴォール・ガードナー——植民地官僚——であった。彼の提案は2つの部分からなっていた。①北ローデシア政府はBSACの将来のロイヤルティ権を，半分は現金と株式で，残りの半分は23年払いの国債で購入する。②北ローデシア政府は，鉱山会社から得る現金・株式と交換に，ロイヤルティの80%を1986年まで免除する。当然，北ローデシア政府が鉱山会社から受け取る現金・株式の価値は，BSACにたいして現金を支払い，国債償還を可能にするものでなければならない。彼の提案は，BSACの鉱物権の所有を終わらせ，限界鉱山のロイヤルティ負担を軽減することを目指していた169)。

---

166) *Ibid.*, p. 147.
167) *Ibid.*, p. 147.
168) M. L. O. Faber and J. G. Potter, *Towards Economic Independence : Papers on the Nationalization of the Copper Industry in Zambia,* Cambridge, Cambridge University Press, 1971, P. 40.
169) *Ibid.*, p. 40.

この提案作成の中心人物はハリー・オッペンハイマーであった。彼は，北ローデシア銅鉱山の支配者として，鉱物権をめぐる論争が銅鉱山利権を危うくすることを恐れていた。しかし，同時に，AAC は BSAC の最大株主であったから——彼は BSAC の取締役を務めていた——，BSAC の権利の評価に相当の重要性を与えていた。彼は，北ローデシアの将来の銅生産量と銅価格の推定値に基づいて，向う23年間のロイヤルティ収入を計算し，BSAC の残りの権利の購入価格を4300万ポンドと割り出した。一方，Rhodesian Selection Trust 取締役会長に就任していたロンルド・プレインは，現金ならば，およそ3000万ポンドが妥当であろうと提言した。Chibuluma 鉱山と Roan 鉱山など限界鉱山は，ロイヤルティの支払いは5年以上は維持できないと見ていたからである[170]。

　各方面に打診した結果，この提案の政府と鉱山会社の協定に関する部分は大きく変更された。全ロイヤルティ（BSAC のロイヤルティの80％だけでなく，政府の受け取っている20％も含めて）は，永久に（1986年まででなく）免除されるべきだとされた。鉱山会社が支払う代価は，①税とは別に，粗利潤の同意した割合（ただし，最低で銅価格の2％）と，②北ローデシアに引き渡される株式によって表される純利潤の割合，であった。政府はまた，配当の一部分は BSAC に支払われる国債支払いとリンクすることを考えていることを明らかにした。ハリーはプレインの数字に不満であったが，北ローデシア政府がそれでよしとするなら，政府の提案に反対しないとの態度を表明した。だが，同時に，BSAC と交渉を開始する前に，独立した専門家の助言を得るべきだと主張した[171]。

　マーチャント・バンクの助言を得て，政府の提案が改めて作成された。①鉱物権返還の代償に，BSAC に23年定額償還国債——毎年226万ポンド，最後の年のみ169万5000ポンド——を渡す。②鉱山会社は別途，年350万ポンドをもたらすに十分な株式を政府に譲渡する。③交換に，特許会社が1986年まで受領する権利を有していたロイヤルティの80％は廃止する。国債支払総額は5000万ポンドを越すが，名目的な利子率3 1/2％で割り引くと，これは3500万ポンドを表していた。また，350万ポンドの配当は，鉱山会社が BSAC に支払っていたロイヤルティ約600万ポンドと将来政府機関に支払う年賦との差額であっ

---

170) *Ibid.*, pp. 40-41.
171) *Ibid.*, pp. 41-42.

た172)。

　この案は，当事者すべてに利益をもたらすように見えた。BSACにとっては，収入は減少するが，鉱物権没収の危険を回避できることになろうし，鉱山会社にとっては，ロイヤルティの一部が株式化されることにより第一次的費用が低下し，金融的フレキシビリティが増すとともに，政府が彼らに結び付けられることによって，安全を確保できるであろう。北ローデシア政府は，350万ポンドの収入を増やすことになり，同時に問題を成功裡に解決したことにより政治的信頼を高めるであろう。イギリス政府にとっても，1950年協定における厄介な義務（後述）を解消することになるだろう173)。

　10月末，この案はBSACに提示された。特許会社は，次の4条件が満たされれば受け容れる用意があると返答した。①支払いはスターリングでなされること。②北ローデシアへの再投資条件のような紐のつかないこと。③賠償金は北ローデシアならびにイギリスの税を免除されること。④賠償金はイギリス政府によって保証されること。第1，第2の条件はなんの困難もなかった。また，第3の条件もイギリス内国収入局の満足のいくなんらかの措置を取ることにより切り抜けられる見通しであった。しかし，第4の条件は難関であった174)。

　11月に，政府の提案を受けて，鉱山会社から新しい提案が出された。①ロイヤルティの80％を完全に廃止する。②代償に鉱山会社は政府にたいし株式と粗利潤の22％を提供する。③ロイヤルティの20％は従来どおり政府に支払う。④各鉱山会社は取締役の2つの席を政府に提供する。⑤もしある年にロイヤルティ収入と配当収入がBSACにたいする国債支払いをするのに不十分であれば，鉱山会社は粗利潤から賄うことができれば，資金を貸し出す175)。

　この提案についての議論は，鉱物権所有の問題が解決を見るまで棚上げにされた。11月22日イギリス政府の決定が下された。決定はノーであった。BSACは次の見解を表明した。①自らはイニシアチブを取らない。②1950年協定は尊重されるべきであるとするイギリス政府を信頼する。③イギリス政府の保証なくしては，北ローデシア政府との取引を信頼することができない176)。

---

172) *Ibid.*, p. 43.
173) *Ibid.*, p. 43.
174) *Ibid.*, pp. 43-44.
175) *Ibid.*, p.44.
176) *Ibid.*, p.45.

これが，北ローデシア人の政権樹立を1カ月後に控えた特許会社幹部の認識であった。北ローデシアでの事態の進行になんの同情と理解も持たないばかりか，北ローデシア人にたいする不信をあからさまに表明し，あくまでも特権にしがみつこうとする態度であった。後に彼らは，決定的なチャンスを失ったことを悟ることになる。

　ハリー・オッペンハイマーは鉱山会社の銅の備蓄による保証の肩代わりを提案した。すなわち，BSACにたいし現金500万ポンドと株式または参加証書からなる650万ポンドの担保物権を提供し，残りの国債についてはイギリスで保有される10万トンの銅のストック（2350万ポンドの価値ある）で保証するという案である。特許会社は喜んでこれを受け容れると述べたが，プレインは10万トンもの銅の備蓄を達成することは不可能と見ていた。代わって，毎年の最初の銅の売上金を支払いに当てるという修正案が出されたが，今度は特許会社が難色を示した[177]。

　1964年1月の総選挙でUNIP（統一国民独立党）が勝利し，カウンダが首相に就任し，議会書記を務めていたアーサー・ヴァイナが大蔵大臣になった。次の4カ月間，鉱物権に関し，当事者同士の直接的接触はなかった。新政府にとっては，調査と再考の時期であり，その間まったく新しい戦略がたてられることになる。

　新政府は，Maxwell Stamp Associates を新しく顧問に任命し，鉱物権の歴史の調査と鉱物権解決の法的政治的社会的影響に関する助言を依頼した。ほぼ同じ頃，「BSAC ロイヤルティ秘史」と題したリチャード・ホールの3連続論文が北ローデシアの週刊誌 *African Mail* に掲載され，また，ザンビアの経済展望に関する UN レポートの草稿が発表された。これらは，BSACの有する鉱物権の基礎の脆弱性とその没収を示唆していた[178]。こうして，鉱物権をめぐる世界の世論は徐々に北ローデシア政府に有利に向かっていた。

　1964年5月はじめ，2月半ばに約束されていた北ローデシア政府とBSACの会合がロンドンでもたれた。ハリー・オッペンハイマーとプレインも出席した。席上，エムリス＝エバンズは提案の用意があると話したのにたいし，北ローデシア政府の閣僚たちは，憲法制定会議が終わるまでは，その件について討論できない，しかし，6月の後半にルサカでの会合に会社を招待する準備がで

---

177)　*Ibid.*, p.46.
178)　*Ibid.*, p.47.

きることを期待する,と回答した[179]。

　BSACの行動は,1950年協定で確保した法的地位を固めることに向けられた。1950年協定第11条b項には,統治権返還後における,特許会社にたいするイギリス政府の役割が規定されていた。すなわち,「イギリス政府が（鉱物権）移転の日以前のいかなる時でも北ローデシアの政府にたいする責任を撤回する決定をする場合には,イギリス政府は,可能な限り,イギリス政府がそれによって責任を持つことを中止する協定の下で,もしくは,それによって,イギリス政府に代わり責任を取ることになる政府が,この協定の条項を遵守する義務を負うことを保証する」[180]とされていたのである。換言すれば,イギリス政府は,一方で自身の統治義務を終わらせながら,他方で独立政府にロイヤルティ支払いを継続するか,さもなければ,協定違反の汚名を被せることになることを規定していたのである[181]。

　年が明けて北ローデシア憲法制定会議が近づくにつれて,BSACは,どのように50年協定第11条b項における義務を遂行するかについて,イギリス政府を悩ました。会社の主張は,2つの法律に反映されることになった。ひとつは新しい独立憲法の一部となった「権利条項」18条（財産剥奪からの保護）であり,もうひとつは独立枢密院令17条であった。これらは,北ローデシア政府に関するイギリス政府の「一切の権利,負債,および義務」はザンビア政府を代表する大統領の「権利,負債,および義務」となることを規定していた[182]。

　鉱物権問題に関する限り,6～8月は静かな月であった。BSACの取締役たちは,10月24日に予定された独立以前に解決に到達することを欲していた。しかし,北ローデシア政府からの招待はこなかった。一方,北ローデシア政府では,鉱物権の歴史的法的調査が進んでいた。彼らは,BSACの鉱物権の法的権利は歴代のイギリス政府の職権と不作為の行為によって基礎づけられてきたことを見出した。そうであるならば,イギリス政府こそが解決の全責任を負うべきであり,もし賠償金を支払う必要があるならば,イギリス政府こそが全額を支払うべきであると考えた。北ローデシア政府は最早特許会社を交渉の相手とすることを考えなかった[183]。

---

179)　*Ibid.*, p.48 ; R. Hall, *Zambia,* London, Pall Wall Press, 1965, p. 232.
180)　M. L. O. Faber and J. G. Potter, *op. cit.*, p. 49.
181)　*Ibid.*, p.51.
182)　*Ibid.*, pp. 49-50.
183)　*Ibid.*, p.50.

北ローデシア政府はイギリス政府に緊急会議の要請とともに公文書を送った。それは次のような内容であった。①独立時に，北ローデシア政府は，継承政府として引き受けることが妥当な一切の法的義務を縦承し実行する。②しかし，政府は，1950年協定によってつくられた義務については，批准も引継ぎもすべきでないと決定した。むしろ，特許会社が1950年協定もしくはそれ以前の協定の下に有する権利を消滅させることは，イギリス政府の義務と信じる。③鉱物権の歴史の研究により，特許会社によって北ローデシアの酋長たちから獲得されたとされるコンセッションの合法性に関し，重大な疑惑があること，レヴァニカ・コンセッションもトムスン条約もコパーベルトにおける鉱物にたいする権利を含んでいないことが明らかとなった。④にもかかわらず，イギリス政府は，領土の人民の利益と福祉の保護者としての責任を有しながら，北ローデシア全域，ことにコパーベルトにおける鉱物権の所有にたいする会社の要求を一貫して黙認し，これらの要求が法廷で決定されるのを妨げ，会社がロイヤルティとして1億3500万ポンド以上受け取るのを保証し，今や，会社がさらに税引後推定2億ポンドを受け取ることを可能にする義務をザンビア政府に移すことを求めている[184]。

　この原則的立場とともに，北ローデシア政府は，イギリス政府が特許会社との解決に「道を見出だす」のを助けるため，イギリス政府も少なくとも同額を提供することを条件に，イギリス政府へ名目的金額を提供すると提案した。この提案は，ある意味では論理的一貫性に欠けていた。というのも，もし上記の歴史的道義的議論が受け容れられるならば，特許会社とイギリス政府は，不法に獲得したロイヤルティを弁償すべきであるとするのが正しいであろうからである。しかし，これは，株主の立場を考慮するとの理由の下に，現実的解決を求めたと解するのが妥当であろう[185]。

　この公文書が発送されようとする頃，報告書がMaxwell Stamp Associatesから届いた。その結論は，BSACは，コパーベルトにおける鉱物権にたいする法的に確立された権利を決して持ったことがないし，当時も持っていなかった，というものであった。すなわち，1950年協定も1923年のデボンシャー協定もすでに存在する限りでは会社の権利を承認したにすぎず，すでに存在する権

---

184) *Ibid.*, p.53.
185) *Ibid.*, p.52.

利に新しく権利を付け加えるものではない，したがって，特許会社の権利は本来のコンセッションと条約に基礎づけられなければならず，そして，これらはコパーベルトの地域を含んでいなかった，というのである。これは，北ローデシア政府にとって驚きであった。本来のコンセッションと条約が合法的に鉱物権を特許会社に移すことができないことを知っていたが，歴代のイギリス政府と初期の植民地政府がそうすることに失敗したと結論されようとは，予期していなかったからである[186]。

9月半ばにようやく，BSACは北ローデシア政府より公式の通知を受け取った。①北ローデシア政府は，1964年10月24日以降，1950年協定を引き継ぐ法的義務はない。②1950年協定の下で権利が会社の側に生じる限り，それを消滅させることはイギリス政府の義務である。③政府顧問の意見では，会社はコパーベルトの鉱物にたいする権利を持っていない。そして，会社の幹部とイギリス政府は長い間この事実を知っていた。④会社は，政府が不法なロイヤルティの支払いの続行を許さないことを理解するであろう。⑤会社によって集められたロイヤルティ総額はおよそ1億2000万ポンドに達するが，それにたいし，政府は一切の権利を留保する[187]。

この一斉射撃にたいし，BSACは次のように応酬した。①自分たちの指導顧問は，北ローデシア全域の鉱物にたいする権利は「論争の余地のない」ものであることを知らせてきている。②もし北ローデシア政府のいう疑惑が正当な補償にたいする障害であるならば，権利問題を枢密院に提起したい。③歴代の北ローデシア政府は，長年会社の権利を承認しており，権利のない金を受け取ってきたのではない。④会社は権利の正当な補償を条件に，委譲期日を早めたい。顧問は公正な補償額はおおよそ即金で約3500万ポンドとしている。⑤北ローデシア政府代表は，昨年11月，保証と課税に関するイギリス政府の決定を条件とする解決を取り決めるため，立法審議会から委任状を要請する，と語っていた。⑥政府は6月後半に会社の代表者をルサカに招く用意があると語っていたが，そのような招待はなかった[188]。

北ローデシア政府がこの声明に係わる気持はほとんどなかった。枢密院法律委員会に問題を委託する手続きは複雑であり，そこで審議されることになれば，

---

186) *Ibid.*, p. 53.
187) *Ibid.*, p. 54.
188) *Ibid.*, p. 55.

独立日までに解決しないことは確実であった。しかも，枢密院は長年「保護的」機能を行使するのを怠ってきたイギリス政府の機関であった。特許会社は枢密院への委託や権利の基礎の調査を阻止してきたにもかかわらず，ザンビア政府が一度独立すれば会社の特権を一方的に停止するのを見て，委託を提唱しているのである189)。

　イギリス政府によって会議の日程が9月21日から始まる週に設定された。会議の冒頭，北ローデシア政府代表は，なぜイギリス政府だけが責任を負わねばならないかを陳述した。イギリス大蔵大臣は，この主張に強く反駁し，不当行為の罪を犯したという申し立てを否定した。責任問題の論争はなんら前進が見られないことは明らかであった。大蔵大臣は，特許会社が鉱物権返還にいくら受けとればいいか実際的問題を議論することを提案した。大蔵大臣は別の日にBSACの代表と会うことになった。協議は会社の要求額と北ローデシア政府の提示額とを折り合わせること，さらに，2つの金額の差をイギリス政府が埋める分担金を持つべきだと勧奨するかどうかに集中した。北ローデシア政府の提示額は200万ポンドであった。もはやそれを増やすことはできなかった。交渉開始にあたって発表された，BSACの鉱物権の根拠の薄弱性を究明した政府白書190)が北ローデシアの政治家と公衆に及ぼした衝撃を考慮すれば，200万ポンドの提示すら維持することは困難であった。会社の要求額は少しずつ下がり，1800万ポンドになった。金額の問題が協定に達しないとなったとき，イギリス政府は特許会社の代表に，没収の危険を厳しく警告した。北ローデシアは独立後ただちに憲法修正に必要な国民投票を実施するであろう191)。

　会合は物別れに終わった。北ローデシア政府では，独立日に発行される公報の特別号（1巻1号）の準備が開始された。それにはザンビア独立命令と悪法の修正にかんする法律原案が掲載されていた。イギリスでは，BSACは，イギリス労働党勝利の予想にますます神経質となっていた。10月初め彼らは北ローデシア政府に書簡を送り，800万ポンドで受け容れる用意があることを知らせた。北ローデシア政府は，権利の消滅を完全にイギリス政府の事柄と見ていたので，この申し出をイギリス政府に知らせた。保守党政府は解決に向けて600万ポンドまで出す用意があった。しかし，北ローデシア政府の貢献が200万

---

189)　*Ibid.*, p. 56.
190)　The Government of Northern Rhodesia, *op. cit.*
191)　M. L. O. Faber and J. G. Potter, *op. cit.*, pp. 57-58.

ポンドに限定される限り，責任の主要な部分を引き受けることになるので，それだけは出せない，との態度であった[192]）。

　10月15日イギリスで総選挙が行われ，僅差で労働党が勝利した。この日からザンビアの独立日まで事態は最終段階を迎える。BSAC は労働党の協力をほとんど期待できなかった。BSAC は，イギリス政府が200万ポンドを北ローデシア政府に寄付し，北ローデシア政府の出す200万ポンドと合わせて，計400万ポンドを北ローデシア政府から免税の形で手渡すというイギリス政府の提案を受け容れるよりほかなかった。新しく連邦相に就任したアーサー・ボトムリーとエムリス゠エバンズはこの提案をもって，独立式典に参列するためルサカにやってきた。ボトムリーが驚いたことに，北ローデシア政府はこれを厳しく拒絶した。会社に最終的に支払いをなす，または，大部分を支払う当事者は，暗黙裡に解決の責任を引き受ける，と考えられていたからである[193]）。

　ロンドンからハロルド・ウィルソンはザンビア人の立場が受け容れられるべきだと助言した。原案では，400万ポンドにたいする税を会社が免除されることを明確にうたっていた。もし半額をイギリス政府に支払わなければならないとすると，あれやこれやの税も支払わなければならず，受取り額は400万ポンドを大きく割ることになる。このジレンマに，エムリス゠エバンズは独立式典日の真夜中まで悩むのである。エムリス゠エバンズには選択の余地はなかった。古い旗が下ろされ，新しい旗が掲げられる真夜中の瞬間に，鉱物権はザンビア国民に返還されたのである。それは次の年だけで1700万ポンドをもたらすはずであった[194]）。BSAC は，鉱物権を消失して2カ月経たぬうちに，Charter に合同する。

　問題は，AAC と BSAC とはどのような関係にあったかである。AAC が BSAC を支配していたがゆえに，Charter に合流したのであろうか。
　AAC と BSAC の関係は，1920年代に AAC が北ローデシアの銅開発に進出したことに始まる。当初，アーネスト・オッペンハイマーを北ローデシアに誘ったのはエドマンド・デイヴィスであった。彼は BSAC の取締役を務めるとともに，北ローデシアのいくつもの鉱業企業と関わっていた。1924年2月，

---

192) *Ibid.*, p. 59.
193) *Ibid.*, p. 60.
194) *Ibid.*, pp. 60-61.

彼はオッペンハイマーに，Bwana M'kubwa Copper Mining にたいする出資を要請した。オッペンハイマーはこれに応じた。翌年5月には，AAC がその顧問技師の地位を獲得した195)。北ローデシア銅開発の将来に確信を持った AAC は，Rhodesia Broken Hill Development, Rhodesia Congo Border Concession, Loangwa Concessions (Northern Rhodesia), Serenje Concessions, Kasempa Concessions の株主となるとともに，顧問技師となった196)。さらには，1926年11月，BSAC の顧問技師となる197)。これは，AAC にとって，きわめて重要な地位であった。北ローデシアにおける鉱業の全情報を得る立場になったからである。1927年，AAC は，Rhodesia Congo Border コンセッションを支配する Rhodesia Congo Border Concession と，Copper Venture から NKana コンセッションを引き取った Bwana M'kubwa を傘下に収める。Rhodesia Congo Border コンセッションからは Nchanga 鉱山が，そして，NKana コンセッションからは NKana 鉱山が生まれることになる。1928年12月8日，AAC は，これらの鉱山の開発に向けて，Rhodesian Anglo American を設立する。AAC とともに設立に参加した会社には，姉妹会社の Rand Selection, CMS, New Era Corporation の他，BSAC, JCI, Newmont Mining があった。オッペンハイマーは1928年12月29日付のデイヴィスへの手紙で「もし Rhodesian Anglo American が特許会社から NKana コンセッションにおけるロイヤルティを購入できれば，それは非常に望ましいことだ」198)と述べた。ロイヤルティ収入の増大を見越してであることは疑いない。BSAC はこれに応じなかったものの，AAC は BSAC 株式の所有を増やし，1930年までに最大株主となる199)。そして，1934年，オッペンハイマーは BSAC の取締役になる。

　AAC が BSAC 最大の株主であったという理由から，*South African Inc.* の著者たちの言うように，AAC が BSAC を支配していたと受け取っていいであろうか。鉱物権返還の一連の交渉過程を見るかぎり，必ずしもそのように言

---

195) S. Cunningham, *The Copper Industry in Zambia : Foreign Mining Companies in a Developing Country,* New York, Praeger, 1981, p. 66.
196) T. Gregory, *op. cit.,* p. 398.
197) *Ibid.,* p. 398.
198) *Ibid.,* p. 417.
199) P. Slinn, 'Commercial Concessions and Politics during the Colonial Period', p. 374.

えないのである。

　オッペンハイマーは，AACがBSAC最大の株主であったから，鉱物権返還にたいする賠償金の多寡に無関心ではありえなかった。しかし同時に，北ローデシア銅山の支配者として，鉱山利権を危うくすることを恐れていた。鉱物権返還問題が浮かび上がってきたとき，彼は，かなりの金額で，できれば穏便に解決することを望んでいた。ラニングは，「鉱物権を返却するようBSACに圧力をかけた」[200]とすら述べている。公開論争は利権を危うくする恐れがあったからである。オッペンハイマーは，BSAC最大の株主の代表者，取締役，さらには，銅山の支配者として，鉱物権返還条件について提案をし，また，代案を提起した。しかし，鉱物権返還交渉において，最終的に決定を下すのは取締役会長のエムリス＝エバンズなど生え抜きの経営陣であった。正に，それゆえに，BSACは1963年11月の決定的チャンスを逸したのである。もし彼らが，イギリス政府の保証を条件とせず，また，北ローデシア人を信頼していたならば，400万ポンドでなく，3500万ポンドの価値ある資産を入手していたのである。

　北ローデシア銅山のもう一方の支配者であるプレインは，「ロンドンにおける特許会社の取締役は，アフリカ人の同情を得る努力をほとんどしなかったし，アフリカ人が彼らの言い分を理解する必要性の認識すら示さなかった」[201]，「BSACは完全に事態の流れとの接触を失っていた。アフリカにおける変化の風はロンドンに居すわる年老いた取締役たちに気付かれないで吹いていた」[202]と，厳しく指弾している。勿論，プレインがザンビア人の心情と希望を真に理解していたかどうかは別問題ではある。

　一度鉱物権からの収入を放棄するや，BSACは資産7000万ポンドの平凡な国際投資会社にすぎないものになった。1963年11月の決定的チャンスを逸し，株主の信頼を失い，自信を喪失した経営者には，オッペンハイマーの指示に従うより他なかったのである。

## 2. 銅鉱山のザンビアナイゼーションとMinorcoの成立

　1964年12月，Charterが設立されたとき，その取締役会長には特許会社のエ

---

200) G. Lanning with M.Mueller, *op. cit.,* p. 197.
201) R. Prain, *op. cit.,* p. 156.
202) *Ibid.,* p. 159.

ムリス=エバンズが就任した。しかし，程なく彼は死去し，ハリー・オッペンハイマーの友人 H・A・V・スミスが一時期継承した後，AAC の取締役の1人 S・スピロが就任する。1965年3月31日，CM, CMS, BSAC の全発行株式は Charter に移管される。CM, CMS ならびに BSAC にたいする持株からして，AAC グループが Charter 支配株を握っていた。AAC にとって Charter の役割は，南アの為替統制から自由に投資し，AAC の南ア政府との関係が不都合をきたす地域への浸透を容易にし，世界銀行のような機関からの支持を受けることができるようにすることにあった。1960年代後半，Charter は AAC が南部アフリカ以外の地域に進出する腕となった。AAC は迅速に行動した。Charter はイギリス，カナダ，マレイシア，モーリタニアの鉱業開発，イギリスとフランスの工業，オーストラリアのマーチャント・バンクに投資した[203]。Charter は元の3社から AAC グループの会社の他いくつかの会社の投資を引き継ぎ，イギリスでの二重課税を回避するためこれらの会社の持株を10％以上に引き上げた。こうして，1969年の主要な持株で見ると，AAC にたいする10％所有を筆頭に，Anglo American Corporation Rhodesia の33.5％，Zambian Anglo American (Zamanglo : Rhodesian Anglo American の改称) 23％, Anglo American Investment Trust, De Beers, Rand Selection など AAC グループ会社の株式を保有するとともに，グループ外では，Selection Trust の最大の株主であり (25.8％)，その他 Union Corporation (10％)，RM (16％), Blyvooruitzicht (10％), Harmony (10％), The Cape Asbestos (25.3％), Tronoh Mines (28.4％), Rio Tinto Zinc, Société le Nickel などの株式を所有していた[204]。1965年3月31日における Charter の資産総額（市場価格ならびに取締役評価）は1億7164万ポンドであった[205]が，3年後には3億2400万ポンドとなり，ほとんど AAC に匹敵する大きさとなっていた[206]。

　1974年に AAC は，Charter に続いてもうひとつの海外進出のための腕を持つことになる。Minerals and Resources Corporation (Minorco) である。Minorco もまたザンビアと深い繋がりがあった。けだし，Minorco とは，北

---

203) G. Lanning with M. Mueller, *op. cit.*, p. 318.
204) *Jane's Major Companies of Europe, 1970 Edition*, pp. F 198-F 199.
205) *Beerman's Financial Year Book of Europe 1967*, Third Edition, p. F 59.
206) D. Pallister, S. Stewart and I. Lepper, *op. cit.*, p. 83.

ローデシアにおける AAC の持株会社 Zamanglo の後身に他ならなかったからである。Charter がヨーロッパとアジアとアフリカへの進出を受け持ったのにたいし，Minorco は南北アメリカを守備範囲とした。Minorco に改称されるにいたる経緯は次のようなものであった。

　1960年代の終わりから70年代初めにかけて，アフリカの新興諸国は経済的自立をはかるため，アフリカナイゼーションを実施していった。これらの国においては，中心的産業である鉱業やプランテーションは，植民地時代に引き続き，外国企業が支配したままであったし，商業もしばしば白人やアジア人の支配するところであった。したがって，国と国民が経済力をつけるためには，人と資本の両面から外国企業と在留外国人企業をアフリカ化することが必要だと考えられたのである[207]。

　ザンビアナイゼーションは1968年のムルングシ経済宣言に始まる。1965年，ローデシア少数白人政府が一方的独立宣言をしたことにより，ザンビアはローデシア依存経済から急速に脱却する必要に迫られた。タンザニアから石油パイプラインを敷設し，ワンキー炭鉱に代わる新しい炭鉱を国内に開発し，銅の搬出のため海港にむけて新しい鉄道敷設を計画しなければならなかった。一方，ローデシアからの輸入は制限され，輸入代替工業が奨励されたので，ザンビア経済はブームを迎えた。しかし，ザンビアにおける多くの会社は南アフリカかローデシアの子会社や関連会社であり，彼らは利潤と資本をできるだけ多くできるだけ素早く送金しようとした。1966年に鉱業以外の会社の外国送金は84％増大し，翌年にはさらに15％増大した。鉱業会社も，銅の高価格によって巨額の利潤を上げ，高い配当を宣言し，さらに資本の大部分を送金し，必要な資金は現地ローンによって賄った。ザンビア内の商業銀行の貸付けの伸びは，1965年に94％，66年16％，さらに，67年には76％に達していた[208]。

　1968年の UNIP 大会において，カウンダ大統領は，経済改革に向けてムルングシ経済宣言を発した。彼は，「ヒューマニズム」の下での経済建設の必要性を訴え，基本的食糧の増産と農法の改善をよびかけた後，外国企業と在留外国人企業のひどい資本低下と過度の現地借入，高水準の配当送金について批判し，ザンビア経済はこれ以上彼らによって支配されつづけるのは受け入れ難い，

---

[207] 1960～1976年のアフリカ各国のアフリカナイゼーション一覧については，*The Cambridge Encyclopedia of Africa*, Cambridge, Cambridge University Press, 1981, P. 352 を参照。

[208] G. Lanning with M.Mueller, *op. cit.*, p. 203.

ザンビア経済自立のためには，ザンビア人企業家の育成が急務であるとして，次の経済改革を宣言した。①外国企業と同様，在留外国人企業の国内での借入金も，払込資本金の額を限度とする。②主要都市以外の地域における小売業は，ザンビア人に限る。また，政府建設契約のうち中小規模のものはザンビア人に限る。③建設，運輸，小売業並びに醸造の会社26社にたいし51％の株式取得を申し入れる。そして，最後に，大統領は批判の鋒先を鉱業会社に向け，高水準の配当送金と鉱山開発の事実上の停止を批判し，外国企業の利潤送金を税込み利潤の50％か払込資本金の30％の，いずれか小さい方に制限する，と述べた209)。

　ムルングシ経済宣言にたいする鉱業会社の対応はザンビア人の疑惑を増すだけであった。彼らは，大統領の批判を拒否し，約束したロイヤルティ制度の改正が行われないことこそ大きな投資を妨げていると論じた。彼らは，採掘鉱石品位を高め，抽出プラントを能力以上に稼働し，生産記録を破り，利潤を高めた。これは鉱山と機械の寿命を著しく短かくするものであった。また配当の送金制限については，資本金の引上げをもって応じた。AACの子会社Zamangloは，1968年12月資本金を1538万クワチャから3024万クワチャへと増やし，アメリカのAmerican Metal Climax（1957年12月30日，American Metalは，Climax Modybdenumと合同して改称。1974年7月1日，AMAXに改名。それ以前でもAMAXと略す）の子会社Roan Selection Trust（Rhodesian Selection Trustの改称）（RST）は，ボーナス株を発行して，4369万クワチャから8700万クワチャに増やした。さらに，両社とも会計を改定し，「非拡大的」資本投資を税引前費用として示すことを止めて，利潤にたいするアプロプリエイションとして示し，プラントや装置やその他控除項目における支出は，株主の立場が有利になるよう新しい方法で取り扱った。こうして，利潤の半分以上を送らなくても配当が実質的に引き上げられるようにしたのである。ZamangloとRSTが海外に送った配当金は，1964年に2900万ポンド，65年2200万ポンド，66年2400万ポンド，67年2500万ポンド，そして，68年も2500万ポンドに達していた。正に，ムルングシ経済宣言はなきに等しかった210)。

---

　209）ケネス・カウンダ大統領「ムルングシ経済宣言（1968年4月19日民族独立党大会演説）」，浦野起央編著『資料体系　アジア・アフリカ国際関係政治社会史　第4巻　アフリカⅢb』パピルス出版，1982年所収，790〜816ページ。
　210）G. Lanning with M.Mueller, *op. cit.*, pp. 205-206.

1969年8月ルサカのマテロホールで開催されたUNIP全国委員会で，カウンダ大統領は鉱業にたいする新しい政策を発表した。彼はまず，ロイヤルティを廃し，これを輸出税と一本化することを明らかにした。新しい鉱物税は粗利潤の51%であった。これは長年の間鉱業会社が改善をもとめてきた措置であった。しかし，彼は，ロイヤルティが開発を妨げているという見解は受け入れなかった[211]。「私は，鉱業会社の取締役会長が株主にたいする年次報告書の中で，BSACによって課されているロイヤルティが高すぎると不平を言っているのを記憶していない。しかし，独立後は，そればかり聞かされる」[212]。次いで彼は，一切の鉱物権は国家に所属する，ザンビアの経済的自立には鉱山の完全な支配が必要であるとして，次のように声明した。「私は，鉱山の所有者にたいし，政府を彼らの鉱業に参加させるよう要請するであろう。私は，鉱山の所有者にたいし，彼らの株式の51%を譲渡するように求める」[213]。

　「国有化」直前のザンビア銅鉱業は次のような支配構造であった。Zamangloは，Rhokana Corporation, Nchanga Consolidated Corporation, Bancroft Minesの3大銅鉱山会社の他，銅精練会社Rhokana Copper Refineries，コパーベルトから西へ100マイルはなれた地点で操業しているKansanshi Copper Mines，鉛・亜鉛産出会社Zambian Broken Hill Developmentを支配していた。他方，RSTは，Mufulira, Chibuluma, Chambishiの3鉱山からなるMufulira Copper Minesとその他いくつかの鉱山会社を支配していた。ただし，Zamanglo傘下の鉱業会社の株式はほぼ同系列内の会社によって所有されていたのにたいし，RSTの場合には，Mufulira Copper Minesにたいし，Zamangloが7.8%，その子会社であるRhokana Corporationが26.6%を所有していた[214]。

　ザンビア政府の51%株式取得によって，銅鉱業の企業構造は次のように変化した。

　Zamangloが支配していた3大鉱山会社とRhokana Copper Refineriesは

---

211) *Ibid.*, p. 208.
212) *Ibid.*, p. 208. ケネス・カウンダ大統領「経済改革（銅鉱山の国有化）に関するマテロ演説（1969年8月11日）」，浦野起央編著，前掲書所収，821ページ。
213) G. Lanning with M. Mueller, *op. cit.*, p. 209. ケネス・カウンダ大統領「経済改革（銅鉱山の国有化）に関するマテロ演説（1969年8月11日）」，822ページ。
214) M. Bostock and C. Harvey, eds., *op. cit.*, p. 260.

Bancroft Mines に合体され，そして，同社は Nchanga Consolidated Mines (NCCM) と改称された[215]。同様に RST の場合も，傘下の鉱山会社は Mufulira Copper Mines に統合され，それは Roan Consolidated Mines (RCM) と改称された。この２つの会社の株式は，それぞれ２つのグループに分けられた。資本の51％からなる「A」株式は，政府企業 Zambian Industrial & Mining Corporation (Zimco) の完全子会社として新しく設立された Mining Development Corporation (Mindeco) によって所有されることになり，残りの資本からなる「B」株式は鉱業会社によって所有されることになった[216]。

政府と鉱業会社との交渉は，①資産評価の方法，②支払条件，③将来の会社経営手数料，④協定が尊重されるべき保証，の４つの決定的問題に集中した。譲渡価格は1969年12月末日現在の帳簿価格に基づいて決定されることになり，NCCM の51％株式は１億2600万クワチャ（１億7600万ドル），RCM のそれは8400万クワチャ（１億1800万ドル）と評価された。NCCM の株主には12年半還賦６％利付 Zimco 債が，RCM の株主には８年半還賦６％利付 Zimco 債が発行された。還賦開始日はともに1970年10月１日と決められたが，RCM の株主にたいする償還期間が短いのは，NCCM よりも RCM の方が高収益を見込まれていたことによる。両債ともザンビア政府によって保証されていたが，政府は Mindeco の所有する NCCM と RCM の51％株式の配当金からの償還を考えていた。経営契約と銅の販売契約とは，また別の論争となった問題であった。経営手数料は，最終的には，売上高の0.75％プラス，鉱物税と所得税を引く前の利潤の２％，に設定された。AAC と RST による銅の販売サービスにも，売上高の0.75％が手数料として支払われることになった。Zimco 債の償還，経営手数料，販売サービス手数料は，ザンビアの為替制限から除外された[217]。協定の保証については，ザンビア政府が協定に違反するか協定を破棄した場合，Zimco 債未償還金を直ちに支払うこと，また，鉱業会社との間に係争が生じた場合，国際司法裁判所の判定をあおぐこと，が明記された[218]。

鉱業会社と政府の協定が締結されて，新しい会社の構造が1970年１月１日に

---

215) *Mining International Year Book 1975*, pp. 403, 408.
216) G. Lanning with M. Mueller, *op. cit.*, p. 209.
217) *Ibid.*, pp. 209, 211.
218) M. Bostock and C. Harvey, 'The Takeover', in M. Bostock and C. Harvey, eds., *op. cit.*, p. 148.

出現した。RST と Zamanglo はそれぞれ再編成された。AMAX は，それが所有していない RST の株式を購入するように申し出て，新しい完全所有の子会社 RST International を設立した。Zamanglo の本社はバミューダに移され，子会社 Zambia Copper Investments (ZCI) が設立された。ZCI は NCCM の49％の株式と RCM の12.25％の株式を所有するとともに，Zimco 債の元利の支払いを受け取ることになった。RST International も RST の資産を継承し，RCM の20％の株式を所有し，Zimco 債の元利の支払いを受け取ることになった。Zamanglo のバミューダへの移転の目的は，そこでの低率の税の利益を享受することにあったが，同時に，AAC の今や世界的規模となった投資計画にたいして，南アの為替統制に服さない巨額の資本を利用できるようにすることにあった。すなわち，AAC は，ロンドンの Charter と並ぶもうひとつの国際金融会社を有することになったわけである。1974年，RST International は AMAX International と改名し，Zamanglo は Minorco に改称された[219]。

ザンビア政府の銅鉱山会社「国有化」は経済自立に向けての大きな第一歩として高く評価された。しかし，協定の内容を仔細に見ると，必ずしもザンビアに有利といえず，むしろ少数株主に有利であったことが判明する。

第1に，協定締結の前提として，ロイヤルティと輸出税が一本化され鉱物税 (51％) が設けられた。所得税が鉱物税引後利潤にたいし45％賦課されたので，銅鉱業にたいする税率は利潤の73.05％の定率となった[220]。ロイヤルティを廃し，税を利潤に基づかせることは，会社が長い間主張してきたことへの譲歩であった。しかし，NCCM と RCM とは，利潤以上の税を支払うことがなくなったばかりか，利潤が生じない年度には税を支払う必要がなくなった。さらに，利潤からの再投資は税引前費用とし100％控除することが認められたので，この点からも少数株主に有利となった。この税制改革はひとつの合理化ではあったが，銅鉱業からのザンビア政府の歳入は，完全に世界銅市況に左右されることになった[221]。

第2に，Zimco 債の償還——年額，RCM の場合1350万クワチャ (1890万ドル)，NCCM の場合1480万クワチャ (2070万ドル)——は，世界の銅市況が悪

---

219) G. Lanning with M. Mueller, *op. cit.*, p. 212.
220) C. Harvey, 'Tax Reform in the Mining Industry', in M. Bostock and C. Harvey, eds., *op. cit.*, pp. 131-132.
221) G. Lanning with M. Mueller, *op. cit.*, p. 212.

化し，RCM と NCCM からの配当が著しく押し下げられた場合でも，実行していかねばならなかった。また，RCM と NCCM から Mindeco が得る配当金の3分の2が Zimco 償還の年額を越える場合，その差額は，償還促進のため加算されることが決められていた。しかし，この加速度償還も，次年度の償還額の減額をもたらすものではなかった[222]。

第3に，クワチャの平価切下げの場合を考慮して，ドルでの償還を義務づけられていた。6％の利子を含め，償還金は無税とされ，また，為替統制の枠外とされたから，会社によって指示される世界のどこへでも送金せねばならなかった[223]。

第4に，向こう10年間の経営契約とその他の契約によって，鉱業会社は鉱山の有効的支配を維持し，しかも，広範な鉱業活動にたいして拒否権を有し，争議の停止，資産処分，コンセッションや鉱業権の譲渡，新規金融，借入金，資本支出のアプロプリエイション，調査と探査を左右することとなった[224]。このことは，少数株主を RCM と NCCM の生産拡大のための利潤の再投資の義務から放免することを意味した。それのみか，彼らは，高額の経営手数料，銅の販売手数料，外国人スタッフの斡旋料を確保した。

ザンビア人にとって「国有化」の目的は，①鉱業会社の活動にたいし相当の支配を獲得すること，②従来国外に流出していた利潤を国内への再投資に振り向け，生産を拡大すること，③ザンビア人が自ら行えるようになるまで，会社の経営ならびに技術的技能を保持することにあった，と考えて差支えない。しかし，事態の推移を見ると，こうした目的はほとんど達成できなかったことがわかる。

第1に，鉱業会社は，有利となった税条項と為替統制の緩和にもかかわらず（または，それゆえに），マテロ宣言以前にもましてザンビア国内への再投資に関心を示さなかった。拡大投資はほとんど専ら外国からの借入金によって行われた[225]。第2に，1969年協定では，労働力に関するザンビアナイゼーションの条項が欠落したままで，鉱山会社においてザンビア人を長とする唯一の部

---

222) M. Bostock and C. Harvey, 'The Takeover', p. 146.
223) *Ibid.,* p. 146.
224) G. Lanning with M.Mueller, *op. cit.,* p.211.
225) A. and N. Seidman, *South Africa and U. S. Multinational Corporations,* Westport, Connecticut, Lawrence Hill and Co, 1977, pp. 33-34.

門は人事部であり，人事部以外でザンビア化された最高のポストは鉱夫長のレベルであった。坑内支配人，鉱山監督，部局技術者，技術長などそれ以上の水準のポストは外国人スタッフが独占したままであった。ザンビア人の多くの資格ある大学卒業者は，昇進の展望がないのと，白人に比して彼らが受ける異った待遇とにより，やむなく鉱業から遠ざからざるをえなかった[226]。第3に，NCCMとRCMによって支払われる販売・経営手数料は余りに高くつくものであった。ZCIの場合でもRST Internationalの場合でも，1971年から73年の期間，販売・経営手数料の収入は配当収入を上回っているのである[227]。

　ザンビア政府は，余りに譲歩しすぎたことを認めざるをえなかった。それでも，世界の銅市況が堅実であり，NCCMとRCMからの配当が十分な限り，諸協定に盛られた矛盾はそれ程急激に顕在化することはなかったであろう。しかし，ひとたび銅市況が悪化すると，配当は激減し，Zimco債の償還を行うと，後に残る額は僅かとなり，政府の財政は極度に逼迫した。1964年以降上昇を続けていた世界銅価格は69年をピークに，70年代に入ると下降過程に入り，ザンビア経済は早くも71年と72年に危機を迎えることになる。

　銅価格は1970年3月のトン当り1252クワチャからその年の暮には721クワチャへと下落した。平均価格は71年に750クワチャ，72年に796クワチャであった。これとともに，政府支出の過半を賄ってきた鉱業からの収入は急激に低下し，1969年のピークの2億3400万クワチャから71年と72年の平均4200万クワチャと低下した[228]。（理論的には，税の取り分総額は利潤の73.05％であったけれども，1969年協定における税の譲歩は，1971年と72年の政府有効税率を利潤の28％に引き下げていた[229]。）さらに，銅価格の低下は，国際収支の悪化をまねいた。問題は，銅価格と利潤が上昇すれば，Zimco債償還を加速させるという条項があるにもかかわらず，価格が低下した場合それを遅らせるという条項はなかったことである。ザンビア政府は，Zimco債償還の期間，銅価格は800クワチャ以下には落ちないであろうと計算していた。もしそれ以下に落ちれば，ザンビア政府はZimco債償還の義務を果たすために，外貨準備金を取り崩すことを余儀なくされるのである。国際収支の経常勘定は，1970年の7700万クワ

---

226) G. Lanning with M. Mueller, *op. cit.*, pp. 215-216.
227) *Ibid.*, p. 219.
228) *Ibid.*, p. 218.
229) *Ibid.*, p. 218.

チャの黒字から71年1億7650万クワチャの赤字，72年9750万クワチャの赤字に転じた[230]。政府歳入の急激な低下と国際収支難に加え，1970年の事故によるMufulira鉱山の著しい生産減少もザンビア人に脅威となっていた。

1973年1月，ローデシアはザンビアとの国境を閉ざした。当時，ザンビアの銅の半分（年およそ44万トン）がローデシアのベイラ港経由で輸出されていた。銅の輸送ルートは変更された。しかし，外国から輸入されていたコークス，硫酸，塩素（水浄化のための），爆薬，鉱山用機械はしばしば供給不足となり，ある種の物資は空輸されねばならなかった。

1973年中葉，ローデシアとの国境封鎖，チリとペルーにおける銅鉱山のストライキの発生によって，銅価格は急騰し，69年平均価格を突破した。8月カウンダ大統領は，Zimco債の即時償還を発表し，少数株主に認められていた為替自由送金の廃止，経営契約・販売契約の破棄と銅会社自身による経営，ザンビア政府の銅販売会社の設立を通告した。

「……ザンビア国民が自分たちの経済業務をより有効に支配するために，（そして）国家によって私に与えられた権限に基づいて，私は以下のことを直ちに効力を発揮するものとして決定した。①未償還公債は償還されるべきである。②現在少数株主によって提供されている管理技術サービスを，会社が直接に提供する以前の体制に転換する手段が取られるべきである。③政府によって完全所有される新しい銅販売会社がザンビアに設立されるべきである」[231]。

当時Zimco債の未償還残高は2億6200万米ドルであった。ザンビア政府は銅価格の急騰（1973年11月には1500クワチャ（1000ポンド）までになる）により比較的潤沢となっていた保有外貨の一部と1億5000万ドルのユーロダラーの借入金とでもって，1973年9月Zimco債の完全償還を実施した[232]。ZCIとRSTに与えられていた為替の自由送金と税制上の特権も廃止され，一般企業と同じ法律に服すこととなった。これは，ひとたび未償還公債が返済されれば，協定により可能であった。

RCMとNCCMは自ら技術管理サービスを提供すべきであるという声明は，今や技術者と管理者が直接RCMとNCCMによって雇用されることになり，AACとRSTから派遣されるのではないということを意味した。銅鉱山は

---

[230] *Ibid.*, pp. 218-219.
[231] *Ibid.*, pp. 222-223.
[232] *Ibid.*, p. 223.

5000人の外国人を雇用し,その内3000人が採掘作業に従事していた。約800人が鉱業会社との間に終身雇用と年金の契約を結んでおり,ザンビアの操業会社に一時的に配置転換されていた。AMAX と AAC は,鉱山を運営するに十分な人員を雇用できなければ,RCM と NCCM に人員を派遣することに合意した。NCCM では,ザンビア人専務取締役が白人の副専務取締役の上に立った[233]。

大統領の声明は再編成を完成しなかった。というのも,ザンビア政府と,Mindeco,AAC および AMAX との間に結ばれていた経営・販売契約は,1969年契約の主要部分をなしておらず,別個の契約でカバーされていたからである。1年以上にわたりこれら会社との長い協議が続けられ,1974年に AAC と,次いで翌年1月に AMAX と協定が成立した。政府は,AAC に3300万クワチャ(2200万ポンド),AMAX に2200万クワチャ(1420万ポンド)を,経営権・販売権回復の代償に支払わねばならなかった。元の経営契約では,ZCI は1981年まで,RST は1979年まで協定は有効であった[234]。

NCCM と RCM は Mindeco の子会社であることを止め,Zimco 直属会社となった。51％株式は大蔵省に移管され,大蔵大臣が両社の代表取締役に就任すると同時に,専務取締役も政府の任命するところとなった。こうして NCCM と RCM は1974年8月1日よりザンビア人の直営会社となった。また,Metal Marketing Corporation が新設され,Zamanglo と RST に委ねられていた銅の販売権を回復した[235]。

こうして,銅鉱業は完全にザンビア人の支配下に入ったが,その後,銅鉱業がどのようになるかは,別の課題である。

3. オッペンハイマー帝国の成立と投資再編成

Zamanglo の資本金は1970年5月3024万クワチャから3100万クワチャに増資され,バミューダへの移転とともに4340万バミューダ・ドルに転換され,その直後4550万バミューダ・ドルに引き上げられた。当時,Zamanglo の投資は,ザンビアの銅への投資,すなわち,ZCI への投資を別にすれば,Anglo American Corporation Rhodesia (47.2％) の他,消石灰採掘,醸造,鉱山探査が

---

233) *Ibid.*, p. 223.
234) *Ibid.*, pp. 223-224.
235) *Ibid.*, p. 224.

ある程度であった[236]。移転から1年後（1971年6月30日）には，ザンビアにおける産業利権は完全所有子会社 Zamanglo Industrial にまとめられた。Zamanglo は，ZCI の社債を所有する会社として完全所有子会社 Zamanglo Holdings を新設し，また，新しく Australian Anglo American の発行株式30％を入手した。さらに，Engelhard Hanovia の株1.9％を関接的に所有した。ZCI 株式の持株は6125万3740株（49.98％）となっていた[237]。1972年6月30日には，Zamanglo Australia Pty を完全所有子会社として設立し，Australian Anglo American の発行株30％はそこに移管した。さらに，Engelhard Minerals and Chemicals Corporation （Engelhard）の主要利権を有する HD Development の株6.6％を関接的に所有するようになった[238]。

ザンビア政府がそれぞれ1973年と1974年に一括して支払った Zimco 債残高7300万ポンドと経営・販売契約解除金2200万ポンドとは，Zamanglo 発展の基礎資金となった[239]。1974年8月，Zamanglo は，Minorco に改称されるとともに，資本金は1億500万バミューダ・ドルへと引き上げられ，普通株58万810株，「A」普通株4191万618株，後払株8572株（各1.4バミューダ・ドル）が新しくつくられた。

「A」普通株4191万618株は，HD Development を介して，AAC と Charter によって所有されていた Engelhard の支配株とその他の資産を獲得するのに発行された。すなわち，HD Development の完全所有子会社 Prairie Investments は Engelhard の普通株30.5％と優先株20.7％を所有していたが，Minorco はその全発行株式と交換に「A」普通株4191万618株を発行したものである。Prairie Investments は Minorco の完全所有子会社となり，Minerals and Resources （Luxemburg）と改名された。HD Development は解散され，それが受けとった Mindeco の「A」普通株は AAC と Charter の間に配分された。ここに，Mindeco の発行資本金（普通株3166万8899株，後払株8572株，「A」普通株4191万618株）のうち，AAC は29％，Charter は20％を所有することになった[240]。

---

236) *Mining Year Book 1970*, p. 655.
237) *Mining International Year Book 1972-73*, p. 679.
238) *Mining International Year Book 1973-74*, pp. 655-656.
239) D. Pallister, S. Stewart and I. Lepper, *op. cit.*, pp. 83-84.
240) *Mining International Year Book 1977*, p. 382.

## 第5章　鉱業金融商会の再編成

　Engelhardは，イギリスのJohnson Matthey，ドイツのDegussaを凌駕する世界最大の貴金属の精錬・加工業者であった。このEngelhardがどうしてAACの傘下に入っていたかが説明されなければならないであろう。

　チャールズ・エンジェルハードの父は1890年代にアメリカにきたドイツ人移民で，貴金属の精錬業をはじめ，Engelhardの基礎を築いた。Engelhardは，1960年5月14日Engelhard Industries Incとしてデラウェアに設立された。当初は，エンジェルハード一家が所有するニュージャージーの同名の会社の完全所有子会社であった。1967年9月27日，Engelhard Industries IncはMinerals and Chemicals Phillip Corpと合同し，Engelhard Minerals and Chemicals Corporationの社名となる。エンジェルハード一家が所有する親会社はEngelhard Hanoviaと改名する[241]。

　1960年以来，AACはエンジェルハード一家が所有するEngelhard Hanoviaの株式を徐々に入手していたが，1969年12月24日一挙に多数株を購入した。購入額は7500万ラントで，AACはEngelhard Hanoviaの発行株式の70%を持つようになった。この時，Engelhard Hanoviaは，Engelhardの普通株44%と優先株22%を所有してこれを支配するとともに，6大陸にまたがる多数の会社のポートフォリオ投資を行なっていた[242]。Engelhard Hanoviaの株式がAACに譲渡されたのは，ハリー・オッペンハイマーとチャールズ・エンジェルハードの結びつきによる。すでに見たように，AACがCMを完全に傘下におさめたのはエンジェルハードの協力があったからであり，また，CMSがHudson Bay Mining & Smeltingの40万株の購入に際しても，アメリカでの資金調達でエンジェルハードの助力をえた。逆にエンジェルハードは，オッペンハイマーの後押しによって，1958年5月にRMの取締役会長に就任する。

　オッペンハイマーは，AACのもつEngelhard Hanovia株式の一部とEngelhard株式の10%を交換し，Engelhardにたいする支配権を確固たるものとした。これはAACとEngelhardの双方にとって理想的であった。EngelhardはAACが影響力を持つJCI傘下のRustenburg Platinum Minesによるプラチナの供給を保証されたし，一方，AACはついにアメリカに足場を築くことができたからである[243]。

---

241) *Moody's International Manual 1970*, p. 762.
242) *Gold : Supplement to Financial Mail,* November 17, 1972, p. 55.
243) D. Pallister, S. Stewart and I. Lepper, *op. cit.*, p. 83.

Minorco は，Engelhard の獲得につづき，1974年アメリカのガス・石油探査会社である Trend Exploration の株式を取得した。有効利権は43.15％であった[244]。翌年6月に Inspiration Consolidated Copper 株34万株を1株37ドルで購入し，その持株を39万2880株とした[245]。

　AAC は，海外進出のために Charter と Minorco の2大ルートを持ち，多国籍企業化の基礎を確立した。ここに，AAC とその姉妹会社(De Beers, Rand Selection, Charter) が相互に株を持ち合いながら，部門別（ダイヤモンド，金，工業・商業，石炭，不動産）持株会社と国別（カナダ，ブラジル，オーストラリア，ローデシア）持株会社を網の目のように持株で支配する「オッペンハイマー帝国」が成立したのである。AAC の年次報告書が公表した図5－4はその様子を示している。Anglo American Investment Trust (Anamint) は，De Beers の最大株主で，同時に The Diamond Purchasing and Trading や The Diamond Trading, Industrial Distributors (1946) などいくつかのダイヤモンド取引会社の株を所有している。

　Anglo American Gold Investment (Amgold) は金鉱山会社の持株会社で，1972年に Far West Rand 金鉱地鉱山の持株会社 West Rand Investment Trust が Orange Free State 金鉱地鉱山の持株会社 Orange Free State Investment Trust を吸収して改名したものである。Anglo American Coal Corporation は1976年1月に The Vereening Estates が改称したもので，AAC 傘下の石炭会社の持株会社であるとともに，多くの鉱地や石炭鉱物権をトランスヴァールとオレンジ・フリー・ステイトに有している。ちなみに，AAC は世界最大の石炭グループのひとつである。Anglo American Industrial Corporation は，AAC グループの工業会社の持株会社で，工業金融，鉄鋼，エンジニアリング，鉱業道具・装置ならびに設置，木材と紙，食料，織物などの会社の株を所有している。Anglo American Properties は南アに大土地を有するとともに，不動産金融に携わり，市中心街オフィス，ショッピング・センター，ホテル，自動車パーキング，保養地施設を所有し，また，南アの各地で土地造成や市街地の開発に従事している。Anglo American Corporation of Rhode-

---

244) *Mining International Year Book 1975*, p. 386; *Mining International Year Book 1977*, p. 382.
245) *Mining International Year Book 1976*, p. 384.

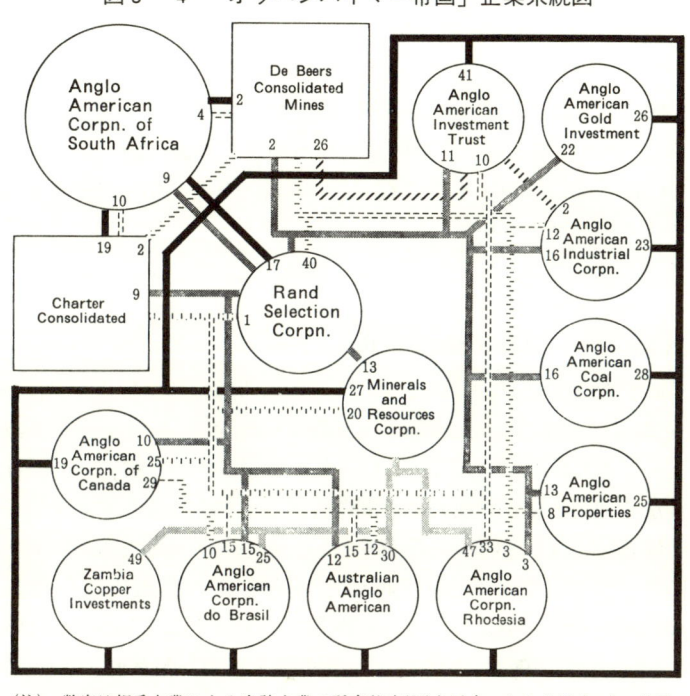

第5章　鉱業金融商会の再編成　377

図5-4　「オッペンハイマー帝国」企業系統図

(注)　数字は相手企業による当該企業の所有比率(%)を示す。たとえば Anglos は De Beers の株式の2％を所有し、逆に De Beers は Anglos の株式の4％を所有する。
[出所]　Anglo American Corporation of South Africa Ltd : Annual Report 1975, p. 3.

sia, Australian Anglo American, Anglo American Corporation do Brazil (Ambras), Anglo American Corporation of Canada (Amcan) はそれぞれの国にたいする投資の持株会社である。この複雑な企業系統図の中でMinorcoとAnamintは特異な位置を占めていることがうかがわれる。すなわち、Anamint は、AAC (41％) と Rand Selection (11％) と Charter (10％) に所有されているが、De Beers 株を26％持って最大の株主になっている点であり、また、Minorco の場合には、AACとその姉妹会社の株式は所有しないが、国別持株会社（カナダを除く）の株式を所有し、中間的位置を占めている点である。この企業系統図を読むに際して注意しておかなければならないことは、持株会社が株を所有している会社にたいしてAACグループの全株式を所有しているのではなく、AACもしくは姉妹会社も直接的に株式を所有してい

とである。一例を挙げれば，1974年に Orange Free State 金鉱地の Western Holdings にたいし，Amgold は20.94％の株を所有しているが，AAC もまた 3.79％の株式を有しているのである[246]。1977年1月1日，Rand Selection と AAC は合同し，オッペンハイマー帝国の企業系統図はより簡素化されていく。

ところで，AAC グループの海外進出が当初から順調に進んだわけではない。ことに，Charter の場合がそうであった。Charter は1960年代後半から70年代にかけて3大事業に乗り出す。ひとつはモーリタニアの銅開発であり，もうひとつはイギリス・クリーブランドのカリ開発，そして，最後はコンゴでの銅開発である。

第1のモーリタニアでの銅開発は1966年に始まったもので，Charter はモーリタニア政府からアクジュージュツでの銅鉱床の採鉱権を獲得，世界銀行からの借款を約束されて Société Mauretanie (Somina) を設立した。当初資本支出は5600万ドル，AAC が開発した「トルコ (Torco) 法」とよばれる新しい銅精錬法を使用して，最初の3年間に3万トンの銅を産出する予定であった。Charter は Somina に33.5％の出資を行い，経営権を掌握した[247]。

第2のクリーブランドのカリ開発は，イギリスの巨大化学会社 Imperial Chemical Industries (ICI) との合弁事業で，企業名は Cleveland Potash であった。開発計画は1968年に始まり，当初開発費用2500万ポンドで，年間100万トンから150万トンのカリの産出を見込んでいた。ICI が産出カリを一手に購入することになっていたから，Charter にとって理想的な事業にみえた[248]。

最後のコンゴでの銅開発は，Charter とコンゴ政府に率いられた国際コンソーシアム で1970年に設置され，Société Miniere se Tenke-Fungurume (SMTF) と名づけられた。Charter はこれに28％の資本参加を行なった。SMTF は，それまでの Charter の事業の中でもっとも野心的なものであり，銅の推定埋蔵量は5100万トン，推定開発費用は6億6000万ドルであった[249]。

しかし，これらの事業はどれひとつとして成功しなかった。アクジュージュ

---

246) 拙稿「現代南アの鉱業と巨大独占体」，林晃史編『現代南部アフリカの経済構造』アジア経済研究所，1979年所収，22ページ。
247) B. Jamieson, *Goldstrike! : The Oppenheimer Empire in Crisis,* London, Hutchinson Business Books, 1990, p. 83.
248) *Ibid.*, p. 53.
249) *Ibid.*, p. 54.

ツの銅鉱山では，砂漠の熱気と絶え間ない砂ぼこりのために最新技術のトルコ精錬法は機能せず，1973年までに3100万ドルの欠損を出していた。翌年にはさらに550万ドルの赤字を出して，Sominaは操業停止においこまれた[250]。コンゴのSMTFの銅開発も，途方もないインフレーションによるコストの上昇（推定開発費用は6億6000万ドルから8億ドルに跳ねあがる）と隣国アンゴラの政情の不安定，ならびに国際銅市況の低迷により，開発計画は中途で棚上げとなった。しかし，それまでにおよそ2億3000万ドルが支出されていた[251]。イギリス・クリーブランドでのカリ開発は，入念な鉱脈探査にもかかわらず，実際に採掘が始まると，鉱脈は不安定で，ずたずたに引き裂かれていることが判明し，採算が合う状態ではなかった。1978年末までに，1億1700万ポンドが支出されていたが，両パートナーは7600万ポンド，そのうち，Charterは2200万ポンドを引き受けていた[252]。

この3大事業によるCharterの損失はおよそ1億ポンドにものぼった。この間，Charterの収益を支えていたのは，Selection Trust, Rio Tinto Zincおよびその他のポートフォリオ投資からの配当であった[253]。1970年代には，Charterの事業拡大は，AACの思惑どおりには進まなかったのである。その上，経済の弱体化によるポンドの弱さと打ち続く国際収支難によって，イギリスは自由な資本移動を抑制せねばならなくなり，Charterの活動もまた制限されることになったのである。

こうした事態も一因となったのであろう。1979年末，AAC, De Beers, Charter, MinorcoおよびZCIの間に協定が結ばれ，オッペンハイマー帝国内部で大がかりな投資の再編成が実施されるのである。その目的は，オッペンハイマー帝国内部の投資所有構造をより簡素かつ融通のきくものにし，成長に向けて準備することにあった。再編の中心はCharterとMinorco，ことに後者におかれていた。

まず，Charterの投資再編から見ると，次のようであった[254]。① Charterは，Minorcoにたいし，Amcan 18.7％の利権とAnamint発行株式10％を譲

---

250) *Ibid.*, p. 54.
251) *Ibid.*, p. 54.
252) *Ibid.*, pp. 54-55.
253) *Ibid.*, p. 55.
254) *Mining International Year Book 1981,* pp. 144, 146.

渡する。② Charter は，AAC, Rustenburg Platinum Holdings, Ambras, Australian Anglo American にたいするグループの投資を，ローデシアを除く南部アフリカにおけるポートフォリオとともに，AAC もしくは De Beers にたいして譲渡する。③ Charter は，AAC と De Beers から Johnson Matthey の株式28％を受け取るとともに，Tara Exploration and Development ならびに Société Miniere d' Anglade の 2 つのヨーロッパの鉱業会社の株式の譲渡を受ける。それらの持株はそれぞれ14.1％と40％になる。④これらの取引の結果，Charter は2920万ポンドの現金を受け取り，Charter の株主は 4 株に 1 株の割合で Minorco の株式2620万株を受け取る。(AAC と De Beers は，Minorco の持株を増やすために，Charter の株主にたいし Minorco 株式 1 株当り4.65ドルでの購入を申し出た。) ⑤ AAC と Charter は，Cleveland Potash に有していた ICI の利権 (50％) を買収し，両社の合弁企業とする。Charter は，1980年には Selection Trust の持株をすべて British Petroleum に 1 億8750万ラントで売却する255)。Charter の投資再編の目的は，イギリス国内における産業投資を拡大し，発展に向けて利用可能な現金を準備することにおかれていたのである。1981年における Charter の主要投資を示せば表 5 − 4 の如くである。

　Minorco は，この投資再編によって総額 1 億4121万ドルの投資を獲得することになった。① Minorco は，Charter から Amcan 18.7％の利権（株式と社債からなり1938万ドルと評価される）と Anamint 株式100万株（発行株式の10％に当たり，8948万ドルと評価される），ならびに現金1287万ドルをえた。代償に，Minorco は，Charter の株主に Charter 株式 4 株につき 1 株の割合で新規株式約2621万3000株を発行した。これは全発行株式の26.3％に当たっていた。② Minorco は，De Beers, AAC ならびにその関連会社から Amcan の株式と社債を譲渡された。これにたいし，Minorco は3235万ドルを支払った。ここに，Minorco は，Anamint 10％, Amcan 50％の株を有するようになった256)。Amcan は，Hudson Bay Mining & Smelting の株式44.9％を所有していた257)。Minorco は北アメリカで強力な国際鉱業会社として強化され

---

255) D. Kaplan, 'The Internationalization of South African Capital : South African Direct Foreign Investment in the Contemporary Period', *African Affairs,* Vol. 82, No. 329 (October 1983), p. 489.

256) *Mining International Year Book 1982,* pp. 375-376.

表5-4　Charterの主要株式所有（1981年3月31日）

|  | % |
|---|---|
| 1. 工　業 |  |
| 　Anderson Strathclyde* | 28.4 |
| 　Cape Industries | 67.3 |
| 　Elastic Rail Spike (Pty) | 40 |
| 　Heatrae-Sadia Holdings | 100 |
| 　Johnson Matthey* | 28 |
| 　MKR Holdings | 100 |
| 　Pandrol International | 100 |
| 　Perard Investment Holdings | 100 |
| 　Speno Rail Services Inc | 50 |
| 　Torque Tension | 100 |
| 2. 鉱　業 |  |
| 　Alexander Shand Holdings | 100 |
| 　Anmercosa Sales | 75 |
| 　Beralt Tin and Wolfram* | 50 |
| 　Botswana RST | 4.5 |
| 　Cleveland Potash* | 50 |
| 　Malaysis Mining Corp Bhd* | 28.6 |
| 　Société Miniere d' Anglade | 40 |
| 　Tara Exploration and Development | 14.1 |
| 3. その他 |  |
| 　Anglo American Corp of Zimbabwe | 33.5 |
| 　Arugus Printing and Publishing | 10 |
| 　Covenant Industries* | 33.9 |
| 　Euranglo* | 25 |
| 　Haw Par Brothers International | 11.4 |
| 　Minerals and Resources (Minorco) | 9.9 |
| 　Rio Tinto-Zinc | 4.3 |
| 　Tinnabruich Pty | 37 |

（注）　*関連会社
［出所］　*Mining International Year Book 1982*, p. 148.

たのである。

　1981年3月31日には，79年をはるかに越える投資がMinorcoに譲渡された。① AACは，Minorcoに，CGF普通株2699万1875株とCharter普通株3754万6075株ならびにAmcan特別株2万9000株および1005万4835カナダ・ドルの約束手形を譲渡した。対価にMinorcoは，AACにたいし，3630万5850新規普通株を発行した。② AACの1関連会社は，MinorcoにAmcan特別株7万2590株と289万4056カナダ・ドルの約束手形を譲渡し，対価にMinorcoは，58万8708新規普通株を発行した。③ De Beersは，Minorcoに，CGF普通株2699万1875株とAmcan特別株1万4500株を譲渡し，対価にMinorcoは，2130万7285新規普通株を発行した。④ Charterは，MinorcoにAmcan特別株1万

表5-5　Minorcoの主要株式所有（1981年2月）

| | % | |
|---|---|---|
| Engelhard Minerals and Chemicals Corporation | 27.5 | アメリカ |
| Anglo American Corporation of Canada | 100 | カナダ |
| （Hudson Bay Mining and Smelting を支配） | | |
| Phibro Corporation | 27.2 | アメリカ |
| （投資銀行 Solomon Brothers を所有） | | |
| Anglo American Corporation of Zimbabwe | 47 | ジンバブエ |
| Consolidated Gold Fields | 29 | イギリス |
| Charter Consolidated | 35.8 | イギリス |
| Trend International | 43 | アメリカ |
| （Francana Oil and Gas を支配） | | |
| Inspiration Consolidated Copper Co | 50 | アメリカ |
| Anglo American Investment Trust | 10 | 南アフリカ |
| Anglo American Corporation of Australia | 30 | オーストラリア |
| Zambian Copper Investments | 49 | ザンビア |
| Zamanglo Industrial Corporation | 100 | ザンビア |
| Société Metal SA | 8 | フランス |

［出所］　David Kaplan, 'The Internationalization of South African Capital : South African Direct Investment in the Contemporary Period', *African Affairs*, Vol. 82, No. 329 (October 1983), p. 486.

3852株と477万9179カナダ・ドルの約束手形を譲渡し、対価に Minorco は、112万4797新規普通株を発行した[258]。すなわち、Minorco は、5932万6640株の普通株を発行し、CGF 普通株5398万3750株（発行株式の28.9%）、Charter 普通株3754万6075株（発行株式の35.8%）、および、Minorco が所有していなかった残りのすべての Amcan 発行株を得たのである。Minorco の得た投資は総額8億743万6000ドルに達し、Minorco の発行株式は59.4%増大したのである[259]。Amcan は、Minorco の完全所有子会社となった。これにより、Minorco の Hudson Bay Mining & Smelting にたいする有効持分は22.4%から 44.8%へと増大した[260]。Amcan の名称は、Minorco Canada に改められた[261]。表5-5に1981年における Minorco の主要持株をあげておく。

1981年の Minorco の資産は20億ポンドに達し、AAC の25億ドルを凌駕した。Minorco にたいする AAC の持株は、31.9%から42.8%に増え[262]、AAC

257)　Anglo American Corporation of South Africa Ltd, *Chairman's Statement 1980*, p. 7.
258)　*Mining International Year Book 1982*, p. 376.
259)　Anglo American Corporation of South Africa Ltd, *op. cit.*, p. 10.
260)　*Ibid.*, p. 10.
261)　*Mining International Year Book 1982*, p. 376.

グループは Minorco の発行株式の4分の3以上を有していた263)。

オッペンハイマー帝国における海外進出の旗艦としての役割が，Charter から Minorco に移ったことは明らかである。1980年代初めには，Minorco の収入は265億7000万ドルに達し，アメリカへの最大単一外国投資家となり，Royal Dutch Shell や British Petroleum や Unilever を追い抜いた264)。イネスの指摘するとおり，ザンビアのような苦闘する低開発国が，南アの一多国籍企業を世界で最も発展した資本主義国の最大の外国人投資家にさせた最初の富を創造したのは歴史のひとつの皮肉である265)が，それが植民地主義の真の内実であったのである。70年代後半以降は本稿の対象外であるが，オッペンハイマー帝国内での Minorco の発展を確認するために，つけくわえたものである。なお，AAC と De Beers による CGF 株獲得は，南ア鉱業金融商会再編成の「再終局面」への突入を表す。

## 第7節　Thomas Barlow and Sons による RM 獲得

### 1. エンジェルハード指揮下の RM

1957年9月，RM が CM よりグループにたいする技術的管理的サービスの権利を委譲されたとき，最初に直面した問題は長年高収益をあげてきた旧い金鉱山が閉鎖されていかねばならない厳しい現実であった。恐らく10年経たないうちに，傘下の金鉱山は，Blyvooruitzicht, Harmony, Durban Roodepoort Deep, ERPM の4鉱山だけとなってしまうだろう。1957年の営業利潤は，City Deep 17万5000ポンド，Cons Main Deep 10万8000ポンド，Modder East 4万7000ポンド，Crown Mines 4万6000ポンドであり，Rose Deep と Transvaal Gold Estates はやっと水面上に首を出しているにすぎなかった。Durban Roodepoort Deep と ERPM はなお年間200万トンを越える鉱石を粉砕し，相当の利潤（61万8358ポンドと180万2751ポンド）を生んでいた266)。しかし，コ

---

262) *Anglo American Corporation of South Africa Ltd : Annual Report 1981,* p. 10.
263) D. Pallister, S. Stewart and I. Lepper, *op. cit.,* p. 85.
264) D. Innes, *op. cit.,* p. 236.
265) *Ibid.,* p. 236.
266) Chamber of Mines of South Africa, *Annual Report 1957,* pp. 64-65.

ストは鰻登りであった。金価格の上昇がないかぎり，これらの鉱山も閉鎖に追い込まれる恐れがあった。

　収益性の点から見れば，それまで RM ほど成功した鉱業金融商会は存在しなかった。1893年の設立以来60年間に，53万7000ポンドを越えぬ資本にたいし，総額3600万ポンドの配当を支払った。これは年平均100％以上の配当を意味した[267]。正にウェルナーやバイトやフィリップスの夢が実現したというべきであろう。RM は，最初の50年間，いつもひとつの鉱山の配当が低下すると，別の鉱山の収益が増大して穴を埋めた。第二次世界大戦中と戦後には，New Modderfontein や Crown Mines に代わって，Blyvooruitzicht や Harmony が出現した。しかし，Far West Rand 金鉱地と Orange Free State 金鉱地で決定的なおくれをとった RM にとって，今後この過程が再現する見込みはなかった。

　金価格上昇のチャンスがあるかぎり，金鉱山は操業を続けなければならない。しかし，赤字を出していては，閉山を余儀なくされるであろう。1958年 RM は，Corner House Investment を設立し，閉山近い鉱山，Modder B, New Modder, Rose Deep および Transvaal Gold Estates の株主を招き，これらの鉱山の株式と Corner House Investment の株式を1対1のベースで交換するよう提案した。この提案が意味するところは，Corner House Investment の指導の下に，鉱山の資金を鉱山への再投資でなく他の産業に投資することにあった。株主の大多数は交換に応じた。Corner House Investment は漸次鉱工業のポートフォリオ投資を積み重ねていった[268]。閉山近い金鉱山会社の株式を新しい会社の株式と交換し，鉱山の資金を他産業に移すこの方式は，1967年にも再度採用される。今度は City Deep, Cons Main Deep, Crown Mines, Ferreira Estate ならびに Geldenhuis Deep である。RM は，これら鉱山会社のすべての株式を，グループが所有する土地開発会社 Rand Mines Properties の株式と交換する措置をとる[269]。

　1958年5月エンジェルハードが取締役会長として登場したとき，RM はこのような状況にあった。彼の登場は RM にとって大きな転換点となる。

　彼の政策は明瞭であった。RM は，旧い金鉱山が稼ぐ利潤に永久に依存す

---

267)　A. P. Cartwright, *Golden Age,* p. 299.
268)　*Ibid.,* p. 333.
269)　*Mining Year Book 1969,* p. 508.

ることはできないし,鉱山の効率的な経営者としての名声だけで生き長らえることもできない。したがって,資本と技能の新しい出口をみつけなければならない。RM は Pretoria Portland Cement や Hume Pipe, Northern Lime など金鉱山以外のきわめて成功した鉱工業企業を支配していた。RM は鉱工業投資の機会を探しはじめた。その結果,1960年代にはエンジェルハードの指導のもと鉱工業のいくつかの分野で成功をおさめることとなる。

まず鉱業の分野から見ると,次のような取り組みがなされた。

① RM は南アフリカ,南西アフリカ,ベチュアナランド(ボツワナ)およびローデシアにおいて金と卑金属の広範囲地域の探査にも乗りだし,5年間で200万ラント(100万ポンド)を支出した。探査の多くは失敗であったけれども,その過程でアスベスト,クロム,マンガンの鉱床を獲得した[270]。

②1961年12月,AAC, Anglovaal, RM を中心に,Virginia-Merriespruit Investments が設立された。これは Orange Free State 金鉱地における Virginia 鉱山と Merriespruit 鉱山にたいする Kennecott Copper Corporation (Kennecott)の持株を引き継ぐためのコンソーシアムで,RM は主要な株主となった。Merriespruit 鉱山は地下洪水に埋没し,閉鎖を余儀なくされていた。Kennecott は両鉱山にたいする支持を撤回することを決めた。このことは両鉱山と親会社である Anglovaal に多大な困難をもたらした。コンソーシアムは,Kennecott に700万ラント(350万ポンド)を支払い,その持株を受け取るとともに,隣接鉱山 Harmony の援助を得て2つの鉱山の合理化に取り組んだ。Merriespruit は RM 傘下の鉱山となった。

1964年末までに Merriespruit 鉱山は水を吸い上げて空にし,およそ110万ラント(55万ポンド)支出して再装備した。Harmony, Merriespruit, Virginia の3鉱山はかなりの収益を示すようになった。1965年の RM の年次総会で,エンジェルハードは,Virginia-Merriespruit Investments が Kennecott に支払った700万ラントを回収し,さらに,最初の配当を宣言できる利潤をあげたことを報告した。RM は45万ラント(22万5000ポンド)受け取り,以後かなりの配当を得ることができた[271]。

③バーパートン地域での金探査は1962年の Barbrook Mining and Explora-

---

270) A. P. Cartwright, *Golden Age*, p. 334.
271) *Ibid.*, pp. 334, 336 ; M. R. Graham, *op. cit.*, p. 192.

tionの設立となった。資本金は100万ラント（50万ポンド）で，RMは大部分の株を所有した。しかし，地下開発では不規則な結果がでたので，この鉱山は管理ベースにおかれた[272]。

鉱業以外の分野では，RMは，コンピューター，投資会社，電解銅，汚水処理の分野に進出するとともに，南アで大量に産出する低品位の化学的品位クロム鉱石を用いて鉄クロム合金とクロム鋼の製造に成功する。それらの概要は次のとおりである。

①1962年50万ラント（25万ポンド）を支出してCorner House Laboratoriesをつくり，最新式の分光器，鉱物学用顕微鏡，X線解析装置，電子実験室などを装備し，採掘や冶金の発展にそなえた[273]。

②RMはLeo Ⅲコンピューターを購入し，Leo Computer Bureaux (Pty) を設立した。コンピューターは1962年に設置され，翌年業務を開始した。当時南アで最大の容量を持つこのコンピューターは，グループ内の賃金や物品の取扱いを処理しただけでなく，調査，計算，開発予想，ポートフォリオ評価を遂行し，さらに，グループ外の会社の会計や株式発行業務も引き受けた。Leo Computer Bureauxは1965年に最初の利潤を上げ，それがもたらした事務効率の向上は革命的であった[274]。

③1964年の初め，RMはTransvaal and Delagoa Bay Investmentの支配株を獲得した。この会社のおもな資産は，Douglas Colliery, South African Pipeの50％株式，市価200万ラントに達する金鉱山と鉱業金融会社のポートフォリオ投資，トランスヴァールにおける鉱物権，およびロレンソ・マルクスにおける不動産であった。この会社の活動はRMの炭鉱権益と鋼管生産の拡大計画に合致していた[275]。

④1964年RMは銅屑から電解銅を生産していたNourse Electroを購入した。さらに銅と銅合金の生産会社Astra Metalを購入し，両者を合同してAstra-Nourse Metals Corporationをつくった。1967年，Astra-Nourse MetalsはMcKechnie Brothers South Africa (Pty) と合同した。McKechnie Brothers South Africaは，銅，真鍮および関連最終製品を製造する南アのい

---

272) A. P. Cartwright, *Golden Age*, p. 334.
273) *Ibid.*, p. 339.
274) *Ibid.*, pp. 336-337.
275) *Ibid.*, p. 337.

くつかの会社を支配していた。銅を供給する Astra-Nourse Metals は，これらの会社の活動とうまく適合していた。RM とその関連会社は，Astra-Nourse Metals の株式と交換に，これら一団の会社の株式を獲得したのである[276]。

⑤1966年 Simon-Lodge(Pty) と協定し，RM は50％を出資し，Simon-Rand Engineering（Pty）を設立した。この会社は汚水処理・水回収工場の企画，建設を行なった[277]。

⑥ RM がもっとも成功を収めたのはクロム鋼の生産であり，それはまた，この期間における RM 最大の投資であった。

南アは世界で最大の低品位クロム鉄鉱床を有していた。しかし，それはより価値の高い冶金的品位クロム鉱石とは対照的に化学的品位クロム鉱石であった。冶金的品位クロムは鉄クロム合金の製造に使用され，鉄クロム合金はステンレススティールの製造に不可欠であった。南アのクロム鉱石の問題は，それがある割合で冶金的品位クロム鉱石と混合されるときにのみ，鉄クロム合金の製造に使用できるということであった。1950年に RM がクロム鉱石の調査をはじめたころ，ローデシアやその他地域のクロム鉱山によって産出される冶金的品位クロム鉱石に支払われる価格がトン当り31ラント（15ポンド10シリング）であったのにたいし，南アの化学的品位クロム鉱石はわずか8ラント（4ポンド）にすぎなかった。RM にとっての問題は，化学的品位クロム鉄鉱から直接鉄クロム合金が製造できないかということであった。

南アの化学冶金技術者ウィリアム・ブレロックがこの製法を所有していた。彼は言った。「しかし，テストには勇気と電力を必要とする」。

1951年，Crown Mines の実験プラントで，ブレロックの製法が試された。見事，低品位クロム鉄鉱から低炭素鉄クロム合金のサンプルを取り出すことに成功した。しかし，これを実用化するには，パイロット・プラントを建設する必要があり，それには20万ラント（10万ポンド）が必要であった。1953年の段階では，パイロット・プラントの建設は時期尚早とされた。RM は種々の製造法を研究する一方，市場調査を行なった。明らかになったことは，製造法の多くは高炭素合金であり，他方需要は低炭素合金に集中していたことであった。RM は，ブレロックの製法こそ有望であると判断した。

---

276)　*Ibid.*, p. 337.
277)　*Ibid.*, p. 339.

1959年 RM は Crown Mines にパイロット・プラントを建設した。1960年5月にプラントは動きだし，同年10月クロム50％，炭素0.05％を含む鉄クロムの生産に成功した。しかし，この合金は目新しいものであり，海外のステンレススティールの製造業者がそれを受け容れるかどうかが問題であった。合金は，イギリスとアメリカでテストされた。答は「イエス」であった。当時海外の市場には年間5万トンの需要があると推定されていた。

　1961年5月 R. M. B. Alloys (Pty) が設立された。R. M. B. というイニシアルは RM とブレロックの協力を象徴していた。工場は，ドゥリーヘークの Scaw Metals の工場を借り受けた。この工場はフィージビリティ研究を遂行するための大規模なパイロット・プラントとして利用され，年間1000トンの低炭素鉄クロム合金を生産した。ドゥリーヘーク工場を稼働させることにより，コーナーハウスの冶金学者や技術者は困難を乗り越えて，貴重なノウハウを獲得した。この間，市場調査が再び実施され，R. M. B. Alloys は大規模に鉄クロム合金を生産するだけでなく，腐食抵抗鋼製造のためのもうひとつのプラントを持つことが決められた。

　世界で最も廉価な原料から直接鉄クロムを生産する大規模プラントの設置が開始された。設置場所としてミドゥルバーグが選ばれた。電力，石炭，水，鉄道施設が利用でき，大規模クロム鉱石鉱床の所在地とロレンソ・マルクス港から適度の距離にあったからである。

　建設は1962年11月に始まり，1964年10月には操業を開始した。建設費は380万ラント（190万ポンド）を要した。同年 RM は，アメリカの Eastern Stainless Steel Corporation と提携して Southern Cross Steel (Pty) を設立した。クロム鋼プラントは1967年5月26日にオープンした。ここに，ミドゥルバーグ・コンプレックスとして知られるプラント，発電所，輸送施設ならびに従業員の家屋，福利施設からなる工場団地ができあがった。投下資本総額は2600万ラント（1300万ポンド）であり，RM グループはおよそ1400万ラント（700万ポンド）支出した。そのうち200万ラント（100万ポンド）は家屋の建設費であった。

　ミドゥルバーグ・コンプレックスの中心である R. M. B. Alloys は年間3万8000トンの鉄クロムを生産し，Southern Cross Steel プラントに供給するだけでなく，輸出注文にも応じた。Southern Cross Steel の年間腐食抵抗鋼生産は7500トンに達した。

　鉄クロム合金と腐食抵抗鋼の製造に必要とされるエネルギーの量は非常なも

のであった。月間，15万人の人口を擁する近代都市の電力消費量に相当する1500万単位の電力を消費していた。正に，ブレロックが言うように，鉄クロム合金と腐食抵抗鋼の製造には「勇気と電力」を必要としたのである。RM は，エンジェルハード指導下に完全に新しい産業の確立に成功したのであった[278]。

エンジェルハードの下で，RM グループの利権は産業全般に拡大した。1959年，グループの上場投資の価値の73％が金・ウラン株によって表され，僅か16％が工業株であった。1967年末には，グループの全投資のうち，金・ウランは32％を占めるにすぎず，工業が36％，金融・銀行が8％から21％に成長していた[279]。RM は，1960年代における工業の多角化の規模において他の鉱業金融商会を凌駕していた。

2. Thomas Barlow and Sons による RM 獲得

1971年3月エンジェルハードは亡くなった。恐らくこのことが大きく影響したと考えて差支えなかろう。同年6月，RM は南アの巨大エンジニアリング・製造会社である Thomas Barlow and Sons (Barlow) によって全発行株式を買収されるのである。買収条件は RM 株1株につき Barlow 株5 1/25株であった。買収の申込みがなされた時点で，Barlow 株は24シリング9ペンス，RM 株は127シリング6ペンスの相場であったから，条件は穏当なものであった。RM 株に割り当てられる Barlow 株はその発行株式のおよそ3分の1となり[280]，市場価額は4100万ラントに達し，それまでの南ア史上最大の乗っ取りであった[281]。ここに，Barlow Rand が成立する。

Barlow は世紀転換期に小さな機械輸入業者として始まり，1950年代末には南アの土壌移動機械と電気装置の重要な卸業者になっていた。Barlow は1960年代の南ア経済ブーム期に脅威的な膨脹をとげ，1961年と1970年の間に，売上高は772.5％（3390万ラントから2億9540万ラントへ），税引前利潤は761.7％（230万ラントから2020万ラントへ），純資産は578.1％（1250万ラントから8450万ラントへ），労働者数は565.2％（2476人から1万6471人へ）増大した。そして，1970年には，南アで第3番目に大きな工業会社となっていた。70の会社を

---

278) *Ibid.,* pp. 340-349.
279) *Ibid.,* p. 350.
280) *Mining Journal,* February 5, 1971, p. 106.
281) D. Innes, *op. cit.,* p. 213.

支配し，その活動は，土壌移動重機械，鋼，木材，建築資材，自動車，機械，装置の卸売り・販売から電気装置，ラジオ，電子装置，電回路ブレーカー，メッキ・カードボード包装，車両の製造・販売にいたるまで広がっていた[282]。

この乗っ取りで興味ぶかい点は，AACがとった立場である。AACグループは，AAC, Rand Selection, Charterの持株を合わせると，RMの発行株式の30%を所有しており，5人の取締役を送り込んでいた。したがって，AACの意向を前もって打診することなしには，Barlowが乗っ取りの動きをすることは考えられないし，また，したとしても，失敗は確実であったであろう。したがって，RM株買収の申込みはAACの承認の下になされたと考えて間違いない[283]。重要なことは，買収の結果，AACはBarlow Randの最大の単一株主となったことである。AACは単独で丁度10%所有し，JCIとSouth African Breweriesをとおしての間接的所有を加えると，その比率は25%にも上った。AACは，なんら現金を支出することなくBarlow Randに重要な権益を確保したのである。新会社の管理はBarlowの家族に委ねられたけれども，AACは新しいコングロマリットにたいし強力な発言権をもつことになった[284]。

乗っ取りは，Barlow Randを世界巨大企業のランクに跳ね上げた。売上額で見ると，イギリスでは27位，ヨーロッパでは56位，*Fortune*のアメリカ500社のうちでは137位に位置していた[285]。

乗っ取りが達成されるや，Barlow Randは合理化に着手した。RMから一切の工業，不動産ならびに金融の権益が除かれ，Rand Mines Properties, Middleburg Steel and Alloys, Hume Pipe, Pretoria Portland Cement, Northern Lime, Rand Mines Holdings, Corner House InvestmentはBarlowの管理下におかれた。こうしてRMには，グループ内の5つの金鉱山，4つの炭鉱および3つのプラチナとクロムの鉱山の管理だけが残された。同時にRM本社のスタッフは再編成され，32%の雇員（440人のうち140人）が入れ替えられ，16%（70人）が「商会の必要人員にとって余分」と宣言された。合理化に続いて，Barlow Randグループは改めて拡大を開始した。1972年には，同グ

---

282) *Ibid.*, p. 213.
283) *Mining Journal,* February 5, 1971, p. 106.
284) D. Innes, *op. cit.,* pp. 213-214.
285) *Ibid.*, p. 213.

ループは，9つの違った国で活躍する131の子会社と関連会社で構成されていた。そのうち92社が南アにあった。1972年と1974年の間に売上高は64.4％（4億1600万ラントから6億8400万ラントへ），純利潤141％（2240万ラントから5390万ラントへ）増大した。1974年には，同グループは南ア最大の工業利潤の稼ぎ手となり，その資産は5億6400万ラントで第2位の工業グループであった[286]。

他方，1970年代の Barlow Rand の成功は，かなりのところ RM を編入した結果でもあった。1971年8月15日のニクソンによるドルの金への交換停止以降，金のドル価格は急速に上昇した。同年12月スミソニアン協定において金の公的ドル価格はオンス当り35ドルから38ドルへと引き上げられ，同じ月に南ア通貨のラントは他国通貨にたいし12.25％切り下げられた。自由市場における金価格は1972年6月に66ドルに達し，12月には70ドルとなった。翌年7月に一時的に130ドルに届き，11月には金の二重価格制は最終的に廃止された[287]。1974年には価格はなお200ドルを切っていたけれども，金価格の上昇は金鉱山に新たな生命を吹き込んだ[288]。金鉱山からの収益は，Barlow Rand のコストの高い重工業・耐久物部門の工業活動を促進する有利な収入源を提供した。こうして，Barlow Rand は，工業コングロマリットが鉱業と製造業の区分を克服することにより利益を得ることができることを実証したのである。勢いに乗った Barlow Rand は，1974年7月には Union Corporation との合同を計画するのである。

## 第8節　Gencorの成立

### 1. West Witwatersrand Areas と GFSA の合同

1961年以来 CGF の取締役会長を務めていたジョージ・ハーヴィ=ワットは，1969年その職を退き，ドンルド・マッコールが継承する。ハーヴィ=ワットは CGF にたいし大きな影響をのこした。彼は，1959年 GFSA を設立し，南アにおける傘下の会社の経営・支配を委ねたばかりでなく，CGF を世界的に活動する会社にした。CGF グループにとってハーヴィ=ワット時代の最も意義深

---

286) *Ibid.*, p. 214.
287) R. Macnab, *op. cit.*, pp. 260-261.
288) D. Innes, *op. cit.*, p. 215.

いことは，ロンドンの CGF と南アの GFSA がそれぞれ別の道を歩み始めたことである。GFSA はますます自身の国民的性格を自覚するようになり，他方，CGF は国際的進出によって，その真の事業は不明確となった[289]。

1960年代が終わりに近づいたとき，GFSA 取締役会長のルーや取締役のブッシァウやプラムブリッジは自分たちの会社と親会社との関係を吟味しはじめた。CGF の経営者たちはグループの金融支配と最終権限はロンドンに集中されるべきであると信じていた。しかし，GFSA の人たちはそのようには見ていなかった[290]。CGF はロンドンで，南ア・コネクションのゆえに反アパルトヘイト運動の政治的標的になっていた。他方，南アでは，GFSA が，ヨハネスブルグの他の巨大鉱業金融商会と異なって，南アの会社でないという事実が際立っていた[291]。GFSA は，外国会社の子会社であるという理由で，金融やウラン開発などにおいて事業上の制約を受けていた。GFSA を独立した南アの会社とするという問題が，CGF グループの中で急速に浮上してきた。1971年6月7日，GFSA からひとつの声明が発せられた。「外国の支配する会社の子会社でない，南アに基礎をおく鉱業商会を創造する」[292]と。

1971年9月23日，CGF グループ内部，すなわち，CGF とその完全子会社の GFSA ならびに West Witwatersrand Areas とその完全子会社の Westwits Investments 4社の間に暫定協定が成立した。協定は以下のことを取り決めた[293]。① West Witwatersrand Areas は，その完全子会社 Westwits Investments をとおして GFSA の事業——それが持っていた West Witwatersrand Areas 株を除いて——を獲得する。②代償に West Witwatersrand Areas は GFSA にたいし額面25セント株式335万株を完全払込済みとして発行する。③ West Witwatersrand Areas は，1972年以前に株主にたいする権利発行によって2000万ラントの資金を集める。この資本発行は CGF が引き受ける。集められた資金は，East Driefontein の開発，Deelkraal 金鉱山会社の設立，GFSA によって探査されていた卑金属の開発計画，チェス・マンハッタン銀行からのドル借款の1972年8月における390万ラントの最終割賦支払い，West Witwa-

---

289) R. Macnab, *op. cit.*, p. 253.
290) *Ibid.*, p. 252.
291) *Ibid.*, p. 253.
292) *Ibid.*, pp. 252-253.
293) *Mining Journal,* October 1, 1971, pp. 311-312 ; R. Macnab, *op. cit.*, p. 256.

表5－6 West Witwatersrand Areas と
完全所有子会社 Westwits Investments の持株（1970年6月30日）

|  | WWA 株数 | WI 株数 | 発行株に占める両社の割合 % |
|---|---|---|---|
| Westwits Investments | 3,712,500 |  | 100 |
| Blyvooruitzicht | 2,801,680 |  | 20.0 |
| Bracken |  | 14,400 | 0.1 |
| Doornfontein | 1,826,305 |  | 18.6 |
| East Driefontein | 8,492,895 | 992,000 | 31 |
| Elsburg | 417,194 | 24,000 | 1.4 |
| Harmony |  | 900,000 | 5.0 |
| Kinross |  | 25,200 | 0.1 |
| Kloof | 9,048,590 | 258,000 | 30.8 |
| Leslie |  | 119,800 | 0.7 |
| Libanon | 2,121,496 |  | 26.7 |
| Venterspost | 646,800 |  | 13.2 |
| West Driefontein | 2,788,012 |  | 19.8 |
| Western Area | 450,048 |  | 2.2 |
| Western Deep Levels | 1,350,000 |  | 5.4 |
| Western Holdings |  | 25,000 | 0.3 |
| Western Reefs |  | 22,600 | 0.3 |
| Western Ultra Deep Levels | 150,000 |  | n.a. |
| Winkelhaak |  | 2,000 | 0.01 |
| Witwatersrand Deep |  | 1,063,000 | n.a. |
| Zandpan |  | 94,200 | 0.7 |
| Apex Mines |  | 6,380 | n.a. |
| Boskop Areas (West Wits) | 180,000 |  | 60 |
| Lemon Plaas (Eindoms) Beperk | 1,000 |  | 100 |
| New Durban Gold and Industrials | 1,125,000 |  | n.a. |
| Vogelstruisbult Metal Holdings |  | 22,762 | n.a. |
| Zwartkloof Fluorspar | 375,000 |  | 25 |

［出所］ *Mining International Year Book 1971*, p. 646 ; Chamber of Mines, *Annual Report 1970*, p. 38 ; *Consolidated Gold Fields Ltd : Annual Report 1970*, p. 38.

tersrand Areas 自身と GFSA が予定していた鉱工業・不動産開発のための営業準備金に使用される。④ West Witwatersrand Areas は名称を GFSA に変える。⑤7月1日に遡及して効力を発する。

West Witwatersrand Areas は，CGF による West Wits Line の探査・開発以来，そこにつくられる金鉱山会社の持株会社であり，1970年6月，CGF はその株式の42%を所有し，南部アフリカにおける CGF の最大の投資であった。表5－6に示すように，1970年に，West Witwatersrand Areas は Doornfontein 株式の19%，East Driefontein 31%，Kloof 31%，Libanon 27%，Venterspost 13%，West Driefontein 20%，を所有していた。

一方GFSAは，1971年6月，West Witwatersrand Areasのほか，8つの金鉱山会社と石炭，ダイヤモンド，鉛，リン酸塩，錫，ヴァナジウム，タングステン，亜鉛を生産する7つの鉱山会社，亜鉛電気精錬会社，一連の不動産会社といくつかのエンジニアリング会社を管理支配していた。これらの会社の資産合計は実に7億5000万ラントに達していた[294]。GFSAは，南部アフリカにおけるCGFグループ諸会社の管理を引き受けて以来，1970年6月までずっとCGFの完全所有子会社であったが，この間ロンドンから促されて自身も成長を遂げていた。授権資本金は1959年10月に30万ラントから250万ラントへ，さらに1962年12月には750万ラントへと引き上げられ，同時に，発行資本金も30万ラントから170万ラントへ，さらに690万ラントとなった[295]。GFSAは鉱物利権を獲得し探査を進める一方，資産・投資を増やしていった。その主要なものには次のものが挙げられる。①1963年，CGFSAより投資会社Gold Fields FinanceとS.A.H.E. Proprietaryを吸収[296]。②1966年，CGFが所有していたSouth West Africa Coの株式を取得[297]。③1967年，CGFとその子会社が84%の株式を所有していた[298]不動産会社New Durban Gold and Industriesを子会社とする[299]。④同年電解亜鉛工場を建設するために設立された新会社Zinc Corporation of South Africaの当初発行株式の33%を取得もしくは取得者を見出だすことに合意[300]。⑤同じく同年，Zinc Corporation of South AfricaにSouth West Africa CoのBerg Aukas鉱山が産出する亜鉛選鉱石を供給する新会社Kiln Productsの発行株式の51%を取得もしくは取得者を見出すことに合意[301]。⑥1968年，CGFが55%の株式を所有していた鉱山金融会社New Witwatersrand Gold Explorationとその傘下の諸会社を子会社とする[302]。

1969年から70年にかけて，GFSAは傘下の会社を再編し，卑金属の会社は

---

294) *Mining Journal*, October 1, 1971, p. 311 ; R. Macnab, *op. cit.*, p. 256.
295) *Mining Year Book 1963*, p. 258 ; *Mining Year Book 1964*, p. 263.
296) *Consolidated Gold Fields Ltd : Annual Report 1963*, p. 28.
297) *Consolidated Gold Fields Ltd : Annual Report 1966*, p. 21.
298) *Consolidated Gold Fields Ltd : Annual Report 1967*, p. 34.
299) *Ibid.*, p. 21.
300) *Ibid.*, p. 21.
301) *Ibid.*, p. 21.
302) *Consolidated Gold Fields Ltd : Annual Report 1968*, p. 22.

表 5－7　Vogelstruisbult Metal Holdings の持株（1970年 6 月30日）

|  | % |
|---|---|
| Apex Mines | 30 |
| Glenover Phosphate | 50 |
| Kiln Products | 30 |
| Rooiberg Minerals Development | 25 |
| South West Africa | 30 |
| Unino Tin Mines | 30 |
| Zwartkloof Fluorspar | 40 |
| Zinc Corporation of South Africa | 35 |

［出所］　*Consolidated Gold Fields Ltd : Annual Report 1970*, P. 38.

Vogelstruisbult Gold Mining Areas（Vogelstruisbult Metal Holdings と改称される）に（表 5－7 参照），小さな鉱山金融会社は New Witwatersrand Gold Exploration にまとめあげた。GFSA の持分はそれぞれの発行株式の35％と49％となり，この 2 社は子会社でなくなった[303]。

1971年 6 月に GFSA は，南部アフリカ各地の総面積31万4046ヘクタールの土地に鉱物権オプションを設定し，不動産会社 New Durban Gold and Industries の発行株式の58％，子会社の持株と合わせて卑金属の持株会社 Vogelstruisbult Metal Holdings の54％の株式を所有し，さらに，工業の分野では，エンジニアリング，アルミ伝導体の製造，産業用ゴム製品，鑿岩用ダイヤモンド，鉱山その他の竪坑・トンネルの掘削などに関わる諸会社に相当の利権を持っていた。これらの資産価値は簿価で2840万ラント，市場価額で4540万ラントであった[304]。したがって，GFSA と West Witwatersrand Areas の合同は，前者が後者に鉱物利権と出来上がった卑金属会社集団をもたらしたことになる。

協定は，1971年10月21日の West Witwatersrand Areas の特別株主総会で承認された。新しい GFSA の資産総額は 2 億2500万ラント（ 1 億7000万ポンド）であった[305]。CGF は，新生 GFSA が子会社でなくなることを保証するため，自社と子会社が既存の株式にたいして有する権利を，South African Mutual, Syfrets, Old Mutual など南アの金融機関に譲渡した。こうして，新しい GFSA にたいする CGF の持株は49％にとめおかれた[306]。注目すべきこと

---

303)　*Consolidated Gold Fields Ltd : Annual Report 1970*, p. 9.
304)　*Mining Journal,* October 1, 1971, p. 312.
305)　*Consolidated Gold Fields Ltd : Annual Report 1972*, p. 20 ; R. Macnab, *op. cit.,* p. 257.
306)　R. Macnab, *op. cit.,* p. 258.

は，CGF は新しい GFSA にたいする持株比率を増加させたけれども，West Witwatersrand Areas に 3 人の取締役を派遣していた AAC のそれは14％までに低下したことである。派遣する取締役の数も 1 人となった。AAC が West Wits Line を付け狙っているという恐怖は最終的に遠ざかったかに見えたのである307)。

1971年の CGF グループ内の再編成は，ザンビアの銅鉱業で見たように，外国企業の支配は生産国における国内支配もしくは国内企業によって挑戦されるという，第二次世界大戦以降一般的に進行していた過程の一部であった。その結果は，南アの取締役会は最早外部から何かするよう指示されないことであった。

1971年 8 月15日のドルの金への交換停止以降，金価格は上昇をつづけ，オンス当り年平均価格は1972年59ドル，1973年98ドル，74年160ドルとなった308)。こうした金価格上昇を背景に，GFSA の税引後利潤は，71年の608万ラントから，72年1147万ラント，73年1452万ラントへ，さらに74年には前年比145％増で，3563万ラントに達した309)。その年の傘下鉱山の営業利潤は 3 億4000万ラントで，前年の 1 億6400万ラントに比して107％増であった。株主たちは1973年の5600万ラントの 2 倍以上の 1 億2000万ラントの配当を得た310)。GFSA の49％を所有した CGF は，過去に南アにおける利権から得ていたより以上のものを獲得することになったのである。

CGF グループにとって1971年は記念すべき年となった。独立した南アの金融鉱業商会 GFSA が誕生したばかりではない。1920年代に CGFSA を支えた Sub Nigel は遂にその年の終わりに操業を停止し，Luipaardsvlei, New Durban とともに不動産会社 Gold Fields Property を設立する311)。古い Gold Fields の時代は終わり，新しい時代が始まる。1974年 8 月には GFSA は，Barlow Rand と Union Corporation の合同計画の発表に触発され，Union Corporation の乗っ取りを決意するのである。

---

307)　*Ibid.,* pp. 258-259.
308)　*Statistical Abstract of the United States 1985,* p. 479.
309)　*Mining International Year Book 1972-73,* p. 289 ; *Mining International Year Book 1973-74,* p. 271 ; *Mining International Year Book 1975,* p. 261 ; *Mining International Year Book 1976,* p. 266.
310)　R. Macnab, *op. cit.,* p. 262.
311)　*Ibid.,* p. 262.

第 5 章　鉱業金融商会の再編成　397

## 2. Gencor の成立

Union Corporation の獲得にまず動いたのは Barlow Rand である。1974年7月15日，Barlow Rand と Union Corporation は合同計画（Unicorp Barlows の設立）を発表する。1930年代半ば以降，南ア金鉱業は7大鉱業金融商会によって支配されており，Federal Mynbou による GM の支配，Barlow による RM の吸収が見られたものの，巨大鉱業金融商会同士の合同・合併はなく，もし成功すれば，これが最初であった。Union Corporation はゲルツ商会として始まり，第一次世界大戦中に名称が改められ，経営権は1962年9月14日よりイギリスから南アに移されていた。Union Corporation は，Orange Free State 金鉱地で最初の金鉱山 St Helena を開発した商会であり，1950年代には Evander 金鉱地を独力で発見・開発し，Winkelhaak (1955年)，Bracken (1959年)，Leslie (1959年)，Kinross (1963年) の4つの金鉱山を打ち立て，自由世界の金生産の10％を支配し[312]，ルステンブルグ地域で1952年 Impala Platinum を設立して，プラチナ，ニッケル，銅を産出していた。さらに，卑金属会社4社（南ア1社，メキシコ1社，オーストラリア2社），投資・金融会社4社（南ア3社，イギリス1社），工業・エンジニアリング・船舶などの会社8社（すべて南ア会社），不動産会社1社（イギリス）を経営し，グループ外では Charter, Selection Trust, Southvaal Holdings, Western Holding, Tsumeb Corporation, Palabora Mining, White's South African Portland Cement, Highveld Steel and Vanadium Corporation, South African Marine Corporation, Hambros, Total South Africa に投資していた[313]。1973年末日の純資産の市場価額は4億4576万ランドであった[314]。

Barlow Rand は，比較的容易であった RM 吸収の余勢を駆って，Union Corporation と合同し，一挙に AAC グループにつぐ南ア第2位の産金グループをつくろうとしたものであることは疑いない。一方，Union Corporation は，過去10年間に資本金を3倍にしていたけれども，Evander 金鉱地とインパラのプラチナ鉱山群の開発は，資金を逼迫させていた[315]し，金をはじめとする貴金属鉱床の旺盛な探査にもかかわらず，その発見は困難で，企業の将来

---

312) *Beerman's Financial Year Book of Southern Africa 1973*, Vol. 1, p. 339.
313) *Ibid.*, p. 340 ; *Mining International Year Book 1973-74*, p. 577.
314) *Union Corporation Ltd : Annual Report 1974*, pp. 8, 13.
315) *Mining Journal*, July 19, 1974, p. 62.

を考えるならば,工業・商業への進出を計らねばならない立場にあった[316]。また,Union Corporation も株式は広く分散しており,乗っ取りの格好の目標となっていた。

合同条件は,両社の株価をもとに決められ,Union Corporation 株式100株にたいし新会社の Unicorp Barlows 株式140株,Barlow Rand 株式100株にたいし Unicorp Barlows 株式100株とされた。これによれば,Union Corporation 株主の持分は新会社の45％となり,Barlow Rand 株主のそれは55％を占めることになった[317]。しかし,この条件では,Union Corporation の株主にとって,合同は魅力のないものであった。Union Corporation の株主の70％は,イギリス,フランス,スイスなどの機関投資家であったが,彼らは,Union Corporation の金とプラチナの権益に魅力を感じていたのであり,合同で彼らの金とプラチナの持分が水割りされるのを嫌っていた[318]。

8月2日,Union Corporation の顧問銀行の Hambros 銀行と Barlow Rand の顧問銀行の Standard Merchant 銀行とは,両社に新しい合同条件,① Barlow Rand が Union Corporation の全発行株式を獲得するよう提起すること,②獲得条件は Union Corporation 株式100株にたいし,Barlow Rand 普通株式150株と後配株式30株とすること,を提示した。後配株式は,1977年9月30日に終わる会計年度の配当にたいする権利がないだけで,その他の点では普通株と変わらなかった。この条件では,新会社の資産にたいする両社の株主の持分比率は,Union Corporation 51.5％,Barlow Rand 48.5％で,最初の案より前者の株主にずっと有利になっていた[319]。

両社の取締役会が Union Corporation の株主に Barlow Rand 株との交換を呼びかける間もなく,合同計画は棚上げとなる。8月13日 GFSA が Union Corporation の乗っ取りの用意のあることを発表したのである。GFSA が出した条件は,Union Corporation 株式100株につき GFSA 普通株式6株プラス額面50ラント転換優先株式7株であった。株価で計ると,Union Corporation 株式1株の値段は720セント,英価にして430ペンスについた。にわかに関連会

---

316) Union Corporation Ltd, *Chairman's Statement 1975,* p. 1.
317) *Mining Journal,* July 19, 1974, p. 62.
318) 蕗谷硯児「ロスチャイルド・オッペンハイマー・グループの資源戦略」,『証券経済』第126号(1978年8月),83ページ。
319) *Mining Journal,* August 9, 1974, p. 125.

社の株式の値動きははげしくなり，発表後2日にしてGFSA株は2ポンド下がって29.5ポンドとなった。これによれば，Union Corporation株式1株の値段は383ペンスとなり，Union Corporationは2億2300万ポンドに値した。Barlow Randの相場は，1株180ペンスであったから，Barlow Randとの合同の値よりも23%も高かった[320]。この段階で，Union CorporationとBarlow Randの合同の話は進められなくなった。

一方，GFSAによる乗っ取りもすんなりと成功するとは見られていなかった。GFSAが出した条件で，Union Corporationの全発行株式の交換が行われるとすると，Union Corporationの株主にGFSA株式755万株が引き渡される。当時のGFSAの発行株式数は1621万株であったから，それは合同新会社の発行株式の31.8%に当たっていた。しかし，乗っ取り公表の翌日の株式取引開始時の株価に基づけば，GFSAの純資産価値は8億4000万ラント，Union Corporationのそれは6億5000万ラントで，新会社の純資産に占めるUnion Corporationの割合は40%であった。また，6月30日に終わる年度の収益では，Union Corporationの収益は両会社の収益合計の44%に当たっていた[321]。明らかに，株式分配分の比率と，資産と収益における比率とには大きな差があったのである。その原因は，金鉱資産の高い(91%)GFSAは，純資産の価値に近い価格で取引きされていたのにたいし，金鉱資産の低い(61%)Union Corporationは40%ほど割り引かれて取引きされていたことにあった[322]。すなわち，金鉱株に比して，その他鉱業・工業株は市場で相当過小評価されていたので，Union Corporationの資産の市場評価は，AACやJCIのそれと同様に，AmgoldやWest Witwatersrand Areasのそれより伝統的に低かったのである[323]。それゆえ，Union Corporationの株主にとって，GFSAが出したビッド価格は魅力あるものではなかったのである。

1974年9月初葉，Union Corporationの取締役会は，GFSAによる株式の買取りに反対を表明する[324]。それにもかかわらず，GFSAは9月26日，公式に乗っ取り宣言を行なった。買取り条件は8月13日のままであった。GMか

---

320) *Mining Journal,* August 16, 1974, p. 148.
321) *Ibid.,* p.148.
322) *Ibid.,* p.148.
323) *Mining Journal,* November 1, 1974, p. 388.
324) *Mining Journal,* September 6, 1974, p. 207.

AACの金鉱持株会社Amgoldが乗っ取り宣言をする場合に備えて，GFSAは駆引きの余地を残したのである[325]。

GFSAが公式に乗っ取り宣言を行なった4日後（9月30日），GMはSanlamやFederale Volksbeleggings（FVB）の全面的な支持をえて，遂に対抗的乗っ取りの意図を表明する。GMの親会社のFederale Mynbouと傘下の金融投資会社Sentrustと協力して，Union Corporationの部分的買付けを狙ったのである。GMは，その時すでにUnion Corporationの発行株式の3.8%（220万株）を所有しており，目標は51.9%（3010万株）まで獲得することであった。GMの提起した条件は，Union Corporation株式100株にたいしGM株式8株とSentrust株式50株，それに現金270ラントであった。これは，Union Corporation株式1株に489ペンスの値をつけたことになり，GFSAの出した値（今や315ペンスにまで下がっていた）をはるかに上回っていた。しかし，Union Corporation取締役会は株主にたいし，当面静観するよう勧めた[326]。

GMは，必要なSentrust株式1600万株と現金7500万ラントを次のように準備する計画であった。①GMは，Sentrustに金鉱山・鉱山金融会社株を引き渡すとともに，GM株式を3200万ラントまで購入する5年間のオプションを与え，Sentrust株式1600万株を受けとる。Sentrustの発行株式数は3400万株，資産総額は1億9320万ラントとなる。②Federale Mynbouは，GM株式を現金で1株37ラントで67万5676株購入する。これは，Federale MynbouがGMにたいし2500万ラントを与えることになるが，他方，Federale Mynbouは，主要株主であるFVBに最低1株5ラントで株式を発行することにより，2500万ラントを得る。③残りの5000万ラントは，ユーロダラー市場での中期の借款を得て賄う[327]。

GMの部分的買付けが成功すれば，それはGMを取り巻く企業構造に大きな変化をもたらすことになる。①GMの親会社Federale Mynbouにたいするsanlamとfvbの持株比率は71%から80%に上昇する。②GMがUnion Corporationの株式51.9%を持つのは当然として，Union Corporationの株主がGM株式の27.2%，Sentrust株式の41.1%を持つようになり，GMにたいするFederale MynbouとHolland-straatses Beleggingsの持株比率は，

---

325) *Mining Journal,* September 27, 1974, p. 277.
326) *Mining Journal,* October 4, 1974, p. 295.
327) *Ibid.,* p. 295.

第5章 鉱業金融商会の再編成　401

図5-5　GM の Union Corporation 乗っ取り企業関係図
(a) 乗っ取り前　　　　　　　　　(b) 乗っ取り後

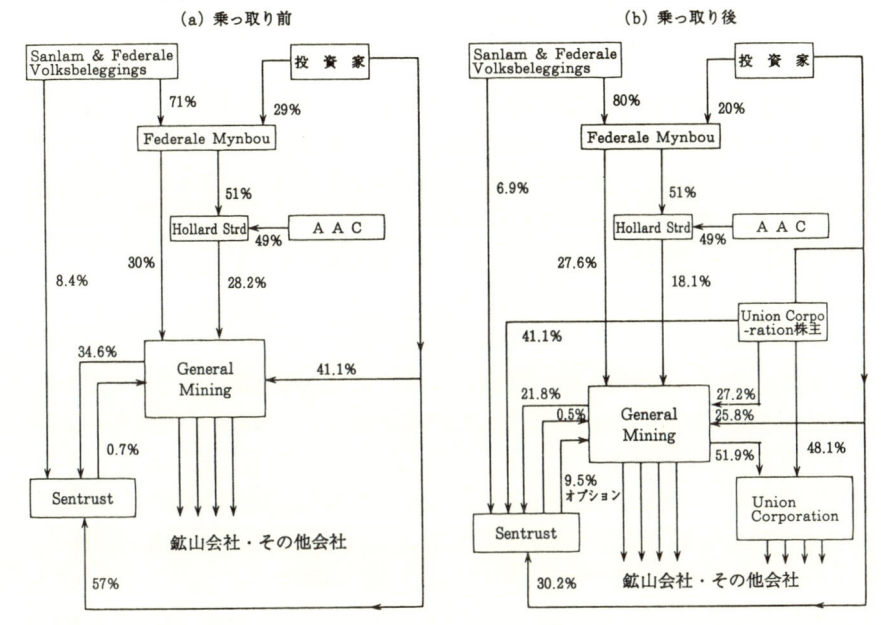

[出所]　*Mining Journal,* October 4, 1974, p. 295.

それぞれ30%と28.2%から27.6%と18.1%に低下する。③ Union Corporation の株主が Sentrust 株式を41.1%持つようになることに伴い，Sentrust にたいする GM の持株比率も34.6%から21.8%に低下する（図5-5参照）。GM の構想では，Union Corporation の部分的買付けに成功しても，両社はただちに合体するのではなく，当分のあいだ大きなグループの中の別組織として存続する予定であった。

　10月初めに Union Corporation の取締役会長 E・パヴィットは，GFSA による乗っ取り拒否の理由を発表するとともに，GM の対抗的乗っ取りも受け容れないことを明らかにした。GFSA による乗っ取り拒否の理由は次のようなものであった[328]。① Union Corporation の株主は，「合同会社」の資産の40%，収益実績の48%を寄与するにもかかわらず，株式の18%以下，優先株の普通株式への転換を考慮しても32%以下しか提供されない。②乗っ取りは金鉱

---

328)　*Mining Journal,* October 11, 1974, p. 324.

利権を増やすというが，金鉱から受ける利得は最小で，株主は総資産の裏付けを20％がた減らすであろう。③1974年のUnion Corporationの配当は1株当り42セントを予想しているが，1975年6月30日で終わるGFSAの配当は1株当り190セントの予想で，これをUnion Corporationの株式に直すと37.65セントとなり，合同すると，1974/75年度にはUnion Corporationの株主は10％の配当の損失を被る。④転換優先株を考慮すると，配当の伸びはさらに制限される。⑤GFSAは，資産評価に2つの新金鉱山を入れているが，その評価は妥当でない。たとえば，Deelkraal鉱山を1億4300万ラントと評価しているが，1980年の操業開始までに，8500万ラントを支出しなければならない。Elandsrand鉱山についても同様である。⑥「低品位鉱山は低い収益しか産まない」というが，金価格上昇の下では，比例的に大きな利潤をもたらすであろう。⑦GFSAは，プラチナは向こう数年間過剰供給であると主張するが，過去浮き沈みの激しい産業であったにせよ，全般的に「収益は大きかった」。結論としてパヴィットは，Union Corporationの株主は，GFSA株式の価値を改善する手段を提供するよう求められているのであり，株主の利益はUnion Corporation株を保持してこそ守られる，と述べるのである。

　10月にロンドンから予期せぬ干渉がなされた。ロンドンの乗っ取り委員会は，この事件に係わっているすべての会社はロンドン株式取引所で取引きされており，GFSAがすでに全株式にたいする買付けを宣しているから，GMからの部分的買付けは認められない，と指摘したのである。GMもまた撤退した。少なくとも撤退したように見えた[329]。

　残るはGFSAのみとなった。*Mining Journal*は，「振り返れば，この時点でGFSAは自己満足に陥ったように見える」[330]と述べている。期待していたビッド価格の改善は，10月末葉の僅かな改善にとどまるのである。Union Corporation株100株につき普通株式6株プラス転換優先株式7株という条件は変わらず，優先株の配当が，当初の1974年7月1日からの年375セントの支払いから1975年1月1日からの年426セントの支払いに変更されただけであった。この条件は11月22日まで有効とされ，当初の条件を飲んだUnion Corporationの株主にも自動的に適用されるものであった。GFSAは，この提案が受け容

---

329) R. Macnab, *op. cit.*, p. 269.
330) *Mining Journal*, January 31, 1975, p. 91.

れられるならば，当期（1975年6月30日で終わる年度）の配当は225セントになることを明らかにした。しかし，この僅かな改善では，Union Corporationの株主が動くことは期待できない，というのが大方の見るところであった[331]。実際，Union Corporationの取締役会はこの条件をも拒否するのである[332]。

11月末葉，GMは次々にUnion Corporation株を購入していく。11月20日1株6.92ドルで278万株を入手し，全発行株式の14.7％を所持することになった。Sentrustの持株と合わせると，19.9％に達した[333]。22日には1株6.84ドルで125万株，さらに25日には115万株を購入し，GMグループと関連会社の持株は1396万株，全発行株式の24.03％になった[334]。

12月初めGFSAは遂に切り札を持ち出した。Union Corporation株式100株につき120ラントを上乗せしたのである。これは，投資ドル・プレミアムを含めると，Union Corporation株式1株につき124ペンスの上乗せに等しかった。上乗せにGFSAが要する金額は，7100万ポンドであった。GFSAはこの金額を7500万ドルの借入で賄う予定であった。Midland Bankは5000万ドルを，Standard and Charterは残りを用立てることに同意した。12月3日のGFSA株式の相場で計算すると，以前の条件ではUnion Corporationの発行株式総額は3億1600万ポンド，Union Corporation株式1株では約500ペンスであったから，今回の上乗せで，Union Corporationの発行株式総額は3億8700万ポンド，Union Corporation株式1株は投資ドル・プレミアムを含んで約624ペンスとなった。新会社に占めるUnion Corporationの資産・収益の比率の改善を見た今度の提案には，Union Corporationの取締役も株主にたいし，これを受け容れるよう勧めた[335]。しかし，Union Corporationの顧問銀行Hambros銀行とBarclays National Merchant銀行を悩ませたのは，GMの持つ株式の数とGMが残りのUnion Corporationの株式を買い付ける可能性であった[336]。GMと関連会社はロンドン市場でUnion Corporation株の購入を続け，27％を越える株を所有していた。彼らは，GFSAの新提案に応じなかっ

---

331) *Mining Journal,* October 25, 1974, p. 367.
332) *Mining Journal,* November 1, 1974, p. 388.
333) *Mining Journal,* November 22, 1974, p. 455.
334) *Mining Journal,* November 29, 1974, p. 474.
335) *Mining Journal,* December 6, 1974, p. 494.
336) *Ibid.,* p. 494.

た。10%を所有していた Charter は態度を明確にしなかった337)。一般投資家は取締役の勧めに従うにしても，大口の株主はビッド価格よりも乗っ取りが達成された場合に生じる所有ポジションにおける変化の効果に動かされるので，彼らの動向は明らかでなく，彼らこそ事態の帰趨を握っていた338)。

　GFSA の株式買付け最終日は翌年1月25日であった。年が明けると GFSA は連日新聞紙上に大々的に広告をのせ，また，1974年12月四半期決算を早々と公表し，最後の訴えを行なった。一方，GM は南アの新聞に一面広告を載せ，「GFSA の申出を拒絶せよ」「GFSA による買付けを無視せよ」と訴えた339)。GM は，Union Corporation の乗っ取りを諦めてはいなかったのである。Charter の持つ10%が GFSA に投じられることになった340)。これは GFSA にとって朗報であったが，株式買付け最終日に GFSA が得た株式は50%に達せず，43.6%にとどまった。ここに，GFSA の Union Corporation の乗っ取りは完全に失敗に終わったのである341)。GFSA に提供されていた株式はすべて元の株主に返された。GM は Union Corporation の最大株主となり，GM のマネイジング・ディレクターの W・J・ダ－ヴィリアーズと専務取締役の J・L・ファン－デン－バーグは Union Corporation の取締役に就任し，Union Corporation の取締役会長のパヴィットと取締役の A・D・クロードは GM の取締役会に招かれた342)。

　GFSA を失敗に追い込んだのは，いわゆる謎の買手たちであった。彼らは，12月末から1月の最初の2週間活発に動き，Union Corporation の発行株式の12%を市場で購入したのである。当時，イギリスの CGF が49%を所有する GFSA による乗っ取りを阻止するため，アフリカーナーの諸組織が巨額の損失も覚悟していると囁かれていた。実際，Volkskas は，匿名の顧客のために

---

337) *Mining Journal,* December 20, 1974, p. 529.
338) *Mining Journal,* December 6, 1974, p. 494.
339) R. Macnab, *op. cit.,* pp. 269-270.
340) *Mining Journal,* January 31, 1975, p. 91. J・D・F・ジョーンズによれば，AAC は表向き Union Corporation の持株を GFSA に譲ることを約束していたが，他方，もし GM が Union Corporation との合同後，Union Corporation が所有する製紙とプラチナの利権を譲渡するならば，Union Corporation の持株は GM への譲渡に切り替えることを示唆していたという (*Mining Journal,* July 19, 1996, p. 47.)。筆者は，J. D. F. Jones, *Through Fortress and Rock,* Harper Dollins, 1996 は未見である。
341) *Mining Journal,* January 31, 1975, p. 91.
342) *Ibid.,* p. 91.

10％を確保したことを明らかにしたのである[343]。匿名の顧客とは誰か，これは遂に明らかになることはなかったが，当時ロンドンに巨額の資金を所持していた南アのたばこ王アントン・ルーパトとその仲間たちがそうではないかと見られていた[344]。ともあれ，ロンドン乗っ取り委員会は，これらの購入者が GM と繋がりを持たないと判断し，匿名者の株式取得を適法としたのである[345]。1975年には，アントン・ルーパトとその仲間たちは GM の親会社である Federale Mynbou の発行株式の25％を取得する[346]。

7大鉱業金融商会の発行株式の市場価額は，1974年7月の相場では，AAC が7億ラントでトップの座を占め，2位は GFSA で6億3000万ラント，Barlow Rand と Union Corporation が3位と4位で，それぞれ3億4000万ラントと2億5000万ラント，次いで JCI と GM がほぼ同じ大きさで，1億7500万ラント，最後は Anglovaal で，6000万ラントであった[347]。もし GFSA による Union Corporation の乗っ取りが成功していたならば，AAC をはるかに凌駕する企業となり，南アにおける力を途方もなく増大させたことであろう。また，乗っ取りが成功していたとすれば，GFSA にたいする CGF の持分は49％から29.8％に低下し，CGF の南ア・コネクションにたいする政治的圧力を緩和するばかりでなく，GFSA を狙うものが，ムーアゲイト49番地（CGF の本社所在地）からフォクス街75番地（GFSA 本社所在地）に侵入することを困難にしたことであろう。さらに，子会社が親会社になる事態，すなわち，GFSA が CGF を吸収する事態が生じたかも分からないのである。実際，1970年代半ばには，CGF の市場価値が GFSA にたいする持株の市場価値より低くなるのである[348]。

マクナブは，もし GFSA による3回目の買付けが最初に行われていたならば，GM が付け入るすきを与えなかったであろうと指摘している。正に，GFSA は千載一遇のチャンスを逸したといわねばならないのである。これにたいし，GM の態度は正反対であった。「GM の態度は，鉱業商会が売りに出されるよ

---

343) Union Corporation Ltd, *Chairman's Statement 1975*, p. 1.
344) *The Economist*, December 18, 1975, p. 113 ; R. Macnab, *op. cit.*, p. 270.
345) *Mining Journal*, January 31, 1975, p. 91.
346) *The Economist*, December 13, 1975, p. 113.
347) *Mining Journal*, August 16, 1974, p. 148.
348) R. Macnab, *op. cit.*, p. 271.

うなことは本当にめったにないことである，というものであった。それに基づいて，どのような価格ででも支配権を購入し，どうして支払うかは後で考えろ，と突き進んだのである。このような事態で，10万以上の株式を購入しようとするとき，株価を2，3セント値切ることなど問題にならない」[349]のであった。11月末葉に，GM が3回にわたって Union Corporation 株式計518万株の購入を敢行したのは，こうした考えによってである。

1976年5月，GM の親会社，Federale Mynbou は約7150万ラント（8300万ドル）で Union Corporation 株式1222万2240株を取得した。この入手源は明らかにされなかったが，これは，Union Corporation をめぐる GFSA と GM の戦いの幕切れに活発に動いた匿名の顧客，南アのたばこ王アントン・ルーパトとその仲間たちであると見られていた。Federale Mynbou＝GM グループの Union Corporation の持株は，発行株式の50.1％になり，ここに Union Corporation にたいする同グループの支配権が最終的に確立されたのである。Federale Mynbou が入手した Union Corporation 株式は直ちに GM に移管され，GM は Federale Mynbou にたいし240万株を新規に発行するのである[350]。GM と Union Corporation は直ちに一体とならず，1980年まで別個の会社として存続する。

1979年暮，GM は，グループ外の Union Corporation の株主にたいし，Union Coporation 株式100株と GM 株式80株の交換を提起する。株主は両商会の合同を熱烈に歓迎し，1980年3月 Union Corporation は GM の完全所有子会社となり，ここに General Mining Union Corp（Gencor）が成立するのである。


## むすび

1940年代末以降，南ア金鉱業を取り巻く内外の環境は大きく変化する。南アの新金鉱地では次々に操業が開始され，生産量は急上昇する。これにたいし旧金鉱地の生産量は，1942年を頂点に，以降漸減傾向をたどり，50年代半ばには，

---

349) *Financial Mail,* September 7, 1979, p. 921.
350) *Mining Journal,* May 28, 1976, p. 493；*The Economist,* May 29, 1976, p. 107.

新金鉱地の生産量が旧金鉱地のそれを凌駕する。他方，第二次世界大戦中におけるアフリカーナー農民の繁栄とアフリカーナー・ナショナリズムの発展を背景に，戦後彼らの経済力は著しく強まるとともに，1948年の国民党マラン政府の樹立以後，政府が変わるごとに彼らの政権は強化される。旧金鉱地の衰退と新金鉱地の勃興は金鉱業を支配する鉱業金融商会間の力関係に大きな変化をもたらし，アフリカーナーの経済力と政治力の強化は鉱業金融商会にそれへの対応を強いるのである。ここに南ア鉱業金融商会は再編成の時期を迎えることになる。

　鉱業金融商会の再編成は二重であった。ひとつは商会間の再編成である。鉱業金融商会間の力関係の変化は，他商会の戦略的株取得，支配株取得，ついには乗っ取り競争を産むのである。もうひとつは商会自身の再編成である。南アにおけるアフリカーナーの経済的政治的強化は鉱業金融商会をしてアフリカーナーにたいする譲歩を余儀なくするとともに，外国企業もしくは外資系企業であることを著しく不利とした。6000マイル離れたところからの指令に基づく経営はもはや適切でなく，コーナーハウス，CGFSA，Union Corporation，JCIなど本社をロンドンに置く商会は，本社または本社機能をヨハネスブルグに移転せねばならなかった。言い換えると，イギリスの会社から南アの会社に変わらねばならなかったのである。商会自身の再編成は，企業発展の基礎をつくる点からも必要であった。ヨハネスブルグを基盤とするAACも国の内外への投資の拡大と多様化をはかる金融力の増強のため再編成を実施するのである。この2つの再編成はしばしば絡み合って進行する。

　1930年代半ばから50年代半ばまで南ア金鉱業はAAC，CGFSA，コーナーハウス，GM，Union Corporation，JCI，Anglovaalの独立した7大鉱業金融商会が支配するところであった。しかし，続く20年間にこの状況は大きく変化する。乗っ取りの目標になったのは，発行株式が広く分散していたCGFSA，コーナーハウス，JCI，GM，Union Corporationである。

　最初の標的になったのはCGFSAである。CGFSAは長らく傘下の金鉱山会社持株会社 West Witwatersrand Areas を AAC の攻勢から防衛していたが，1954年予期せぬ方面から自身が脅威を受ける。狙ったのはケープ州の農業資本家をバックとするSanlamグループである。Sanlamのグループが翻意したことにより辛くも危機を脱するが，CMとの合同問題が解消した後，ハーヴィ＝ワットの指導下に乗っ取り防止対策を実施する。対策は優先株から投

票株をなくし，資本金を大きくして拡大と多様化を計ることであった。1959年CGFSAは手始めに，Anglo-French, New Union Goldfields, H. E. Proprietaryを傘下に収め，Apex Mines, Rooiberg Minerals Development, Union Tin Mines, Dominion Reefs, S. A. H. E. Proprietaryなどの管理権を掌握する。CGFSAは管理機構の再編成を実施し，金鉱山会社を含むこれら諸々の会社の管理権を南ア登録の完全子会社GFSAに，南ア以外の国ぐにの事業の管理権をGFMIに委ねる。CGFSAは増資とWest Wits Lineからの増大する収益で以て本格的な海外進出を企て，1960年から65年までに実に2000万ポンドを投下する。最大の投資先となったのはオーストラリアである。CGFSAは，1960年，金，銅，亜鉛，金紅石・ジルコンに利権を有する鉱業金融会社Commonwealth Miningを，翌年には金紅石・ジルコン採掘の子会社を有する持株会社Associated Mineralsを傘下に収め，62年にはCyprus Mines Corporation of Los Angels, Utah Construction and Mining Co of Californiaとともに，Mount Goldworthyを設立し，64年にはRenison Tin Mineを支配するMount Lyell MiningとBellambi Coalを掌握する。アメリカでは1963年にAmerican Zincの支配株を収め，カナダでは1965年Pyramid Miningの大株を購入する。Pyramid Miningは鉛=亜鉛の大鉱床を発見し，これをPine Point Minesに売却することによりPine Point Minesに利権を有することとなる。イギリスではMining and Metallurgical Agencyを傘下に収めるとともに，テナント商会に参入し，鉄や卑金属の販売を強化する。CGFは多国籍鉱業会社になったのである。

　CGFグループの歴史にとって最大の再編成が1971年に実行される。鉱業金融商会としてのGFSAの完全な自立である。West Witwatersrand AreasはGFSAを吸収し，名称をGFSAに変更する。1974年，新しいGFSAは，Union Corporationに乗っ取りをかけるが，戦略のまずさからアフリカーナーの支配するGMに出し抜かれるのである。

　ともあれGFSAは，West Driefontein, East Driefontein, Kloofなど富裕金鉱山を支配するとともに，多くの卑金属鉱山を管理する有力鉱業金融商会の地位を維持していた。CGFはその発行株式の49％を所持したままであったため，1970年代末から乗っ取りの脅威を招くことになる。

　CGFSAと同じくコーナーハウス（CM=RM）の発行株式もまた広く分散していた。1957年CMが乗っ取りの危機に陥ったとき，エンジェルハードを

中心とするコンソーシアムによって「救済」される。すなわち，コンソーシアムは CM の支配株を掌握するのである。このコンソーシアム──Rand American Investments（Pty）として登録される──で注目すべきことは，オッペンハイマーとエンジェルハードの繋がりができることである。同年は CM 傘下会社の管理権を RM に委譲する。以後 CM と RM はまったく異なった道を歩み始める。1961年 AAC が金融力増強のため Rand Selection を巨大金融投資会社としたとき，CM は Rand Selection 傘下に組み入れられる。さらに，1964年 CM は，オッペンハイマーの主導の下に，北ローデシアでの鉱物権を喪失した BSAC ならびに CMS と Charter を結成することになる。Charter は為替統制の敷かれている南アを離れて自由に海外に進出する AAC のひとつの腕となる。一方 RM は，1958年以降エンジェルハードの指導下に金以外の鉱工業の分野に進出する。中でもミドゥルバーグ・コンプレックスとして知られるクロム鉄・クロム鋼プラントの建設は最大の投資であった。1971年エンジェルハードが亡くなると，RM はコングロマリット Barlow に買収される。これは明らかに AAC の了解の下になされたものであり，RM の大株を所有していた AAC は Barlow Rand に有力な利権を有するようになる。

　1963年の Federale Mynbou による GM 獲得は，鉱業金融商会再編成のもっとも特筆すべき出来事であるといってよい。それは，イギリスまたはイギリス人系の鉱業金融商会のみが支配していた金鉱業界へのアフリカーナーの初めての登場を意味し，さらには，経済的政治的に強力となったアフリカーナーにたいするイギリスまたはイギリス人系の鉱業金融商会，殊に AAC の妥協を示しているからである。

　Federale Mynbou は当初 JCI の獲得を考える。しかし，1958年，オッペンハイマーはこれを阻止する。JCI は，セシル・ローズとともに，De Beers をつくったバーナト兄弟が設立したもので，De Beers になお有力な利権を有しており，Federale Mynbou による JCI の獲得は，ダイヤモンド利権へのアフリカーナーの接近を許す恐れがあったからである。しかし，オッペンハイマーは，Federale Mynbou による GM 獲得はゆるす。GM にたいして戦略的株式を取得していた AAC は，Federale Mynbou と組んで GM を掌握し，その管理権を Federale Mynbou に譲るのである。

　1974年に，GM は Union Corporation 獲得をめぐり GFSA と争う。GM は，「鉱業商会が市場に売りに出されることはめったにない。どのような価格

でも支配株を購入し，支払いは後で考えろ」との考えで，11月末 Union Corporation の大株を購入し，支配権を確保したのである。1979年末まで，GM と Union Corporation はそれぞれ独立に経営されていたが，GM は株式交換により Union Corporation の全発行株式を掌握し，1980年に正式に合同し，General Mining Union Corp (Gencor) となるのである。

一連の鉱業金融商会間の再編成において，もっとも力を伸ばしたのは，最有力鉱業金融商会 AAC である。AAC は早くから JCI, GM, RM など他商会の戦略的株を取得していた。Federale Mynbou による JCI の獲得を阻止し，Federale Mynbou による GM の獲得を助けることができたのは，早期の戦略株取得による。AAC は，Federale Mynbou との合弁会社をとおして GM に利権を保持することになる。

1957年 CM が危機に陥ったとき，オッペンハイマーは，エンジェルハードの組織する「救済」コンソーシアムに加わり，エンジェルハードとの連携の下にコーナーハウスを支配下におく。RM の支配はエンジェルハードにゆだねる。シャープビル事件によって南アからの資本逃避が加速し，南アへの資本流入がとまると，厳しい為替統制が敷かれた。AAC は国の内外への投資の拡大と多様化をはかるためグループの再編成を行うが，その際 CM は Rand Selection の傘下に組み入れられる。

Charter と Minorco は AAC の国外進出の両腕となるが，その成立にはザンビアの銅鉱業が深く関わっていた。Charter は，BSAC がザンビアにおける鉱物権を喪失した結果成立するのであり，Minorco もザンビア政府が銅鉱山会社国有化の際発行した Zimco 債の完全償還と経営・販売契約解除金が発展の基礎資金となるのである。Zamanglo が Minorco に改称される1974年に，「オッペンハイマー帝国」が成立したと見なすことができる。1970年代後半には Minorco は AAC グループ国外進出の旗艦となり，Charter, Anglo American Investment Trust, Anglo American Corporation of Zimbabwe, Anglo American Corporation of Australia, Engelhard, Hudson Bay Mining & Smelting, Trend International, Inspiration Consolidated Copper Co, Phibro Corporation などアメリカ，カナダ，イギリスの会社の大株を所有するようになる。そして，1980年代初めには，その資産総額は AAC のそれを凌駕するのである。

1950年代半ばから70年代までの南ア鉱業金融商会の再編成の時代は，AAC

表 5-8 南アの主要鉱物生産の企業別支配 (1972～74年)

| | 金 1973年 | ウラン 1972年 | プラチナ 1974年 | 石炭 1972年 | 錫鉱石 1972年 | マンガン鉱石 1973年 | 銅 1973年 | ダイヤモンド 1973年 | 亜鉛 1973年 |
|---|---|---|---|---|---|---|---|---|---|
| AAC | 41 | 30 | | 29 | | | | | |
| JCI | 3 | | 63 | 5 | | | | | |
| Barlow Rand | 12 | 13 | | 10 | | | | | |
| GFSA | 20 | 6 | | 3 | 83 | | | | |
| GM | 8 | 31 | | 36 | | | | | |
| Union Corporation | 11 | | 31 | | | | | | |
| Anglovaal | 6 | 20 | 1 | 2 | | 40 | n.a. | | 100 |
| 7大鉱業金融商会計 | 100 | 100 | 95 | 85 | 83 | 40 | n.a. | | 100 |
| De Beers | | | | | | | | 90 | |
| Lonrho | | | 5 | 2 | | | | | |
| Messina | | | | | | | 7 | | |
| Newmont／AMAX | | | | | | | 20 | | |
| RTZ | | | | | | | 55 | | |
| SASOL | | | | 7 | | | | | |
| SA Mang | | | | | | 64 | | | |
| Zaaiplaats | | | | | 10 | | | | |
| 合　計 | 100 | 100 | 100 | 94 | 93 | 104 | 82 | 90 | 100 |

[出所] 拙稿「現代南アの鉱業と巨大独占体」，林晃史編『現代南部アフリカの経済構造』，アジア経済研究所，1979年所収，56ページ。

と CGF にとっては多国籍企業化の時代であり，同時に独占資本のさらなる集中化の時代であった。AAC はグループの力を結集し，従来独立していた JCI を支配下におき，CM を Charter に組み込み，アフリカーナーの手に落ちた GM に利権を有し，RM の持株によって Barlow Rand の最大の単一株主となった。さらに，AAC グループは GFSA と Union Corporation にも少数株を取得していた。AAC の公式の勢力圏の外に止まったのは，7大鉱業金融商会のうち最小であった Anglovaal だけであった。表 5-8 に 1970 年代初めの南アの主要鉱物生産の企業別支配を挙げるが，これにより AAC の力が著しく伸びたことがうかがわれよう。

AAC は JCI を傘下に収め，Barlow Rand の最大の単一株主となったことにより，1970 年代半ばにおける南ア鉱業界は，AAC と，Union Corporation を傘下に収めた GM と，GFSA の 3 大鉱業金融商会が支配するところとなった。しかし，70 年代末からこの鼎立状態にはひび割れが生じ始めるのである。狙ったのは AAC，狙われたのは，GFSA に 49％の利権を有する CGF である。GFSA はムーアゲイト 49 番地から危機を迎えることになるのである。

## 第5章付表　南ア鉱業金融商会再編成関連年表

| 年・月 | 事　項 |
| --- | --- |
| 1940年 | AACはジョウル家が持つJCIの株式を入手 |
| 1942年1月 | AACは，SA TownshipsとともにWestern Holdingsを掌握 |
| 1942年4月 | AACはBlinkpoort Gold Syndicateと協定を結び，当シンジケートの持つ鉱地にたてられる鉱山の経営権を獲得 |
| 1942／43 | AACはWit Extensionsと協定を結び，Wit Extensionsの持つ鉱地にたてられる鉱山の経営権を獲得 |
| 1943年 | AACはWestern Ultra Deep Levelsを設立 |
| 1944年 | AACはWest Witwatersrand Areasの獲得を狙う |
| 1945年9月 | AACはルイス・アンド・マルクス商会を買収してAfrican & Europeanを掌握 |
| 1948年6月 | マラン内閣成立 |
| 1950年 | AACはGMの相当数の株式を入手 |
| 1951年 | JCIは本社機能を南アに移転することを試みるが，イギリス大蔵省によって阻止される |
| 1952年 | De BeersはDe Beers Investment Trustを設立 |
| 1953年6月 | SanlamはFederale Mynbouを設立 |
| 1953年11月 | AACは再びWest Witwatersrand Areasの獲得を狙う |
| 1954年 | Sanlam＝Federale MynbouのルーとケッツァーはCGFSAの獲得を狙う |
| 1954年 | GMはジャック・スコットのStrathmore Consolidated Investmentsと合同 |
| 1954年11月 | ストレイダム内閣成立 |
| 1956年6月 | CMはTrinidad Oilの所有株式をTexas Coに売却し，売却益870万ポンドを入手 |
| 1956年8月 | CMとCGFSAの合同問題おこる |
| 1957年2月 | CMとCGFSAの合同問題解消 |
| 1957年 | グレイザー兄弟と「名を秘した」者がCMの乗っ取りをはかる。リッチデイルはロンドンにきてCMの危機を知る |
| 1957年 | エンジェルハードはCM救済のコソソーシアムを結成。オッペンハイマーも加わる |
| 1957年 | CGFSAはAAC，BSACとともにSouth West Africa Coを買収し，傘下に収める |
| 1957年3月 | CMはTrinidad Oil株式売却益の税軽減策として完全子会社Central Mining Financeを設立し，全資産を移転する |
| 1957年8月 | CM救済のコンソーシアムはRand American Investments (Pty)として登録 |

| 年・月 | 事　項 |
|---|---|
| 1957年8月 | CM は年次総会でグループの管理権を RM に委ねることを決定 |
| 1957年9月 | RM はコーナーハウス・グループの管理権掌握 |
| 1957年11月 | E・オッペンハイマー死す |
| 1958年 | Sanlam＝Federale Mynbou は JCI の獲得を狙う。オッペンハイマーはこれを阻止する |
| 1958年 | JCI は60万株を BSAC の子会社 New Rhodesia Investments に発行し，New Rhodesia Investments から BSAC の株式25万株を得る |
| 1958年5月 | エンジェルハードは RM の取締役会長となる |
| 1958年10月 | フルヴェールト内閣成立 |
| 1958年11月 | CGFSA は優先株の投票権を取り除く |
| 1959年1月 | エンジェルハードは CM の取締役となる |
| 1959年 | CGFSA は Anglo-French Exploration, New Union Goldfields, H. E. Proprietary を傘下に収める |
| 1959年10月 | CGFSA は南アにおける事業の管理権を完全所有子会社 GFSA に，南ア以外の地域の事業の管理権を完全所有子会社 GFMI に移譲 |
| 1960年1月 | CGFSA は New Consolidated Gold Fields との二重組織解消 |
| 1960年 | CGFSA は Commonwealth Mining Investments (Australia) を傘下に収める |
| 1960年 | CGFSA は Mining and Metallurgical Agency を傘下に収める |
| 1960年 | マクミラン英首相南ア議会で「変化の風」演説 |
| 1960年3月 | シャープビル事件 |
| 1960年5月 | Engelhard Industries Incorporation 設立される |
| 1961年 | CGFSA は American Zinc との合弁会社 New Market Mine を設立 |
| 1961年3月 | 南ア，英連邦脱退 |
| 1961年6月 | 南ア為替統制敷く |
| 1961年10月 | CGFSA は Associated Minerals Consolidated の多数株獲得 |
| 1961年12月 | オッペンハイマーは Rand Selection を再編成。De Beers Investment Trust は Rand American Investments (Pty) を吸収し，Rand Selection は De Beers Investment Trust を吸収する |
| 1962年 | CGFSA は Cyprus Mines Corporation of Los Angels, Utah Construction and Mining Co of California とともに Mount Goldworthy Mining Associates を設立 |
| 1962年 | Federale Mynbou は Msauli Asbestos と Griqualand Exploration & Finance Corporation の支配権獲得 |
| 1962年3月 | オッペンハイマーは CMS を拡大する |
| 1962年6月 | CM，CMS，BSAC の合同の話合い始まる |
| 1962年9月 | Union Corporation は本社を南アに移す |

| 年・月 | 事項 |
|---|---|
| 1963年1月 | JCI は南ア会社となる |
| 1963年 | JCI は Rand Selection より500万ラント借りる。Rand Selection は JCI 新規発行株式50万株を購入する権利を得る（1965年2月 Rand Selection はこの権利を行使） |
| 1963年3月 | Rand Selection は JCI の新規発行株式63万3334株を購入。先のオプションを加え，AAC グループの JCI 株の持株は発行株式の50％を越え，AAC は JCI を潜在的支配下に入れる |
| 1963年5月 | CGFSA は American Zinc を傘下に収める |
| 1963年6月 | ヴィクトリア・フォールズ会議開かれる。ローデシア＝ニアサランド連邦は解体し，北ローデシアの独立が確実となる |
| 1963年 | CGFSA はイギリスの老舗テナント商会の株式を取得する |
| 1963年 | AAC，Rand Selection，CMS などは Hudson Bay Mining & Smelting の発行株式40万株を取得 |
| 1963年 | Federale Mynbou は傘下の炭鉱利権とドレイトン・グループの炭鉱利権を合体して Trans-Natal Coal Corporation を設立 |
| 1963年8月 | AAC と Federale Mynbou は合弁会社 Mainstraat Beleggings（後の Hollard-straat ses Beleggings）を設立し，AAC は GM の大株を，Federale Mynbou は Trans-Natal Coal Corporation の支配株を提供 |
| 1963年11月 | Rand Selection は子会社をとおして Mainstraat Beleggings のかなりの株を取得し，Mainstraat Beleggings はその子会社の所有する GM 株を購入 |
| 1963年11月 | BSAC は北ローデシアにおける鉱物権返還の好条件を逸する |
| 1964年1月 | 北ローデシア総選挙で UNIP が勝利し，カウンダが首相に就任 |
| 1964年1月 | AAC と Federale Mynbou は GM の増資計画発表 |
| 1964年1月 | CGFSA は CGF に改名 |
| 1964年 | CGF は Bellami Coal を掌握 |
| 1964年 | CGF は Pyramid Mining の大株購入 |
| 1964年10月 | ザンビア完全独立。その前夜 BSAC は北ローデシアにおける鉱物権を返還 |
| 1964年12月 | CGF は，Mount Lyell Mining and Railway とともに Renison Tin Mines を傘下に収める |
| 1964年12月 | CM，BSAC，CMS の合同により Charter 成立 |
| 1965年1月 | Federale Mynbou は GM を掌握 |
| 1965年3月 | ケッツァーは GM の取締役会長に就任 |
| 1966年 | Charter はモーリタニア政府と合弁で Société Mauretanie を設立 |
| 1966年9月 | フォルスター内閣成立 |
| 1967年9月 | Engelhard Industries Incorporation は Minerals and Chemicals Phil- |

| 年・月 | 事　項 |
|---|---|
| | lip Corporation と合同し，Engelhard Minerals and Chemicals Corporation となる |
| 1968年3月 | 金の二重価格制決定 |
| 1968年4月 | カウンダ大統領「ムルングシ経済宣言」 |
| 1968年 | Charter は ICI とクリーブランドのカリ開発を始める |
| 1969年8月 | カウンダ大統領「マテロ演説」 |
| 1969年12月 | AAC は Engelhard Hanovia の多数株を購入 |
| 1970年1月 | ザンビアは銅鉱業国有化 |
| 1970年6月 | Zamanglo は本社をザンビアからバミューダに移す |
| 1970年 | Charter はコンゴ政府と国際コンソーシアム Société Miniere se Tenke-Fungrume を設立 |
| 1971年3月 | エンジェルハード死す |
| 1971年6月 | Barlow は RM を株式発行によって購入。時価3900万ラントで，それまでの南ア史上最大の乗っ取りとなる。AAC はこれを黙認し，Barlow Rand 最大の株主となる |
| 1971年8月 | ニクソン・ショック。アメリカはドルの金への交換停止 |
| 1971年10月 | West Witwatersrand Areas は GFSA と合同し，GFSA と改名する。7月に遡って効力を発する |
| 1973年9月 | ザンビア Zimco 債を完済し，ZCI と RST International に与えていた為替と税制上の特権を廃止 |
| 1973年11月 | 金の二重価格制廃止 |
| 1974年7月 | Barlow Rand と Union Corporation の合同の話持ち上がる |
| 1974年8月 | ザンビアは銅鉱山会社（NCCM と RCM）の経営権回復 |
| 1974年8月 | Zamanglo は Minerals and Resources Corporation (Minorco) と改名 |
| 1974年8月 | GFSA は Union Corporation に乗っ取りをかける |
| 1974年9月 | GM は Union Corporation の部分的買付けを宣言 |
| 1974年10月 | Union Corporation 取締役会は GFSA と GM の乗っ取り拒否声明 |
| 1974年10月 | GM は Union Corporation の部分的買付けからの撤退を命じられる |
| 1974年10月 | GFSA は Union Corporation 乗っ取り条件を僅かに改善 |
| 1974年10月 | Union Corporation 取締役会は再度 GFSA の乗っ取り拒否を声明 |
| 1974年10月 | RST International は AMAX International と改名 |
| 1974年11月 | GM は市場で Union Corporation 株式を大量に購入 |
| 1974年12月 | GFSA は Union Corporation 乗っ取り条件を大幅に改善 |
| 1974年12月 | Union Corporation 取締役会は GFSA の買収を受け入れるよう株主に勧める |
| 1974年12月 | 謎の買主が市場で Union Corporation 株購入 |
| 1975年1月 | GFSA は Union Corporation 乗っ取りに失敗 |

| 年・月 | 事　項 |
|---|---|
| 1976年5月 | Federale Mynbou は Union Corporation の大株を購入し，GM に移管 |
| 1976年6月 | ソウェト蜂起 |
| 1977年1月 | AAC と Rand Selection 合同 |
| 1978年9月 | P・W・ボータ内閣成立 |
| 1979年10月 | AAC=De Beers は匿名会社を利用して CGF 株式の購入を始める |
| 1979年12月 | Charter と Minorco の投資再編成 |
| 1979年12月 | GM は Union Corporation の株主にたいし株式交換を提起 |
| 1980年2月 | AAC=De Beers は CGF にたいし「暁の襲撃」(CGF 既発行株式25%取得) を行う |
| 1980年3月 | GM と Union Corporation は合体し，General Mining Union Corp (Gencor) が成立する |
| 1981年3月 | Minorco の投資再編成 |

＊各年の事項は必ずしも月・日順となっていない。

## あとがき

　私は，1987年5月，当時アジア経済研究所の研究員であった林晃史氏の紹介をえて，ロンドン大学英連邦研究所長，シュラ・マークス教授に手紙を認め，「第二次世界大戦以降の南アフリカ金鉱業」について研究をしたいので，客員研究員として受け入れて欲しい旨依頼した。幸いにも，マークス教授から快諾のご返事をいただき，同年7月から翌年7月まで同研究所に留学した。マークス教授のご返事には，同時に「私もあなたのテーマに関心があった」と書かれていた。なぜ過去形なのか，一瞬とまどいを覚えた。

　私が，長期在外研究のテーマとして上記の課題を選んだのは，次の理由による。

　私は，1978年度のアジア経済研究所の研究会のひとつ，林晃史氏主査の「南部アフリカの経済関係」に参加させていただき，「現代南アの鉱業と巨大独占体」（林晃史編著『現代南部アフリカの経済構造』アジア経済研究所，1979年所収）を著した。この論文は，1970年代中葉の南ア鉱業の支配構造を解明したものであるが，いわばにわか仕込みの研究で，南ア鉱業史を踏まえたものとは到底言えないものであった。南ア鉱業史に取り組む機会が数年後に訪れた。恩師山田秀雄先生が古稀をむかえられるのを機につくられたイギリス帝国経済史の研究会で，私は，テーマに南ア金鉱業史を選び，「南アフリカ金鉱山の開発と鉱業金融商会――ラント金鉱発見から第二次世界大戦まで――」（山田秀雄編著『イギリス帝国経済の構造』新評論，1986年所収：拙著『南アフリカ金鉱業――ラント金鉱発見から第二次世界大戦勃発まで――』新評論，2003年，第1章と第3章に収録）を発表した。この研究のための文献を調べるなかで，南ア金鉱業史研究の状況として次のことがわかった。すなわち，第二次世界大戦勃発後の南ア金鉱業史に取り組んだ研究には，C・S・リチャードによる1949年ポンド切下げが南ア金鉱業に及ぼした影響の研究やR・B・ハガートの新金鉱地鉱山開発金融の研究などがあり，さらには，A・グレゴリーやD・イネスの Anglo American Corporation of South Africa についての研究とA・P・カートライトの Consolidated Gold Fields of South Africa とコーナーハウスの研究のなかで，それぞれの鉱業金融商会が支配する金鉱山について言及されているものの，それらの研究は，いずれも，個別的であったり，時期が限定さ

れていたり，鉱山開発金融のように研究分野が限られており，南ア金鉱業全体を取り上げた研究は存在しない，と。1930年代には，世界の金本位制崩壊を契機に，南ア金鉱業は空前の繁栄をむかえるが，それまで南ア金鉱業をになってきた「旧金鉱地」は，鉱石の枯渇により，先細りは明らかとなっていた。南ア金鉱業の救世主となったのが，1930年代からの探査によって発見された4つの新金鉱地であった。まさに，南ア金鉱業は，新金鉱地の開発によって救われ，それどころか，いっそうの隆盛をむかえることになる。このことを考慮すると，第二次世界大戦後の南アフリカ金鉱業史を研究することは，大きな意義があると思えた。私は，第二次世界大戦勃発までの金鉱業の展開を一応概観したので，次の課題として，この空白を埋めることを考えたのであった。

1987年9月初旬，マークス教授に初めてお会いした。教授は言われた。'It's pity'と。話はこうである。英連邦研究所では，年間をとおして4つほどの研究会が開催されているが，そのひとつに，マークス教授が主催する The Societies of Southern Africa in the 19th and 20th Centuries と題する研究会があった。その研究会では，1984年度の課題として 'The City and The Empire' が取り上げられていた。そして，この研究会に参加されていた林晃史氏によれば，「S・マークス所長の下に客員研究員としてダイヤモンド鉱業を研究するR・タレル，金鉱業研究のJ・ファン・ヘルテンがおり，S・トラピド・オックスフォード大学英連邦研究所長もしばしば……訪れ」（林晃史「書評：佐伯尤『南アフリカ金鉱業史』」『敬愛大学国際研究』第12号／2003年11月，173ページ）ていた。南ア金鉱業を取り上げる研究会が終わっていたので，マークス教授は，残念でしたね，とおっしゃったわけである。

ちなみに，帰国後，教授の論攷 'Southern and Central Africa' (*The Cambridge History of Africa ; Vol. 6, c. 1870-c. 1905*, Cambridge, Cambridge University Press, 1985, pp. 422-492.) を読んだとき，「あなたのテーマに関心があった」と過去形で書かれていたのを思い出し，その理由が分かった気がした。教授はここで南ア金鉱業の始まりと南ア戦争に触れており，その執筆の時，南ア金鉱業について関心を持たれたか，あるいは，'The City and The Empire' 研究会で興味をかきたてられたのではないか，と想像した。

私は，ロンドン大学内の英連邦研究所図書館，SOAS 図書館，Senate House 図書館，University College 図書館で文献調査をおこなった後，自分の研究

の場所を地下鉄 Nothern Line の Embarkment 駅近くの The Royal Commonwealth Society 図書館に定めた。英連邦諸国関係の図書が充実しているだけでなく，開架式で利用しやすく，また，南ア鉱山会議所と De Beers Consolidated Mines の年次報告書が第1号から揃っていることがわかったからである。

本書の各章の初出は以下のとおりである。
第1章:「南アフリカにおける新金鉱地の発見と鉱業金融商会——1930年代〜60年代——(1), (2), (3)」『経済系』162集（1990年1月），164集（1990年7月），165集（1990年10月）。
第2章:「南ア新金鉱地における鉱山開発金融と鉱業金融商会(1), (2)」『経済系』168集（1991年7月），169集（1991年10月）。
第3章:「南ア金鉱業の新展開——1939〜1970年——(1), (3)」『経済系』178集（1994年1月），198集（1998年1月）。
第3章補論:「南ア金鉱業の新展開——1939〜1970年——(2)」『経済系』193集（1997年10月）。
第4章:「南アフリカ金鉱業の『労働帝国』の拡大——1920年代中葉〜1970年——」『経済系』212集（2002年7月）。
第5章:「南ア鉱業金融商会の再編成——1940年〜1975年——(1), (2), (3), (4), (5)」『経済系』180集（1994年7月），181集（1994年10月），182集（1995年1月），190集（1997年1月），192集（1997年7月）。

これらの執筆に12年を要している。まさに牛歩のごとき歩みで，忸怩たる思いであるが，新金鉱地の探査と発見，新金鉱地鉱山開発金融，開発＝生産に必要なアフリカ人労働力の確保，新金鉱地の成果，鉱山開発＝生産の主体たる鉱業金融商会の再編成など，当初の研究計画を一応遂行できたと思われるので，一書にまとめた次第である。しかしながら，振り返ってみると，黒人労働者の労働実態，黒人労働者による労働組合の結成と闘い，1942年と1946年の黒人労働者のストライキ，イギリス経済とスターリング地域にたいして南ア新産金がもった意義など，本書が対象とした期間の問題として当然に研究すべき事柄が，手付かずのままになっている。これらの問題は今後の課題として残すより他ない。

南ア鉱業を支配した鉱業金融商会は，1960年代から80年代にかけて，工業，建設業，金融などへの多角化を強力におしすすめ，コングロマリット化した。しかしながら，1990年代初頭から後半にかけて，鉱業金融商会，巨大金融会社ならびに巨大製造会社は，傘下会社の支配株を自社の株主に配当として分配し，子会社を独立させるとともに，本社は本業に専念するようになった。これは，通常アンバンドリング（unbundling）と呼ばれているが，この背景には，南アにおけるアパルトヘイトの廃止と黒人多数政権への移行，ならびにグローバリゼーションに対応した自由化政策の採用がある。すなわち，南ア企業は，一方で黒人経済強化政策（black economic empowerment）への対応を迫られると同時に，他方で国際競争力強化を果たさなければならない事態に追い込まれたのである。アンバンドリングの進行によって南ア経済支配構造はどのように変化しているか，黒人経済強化政策と自由化政策は，白人と黒人の間の経済格差を解消するものとなっているか，また，黒人の失業を解消しているか，さらに，黒人経済強化政策は黒人間に経済格差を生んでいないか，南ア経済研究にはこのような問題が提起されている。これらの問題を解明することは，南ア経済研究に従事するものにとって，緊切な課題となっている。私にとって，本書で残した課題を遂行し，アパルトヘイトにたいする闘争が南アの内外で激しくなる1970～90年の金鉱業の展開を追跡するとともに，こうした課題に取り組むことが，これからの仕事になるべきだと考えている。

　本書を書く上で多くの方にお世話になり，お礼を申し上げなければならない。まず，学問的雰囲気を維持してくれた関東学院大学経済学部の同僚の方々に感謝したい。宮崎犀一先生，島崎久弥先生，清水嘉治先生，村岡俊三先生には，お会いするたびに叱咤激励していただいた。林晃史氏，大森弘喜氏，渡辺憲正氏からは常に学問的刺激を受けることができた。また，資料の収集に際しては，関東学院大学図書館の職員のみなさんにお世話になった。
　出版に際しては，新評論の吉住亜矢さんと利根書房の宇留野ひとみさんに，面倒な割付と校正をお願いした。関東学院大学経済学会からは，昨年に引き続き出版助成金を出していただいた。吉住さん，宇留野さん，関東学院大学経済学会に，厚くお礼を申し述べたい。
　つたない作品であるが，本書を，長年御指導下さった故山田秀雄先生に捧げる。

# 事項索引

## 【ア行】

IMF　186-7
ILO　268
アパルトヘイト　2,5,280-2,327
　　反————運動　392
　（アフリカ人）居留地　269-70,273,276
　　————経済　273
アフリカ人労働者
　　————をめぐる競争　4,7
　（金）鉱業における————数　256,
　　269,272
　アンゴラからの————数　280
　ザンビアからの————数　279-80
　スワジランドからの————数　278
　タンザニアからの————数　280
　南ア国内からの黒人労働者数　269,273,276
　ニアサランド（マラウィ）からの————
　　————数　269,280,282
　バズトランド（レソト）からの————
　　————数　269,278
　ボツワナからの————数　278
　南ローデシアからの————数　269,
　　279
　モザンビークからの————数　269,
　　277
アフリカ人労働力
　　————不足　122
　　————モノプソニー　4,7,256,274,
　　286
アフリカ人労働力供給地域構成　258
アフリカーナー　7,293,336-8,340,343,404,
　407-9,411

　　————実業界　342
　　————資本　7,287-9,337,342
　　————ナショナリズム　287-8,293,
　　338,407
アフリカナイゼーション　365
アマルガム法　22
アメリカ原子力委員会（USAEC）　244
American South African Investment (ASAIC)
　160,215,229
American Metal (AMAX)　149,349,366,373
Anglo American Investment Trust (Anamint)
　47,325,364,376-7,379-80,410
Anglo American Industrial Corporation　376
Anglo American Corporation of Canada
　(Amcan)　377,379,381-2
Anglo American Corporation Rhodesia　364
Anglo American Coal Corporation　376
Anglo American Gold Investment (Amgold)
　376,278,399-400
R. M. B. Alloys (Pty)　388

イオン交換法　239-40
イギリス原子力省（UKAEA）　244
イギリス自治領省　262
イギリス植民地省　262,351
イギリス政府　345,355,357-60,363
一般投資家　116,136,154,330
一方的独立宣言　365
移動農業　269-70
Impala Platinum　397
Imperial Chemical Industries (ICI)　378,380
International Nickel (of Canada)　328-30

Vaal Reefs Exploration and Mining (Vaal Reefs)　31,35-6,38,40,140,150,192,206-7,245,248,250-1,253
ヴィクトリア・フォールズ会議　344-5,353
Witwatersrand Native Labour Association (WNLA)　256,259-62,264,266,268,279,281,285
Williamson Diamonds　326
Western Deep Levels　15-6,18-20,139,151-2,206-7,296
West Wits Line　11,14,16,18-9,21,24,26-7,63,106,291,296,304,311,314,393,396,408
West Witwatersrand Areas　14,19-20,25,30-1,42,69,78,108,139,142,149,289-92,310,392-4,396,399,407
West Rand Investment Trust (WRITS)　47,49,65,71,325,376
ウェルナー、バイト商会　160,301
ウラン
　　　　──含有鉱脈　237
　　　　Elsburg Reef　237-8
　　　　Kimberley Reef　238
　　　　Government Reef　238
　　　　Dominion Reef　238
　　　　White Reef　238
　　　　Monack Reef Basal Reef　238
　　　　Vaal Reef　238
　　　──供給過剰　243
　　　──鉱山　185,253
　　　──生産　185,191,222,231-2,244,254
　　　　　　──協定　241
　　　　　　　　　──期間の延長　244
　　　──調査委員会 (Uranium Research Committee)　236
　　　──の用法　233
　　　──不足　236,254
　　　──(生産からの)利潤　200,203,207,251-3
　鉱石の──含有量　231-3,235,243
　酸化──　238,244
　酸化──価格　241
　酸化──生産量　231,243,249-51
売主株 (vendors' share)　114,116-7,124,126-32,144,162-3,290

売主発行　117,16-7,131
売主利得　69,84-5,89,101,115,139-41,145

営業費用　175
Electricity Supply Commission (ESCOM)　241,339
Engelhard Industries Inc　298-9,375
Engelhard Hanovia　328-30,375
Engelhard Minerals and Chemicals Corporation (Engelhard)　374-5,410
援助された自発的システム (Assisted Voluntary System : AVS)　270
　AVS 労働者　274

オッペンハイマー帝国　376,378-9,383,410
Orange Free State Investment Trust (Ofsits)　71,78,87,144-8,325

【カ行】

外国資本　158
(鉱山)開発金融　112-3,116
(鉱山)開発費　112,118,120,123,136,153-4,162-3,209
化学研究実験所(イギリス)　239
株式資本　123-4,127,131-2,134-5,153,157,163-4
　　　──投資　130-1,135,153
株式(資本)応募権　101,115,138,140-2,144-5,148-9,153,162
株式応募権配分　148
株式投資　156,161
カラーバー　257
借入資本　123-4,127,130-2,134-5,153-7,163-4,206,209-10
　　　──投資　135,153
管理契約　218,230
管理費　230

北ローデシア
　　　　──憲法制定会議　356-7
　　　　──政府　345-6,350,352-9
　　　　──の鉱物権　361
　　　　　　　　──の歴史　356,358

————————の銅鉱業　346
　　　————————支配構造(1934年)　347
————————の銅生産量　347
技術契約　218, 230
技術費　230
規定物質　236-7, 243
共同開発協定　69, 138
共同生産協定(joint production scheme)　241
共同探査　138
————協定　69, 137, 139, 163
金価格
　————高騰　128, 263
　金の公定価格　186
　金の二重価格制　181, 391
　金のポンド価格　169, 171
金鉱株ブーム　127-9, 131
金鉱業基本指標
　営業費用　171, 174-5
　営業利潤　169, 172-3, 178-9, 184, 192, 197
　　旧金鉱地の————　181
　　新金鉱地の————　181, 222
金鉱業租税委員会報告　135
金鉱業ブーム　9
金鉱山援助法(1968年)　187
金鉱山の投機的性格　136
金鉱山への投資額(第二次世界大戦後1959年まで)　131-3
　旧金鉱地鉱山への投資額(第二次世界大戦後1959年まで)　133-4
　新金鉱地鉱山への投資額(第二次世界大戦後1959年まで)　134
金紅石　317-8, 324
金鉱地
　旧————　108, 126, 131-2, 166, 168, 171, 173, 178, 184, 188-9, 193, 196, 222-3, 255, 271, 277, 281-2
　East Rand————　1, 10, 44, 65, 103, 110, 1267, 178, 187, 238, 241, 248
　West Rand————　1, 187-8, 238, 241, 245
　Central Rand————　1, 9, 187-8, 237
　新————　1, 5, 7, 10, 86, 108, 111-3, 119-20, 126, 130-2, 167-8, 171, 175, 178, 183, 188-9, 191, 193-4, 196, 205, 222-4, 226, 228, 231, 241, 245, 255, 271, 277, 282
　Evander————　1, 9-10, 21, 105, 107, 119, 148, 166, 178, 188, 397
　Orange Free State————　1, 9-10, 21, 47, 52, 57, 62, 74, 87, 97, 103, 105-8, 112-3, 118, 122, 124, 136, 142, 159, 166, 168, 175, 185, 189-91, 193-4, 196, 200, 214, 224, 226, 241, 245, 248, 255, 290, 296, 306-7, 325, 328, 376, 378, 384-5, 397
　Klerksdorp————　1, 9-10, 21-5, 30-1, 39, 62, 72, 98, 103, 105-6, 112, 142, 166, 175, 188-9, 192-4, 214, 224, 238, 241, 245, 248, 255, 289, 294, 325, 328, 339
　Far West Rand————　1, 9-10, 16, 21, 30, 44, 72, 98, 105-9, 112, 119, 142, 151, 166, 168, 175, 188-9, 193-4, 196, 201, 238, 245, 255, 263, 289-90, 296, 325, 337, 376, 384
金鉱投資の特徴(第二次世界大戦後1960年代中葉まで)　135
金鉱脈
　Basal Reef　24, 57, 62, 76-9, 81, 87-9, 96-8, 100-1
　Vaal Reef　24, 35-7, 62
　Ventersdorp Contact Reef　13, 15, 20, 151, 291
　Carbon Leader Reef　15, 20, 33, 151, 290
　Kimberley Reef　104
　Strasmore Reef　23-4, 32, 35, 39, 107
　Dominion Reef　25
　Black Reef　32
　Leader Reef　57, 77-9, 100-1
　Rainbow Reef　62, 100-1
金生産者委員会(Gold Producers' Committee)　260, 271, 285
金生産量　168-9, 179, 196-7
　旧金鉱地の————　178, 181, 222, 406
　新金鉱地の————　178, 181, 188, 222-3, 407
金プレミアム　4, 186
金法(gold law)　116
　————の改定　13, 116, 162
金本位制
　————離脱

イギリスの―――― 9,169,186
南アフリカの―――― 9,14,21,25,
  42,109,111,126,128,172,255
世界の――――崩壊 131,169,173,186,255,
  269,314

グループ・システム 3,1123,162,218,230,286,
  306
  管理の――――――――114
  支配の――――――――114
  鉱業金融の――――――114
クロム鉱石
  化学的品位―――― 387
  冶金的品位―――― 387

経営契約 114
経済(的)自立 365,367,369
Kennecott Copper Corporation (Kennecott)
  94-5,160,385
ケベック協定 233-4
限界鉱山 8,178,185-6,193,224,231,274
原子爆弾 233,240
現状維持協定(ジョブ・カラーバーの) 5
原子力委員会 237,240
原子力開発 254
原子力発電 248
原子力法 236-7

鉱業金融商会 2,7,9-10,23,25,38,41,44-5,49,
  62,65,74,84,104,106,108-18,127,130,132,
  135-7,142,144,148-50,152-3,155,157-8,
  161-64,1966-8,193,196,203,205,211,214,
  225,228,241,262,285-7,289-90,292,294,301,
  305,405
  ――――――鉱山グループ別金生産・営業利
    潤・配当 196-7,200-5,225-7
  ――――――の再編成 289,407,410
  ――――――の証券売却益 220
  ――――――の総収益 220
    CGFの総収益(1967/68年度) 220
  ――――――の手数料 220,230
  ――――――の投資収益 215,220,229-30
    AACの投資収益 215

GMの投資収益 217
JCIの投資収益 217-8
African & European Investment, (African
  & European) 25-7,31,33,44,47,49,52,
  56-7,62-6,69-74,76,84-5,88,96,108,111,
  139-41,144-8,175,290,326
Anglo American Corporation of South Af-
  rica (AAC) 7,10,15,18,21,25-7,30-1,36,
  38,40,44-5,47,49,56,64-7,69-72,74,85-7,
  95,102,106,108,110-1,122,139-42,146-7,
  149-50,152,158-9,166,168,197,200,207,
  214,220,222,225,241,287,289,290-1,296,
  298-9,305-6,325-7,329-34,336-9,342-6,
  354,361-4,372-5,377-82,385,390,396-7,
  405,407,409-11
Anglo-Transvaal Consolidated Investment
  (Anglovaal) 25-7,31,34-5,39-40,44-5,
  47,49,51,71,73,94,97,101-3,1067,140,144,
  146-7,150,159-60,202,220,222,230,241,
  307,385,407,411
Anglo-French Exploration Company
  (Anglo-French) 27,150
ゲルツ商会 13,19,31,397
コーナーハウス(CMとRM) 7,9,14,67,232,
  289,295-6,300-1,407-8
Gold Fields of South Africa (GFSA:セシル
  ・ローズの) 11
Gold Fields of South Africa (GFSA:1959年
  CGFSAより管理権を移譲される) 201,
  207,225,304,309-11,392-5,408
Gold Fields of South Africa (GFSA:West
  Witwatersrand Areasの改名) 395-6,
  398-405,408-9,411
Consolidated Gold Fields (of South Africa)
  (CGF (SA)) 7,10-1,13-6,19-21,27,42,
  45,47,49,51,56,64-5,69,72-3,85,98,102,
  106,108-9,140,142,144,150-2,166,168,191,
  201,220,222,225,230,241,288-94,296-7,
  302-5,308,310-20,322-6,334-5,344,381-2,
  392-6,404-5,407-8,411
South African Townships, Mining and Fi-
  nance Corporation (SA Townships) 47,
  64-8,70-2,74,86,108,290

事項索引 425

Strathmore Consolidated Investments 38-9, 41, 107, 202, 339-40
General Mining and Finance Corporation (GM) 15, 41, 72-3, 86, 101, 104, 106-7, 144, 149-50, 202, 220, 222, 230, 241, 288-9, 336, 338-9, 341-3, 397, 400-7, 409-11
General Mining Union Corp (Gencor) 406, 410
Central Mining and Investment Corporation (CM) 7, 14, 16, 18-9, 27, 45, 51, 56, 64-5, 67-8, 73, 85-6, 96-7, 102, 106-8, 112, 139-40, 151-2, 167, 197, 225, 240-1, 287-90, 294-302, 304, 311, 325-6, 328-35, 343-4, 364, 375, 383, 408-9, 411
New Consolidated Gold Fields (NCGF) 149, 310
New Union Goldfields 25, 70-1, 86, 88, 97, 109, 150, 305-7
ノイマン商会 287
Barlow Rand 389-91, 397-9, 405, 409, 411
Union Corporation 7, 10, 15, 27, 33, 35, 37, 45, 47, 51-3, 56, 63-5, 67, 73, 81, 84-6, 88, 102-4, 106-7, 109, 138-42, 146-8, 202, 220, 222, 225-6, 230, 288-9, 298, 329, 364, 391, 397-411
Johannesburg Consolidated Investment Company (JCI) 7, 10, 15-6, 27, 66, 72-3, 86, 102, 106-7, 110, 142, 149-50, 166-7, 200, 220, 222, 225, 230, 241, 287-9
Rand Mines (RM) 7, 106-7, 150-2, 160, 200, 222, 225, 230, 294, 299-301, 311, 329, 325, 337, 343, 364, 375, 383-91, 397, 409-10
ロビンスン商会 287
鉱山会議所 3, 5, 9, 109, 193, 256, 259, 2623, 268, 271, 273-6, 283, 285
鉱山・仕事修正法（Mines and Works Amendment Act, 1926) 5
鉱地合同 139
————協定 137, 163
合同開発エイジェンシー（CDA：Combined Development Agency) 234, 239-41, 243, 249
合同開発トラスト（CDT：Combined Development Trust) 234
CDT領土 234

合同政策委員会（CPC：Combined Policy Committee) 233-4
鉱物権 11, 14, 19, 31, 115-7, 126-7, 130-2, 162
————オプション 114
Gold Fields American Development (GFAD) 310, 313, 315
Gold Fields Mining and Industrial (GFMI) 311, 408
国民党政府 293
国家補助（金） 185-8, 193, 224, 231
コパーベルト 266, 346, 349-51, 358-9, 367
————の鉱物権 358, 367
————のロイヤルティ 367, 369
顧問技師 67-8, 114, 243, 300-1, 362
小屋税 278
コングロマリット 306
Consolidated Gold Fields Australia (CGFA) 317-23
Consolidated Diamond Mines of South West Africa 328
Consolidated Mines Selection (CMS) 200, 296, 326-7, 331-3, 343, 364, 375, 409
コンパウンド 3

【サ行】

採鉱権 116, 126-7, 132, 162
————貸与（リース） 79, 84-5, 88-9, 104, 115, 117, 130-1, 144
————（リース）制（度） 117, 126, 162
————局 85, 89, 115, 144
————リース料 154
South African Trust Fund 160-1
South African Reserve Bank 171, 324
産業調停法（Industrial Conciliation Act, 1924) 5
Zambia Copper Investments (ZCI) 369-70, 372-4, 379
ザンビア政府 357, 360, 368, 371-2
————による銅鉱業国有化 369-70, 410
————の歳入 369
————の銅販売会社 372
ザンビアナイゼーション 347, 365

労働力に関する────── 370
Zambian Anglo American (Zamanglo) 364-7, 369, 373-4, 410
Zambian Industrial & Mining Corporation (Zimco) 368

シアニード法 22
ジェイムスン襲撃事件 22
磁気探査 27
────法 10, 22, 63, 69, 108-9, 136
磁気メーター 10-1, 52, 63
持参人払い証券 288, 294
失敗鉱山 209, 228
シティ 155
自発的労働者 270
資本参加 138
────協定 138, 140-1, 149, 163
────権 138-41, 146
────再配分協定 138, 142, 163
Zimco 債 368-74
社債 155
ジャック・ハンマー・ドリル 127, 131
シャープビル事件 326-7
主鉱脈統 (Main Reef Series) 10-1, 15, 27, 32-3, 43, 103, 237-8
ジョブ・カラーバー (人種的職種差別) 4-5
商人/募集員 274
ジルコン 317-8, 324
Selection Trust 52, 88, 138, 140, 142, 146, 149, 332, 364, 397
人種差別的権威主義的労働システム 5
人種差別的出稼ぎ労働システム
人種的職種構造 257
人種的労働力構造 257
深層鉱山 1, 113, 131, 156, 162
────の開発費
超──── 20, 107, 152
深層鉱脈 25, 131

Suid-Afrikaanse Nationale Lewensassuransie Maatakappy (Sanlam) 293-4, 297, 305, 334, 400, 407
ストラスモア・グループ 32, 34, 36-7, 39-40, 139
スワップ協定 181

成功鉱山 194, 209-11, 227
大──── 194, 210-1, 227
世界大恐慌 110
世界銅生産者カルテル 349

創業者利得 117, 130, 162
Société Interprofessionelle pour la Compensation de Valeurs Mobilieres (SICOVAM) 215, 229
Sorges Société Anonyme 216, 229
ソールズベリー 266, 271

【タ行】

Diamond Corporation 159, 328
ダイヤモンド・シンジケート
多角化 230
 事業の──── 217
 投資の──── 217-20
竪坑の掘削 156-7, 164
炭坑委員会 285
探査会社 25, 142, 144-5, 149
 Witwatersrand Extensions (Wit Extensions) 43-4, 47, 51, 69-70, 73-4, 86-88, 108-9, 111, 141-2, 190
 Western Holdings 47, 49, 51-3, 56-7, 62-9, 71-9, 81, 84-6, 96, 108, 111, 138-41, 144-7, 175, 290, 378
 Weatern Reef Exploration and Development (Western Reefs) 25-7, 29-31, 33-4, 40, 45, 49, 51, 98, 140, 142, 150, 192, 206-7, 240, 245, 248, 250-1, 253
 General Exploration Orange Free State (Geoffries) 73, 99-101, 140, 144
 New Consolidated Free State Exploration (New Cons FS) 72, 88, 140, 144
 New Central Witwatersrand (New Central Wits) 25-7, 31, 33-4, 63
 Free State Gold Areas 73, 88
 Free State Development and Investment (Freddies) 72-3, 86-9, 94, 97, 140-1, 145,

事項索引　427

306
　Blinkpoort Gold Syndicate　69-70,73-9,81,
　　84,86,97,108-9,111,139-40,144
　Middle Witwatersrand (Western Areas)
　　(Middle Wits)　25-7,31-2,34-7,39-40,73,
　　88-9,94,99-101,103,139-40,142,146
　Union Free State Coal and Gold Mines　73,
　　88-9,96-8,109,139-40
　Lydenburg Estates　144-7,331

地区パス
地熱　122
チバロ　278
Chater Consolidated (Chater)　200,296,325,
　343-4,361,363-4,369,374-80,382-3,390,397,
　404,409-11
中位鉱山　6,166,192-4,206-7,224,231
賃金後払い制度　261

低品位クロム鉱床　387
低品位鉱(業)　3,127
低品位鉱山　263
低品位鉱石委員会(Low Grade Ore Commis-
　sion, 1930)　8-9,171,263
出稼ぎ労働(者)　3,4
　─────システム　1,6,283-4
　　人種差別的─────　5
De Beers Investment Trust　159,328-30,345
De Beers Consilidated Mines (De Beers)　66,
　159,326,328-20,332,334-5,343,364,376-7,
　379-81,383,409
電化　122

投資の分散　137,145
トーション・バランス法　51-3,63,86,107,109,
　136
特恵的現金株式発行(preferencial cash stock
　issue)　117,130
Thomas Barlow and Sons (Barlow)　287,299,
　397,409
トムリンスン委員会　275
トラスト宣言(Agreement and Declaration of
　Trust)　234

Trinidad Oil (Trinidad Leasehold)　205,300,
　310,314
ドリル・プログラム(計画)　35-6,38,56,63-4,
　68,100,107
ドル＝金本位制　167
ドルの金への交換停止　391,396
ドル不安　181,187

【ナ行】

ナショナリズム　311,315
National Corporation　161
南ア金鉱業史の時期区分　1
南ア準備銀行　171,324
南ア政府鉱山局地質調査部　237
南ア政府冶金実験所(Government Metallurgi-
　cal Laboratory)　236
南ア戦争　1,13,22
南ア通貨改革(1961年2月14日)　179

ニクソン・ショック　1
'New' シンジケート　66-7,335
Newmont Mining　325,347,362
Native Recruiing Corporation (NRC)　256,
　261,270,273-6,285-6

熱帯労働者　6,263-4,266,268,271,282,284
　─────導入解禁　263,271,277,279,283

乗っ取り　6,287,289,298,303,305,308-9,338,
　340,342,400-1
　─────委員会　402,405

【ハ行】

配当(金)(各鉱業金融商会鉱山グループの)　197,
　214,228
配当取得者　214-5,228-9
配当率
　年平均─────　206,209-10
白人労働者数　256
Barclays Bank GATR　215,229
パス　4
　地区─────　4
　特別─────法　4

Hudson Bay Mining&Smelting 332-3, 375, 380, 382, 410
バーナト・ブラザーズ商会 66

フェイガン委員会 275
Federale Volksbeleggings 293-4, 400
Federale Mynbou 150, 293-4, 297, 305, 334-5, 338-41, 397, 400, 405-6, 409-10
Volkskas 293, 404
不熟練白人労働者
富裕鉱山 6, 166, 191-4, 206-7, 224, 231, 254
　超———— 194
ブライヒレーダー商会
フランシスタウン 264, 266, 283
British South Africa Co (BSAC：特許会社) 200, 296, 305, 329-30, 332-4, 336, 343, 345, 349, 354-9, 362-4, 367, 409-10
　————————が北ローデシアで保持する鉱物権 344-6, 349, 351-4
　————————の鉱物権返還（問題） 350, 353-4, 363
　————————の鉱物権没収の危険 355
　————————のロイヤルティ 354-5, 358
　————————権 350, 353
　————————算定式 349
　————————収入 345, 349-55
British Petroleum 380, 383
プロレタリア化 4
粉砕鉱石トン当り指標 173, 179
　粉砕鉱石トン当り金量
　　旧金鉱地の———————— 178, 185, 189, 223
　　新金鉱地の———————— 185, 189, 223-4
　粉砕鉱石トン当り営業収入 173, 179, 181
　粉砕鉱石トン当り営業費用 171, 173, 175, 179
　　旧金鉱地の————————
　　178-9
　　新金鉱地の————————
　　178-9
　粉砕鉱石トン当り営業利潤 171, 174-5, 179, 192-3
　　旧金鉱地の———————— 178, 185, 189, 223
　　新金鉱地の———————— 189
粉砕鉱石量 171, 181
　旧金鉱地の———————— 181
　新金鉱地の———————— 181
文明化労働政策 259-60

米英金融協定 172
ペイ・リミット 23, 128, 169, 185, 189, 194, 222-3, 255, 269
　旧金鉱地のペイ・リミット 185
　新金鉱地のペイ・リミット 189
ポンド
　————危機 181
　————切下げ(1949年) 172-3, 178, 181, 185-6, 222
　————の交換性回復 172
ポンプ料 187

【マ行】

Mining Development Corporation (Mindeco) 368, 370, 373-4
マサチューセッツ工科大学実験所（Massachusetts Institute of Technology Laboratory） 238
マテロ宣言 370
マンハッタン計画 235

南ローデシアの鉱物権 346
Minerals and Resources Corporation (Minorco) 364, 369, 374, 376-7, 379-83, 410

ムルングシ経済宣言 365

モザンビーク協定(1909年) 257
モザンビーク協定(1928年) 260-3, 270
モザンビーク/南アフリカ協定(1934年, 1940年,

事項索引　429

1964年）　277
モンクトン委員会　345

【ヤ行】

UNIP（統一国民独立党）　356,365
輸入代替工業　365
Unilever　383

【ラ行】

ラティフンディア　278
ランズダウン委員会　274
Rand American Investments (Pty)　299,302,330,345,409
Rand Selection Corporation　325-34,337,340,345,362,364,376-8,370,409-10
Randsel Investment　329,335
ラントの(1922年の)反乱　5,127,257
Rand Refinery　285
ラントローズ(Randlords)　116-7,127,162

Rio Tinto Zinc　328-30,379
利潤再投資　124,127,1305,153,156,161,163-4,194,206,209
利潤税　155
利潤率
　　株式額面資本金年平均金————(各鉱業金融商会鉱山グループの)　206-7,209,227
　　株式額面資本金年平均金・ウラン————　210
リスク
　　————資本　153
　　————投資　153
　　第1の————　135
　　————分散　153
　　————————協定　163
　　金融的————　137
　　探査————　138,147
　　————————分散協定　137-8,163
　　投資————　137-8,146-7,158,163
　　————————回避　112-3,135
　　————————分散　145
　　————————————協定　137
　　物理的————　137

ルイス・アンド・マルクス商会　64,72,108,146,290,325
Rustenburg Platinum Mines　375

レヴァニカ・コンセッション　345,351,358
劣位鉱山　6,166,192-4,206-7,224,231
Royal Dutch Shell　383

ロイヤルティ　115,154-5
労働者募集協定　266
労働地区(鉱業地区)　3
労働帝国　256,284
　　————史　257
ロスチャイルド商会　298,347
ローデシア＝ニアサランド連邦　329,344-5
Rhodesian Anglo American　47,325,332,346,362,366
Rhodesian Selection Trust　346,354
露頭鉱山
　　————の開発費
露頭鉱脈　22,24,42,113
Roan Consolidated Mines (RCM)　368-73
Roan Selection Truat (RST)　366-7,369,372-3

【ン】

Nchanga Consolidated Mines (NCCM)　369-73

# 人名索引

（ゴシック体で表記した人名は，研究者）

## 【ア行】

アカット，ケイス（Acutt, Keith） 331
アナン（Annan, Robert） 291-2, 302, 305
アーリ，ノバート（Erleigh, Nobert） 25, 97, 294, 306-7
アルビュ，ジョージ（Albu, George） 116, 340
アルビュ兄弟 338
アレン（Allen, V. C.） 316
アンガー（Unger, F. A.） 64
アンダーソン（Anderson, C. B.） 123

イエタ3世（Yeta III） 350
イネス（Innes, Duncan） 5, 158, 163-4, 334, 383
イムロス（Imroth, G.） 66

ヴァイナ，アーサー（Wina, Arthur） 356
ヴァルテンヴァイラー（Wartenweiler, F.） 232
ウィリアムスン（Williamson, J. T.） 326
ウィルスン（Wilson, Harold） 361
**ウィルスン，フランシス**（Wilson, Francis） 193-4, 206, 224
ウェルナー，ジュリアス（Wernher, Jurius Charles） 116, 288, 384
ウェルベラヴド（Wellbeloved, H. C.） 273
ウェレンスキー，ロイ（Welensky, Roy） 349, 352-3
ウールフ（Woolf, E. B.） 43

エックシュタイン，フリードリッヒ（Eckstein, Friedrich Gustav Jonathan） 288, 295
エックシュタイン，ヘルマン（Eckstein, Hermann Ludwig） 68
エムリス＝エバンス（Emrys-Evans） 350, 356, 361, 363-4
エンクルマ（Nkruma, Kwame） 304
エンジェルハード，チャールズ（Engerhard, C.W.） 160, 200, 215, 298, 301-2, 329-30, 335, 375, 384-5, 389, 408-10

オッペンハイマー，アーネスト（Oppenheimer, Ernest） 27, 66-8, 71, 197, 292-293, 298-9, 301-2, 335, 361-2, 409-10
オッペンハイマー，ハリー（Oppenheimer, Harry F.） 66, 113, 123, 200, 327, 331, 335-6, 338, 340, 342, 345, 354, 356, 363-4, 375, 408
オルムスビ＝ゴア（Ormsby-Gore, William G. A.） 351

## 【カ行】

カウンダ（Kaunda, Kenneth） 280, 356, 365, 367
ガードナー，トレヴォール（Gardner, Trevor） 353
**カートライト**（Cartwright, A. P.） 29, 67, 291, 301-2, 345
カーリス（Carlis, Wolf） 13

クーチノー（Coutinho） 259
クーパー（Cooper, R. A.） 233, 235
クラーク（Clark, W. Marshall） 299, 301
**クラッシュ，ジョナサン**（Crush, Jonathan） 257
クラーマン（Krahman, Rudolf） 10, 19, 108
グリーン（Green, Timothy） 286-287
クルーガー（Kruger, S. J. Paul） 116
**グレイアム，マイケル**（Graham, Michael Richard） 113, 194, 210, 228, 306

人名索引　431

グレイザー兄弟　297-8, 334
グレイザー，サム（Grazer, Sam）297
**グレゴリー，セオドア**（Gregory, Theodore）159, 291, 328
クレスウェル，フレデリック（Creswell, Frederick Hugh Page）259
クロード（Croad, A. D.）404

ケッツァー（Coetzer, Willem）294, 305, 335, 338-41
ゲミル，ウィリアム（Gemmill, William）263-4, 266, 268, 271
ケリー（Kelly, Bowes）320
ゲルツ，アドルフ（Goerz, Adolph）116

コリンズ，サミー（Collins, Samy）339

【サ行】
ジェイカブスン（Jacobson, E）42-3, 70
**ジェサップ**（Jessup, E.）66-7
島崎久彌　187
ジョウル，ソリー（Joel, Solomon (Solly) Barnato）66, 335-6
ジョウル（Joel, H. J.）336
ジョウル（Joel, J. B.）336
ジョージ，ダーシー（George, D'Arcy）235
ジョーンズ，カールトン（Jones, Carlton）291-2
ジョンストン（Johnstone, H. H.）346
**ジョンスン，ポール**（Johnson, Paul）325
ションランド（Shonland, B. F. X.）239

スコット親子　23, 32, 39
スコット，ジャック（Scott, Jack）23-5, 29, 32, 35-6, 39, 41, 107, 202, 339-40
スコット，チャールズ（Scott, Charles）23-4
ストラッテン（Stratten, T. P.）299
スピロ（Spiro, S.）364
スマッツ（Smuts, Jan Christian）236, 239, 259
スミス（Smith, H. A. ?.）364

センジャー（Sengier, M.）234

ソブフザ2世（Sobhuza II, King）275

【タ行】
タヴァナー（Taverner, L.）236, 239
ダ・ヴィリアーズ（de Villiers, W. J.）404
ターバト，パーシー（Tarbutt, Percy）313
タベラー（Taberer, H.M.）273

チャーチル（Churchill, Winston）233-4, 302

デイヴィス，エドマンド（Davis, Edmund）361-2
デヴィドソン（Davidson, C. F.）235
テナント，チャールズ（Tennant, Charles）324

トムリンスン（Tomlinson）276
ドレイトン，ハーリー（Drayton, Harley）294, 305, 307-8
ドンルドゥスン（Donaldson, James）13

【ナ行】
ニエレレ（Nyerere, Jurius）280

ネールガールド（Neergaard, P.）262

【ハ行】
バイト，アルフレッド（Beit, Alfred）68, 116, 384
パヴィット（Pavitt, Edward）401-2, 404
ハーヴィ＝ワット，ジョージ（Harvie-Watt, George）302-5, 307, 315-6, 391, 407
ハヴェンガ，ニコラス（Havenga, Nicholas）259
ハガート（Hagart, R. B.）27, 64, 114, 153, 299
ハギンズ，ゴッドフレイ・マーティン（Huggins, Godfrey）264, 266
ハナウ（Hanau, C.）103
バーナト兄弟　335, 409
ハリス卿（Harris, Lord, George Robert Canning）313
ハレット（Hallet）292
バーロー（Barlow, C. S.）299

ビーティー（Beatty, Chester）149, 347, 349
ピロー（Pirow, Hans）8-9, 171
ピンター（Pinter, Joseph）318

ファッラー，ジョウジ（Farrar, George）103
ファン-デン-バーグ（van den Berg, J. L.）404
フィリップス，ライオネル（Phillps, Harold Lionel）68, 384
**フェイバー**（Faber, M. L. O.）353
フェルウールト（Verwoerd, H. F.）276
フォーベス（Forbes, Archibald Finlayson）302
フォルスター，ジョン（Vorster, John）338
ブッシャウ（Busschau, W. J.）113, 123-4, 126, 131-3, 163, 292, 309-10, 392
フュアースト（Fuerst）299
ブラウン（Brown, Leslie）24
プラット（Pratt, Arthur）47, 49
プラムブリッジ（Plumbridge, R. A.）392
**フランケル，ヘルバート**（Frankel, S. Herbert）113, 114, 117, 123-4, 126, 130-3, 136, 153, 158, 163
フランスワーズ（Francois, Albert）18
プリンガー（Pullinger, D. J.）13, 18
ブレイショウ（Brayshaw）13
フレイムズ（Frames, Willam Minett）299, 301
プレイン，ロンルド（Prain, Ronald）349, 354, 356, 363
ブーレット（Bourret, Weston）235
ブレロック，ウイリアム（Bleloch, William）387-8

ベイトマン（Bateman, E. L.）24
ベイヤーズ（Beyers）260
ベイリー，アベ（Bailey, Abraham (Abe)）27, 47, 65, 67, 108, 290, 302
ベイリュー卿（Baillieu, Lord）298-301
ベイン（Bain, G. W.）235
ベヴィック（Bewick）25
ヘーク（Hoek, P. W.）338
**ベリッジ**（Berridge, Geoff）244
ヘルツォーグ（Hertzog, James Barrry Munik）259-61
**ホッキング**（Hocking, Anthony）335, 338, 344-5
ポッター（Potter, Samuel Ruxton）43
ボトムリー，アーサー（Bottomley, Arthur）361
ポラック（Pollak, L. A.）27
ホール，リチャード（Hall, Richard）351, 356
ポレン（Pollen, S. D. H.）299, 301

【マ行】

**マクナブ，ロイ**（Macnab, Roy）291-2, 405
**マグバネ**（Magubane, Bernard Makhosezwe）297, 334
マックリーン（McLean, C. S.）340-1
マッケンジー（Mackenzie, W. A.）27
マッコール，ドンルド（McCall, J. Donald）391
マッシー=グリーン（Massy-Greene）321-2
マーティン，ジョン（Martin, John）65-8
マラン（Malan, C. W.）259
マラン（Malan, D. F.）239
マルカム，ドゥーガル（Malcolm, Dougal）352-3
マルクス（Marx, F. F.）43
マルクス，ルイ（Marks, Louis）64

ミューラー，トム（Muller, Tom）335, 338-40, 342
ミューラー，ヒルガート（Muller, Hilgert）335
ミルナー，アルフレッド（Milner, Alfred）116
ミルン（Milne, Joseph）306-7

メドリコット（Medlicott, R. F.）298-9
メルグスン（Mergson, Archbald）42-3
メレンスキー，ハンス（Merensky, Hans）44-5, 47, 49, 70

モリング（Moring）25

## 【ヤ行】

ヤング，フベルト（Young, Hubert） 351-2
ヤング，ホワード（Young, I. Howard） 316

## 【ラ行】

ラッド（Rudd, Charles） 310
**ラニング**（Lanning, Greg） 336, 338, 343, 363

リースク（Leask, J. R.T.） 34
リッチデイル，ゴードン（Richdale, Gordon）298-9, 301

ルー（Louw, M. S.） 294
ルーズベルト（Roosevelt, Franklin） 233-4
ルーパト，アントン（Rupert, Anton, E.） 405, 407

レヴァニカ（Lewanika） 346, 350-1
レンスブルグ（Rensburg, Peter van） 193

ロヴェット（Lovett, G. O.） 274-5
ロスチャイルド男爵，エリ（Baron Elie de Rothschild） 298
ローズ，セシル（Rhodes, Cecil John） 11, 116, 310, 335, 345, 350, 409
ロッホナー，フランク（Lochner, Frank） 346
ロバーツ，アラン（Roberts, Allan） 42-4, 49, 70, 87-88, 109, 191, 306
ロバーツ，グラッディズ（Roberts, Gladys） 44
**ロバーツ，ディグビー**（Roberts, Digby） 69
ロビンズ卿（Robins, Lord） 329, 350
ロビンスン，アルバート（Robinson, Albert） 340
ローランド（Rowland, Tiny） 305
ローレンス（Lawlence, W. H.） 27

# 本書を執筆する上で参照した文献目録

## I. 外国語文献

### 1. 年鑑, 雑誌

Beerman's Financial Year Book of Europe.
Beerman's Financial Year Book of Southern Africa.
Chamber of Mines, *Annual Report*.
Finacial Mail.
Fortune.
Jane's Major Companies of Europe
Minerals Yearbook.
Mining International Year Book.
Moody's International Manual.
Offical Year Book of the Union of South Africa.
Official Year Book of the Union of South Africa and Basutoland, Bechuanaland Protectorate, and Swaziland.
Statistical Abstract of the United States.
The Cambridge Encycolpedia of Africa, Cambridge,University Press, 1981.
The Economist.
(The) Mining Journal.
The Mining Journal : Annual Review.
The Mining Manual and Mining Year Book.
The Mining Year Book.
The South African Mining and Engineering Journal.
The Statist.

### 2. 年次報告書

African and European Investment Company Ltd : *Director's Report and Statement of Accounts*.
Anglo American Corporation of South Africa Ltd : *Chairman's Statement*.
Anglo American Corporation of South Africa Ltd : *Annual Report*.
Anglo-Transvaal Consolidated Investment Co Ltd : *Annual Report and Accounts*.
Consolidated Gold Fields Ltd : *Annual Report*.
Consolidated Gold Fields of South Africa Ltd : *Annual Report*.
Free State Gold Areas Ltd : *Directors' Report and Accounts*.
General Exploration Orange Free State Ltd : *Directors' Report and Accounts*.
Middle Witwatersrand (Western Areas) Ltd : *Annual Report and Accounts*.
Union Corporation Ltd : *Chairman's Statement*.
Union Corporation Ltd : *Annual Report*.
Western Holdings Ltd : *Report and Accounts*.

### 3. 書物, 論文

Anglo-Transvaal Consolidated Investment Co Ltd, *Anglovaal 1933-1958 : Twenty-Five Years of*

本書を執筆する上で参照した文献目録　435

*Progress.*
Anonym, 'Uranium Agreement', *Atom*, No. 53 (March 1961).
Arrighi, G., 'Labor Supplies in Historical Perspective : A Study of the Proletarianization of the African Peasantry in Rhodesia', in *Essays on the Politacal Economy of Africa*, ed., by G. Arrighi and J. S. Saul, NewYork, Monthly Review Press, 1973.
Bancroft, J. A., *Mining in Northern Rhodesia*, London, British South Africa Company, 1961.
Berridge, G., *Economic Power in Anglo-South African Diplomacy*, London, The Macmillan Press, 1981.
Black, R. A. L., 'Development of South African Mining Methods', *Optima*,Vol. 15, No. 2 (June 1960).
Bostock, M., and C. Harvey eds., *Economic Independence and Zambian Copper : A Case Study of Foreign Investment*, New York, Praeger Publishers, 1972.
Bostock, M. and C. Harvey, 'The Takeover', in *Economic Independence and Zambian Copper: A Case Study of Foreign Investment*, edited by M. Bostock and C. Harvey, New York, Praeger Publishers, 1972.
Busschau, W. J., 'The World's Greatest Goldfield : Thanks to New Discoveries the Industry Has Still to Reach Matuarity', *South Africa Today*, September 1960.
Cartwright, A. P., *The Gold Miners*, Cape Town, Purnell, 1962.
Cartwright, A. P., *Gold Paved the Way : The Story of the Gold Fields of Companies*, London, Macmillan, 1967.
Cartwright, A. P., *Golden Age : The Story of the Industrialization of South Africa and the Part Played in It by the Corner House Group of Companies 1910-1967*, Cape Town, Purnell, 1968.
Chamber of Mines, 'South African New Uranium Production Programme', *The Mining Journal*, February 10, 1961.
Cohen, R., *The New Helots : Migrants in the International Division of Labour*,Hants, Gower Publishing Company, 1988.
Cronje, S., M. Ling and G. Cronje, *Lonrho : Portorait of a Multinational*, Pelican Books, 1976.
Crush, J., A. Jeeves, & D. Yudelman, *South Africa's Labor Empire : A History of Black Migrancy to the Gold Mines*, Oxford, Westview Press, 1991.
Crush, J., 'The Chaines of Migrancy and the Southern African LabourCommission', in *Colonialism and Development in the Contemporary World*, ed., by Chris Dixon and Michael Heffernar , London, Mansell Publishing Ltd., 1991.
Cunningham, S., *The Copper Industry in Zambia : Foreign Mining Companies in a Developing Country*, New York, Praeger Publishers, 1981.
de Kock, W. P., 'The Influence of the Free State Gold Fields on the Union's Economy', *The South African Journal of Economics*, Vol. 19, No. 2 (June 1951).
Faber, M. L. O. and J. G. Potter, *Towards Economic Independence : Papers on the Nationalization of the Copper Industry in Zambia*, Cambridge, Cambridge University Press, 1971.
Financial Mail, *General Mining ; A Sense of Direction : Supplement to theFinancial Mail*, October 5, 1973.
Financial Mail, *Inside Anglo Power House : Supplement to the Financial Mail*, July 4, 1969.
Financial Mail, *Gold : Supplement to the Financial Mail*, November 17, 1972.
First, R., *Black Gold : The Mozambican Miner, Proletarian and Peasant*, Sussex, The Harvester Press, 1983.
Frankel, S. H., *Capital Investment in Africa : Its Course and Effects*, London, Oxford University Press, 1938.
Frankel, S. H., *Investment and the Return to Equity Capital in the South African Gold Mining Industry 1888-1965 : An International Comparison*, Oxford, Basil Blackwell, 1967.

Frost, A., R. C. Mclntyre, E. B. Papenfus and O. Weiss, 'The Discovery and Prospecting of a Potential Gold Field near Odendaalsrust in the Orange Free State, Union of South Africa', *Journal of the Chemical, Metallurgical and Mining Society of South Africa*, No. 47 (September 1946).

Gemmill, W., 'The Growing Reservoir of Native Labour for the Mines', *Optima*, Vol.2, No. 2 (June 1952)

Gowing, M., *Independence and Deterrence : Britain and Atomic Energy 1945-1952*, Vol. 1, Policy Making, London, Macmllan, 1974.

Graham, M. R., *The Gold-Mining Finance System in South Africa, with Special Reference to the Financing and Development of the Orange Free State Goldfield up to 1960*, unpublished Ph. Thesis (University of London), 1965.

Green, C.W., *The World of Gold*, London, Michael Joseph, 1968. （永川秀雄・石川博友訳『金の世界』金融財政事情研究会，昭和43年。

Gregory, T., *Ernest Oppenheimer and the Economic Development of Southern Africa*, Cape Town, Oxford Unversity Press, 1962.

Grotpeter, J. J., *Historical Dictuonary of Zambia*, London, The ScarerowPress Inc., 1979.

Hagart, R. B., 'The Changing Pattern of Gold Mining Finance', *Optima*, Vol. 2, No. 3 (December 1952).

Hagart, R. B., 'National Aspects of the Uranium Industry', *Jouranal of the South African Institute of Mining and Metallurgy*, April 1957.

Hall, R., *Zambia*, London, Pall Wall Press, 1965.

Hall, R., *The High Price of Principles*, Penguin Books, 1973.

Harris, B., *The Political Economy of the Southern African Pheriphery*, NewYork, St. Martin's Press, 1993.

Harvey, C., 'Tax Reform in the Mining Industry', in *Economic Independence and Zambian Copper : A Case Study of Foreign Investment*, edited by M.Bostock and C. Harvey, New York, Praeger Publishers, 1972.

Harvey, C., *The Rio Tinto Company : An Economic History of a Leading International Mining Concern 1873-1954*, Cornwall, Alison Hodge, 1981.

Hockimg, A., *Oppenheimer and Son*, Johannesburg, McGraw-Hill Book, 1973.

Hocking, A., *Randfontein Estates : The First Hundred Years*, Bethulie, Orange Free State, Hollard, South Africa, 1986.

Houghton, D. H., *The South African Economy*, Fouth Editon, Cape Town,Oxford University Press, 1976.

Innes, D., *Anglo American and the Rise of Modern South Africa*, London,Heinemann Educational Books Ltd., 1984.

Jacobsson, D., *Free State and New Rand Gold*, South Africa, Central News Agency Ltd., 1945.

Jacobsson, D., *Maize Turns to Gold*, London, George Allen-Unwin, 1948.

Jamieson, B., *Goldstrike! : The Oppenheimer Empire in Crisis*, London,Hutchinson Business Books, 1990.

Jeeves, A. H., *Migrant Labour in South Africa's Mining Economy : The Struggle for the Gold Mines' Labour Supply 1890-1920*, Kingston and Montreal, Queen University Press, 1985.

Jeeves, A., 'Migrant Labour and South African Expansion, 1920-1950', *South African Historical Journal*, No. 18 (1986).

Jeeves, A H., 'Migrant Labour in the Transformation of South Africa, 1920-960', in *Studies in the Economic History of Southern Africa : Vol. 2, South Africa,Lesotho and Swaziland*, ed., by Z. A. Konczacki, Jane L. Parpart and Timothy M. Shaw, London, Frank Cass, 1991.

Jeeves, A. H., and J. Crush, 'The Failure of Stabilization Experiments and the Entrechment of Migrancy to the South African Gold Mines', *Labour, Capital and Society*, Vol. 25, No. 1 (April

1992).
Jessup, E., *Ernest Oppenheimer : A Study in Power*, London, Rex Collins, 1979.
Johnson, P., *Gold Fields : A Centenary Portrait*, London, Gerge Weidenfeld &Nicolson, 1987.
Jones, S., and A. Muller, *The South African Economy, 1910～1990*, London,Macmillan, 1992.
Kaplan, D., 'The Internationaiization of South African Capital : South African Direct Foreign Investment in the Contemporary Period', *African Affairs*, Vol. 82, No. 329 (October 1983).
Katzenellenbogen, S. E., *South Africa and Southern Mozambique : Labour, Railways and Trade in the Making of a Relationship*, Manchester, Manchester University Press, 1982.
Klempner, P., *The Orange Free State Gold Mines*, 1950 (?).
Koch, W. P., 'The Influence of the Free State Gold Fieids on the Union's Economics', *The South African Journal of Economics*, Vol. 19, No. 2 (June 1951).
Kubicek, R. V., *Economic Imperialism in Theory and Practice : The Case of South African Gold Mining Finance 1886-1914*, Durban, Duke University Press, 1979.
Lang, J., *Bullion Johannesburg ; Men, Mines and the Challenge of Conflict*, Jonannesurg, Jonathan Ball Publishers, 1986.
Lanning, G., with M.Mueller, *Africa Underminded : Mining Companies and the Underdevelopment of Africa*, Penguin Books, 1979.
Legassick, M., and F. de Clercq, 'Capitalism and Migrant Labour in Southern Africa', in *International Labour Migration : Historical Perspectives*, ed., by Shula Marks and Peter Richardson, Hounslow Middlesex, Maurice Templi Smith, 1984.
Limebeer, A. J., 'The Group System of Administration in the Gold Mining Industry', *Optima*, Vol. 1, No. 1 (June 1951).
Macnab, R., *Gold Their Touchstone : Gold Fields of South Africa ; A Century Story*, Johannesburg, Jonathan Ball Publishing, 1987.
Magubane, B. M., *The Political Economy of Race and Class in South Africa*, New York and London, Monthly Review Press, 1979.
McLean, C. S., 'The Uranium Industry of South Africa', *Journal of the Chemical, and Mining Society of South Africa*, April 1954.
Nkrumah, K., *Neo-Colonialism : The Last Stage of Imperialism*, London and Edinburgh, Thomas Nelson and Son, 1965, p. 121. (家正治・松井芳郎訳『新植民地主義』理論社、1971年。)
Oppenheimer, H. F., 'The Future of the Gold Mining Industry', *The South African Mining and Engineering Journal*, May 17, 1952.
Oppenheimer, H. F., 'Unions' Group System', *The Mining and Industrial Magazine of Southern Africa*, Vol. XLIV, No. 9 (September 1954).
Packard, R. M., 'The Invention of the "Tropical Worker"', *Journal of African History*, No. 34 (1993).
Pallister, D., S. Stewart and I. Lepper, *South Africa Inc. : The Oppenheimer Empire*, London, Simon & Shuster, 1987.
Prain, R., *Reflections on a Era : An Autobiography*, Surry, Metal Bulletin Books, 1981.
Richards, C. S., 'Devaluation and its Effects on the Gold Mining Industry', *Optima*, Vol. 1, No. 1 (June 1951).
Richards, C. S., 'Subsidies to Vulnerable Gold Mines', *Optima*, Vol. 15,No. 1 (March 1957).
Roberts, G., *The Story of the Discovery of the Orange Free State Goldfields*, New York, Vantage Press, 1984.
Schmitz, C. J., *World Non-Ferrous Metal Production and Prices 1700-1976*, London, Frank Cass, 1979.
Scott, J., 'The Klerksdorp Goldfield', *South African Journal of Economics*, Vol. 21, No. 2 (June 1953).

Seidman, A. and N., *South Africa and U. S. Multinational Corporations*, Westport, Conneticut, Lawrence Hill and Co, 1977.

Sklar, R. L., *Corporate Power in an African State : The Political Impact of Multinatioal Mining Companies in Zambia*, Berkeley, University of California, 1975.

Slinn, P., 'Commercial Concessions and Politics during the Colonial Period : The Role of the British South Africa Company in Northern Rhodesia, 1890-1964', *African Affairs*, No. 70 (October 1971).

Slinn, P., 'The Legacy of the British South Africa Company : The Historical Background', in *Economic Independence and Zambian Copper : A Case Study of Foreign Investment*, edited by M. Bostock and C. Harvey, New York, Praeger Publishers, 1972.

Stahl, C.W., 'Migrant Labour Supplies, Past, Present and Future ; with Special Reference to the Gold-Mining Industry', in *Black Migration to South Africa : A Selection of Poliicy-Oriented Research*, Geneva, Internatuonal Labour Office, 1981.

Stuart, D. N., 'The Supply of the Raw Material Requirements of the Uranium Programme', *Journal of the South African Institute of Mining and Metallurgy*, January 1957.

Taverner, L., 'An Historical Review of the Events and Developments Culminating in the Construction of Plants for the Recovery of Uranium from Gold Ore Residues', *Journal of the South African Institute of Mining and Metallurgy*, No. 57 (November 1956).

The Consolidated Gold Fields of South Africa, Limited, *'The Gold Fields' 1887-1937*, London, The Consolidated Gold Fields of South Africa, Limited, 1937.

The Government of Northern Rhodesia, *The British South Africa Company's Claims to Mineral Royalties in Northern Rhodesia*, Lusaka, The Government Printer, 1964.

The Office of the Atomic Energy Board, 'Uranium in South Africa', *The South African Journal of Economics*, Vol. 21, No. 1 (March 1953).

The Staff of the Johannesburg Consolidated Investment Co Ltd., *The Story of 'Jonnies' (1889-1964) : A History of the Johannesburg Consolidated Investment Co Ltd.*, Johannesburg, 1965.

Union of South Africa, *Report of the Low Grade Ore Commission 1930* (UG No. 16-1932), 1932.

Union of South Africa, *Report of the Committee on Gold Mining Taxation* (U. G. 16-1946), 1946.

Union of South Africa, *Report of the Witwatersrand Mine Natives' Wages Cmmission on the Remuneration and Conditions of Employment of Natives on Witwatersr and Gold Mines snd Regulation and Conditions of Employment of Natives at Transvaal Undertakings of Victoria Falls and Transvaal Power Company, Ltd, 1943*, 1944.

Walker, W. M., 'The West Wits Line', *South African Journal of Economics*, Vol. 18, No. 1 (March 1950).

Weston, R., *Gold : A World Survey*, London and Canberra, Croom Helm, 1983.

Wilson, A. J., *The Life and Times of Sir Alfred Chester Beatty*, London, Cadogan Pubilcations, 1985.

Wilson, F., *Labour in South African Gold Mines*, Cambridge, Cambridge University Press, 1972.

Wood, J. R. T., *The Welensky Papers : A History of the Federation of Rhodesia and Nyasaland*, Durban, Graham Publishing, 1983.

## II. 邦語文献

天沼紳一郎『金の研究：貨幣論批判序説』弘文堂，1960年．
ケネス・カウンダ大統領「ムルングシ経済宣言（1968年4月19日民族独立党大会演説）」，浦野起央編著『資料体系　アジア・アフリカ国際関係政治社会史　第4巻　アフリカ　IIIb』パピルス出版，1982年所収．
ケネス・カウンダ大統領「経済改革（銅鉱山の国有化）に関するマテロ演説（1969年8月11日）」，浦野起央編著『資料体系　アジア・アフリカ国際関係政治社会史　第4巻　アフリカ　IIIb』パピルス出版，1982年所収．
佐伯尤「現代南アの鉱業と巨大独占体」，林晃史編『現代南部アフリカの経済構造』アジア経済研究所，1979年所収．
佐伯尤『南アフリカ金鉱業史 ── ラント金鉱発見から第二次世界大戦勃発まで ── 』新評論，2003年．
島崎久彌『金と国際通貨』外国為替貿易研究会，1983年．
林晃史「両大戦間期南アフリカにおけるアフリカーナーの資本蓄積と労働政策」，山田秀雄編著『イギリス帝国経済の構造』新評論，1986年所収．
蕗谷硯児「ロスチャイルド・オッペンハイマー・グループの資源戦略」『証券経済』第126号（1978年8月）．
星昭・林晃史『アフリカ現代史 I：総説・南部アフリカ』山川出版社，昭和53年．牧野純夫『円・ドル・ポンド』第二版，岩波新書，1969年．

著者紹介

佐伯　尤（さえき・もと）

　1939年　愛媛県に生まれる
　1964年　一橋大学社会学部卒業
　1973年　一橋大学大学院社会学研究科博士課程中退
　現在　　関東学院大学経済学部教授
　専攻　　世界経済史，アフリカ経済

主要著書・論文
『南アフリカ金鉱業史』（新評論，2003年）
『アフリカ植民地における資本と労働』（共著：アジア経済研究所，1975年）
『アフリカ植民地における資本と労働（続）』（共著：アジア経済研究所，1976年）
『現代南部アフリカの経済構造』（共著：アジア経済研究所，1979年）
「ザンビアの経済的自立の模索」（『経済系』第133集，1982年10月）


南アフリカ金鉱業の新展開
――1930年代新鉱床探査から1970年まで――　　　　　　（検印廃止）

2004年4月10日　初版第1刷発行

| | |
|---|---|
| 著　者 | 佐　伯　　尤 |
| 発行者 | 武　市　一　幸 |
| 発行所 | 株式会社　新　評　論 |

〒169-0051 東京都新宿区西早稲田3-16-28
http://www.shinhyoron.co.jp
電話　03 (3202) 7391番
FAX　03 (3202) 5832番
振替　00160-1-113487番

落丁・乱丁本はお取り替えします。
定価はカバーに表示してあります。

装丁　山田英春
印刷　なまためプリント
製本　清水製本プラス紙工

©佐伯　尤　2004
ISBN4-7948-0623-X　C3033
Printed in Japan

|  |  |  |
|---|---|---|
| 佐伯 尤 | 南アフリカ金鉱業史——ラント金鉱発見から第二次世界大戦勃発まで | 5250円 |
| 竹内 幸雄 | 自由貿易主義と大英帝国——アフリカ分割の政治経済学 | 3990円 |
| 本多 健吉 | 世界経済システムと南北関係 | 2520円 |
| 清水 嘉治／石井 伸一 | 新EU論——欧州社会経済の発展と展望 | 2520円 |
| A・H・バー／樋口裕一・山口雅敏・冨田高嗣訳 | アフリカのいのち——大地と人間の記憶／あるプール人の自叙伝 | 3990円 |
| G・リシャール監修／藤野邦夫訳 | 移民の一万年史——人口移動・遥かなる民族の旅 | 3570円 |

表示価格はすべて消費税込み定価です(5％)。